营造法式

（陈明达点注本）

一

〔宋〕李诫 撰

浙江摄影出版社
全国百佳图书出版单位

出版说明

《营造法式（陈明达点注本）》是现今留存宋《营造法式》诸多版本中极具学术价值的一种，值得向学术界郑重推介。此书系已故杰出建筑史学家陈明达先生在其漫长的研究生涯中，以万有文库本《营造法式》（全书一套四册）为底本，参照其他几种重要版本，详加对照、校雠并眉批大量研究心得和持续研究之线索集约而成，是其生前研究《营造法式》的主要用书，在中国建筑历史研究方面具有突出的学术和历史价值。今蒙本书收藏者王其亨先生与陈明达著作权继承人殷力欣先生慨允，本社得以将此珍稀孤本公开印行，以飨读者。

陈明达先生是继梁思成、刘敦桢等中国建筑历史学科奠基人之后，又一位取得突破性研究成果的杰出的建筑历史学家，尤其以宋《营造法式》研究享誉国内外。自 1932 年加入中国营造学社后，陈明达先生的学术研究始终与《营造法式》密切相关。其生前撰写的《应县木塔》《营造法式大木作制度研究》《独乐寺观音阁、山门的大木制度》等著作是学界公认的、取得突破性进展的重大研究成果。陈明达先生还留下相当数量未发表、未完成或尚待校订的遗稿，如《〈营造法式〉辞解》《〈营造法式〉研究札记》等。陈明达先生的研究成果和研究方法不仅成为后来相关研究的基础，更起到了重要的指导作用。

近现代学者对《营造法式》的研究开始于『陶本』的刊行。该本由朱启钤主导，各方学者在陶湘的主持下合力完成，于1925年刻版刊行。因其较为严格地还原了宋本的格式，又被称为『仿宋本』。其初印发行1000部，刻版于1929年售予商务印书馆，但不久即毁于战事。1932年，商务印书馆缩印『陶本』并收入『万有文库』系列，1933年12月编入『万有文库初编』出版，平装8册，高19厘米。1954年再度缩印为32开普及本4册，对原本有删减，彩画作的彩色图样即被省略，但十分便于阅读，陈明达先生的研究点注正是使用了这一版本。值得注意的是，陈明达先生认为《营造法式》第二十九至三十四卷（总例图样、诸作图样部分）诸多版本与《营造法式》原本的差异颇多，最应仔细辨别、慎重取舍。因此，在其研究生涯中，涉及图样会更多倚重『陶本』之外的版本，如『营造法式四库全书文津阁本』、陈氏批注中所称『竹本』等。

陈明达先生的点注本是他在20世纪50年代之后研究的工作用本，据其点注笔迹，可以看出他此期的工作涉及全文句读、条目统计、文字校勘、古籍核对等。他关注的问题全面，思考深入，不仅包含相当全面的版本比较，书中至少有『四库本』（国家图书馆藏文津阁本）、『故宫本』、『丁本』、『竹本』的批注，而且对内容的理解思考也甚多，包括石段标准、斗栱布置设计等问题。此点注本不只是完整地呈现了陈明达先生对《营造法式》的研究工作，更是将其严谨的研究思路和执着的科学精神示予后来学人，使后人能在其研究基础上有新的突破与成果。

《营造法式（陈明达点注本）》既是一份珍贵的研究资料，也是中国建筑学极好的入门读物。此书得以影印出版，实在是一件值得庆幸的事。它不但有助于促进中国建筑学的深入研究，便于建筑专业人员参考学习，而且能增进广大读者对中国传统建筑文化的了解和认知，进而起到传承和弘扬中华优秀传统文化的作用。

本书眉批中反复出现『四库本』『故宫本』『丁本』『陶本』『竹本』等字迹，系指陈明达先生研究《营造法式》主要的参考版本。前几种版本之概况，学术界已较为熟悉，此处不再赘言。『竹本』系指日本学者竹岛卓一所著《营造法式之研究》。此书在诸多版本之校勘方面广泛涉猎、颇有见地，故被陈明达先生视为值得重视的一种《营造法式》版本。

重刊營造法式後序

李明仲營造法式三十六卷己未之春曾以影宋鈔本付諸石印庚辛之際遠涉歐美見其一藝一術皆備圖案而新舊營建悉有專書益瞿然於明仲此作爲營國築室不易之成規還國以來蒐集公私傳本重校付梓良以三代損益文質相因周禮體國經野冬官考工記有世守之工辨器飭材儕於六職匠人所掌建國營國爲溝洫三事分別部居目張綱舉晚周橫議道器分塗士大夫於名物象數闕焉不講秦火以降將作匠監雖設專官而長城阿房西京東都千門萬戶以及洛陽伽藍開河迷樓徒於詞人筆端驚其鉅麗而制作形狀絕

尠貽留近古紀載亦鮮耑門講求此學者若柳宗元親見都料匠畫宮於堵盈尺而曲盡其制計其毫釐而構大厦作梓人傳而不著匠人姓字歐陽脩沈括見都料匠喻皓木經而歎其用心之精此則較可徵信者也明仲身任將作奉敕脩書適丁北宋全盛土木繁興之際書稱工作相傳經久可用又復援據經史研精詁訓故其完善精審足以繼往開來啟鈐學殖朽落無當紹述鉛槧旣蕆用敢標舉要義以諗讀者列朝營繕皆取辦於賦役故營造之良窳恒視國家之財力以爲衡宋代功限料例當與晚近官價有別按汴故宮記東京艮嶽記諸書所載竭天下之富以成偉觀靖康刧後輸來幽

燕伊古帝王兼并侵略遷人重器誇耀武功巨製宏工散亡摧毀再過爲墟有古今同慨者重以金革相尋釋道互闘旡妄之虐文物蕩然幸有明仲此書於制度功限料例集營造之大成古物雖亡古法尚在後人有志追求舍此殆無塗徑法式所舉準之遼金塔寺元明故宮造法固多符合按之明清會典檔案及則例做法亦復無殊益信南宋迄今之營造靡不由此書衍繹而出譬諸良史以春秋爲不刋之書法家以尉律爲令甲之祖其義一也書數爲六藝之一取準定平非有比例不足以窮其理而神其用方今歐式東來奇觚日出然工匠就其圖樣以比例推求仍可得其理解法式所引周

髀九章諸家算經實爲工師之鈐鍵故看詳有與諸諳會經歷造作工匠詳悉講究規矩比較諸作利害隨物之大小有增减之法云云書中於高廣深厚均凖積寸積分以爲法學者先明讀法析以數理自當迎刃而解其義二也看詳及總釋各卷於古今名物皆援引經史逐類詳釋尤於諸作異名再三致意誠以工匠口耳相傳每易爲方言所限然北宋以來又閱千載舊者漸佚新者漸增世運日新辭書林立學者亟應本此義例合古今中外之一物數名及術語名詞續爲整比附以圖解纂成營造辭典庶幾博關羣言用祛未寤其義三也圖樣各卷所以發凡舉證而操觚之士仍以隅反爲難

或謂原書簡略應設補圖或因變化所生宜增新様例如大木作制度圖様爲匠氏繩墨所寄鈔本易有毫釐千里之差爰就現存宫闕之間架結構附撰今釋又彩畫作制度圖様繁縟恢詭僅注色名恐滋謬誤兹復按注敷采以符原書暈素相宣深淺隨宜之旨盈尺之堵後素之繪瞭如視掌一旦豁然其義四也抑更有進者上古民風樸僿不相往來而言語嗜欲天賦從同夫制作者自然心理所表著也倉頡佉盧始制文字象形會意聲教以通而宫室器服亦嗜欲之大端居氣養體習俗移人互相則傚心同此理是知茅茨土階不勝其質彫牆峻宇不厭其文乃至寶刹精藍丹楹刻桷或取則

於遐方或濫觴於邃古鬪角鉤心標新領異於是五洲萬國營造之方式乃由隔閡而溝通由溝通而混一氣運所趨不可過也營巢構幹有開必先西竺瓌奇隨象教而東漸漢晉六朝天方景教之制作燦然滿目至石趙之營鄴都胡匠蕃材乃盛行於中土宋承五季之後明仲折衷衆制奄有羣材上下千年縱橫萬里引而伸之觸類而長之文軌大同庶幾有豸況乎海通以來意匠殊絶材美工巧借鏡尤多究其進化之所由不外質文之遞嬗蓋考古博物系統爲先本末始終無徵不信而國勢之汙隆民力之消長繫焉如希臘埃及羅馬波斯印度固爲世界藝術之原而歐亞變遷亦可因此而

推尋其迹至於今日流沙石窟隧簡遺文槧載西行珍
逾球璧質諸漢唐之通西域舉國若狂項背相望者漸
被不同壤地未改易位以觀殆可相視而笑夫居今而
稽古非專有愛於一名一物也萃古英傑之宮室器服
比類具陳下至斷礎頹垣零縑敗楮一經目擊而手觸
即可流連感歎想像其爲人較之圖史詩歌興起尤切
而濬發智巧抱殘守闕猶其細焉者也我國曆算綿邈
事物繁賾數典恐貽忘祖之羞問禮更滋求野之懼正
宜及時理董刻意搜羅庶俾文質之源流秩然不紊而
營造之沿革乃能闡揚發揮前民而利用明仲此書特
其羔鴈而已來軫方遒此啟鈐所以有無窮之望也

中華民國十四年歲次乙丑孟夏中澣紫江朱啟鈐序

1925

李誡補傳

李誡字明仲鄭州管城縣人曾祖惟寅尚書虞部員外郎贈金紫光祿大夫祖惇裕尚書祠部員外郎祕閣校理贈司徒父南公（傅沖益李誡墓誌銘）字楚老進士及第神宗時累官戶部尚書歷知永興軍成都真定河南府鄭州擢龍圖閣直學士爲吏六十年幹局明銳（宋史李南公傳）大觀□年疾病賜子誡告歸許挾國醫以行及卒贈左正議大夫兄譓（墓誌銘）字智甫紹聖間知章邱縣累任鄜延帥從永興（宋史李南公傳）大觀四年二月官龍圖閣直學士對垂拱（墓誌銘）後歷數郡卒（宋史李南公傳）元豐八年哲宗登大位父南公時爲河北轉運副使遣誡奉表致方物恩補郊社齋

郎墓誌銘　宋史職官志及選舉志大臣子弟廕官初試郊祀齋郎年逾二十始補官調曹州濟陰縣尉濟陰故盜區誠至則練卒除器明賞罰廣方略得劇賊數十人縣以清淨遷承務郎元祐七年以承奉郎爲將作監主簿紹聖三年以承事郎爲將作監丞元符中建五王邸成遷宣義郎於是官將作者且八年崇寧元年以宣德郎爲將作少監二年冬請外以便養以通直郎爲京西轉運判官不數月復召入將作爲少監辟雍成遷將作監再入將作者又五年其遷奉議郎以尚書省其遷承議郎以龍德宮棣華宅其遷朝奉郎賜五品服以朱雀門其遷朝奉大夫以景龍門九成殿其遷朝散大夫以開封府廨其遷右朝議大夫賜三品服

以修奉太廟其遷中散大夫以欽慈太后佛寺成大抵自承務郎至中散大夫凡十六等其以吏部年格遷者七官而已元符中官將作建五王邸成其考工庀事必究利害堅窳之制堂構之方與繩墨之運皆已了然於心遂被旨著營造法式書成詔頒之天下 墓誌銘

營造法式看詳

紹聖四年十一月二日奉敕以元祐營造法式祇是料狀別無變造用材制度其間工料太寬關防無術敕誡重別編修誡乃考究羣書并與人匠講說分明類例以元符三年成書奏上

崇寧四年七月二十七日宰相蔡京等進呈庫部員外郎姚舜仁請即國丙巳之地建明堂繪圖獻上上曰先帝常欲爲之有圖見在禁中然考究未甚詳仍令將作監李誡同舜仁上殿八月十六日誡與姚舜仁進明堂圖 楊仲良續資治通鑑長編

紀事本末誠性孝友樂善赴義喜周人之急丁父喪上賜錢百萬誠曰敢匠事治穿具力足以自竭然上賜不敢辭則以與浮屠氏爲其所謂釋迦佛像者以侈上恩而報罔極服除以中散大夫知虢州獄有留繫彌年者誠以立談判大觀四年二月壬申卒吏民懷之如久被其澤者時方有旨趨召其兄譓以上聞徽宗嗟惜久之詔别官其一子葬於鄭州管城縣之梅山誠博學多藝能家藏書數萬卷其手鈔者數千卷工篆籀草隸皆入能品嘗纂重修朱雀門記以小篆書丹以進有旨勒石朱雀門下善畫得古人筆法上聞之遣中貴人諭旨誠以五馬圖進睿鑒稱善喜著書有續山海經十卷續同姓名

録二卷琵琶録三卷馬經三卷六博經三卷古篆説文
十卷墓誌銘
案李明仲起家門廕官將作者十餘年身立紹聖元
符文物全盛之朝營國建國職思其憂奉敕重修營
造法式鏤版海行而絕學之延遂能繼往開來爲不
朽之盛業自餘所箸如續山海經等書雖已亡佚而
覃精研思亦可概見夫薄技片長一經衍繹靡不有
薪盡火傳之義况審曲面埶智創巧述皆聖人之作
士大夫之事乎明仲遷官悉以資勞年格蓋一心營
職不屑詭隨以希榮利宋史闕於義例斤斤於道器
之分不爲立傳亦何所譏彼梁師成朱勔之徒長惡

逢君列名佞幸更不可同年而語矣方今科學昌明各有條貫明仲此書類例相從條章具在官司用爲科律匠作奉爲準繩其事其人皆有裨於考鏡故刺取羣書所紀事蹟彙而書之論世知人固不止懷鉛握槧者心嚮往之也乙丑十月合肥闞鐸

進新修營造法式序

臣聞上棟下宇、易爲大壯之時、正位辨方、禮實太平之典。共工命於舜日、大匠始於漢朝、各有司存、按爲功緒。況

神畿之千里、加

禁闕之九重、內財

宮寢之宜、外定

廟朝之次、蟬聯庶府、棊列百司。櫼櫨枅柱之相枝、規矩準繩之先治、五材並用、百堵皆興。惟時鳩僝之工、遂考翬飛之室。而斲輪之手、巧或失真、董役之官、才非兼技、不知以材而定分、乃或倍斗而取長、弊積因循、法疏檢察、非有治

三宮之精識、豈能新一代之成規。

温詔下頒成書入奏空靡歲月無補涓塵恭惟

皇帝陛下仁儉生知睿明天縱淵静而百姓定綱舉而衆目張官得其人事爲之制丹楹刻桷淫巧既除菲食卑宫淳風斯復乃

詔百工之事更資千慮之愚臣攷閱舊章稽參衆智功分三等第爲精粗之差役辨四時用度長短之晷以至木議剛柔而理無不順土評遠邇而力易以供類例相從條章具在研精覃思顧述者之非工按牒披圖或將來之有補

通直郎管修蓋皇弟外第專一提舉修蓋班直諸軍營房等編修臣李誡謹昧死上

劄子

編修營造法式所準崇寧二年正月十九日

敕通直郎試將作少監提舉修置外學等李誡劄子奏契勘熙寧中敕令將作監編修營造法式至元祐六年方成書準紹聖四年十一月二日

敕以元祐營造法式祗是料狀別無變造用材制度其間工料太寬關防無術三省同奉

聖旨着臣重別編修臣考究經史羣書并勒人匠逐一講說編修海行營造法式元符三年内成書送所屬看詳別無未盡未便遂具

進呈奉

聖旨依續準都省指揮只錄送在京官司竊緣上件法式
係營造制度工限等關防功料最爲要切内外皆合通行
臣今欲乞用小字鏤版依海行敕令頒降取進止正月十
八日三省同奉
聖旨依奏

營造法式看詳

通直郎管修蓋皇弟外第專一提舉修蓋班直諸軍營房等臣李誡奉

聖旨編修

方圜平直

周官考工記：圜者中規，方者中矩，立者中垂，衡者中水。鄭司農注云：治材居材，如此乃善也。

墨子子墨子言曰天下從事者不可以無法儀雖至百工從事者亦皆有法百工爲方以矩爲圜以規直以繩衡以水正以垂無巧工不巧工皆以此五者爲法巧者能中之不巧者雖不能中依放以從事猶愈於已

周髀算經昔者周公問於商高曰數安從出商高曰數之法出於圜方圜出於方方出於矩矩出於九九八十一萬物周事而圜方用焉大匠造制而規矩設焉或毀方而爲圜或破圜而爲方方中爲圜者謂之圜方圜中爲方者謂之方圜也

韓子曰無規矩之法繩墨之端雖班亦不能成方圓

看詳諸作制度皆以方圜平直爲準至如八棱之類

及歆斜羡禮圖云羨爲不圜之貌璧羨以爲量物之度也鄭司農云羨猶延也以善切其袤一尺而廣狹焉哆史記索隱云哆謂狹長而方去其角也哆丁果切俗作隋非亦用規矩取法今謹按周官考工記等修立下條

諸取圜者以規方者以矩直者抨繩取則立者垂繩取正橫者定水取平

取徑圍

九章算經李淳風注云舊術求圜皆以周三徑一爲率若用之求圜周之數則周少而徑多徑一周三理非精密蓋術從簡要略舉大綱而言之今依密率以七乘周二十二而一即徑以二十二乘徑七而一即周

看詳今來諸工作已造之物及制度以周徑爲則者

如點量大小，須於周內求徑，或於徑內求周，若用舊例，以圜三徑一、方五斜七爲據，則疎略頗多。今謹按九章算經及約斜長等密率，修立下條。

諸徑圍斜長依下項：

圜徑七，其圍二十有二。

方一百，其斜一百四十有一。

八棱徑六十，每面二十有五，其斜六十有五。

六棱徑八十有七，每面五十，其斜一百。

圜徑内取方，一百中得七十有一。

方内取圜徑，一得一。八棱、六棱取圜準此。

定功

唐六典凡役有輕重功有短長注云以四月五月六月七月爲長功以二月三月八月九月爲中功以十月十一月十二月正月爲短功

看詳夏至日長有至六十刻者冬至日短有止於四十刻者若一等定功則枉棄日刻甚多今謹按唐六典修立下條

諸稱功者謂中功以十分爲率長功加一分短功減一分

諸稱長功者謂四月五月六月七月中功謂二月三月八月九月短功謂十月十一月十二月正月

右三項並入總例

取正

詩定之方中又揆之以日注云定營室也方中昏正四方也揆度也度日出日入以知東西南視定北準極以正南北周禮天官唯王建國辨方正位

考工記置槷以垂視以景爲規識日出之景與日入之景夜攷之極星以正朝夕鄭司農注云自日出而畫其景端以至日入既則爲規測景兩端之内規之規之交乃審也度兩交之間中屈之以指槷則南北正日中之景最短者也極星謂北辰

管子夫繩扶撥以爲正

字林：㯰，時釧切，垂臬望也。

刊謬證俗音字：今山東匠人猶言垂繩視正爲㯰。

看詳：今來凡有興造，既以水平定地平面，然後立表測景、望星，以正四方，正與經傳相合。今謹按詩及周官考工記等，修立下條。

取正之制：先於基址中央，日内置圜版，徑一尺三寸六分，當心立表，高四寸，徑一分，晝表景之端，記日中最短之景，次施望筒於其上，望日景以正四方。

望筒長一尺八寸，方三寸，用版合造，兩罨頭開圜眼，徑五分。筒身當中兩壁用軸，安於兩立頰之内。其立頰自軸至地高三尺，廣三寸，厚二寸。晝望以筒指南，令日景透北；夜望以筒指北，于筒南望，令前後兩竅内正見北辰極星，然後各垂繩墜下，記望筒兩竅心於地，以爲南，則四方正。

若地勢偏衺，既以景表望筒取正四方，或有可疑處，則更以水池景表較之。其立表高八尺，廣八寸，厚四寸，上齊，（後斜向下三寸。）安於池版之上。其池版長一丈三尺，中廣一尺，於一尺之内，隨表之廣，刻線兩道，一尺之外開水道環四周，廣、深各八分。用水定平，令日景兩邊不出刻線以池版所指及立表心爲南則四方正。安置令立表在南池版在北。其景夏至順線長三尺冬至長一丈二尺。其立表内向池版處用曲尺較令方正。

定平

周官考工記：匠人建國，水地以垂。鄭司農注云：於四角立植而垂，以水望其高下，高下既定，乃爲位而平地。

莊子：水靜則平中準，大匠取法焉。

管子：夫準，壞險以爲平。

尚書大傳：非水無以準萬里之平。

釋名：水，準也。平準物也。

何晏景福殿賦：唯工匠之多端，固萬變之不窮。讎天地以

開基並列宿而作制制無細而不協於規景作無微而不違於水臬五臣注云水臬水平也

看詳今來凡有興建須先以水平望基四角所立之柱定地平面然後可以安置柱石正與經傳相合今謹按周禮考工記修立下條

定平之制既正四方據其位置於四角各立一表當心安水平其水平長二尺四寸廣二寸五分高二寸下施立樁長四尺安鐏在内上面横坐水平兩頭各開池方一寸七分深一寸三分或中心更開池者方深同身内開槽子廣深各五分令水通過於兩頭池子内各用水浮子一

枚，用三池者，水浮子或亦用三枚。方一寸五分，高一寸二分，刻上頭令側薄，其厚一分，浮於池內。望兩頭水浮子之首，遥對立表處，於表身內畫記，即知地之高下。若槽內如有不可用水處，即於椿子當心施墨線一道，上垂繩墜下，令繩對墨線心，則上槽自平，與用水同。其槽底與墨線兩邊，用曲尺較令方正。

凡定柱礎取平，須更用真尺較之。其真尺長一丈八尺，廣四寸，厚二寸五分，當心上立表高四尺，廣厚同上。於立表當心，自上至下施墨線一道，垂繩墜下，令繩對墨線心，則其下地面自平。其真尺身上平處，與立表上墨線兩邊，亦用曲尺較令方正。

牆

周官考工記：匠人爲溝洫，牆厚三尺，崇三之。鄭司農注云：高厚以是爲率，足以相勝。

尚書：既勤垣墉。

詩：崇墉圪圪。

春秋左氏傳：有牆以蔽惡。

爾雅：牆謂之墉。

淮南子：舜作室，築牆茨屋，令人皆知去巖穴，各有室家，此其始也。

說文：堵，垣也。五版爲一堵。墩，周垣也。埒，卑垣也。壁，垣也。垣

蔽曰牆栽築牆長版也（今謂之膊版）榦築牆端木也（今謂之牆師）
尚書大傳天子賁墉諸侯疏杼注云賁大也言大牆正道直也疏猶衰也杼亦牆也言衰殺其上不得正直
釋名牆障也所以自障蔽也垣援也人所依止以爲援衛也墉容也所以隱蔽形容也壁辟也辟禦風寒也
博雅㙩（力彫切）隊（音篆）墉院（音桓）廦（音壁又即壁切）牆垣也
義訓尾（音毛）樓牆也穿垣謂之腔（音空）爲垣謂之厽（音累）周謂之㙩（音了）㙩謂之寏（音垣）

看詳今來築牆制度皆以高九尺厚三尺爲祖雖城壁與屋牆露牆各有增損其大概皆以厚三尺崇三之爲法正與經傳相合今謹按周官考工記等羣書

修立下條。

築牆之制：每牆厚三尺，則高九尺；其上斜收，比厚減半。若高增三尺，則厚加一尺；減亦如之。

凡露牆，每牆高一丈，則厚減高之半；其上收面之廣，比高五分之一。若高增一尺，其厚加三寸；減亦如之。其用葽、橛，並準築城制度。

凡抽紝牆，高厚同上；其上收面之廣，比高四分之一。若高增一尺，其厚加二寸五分。如在屋下，只加二寸。剗削並準築城制度。

右三項並入壕寨制度。

舉折

周官考工記：匠人爲溝洫，葺屋三分，瓦屋四分。鄭司農注

云：各分其修，以其一爲峻。

通俗文：屋上平曰陠。必孤切。

刋謬正俗：音字：陠，今猶言陠峻也。

皇朝景文公宋祁筆録：今造屋有曲折者，謂之庯峻。齊魏

間以人有儀矩可喜者，謂之庯峭，蓋庯峻也。今謂之舉折。

看詳：今來舉屋制度，以前後橑檐方心相去遠近，分

爲四分，自橑檐方背上至脊槫背上，四分中舉起一

分，雖殿閣與廳堂及廊屋之類，略有增加，大抵皆以

四分舉一爲祖，正與經傳相合。今謹按周官考工記

修立下條。

梁：見卷五舉折

舉折之制：先以尺爲丈，以寸爲尺，以分爲寸，以厘爲分，以毫爲厘，側畫所建之屋於平正壁上，定其舉之峻慢，折之圜和，然後可見屋内梁柱之高下，卯眼之遠近。今俗謂之定側樣，亦曰點草架。

舉屋之法：如殿閣樓臺，先量前後橑檐方心相去遠近，分爲三分，若餘屋柱頭作或不出跳者，則用前後檐柱心。從橑檐方背至脊槫背舉起一分，如屋深三丈，即舉起一丈之類。如甋瓦廳堂，即四分中舉起一分，又通以四分所得丈尺，每一尺加八分，若甋瓦廊屋及瓪瓦廳堂，每一尺加五分，或瓪瓦廊屋之類，每一尺加三分。若兩椽屋

"屋"應作"至"

不加。其副階或纏腰，並二分中舉一分。

折屋之法，以舉高尺丈每尺折一寸，每架自上遞減半爲法。如舉高二丈，即先從脊槫背上取平，下屋橑檐方背，其上第一縫折二尺。又從上第一縫槫背取平，下至橑檐方背，於第二縫折一尺，若椽數多，即逐縫取平，皆下至橑檐方背，每縫並減上縫之半。如第一縫二尺，第二縫一尺，第三縫五寸，第四縫二寸五分之類。如取平，皆從槫心抨繩令緊爲則。如架道不勻，即約度遠近，隨宜加減。以脊槫及橑檐方爲準。

若八角或四角鬭尖亭榭，自橑檐方背舉

至角梁底五分中舉一分，至上簇角梁即二分中舉一分。若亭榭只用甋瓦者，即十分中舉四分。

簇角梁之法：用三折，先從大角背自橑檐方心量向上至棖桿卯心，取大角梁背一半並上折簇梁，斜向棖桿舉分盡處，其簇角梁上下並出卯，中下折簇梁同。次從上折簇梁盡處量至橑檐方心，取大角梁背一半立中折簇梁，斜向上折簇梁當心之下。又次從橑檐方心立下折簇梁，斜向中折簇梁當心近下，令中折簇角梁上一半，與上折簇梁一半之長同。其折分並同折屋之制。唯量折以曲尺於絃上取方量之，用甋瓦者同。

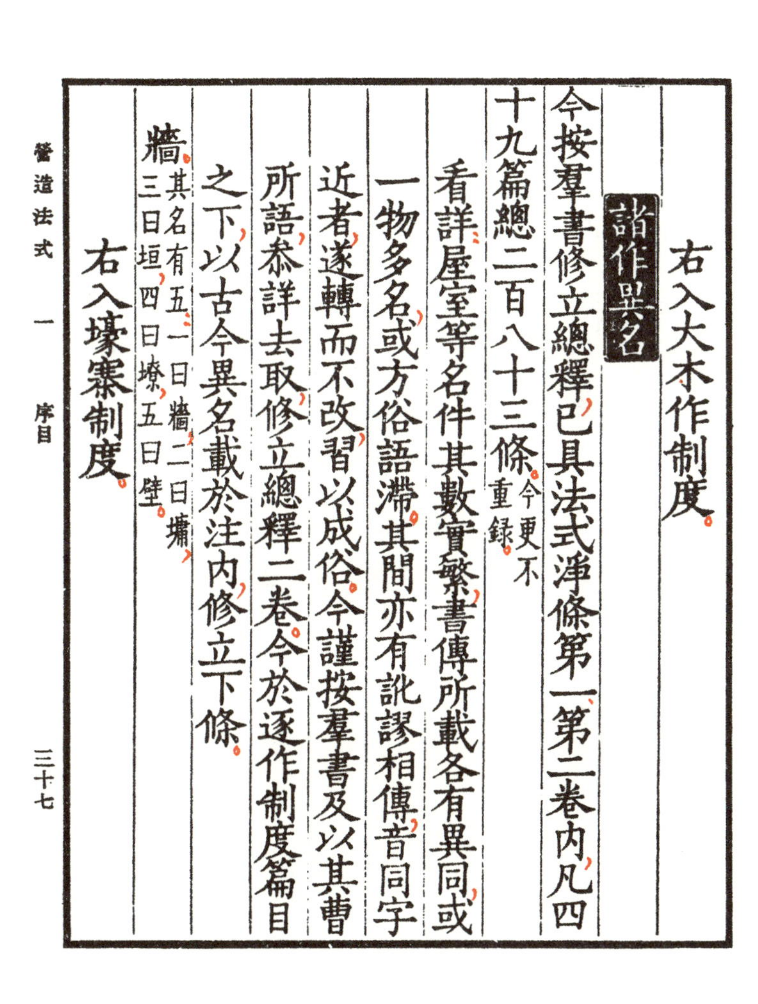
右入大木作制度。

諸作異名

今按羣書修立總釋，已具法式淨條第一、第二卷内，凡四十九篇，總二百八十三條。今更不重録。

看詳屋室等名件，其數實繁，書傳所載，各有異同，或一物多名，或方俗語滯，其間亦有訛謬相傳，音同字近者，遂轉而不改，習以成俗。今謹按羣書及以其曹所語，參詳去取，修立總釋二卷。今於逐作制度篇目之下，以古今異名載於注内，修立下條。

牆。其名有五：一曰牆，二曰墉，三曰垣，四曰壉，五曰壁。

右入壕寨制度。

柱礎。其名有六：一曰礎，二曰礩，三曰碣，四曰磌，五曰磩，六曰磉，今謂之石碇。

右入石作制度

材。其名有三：一曰章，二曰材，三曰方桁。

栱。其名有六：一曰開，二曰槉，三曰欂，四曰曲枅，五曰欒，六曰栱。

飛昂。其名有五：一曰櫼，二曰飛昂，三曰英昂，四曰斜角，五曰下昂。

爵頭。其名有四：一曰爵頭，二曰耍頭，三曰胡孫頭，四曰蜉蝬頭。

枓。其名有五：一曰楶，二曰栭，三曰櫨，四曰楷，五曰枓。

平坐。其名有五：一曰閣道，二曰墱道，三曰飛陛，四曰平坐，五曰鼓坐。

梁。其名有三：一曰梁，二曰杗廇，三曰欐。

柱。其名有二：一曰楹，二曰柱。

陽馬。其名有五：一曰觚棱，二曰陽馬，三曰闕角，四曰角梁，五曰梁抹。

侏儒柱　其名有六：一曰棳，二曰侏儒柱，三曰浮柱，四曰棳，五曰上楹，六曰蜀柱。

斜柱　其名有五：一曰斜柱，二曰梧，三曰迕，四曰枝樘，五曰义手。

棟　其名有九：一曰棟，二曰桴，三曰檼，四曰棼，五曰甍，六曰極，七曰槫，八曰檁，九曰櫋。

搏風　其名有二：一曰榮，二曰搏風。

柎　其名有三：一曰柎，二曰複棟，三曰替木。

椽　其名有四：一曰桷，二曰椽，三曰榱，四曰橑。短椽其名有二：一曰棟，二曰禁楄。

檐　其名有十四：一曰宇，二曰檐，三曰樀，四曰楣，五曰屋垂，六曰梠，七曰櫺，八曰聯櫋，九曰橝，十曰庌，十一曰廡，十二曰槾，十三曰檐櫋，十四曰庮。

舉折　其名有四：一曰陠，二曰峻，三曰陠峭，四曰舉折。

右入大木作制度。

烏頭門　其名有三：一曰烏頭大門，二曰表楬，三曰閥閱，今呼爲櫺星門。

平棊其名有三：一曰平機，二曰平橑，三曰平棊，俗謂之平起。其以方椽施素版者，謂之平闇。

鬭八藻井其名有三：一曰藻井，二曰圜泉，三曰方井。今謂之鬭八藻井。

鉤闌其名有八：一曰櫺檻，二曰軒檻，三曰蘢，四曰梐牢，五曰闌楯，六曰柃，七曰階檻，八曰鉤闌。

拒馬义子其名有四：一曰梐枑，二曰梐拒，三曰行馬，四曰拒馬义子。

屏風其名有四：一曰皇邸，二曰後版，三曰扆，四曰屏風。

露籬其名有五：一曰欞，二曰柵，三曰據，四曰藩，五曰落。今謂之露籬。

右入小木作制度

塗其名有四：一曰垷，二曰墐，三曰塗，四曰泥。

右入泥作制度

階其名有四：一曰階，二曰陛，三曰陔，四曰墒。

右入塼作制度

九

下脱看詳一卷

三、

瓦 其名有二：一曰瓦，二曰甍。

塼 其名有四：一曰甓，二曰瓴甋，三曰㲉，四曰甗甎。

右入窰作制度。

總諸作看詳

看詳：先準

朝旨以營造法式舊文祇是一定之法，及有營造位置盡皆不同，臨時不可攷據，徒爲空文，難以行用，先次更不施行，委臣重別編修。今編修到海行營造法式總釋并總例共二卷，制度一十五卷，功限一十卷，料例并工作等第共三卷，圖樣六卷，目録一卷，總三十六卷，計三百五十七篇，共三千五百五十五條。內四十九篇二百八十三條，係於經史等羣書中檢尋攷究。至或制度與經傳相合，或一物而數名各異，已於前項逐門看詳立文外，其三百八篇三千二百七十二條，係自來工作相傳，並是經久可以行用之法，與諸作諳會經歷造作工匠詳悉講究規矩，比較諸作利害，隨物之大小，有增減之法，謂如版門制度，以高一尺爲法，積至二丈四尺。如枓栱等功限，以第六等材爲法，若材增減一等，其功限各有加減法之類。各於逐項制度、功限、料例內剏行修立，並不曾叅用舊文，即別無開具看詳，因依其逐作造作名件內，或有須於畫圖可見規矩者，皆別立圖樣，以明制度。

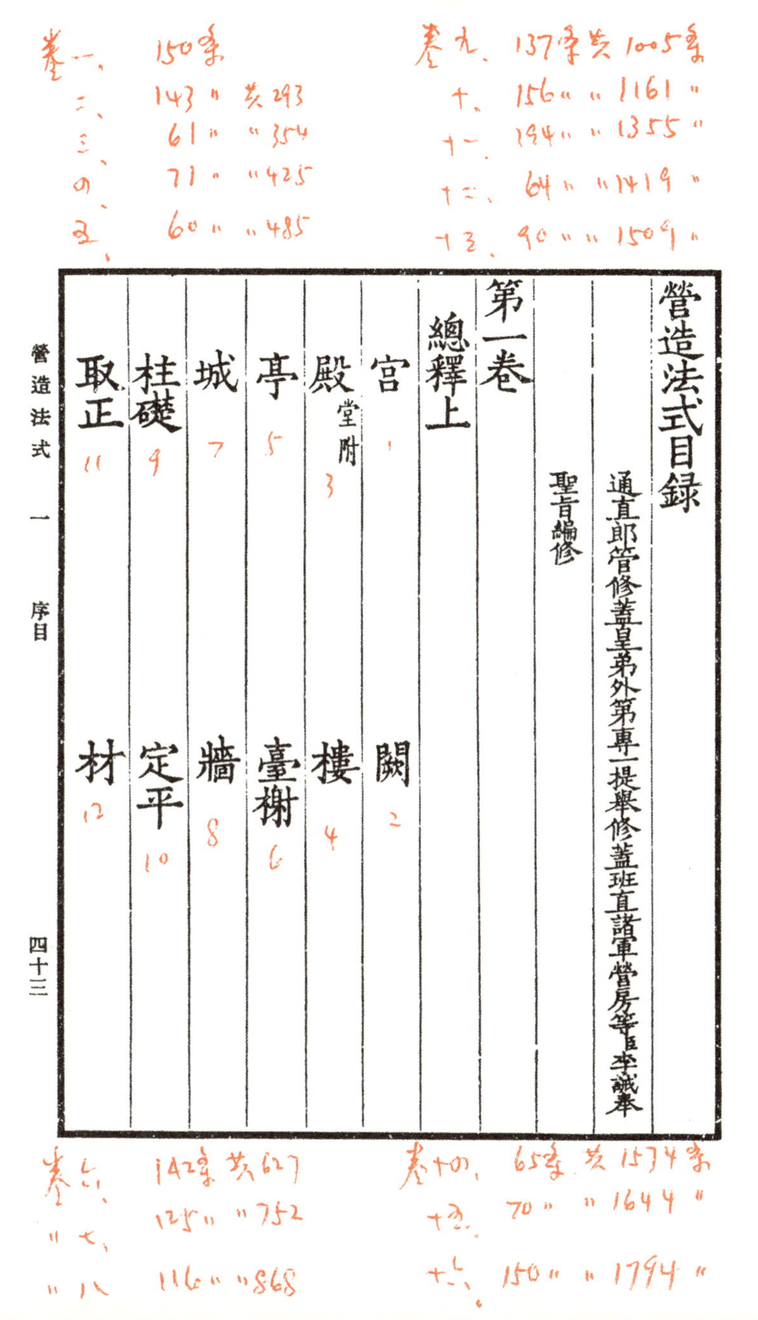

卷一、150条
二、143〃共293
三、61〃〃354
四、71〃〃425
五、60〃〃485

卷九、137条共1005条
十、156〃〃1161〃
十一、194〃〃1355〃
十二、64〃〃1419〃
十三、90〃〃1509〃

營造法式目錄

通直郎管修蓋皇弟外第專一提舉修蓋班直諸軍營房等臣李誡奉

聖旨編修

第一卷

總釋上

宮　闕

殿（堂附）　樓

亭　臺榭

城　牆

柱礎　定平

取正　材

卷六、142条共627
七、125〃〃752
〃八、116〃〃868

卷十四、65条共1574条
十五、70〃〃1644〃
十六、150〃〃1794〃

第二卷

總釋下

第三卷

壕寨制度

石作制度

第四卷

大木作制度一

第五卷

大木作制度二

第六卷

小木作制度一

第七卷

小木作制度二

第八卷

小木作制度三

第十三卷

第十五卷

塼作制度

第十七卷

大木作功限一

第十八卷

大木作功限二

第十九卷

大木作功限三

小木作功限二

第三十卷

第三十一卷

大木作制度圖樣下

第三十二卷

刷飾制度圖樣

營造法式目録

營造法式卷第一

通直郎管修蓋皇弟外第專一提舉修蓋班直諸軍營房等臣李誡奉

聖旨編修

總釋上

宮　闕

殿堂附　樓

亭　臺榭

城　牆

柱礎　定平

取正　材

栱　飛昂

禮記儒有
見禮記儒行弟四十一

爵頭　枓

鋪作　平坐

梁　柱

陽馬　侏儒柱

斜柱

宮

易繫辭上古穴居而野處後世聖人易之以宮室上棟下宇以待風雨。

詩作于楚宮揆之以日作于楚室。

禮儒一畝之宮環堵之室。

爾雅宮謂之室室謂之宮。皆所以通古今之異語明同實而兩名。室有東西

4　3　2　1

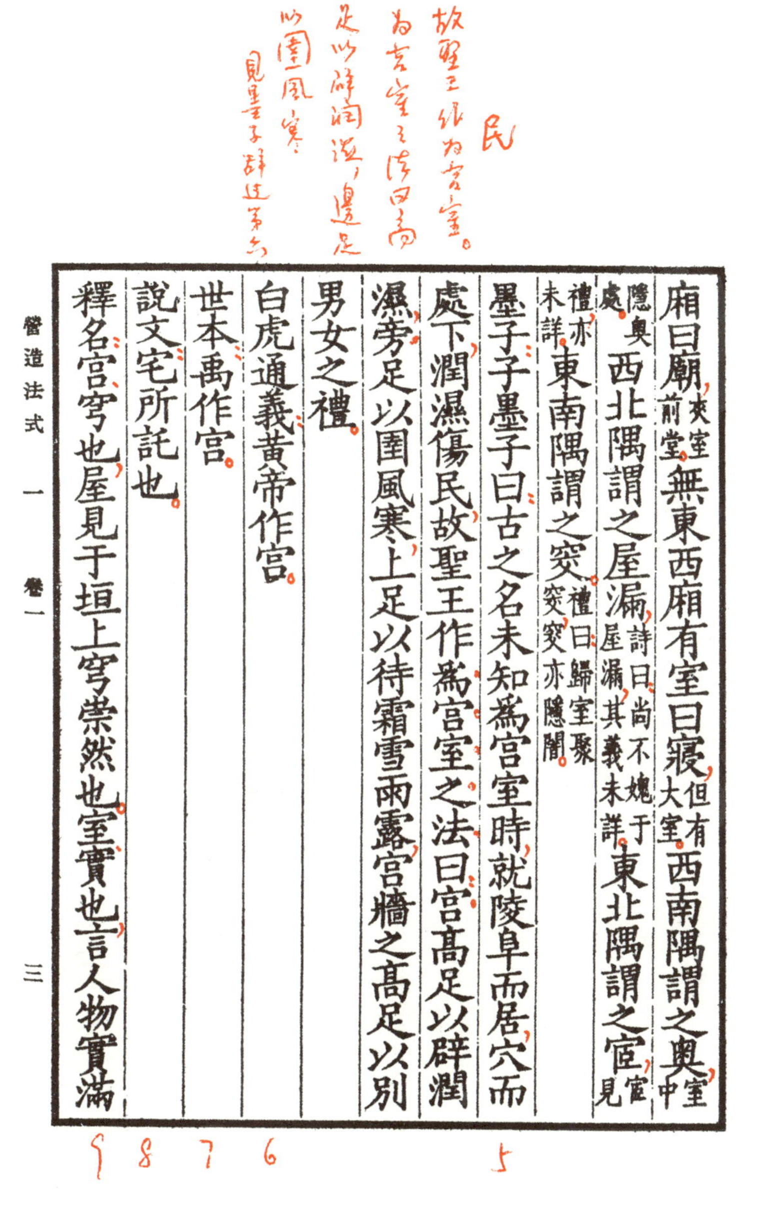

廂曰廟，夾室前堂。無東西廂有室曰寢，但有大室。西南隅謂之奥，室中隱奥處。西北隅謂之屋漏，詩曰：尚不媿于屋漏，其義未詳。東北隅謂之宧，宧見禮，亦未詳。東南隅謂之窔。禮曰：歸室聚窔，窔亦隱闇。

墨子：子墨子曰：古之名未知爲宫室時，就陵阜而居，穴而處下，潤濕傷民，故聖王作爲宫室之法曰：宫高足以辟潤濕，旁足以圉風寒，上足以待霜雪雨露，宫牆之高足以別男女之禮。

白虎通義：黄帝作宫。

世本：禹作宫。

説文：宅，所託也。

釋名：宫，穹也。屋見于垣上，穹崇然也。室，實也。言人物實滿

其中也寢寢也所寢息也舍于中舍息也屋奥也其中温奥也宅擇也擇吉處而營之也

風俗通義自古宮室一也漢來尊者以爲號下乃避之也

義訓小屋謂之廑(音近)深屋謂之庝(音同)偏舍謂之㢜(音亶)㢜謂之㡨(音次)宮室相連謂之謻(直移切) 因巖成室謂之广(音儼)壞室謂之庘(音壓)夾室謂之廂塔下室謂之龕龕謂之椌(音空)空室謂之㝩㝗(上音康下音郎)深謂之戡戡(音躭)頽謂之㲉敷(上音批下音鋪)不平謂之庯庩(上音逋下音途)

闕

周官太宰以正月示治法於象魏

禮天子諸侯臺門天子外闕兩觀諸侯内闕一觀

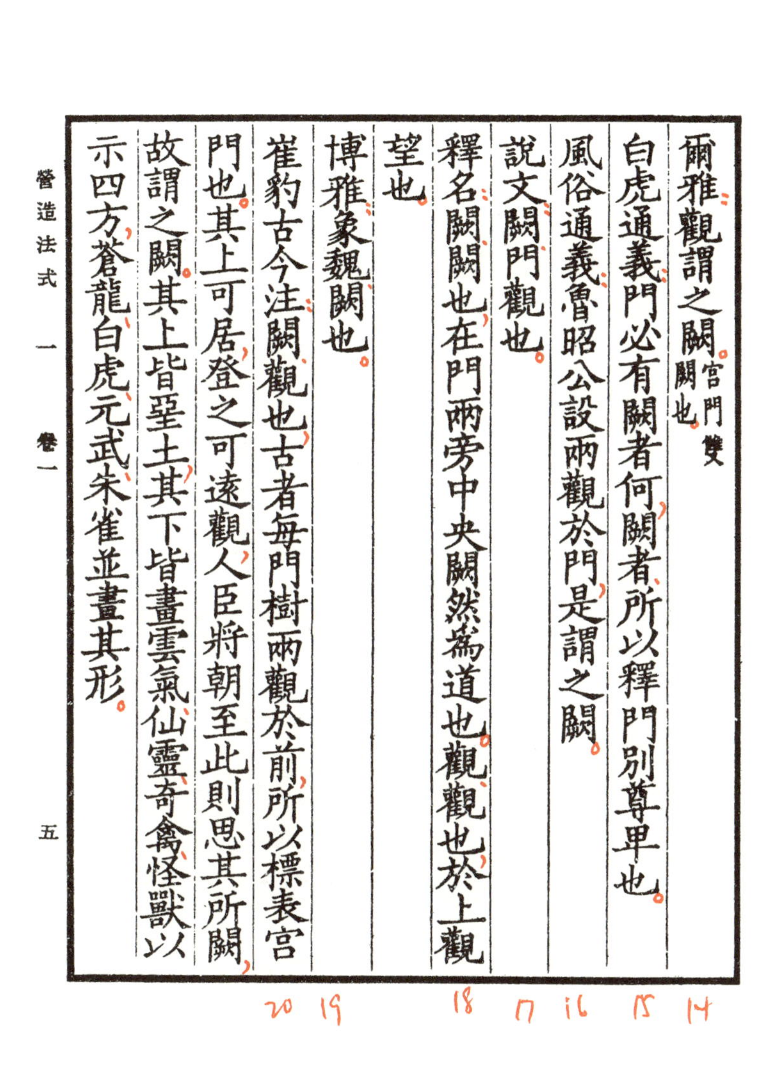
爾雅：觀謂之闕。宮門雙闕也。
白虎通義：門必有闕者何，闕者，所以釋門，別尊卑也。
風俗通義：魯昭公設兩觀於門，是謂之闕。
說文：闕，門觀也。
釋名：闕，闕也，在門兩旁，中央闕然爲道也。觀，觀也，於上觀
望也。
博雅：象魏，闕也。
崔豹古今注：闕，觀也。古者每門樹兩觀於前，所以標表宮
門也。其上可居，登之可遠觀。人臣將朝，至此則思其所闕，
故謂之闕。其上皆堊土，其下皆畫雲氣、仙靈、奇禽、怪獸，以
示四方。蒼龍、白虎、元武、朱雀，並畫其形。

義訓：觀謂之闕，闕謂之皇。

殿 堂附

蒼頡篇：殿，大堂也。徐堅注云：商周以前其名不載，秦本紀始曰作前殿。

周官考工記：夏后氏世室，堂脩二七，廣四脩一；商人重屋，堂脩七尋，堂崇三尺；周人明堂，東西九筵，南北七筵，堂崇一筵。鄭司農注云：脩，南北之深也。夏度以步，今堂脩十四步，其廣益以四分脩之一，則堂廣十七步半。商度以尋，周度以筵，六尺曰步，八尺曰尋，九尺曰筵。

禮記：天子之堂九尺，諸侯七尺，大夫五尺，士三尺。

墨子：堯舜堂高三尺。

說文：堂，殿也。

釋名：堂，猶堂堂，高顯貌也；殿，殿鄂也。

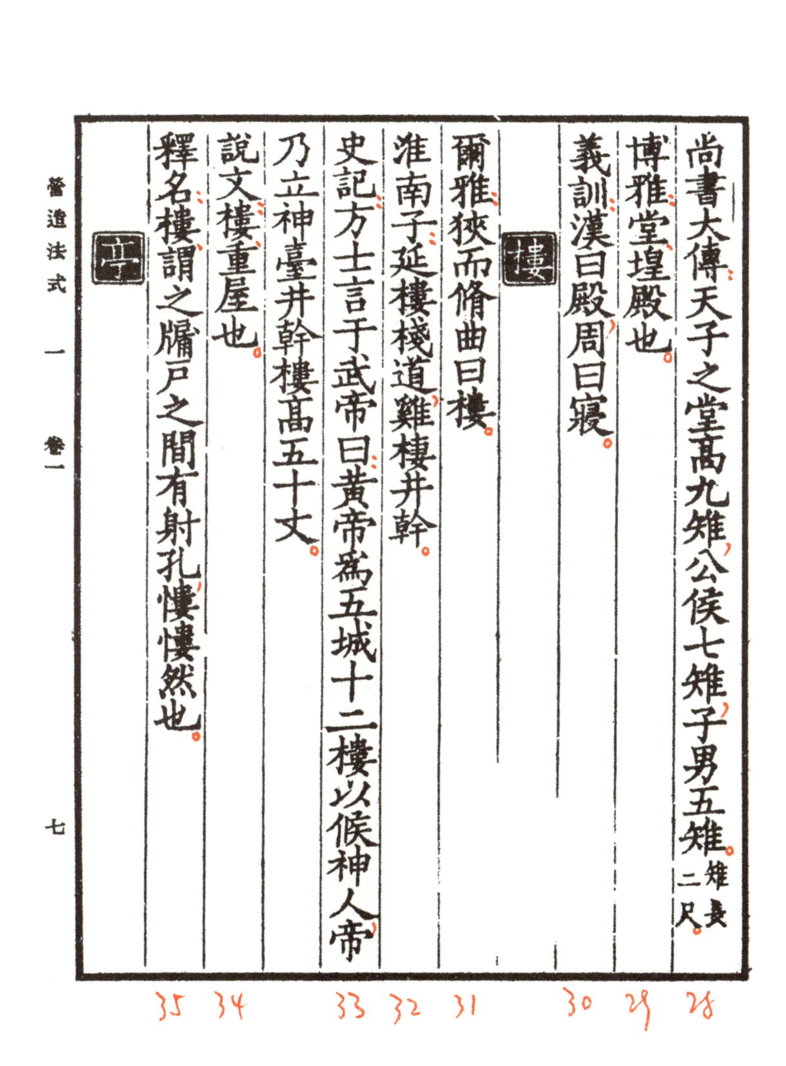

尚書大傳：天子之堂高九雉，公侯七雉，子男五雉。雉長二尺。

博雅：堂堭，殿也。

義訓：漢曰殿，周曰寢。

樓

爾雅：狹而脩曲曰樓。

淮南子：延樓棧道，雞棲井幹。

史記：方士言於武帝曰：黃帝爲五城十二樓，以候神人。帝乃立神臺井幹樓，高五十丈。

說文：樓，重屋也。

釋名：樓謂之牖，戶之間有射孔，慺慺然也。

亭

說文亭民所安定也亭有樓從高省從丁聲也

釋名亭停也人所亭集也

風俗通義謹按春秋國語有寓望謂今亭也漢家因秦大率十里一亭亭留也今語有亭留亭待蓋行旅宿食之所館也亭亦平也民有訟諍吏留辨處勿失其正也

臺榭

老子九層之臺起于累土

禮記月令五月可以居高明可以處臺榭

爾雅無室曰榭榭即今堂堭

又觀四方而高曰臺有木曰榭積土四方者

漢書坐皇堂上室而無四壁曰皇

43 42 41 40 39 38 37 36

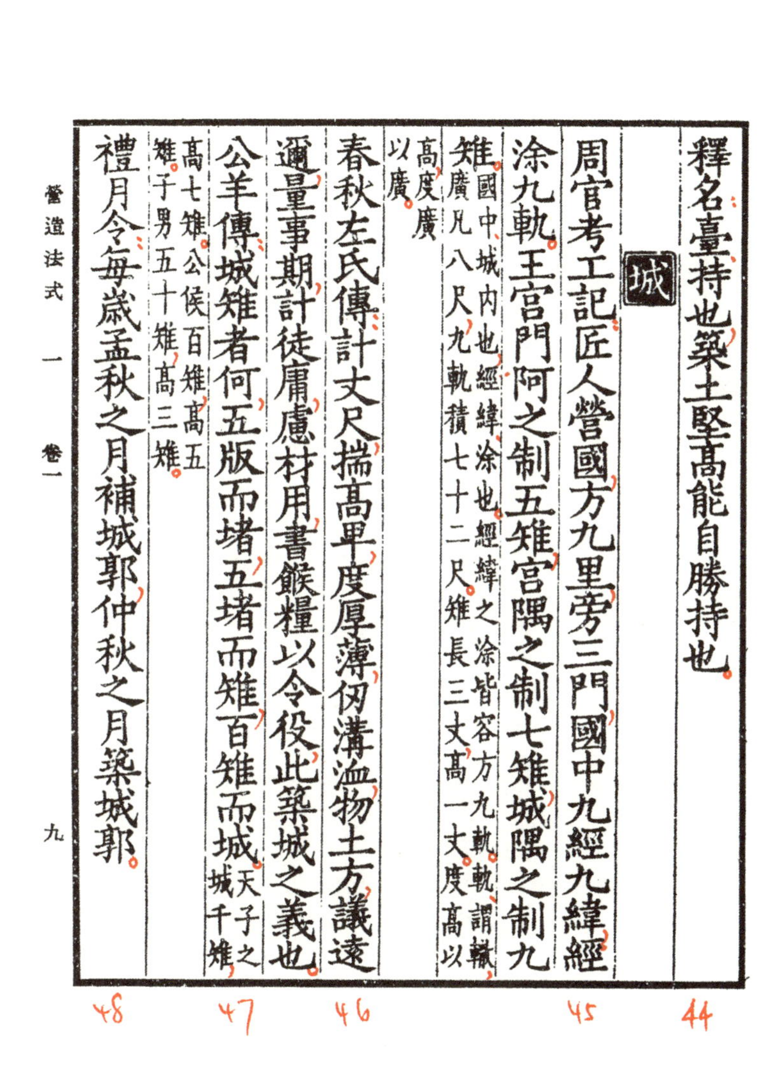
釋名臺持也築土堅高能自勝持也

城

周官考工記匠人營國方九里旁三門國中九經九緯經涂九軌王宮門阿之制五雉宮隅之制七雉城隅之制九雉（國中城內也經緯涂也經緯之涂皆容方九軌軌謂轍廣凡八尺九軌積七十二尺雉長三丈高一丈度高以高度廣以廣）

春秋左氏傳計丈尺揣高卑度厚薄仞溝洫物土方議遠邇量事期計徒庸慮材用書餱糧以令役此築城之義也

公羊傳城雉者何五版而堵五堵而雉百雉而城（天子之城千雉高七雉公侯百雉高五雉子男五十雉高三雉）

禮月令每歲孟秋之月補城郭仲秋之月築城郭

管子內之爲城外之爲郭

吳越春秋鯀築城以衛君造郭以守民

說文城以盛民也墉城垣也堞城上女垣也

五經異義天子之城高九仞公侯七仞伯五仞子男三仞

釋名城盛也盛受國都也郭廓也廓落在城外也城上垣謂之睥睨言于孔中睥睨非常也亦曰陴言陴助城之高也亦曰女牆言其卑小比之于城若女子之于丈夫也

博物志禹作城彊者攻弱者守敵者戰城郭自禹始也

牆

周官考工記匠人爲溝洫牆厚三尺崇三之（高厚以是爲率足以相勝）

尚書既勤垣墉

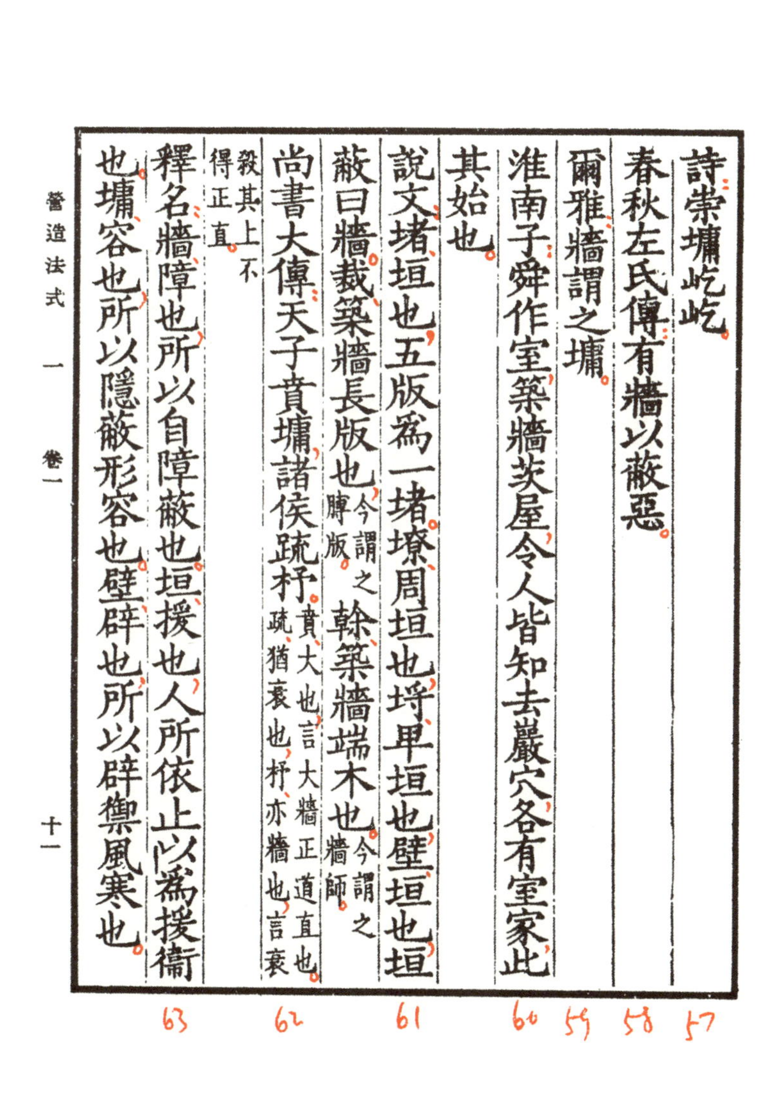
詩：崇墉屹屹。

春秋左氏傳：有牆以蔽惡。

爾雅：牆謂之墉。

淮南子：舜作室，築牆茨屋，令人皆知去巖穴，各有室家，此其始也。

說文：堵，垣也。五版爲一堵。墩，周垣也。埒，卑垣也。壁，垣也。垣蔽曰牆。栽，築牆長版也。今謂之膊版。榦，築牆端木也。今謂之牆師。

尚書大傳：天子賁墉，諸侯疏杼。賁，大也，言大牆正道直也。疏，猶衰也。杼，亦牆也。言衰殺其上，不得正直。

釋名：牆，障也，所以自障蔽也。垣，援也，人所依止，以爲援衛也。墉，容也，所以隱蔽形容也。壁，辟也，所以辟禦風寒也。

博雅：㙩（力彫切）、隊（音篆）、墉、院（音桓）也。廦（音壁，又即壁反）、牆、垣也。

義訓：庑（音毛）、樓，牆也。穿垣謂之腔（音空），爲垣謂之厽（音累），周謂之㙩（音了），㙩謂之寏（音垣）。

柱礎

淮南子：山雲蒸，柱礎潤。

說文：櫍（之日切），柎也。柎，闌足也。榰（章移切），柱砥也。古用木，今以石。

博雅：礎、碣（音昔）、磌（音真，又徒年切），礩也。鑱（音讒）謂之鈹（音披），鐫（醉全切，又子兖切）謂之鏨（慙敢切）。

義訓：礎謂之碱（仄六切），碱謂之礩，礩謂之碣，碣謂之磉（音顙，今謂之石錠，音頂）。

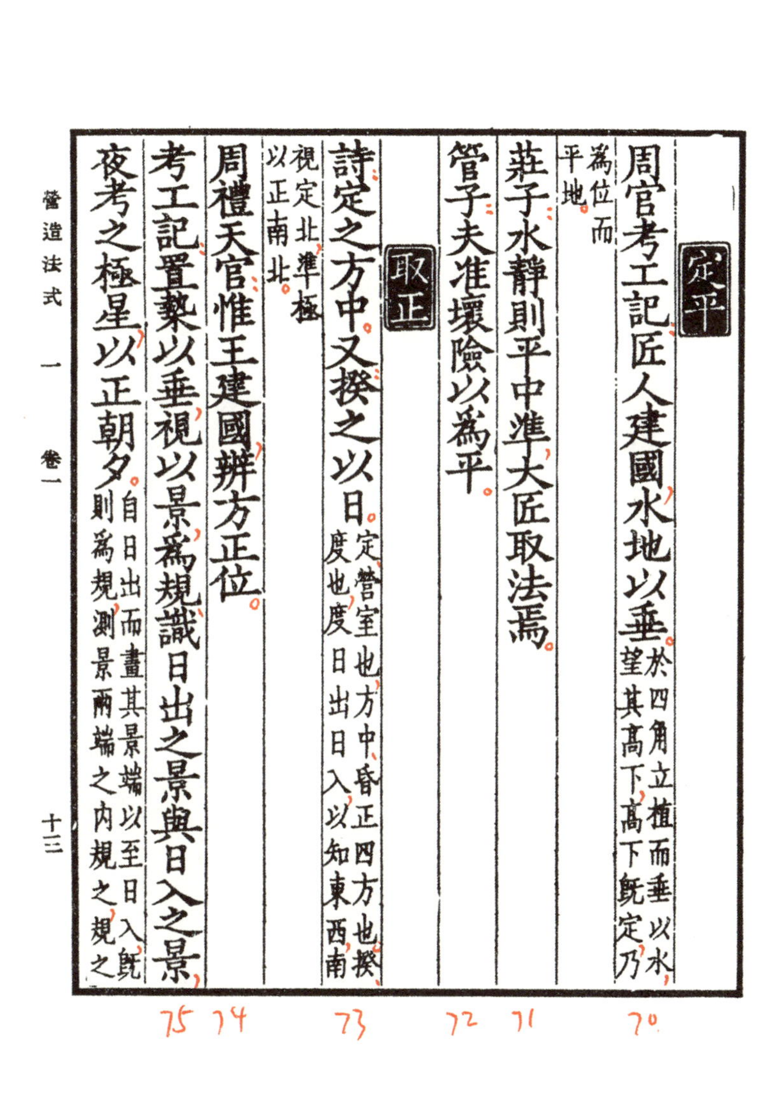

〔定平〕

周官考工記匠人建國水地以垂於四角立植而垂以水望其高下高下既定乃為位而平地

莊子水靜則平中準大匠取法焉

管子夫准壞險以爲平

〔取正〕

詩定之方中又揆之以日定營室也方中昏正四方也揆度也度日出日入以知東西南視定北準極以正南北

周禮天官惟王建國辨方正位

考工記置槷以垂視以景爲規識日出之景與日入之景夜考之極星以正朝夕自日出而畫其景端以至日入既則爲規測景兩端之内規之規之

交乃審也度兩交之間中屈之以指槷則南北正日中之景最短者也極星謂北辰

管子夫繩扶撥以爲正

字林𡒄時釧切垂臬望也

刋謬正俗音字今山東匠人猶言垂繩視正爲𡒄也

材

周禮任工以飭材事

吕氏春秋夫大匠之爲宫室也景小大而知材木矣

史記山居千章之楸章材也

班固漢書將作大匠屬官有主章長丞舊將作大匠主材吏名章曹掾

又西都賦因瓌材而究奇

弁蘭許昌宫賦材靡隱而不華

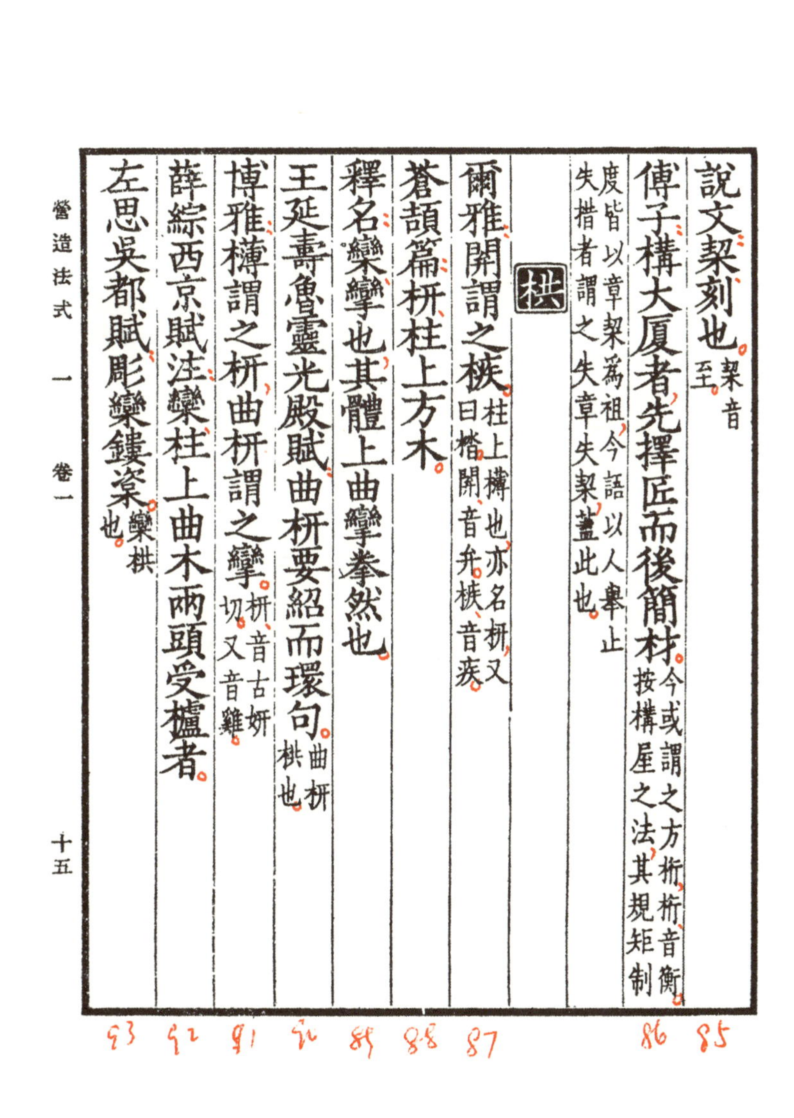

說文：栔，刻也。栔音至。

傅子：構大廈者，先擇匠而後簡材。今或謂之方析，析音衡。按構屋之法，其規矩制度，皆以章栔爲祖。今語以人舉止失措者，謂之失章失栔，蓋此也。

栱

爾雅：閞謂之槉。柱上欂也，亦名枅，又曰楮。閞，音弁。槉，音疾。

蒼頡篇：枅，柱上方木。

釋名：欒，攣也。其體上曲，攣拳然也。

王延壽魯靈光殿賦：曲枅要紹而環句。曲枅，栱也。

博雅：欂謂之枅，曲枅謂之攣。枅，音古妍切，又音雞。

薛綜西京賦注：欒，柱上曲木，兩頭受櫨者。

左思吳都賦：彫欒鏤楶。欒，栱也。

飛昂

說文：櫼，楔也。

何晏景福殿賦：飛昂鳥踊。

又：櫼櫨角落以相承。李善曰：飛昂之形，類鳥之飛。今人名屋四阿栱曰櫼昂，櫼即昂也。

劉梁七舉：雙覆井菱，荷垂英昂。

義訓：斜角謂之飛棉。今謂之下昂者，以昂尖下指故也。下昂尖面䫜下平。又有上昂，如昂桯挑斡者，施之于屋內或平坐之下。昂字又作枊，或作棉者，皆吾郎切。䫜，于交切。俗作凹者，非是。

爵頭

釋名：上入曰爵頭，形似爵頭也。今俗謂之耍頭，又謂之胡孫頭；朔方人謂之蜉蜒頭。蜉，音勃；蜒，音縱。

枓

語山節藻梲（節栭也）

爾雅栭謂之楶（即櫨也）

說文櫨柱上柎也栭枅上標也

釋名盧在柱端都盧負屋之重也枓在欒兩頭如斗負上檼也

博雅楶謂之櫨（節楶古文通用）

魯靈光殿賦層櫨磥佹以岌峩（櫨枓也）

義訓柱斗謂之榙（音沓）

鋪作

漢柏梁詩大匠曰柱櫬欂櫨相支持

景福殿賦桁梧複疊勢合形離（桁梧枓栱也皆重疊而施其勢或合或離）

又櫼櫨各落以相承，欒栱夭蟜而交結。

徐陵太極殿銘：千櫨赫奕，萬栱崚層。

李白明堂賦：走栱夤緣。

李華含元殿賦：雲薄萬栱。

又：懸櫨駢湊。（今以枓栱層數相疊出跳多寡次序謂之鋪作。）

平坐

張衡西都賦：閣道穹隆。（閣道飛陛也。）

又：隥道邐倚以正東。（隥道閣道也。）

魯靈光殿賦：飛陛揭蘗，緣雲上征；中坐垂景，俯視流星。

義訓：閣道謂之飛陛，飛陛謂之墱。（今俗謂之平坐，亦曰鼓坐。）

梁

爾雅杗廇謂之梁屋大梁也杗武方切廇力又切

司馬相如長門賦委參差之槺梁槺虛也

西都賦抗應龍之虹梁梁曲如虹也

釋名梁強梁也

何晏景福殿賦雙枚既修兩重作梁也

又重桴乃飾重桴在外作兩重牽也

博雅曲梁謂之罶音柳

義訓梁謂之欐音禮

柱

詩有覺其楹

春秋莊公丹桓宮楹

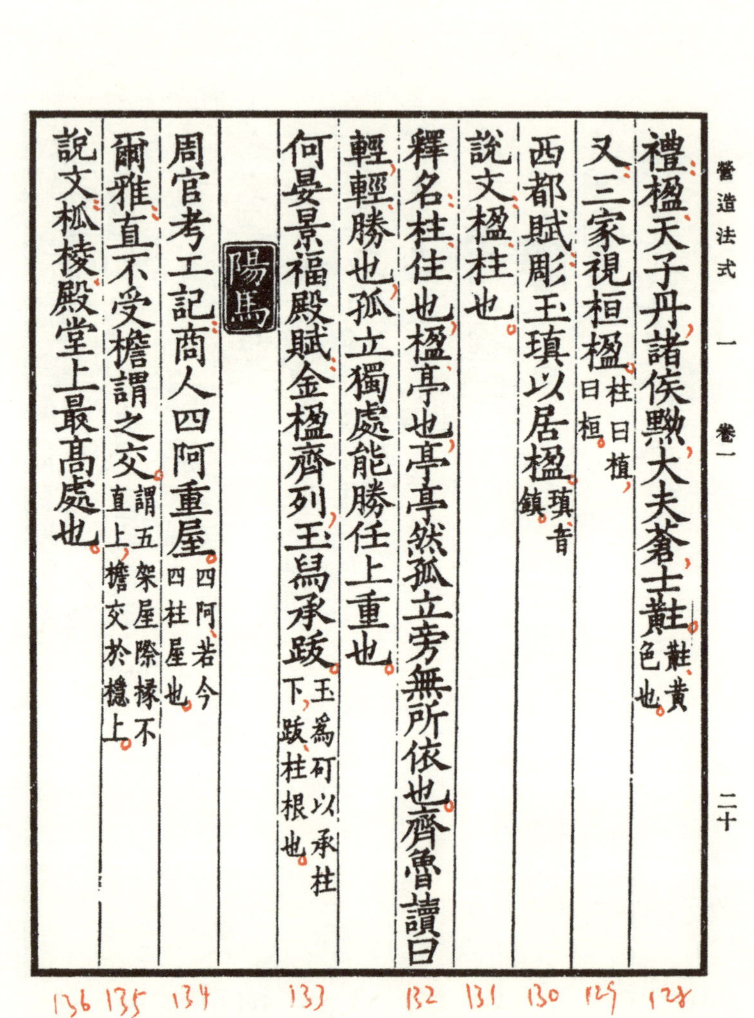

禮：楹，天子丹，諸侯黝，大夫蒼，士黈。黈，黄色也。

又：三家視桓楹。柱曰植，曰桓。

西都賦：彫玉瑱以居楹。瑱音鎮。

說文：楹，柱也。

釋名：柱，住也。楹，亭也；亭亭然孤立，旁無所依也。齊魯讀曰輕；輕，勝也。孤立獨處，能勝任上重也。

何晏景福殿賦：金楹齊列，玉舄承跋。玉爲矴以承柱下；跋，柱根也。

陽馬

周官考工記：商人四阿重屋。四阿若今四柱屋也。

爾雅：直不受檐謂之交。謂五架屋際，椽不直上檐，交於檼上。

說文：柧棱，殿堂上最高處也。

何晏景福殿賦承以陽馬陽馬，屋四角引出以承短椽者。

左思魏都賦齊龍首以涌霤屋上四角，雨水入龍口中，瀉之于地也。

張景陽七命陰虬負檐，陽馬翼阿。

義訓闕角謂之柧棱今俗謂之角梁，又謂之梁抹者，蓋語訛也。

侏儒柱

語山節藻棁。

爾雅梁上楹謂之棁侏儒柱也。

揚雄甘泉賦抗浮柱之飛榱浮柱，即梁上柱也。

釋名棳，棳儒也，梁上短柱也。棳儒猶侏儒，短，故因以名之也。

魯靈光殿賦胡人遙集於上楹今俗謂之蜀柱。

釋名二字皆從梧。四庫、丁本、蔣本、宋本均作迕，從字書也。據梧不偽，惟梧當作梧，見漢語大字典。……

斜柱

長門賦：離樓梧而相樘。丑庚切。

說文：樘，衺柱也。

釋名：梧，在梁上，兩頭相觸梧也。

魯靈光殿賦：枝樘杈枒而斜據。枝樘，梁上交木也。杈枒相柱，而斜據其間也。

義訓：斜柱謂之梧。今俗謂之叉手。

營造法式卷第一

146 147 148 149 150

營造法式卷第二

通直郎管修蓋皇弟外第專一提舉修蓋班直諸軍營房等臣李誠奉

聖旨編修

總釋下

棟　兩際

搏風　柎

椽　檐

舉折　門

烏頭門　華表

窗　平棊

鬬八藻井　鉤闌

拒馬义子　屏風

樣柱　露籬

鴟尾　瓦

塗　彩畫

階　塼

井

總例

總釋下

棟

易棟隆吉。

爾雅棟謂之桴。屋檼也。

儀禮：序則物當棟，堂則物當楣。是制五架之屋也。正中曰棟，次曰楣，前曰庪。九僞切，又九委切。

西都賦：列棼橑以布翼，荷棟桴而高驤。棼、桴，皆棟也。

揚雄方言：甍謂之霤。即屋檼也。

説文：極，棟也。棟，屋極也。檼，棼也。甍，屋棟也。徐鍇曰：所以承瓦，故從瓦。

釋名：檼，隱也，所以隱桷也。或謂之望，言高可望也。或謂之棟，棟，中也，居屋之中也。屋脊曰甍，甍，蒙也，在上蒙覆屋也。

博雅：檼，棟也。

義訓：屋棟謂之甍。今謂之槫，亦謂之檁，又謂之榜。

兩際

爾雅：桷直而遂謂之閱。謂五架屋際椽相正當。

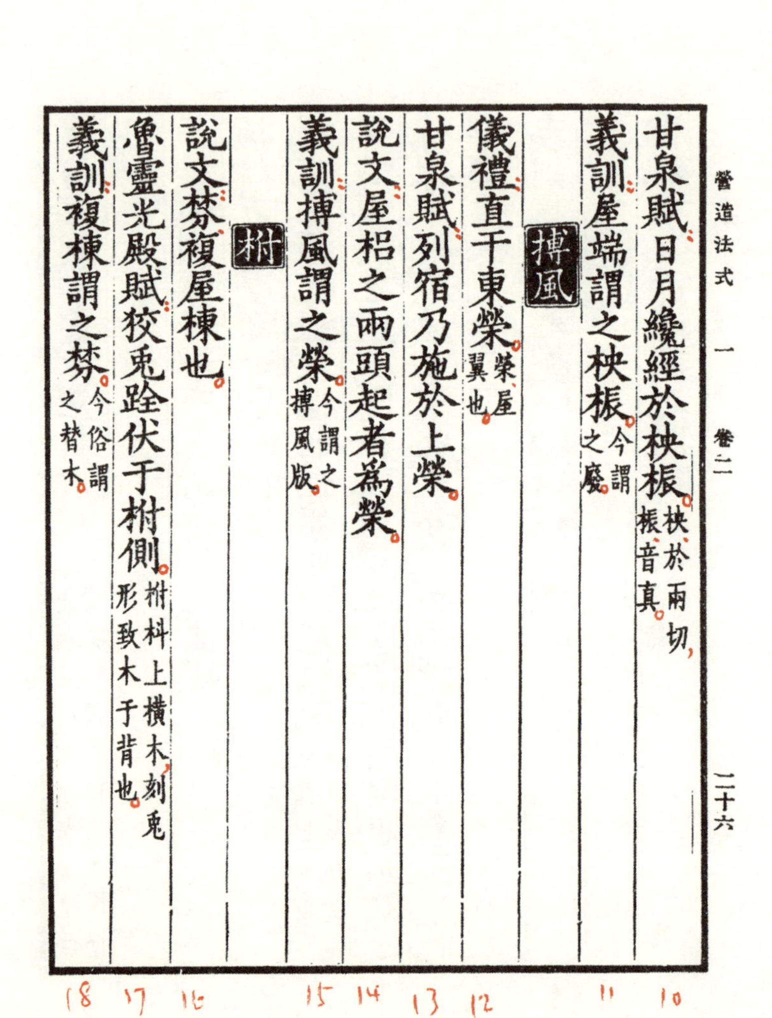

甘泉賦日月纔經於柍桭 柍於兩切桭音真

義訓屋端謂之柍桭 今謂之廢

搏風

儀禮直于東榮 榮屋翼也

甘泉賦列宿乃施於上榮

說文屋梠之兩頭起者爲榮

義訓搏風謂之榮 今謂之搏風版

柎

說文棼複屋棟也

魯靈光殿賦狡兎跧伏于柎側 柎枓上横木刻兎形致木于背也

義訓複棟謂之棼 今俗謂之替木

易鴻漸于木或得其桷。

椽

春秋左氏傳桓公伐鄭以大宫之椽爲盧門之椽。

國語天子之室斲其椽而礱之加密石焉諸侯礱之大夫斲之士首之。密，細密文理；石，謂砥也。先粗礱之，加以密砥；首之，斲其首也。

爾雅桷謂之榱。屋椽也。

甘泉賦琁題玉英。題，頭也。榱椽之頭皆以玉飾。

說文秦名爲屋椽周謂之榱齊魯謂之桷。

又椽方曰桷短椽謂之楝。耻緑切。

釋名桷确也其形細而踈确也或謂之椽椽傳也傳次而布列之也或謂之榱在檼旁下列衰衰然垂也。

21 20 19 26 25 24 23 22

禮記明堂位 廟

博雅榱橑（魯好切）桷棟椽也

景福殿賦爰有禁楄勒分翼張（禁楄短椽也楄蒲沔切）

陸德明春秋左氏傳音義圜曰椽

檐

（余廉切或作櫩俗作簷者非是）

易繫辭上棟下宇以待風雨

詩如跂斯翼如矢斯棘如鳥斯革如翬斯飛（疏云言檐阿之勢似鳥飛也翼言其體飛言其勢也）

爾雅檐謂之樀（屋梠也）

禮複霤重檐天子之廟飾也

儀禮賓升主人阼階上當楣（楣前梁也）

淮南子橑檐榱題（檐屋垂也）

方言屋梠謂之櫺即屋檐也

說文秦謂屋聯櫋曰楣齊謂之檐楚謂之梠橝徒含切屋梠前也㡰音雅廡也宇屋邊也

釋名楣眉也近前若面之有眉也又曰梠梠旅也連旅旅也或謂之槾槾綿也綿連榱頭使齊平也宇羽也如鳥羽自蔽覆者也

西京賦飛檐䡾䡾

又鏤檻文梍梍連檐也

景福殿賦梍梠椽櫋連檐木以承瓦也

博雅楣檐櫺梠也

義訓屋垂謂之宇宇下謂之廡步檐謂之廊峻廊謂之巖

檐梍謂之庮音由

舉折

周官考工記匠人爲溝洫葺屋三分瓦屋四分各分其修以其一爲峻

通俗文屋上平曰陠必孤切

刋謬正俗音字陠今猶言陠峻也

唐柳宗元梓人傳畫宫於堵盈尺而曲盡其制計其毫厘而構大厦無進退焉

皇朝景文公宋祁筆録今造屋有曲折者謂之庯峻齊魏間以人有儀矩可喜者謂之庯峭蓋庯峻也今謂之舉折

門

易重門擊柝以待暴客

詩：衡門之下，可以棲遲。

又：乃立皋門，皋門有閌；乃立應門，應門鏘鏘。

詩義：橫一木作門，而上無屋，謂之衡門。

春秋左氏傳：高其閈閎。

公羊傳：齒著于門闔。何休云：闔，扇也。

爾雅：閍謂之門，正門謂之應門。柣謂之閾。閾，門限也。疏云：俗謂之地柣，十結切。棖謂之楔。門兩旁木。李巡曰：梱上兩旁木。楣謂之梁。門戶上橫木。樞謂之椳。門戶扉樞。樞達北方，謂之落時。門持樞者，或達北檼，以爲固也。落時謂之戹。道二名也。橛謂之闑。門閫。闑謂之扉，所以止扉謂之閎。門辟旁長橛也。長杙即門橛也。植謂之傳，傳謂之突。戶持鏁植也，見埤蒼。

說文：閤，門旁戶也。閨，持立之門，上圜下方，有似圭。

在外為人所
捫摸也

風俗通義門戶鋪首昔公輸班之水見蠡曰見汝形蠡適出頭般以足畫圖之蠡引閉其戶終不可得開遂施之於門戶云人閉藏如是固周密矣

博雅闥謂之門閉呼計切扇扉也限謂之丞柣橜巨月切機闑朱苦木切也

釋名門捫也為捫幕障衛也戶護也所以謹護閉塞也

聲類曰廡堂下周屋也

義訓門飾金謂之鋪鋪謂之鏂音歐今俗謂之浮漚釘也門持關謂之揵音連戶版謂之簡䉤上音牽下音先門上木謂之枅扉謂之戶戶謂之閉臬謂之扶限謂之閫閫謂之閬閬謂之扊扅上音琰下音移扊扅謂之閶音坦廣韻曰所以止扉門上梁謂之椙音帽椙謂之闒

57 58 59 60 61

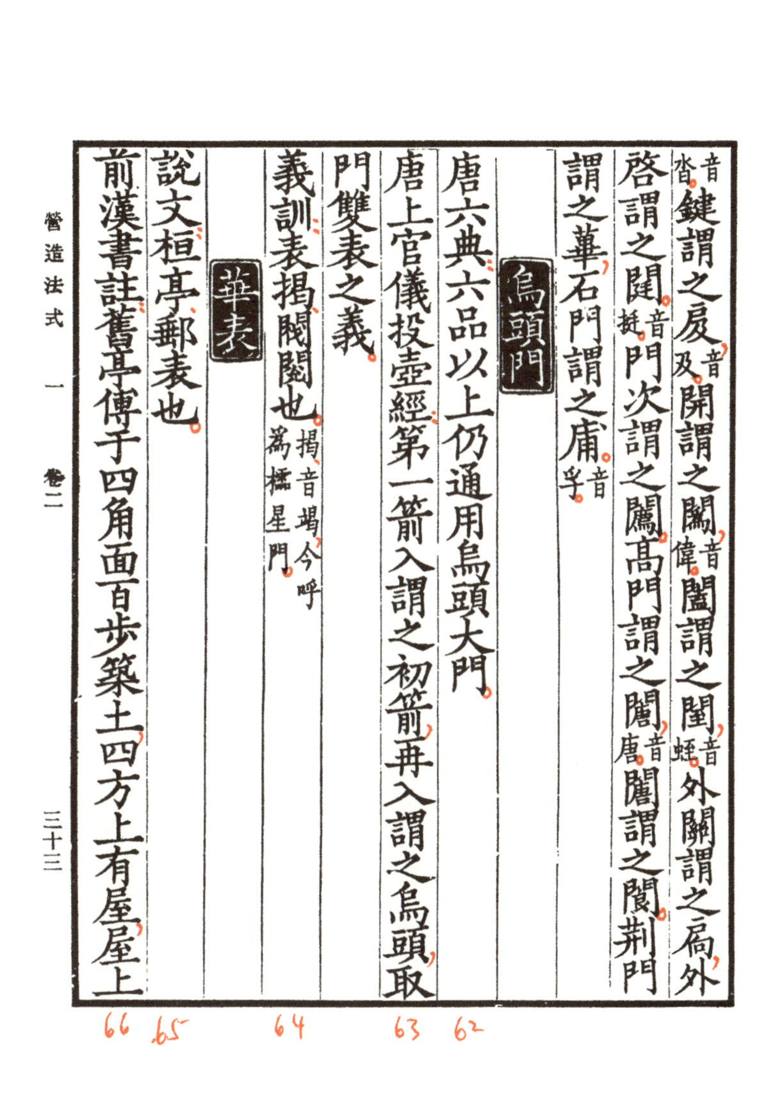

音沓。鍵謂之扊，音及。開謂之闈，音偉。闔謂之閨，音蛭。外闢謂之扃，外啓謂之閮，音挺。門次謂之闖，高門謂之闛，音唐。闛謂之閬，荆門謂之華，石門謂之庯。音孚。

烏頭門

唐六典：六品以上仍通用烏頭大門。

唐上官儀投壺經：第一箭入謂之初箭，再入謂之烏頭，取門雙表之義。

義訓：表揭，閥閱也。揭音竭。今呼為欞星門。

華表

說文：桓，亭郵表也。

前漢書註：舊亭傳於四角面百步築土四方，上有屋，屋上

有柱出高丈餘有大版貫柱四出名曰桓表縣所治夾兩邊各一桓陳宋之俗言桓聲如和今人猶謂之和表顏師古云即華表也

崔豹古今註程雅問曰堯設誹謗之木何也荅曰今之華表以橫木交柱頭狀如華形似桔槔大路交衢悉施焉或謂之表木以表王者納諫亦以表識衢路秦乃除之漢始復焉今西京謂之交午柱

窗

周官考工記四旁兩夾窗窗助戶爲明每室四戶八窗也

爾雅牖戶之間謂之扆窗東戶西者云

說文窗穿壁以木爲交窗向北出牖也在牆曰牖在屋曰

窗櫺楯間子也櫳房室之處也

釋名窗聰也于内窺見外爲聰明也

博雅意窗牖[門鄉]虛諒切也

義訓交窗謂之牖櫺窗謂之䟽牖牘謂之篰音部綺窗謂之廲音黎廔音婁房䟽謂之櫳

平棊

史記漢武帝建章後閣平機中有騶牙出焉今本作平樂者誤

山海經圖作平橑云今之平棊也古謂之承塵今宫殿中其上悉用草架梁栿承屋蓋之重如攀額樘柱敦㮧方槫之類及縱横固濟之物皆不施斤斧於明栿背上架算桯方以方椽施版謂之平闇以平版貼華謂之平棊俗亦呼爲平起者語訛也

鬬八藻井

西京賦蔕倒茄於藻井披紅葩之狎獵藻井當棟中交木如井畫以藻文飾以蓮莖綴其根于井中其華下垂故云倒也

魯靈光殿賦圜淵方井反植荷蕖爲方井圖以圜淵及芙蓉華葉向下故云反植

風俗通義殿堂象東井形刻作荷菱菱水物也所以厭火

沈約宋書殿屋之爲圜泉方井兼荷華者以厭火祥今以四方造者謂之鬬四

鉤闌

西都賦捨櫺檻而却倚若顛墜而復稽

魯靈光殿賦長塗升降軒檻曼延軒檻鉤闌也

博雅闌檻櫳梐牢也

景福殿賦櫺檻披張鉤錯矩成楯類騰蛇槢以瓊英如螭

之蟠，如虬之停。檑檻，鉤闌也，言鉤闌中錯爲方斜之文。楯，鉤闌上横木也。

漢書：朱雲忠諫攀檻，檻折。及治檻，上曰：勿易，因而輯之，以旌直臣。今殿鉤闌當中兩栱不施尋杖，謂之折檻，亦謂之龍池。

義訓：闌楯謂之柃，階檻謂之闌。

拒馬义子

周禮：天官掌舍設梐枑再重。故書枑爲拒。鄭司農云：梐，擭也。拒，受居溜水涑槖者也。行馬再重者，以周衛有内外列。杜子春讀爲梐枑，謂行馬者也。

義訓：梐枑，行馬也。今謂之拒馬义子。

屏風

周禮：掌次設皇邸。邸，後版也，謂後版屏風與染羽，象鳳凰羽色以爲之。

禮記：天子當扆而立。又：天子負扆南鄉而立。扆，屏風也。斧扆，爲斧文屏風于戶牖之間。

爾雅：牖戶之間謂之扆，其內謂之家。今人稱家義出于此。

釋名：屏風，可以障風也。扆，倚也，在後所依倚也。

槏柱

義訓：牖邊柱謂之槏。苦減切。今梁或額及槫之下，施柱以安門窗者，謂之痣柱，蓋語訛也。痣，俗音蘸，字書不載。

露籬

釋名：樆，離也，以柴竹作之。踈離離也。青徐曰裾。裾，居也，居其中也。柵，蹟也，以木作之，上平蹟然也。又謂之撤。撤，緊也。詵詵然緊也。

博雅：椐巨於切、栫在見切、藩、箄音必、欏落音落、杝，籬也。柵謂之槊。音朔。

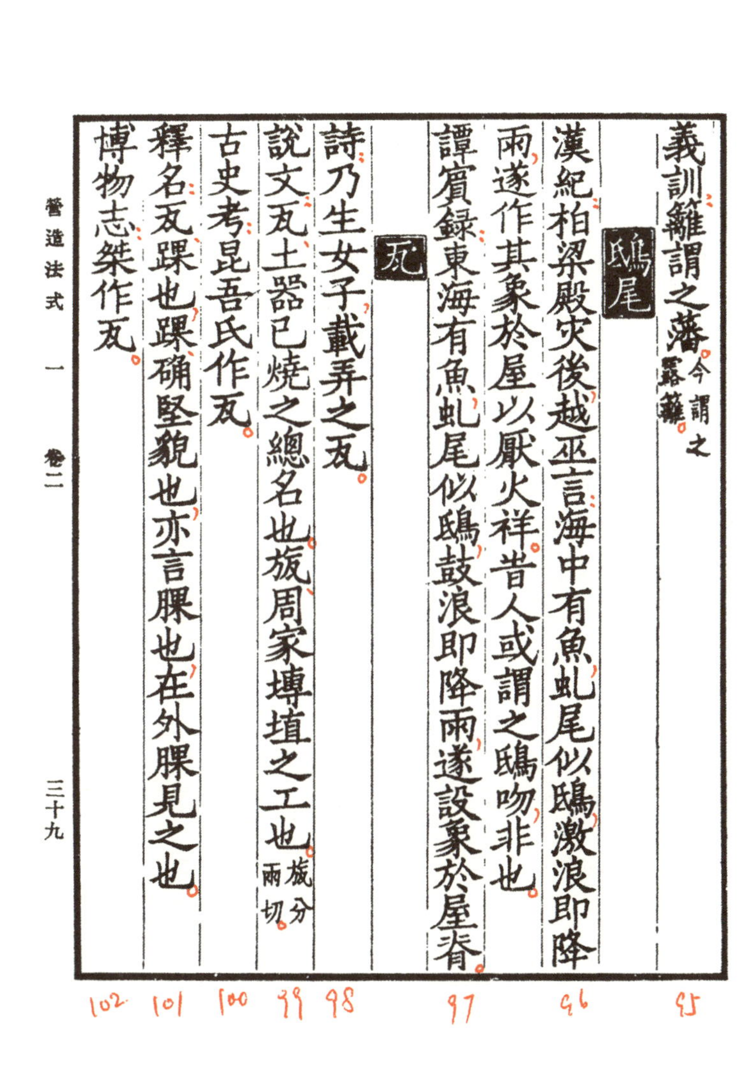

義訓：䕲謂之藩。今謂之露籬。

鴟尾

漢紀：柏梁殿災後，越巫言：海中有魚虬，尾似鴟，激浪即降雨。遂作其象於屋，以厭火祥。時人或謂之鴟吻，非也。

譚賓錄：東海有魚虬，尾似鴟，鼓浪即降雨，遂設象於屋脊。

瓦

詩：乃生女子，載弄之瓦。

說文：瓦，土器已燒之總名也。㼚，周家塼埴之工也。㼚，分兩切。

古史考：昆吾氏作瓦。

釋名：瓦，踝也。踝，确堅貌也。亦言腂也，在外腂見之也。

博物志：桀作瓦。

102　101　100　99　98　97　96　95

義訓：瓦謂之㼜（音盤），半瓦謂之㼽（音浹），㼽謂之㽁（音爽），牝瓦謂之瓪（音版），瓪謂之㼑（音還），牡瓦謂之㼿（音皆），㼿謂之𤮚（音雷），小瓦謂之㼬（音橫）。

塗

尚書梓材篇：若作室家，既勤垣墉，唯其塗墍茨。

周官：守祧職，其祧則守祧黝堊之。

詩：塞向墐戶。（墐，塗也。）

論語：糞土之牆不可杇也。

爾雅：鏝謂之杇，地謂之黝，牆謂之堊。（泥鏝也，一名杇，塗工之作具也。以黑飾地謂之黝，以白飾牆謂之堊。）

說文：垷（胡典切）、墐（渠吝切），塗也。杇，所以塗也。秦謂之杇，關東謂

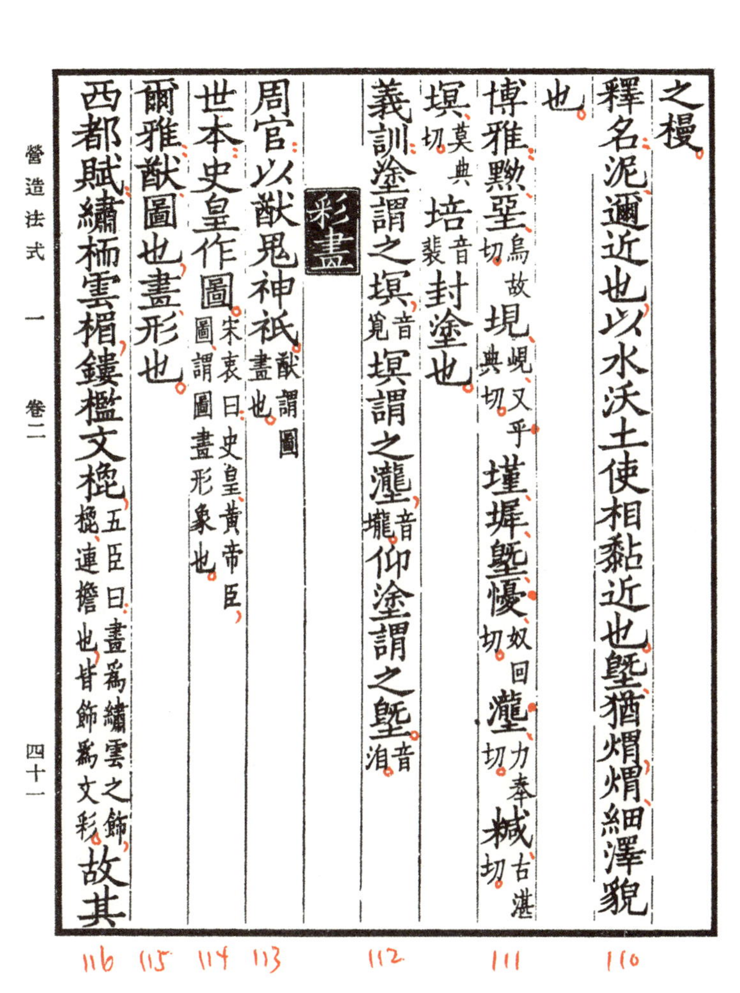

之槾。

釋名：泥，邇近也，以水沃土，使相黏近也。墐，猶煟煟，細澤貌也。

博雅：黝、堊（烏故切）、垷（峴，又乎典切）、墐、墀、墍、懮（奴回切）、瀧（力奉切）、椷（古湛切）、塓（莫典切）、培（音裴）、封，塗也。

義訓：塗謂之塓（音覓），塓謂之瀧（音壠），仰塗謂之墍（音洎）。

彩畫

周官：以猷鬼神祇。（猷謂圖畫也。）

世本：史皇作圖。（宋衷曰：史皇，黃帝臣。圖謂圖畫形象也。）

爾雅：猷，圖也，畫形也。

西都賦：繡栭雲楣，鏤檻文梍。（五臣曰：畫爲繡雲之飾。梍，連檐也。皆飾爲文彩。）故其館室次舍彩飾纖縟，裛以藻繡，文以朱綠。館室之上纏飾藻繡朱綠之文。吳都賦：青瑣丹楹，圖以雲氣，畫以仙靈。青瑣畫爲瑣文，染以青色，及畫雲氣神仙靈奇之物。

謝赫畫品：夫圖者，畫之權輿；繢者，畫之末迹。總而名之爲畫。倉頡造文字，其體有六：一曰鳥書，書端象鳥頭，此即圖畫之類，尚標書稱，未受畫名。逮史皇作圖，猶略體物，有虞作繢，始備象形。今畫之法，蓋興於重華之世也。窮神測幽，於用甚博。今以施之于縑素之類者，謂之畫；布彩于梁棟枓栱，或素象什物之類者，俗謂之裝鑾；以粉朱丹三色爲屋宇門窗之飾者，謂之刷染。

階

說文：除，殿陛也。階，陛也。阼，主階也。陛，升高階也。陔，階次也。

釋名階陛也陛卑也有高卑也天子殿謂之納陛以納人之言也階梯也如梯有等差也

博雅戺（仕已切）橉（力忍切）砌也

義訓殿基謂之隚（音堂）殿階次序謂之陔除謂之階階謂之墑（音的）階下齒謂之城（七仄切）東階謂之阼霤外砌謂之戺

塼

詩中唐有甓

爾雅瓴甋謂之甓（甗甎也今江東呼爲瓴甓）

博雅𤭛（音潘）瓳（音胡）㼧（音亭）治甄（音真）𤬪（力佳切）瓵（夷耳切）瓴（音零）甋（音的）甓甗甎也

義訓井甓謂之甄（音洞）塗甓謂之㲉（音哭）大塼謂之𤬪瓳

井

周書：黄帝穿井。
世本：化益作井。宋衷曰：化益，伯益也，堯臣。
易傳：井，通也，物所通用也。
說文：甃，井壁也。
釋名：井，清也，泉之清潔者也。
風俗通義：井者，法也，節也；言法制居人，令節其飲食，無窮竭也。久不渫滌爲井泥。易云：井泥不食。渫，息列切。不停汙曰井；渫滌井曰浚；井水清曰洌。易曰：井渫不食。又曰：井洌寒泉。

總例

諸取圜者以規，方者以矩，直者抨繩取則，立者垂繩取正，

127 128 129 130 131 132 133

二

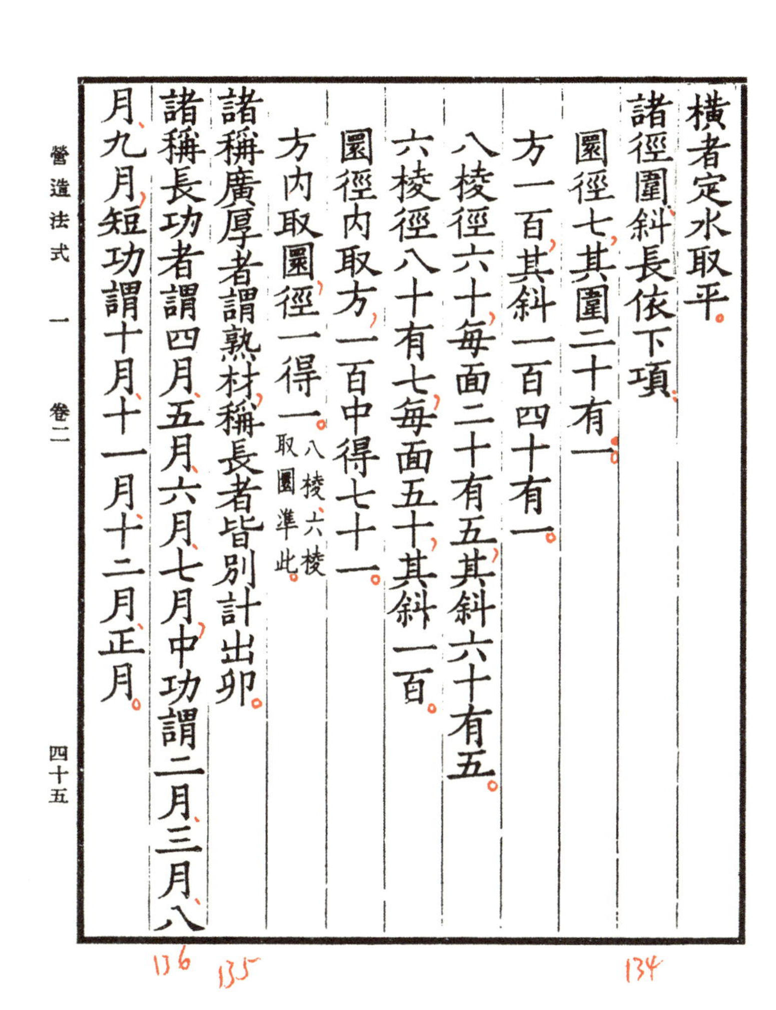

横者定水取平。

諸徑圍斜長依下項：

圜徑七，其圍二十有一；

方一百，其斜一百四十有一；

八棱徑六十，每面二十有五，其斜六十有五；

六棱徑八十有七，每面五十，其斜一百；

圜徑內取方，一百中得七十一；

方內取圜徑，一得一。八棱、六棱取圜準此。

諸稱廣厚者，謂熟材，稱長者皆別計出卯。

諸稱長功者，謂四月、五月、六月、七月；中功謂二月、三月、八月、九月；短功謂十月、十一月、十二月、正月。

134 135 136

方平方，立方

諸稱功者謂中功，以十分爲率，長功加一分，短功減一分。

諸式内功限並以軍工計定，若和雇人造作者，即減軍工三分之一。謂如軍工應計三功，即和雇人計二功之類。

諸稱本功者，以本等所得功十分爲準。

諸稱增高廣之類而加功者，減亦如之。

諸功稱尺者皆以方計，若土功或材木則厚亦如之。

諸造作功並以生材，即名件之類或有收舊及已造堪就用而不須更改者，並計數於元料帳内除豁。

諸造作並依功限，即長廣各有增減法者各隨所用細計，如不載增減者，各以本等合得功限内計分數增減。

諸營繕計料，並於式内指定一等，隨法算計，若非泛抛降。

137　138　139　140　141　142　143

或制度有異，應與式不同，及該載不盡名色等第者，並比類增減。其完葺增修之類準此。

營造法式卷第二

郭若虛
熙寧元豐間人
1068—1085

圖畫見聞誌 卷一 敘制作楷模

②……設或未識漢殿吳殿，梁柱斗栱，叉手替木，熟柱駝峯，方莖額道，抱間昂頭，羅花羅幔，暗制綽幕，猢孫頭，琥珀枋，龜頭虎座，飛檐撲水，膊風化廢，垂魚惹草，當鈎曲脊之類，憑何以畫屋木也？畫者尚罕能精究，况觀者乎。

宋郭若虛 熙寧三年（公元一〇七〇年）官供備庫使，尚永安縣主。見王珪華陽集東安郡王墓誌

①……畫屋木者，折算無虧，筆畫勻壯，深遠透空，一去百斜。如隋唐五代以前，及國初郭忠恕王士元之流，畫樓閣多見四角，其斗栱逐鋪作為之，向背分明，不失繩墨。今之畫者，多用直尺，一就界畫，分成斗栱，筆跡繁雜，無壯麗閑雅之意。……

營造法式卷第三

通直郎管修蓋皇弟外第專一提舉修蓋班直諸軍營房等臣李誠奉

聖旨編修

殿階基　壓闌石 地面石

殿階螭首　殿內鬬八

踏道　重臺鉤闌 單鉤闌 望柱

螭子石　門砧限

地栿　流盃渠 剜鑿流盃 壘造流盃

壇　卷輂水窗

水槽子　馬臺

井口石 井蓋子　山棚鋜脚石

幡竿頰　贔屓鼇坐碑

笏頭碣

壕寨制度

取正

取正之制先於基址中央日内置圜版徑一尺三寸六分當心立表高四寸徑一分晝表景之端記日中最短之景次施望筒於其上望日星以正四方

望筒長一尺八寸方三寸（用版合造）兩罨頭開圜眼徑五分筒身當中兩壁用軸安於兩立頰之内其立頰自軸至地高三尺廣三寸厚二寸晝望以筒指南令日景透北夜望以筒指北於筒南望令前後兩竅内正見北辰極星然後各垂繩墜下記望筒兩竅心於地以爲南則四方正

若地勢偏衺既以景表望筒取正四方或有可疑處則更以水池景表較之其立表高八尺廣八寸厚四寸上齊（後斜）

向下三寸。安於池版之上。其池版長一丈三尺，中廣一尺，於一尺之内隨表之廣刻線兩道，一尺之外開水道環四周，廣深各八分。用水定平，令日景兩邊不出刻線，以池版所指及立表心爲南，則四方正。安置令立表在南，池版在北。其景夏至順線長三尺，冬至長一丈二尺。其立表内向池版處，用曲尺較令方正。

定平

定平之制：既正四方，據其位置，於四角各立一表，當心安水平。其水平長二尺四寸，廣二寸五分，高二寸；下施立椿，長四尺，安鐏在内。上面横坐水平，兩頭各開池，方一寸七分，深一寸三分，或中心更開池者，方深同。身内開槽子，廣深各五分，令水通過於兩頭池子内，各用水浮子一枚，用三池者，水浮子或亦用三枚。方一

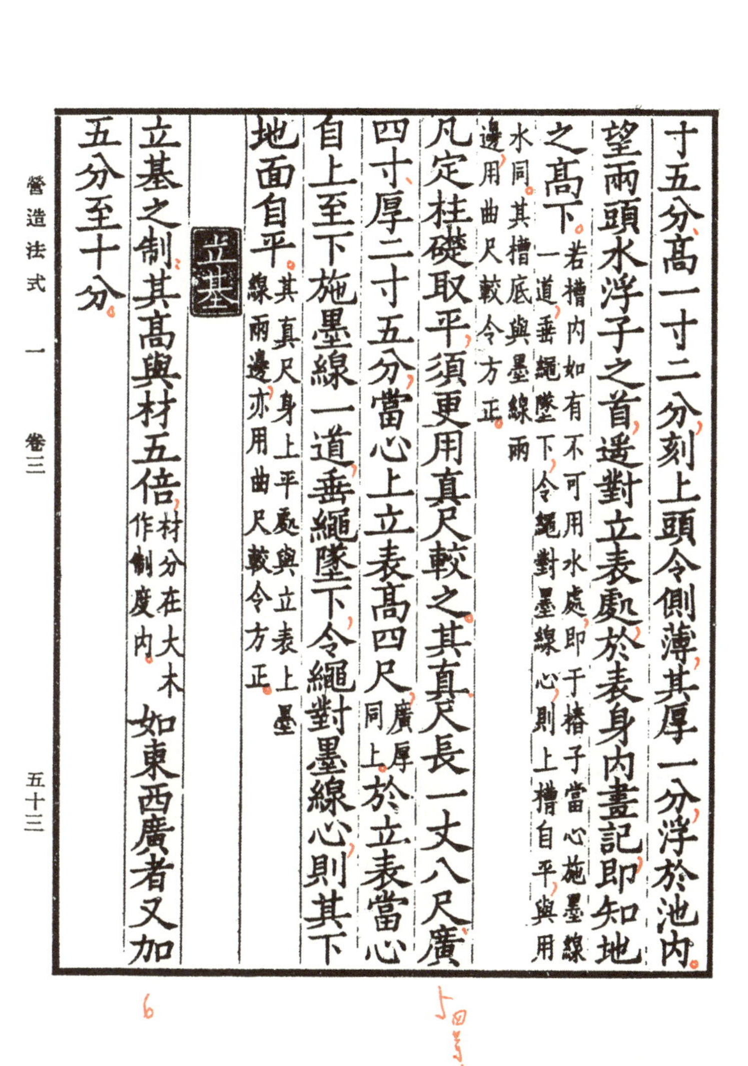

寸五分高一寸二分刻上頭令側薄其厚一分浮於池內望兩頭水浮子之首遥對立表處於表身內畫記即知地之高下若槽內如有不可用水處即于椿子當心施墨線一道垂繩墜下令繩對墨線心則上槽自平與用水同其槽底與墨線兩邊用曲尺較令方正

凡定柱礎取平須更用真尺較之其真尺長一丈八尺廣四寸厚二寸五分當心上立表高四尺廣厚同上於立表當心自上至下施墨線一道垂繩墜下令繩對墨線心則其下地面自平其真尺身上平處與立表上墨線兩邊亦用曲尺較令方正

立基

立基之制其高與材五倍材分在大木作制度內如東西廣者又加五分至十分

卷十六：諸土乾重六十斤為一擔

若殿堂中庭修廣者量其位置隨宜加高所加雖高不過
與材六倍

築基

築基之制每方一尺用土二擔隔層用碎塼瓦及石札等
亦二擔每次布土厚五寸先打六杵（二人相對每窩子內各打三杵）次打
四杵（二人相對每窩子內各打二杵）次打兩杵（二人相對每窩子內各打一杵）以上並各
打平土頭然後碎用杵輾躡令平再攢杵扇撲重細輾躡
每布土厚五寸築實厚三寸每布碎塼瓦及石札等厚三
寸築實厚一寸五分
凡開基址須相視地脉虛實其深不過一丈淺止於五尺
或四尺並用碎塼瓦石札等每土三分內添碎塼瓦等一

分。

城

築城之制，每高四十尺，則厚加高一十尺，其上斜收減高之半。若高增一尺，則其下厚亦加一尺，其上斜收亦減高之半，或高減者亦如之。

城基開地深五尺，其厚隨城之厚。每城身長七尺五寸，栽永定柱長視城高，徑一尺至一尺二寸。夜叉木徑同上，其長比上減四尺。各二條。每築高五尺，橫用絍木一條。長一丈至一丈二尺，徑五寸至七寸，護門甕城及馬面之類準此。每膊椽長三尺，用草葽一條，長五尺，徑一寸，重四兩。木橛子一枚。頭徑一寸，長一尺。

牆

其名有五：一曰牆，二曰墉，三曰垣，四曰壉，五曰壁。

築牆之制：每牆厚三尺，則高九尺；其上斜收，比厚減半。若高增三尺，則厚加一尺；減亦如之。

凡露牆：每牆高一丈，則厚減高之半；其上收面之廣，比高五分之一。若高增一尺，其厚加三寸；減亦如之。其用葽橛，並準築城制度。

凡抽絍牆：高厚同上；其上收面之廣，比高四分之一。若高增一尺，其厚加二寸五分。如在屋下，只加二寸。剗削並準築城制度。

築臨水基

凡開臨流岸口脩築屋基之制：開深一丈八尺，廣隨屋間數之廣。其外分作兩擺手，斜隨馬頭，布柴梢，令厚一丈五尺。每岸長五尺，釘樁一條，長一丈七尺，徑五寸至六寸皆可用。梢上用膠上

《世说新语·言语第二》10宋 刘孝标注引《文士传》言刘桢（曹魏时）"磨轮作部，使磨石"（详注P43）

2011/10/20"褊"应作"碥"，如V16《工力限》

打築令實若造橋兩岸馬頭準此

石作制度

造作次序

造石作次序之制有六一曰打剥用鏨揭剥高處二曰麄搏稀布鏨鑿令深淺齊勻三曰細漉密布鏨鑿漸令就平四曰褊棱用褊鏨鐫棱角令四邊周正五曰斫砟用斧刃斫砟令面平正六曰磨礲用沙石水磨去其斫文其彫鐫制度有四等一曰剔地起突二曰壓地隱起華三曰減地平鈒四曰素平如素平及減地平鈒並斫砟三遍然後磨礲壓地隱起兩遍剔地起突一遍並隨所用描華文如減地平鈒磨礲畢先用墨蠟後描華文鈒造若壓地隱起及剔地起突造畢並用翎羽刷細砂刷之令華文之内石色青潤其所造華文制度有十一品一曰海石榴華二

17 18

曰寶相華三曰牡丹華四曰蕙草五曰雲文六曰水浪七曰寶山八曰寶階以上並通用九曰鋪地蓮華十曰仰覆蓮華十一曰寶裝蓮華以上並施之于柱礎或於華文之内間以龍鳳師獸及化生之類者隨其所宜分布用之

柱礎 其名有六一曰礎二曰礩三曰碣四曰磌五曰碱六曰磉今謂之石碇

造柱礎之制其方倍柱之徑謂柱徑二尺即礎方四尺之類方一尺四寸以下者每方一尺厚八寸方三尺以上者厚減方之半方四尺以上者以厚三尺爲率若造覆盆鋪地蓮華同每方一尺覆盆高一寸每覆盆高一寸盆脣厚一分如仰覆蓮華其高加覆盆一倍如素平及覆盆用減地平鈒壓地隱起華剔地起突亦有施減地平鈒及壓地隱起於蓮華瓣上者

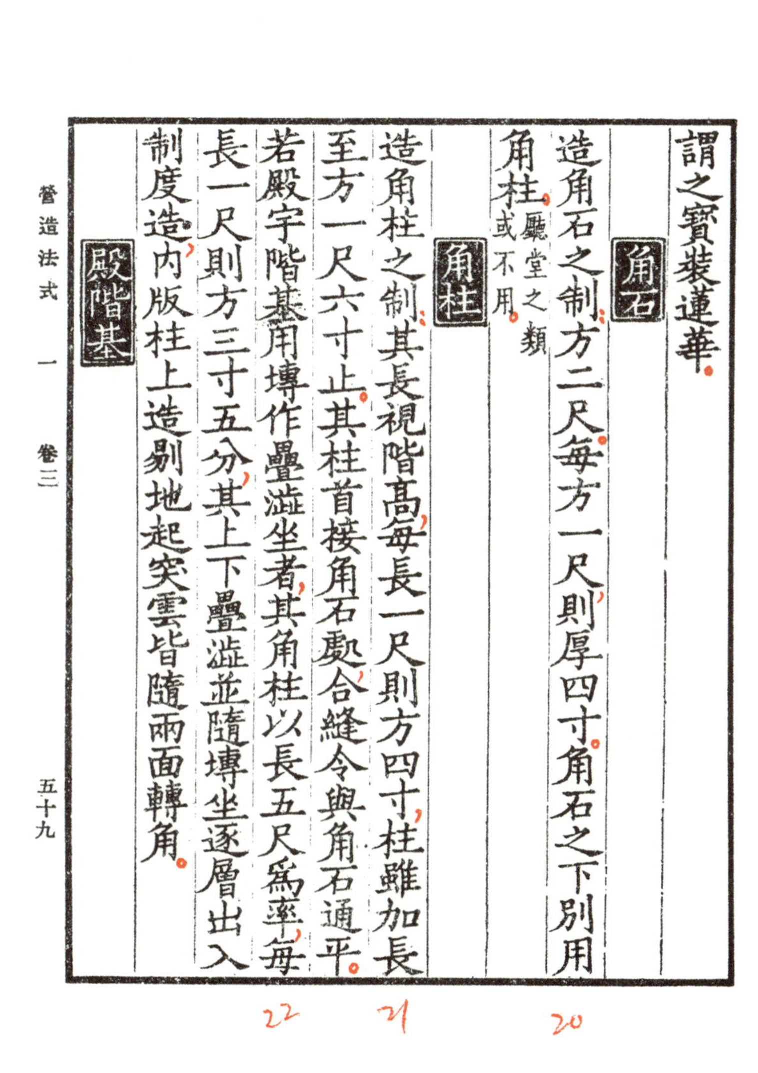
謂之寶裝蓮華。

角石

造角石之制：方二尺。每方一尺，則厚四寸。角石之下，別用角柱。廳堂之類或不用。

角柱

造角柱之制：其長視階高，每長一尺，則方四寸，柱雖加長，至方一尺六寸止。其柱首接角石處，合縫令與角石通平。若殿宇階基用塼作疊澁坐者，其角柱以長五尺爲率，每長一尺，則方三寸五分，其上下疊澁並隨塼坐逐層出入制度造，內版柱上造剔地起突雲，皆隨兩面轉角。

殿階基

造殿階基之制長隨間廣其廣隨間深階頭隨柱心外階之廣以石段長三尺廣二尺厚六寸四周並疊澁坐數令高五尺下施土襯石其疊澁每層露棱五寸束腰露身一尺用隔身版柱柱內平面作起突壺門造

壓闌石 地面石

造壓闌石之制長三尺廣二尺厚六寸地面石同

殿階螭首

造殿階螭首之制施之於殿階對柱及四角隨階斜出其長七尺每長一尺則廣二寸六分厚一寸七分其長以十分爲率頭長四分身長六分其螭首令舉向上二分

殿內鬬八

造殿堂内地面心石鬭八之制：方一丈二尺，匀分作二十九窠。當心施雲捲，捲内用單盤或雙盤龍鳳，或作水地飛魚、牙魚，或作蓮荷等華。諸窠内並以諸華間雜，其制作或用壓地隱起華或剔地起突華。

踏道

造踏道之制：長隨間之廣。每階高一尺作二踏；每踏厚五寸，廣一尺。兩邊副子各廣一尺八寸。（厚與第一層象眼同。）兩頭象眼，如階高四尺五寸至五尺者，三層，（第一層與副子平，厚五寸；第二層厚四寸半；第三層厚四寸。）高六尺至八尺者，五層，（第一層厚六寸，每一層各遞減一寸。）或六層，（第一層、第二層厚同上，第三層以下每一層各遞減半寸。）皆以外周爲第一層，其内深二寸又爲一層。（逐層準此。）至平地施土襯石，其廣同踏。（兩頭安望柱石

坐

重臺鉤闌 **單鉤闌** **望柱**

造鉤闌之制重臺鉤闌每段高四尺長七尺尋杖下用雲栱癭項次用盆脣中用束腰下施地栿其盆脣之下束腰之上内作剔地起突華版束腰之下地栿之上亦如之單鉤闌每段高三尺五寸長六尺上用尋杖中用盆脣下用地栿其盆脣地栿之内作萬字（或透空或不透空）或作壓地隱起諸華（如尋杖遠皆于每間當中施單托神或相背雙托神）若施之於慢道皆隨其拽脚令斜高與正鉤闌身齊其名件廣厚皆以鉤闌每尺之高積而爲法

望柱長視高每高一尺則加三寸（徑一尺作八瓣柱頭上師子高一尺

五寸，柱下石坐作覆盆蓮華，其方倍柱之徑。

蜀柱長同上，廣二寸，厚一寸，其盆脣之上方一寸六分，刻爲癭項以承雲栱。其項下細比上減半，下留尖高十分之二；兩肩各留十分中四厘。如單鉤闌，即撮項造。

雲栱長二寸七分，廣一寸三分五厘，厚八分。單鉤闌長三寸二分，廣一寸六分，厚一寸。

尋杖長隨片廣，方八分。單鉤闌方一寸。

盆脣長同上，廣一寸八分，厚六分。單鉤闌廣二寸。

束腰長同上，廣一寸，厚九分。及華盆大小華版皆同。單鉤闌不用。

華盆地霞長六寸五分，廣一寸五分，厚三分。

大華版長隨蜀柱內，其廣一寸九分，厚同上。

小華版長隨華盆内長一寸三分五厘，廣一寸五分，厚同上。

萬字版長隨蜀柱内，其廣三寸四分，厚同上。重臺鉤闌不用

地栿長同尋杖，其廣一寸八分，厚一寸六分。單鉤闌厚一寸

凡石鉤闌，每段兩邊雲栱蜀柱，各作一半，令逐段相接。

蟕子石

造蟕子石之制：施之於階棱鉤闌蜀柱卯之下，其長一尺，廣四寸，厚七寸，上開方口，其廣隨鉤闌卯。

門砧限

造門砧之制：長三尺五寸，每長一尺，則廣四寸四分，厚三寸八分。

廣，下廣 一寸五分 目錄

37 38 39 40 41 42

15.4×13.3

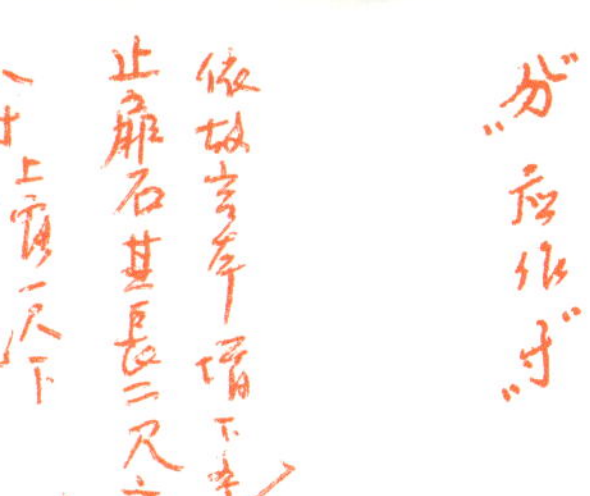

門限長隨間廣（用三段相接）其方二寸（如砧長三尺五寸即方七寸之類）若階斷砌即臥柣長二尺廣一尺厚六分（鑿卯口與立柣合角造）其立柣長三尺廣厚同上（側面分心鑿金口一道）如相連一段造者謂之曲柣

城門心將軍石方直混棱造其長三尺方一尺（上露一尺下栽二尺入地）

地栿

造城門石地栿之制先於地面上安土襯石（以長三尺廣二尺厚六寸爲率）上面露棱廣五寸下高四寸其上施地栿每段長五尺廣一尺五寸厚一尺一寸上外棱混二寸混內一寸鑿眼立排义柱

流盃渠

（剜鑿流盃）（壘造流盃）

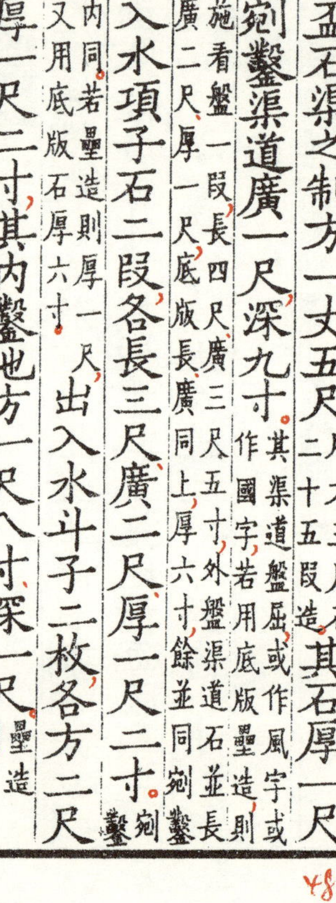

造流盃石渠之制：方一丈五尺，（用方三尺石二十五段造。）其石厚一尺二寸，剜鑿渠道廣一尺，深九寸。（其渠道盤屈，或作風字，或作國字。若用底版壘造，則心内施看盤一段，長四尺，廣三尺五寸；外盤渠道石並長三尺，廣二尺，厚一尺。底版長廣同上，厚六寸。餘並同剜鑿之制。）出入水項子石二段，各長三尺，廣二尺，厚一尺二寸。（剜鑿與身内同。若壘造，則厚一尺，其下又用底版石，厚六寸。）出入水斗子二枚，各方二尺五寸，厚一尺二寸；其内鑿池方一尺八寸，深一尺。（壘造同。）

壇

造壇之制：共三層，高廣以石段層數，自土襯上至平面爲高。每頭子各露明五寸。束腰露一尺，格身版柱造作，平面或起突作壺門造。（石段裏用甎填後，心内用土填築。）

卷輂水窗

造卷輂水窗之制：用長三尺，廣二尺，厚六寸石造，隨渠河之廣。如單眼卷輂，自下兩壁開掘至硬地，各用地釘，木橛也。打築入地，留出鑿卯。上鋪襯石方三路，用碎塼瓦打築空處，令與襯石方平，方上並二横砌石澁一重，澁上隨岸順砌並二廂壁版，鋪壘令與岸平。如騎河者，每段用熟鐵鼓卯二枚，仍以錫灌。如並三以上廂壁版者，每二層鋪鐵葉一重。於水窗當心平鋪石地面一重，於上下出入水處側砌線道三重，其前密釘擗石椿二路，於兩邊廂壁上相對卷輂。隨渠河之廣，取半圜爲卷輂棬內圜勢。用斧刃石鬬卷合，又於斧刃石上用繳背一重，其背上又平鋪石段二重，兩邊用石隨棬勢補填令平。若雙卷眼造，則於渠河心依兩岸用地釘打築二渠之間，補填同上。若當河道卷輂，其當心平鋪地面石一重，用連二厚六寸石，

（其縫上用熟鐵鼓卯與廂壁同）及於卷輂之外上下水隨河岸斜分四擺手亦砌地面令與廂壁平（擺手內亦砌地面一重亦用熟鐵鼓卯）地面之外側砌線道石三重其前密釘擗石樁三路

水槽子

造水槽之制長七尺方二尺每廣一尺脣厚二寸每高一尺底厚二寸五分脣內底上並為槽內廣深

馬臺

造馬臺之制高二尺二寸長三尺八寸廣二尺二寸其面方外餘一尺八寸下面分作兩踏身內或通素或疊澁造隨宜彫鐫華文

井口石

井蓋子

造井口石之制：每方二尺五寸，則厚一尺，心内開鑿井口，徑一尺；或素平面，或作素覆盆，或作起突蓮華瓣造。盞子徑一尺二寸，（下作子口，徑同井口。）上鑿二竅，每竅徑五分。（兩竅之間開渠子，深五分，安鋭角鐵手把。）

山棚鋜脚石

造山棚鋜脚石之制：方二尺，厚七寸；中心鑿竅，方一尺二寸。

幡竿頰

造幡竿頰之制：兩頰各長一丈五尺，廣二尺，厚一尺二寸，（筍在内。）下埋四尺五寸。其石頰下出筍，以穿鋜脚。其鋜脚長四尺，廣二尺，厚六寸。

贔屓鼇坐碑

造贔屓鼇坐碑之制：其首爲贔屓盤龍，下施鼇坐。於土襯之外，自坐至首，共高一丈八尺。其名件廣厚，皆以碑身每尺之長積而爲法。

碑身：每長一尺，則廣四寸，厚一寸五分。上下有卯，隨身稜並破瓣。

鼇坐：長倍碑身之廣，其高四寸五分；駝峯廣三分。餘作龜文造。

碑首：方四寸四分，厚一寸八分，下爲雲盤。每碑廣一尺，則高一寸半。上作盤龍六條相交；其心内刻出篆額天宮。其長廣計字數隨宜造。

土襯：二段，各長六寸，廣三寸，厚一寸；心内刻出鼇坐

版長五尺廣四尺外周四側作起突寶山面上作出沒水地

笏頭碣

造笏頭碣之制上爲笏首下爲方坐共高九尺六寸碑身廣厚並準石碑制度笏首在內其坐每碑身高一尺則長五寸高二寸坐身之内或作方直或作疊澁宜彫鐫華文

營造法式卷第三

營造法式卷第四

通直郎管修蓋皇弟外第專一提舉修蓋班直諸軍營房等臣李誡奉

聖旨編修

大木作制度一

材　栱

飛昂　爵頭

枓　總鋪作次序

平坐

材 其名有三：一曰章，二曰材，三曰方桁。

凡構屋之制，皆以材爲祖，材有八等，度屋之大小，因而用之。

第一等廣九寸，厚六寸。以六分為一分。

右殿身九間至十一間則用之。若副階并殿挾屋，材分減殿身一等；廊屋減挾屋一等。餘準此。

第二等廣八寸二分五厘，厚五寸五分。以五分五厘為一分。

右殿身五間至七間則用之。

第三等廣七寸五分，厚五寸。以五分為一分。

右殿身三間至殿五間或堂七間則用之。

第四等廣七寸二分，厚四寸八分。以四分八厘為一分。

右殿三間，廳堂五間則用之。

第五等廣六寸六分，厚四寸四分。以四分四厘為一分。

右殿小三間，廳堂大三間則用之。

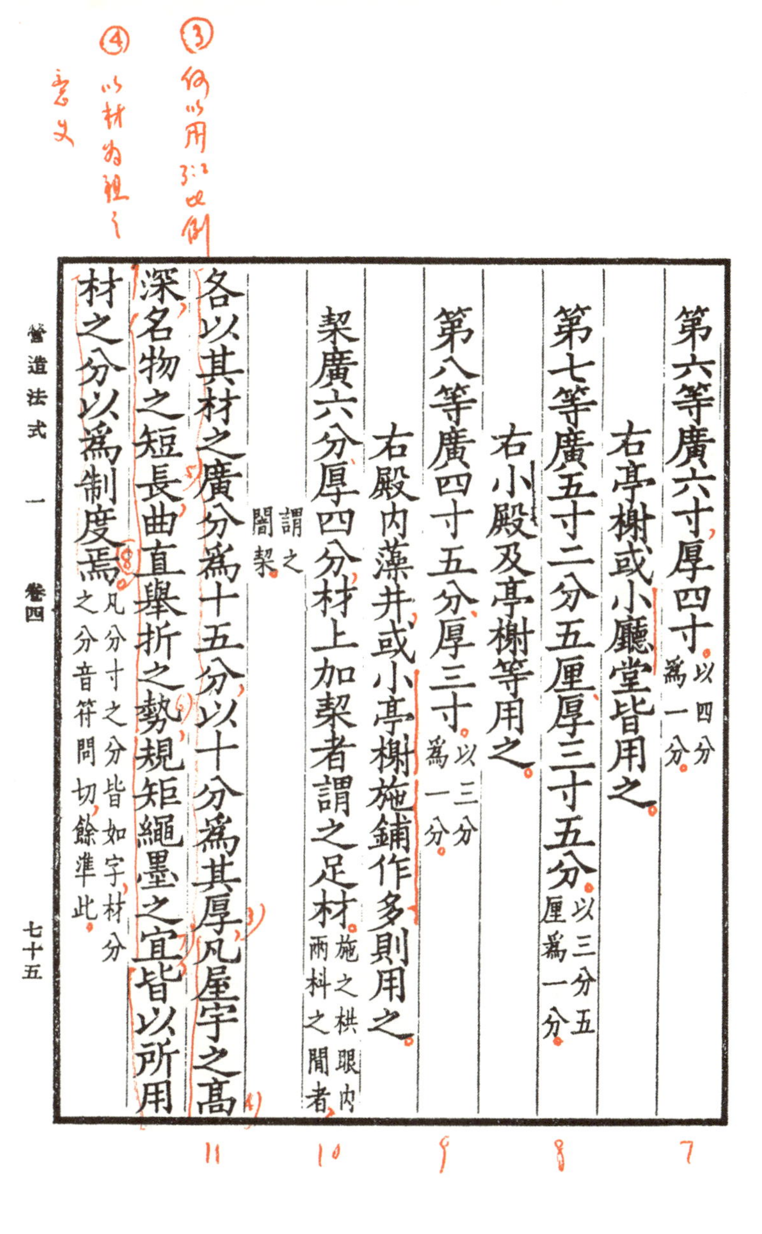

第六等廣六寸厚四寸以四分為一分

右亭榭或小廳堂皆用之

第七等廣五寸二分五厘厚三寸五分以三分五厘為一分

右小殿及亭榭等用之

第八等廣四寸五分厚三寸以三分為一分

右殿内藻井或小亭榭施鋪作多則用之

栔廣六分厚四分材上加栔者謂之足材施之栱眼内兩枓之間者謂之闇栔

各以其材之廣分為十五分以十分為其厚凡屋宇之高深名物之短長曲直舉折之勢規矩繩墨之宜皆以所用材之分以為制度焉凡分寸之分皆如字材分之分音符問切餘準此

栱 其名有六一曰開二曰槉三曰欂四曰曲枅五曰欒六曰栱

造栱之制有五

一曰華栱 或謂之抄栱又謂之卷頭亦謂之跳頭 足材栱也 若補間鋪作則用單材 兩卷頭者其長七十二分 若鋪作多者裏跳減長二分七鋪作以上即第二裏外跳各減四分六鋪作以下不減若八鋪作下兩跳偷心則減第三跳令上下跳上交互枓畔相對若平坐出跳抄栱並不減其第一跳於櫨枓口外添令與上跳相應 每頭以四瓣卷殺每瓣長四分 如裏跳減多不及四瓣者祇用三瓣每瓣長四分 與泥道栱相交安於櫨枓口內若累鋪作數多或內外俱匀或裏跳減一鋪至兩鋪其騎槽檐栱皆隨所出之跳加之每跳之長心不過三十

分，傳跳雖多，不過一百五十分。若造廳堂，裏跳承梁出楷頭者，長更加一跳，其楷頭或謂之壓跳。交角內外，皆隨鋪作之數，斜出跳一縫。栱謂之角栱，昂謂之角昂。其華栱則以斜長加之。假如跳頭長五寸，則加二分五厘之類。後稱斜長者準此。若丁頭栱，其長三十三分，出卯長五分。若只裏跳轉角者，謂之蝦須栱，用股卯到心，以斜長加之。若入柱者，用雙卯，長六分或七分。

二曰泥道栱，其長六十二分。若枓口跳及鋪作全用單栱造者，只用令栱。每頭以四瓣卷殺，每瓣長三分半，與華栱相交，安於櫨枓口內。

三曰瓜子栱，施之於跳頭。若五鋪作以上重栱造，即於令栱內泥道栱外用之，四鋪作以下不用。其長六十二分，每頭以四瓣卷殺，每瓣長四分。

四曰令栱，或謂之單栱。施之於裏外跳頭之上，外在橑檐方之下，內在算桯方之下。與耍頭相交，亦有不用耍頭者。及屋內槫縫之下。其長七十二分，每頭以五瓣卷殺，每瓣長四分。若裏跳騎栿，則用足材。

凡栱之廣厚並如材。栱頭上留六分，下殺九分；其九分勻分爲四大分；又從栱頭順身量爲四瓣，瓣又謂之胥，亦謂之棖，或謂之生。各以逐分之首，自下而至上。與逐瓣之末，自內而至外。以真尺對斜畫定，然後斫造。用五瓣及分數不同者準此。栱兩頭及中心各留坐枓處，餘並爲栱眼，深三分。如造足材栱，則更加一栔，隱出心

五曰慢栱，或謂之腎栱。施之於泥道、瓜子栱之上，其長九十二分，每頭以四瓣卷殺，每瓣長三分，騎栿及至角則用足材。

15 16 17

枓及栱眼。

凡栱至角相交出跳，則謂之列栱。其過角栱或角昂處，栱眼外長內小，自心向外量出一材分，又栱頭量一枓底，餘並爲小眼。

泥道栱與華栱出跳相列。

瓜子栱與小栱頭出跳相列。小栱頭從心出，其長二十三分，以三瓣卷殺，每瓣長三分，上施散枓。若平坐鋪作，即不用小栱頭，却與華栱頭相列。其華栱之上，皆累跳至令栱，於每跳當心上施耍頭。

慢栱與切几頭相列。切几頭微刻材下作面卷瓣。如角內足材下昂造，即與華頭子出跳相列。華頭子承昂者，在昂制度內。

令栱與瓜子栱出跳相列。乘替木頭或橑檐方頭。

凡開栱口之法：華栱於底面開口，深五分，角華栱深十分。廣二十分，包櫨枓耳在內。口上當心兩面各開子廕，通栱身各廣十分，若角華栱連隱枓通開。深一分。餘栱謂泥道栱、瓜子栱、令栱、慢栱也。上開口深十分，廣八分。其騎栿、絞昂栿者各隨所用。若角內足材列栱，則上下各開口，上開口深十分，連栔。下開口深五分。

凡栱至角相連長兩跳者，則當心施枓，枓底兩面相交隱出栱頭，如令栱只用四瓣。謂之鴛鴦交手栱。裏跳上栱同。

飛昂

其名有五：一曰𣄠，二曰飛昂，三曰英昂，四曰斜角，五曰下昂。

造昂之制有二：

一曰下昂，自上一材垂尖向下，從枓底心下取直，其長二十三分，其昂身上徹屋內。自枓外斜殺向下，留厚二分，昂面中𩕊二分，令𩕊勢圜和。亦有於昂

⑦ 为何要用华头子

⑧ 归平与不归平的理由

面上隨䫜加一分，訛殺至兩棱者，謂之琴面昂。亦有自枓外斜殺至尖者，其昂面平直，謂之批竹昂。

凡昂安枓處高下及遠近皆準一跳。若從下第一昂自上一材下出，斜垂向下，枓口內以華頭子承之。華頭子自枓口外長九分，將昂勢盡處勻分刻作兩卷瓣，每瓣長四分。如至第二昂以上，只於枓口內出昂，其承昂枓口及昂身下，皆斜開鐙口，令上大下小，與昂身相銜。

凡昂上坐枓，四鋪作、五鋪作並歸平；六鋪作以上自五鋪作外，昂上枓並再向下二分至五分。如逐跳計心造，即於昂身開方斜口，深

26 27

二分，兩面各開子廕深一分。

若角昂以斜長加之，角昂之上別施由昂。長同角昂，廣或加一分至二分，所坐枓上安角神若寶藏神或寶瓶。

若昂身於屋內上出，皆至下平槫。若四鋪作用插昂，即其長斜隨跳頭。插昂又謂之掙昂，亦謂之矮昂。

凡昂栓，廣四分至五分、厚二分。若四鋪作即於第一跳上用之，五鋪作至八鋪作並於第二跳上用之，並上徹昂背，自一昂至三昂只用一栓徹上面昂之背。下入栱身之半或三分之一。

若屋內徹上明造，即用挑斡，或只挑一枓，或挑一材兩栔。謂一栱上下皆有枓也。若不出昂而用挑斡者，即騎束闌方下昂桯。

如用平綦，即自槫安蜀柱以义昂尾；如當柱頭，即以草栿或丁栿壓之。

二曰上昂。頭向外留六分，其昂頭外出，昂身斜收向裏，並通過柱心。

如五鋪作單抄上用者，自櫨枓心出第一跳華栱，心長二十五分；第二跳上昂心長二十二分。其第一跳上枓口内用鞾楔。其平綦方至櫨枓口内共高五材四栔。其第一跳重栱計心造。

如六鋪作重抄上用者，自櫨枓心出第一跳華栱心長二十七分；第二跳華栱心及上昂心共長二十八分。華栱上用連珠枓，其枓口内用鞾楔。七鋪作、八鋪作同。

其平棊方至櫨枓口內共高六材五栔，於兩跳之內當中施騎枓栱。

如七鋪作於重抄上用上昂兩重者，自櫨枓心出第一跳華栱心長二十三分，第二跳華栱心長一十五分，華栱上用連珠枓。第三跳上昂心兩重上昂共此一跳。長三十五分，其平棊方至櫨枓口內共高七材六栔。

如八鋪作於三抄上用上昂兩重者，自櫨枓心出第一跳華栱心長二十六分，第二跳第三跳並華栱心各長一十六分，於第三跳華栱上用連珠枓。第四跳上昂心兩重上昂共此一跳。長二十六分，

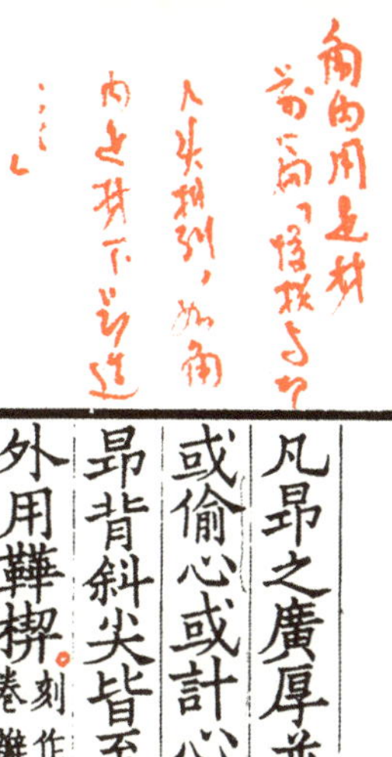

其平棊方至櫨枓口內共高八材七梨。其騎枓栱與七鋪作同。

凡昂之廣厚並如材。其下昂施之於外跳，或單栱或重栱，或偷心或計心造。上昂施之裏跳之上及平坐鋪作之內；昂背斜尖，皆至下枓底外；昂底於跳頭枓口內出，其枓口外用韡楔。刻作三卷瓣。

凡騎枓栱，宜單用；其下跳並偷心造。凡鋪作計心、偷心，並在總鋪作次序制度之內。

爵頭

其名有四：一曰爵頭，二曰耍頭，三曰胡孫頭，四曰蜉蜒頭。

造耍頭之制：用足材自枓心出，長二十五分°，自上棱斜殺向下六分°，自頭上量五分°，斜殺向下二分°，謂之鵲臺。兩面留心

各斜抹五分下隨尖各斜殺向上二分長五分下大棱上兩面開龍牙口廣半分斜梢向尖（又謂之錐眼）開口與華栱同與令栱相交安於齊心枓下

若累鋪作數多皆隨所出之跳加長（若角內用則以斜長加之）於裏外令栱兩出安之如上下有礙昂勢處即隨昂勢斜殺於放過昂身或有不出耍頭者皆於裏外令栱之內安到心股卯（只用單枓）

枓 其名有五一曰楶二曰栭三曰櫨四曰楷五曰枓

造枓之制有四

一曰櫨枓施之於柱頭其長與廣皆三十二分若施於角柱之上者方三十六分（如造圓枓則面徑三十六分底

徑二十八分。高二十分，上八分爲耳，中四分爲平，下八分爲欹。今俗謂之溪者非。開口廣十分，深八分。出跳則十字開口四耳，如不出跳則順身開口兩耳。底四面各殺四分，欹䫜一分。如柱頭用圜枓，即補間鋪作用訛角枓。

二曰交互枓，亦謂之長開枓。施之於華栱出跳之上。十字開口四耳，如施之於替木下者，順身開口兩耳。其長十八分，廣十六分。若屋內梁栿下用者，其長二十四分，廣十八分，厚十二分半，謂之交栿枓，於梁栿頭橫用之。如梁栿項歸一材之厚者，只用交互枓。如柱大小不等，其枓量柱材隨宜加減。

三曰齊心枓，亦謂之華心枓。施之於栱心之上，順身開口兩耳，若施之於平坐出頭木之下，則十字開口四耳。其長與廣皆十六分。如施由昂及內外轉角出跳之上，則不用耳，謂之平盤枓，其高六分。

四曰散枓，亦謂之小枓，或謂之順桁枓，又謂之騎互枓。施之於栱兩頭，橫開口，兩耳，以廣爲面。如鋪作偷心，則施之於華栱出跳之上。其長十六分，廣十四分。

凡交互枓、齊心枓、散枓皆高十分，上四分爲耳，中二分爲平，下四分爲欹。開口皆廣十分，深四分，底四面各殺二分，欹䫜半分。

凡四耳枓，於順跳口內前後裏壁，各留隔口包耳，高二分，厚一分半。櫨枓則倍之。角內櫨枓，於出角栱口內留隔口包耳，其高隨耳，抹角內䫜入半分。

總鋪作次序

總鋪作次序之制：凡鋪作自柱頭上櫨枓口內出一栱或一昂，皆謂之一跳，傳至五跳止。

出一跳，謂之四鋪作。或用華頭子，上出一昂。

出兩跳，謂之五鋪作。下出一卷頭，上施一昂。

出三跳，謂之六鋪作。下出一卷頭，上施兩昂。

出四跳，謂之七鋪作。下出兩卷頭，上施兩昂。

出五跳，謂之八鋪作。下出兩卷頭，上施三昂。

自四鋪作至八鋪作，皆於上跳之上橫施令栱與耍頭相交，以承橑檐方；至角，各於角昂之上別施一昂，謂之由昂，以坐角神。

凡於闌額上坐櫨枓安鋪作者，謂之補間鋪作。今俗謂之步間者，非。當心間須用補間鋪作兩朵，次間及梢間各用一朵。其鋪作分布令遠近皆勻。若逐間皆用雙補間，則每間之廣，丈尺皆同。如只心間用雙補間者，假如心間用一丈五尺，則次間用一丈之類。或間廣不勻，即每補間鋪作一朶不得過一尺。

凡鋪作逐跳上（下昂之上亦同。）安栱，謂之計心；若逐跳上不安栱而再出跳或出昂者，謂之偷心。（凡出一跳，南中謂之出一枝；計心，謂之轉葉；偷心，謂之不轉葉，其實一也。）

凡鋪作逐跳計心，每跳令栱上只用素方一重，謂之單栱；（素方在泥道栱上者，謂之柱頭方；在跳上者，謂之羅漢方；方上斜安遮椽版。）即每跳上安兩材一絜。（令栱、素方爲兩材，令栱上枓爲一絜。）若每跳瓜子栱上（至橑檐方下用令栱。）施慢栱，慢栱上用素方，謂之重栱；（方上斜施遮椽版。）即每跳上安三材兩絜。（瓜子栱、慢栱、素方爲三材；瓜子栱上枓、慢栱上枓爲兩絜。）

凡鋪作並外跳出昂，裏跳及平坐只用卷頭。若鋪作數多，

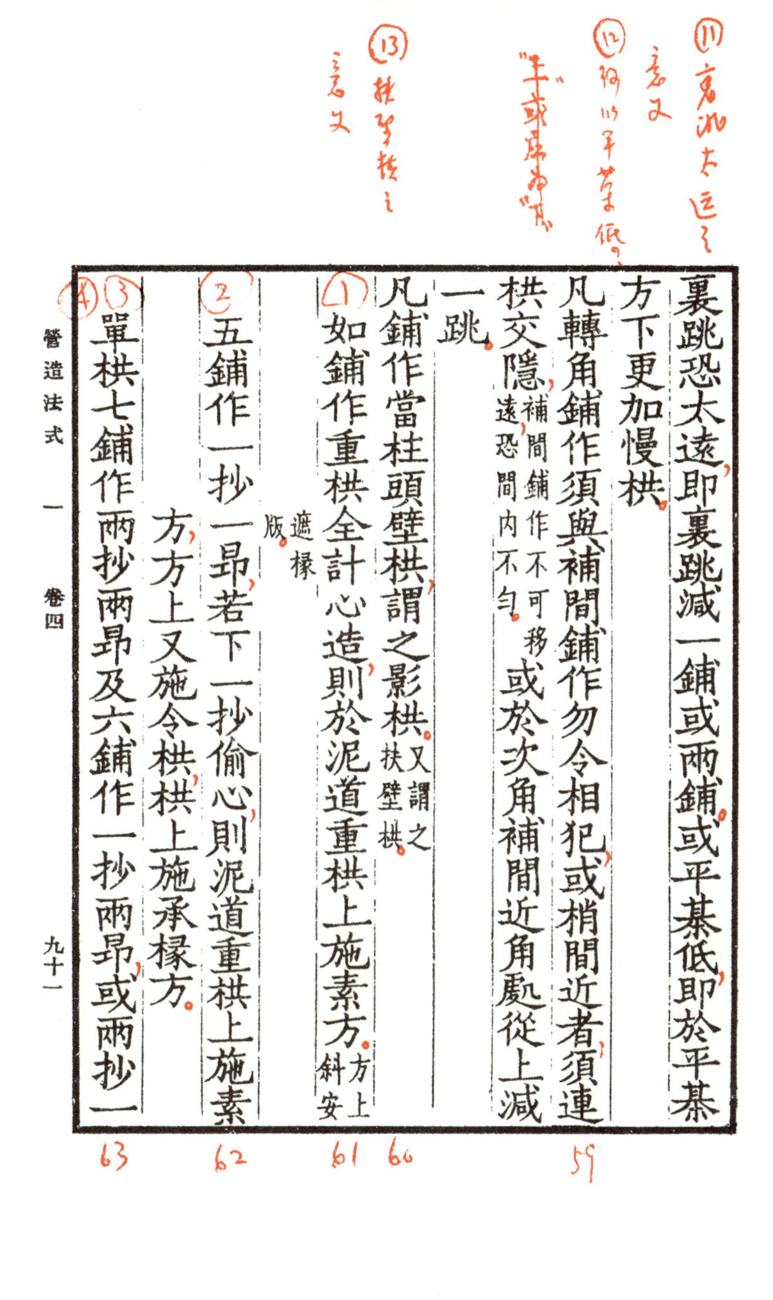

裏跳恐太遠，即裏跳減一鋪或兩鋪；或平棊低，即於平棊方下更加慢栱。

凡轉角鋪作，須與補間鋪作勿令相犯；或梢間近者，須連栱交隱，補間鋪作不可移遠，恐間內不勻。或於次角補間近角處，從上減一跳。

凡鋪作當柱頭壁栱，謂之影栱。又謂之扶壁栱。

如鋪作重栱全計心造，則於泥道重栱上施素方。方上斜安遮椽版。

五鋪作一抄一昂，若下一抄偷心，則泥道重栱上施素方，方上又施令栱，栱上施承椽方。

單栱七鋪作兩抄兩昂及六鋪作一抄兩昂或兩抄一

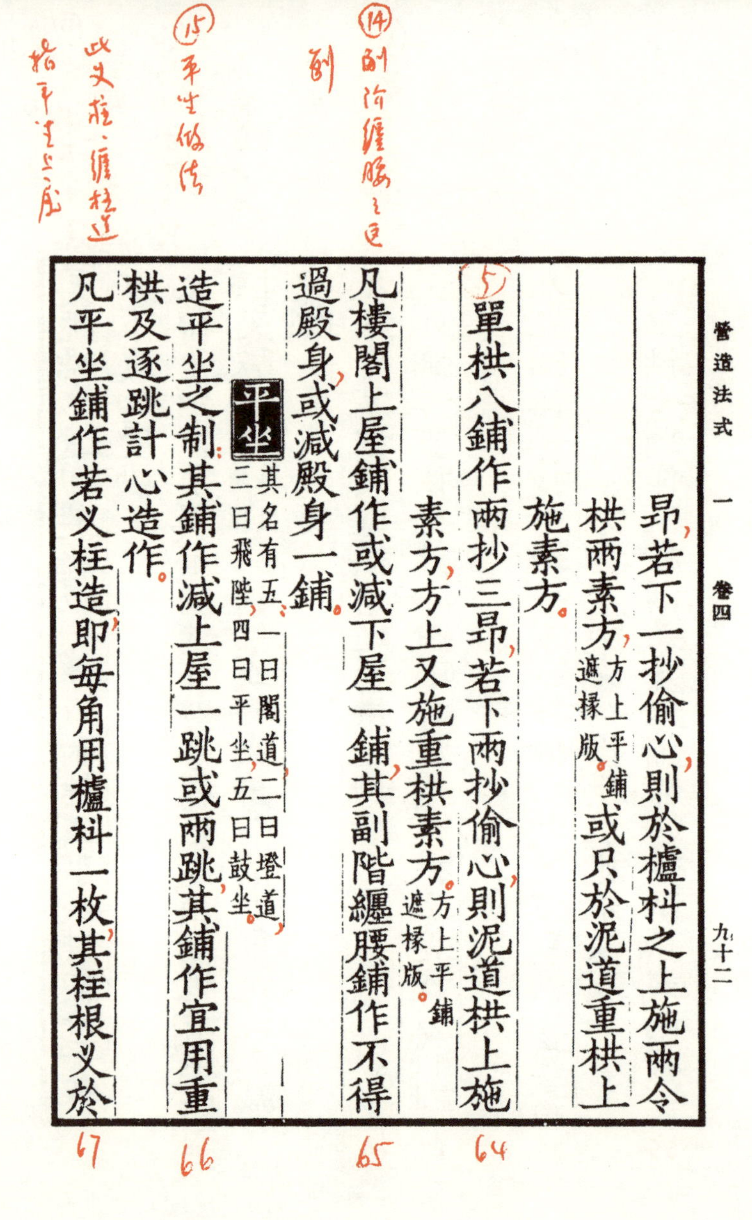

昂，若下一抄偷心，則於櫨枓之上施兩令栱兩素方，方上平鋪遮椽版。或只於泥道重栱上施素方。

單栱八鋪作兩抄三昂，若下兩抄偷心，則泥道栱上施素方，方上又施重栱素方。方上平鋪遮椽版。

凡樓閣上屋鋪作，或減下屋一鋪，其副階纏腰鋪作不得過殿身，或減殿身一鋪。

平坐　其名有五：一曰閣道，二曰墱道，三曰飛陛，四曰平坐，五曰鼓坐。

造平坐之制：其鋪作減上屋一跳或兩跳。其鋪作宜用重栱及逐跳計心造作。

凡平坐鋪作，若叉柱造，即每角用櫨枓一枚，其柱根叉於

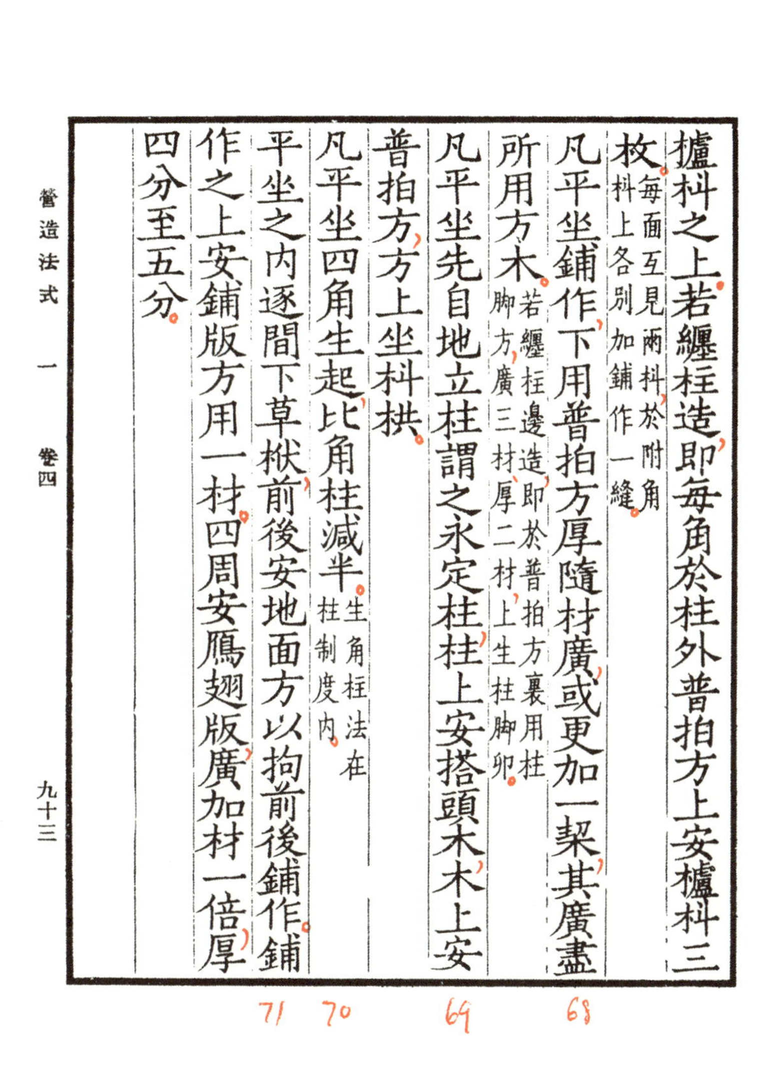

櫨枓之上。若纏柱造，即每角於柱外普拍方上安櫨枓三枚。（每面互見兩枓，於附角枓上各别加鋪作一縫。）

凡平坐鋪作，下用普拍方，厚隨材廣，或更加一栔，其廣盡所用方木。（若纏柱邊造，即於普拍方裏用柱脚方，廣三材，厚二材，上生柱脚卯。）

凡平坐先自地立柱，謂之永定柱，柱上安搭頭木，木上安普拍方，方上坐枓栱。

凡平坐四角生起，比角柱減半。（生角柱法在柱制度内。）

平坐之内，逐間下草栿，前後安地面方，以拘前後鋪作。鋪作之上安鋪版方，用一材。四周安鴈翅版，廣加材一倍，厚四分至五分。

營造法式卷第四

營造法式卷第五

通直郎管修蓋皇弟外第專一提舉修蓋班直諸軍營房等臣李誡奉

聖旨編修

大木作制度二

梁 其名有三：一曰梁，二曰杗廇，三曰欐。

造梁之制有五

一曰檐栿如四椽及五椽栿若四鋪作以上至八鋪作並廣兩材兩栔草栿廣三材如六椽至八椽以上栿若四鋪作至八鋪作廣四材草栿同

二曰乳栿（若對大角梁者與大梁廣同）三椽栿若四鋪作五鋪作廣兩材一栔草栿廣兩材六鋪作以上廣兩材兩栔草栿同

三曰劄牽若四鋪作至八鋪作出跳廣兩材如不出跳並不過一材一栔（草牽梁準此）

四曰平梁若四鋪作五鋪作廣加材一倍六鋪作以上

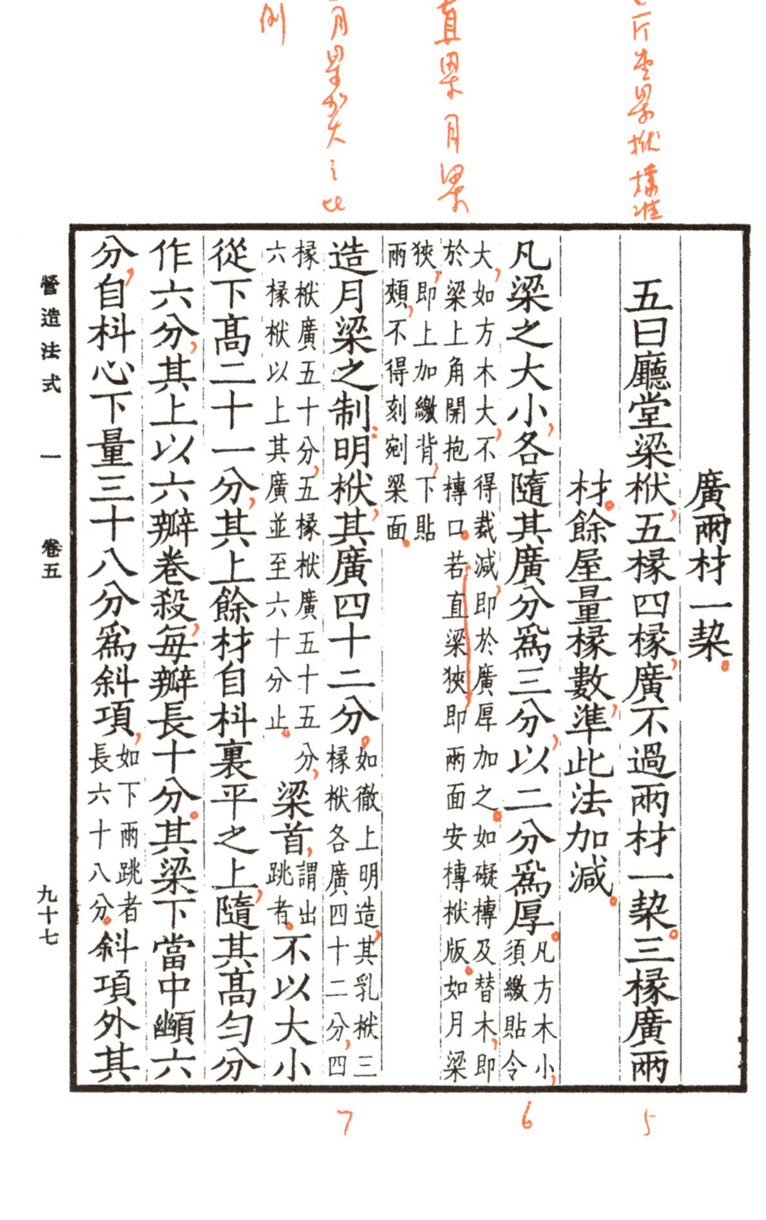

廣兩材一栔。

五曰廳堂梁栿，五椽四椽，廣不過兩材一栔。三椽廣兩材。餘屋量椽數，準此法加減。

凡梁之大小，各隨其廣分爲三分，以二分爲厚。凡方木小，須繳貼令大；如方木大，不得裁減，即於廣厚加之。如礙槫及替木，即於梁上角開抱槫口。若直梁狹，即兩面安槫栿版。如月梁狹，即上加繳背，下貼兩頰，不得刻剜梁面。

造月梁之制：明栿，其廣四十二分。如徹上明造，其乳栿、三椽栿各廣四十二分，四椽栿廣五十分，五椽栿廣五十五分，六椽栿以上其廣並至六十分止。梁首，謂出跳者。不以大小從下高二十一分，其上餘材自枓裏平之上，隨其高勻分作六分，其上以六瓣卷殺，每瓣長十分。其梁下當中䫜六分，自枓心下量三十八分爲斜項，如下兩跳者長六十八分。斜項外，其下起顱以六瓣卷殺每瓣長十分第六瓣盡處下顱五分去三分留二分作琴面自第六瓣盡處漸起至心又加高一分令顱勢圜和梁尾謂入柱者上背下顱皆以五瓣卷殺餘並同梁首之制

梁底面厚二十五分其項入枓口處厚十分枓口外兩肩各以四瓣卷殺每瓣長十分

若平梁四椽六椽上用者其廣三十五分如八椽至十椽上用者其廣四十二分不以大小從下高二十五分背上下顱皆以四瓣卷殺兩頭並同其下第四瓣盡處顱四分去二分留一分作琴面自第四瓣盡處漸起至心又加高一分餘並同月梁之制

若劄牽其廣三十五分不以大小從下高一十五分上至枓底牽首上以六瓣卷殺每瓣長八分下同牽尾上以五瓣其下

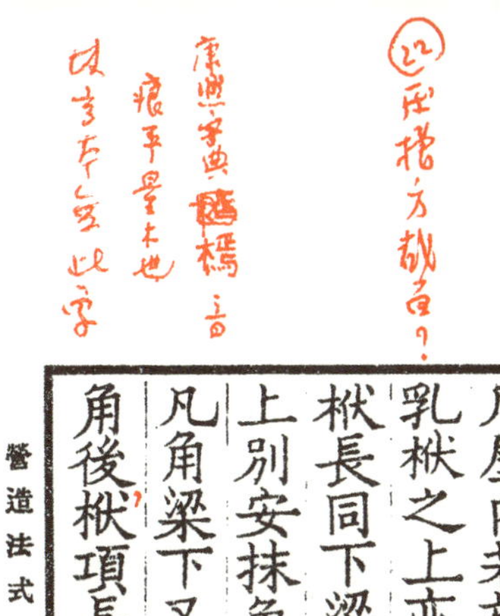

顱前後各以三瓣。斜項同月梁法，顱內去留同平梁法。

凡屋內徹上明造者，梁頭相疊處須隨舉勢高下用駝峯。其駝峯長加高一倍，厚一材，枓下兩肩或作入瓣，或作出瓣，或圜訛兩肩兩頭卷尖，梁頭安替木處並作隱枓，兩頭造耍頭或切几頭，切几頭刻梁上角作一入瓣。與令栱或襻間相交。

凡屋內若施平棊，平闇亦同。在大梁之上平棊之上又施草栿，乳栿之上亦施草栿，並在壓槽方之上。壓槽方在柱頭方之上。其草栿長同下梁，直至橑檐方止。若在兩面，則安丁栿。丁栿之上別安抹角栿，與草栿相交。

凡角梁下又施穩襯角栿，在明梁之上，外至橑檐方，內至角後栿項，長以兩椽材斜長加之。

凡襯方頭施之於梁背耍頭之上，其廣厚同材，前至橑檐方，後至昂背或平棊方。如無鋪作，即至托脚木止。若騎槽，即前後各隨跳與方栱相交，開子廕以壓枓上。

凡平棊之上，須隨槫栿用方木及矮柱敦㮇，隨宜枝樘固濟，並在草栿之上。凡明梁只閣平棊，草栿在上承屋蓋之重。

凡平棊方在梁背上，其廣厚並如材，長隨間廣。每架下平棊方一道。平闇同。又隨架安椽以遮版縫。其椽若殿宇，廣二寸五分，厚一寸五分；餘屋廣二寸二分，厚一寸二分。如材小，即隨宜加減。絞井口並隨補間。令縱橫分布方正。若用峻脚，即於四闌内安版貼華。如平闇，即安峻脚椽，廣厚並與平闇椽同。

闌額

造闌額之制：廣加材一倍，厚減廣三分之一，長隨間廣，兩

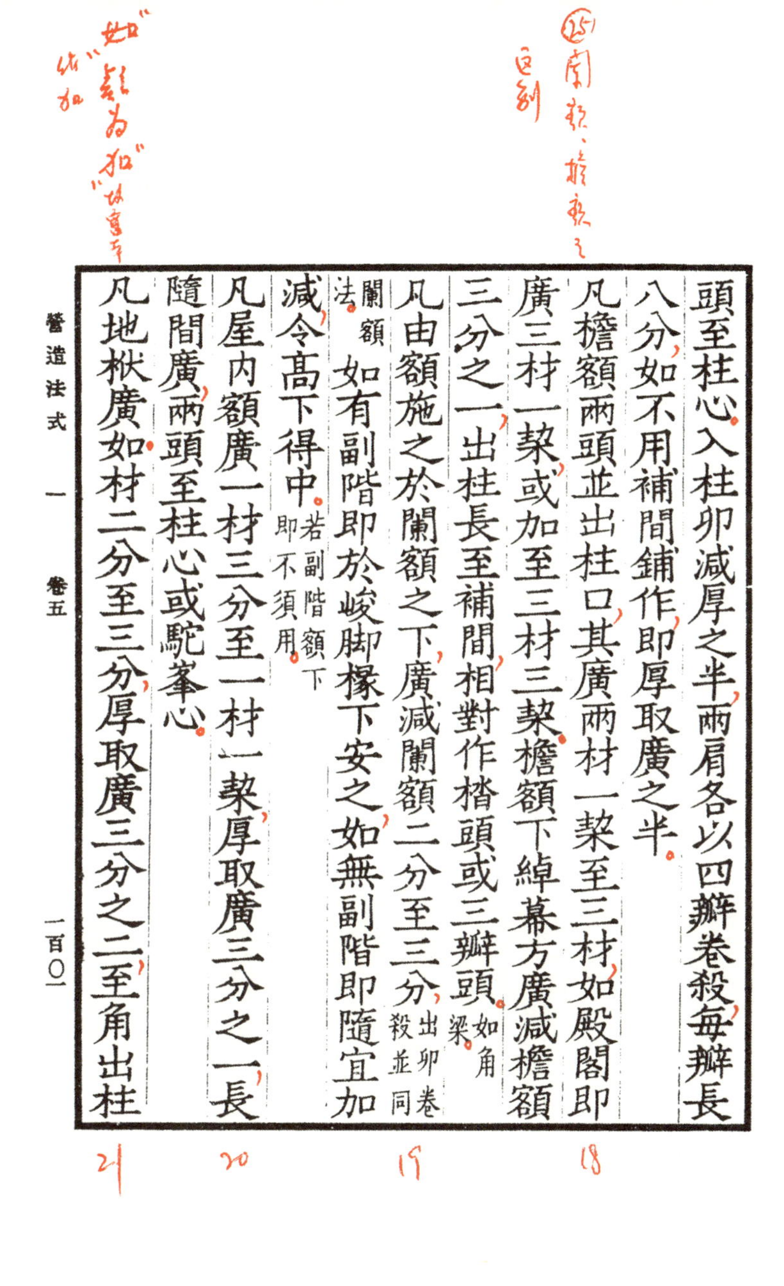

頭至柱心。入柱卯減厚之半，兩肩各以四瓣卷殺，每瓣長八分，如不用補間鋪作，即厚取廣之半。

凡檐額兩頭並出柱口，其廣兩材一栔至三材，如殿閣即廣三材一栔，或加至三材三栔。檐額下綽幕方廣減檐額三分之一，出柱長至補間，相對作楷頭或三瓣頭。如角梁。

凡由額施之於闌額之下，廣減闌額二分至三分，出卯卷殺並同闌額法。如有副階即於峻脚椽下安之，如無副階即隨宜加減，令高下得中。若副階額下即不須用。

凡屋内額廣一材三分至一材一栔，厚取廣三分之一，長隨間廣，兩頭至柱心或駝峯心。

凡地栿廣如材二分至三分，厚取廣三分之二，至角出柱一材。上角或卷殺作梁切几頭。

柱

其名有二：一曰楹，二曰柱。

凡用柱之制：若殿閣，即徑兩材兩栔至三材；若廳堂柱，即徑兩材一栔；餘屋，即徑一材一栔至兩材。若廳堂等屋內柱，皆隨舉勢定其短長，以下檐柱爲則。若副階、廊舍，下檐柱雖長，不越間之廣。至角則隨間數生起角柱。若十三間殿堂，則角柱比平柱生高一尺二寸，平柱謂當心間兩柱也。自平柱疊進向角漸次生起，令勢圜和；如逐間大小不同，即隨宜加減，他皆倣此。十一間生高一尺，九間生高八寸，七間生高六寸，五間生高四寸，三間生高二寸。

凡殺梭柱之法：隨柱之長分爲三分，上一分又分爲三分，如栱卷殺，漸收至上，徑比櫨枓底四周各出四分；又量柱

故宮本無此字

頭

頭四分緊殺如覆盆樣，令柱項與櫨枓底相副。其柱身下一分殺令徑圍與中一分同。

凡造柱下櫍，徑周各出柱三分，厚十分，下三分爲平，其上並爲欹，上徑四周各殺三分，令與柱身通上匀平。

凡立柱，並令柱首微收向内，柱脚微出向外，謂之側脚。每屋正面，謂柱首東西相向者。隨柱之長，每一尺即側脚一分；若側面，謂柱首南北相向者。每長一尺即側脚八厘。至角柱，其柱首相向各依本法。如長短不定，隨此加減。

凡下側脚墨，於柱十字墨心裏再下直墨，然後截柱脚柱首，各令平正。

若樓閣柱側脚，祇以柱以上爲則，側脚上更加側脚，逐層

24

25

26

27

倣此。塔同。

陽馬

其名有五：一曰觚棱，二曰陽馬，三曰闕角，四曰角梁，五曰梁抹。

造角梁之制：大角梁，其廣二十八分至加材一倍，厚十八分至二十分；頭下斜殺長三分之二。或於斜面上留二分，外餘直卷爲三瓣。子角梁廣十八分至二十分，厚減大角梁三分，頭殺四分，上折深七分。

隱角梁上下廣十四分至十六分，厚同大角梁，或減二分；上兩面隱廣各三分，深各一椽分。餘隨逐架接續隱法皆倣此。

凡角梁之長，大角梁自下平槫至下架檐頭；子角梁隨飛檐頭外至小連檐下，斜至柱心。安於大角梁內。隱角梁隨架之廣，自下平槫至子角梁尾，安於大角梁中。皆以斜長加之。

凡造四阿殿閣，若四椽、六椽五間及八椽七間，或十椽九間以上，其角梁相續，直至脊槫，各以逐架斜長加之。如八椽五間至十椽七間，並兩頭增出脊槫各三尺。隨所加脊槫盡處，別施角梁一重。俗謂之吳殿，亦曰五脊殿。

凡堂廳並廈兩頭造，則兩梢間用角梁轉過兩椽。亭榭之類轉一椽。今亦用此制爲殿閣者，俗謂之曹殿，又曰漢殿，亦曰九脊殿。按《唐六典》及《營繕令》云：王公以下居第並廳廈兩頭者，此制也。

侏儒柱

其名有六：一曰梲，二曰侏儒柱，三曰浮柱，四曰棳，五曰上楹，六曰蜀柱。

斜柱附

其名有五：一曰斜柱，二曰梧，三曰迕，四曰枝樘，五曰叉手。

造蜀柱之制：於平梁上，長隨舉勢高下。殿閣徑一材半，餘屋量栿厚加減。兩面各順平栿，隨舉勢斜安叉手。

造叉手之制：若殿閣，廣一材一栔；餘屋，廣隨材或加二分至三分；厚取廣三分之一。（蜀柱下安合楷者，長不過梁之半。）

凡中下平槫縫，並於梁首向裏斜安托脚，其廣隨材，厚三分之一，從上梁角過抱槫，出卯以托向上槫縫。

凡屋如徹上明造，即於蜀柱之上安枓。（若叉手上角内安栱，兩面出耍頭者，謂之丁華抹頦栱。）枓上安隨間襻間，或一材或兩材；襻間廣厚並如材，長隨間廣，出半栱在外，半栱連身對隱。若兩材造，即每間各用一材，隔間上下相閃，令慢栱在上，瓜子栱在下。若一材造，只用令栱，隔間一材，如屋内遍用襻間，一材或兩材，並與梁頭相交。（或於兩際隨槫作楷頭以乘替木。）

凡襻間如在平棊上者，謂之草襻間，並用全條方。

凡蜀柱量所用長短於中心安順脊串廣厚如材或加三分至四分長隨間隔間用之若梁上用矮柱者徑隨相對之柱其長隨舉勢高下

凡順脊串並出柱作丁頭栱其廣一足材或不及即作楷頭厚如材在牽梁或乳栿下

棟

其名有九一曰棟二曰桴三曰穩四曰棼五曰甍六曰極七曰槫八曰檁九曰櫋兩際附

用槫之制若殿閣槫徑一材一栔或加材一倍廳堂槫徑加材三分至一栔餘屋槫徑加材一分至二分長隨間廣

凡正屋用槫若心間及西間者皆頭東而尾西如東間者頭西而尾東其廊屋面東西者皆頭南而尾北

凡出際之制槫至兩梢間兩際各出柱頭又謂之屋廢如兩椽屋出二尺至二尺五寸四椽屋出三尺至三尺五寸六椽

屋出三尺五寸至四尺，八椽至十椽屋出四尺五寸至五尺。若殿閣轉角造，即出際長隨架。於丁栿上隨架立夾際柱子，以柱槫梢；或更於丁栿背方，添闘頭栿。

凡橑檐方，更不用橑風槫及替木。當心間之廣加材一倍，厚十分；至角隨宜取圜，貼生頭木，令裏外齊平。

凡兩頭梢間，槫背上並安生頭木，廣厚並如材，長隨梢間，斜殺向裏，令生勢圜和，與前後橑檐方相應。其轉角者，高與角梁背平，或隨宜加高，令椽頭背低角梁頭背一椽分。

凡下昂作，第一跳心之上用槫承椽，以代承椽方。謂之牛脊槫，安於草栿之上，至角即抱角梁，下用矮柱敦㭼。如七鋪作以上，其牛脊槫於前跳内更加一縫。

搏風版

其名有二：一曰榮，二曰搏風。

造搏風版之制：於屋兩際出槫頭之外，安搏風版，廣兩材至三材，厚三分至四分，長隨架道。中、上架兩面各斜出搭掌，長二尺五寸至三尺。下架隨椽與瓦頭齊。轉角者，至曲脊內。

柎

其名有三：一曰柎，二曰複棟，三曰替木。

造替木之制：其厚十分，高一十二分。

單枓上用者，其長九十六分。

令栱上用者，其長一百四分。

重栱上用者，其長一百二十六分。

凡替木兩頭，各下殺四分，上留八分，以三瓣卷殺，每瓣長四分。若至出際，長與槫齊。隨槫齊處更不卷殺。其栱上替木，如補間鋪作相近者，即相連用之。

椽 其名有四：一曰桷，二曰椽，三曰榱，四曰橑。短椽其名有二：一曰棟，二曰禁楄。

用椽之制：椽每架平不過六尺。若殿閣，或加五寸至一尺五寸，徑九分至十分；若廳堂，椽徑七分至八分，餘屋徑六分至七分。長隨架斜；至下架，即加長出檐。每槫上爲縫，斜批相搭釘之。凡用椽，皆令椽頭向下而尾在上。

凡布椽，令一間當間心；若有補間鋪作者，令一間當耍頭心。若四裴回轉角者，並隨角梁分布，令椽頭踈密得所，過角歸間，至次角補間鋪作心。並隨上中架取直。其稀密以兩椽心相去之廣爲法：殿閣廣九寸五分至九寸；副階廣九寸至八寸五分；廳堂廣八寸五分至八寸；廊庫屋廣八寸至七寸五分。

若屋内有平棊者，即隨椽長短，令一頭取齊，一頭放過上架，當榑釘之，不用裁截。謂之鴈脚釘。

檐 其名有十四：一曰宇，二曰檐，三曰樀，四曰楣，五曰屋垂，六曰梠，七曰櫺，八曰聯櫋，九曰橝，十曰庌，十一曰廡，十二曰槾，十三曰櫋，十四曰庮。

造檐之制：皆從橑檐方心出，如椽徑三寸，即檐出三尺五寸；椽徑五寸，即檐出四尺至四尺五寸。檐外别加飛檐，每檐一尺，出飛子六寸。其檐自次角柱補間鋪作心，椽頭皆生出向外，漸至角梁：若一間生四寸，三間生五寸，五間生七寸。五間以上，約度隨宜加減。其角柱之内，檐身亦令微殺向裏。不爾恐檐圜而不直。

凡飛子，如椽徑十分，則廣八分，厚七分。（大小不同，納此法量宜加減。）各以其廣厚分爲五分，兩邊各斜殺一分，底面上留三分，下殺二分；皆以三瓣卷殺，上一瓣長五分，次二瓣各長四分。（此瓣分謂廣厚所得之分。）尾長斜隨檐。（凡飛子須兩條通造；先除出兩頭於飛魁內出者，後量身內令隨檐長，結角解開。若近角飛子，隨勢上曲，令背與小連檐平。）

凡飛魁（又謂之大連檐），廣厚並不越材。小連檐廣加栔二分至三分，厚不得越栔之厚。（並交斜解造。）

舉折　其名有四：一曰陠，二曰峻，三曰陠峭，四曰舉折。

舉折之制：先以尺爲丈，以寸爲尺，以分爲寸，以厘爲分，以毫爲厘，側畫所建之屋於平正壁上，定其舉之峻慢，折之圜和，然後可見屋內梁柱之高下，卯眼之遠近。（今俗謂之定側樣，亦

54　55　56

日點草架。

舉屋之法：如殿閣樓臺，先量前後橑檐方心相去遠近，分爲三分，若餘屋柱梁作或不出跳者，則用前後檐柱心。從橑檐方背至脊槫背舉起一分，如屋深三丈，即舉起一丈之類。如甋瓦廳堂，即四分中舉起一分，又通以四分所得丈尺，每一尺加八分。若甋瓦廊屋及瓪瓦廳堂，每一尺加五分；或瓪瓦廊屋之類，每一尺加三分。若兩椽屋不加，其副階或纏腰，並二分中舉一分。

折屋之法：以舉高尺丈，每尺折一寸，每架自上遞減半爲法。如舉高二丈，即先從脊槫背上取平，下至橑檐方背，其上第一縫折二尺；又從上第一縫槫背取平，下至橑檐方背，於第二縫折一尺；若椽數多，即逐縫取平，皆下至橑檐方背每縫並減上縫之半。如第一縫二尺，第二縫一尺，第三縫五寸，第四縫二寸五分之類。如取平，皆從槫心抨繩令緊爲則。如架道不勻，即約度遠近，隨宜加減。以脊槫及橑檐方爲準。若八角或四角鬬尖亭榭，自橑檐方背舉至角梁底，五分中舉一分，至上簇角梁，即兩分中舉一分。若亭榭只用瓪瓦者，即十分中舉四分。

簇角梁之法：用三折，先從大角背自橑檐方心量向上至棖桿卯心，取大角梁背一半，立上折簇梁，斜向棖桿舉分盡處。其簇角梁上下並出卯，中、下折簇梁同。次從上折簇梁盡處量至橑檐方心，取大角梁背一半，立中折簇梁，斜向上折簇梁當心之下。又次從橑檐方心立下折簇梁，斜向中折簇梁當心近下。令中折簇角梁上一半與上折簇梁一半之長同。其折分並同折屋之制。唯量折以曲尺於絃上取方量之，用瓪瓦者同。

營造法式卷第五

營造法式卷第六

通直郎管修蓋皇弟外第專一提舉修蓋班直諸軍營房等臣李誠奉

聖旨編修

小木作制度一

版門雙扇版門 獨扇版門　烏頭門

軟門牙頭護縫軟門 合版軟門　破子櫺窗

睒電窗　版櫺窗

截間版帳　照壁屏風骨截間屏風骨 四扇屏風骨

隔截橫鈐立旌　露籬

版引檐　水槽

井屋子　地棚

版門

雙扇版門　獨扇版門

造版門之制，高七尺至二丈四尺，廣與高方。（謂門高一丈，則每扇之廣不得過五尺之類。）如減廣者，不得過五分之一。（謂門扇合廣五尺，如減不得過四尺之類。）其名件廣厚，皆取門每尺之高，積而爲法。（獨扇用者，高不過七尺，餘準此法。）

肘版，長視門高，（別留出上下兩鐮，如用鐵桶子或鞾臼，即下不用鐮。）每門高一尺，則廣一寸，厚三分。（謂門高一丈，則肘版廣一尺，厚三寸，丈尺不等，依此加減。下同。）

副肘版，長廣同上，厚二分五釐。（高一丈二尺以上用，其肘版與副肘版皆加至一尺五寸止。）

身口版，長同上，廣隨材，通肘版與副肘版合縫計數，

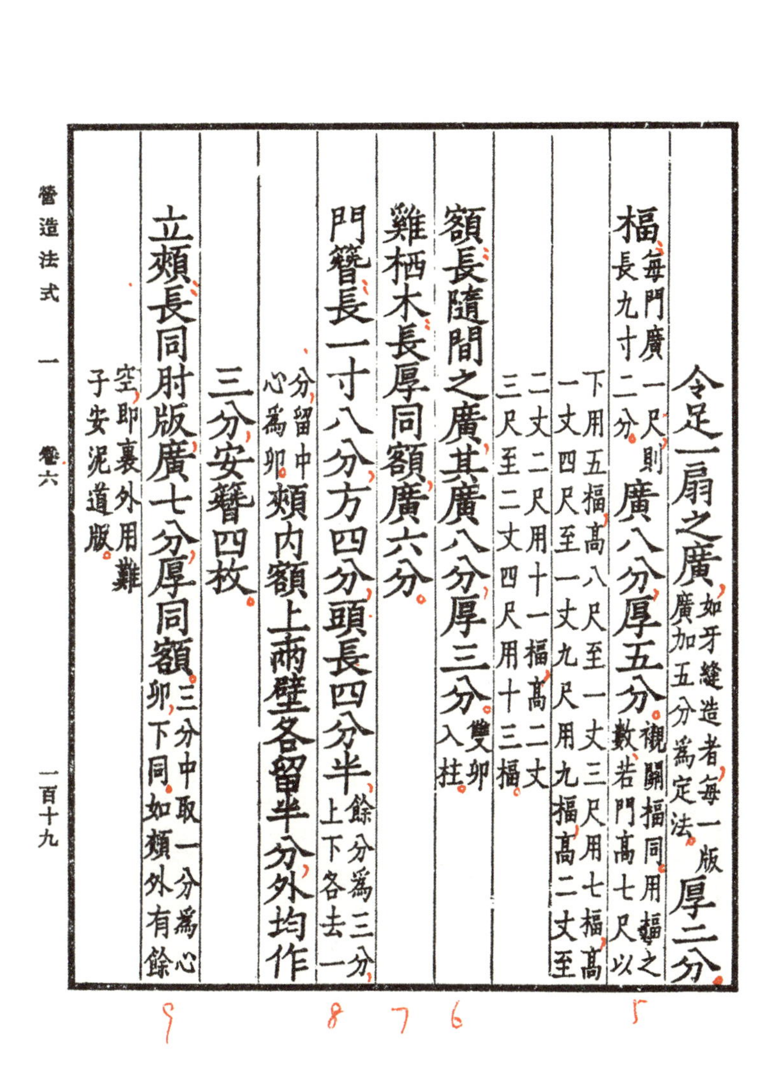
令足一扇之廣，如牙縫造者，每一版廣加五分爲定法。厚二分。

楅，每門廣一尺，則長九寸二分。廣八分，厚五分。襯關楅同。用楅之數，若門高七尺以下，用五楅；高八尺至一丈三尺，用七楅；高一丈四尺至一丈九尺，用九楅；高二丈至二丈二尺，用十一楅；高二丈三尺至二丈四尺，用十三楅。

額，長隨間之廣，其廣八分，厚三分。雙卯入柱。

雞栖木，長厚同額，廣六分。

門簪，長一寸八分，方四分，頭長四分半。餘分爲三分，上下各去一分，留中心爲卯。頰內額上，兩壁各留半分，外均作三分，安簪四枚。

立頰，長同肘版，廣七分，厚同額。三分中取一分爲心卯，下同。如頰外有餘空，即裏外用難子安泥道版。

地栿長厚同額，廣同頰。若斷砌門，則不用地栿，於兩頰下安臥株、立株。

門砧長二寸一分，廣九分，厚六分。地栿內外各留二分，餘並挑肩破辦。

凡版門如高一丈，所用門關徑四寸。關上用柱門拐。搕鏁柱長五尺，廣六寸四分，厚二寸六分。如高一丈以下者，只用伏兎、手栓。伏兎廣厚同楅，長令上下至楅。手栓長二尺至一尺五寸，廣二寸五分至二寸，厚二寸至一寸五分。縫內透栓及劄並間楅用透栓，廣二寸，厚七分。每門增高一尺，則關徑加一分五厘；搕鏁柱長加一寸，廣加四分，厚加一分；透栓廣加一分，厚加三厘。透栓若減，亦同加法。一丈以上用四栓，一丈以下用二栓。其劄，若門高二丈以上，長四尺，廣三寸二分，厚九分；一丈五尺以上，長同上，廣二寸七分，厚八分；一丈以上，長三寸五分，廣二寸二分，厚七分；高七尺以上，長三寸，廣一寸八分，厚六分。若門高七尺以上，則上用雞栖木，下用門砧。若七尺以下，則上下並用伏兎。高一丈二尺以上者，或用鐵桶子、

腰串

䳄臺石砧。高二丈以上者，門上鑣安鐵鐧，雞栖木安鐵釧，下鑣安鐵鞾臼，用石地栿、門砧及鐵䳄臺。如斷砌，即臥柣立柣並用石造。地栿版長隨立柣之廣，其廣同階之高，厚量長廣取宜；每長一尺五寸，用楅一枚。

烏頭門

其名有三：一曰烏頭大門，二曰表楬，三曰閥閱，今呼爲欞星門。

造烏頭門之制：俗謂之欞星門。高八尺至二丈二尺，廣與高方。若高一丈五尺以上，如減廣不過五分之一。用雙腰串。七尺以下或用單腰串；如高一丈五尺以上，用夾腰華版，版心內用㯻子。每扇各隨其長，於上腰中心分作兩分，腰上安子桯、欞子。欞子之數，須雙用。腰華以下，並安障水版。或下安鋜脚，則於下桯上施串一條。其版內外並施牙頭護縫。下牙頭或用如意頭造。門後用羅文楅。左右結角斜安，當心絞口。其名件廣厚皆取門每尺之高積而爲法。

肘長視高每門高一尺廣五分厚三分三厘。

桯長同上方三分三厘。

腰串長隨扇之廣其廣四分厚同肘。

腰華版長隨兩桯之内廣六分厚六厘。

鋜脚版長厚同上其廣四分。

子桯廣二分二厘厚三分。

承櫺串穿櫺當中廣厚同子桯。於子桯之内横用一條或二條。

櫺子厚一分。長入子桯之内三分之一。若門高一丈則廣一寸八分如高增一尺則加一分減亦如之。

障水版廣隨兩桯之内厚七厘。

障水版及鋜脚腰華内難子長隨桯内四周方七厘

牙頭版長同腰華版廣六分厚同障水版

腰華版及鋜脚内牙頭版長視廣其廣亦如之厚同上

護縫厚同上廣同櫺子

羅文楅長對角廣二分五厘厚二分

額廣八分厚三分其長每門高一尺則加六寸

立頰長視門高上下各別出卯廣七分厚同額頰下安卧扶立扶

挾門柱方八分其長每門高一尺則加八寸柱下栽入地内上施烏頭

日月版長四寸廣一寸二分厚一分五厘

搶柱方四分其長每門高一尺則加二寸

凡烏頭門所用雞栖木、門簪、門砧、門關、搕鏁柱、石砧、鐵鞾、臼、鵝臺之類，並準版門之制。

軟門

牙頭護縫軟門　合扇軟門

造軟門之制：廣與高方；若高一丈五尺以上，如減廣者，不過五分之一。用雙腰串造。（或用單腰串。）每扇各隨其長，除桯及腰串外，分作三分，腰上留二分，腰下留一分，上下並安版，內外皆施牙頭護縫。（其身內版及牙頭護縫所用版，如門高七尺至一丈二尺，並厚六分；高一丈三尺至一丈六尺，並厚八分；高七尺以下，並厚五分，皆爲定法。腰華版厚同。下牙頭或用如意頭。）其名件廣厚，皆取門每尺之高，積而爲法。

攏桯內外用牙頭護縫軟門：高六尺至一丈六尺。（額、栿內上下施伏兎用立㯰。）

肘長視門高，每門高一尺，則廣五分，厚二分八厘。

桯長同上，上下各出二分。方二分八厘。

腰串長隨每扇之廣，其廣四分，厚二分八厘。隨其後三分，以一分爲卯。

腰華版長同上，廣五分。

合版軟門高八尺至一丈三尺，並用七楅；八尺以下用五楅。上下牙頭，通身護縫，皆厚六分。如門高一丈，即牙頭廣五寸，護縫廣二寸；每增高一尺，則牙頭加五分，護縫加一分；減亦如之。

肘版長視高，廣一寸，厚二分五厘。

身口版長同上，廣隨材，通肘版合縫計數，令足一扇之廣。厚一分五厘。

楅每門廣一尺，則長九寸二分。廣七分，厚四分。

凡軟門內或用手栓伏兔或用承柺楅其額立頰地栿雞栖木門簪門砧石砧鐵桶子鵝臺之類並準版門之制

破子櫺窗

造破子窗之制高四尺至八尺如間廣一丈用一十七櫺若廣增一尺即更加二櫺相去空一寸不以櫺之廣狹只以空一寸爲定法其名件廣厚皆以窗每尺之高積而爲法

破子櫺每窗高一尺則長九寸八分令上下入子桯內深三分之二廣五分六釐厚二分八釐每用一條方四分結角解作兩條則自得上項廣厚也每間以五櫺出卯透子桯

子桯長隨櫺空上下並合角斜叉立頰廣五分厚四分

額及腰串長隨間廣，廣一寸二分，厚隨子桯之廣。

立頰長隨窗之高，廣厚同額。兩壁內隱出子桯。

地栿長厚同額，廣一寸。

凡破子窗於腰串下地栿上安心柱、槫頰。柱內或用障水版、牙脚、牙頭、填心難子造，或用心柱編竹造，或於腰串下用隔減窗坐造。凡安窗於腰串下高四尺至三尺，仍令窗額與門額齊平。

睒電窗

造睒電窗之制：高二尺至三尺，每間廣一丈用二十一櫺。若廣增一尺，則更加二櫺，相去空一寸。其櫺實廣二寸，曲廣二寸七分，厚七分。謂以廣二寸七分直櫺，左右剜刻取曲勢，造成實廣二寸也。其廣厚皆為定法。其名件廣厚，皆取窗每尺之高，積而為法。

櫺子：每窗高一尺，則長八寸七分。廣、厚已見上項。

上下串：長隨間廣，其廣一寸。如窗高二尺，厚一寸七分；每增高一尺，加一分五厘；減亦如之。

兩立頰：長視高，其廣厚同串。

凡睒電窗，刻作四曲或三曲；若水波文造，亦如之。施之於殿堂後壁之上，或山壁高處。如作看窗，則下用橫鈐、立旌，其廣厚並準版櫺窗所用制度。

版櫺窗

造版櫺窗之制：高二尺至六尺。如間廣一丈，用二十一櫺。若廣增一尺，即更加二櫺。其櫺相去空一寸。廣二寸，厚七分。並爲定法。其餘名件長及廣厚，皆以窗每尺之高，積而爲法。

版櫺每窗高一尺則長八寸七分。

上下串長隨間廣其廣一寸。（如窗高五尺則厚二寸若增高一尺加一分五釐減亦如之。）

立頰長視窗之高廣同串。（厚亦如之。）

地栿長同串。（每間廣一尺則廣四分五釐厚二分。）

立旌長視高。（每間廣一尺則廣三分五釐厚同上。）

橫鈐長隨立旌內。（廣厚同上。）

凡版窗於串下地栿上安心柱編竹造或用隔減窗坐造。若高三尺以下只安於牆上。（令上串與門額齊平。）

截間版帳

造截間版帳之制高六尺至一丈廣隨間之廣內外並施

牙頭護縫。如高七尺以上者用額、栿、槫柱，當中用腰串造。若間遠則立槏柱。其名件廣厚皆取版帳每尺之廣積而爲法。

槏柱長視高，每間廣一尺則方四分。

額長隨間廣，其廣五分，厚二分五厘。

腰串、地栿長及廣厚皆同額。

槫柱長視額、栿内廣，其廣厚同額。

版長同槫柱，其廣量宜分布。版及牙頭、護縫、難子，皆以厚六分爲定法。

牙頭長隨槫柱内廣，其廣五分。

護縫長視牙頭内高，其廣二分。

難子長隨四周之廣，其廣一分。

66 67 68 69 70 71 72 73

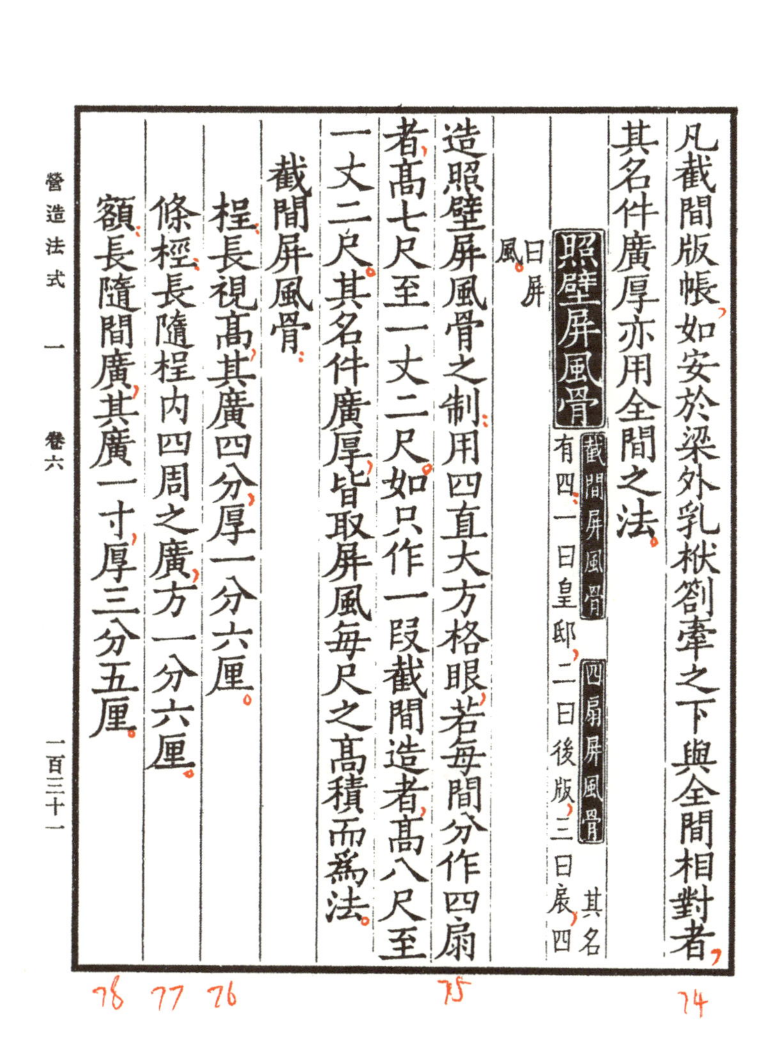
凡截間版帳，如安於梁外乳栿劄牽之下，與全間相對者，其名件廣厚，亦用全間之法。

照壁屏風骨 截間屏風骨 四扇屏風骨

其名有四：一曰皇邸，二曰後版，三曰扆，四曰屏風。

造照壁屏風骨之制：用四直大方格眼。若每間分作四扇者，高七尺至一丈二尺。如只作一段截間造者，高八尺至一丈二尺。其名件廣厚，皆取屏風每尺之高，積而爲法。

截間屏風骨：

桯：長視高，其廣四分，厚一分六厘。

條桱：長隨桯内四周之廣，方一分六厘。

額：長隨間廣，其廣一寸，厚三分五厘。

搏

槫柱，長同桯，其廣六分，厚同額。

地栿，長厚同額，其廣八分。

難子，廣一分二厘，厚八厘。

四扇屏風骨：

桯，長視高，其廣二分五厘，厚一分二厘。

條桱，長同上法，方一分二厘。

額，長隨間之廣，其廣七分，厚二分五厘。

槫柱，長同桯，其廣五分，厚同額。

地栿，長厚同額，其廣六分。

難子，廣一分，厚八厘。

凡照壁屏風骨，如作四扇開閉者，其所用立標、槫肘，若屏

79 80 81 82 83 84 85 86 87 88

風高一丈，則搏肘方一寸四分，立㮇廣二寸，厚一寸六分。如高增一尺，即方及廣、厚各加一分，減亦如之。

隔截橫鈐立旌

造隔截橫鈐立旌之制：高四尺至八尺，廣一丈至一丈二尺，每間隨其廣分作三小間，用立旌，上下視其高，量所宜分布施橫鈐。其名件廣厚，皆取每間一尺之廣，積而爲法。

額及地栿：長隨間廣，其廣五分，厚三分。

槫柱及立旌：長視高，其廣三分五釐，厚二分五釐。

橫鈐：長同額，廣厚並同立旌。

凡隔截所用橫鈐、立旌，施之於照壁、門、窗或牆之上，及中縫截間者亦用之，或不用額、栿、槫柱。

89 90 91 92 93

露籬 其名有五：一曰欏，二曰栅，三曰據，四曰藩，五曰落，今謂之露籬。

造露籬之制：高六尺至一丈，廣八尺至一丈二尺。下用地栿、横鈐、立旌，上用榻頭木施版屋造。每一間分作三小間。立旌長視高，栽入地；每高一尺，則廣四分，厚二分五釐。曲棖長一寸五分，曲廣三分，厚一分。其餘名件廣厚，皆取每間一尺之廣，積而爲法。

地栿、横鈐：每間廣一尺，則長二寸八分，其廣、厚並同立旌。

榻頭木：長隨間廣，其廣五分，厚三分。

山子版：長一寸六分，厚二分。

屋子版：長同榻頭木，廣一寸二分，厚一分。

瀝水版長同上廣二分五厘厚六厘。

壓脊垂脊木長廣同上厚二分。

凡露籬若相連造則每間減立旌一條，謂加五間只用立旌十六條之類。其橫鈐地栿之長各減一分三厘。版屋兩頭施搏風版及垂魚惹草並量宜造。

版引檐

造屋垂前版引檐之制，廣一丈至一丈四尺，如間太廣者每間作兩段。長三尺至五尺，内外並施護縫。垂前用瀝水版。其名件廣厚皆以每尺之廣積而爲法。

桯長隨間廣，每間廣一尺則廣三分，厚二分。

檐版長隨引檐之長，其廣量宜分擘。以厚六分爲定法。

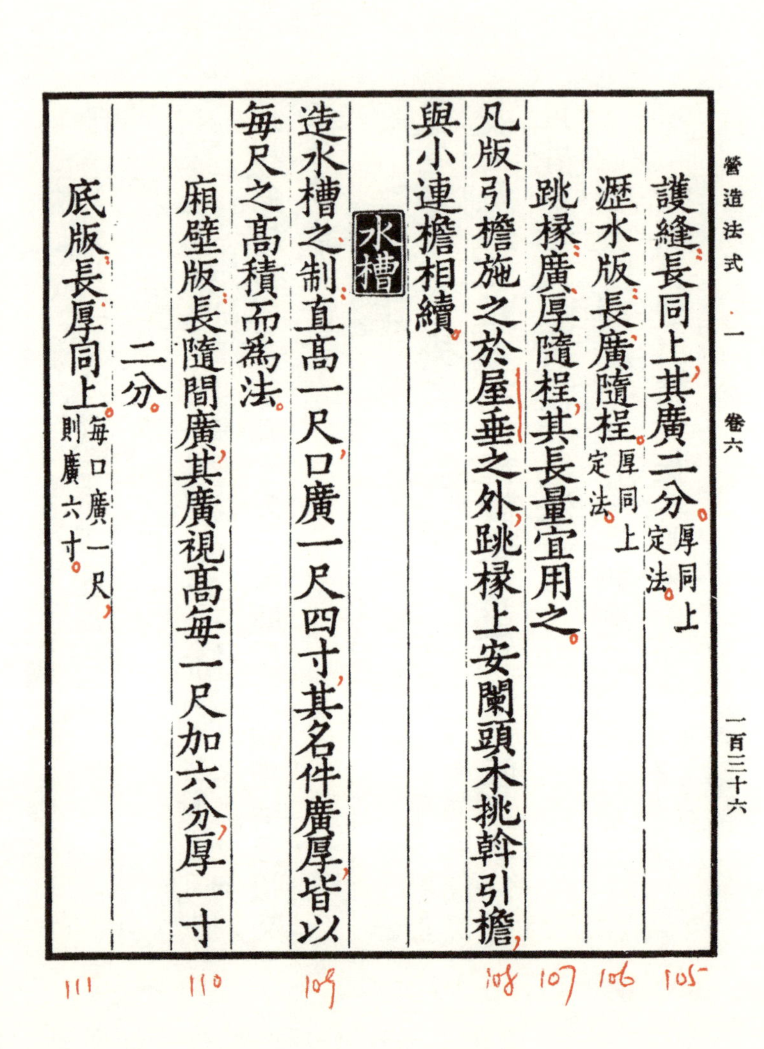

護縫長同上其廣二分（厚同上定法）

瀝水版長廣隨桯（厚同上定法）

跳椽廣厚隨桯其長量宜用之

凡版引檐施之於屋垂之外跳椽上安闌頭木挑斡引檐與小連檐相續

水槽

造水槽之制直高一尺口廣一尺四寸其名件廣厚皆以每尺之高積而爲法

廂壁版長隨間廣其廣視高每一尺加六分厚一寸二分

底版長厚同上（每口廣一尺則廣六寸）

罨頭版長隨廂壁版内厚同上。

口襻長隨口廣其方一寸五分。

跳椽長隨所用廣二寸厚一寸八分。

凡水槽施之於屋檐之下以跳椽襻拽若廳堂前後檐用者每間相接令中間者最高兩次間以外逐間各低一版兩頭出水如廊屋或挾屋偏用者並一頭安罨頭版其槽縫並包底廕牙縫造。

井屋子

造井屋子之制自地至脊共高八尺四柱其柱外方五尺垂檐及兩際皆在外柱頭高五尺八寸下施井匱高一尺二寸上用厦瓦版内外護縫上安壓脊垂脊兩際施垂魚惹草其名

件廣厚皆以每尺之高積而爲法。

柱每高一尺，則長七寸五分；鏁耳在內。方五分。

額長隨柱內，其廣五分，厚二分五厘。

栿長隨方，每壁每長一尺加二寸，跳頭在內。其廣五分，厚四分。

蜀柱長一寸三分，廣厚同上。

义手長三寸，廣四分，厚二分。

槫長隨方，每壁每長一尺加四寸，出際在內。廣厚同蜀柱。

串長同上，加亦同上，出頭在內。廣三分，厚二分。

厦瓦版長隨方，每方一尺，則長八寸，斜長、垂檐在內。其廣隨材合縫，以厚六分爲定法。

上下護縫長厚同上，廣二分五厘。

壓脊長及廣厚並同槫。其廣取槽在內。

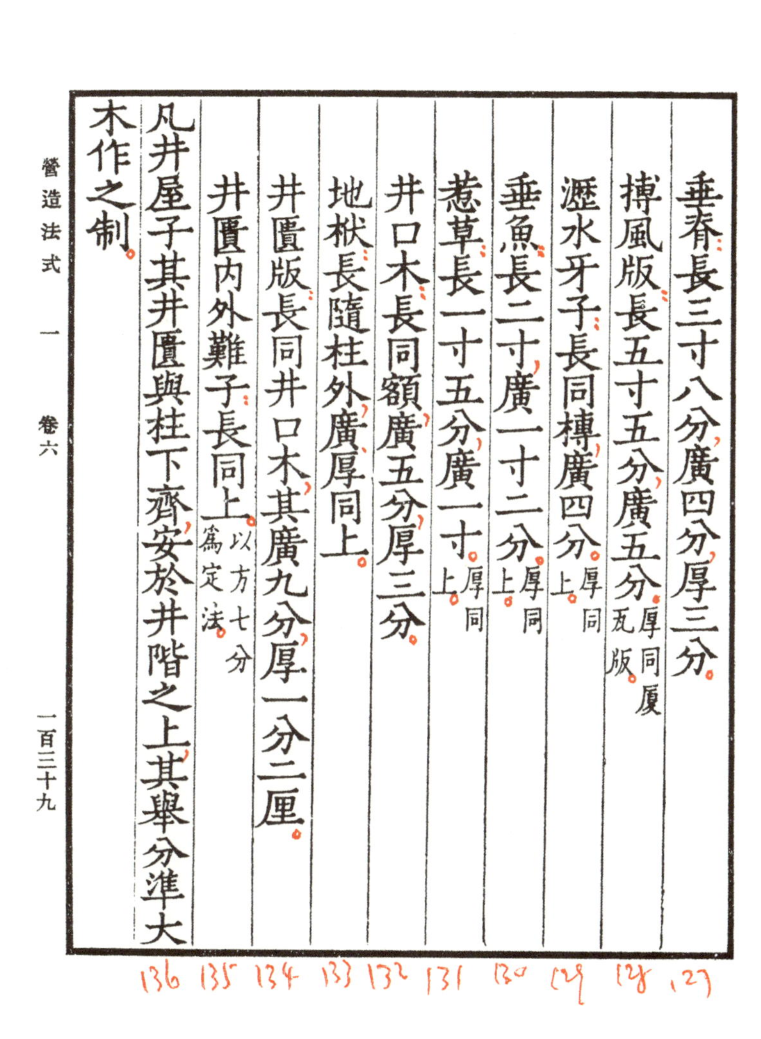

垂脊長三寸八分，廣四分，厚三分。

搏風版長五寸五分，廣五分。厚同廈瓦版。

瀝水牙子長同槫，廣四分。厚同上。

垂魚長二寸，廣一寸二分。厚同上。

惹草長一寸五分，廣一寸。厚同上。

井口木長同額，廣五分，厚三分。

地栿長隨柱外，廣厚同上。

井匱版長同井口木，其廣九分，厚一分二厘。

井匱內外難子長同上。以方七分爲定法。

凡井屋子，其井匱與柱下齊，安於井階之上，其舉分準大木作之制。

地棚

造地棚之制：長隨間之廣，其廣隨間之深。高一尺二寸至一尺五寸，下安敦桥，中施方子，上鋪地面版。其名件廣厚，皆以每尺之高，積而爲法。

敦桥：每高一尺，長加三寸。廣八寸，厚四寸七分。每方子長五尺用一枚。

方子：長隨間深，接搭用。廣四寸，厚三寸四分。每間有三路。

地面版：長隨間廣，其廣隨材，合貼用。厚一寸三分。

遮羞版：長隨門道間廣，其廣五寸三分，厚一寸。

凡地棚施之於倉庫屋内，其遮羞版安於門道之外，或露地棚處皆用之。

營造法式卷第六

營造法式卷第七

通直郎管修蓋皇弟外第專一提舉修蓋班直諸軍營房等臣李誡奉

聖旨編修

小木作制度二

格子門

（四斜毬文格子 四直方眼格 四斜毬文上出條桱重格眼 版壁 兩明格子）

造格子門之制有六等：一曰四混中心出雙線入混內出單線（或混內不出線）；二曰破瓣雙混平地出雙線（或單混出單線）；三曰通混出雙線（或單線）；四曰通混壓邊線；五曰素通混（以上並攛尖入卯）；六曰方直破瓣（或攛尖或叉瓣造）。高六尺至一丈二尺，每間分作四扇（如梢間狹促者，只分作二扇）。如檐額及梁栿下用者，或分作六扇造，用雙腰串（或單腰串造）。每扇各隨其長，除桯及腰串外，分作三分，腰上留二分安格眼（或用四斜毬文格眼，或用四直方格眼，如就毬文者，長短隨宜加減），腰下留一分安障水版（腰華版及障水版皆厚六分；桯四角外，上下各出卯，長一寸五分，並爲定法）。其名件廣厚，皆取門桯每尺之高，積而爲法。

四斜毬文格眼：其條桱厚一分二厘（毬文徑三寸至六寸，每毬文圜徑一寸則每瓣長七分，廣三分，絞口廣一分，四周壓線。其條桱瓣數須雙用，四角各令一瓣入角。

桯：長視高，廣三分五厘，厚二分七厘。腰串廣厚同桯，橫卯隨桯三分中存向裏二分爲廣，腰串卯隨其廣。如門高一丈，桯卯及腰串卯皆厚六分；每高增一尺，即加二厘；減亦如之。後同。

子桯：廣一分五厘，厚一分四厘。斜合四角，破瓣單混造。後同。

腰華版：長隨扇內之廣，厚四分。施之於雙腰串之內，版外別安彫華。

障水版：長廣各隨桯。令四面各入池槽。

額：長隨間之廣，廣八分，厚三分。用雙卯。

槫柱頰：長同桯，廣五分，量攤擘扇數，宜隨宜加減。厚同額。二分中取一分爲心卯。

地栿長厚同額，廣七分。

四斜毬文上出條桱重格眼：其條桱之厚，每毬文圜徑二寸，則加毬文格眼之厚二分。每毬文圜徑加一寸，則厚又加一分；桯及子桯亦如之。其毬文上採出條桱，四攛尖，四混，出雙線或單線造。如毬文圜徑二寸，則採出條桱方三分；若毬文圜徑加一寸，則條桱方又加一分。其對格眼子桯，則安攛尖，其尖外入子桯，內對格眼，合尖，令線混轉過。其對毬文子桯，每毬文圜徑一寸，則子桯廣五厘；若毬文圜徑加一寸，則子桯之廣又加五厘。或以毬文隨四直格眼者，則子桯之下採出毬文，其廣與身內毬文相應。

四直方格眼：其制度有七等：一曰四混絞雙線；或單線。二曰通混壓邊線心內絞雙線；或單線。三曰麗口絞瓣雙混；或單混出線。四曰麗口素絞瓣；五曰一混四擫尖，六曰平出線，七曰方絞眼。

其條桱皆廣一分，厚八厘。眼內方三寸至二寸。

桯長視高，廣三分，厚二分五厘。腰串同。

子桯廣一分二厘，厚一分。

腰華版及障水版，並準四斜毬文法。

額長隨間之廣，廣七分，厚二分八厘。

槫柱頰長隨門高，廣四分，量攏攣扇數隨宜加減。厚同額。

地栿長厚同額，廣六分。

版壁，上二分不安格眼，亦用障水版者。名件並準前法，唯桯厚減一分。

兩明格子門，其腰華障水版格眼皆用兩重，桯厚更加

二分一厘，子桯及條桱之厚各減二厘。額、

頰、地栿之厚各加二分四厘。其格眼兩重，外面者安定，其内者上開池槽深五分，下深二分。

凡格子門所用搏肘、立㮇，如門高一丈，即搏肘方一寸四分，立㮇廣二寸，厚一寸六分，如高增一尺，即方及廣厚各加一分，減亦如之。

闌檻鉤窗

造闌檻鉤窗之制：其高七尺至一丈，每間分作三扇，用四直方格眼，檻面外施雲栱、鵝項、鉤闌，内用托柱，各四枚。其名件廣厚，各取窗檻每尺之高，積而爲法。其格眼出線並準格子門四直方格眼制度。

鉤窗：高五尺至八尺。

21 20 19

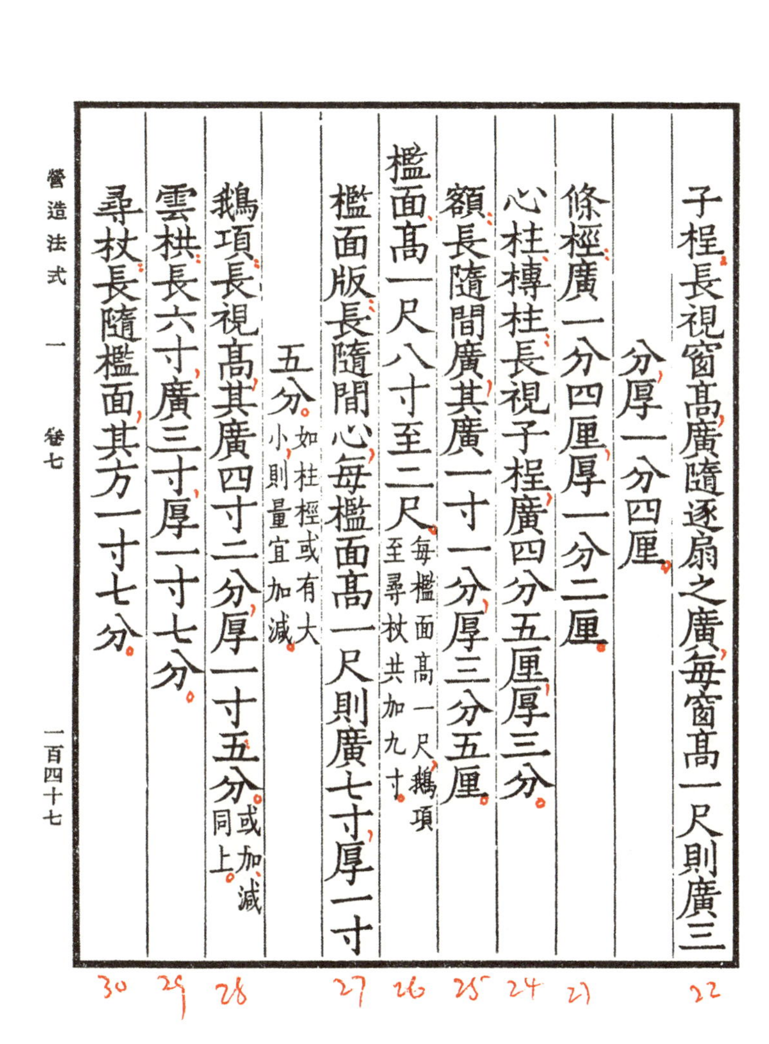
子桯長視窗高廣隨逐扇之廣每窗高一尺則廣三分厚一分四厘

條桱廣一分四厘厚一分二厘

心柱槫柱長視子桯廣四分五厘厚三分

額長隨間廣其廣一寸一分厚三分五厘

檻面高一尺八寸至二尺每檻面高一尺鵝項至尋杖共加九寸

檻面版長隨間心每檻面高一尺則廣七寸厚一寸五分如柱桱或有大小則量宜加減

鵝項長視高其廣四寸二分厚一寸五分或加減同上

雲栱長六寸廣三寸厚一寸七分

尋杖長隨檻面其方一寸七分

心柱及槫柱，長自檻面版下至栿上，其廣二寸，厚一寸三分。

托柱，長自檻面下至地，其廣五寸，厚一寸五分。

地栿，長同窗額，廣二寸五分，厚一寸三分。

障水版，廣六寸。以厚六分爲定法。

凡鉤窗所用搏肘，如高五尺，則方一寸。臥關如長一丈，即廣二寸，厚一寸六分。每高與長增一尺，則各加一分，減亦如之。

殿内截間格子

造殿堂内截間格子之制：高一丈四尺至一丈七尺。用單腰串，每間各視其長，除桯及腰串外，分作三分。腰上二分安格眼，用心柱、槫柱分作二間。腰下一分爲障水版，其版亦用心柱、槫柱分作三間，內一間或作開閉門子。用牙脚、牙頭填心，內或合版攏桯。上下四周並纏難子。其名件廣厚，皆取格子上下每尺之通高，積而爲法。

上下桯：長視格眼之高，廣三分五厘，厚一分六厘。

條桱：廣厚並準格子門法。

障水子桯：長隨心柱、槫柱內，其廣一分八厘，厚二分。

上下難子：長隨子桯，其廣一分二厘，厚一分。

搏肘：長視子桯及障水版，方八厘。出鑲在外。

額及腰串：長隨間廣，其廣九分，厚三分二厘。

地栿：長厚同額，其廣七分。

上槫柱及心柱長視搏肘廣六分厚同額

下槫柱及心柱長視障水版其廣五分厚同上

凡截間格子上二分子桯內所用四斜毬文格眼圜徑七寸至九寸其廣厚皆準格子門之制

堂閣內截間格子

造堂閣內截間格子之制皆高一丈廣一丈一尺其桯制度有三等一曰面上出心線兩邊壓線二曰瓣內雙混（或單混）三曰方直破瓣攛尖其名件廣厚皆取每尺之高積而爲法

截間格子當心及四周皆用桯其外上用額下用地栿兩邊安槫柱（格眼毬文徑五寸）雙腰串造

桯長視高，（卯在內。）廣五分，厚三分七厘。（上下者，每間廣一尺，即長九寸二分。）

腰串（每間廣一尺，即長四寸六分。）廣三分五厘，厚同上。

腰華版長隨兩桯內，廣同上。（以厚六分爲定法。）

障水版長視腰串及下桯，廣隨腰華版之長。（厚同腰華版。）

子桯長隨格眼四周之廣，其廣一分六厘，厚一分四厘。

額長隨間廣，其廣八分，厚三分五厘。

地栿長厚同額，其廣七分。

槫柱長同桯，其廣五分，厚同地栿。

難子長隨桯四周，其廣一分，厚七厘。

截間開門格子，四周用額、栿、槫柱，其内四周用桯，桯内上用門額，額上作兩間施毬文，其子桯高一尺六寸。兩邊留泥道施立頰，泥道施毬文，其子桯廣一尺二寸。中安毬文格子門兩扇，格眼毬文徑四寸。單腰串造。

桯長及廣厚同前法。上下桯廣同。

門額長隨桯内，其廣四分，厚二分七厘。

立頰長視門額下桯内，廣厚同上。

門額上心柱長一寸六分，廣厚同上。

泥道内腰串長隨槫柱立頰内，廣厚同上。

障水版同前法。

門額上子桯長隨額内四周之廣，其廣二分，厚一分二釐。泥道內所用廣厚同。

門肘長視扇高，鑲在外。方二分五釐。

門桯長同上，出頭在外。廣二分，厚二分五釐。上下桯亦同。

門障水版長視腰串及下桯內，其廣隨扇之廣。以厚六分爲定法。

門內子桯長隨四周之廣，其廣厚同額上子桯。

小難子長隨子桯及障水版四周之廣。以方五分爲定法。

額長隨間廣，其廣八分，厚三分五釐。

地栿長厚同上，其廣七分。

槫柱長視高，其廣四分五釐，厚同上。

大難子長隨桯四周，其廣一分，厚七釐。

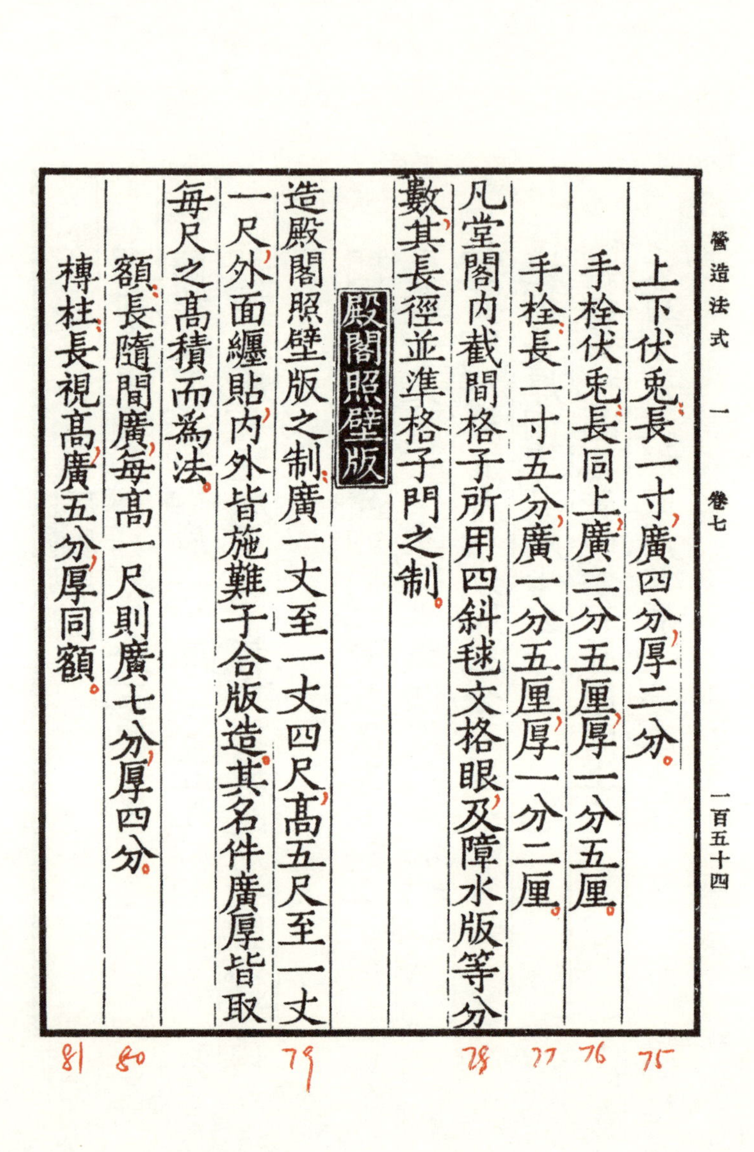

上下伏兎長一寸，廣四分，厚二分。

手栓伏兎長同上，廣三分五厘，厚一分五厘。

手栓長一寸五分，廣一分五厘，厚一分二厘。

凡堂閣内截間格子所用四斜毬文格眼，及障水版等分數，其長徑並準格子門之制。

殿閣照壁版

造殿閣照壁版之制：廣一丈至一丈四尺，高五尺至一丈一尺，外面纏貼，内外皆施難子，合版造。其名件廣厚，皆取每尺之高，積而爲法。

額：長隨間廣，每高一尺，則廣七分，厚四分。

槫柱：長視高，廣五分，厚同額。

81 80 79 78 77 76 75

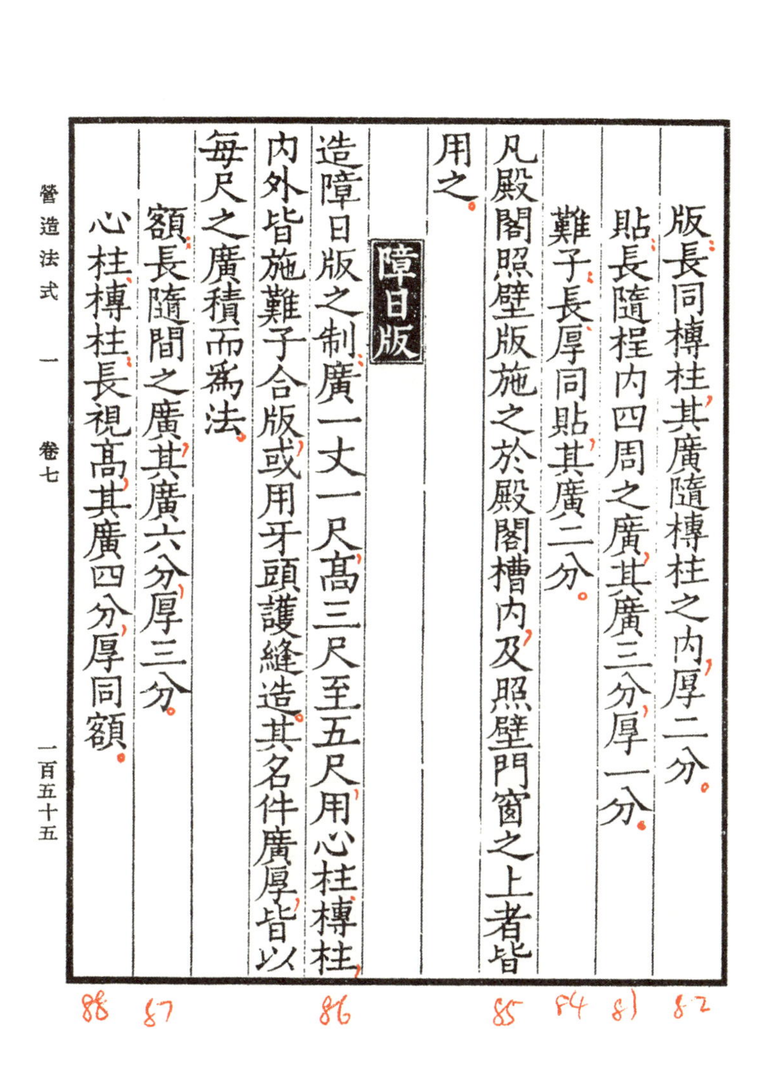

版長同槫柱，其廣隨槫柱之内，厚二分。

貼長隨桯内四周之廣，其廣三分，厚一分。

難子長厚同貼，其廣二分。

凡殿閣照壁版，施之於殿閣槽内，及照壁門窗之上者，皆用之。

障日版

造障日版之制：廣一丈一尺，高三尺至五尺。用心柱、槫柱，内外皆施難子，合版或用牙頭護縫造。其名件廣厚，皆以每尺之廣積而爲法。

額長隨間之廣，其廣六分，厚三分。

心柱、槫柱長視高，其廣四分，厚同額。

版長視高，其廣隨心柱、槫柱之内。版及牙頭、護縫，皆以厚六分爲定法。

牙頭版長隨廣，其廣五分。

護縫長視牙頭之内，其廣二分。

難子長隨桯内四周之廣，其廣一分，厚八厘。

凡障日版施之於格子門及門窗之上，其上或更不用額。

廊屋照壁版

造廊屋照壁版之制：廣一丈至一丈一尺，高一尺五寸至二尺五寸，每間分作三段，於心柱、槫柱之内，内外皆施難子，合版造，其名件廣厚，皆以每尺之廣積而爲法。

心柱、槫柱長視高，其廣四分，厚三分。

版長隨心柱、槫柱内之廣，其廣視高，厚一分。

89 90 91 92 93 94 95 96

榥首見於此

難子長隨桯内四周之廣，方一分。

凡廊屋照壁版施之於殿廊由額之内，如安於半間之内與全間相對者，其名件廣厚亦用全間之法。

胡梯

造胡梯之制：高一丈，拽脚長隨高，廣三尺，分作十二級；攏頰榥施促踏版，側立者謂之促版，平者謂之踏版。上下並安望柱。兩頰隨身各用鉤闌，斜高三尺五寸，分作四間。每間内安卧櫺三條。其名件廣厚皆以每尺之高積而爲法。鉤闌名件廣厚，皆以鉤闌每尺之高積而爲法。

兩頰：長視梯，每高一尺則長加六寸，拽脚蹬口在内。廣一寸二分，厚二分一厘。

榥：長隨兩頰内，卯透外，用抱寨。其方三分。每頰長五尺，用榥一條。

促踏版長同上，廣七分四厘，厚一分。

鉤闌望柱：每鉤闌高一尺，則長加四寸五分，卯在內。方一寸五分。破瓣仰覆蓮華，單胡桃子造。

蜀柱：長隨鉤闌之高，卯在內。廣一寸二分，厚六分。

尋杖：長隨上下望柱內，徑七分。

盆脣：長同上，廣一寸五分，厚五分。

臥櫺：長隨兩蜀柱內，其方三分。

凡胡梯施之於樓閣上下道內，其鉤闌安於兩頰之上。更不用地栿。如樓閣高遠者，作兩盤至三盤造。

垂魚惹草

造垂魚惹草之制：或用華瓣，或用雲頭造，垂魚長三尺至

一丈惹草長三尺至七尺其廣厚皆取每尺之長積而爲法

垂魚版每長一尺則廣六寸厚二分五厘

惹草版每長一尺則廣七寸厚同垂魚

凡垂魚施之於屋山搏風版合尖之下惹草施之於搏風版之下搏水之外每長二尺則於後面施楅一枚

栱眼壁版

造栱眼壁版之制於材下額上兩栱頭相對鑿池槽隨其曲直安版於池槽之内其長廣皆以枓栱材分爲法（枓栱材分在大木作制度内）

重栱眼壁版長隨補間鋪作其廣五寸四分（厚一寸二分）

寸四應作寸三

單栱眼壁版長同上，其廣三寸四分。厚同上。

凡栱眼壁版施之於鋪作檐額之上，其版如隨材合縫，則縫内用劄造。

裹栿版

造裹栿版之制：於栿兩側各用廂壁版，栿下安底版，其廣、厚皆以梁栿每尺之廣積而爲法。

兩側廂壁版長廣皆隨梁栿，每長一尺則厚二分五厘。

底版長厚同上，其廣隨梁栿之厚，每厚一尺則廣加三寸。

凡裹栿版施之於殿槽内梁栿，其下底版合縫令承兩廂

115 116 117 118 119 120

壁版其兩廂壁版及底版版者皆彫華造。彫華等次序在彫作制度内。

擗簾竿

造擗簾竿之制有三等一曰八混二曰破瓣三曰方直長一丈至一丈五尺其廣厚皆以每尺之高積而爲法。

擗簾竿長視高每高一尺則方三分。

腰串長隨間廣其廣三分厚二分。只方直造。

凡擗簾竿施之於殿堂等出跳栱之下如無出跳者則於橑頭下安之。

護殿閣檐竹網木貼

造安護殿閣檐枓栱竹雀眼網上下木貼之制長隨所用逐間之廣其廣二寸厚六分爲定法。皆直方造地衣簟貼同。上於椽頭，下於檐額之上，壓雀眼網安釘。地衣簟貼若望柱或碇之類，並隨四周或圜或曲壓簟安釘。

營造法式卷第七

營造法式卷第八

通直郎管修蓋皇弟外第專一提舉修蓋班直諸軍營房等臣李誠奉

聖旨編修

小木作制度三

平棊　鬭八藻井

小鬭八藻井　拒馬义子

义子　鉤闌重臺鉤闌　單鉤闌

棵籠子　井亭子

牌

平棊

其名有三：一曰平機，二曰平橑，三曰平棊，俗謂之平起。其以方椽施素版者，謂之平闇。

造殿内平棊之制：於背版之上，四邊用桯，桯内用貼，貼内程下脫長字？

留轉道纏難子分布隔截或長或方其中貼絡華文有十三品一曰盤毬二曰鬭八三曰疊勝四曰瑣子五曰簇六毬文六曰羅文七曰柿蔕八曰龜背九曰鬭二十四十曰簇三簇四毬文十一曰六入圜華十二曰簇六雪華十三曰車釧毬文其華文皆間雜互用（華品或更隨宜用之）或於雲盤華盤内施明鏡或施隱起龍鳳及彫華每段以長一丈四尺廣五尺五寸爲率其名件廣厚若間架雖長廣更不加減唯盝頂欹斜處其程量所宜減之

背版長隨間廣其廣隨材合縫計數令足一架之廣厚六分

桯隨背版四周之廣其廣四寸厚二寸

貼長隨桯四周之内，其廣二寸，厚同背版。

難子并貼華厚同貼。每方一尺用華子十六枚。（華子先用膠貼，候乾，劃削令平，乃用釘。）

凡平棊施之於殿内鋪作算桯方之上。其背版後皆施護縫及楅，護縫廣二寸，厚六分；楅廣三寸五分，厚二寸五分；長皆隨其所用。

鬭八藻井

（其名有三：一曰藻井，二曰圜泉，三曰方井，今謂之鬭八藻井。）

造鬭八藻井之制：共高五尺三寸。其下曰方井，方八尺，高一尺六寸。其中曰八角井，徑六尺四寸，高二尺二寸。其上曰鬭八，徑四尺二寸，高一尺五寸，於頂心之下施垂蓮或彫華雲捲，皆内安明鏡。其名件廣厚，皆以每尺之徑，積而爲法。

方井於算桯方之上施六鋪作下昂重栱，材廣一寸八分厚一寸二分，其枓栱等分數制度，並準大木作法。四入角，每面用補間鋪作五朶。凡所用枓栱並立旌枓槽版，枓栱之上用壓厦版，八角井同此。

枓槽版長隨方面之廣，每面廣一尺則廣一寸七分，厚二分五厘。壓厦版長厚同上，其廣一寸五分。

八角井於方井鋪作之上施隨瓣方抹角勒作八角，八角之外，四角謂之角蟬。於隨瓣方之上施七鋪作上昂重栱，材分等並同方井法。八入角，每瓣用補間鋪作一朶。

辦

隨辦方每直徑一尺則長四寸廣四分厚三分

枓槽版長隨辦廣二寸厚二分五厘

壓厦版長隨辦斜廣二寸五分厚二分七厘

鬭八於八角井鋪作之上用隨辦方方上施鬭八陽馬陽馬今俗謂之梁抹陽馬之内施背版貼絡華文

陽馬每鬭八徑一尺則長七寸曲廣一寸五分厚五分

隨辦方長隨每辦之廣其廣五分厚二分五厘

背版長視辦高廣隨陽馬之内其用貼并難子並準平棊之法華子每方一尺用十六枚或二十五枚

凡藻井施之於殿内照壁屏風之前或殿身内前門之前平棊之内

18 17 16 15 14 13 12 11

小鬭八藻井

造小藻井之制共高二尺二寸其下曰八角井徑四尺八寸其上曰鬭八高八寸於頂心之下施垂蓮或彫華雲捲皆內安明鏡其名件廣厚各以每尺之徑及高積而爲法

八角并抹角勒算桯方作八瓣於算桯方之上用普拍方方上施五鋪作卷頭重栱（材廣六分厚四分其枓栱等分數制度皆準大木作法）枓栱之內用枓槽版上用壓厦版上施版壁貼絡門窗鉤闌其上又用普拍方方上施五鋪作一抄一昂重栱上下並八入角每瓣用補間鋪作兩朶

枓槽版每徑一尺則長九寸高一尺則廣六寸（以厚八分）

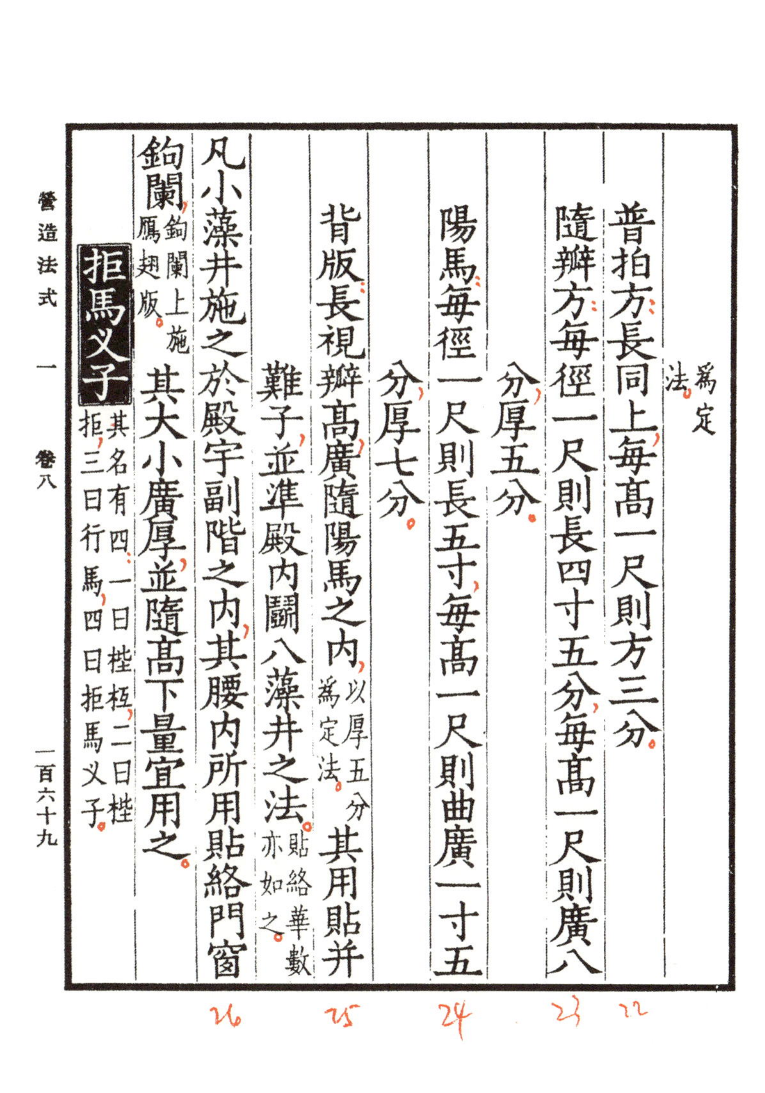

爲定法。

普拍方長同上，每高一尺，則方三分。

隨瓣方每徑一尺，則長四寸五分，每高一尺，則廣八分，厚五分。

陽馬每徑一尺，則長五寸，每高一尺，則曲廣一寸五分，厚七分。

背版長視瓣高，廣隨陽馬之內。以厚五分爲定法。其用貼并難子，並準殿內鬭八藻井之法。貼絡華數亦如之。

凡小藻井施之於殿宇副階之內，其腰內所用貼絡門窗鉤闌，鉤闌上施鴈翅版。其大小廣厚，並隨高下量宜用之。

拒馬义子 其名有四：一曰梐枑，二曰梐拒，三曰行馬，四曰拒馬义子。

造拒馬叉子之制：高四尺至六尺。如間廣一丈者，用二十一櫺；每廣增一尺，則加二櫺，減亦如之。兩邊用馬銜木，上用穿心串，下用櫳桯連梯，廣三尺五寸，其卯廣減桯之半，厚三分，中留一分。其名件廣厚，皆以高五尺爲祖，隨其大小而加減之。

櫺子：其首制度有二：一曰五瓣雲頭挑瓣，二曰素訛角。（叉子首於上串上出者，每高一尺，出二寸四分；挑瓣處下留三分。）斜長五尺五寸，廣二寸，厚一寸二分。每高增一尺，則長加一尺一寸，廣加二分，厚加一分。

馬銜木：（其首破瓣同櫺，減四分。）長視高。每叉子高五尺，則廣四寸半，厚二寸半。每高增一尺，則廣加四分，厚加二分，減亦如之。

上串長隨間廣，其廣五寸五分，厚四寸，每高增一尺，則廣加三分，厚加二分。

連梯長同上串，廣五寸，厚二寸五分，每高增一尺，則廣加一寸，厚加五分。兩頭者廣厚同長，隨下廣。

凡拒馬义子，其櫺子自連梯上皆左右隔間分布於上串內，出首交斜相向。

义子

造义子之制：高二尺至七尺，如廣一丈，用二十七櫺；若廣增一尺，即更加二櫺，減亦如之。兩壁用馬銜木，上下用串，或於下串之下用地栿、地霞造。其名件廣厚，皆以高五尺爲祖，隨其大小而加減之。

望柱：如叉子高五尺，即長五尺六寸，方四寸，每高增一尺，則加一尺一寸，方加四分，減亦如之。

標子：其首制度有三：一曰海石榴頭，二曰挑瓣雲頭，三曰方直笏頭。叉子首於上串上出者，每高一尺出一寸五分，内挑瓣處下留三分。其身制度有四：一曰一混心出單線壓邊線，二曰瓣内單混面上出心線，三曰方直出線壓邊線或壓白，四曰方直不出線。其長四尺四寸，透下串者長四尺五寸，每間三條。廣二寸，厚一寸二分，每高增一尺，則長加九寸，廣加二分，厚加一分，減亦如之。

35 34

上下串其制度有三一曰側面上出心線壓邊線或壓白二曰瓣內單混出線三曰破瓣不出線長隨間廣其廣三寸厚二寸如高增一尺則廣加三分厚加二分減亦如之

馬銜木（破瓣同櫺）長隨高（上隨櫺齊下至地栿上）制度隨櫺其廣三寸五分厚二寸每高增一尺則廣加四分厚加二分減亦如之

地霞長一尺五寸廣五寸厚一寸二分每高增一尺則長加三寸廣加一寸厚加二分減亦如之

地栿皆連梯混或側面出線（或不出線）長隨間廣（或出絞頭在外）

其廣六寸，厚四寸五分。每高增一尺，則廣加六分，厚加五分，減亦如之。

凡义子若相連或轉角，皆施望柱，或栽入地，或安於地栿上，或下用衮砧托柱。如施於屋柱間之内及壁帳之間者，皆不用望柱。

鉤闌

重臺鉤闌　單鉤闌

其名有八：一曰櫺檻，二曰軒檻，三曰櫳，四曰梐牢，五曰闌楯，六曰柃，七曰階檻，八曰鉤闌。

造樓閣殿亭鉤闌之制有二：一曰重臺鉤闌，高四尺至四尺五寸；二曰單鉤闌，高三尺至三尺六寸。若轉角則用望柱。或不用望柱，即以尋杖絞角。如單鉤闌科子蜀柱者，尋杖或合角。其望柱頭破瓣仰覆蓮。當中用單胡桃子，或作海石榴頭。如有慢道，即計階之高下，隨其峻勢，

令斜高與鉤闌身齊不得令高其地栿之類廣厚準此其名件廣厚皆取
鉤闌每尺之高謂自尋杖上至地栿下積而爲法

重臺鉤闌

望柱長視高每高一尺則加二寸方一寸八分
蜀柱長同上上下出卯在內廣二寸厚一寸其上方一寸六
分刻爲癭項其項下細比上減半其下挑心尖留十分之二兩肩各
留十分中四厘其上出卯以穿雲栱尋杖其下卯穿地栿
雲栱長二寸七分廣減長之半廕一分二厘在尋杖下厚
八分
地霞或用華盆亦同長六寸五分廣一寸五分廕一分五厘
在東腰下厚一寸三分

尋杖長隨間，方八分。或圜混，或四混、六混、八混造，下同。

盆脣木長同上，廣一寸八分，厚六分。

束腰長同上，方一寸。

上華版長隨蜀柱内，其廣一寸九分，厚三分。四面各別出卯，入池槽各一寸，下同。

下華版長厚同上，卯入至蜀柱卯，廣一寸三分五釐。

地栿長同尋杖，廣一寸八分，厚一寸六分。

單鉤闌

望柱方二寸。長及加同上法。

蜀柱制度同重臺鉤闌蜀柱法，自盆脣木之上雲栱之下，或造胡桃子撮項，或作青蜓頭，或用

枓子蜀柱

雲栱長三寸二分，廣一寸六分，厚一寸。

尋杖長隨間之廣，其方一寸。

盆脣木長同上，廣二寸，厚六分。

華版長隨蜀柱内，其廣三寸四分，厚三分。若萬字或鉤片造者，每華版廣一尺，萬字條桱廣一寸五分，厚一寸，子桯廣一寸二分五厘；鉤片條桱廣二寸，厚一寸一分，子桯廣一寸五分。其間空相去，皆比條桱減半，子桯之厚同條桱。

地栿長同尋杖，其廣一寸七分，厚一寸。

華托柱長隨盆脣木，下至地栿上，其廣一寸四分，厚七分。

凡鉤闌分間布柱，令與補間鋪作相應。角柱外一間與階齊，其鉤闌之外階頭，隨屋大小留三寸至五寸爲法。如補間鋪作太密，或無補間者，量其遠近，隨宜加減。如殿前中心作折檻者，今俗謂之龍池。每鉤闌高一尺，於盆脣內廣別加一寸。其蜀柱更不出項，內加華托柱。

棵籠子

造棵籠子之制：高五尺，上廣二尺，下廣三尺；或用四柱，或用六柱，或用八柱。柱子上下，各用榥子、脚串、版櫺。下用牙子，或不用牙子。或雙腰串，或下用雙榥子鋜脚版造。柱子每高一尺，即首長一寸，垂脚空五分。柱身四瓣方直，或安子桯，或採子桯，或破瓣造。柱首或作仰覆蓮，或單胡桃子，或科柱挑瓣方直，或刻作海石榴。其名件廣厚，皆以每尺之高積而爲法。

柱子長視高每高一尺則方四分四厘如六瓣或八

瓣即廣七分厚五分

上下棍并腰串長隨兩柱内其廣四分厚三分

鋜脚版長同上（下隨棍子之長）其廣五分（以厚六分為定法）

櫺子長六寸六分（卯在内）廣二分四厘（厚同上）

牙子長同鋜脚版（分作二條）廣四分（厚同上）

凡棵籠子其櫺子之首在上棍子内其櫺相去準叉子制度

井亭子

造井亭子之制自下鋜脚至脊共高一丈一尺（鴟尾在外）方七尺四柱四椽五鋪作一杪一昂材廣一寸二分厚八分重

绿头

栱造上用壓厦版出飛檐作九脊結瓦其名件廣厚皆取每尺之高積而爲法

柱長視高每高一尺則方四分

鋜脚長隨深廣其廣七分厚四分絞頭在外

額長隨柱内其廣四分五厘厚二分

串長與廣厚並同上

普拍方長廣同上厚一分五厘

枓槽版長同上減二寸廣六分六厘厚一分四厘

平棊版長隨枓槽版内其廣合版令足以厚六分爲定法

平棊貼長隨四周之廣其廣二分厚同上

槅長隨版之廣其廣同上厚同普拍方

77 76 75 74 73 72 71 70 69

平棊下難子長同平棊版，方一分。

壓厦版長同錠脚，每壁加八寸五分。廣六分二厘，厚四厘。

栿長隨深，加五寸。廣三分五厘，厚二分五厘。

大角梁長二寸四分，廣二分四厘，厚一分六厘。

子角梁長九分，曲廣三分五厘，厚同楅。

貼生長同壓厦版，加六寸。廣同大角梁，厚同枓槽版。

脊槫蜀柱長二寸二分，卯在內。廣三分六厘，厚同栿。

平屋槫蜀柱長八寸五分，廣厚同上。

脊槫及平屋槫長隨廣，其廣三分，厚二分二厘。

脊串長隨槫，其廣二分五厘，厚一分六厘。

叉手長一寸六分，廣四分，厚二分。

山版每深一尺即長八寸，廣一寸五分，以厚六分爲定法。

上架椽每深一尺即長三寸七分，曲廣一寸六分，厚九厘。

下架椽每深一尺即長四寸五分，曲廣一寸七分，厚同上。

厦頭下架椽每廣一尺即長三寸，曲廣一分二厘，厚同上。

從角椽長取宜，勻攤使用。

大連檐長同壓厦版，每面加二尺四寸，廣二分，厚一分。

前後厦瓦版長隨榑，其廣自脊至大連檐。合貼令數足，以厚五分爲定法，每至角長加一尺五寸。

兩頭厦瓦版其長自山版至大連檐。合版令數足，厚同上，至角加一尺一寸五分。

飛子長九分，尾在內，廣八厘，厚六厘。其飛子至角，令隨勢上曲。

白版長同大連檐，每壁長加三尺。廣一寸。以厚五分爲定法。

壓脊長隨槫，廣四分六厘，厚三分。

垂脊長自脊至壓厦外，曲廣五分，厚二分五厘。

角脊長二寸，曲廣四分，厚二分五厘。

曲闌槫脊，每面長六尺四寸。廣四分，厚二分。

前後瓦隴條，每深一尺即長八寸五分。方九厘。相去空九厘。

厦頭瓦隴條，每廣一尺即長三寸三分。方同上。

搏風版，每深一尺即長四寸三分。以厚七分爲定法。

瓦口子長隨子角梁內，曲廣四分，厚亦如之。

垂魚長一尺三寸，每長一尺即廣六寸，厚同搏風版。

惹草長一尺，每長一尺即廣七寸，厚同上。

鴟尾長一寸一分，身廣四分，厚同壓脊。

凡井亭子鋜脚下齊，坐於井階之上。其枓栱分數及舉折等，並準大木作之制。

牌

造殿堂樓閣門亭等牌之制：長二尺至八尺。其牌首（牌上横出者），牌帶（牌兩旁下垂者），牌舌（牌面下兩帶之内横施者）。每廣一尺，即上邊綽四寸向外。牌面每長一尺，則首、帶隨其長，外各加長四寸二分，舌加長四分。（謂牌長五尺，即首長六尺一寸，帶長七尺一寸，舌長四尺二寸之類，尺寸不等，依此加減；下同。）其廣厚皆取牌每尺之長，積而爲法。

牌面每長一尺，則廣八寸，其下又加一分。（令牌面下廣，謂牌長五尺，即上廣四尺，下廣四尺五分之類，尺寸不等，依此加減；下同。）

首廣三寸，厚四分。

帶廣二寸八分，厚同上。

舌廣二寸，厚同上。

凡牌面之後四周皆用楅，其身內七尺以上者用三楅，四尺以上者用二楅，三尺以上者用一楅，其楅之廣厚皆量其所宜而爲之。

營造法式卷第八

113 114 115 116

營造法式卷第九

通直郎管修蓋皇弟外第專一提舉修蓋班直諸軍營房等臣李誡奉
聖旨編修

小木作制度四

佛道帳

佛道帳

造佛道帳之制：自坐下龜脚至鴟尾，共高二丈九尺；內外攏深一丈二尺五寸。上層施天宮樓閣；次平坐；次腰檐帳身；下安芙蓉瓣疊澁門窗龜脚坐。兩面與兩側制度並同。作五間造。其名件廣厚，皆取逐層每尺之高，積而爲法。後鉤闌兩等，皆以每寸之高積而爲法。

帳坐高四尺五寸，長隨殿身之廣，其廣隨殿身之深。下用龜脚，脚下施車槽，槽之上下各用澁一重，於上澁之上，又疊子澁三重，於上一重之下施坐腰。上澁之上用坐面澁，面上安重臺鉤闌，高一尺。闌內徧用明金版。鉤闌之內施寶柱兩重，留外一重為轉道。內壁貼絡門窗。其上設五鋪作卷頭平坐，材廣一寸八分，腰檐平坐準此。平坐上又安重臺鉤闌，並瘿項雲栱坐。自龜脚上每澁至上鉤闌，逐層並作芙蓉瓣造。

龜脚：每坐高一尺，則長二寸，廣七分，厚五分。

車槽上下澁：長隨坐長及深，外每面加二寸。廣二寸，厚六分五厘。

車槽長同上，每面減三寸，安華版在外。廣一寸，厚八分。

上子澁兩重，在坐腰上下者。各長同上，減二寸。廣一寸六分，厚二分五厘。

下子澁長同坐，廣、厚並同上。

坐腰長同上，每面減八寸。方一寸。安華版在外。

坐面澁長同上，廣二寸，厚六分五厘。

猴面版長同上，廣四寸，厚六分七厘。

明金版長同上，每面減八寸。廣二寸五分，厚一分二厘。

枓槽版長同上，每面減三尺。廣二寸五分，厚二分二厘。

壓厦版長同上，每面減一尺。廣二寸四分，厚二分二厘。

門窗背版長隨枓槽版（減長三寸）廣自普拍方下至明金版上（以厚六分為定法）

車槽華版長隨車槽廣八分厚三分

坐腰華版長隨坐腰廣一寸厚同上

坐面版長廣並隨猴面版内其厚二分六厘

猴面榥（每坐深一尺則長九寸）方八分（每一瓣用一條）

猴面馬頭榥（每坐深一尺則長一寸四分）方同上（每一瓣用一條）

連梯卧榥（每坐深一尺則長九寸五分）方同上（每一瓣用一條）

連梯馬頭榥（每坐深一尺則長一寸）方同上

長短柱脚方長同車槽澁（每一面減三尺二寸）方一寸

長短榻頭木長隨柱脚方内方八分

長立榥長九寸二分方同上隨柱脚方榻頭木逐瓣用之

短立榥長四寸方六分

拽後榥長五寸方同上

穿串透栓長隨榻頭木廣五分厚二分

羅文榥每坐高一尺則加長四寸方八分

帳身高一丈二尺五寸長與廣皆隨帳坐量瓣數隨宜取間其內外皆攏帳柱柱下用鋜脚隔枓柱上用內外側當隔枓四面外柱並安歡門帳帶前一面裏槽柱內亦用每間用算桯方施平綦闘八藻井前一面每間兩頰各用毬文格子門格子桯四混出雙線用雙腰串腰華版造門之制度並

内外槽

準本法。兩側及後壁，並用難子安版。

帳内外槽柱：長視帳身之高。每高一尺，則方四分。

虛柱：長三寸二分，方三分四厘。

内外槽上隔枓版：長隨間架，廣一寸二分，厚一分二厘。

上隔枓仰托榥：長同上，廣二分八厘，厚二分。

上隔枓内外上下貼：長同鋜脚貼，廣二分，厚八厘。

隔枓内外上柱子：長四分四厘；下柱子：長三分六厘。其廣厚並同上。

裏槽下鋜脚版：長隨每間之深廣，其廣五分二厘，厚一分二厘。

30 31 32 33 34 35 36

榥

鋜脚仰托幌長同上，廣二分八厘，厚二分。

鋜脚内外貼長同上，其廣二分，厚八厘。

鋜脚内外柱子長三分二厘，廣、厚同上。

内外歡門長隨帳柱之内，其廣一寸二分，厚一分二厘。

内外帳帶長二寸八分，廣二分六厘，厚亦如之。

兩側及後壁版長視上下仰托榥，内廣隨帳柱、心柱，内其厚八厘。

心柱長同上，其廣三分二厘，厚二分八厘。

頰子長同上，廣三分，厚二分八厘。

腰串長隨帳柱内，廣、厚同上。

37 38 39 40 41 42 43 44 45

難子長同後壁版，方八厘。

隨間栿長隨帳身之深，其方三分六厘。

算桯方長隨間之廣，其廣三分二厘，厚二分四厘。

四面搏難子長隨間架，方一分二厘。

平棊華文制度，並準殿內平棊。

背版長隨方子內廣，隨栿心。以厚五分為定法。

桯長隨方子四周之內，其廣二分，厚一分六厘。

貼長隨桯四周之內，其廣一分二厘。厚同背版。

難子并貼華厚同貼。每方一尺用貼華二十五枚或十六枚。

鬭八藻井徑三尺二寸，共高一尺五寸，五鋪作重栱

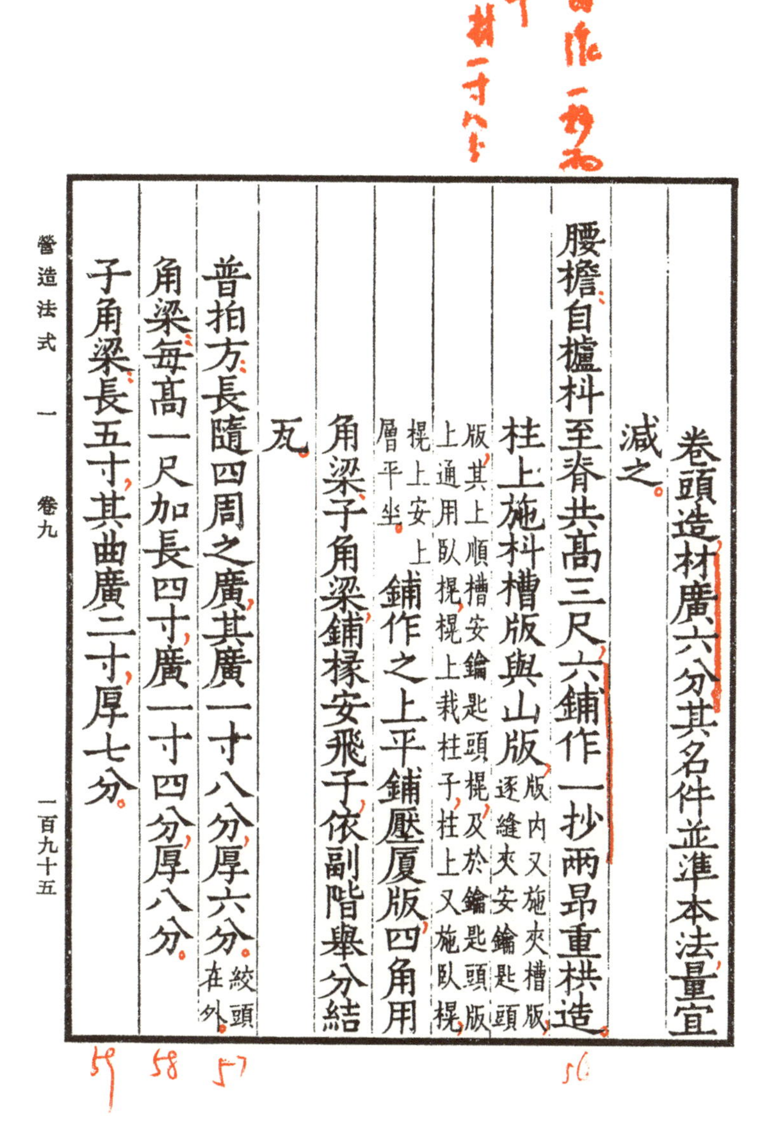

卷頭造材廣六分，其名件並準本法量宜減之。

腰簷：自櫨枓至脊共高三尺，六鋪作一抄兩昂重栱造。柱上施枓槽版與山版（版内又施夾槽版，逐縫夾安鑰匙頭版，其上順槽安鑰匙頭棍，及於鑰匙頭版上通用臥棍，棍上栽柱子，柱上又施臥棍，棍上安上層平坐）。鋪作之上平鋪壓厦版，四角用角梁、子角梁，鋪椽安飛子，依副階舉分結瓦。

普拍方：長隨四周之廣，其廣一寸八分，厚六分。（絞頭在外。）

角梁：每高一尺，加長四寸，廣一寸四分，厚八分。

子角梁：長五寸，其曲廣二寸，厚七分。

抹角栿長七寸，方一寸四分。

槫長隨間廣，其廣一寸四分，厚一寸。

曲椽長七寸六分，其曲廣一寸，厚四分。每補間鋪作一朵用四條。

飛子長四寸，尾在內。方三分。角內隨宜刻曲。

大連檐長同槫，梢間長至角梁，每壁加三尺六寸。廣五分，厚三分。

白版長隨間之廣，每梢間加出角一尺五寸。其廣三寸五分，以厚五分為定法。

夾料槽版長隨間之深廣，其廣四寸四分，厚七分。

山版長同料槽版，廣四寸二分，厚七分。

料槽鑰匙頭版每深一尺則長四寸。廣厚同料槽版，逐間段數亦同料槽版。

枓槽壓厦版長同枓槽每梢間長加一尺其廣四寸厚七分

貼生長隨間之深廣其方七分

枓槽臥榥每深一尺則長九寸六分五厘方一寸每鋪作一朶用二條

絞鑰匙頭上下順身榥長隨間之廣方一寸

立榥長七寸方一寸每鋪作一朶用二條

厦瓦版長隨間之廣深每梢間加出角一尺二寸五分其廣九寸以厚五分爲定法

槫脊長同上廣一寸五分厚七分

角脊長六寸其曲廣一寸五分厚七分

瓦隴條長九寸瓦頭在内方三分五厘

瓦口子長隨間廣每梢間加出角二尺五寸其廣三分以厚五分爲定法

平坐高一尺八寸，長與廣皆隨帳身。六鋪作卷頭重栱造，四出角，於壓厦版上施鴈翅版。槽內名件並準腰檐法。上施單鉤闌，高七寸。撮項雲栱造。

普拍方長隨間之廣，合用在外。其廣一寸二分，厚一寸。

夾枓槽版長隨間之深廣，其廣九寸，厚一寸一分。

枓槽鑰匙頭版每深一尺則長四寸。其廣厚同枓槽版。逐間段數亦同。

壓厦版長同枓槽版，每梢間加長一尺五寸。廣九寸五分，厚一寸一分。

枓槽臥棍每深一尺則長九寸六分五厘。方一寸六分。每鋪作一枓用二條。

立棍長九寸，方一寸六分。每鋪作一枓用四條。

鴈翅版長隨壓厦版，其廣二寸五分，厚五分。

坐面版長隨枓槽内，其廣九寸，厚五分。

天宮樓閣：共高七尺二寸，深一尺一寸至一尺三寸。出跳及檐並在柱外。下層爲副階；中層爲平坐；上層爲腰檐；檐上爲九脊殿結瓦。其殿身、茶樓（有挾屋者。）角樓，並六鋪作單抄重昂（或單栱或重栱。）角樓長一瓣半，殿身及茶樓各長三瓣，殿挾及龜頭並五鋪作單抄單昂（或單栱或重栱。）殿挾長一瓣，龜頭長二瓣，行廊四鋪作單抄，（或單栱或重栱。）長二瓣，分心（材廣六分。）每瓣用補間鋪作兩朵。（兩側龜頭等制度並準此。）

中層平坐：用六鋪作卷頭造，平坐上用單鉤闌，高四寸。（枓子蜀柱造。）

上層殿樓龜頭之内，唯殿身施重檐（重檐謂殿身并副階，其高五尺者不用。）外，其餘制度並準下層之法。（其枓槽版及最上結瓦壓脊瓦隴條之類，並量宜用之。）

帳上所用鉤闌：（應用小鉤闌者，並通用此制度。）

重臺鉤闌（共高八寸至一尺二寸，其鉤闌並準樓閣殿亭鉤闌制度，下同。）其名件等，以鉤闌每尺之高積而爲法。

望柱：長視高，（加四寸。）每高一尺，則方二寸。（通身八瓣。）

蜀柱：長同上，廣二寸，厚一寸；其上方一寸六分刻瓣項。

雲栱：長三寸，廣一寸五分，厚九分。

地霞長五寸，廣同上，厚一寸三分。

尋杖長隨間，廣方九分。

盆脣木長同上，廣一寸六分，厚六分。

束腰長同上，廣一寸，厚八分。

上華版長隨蜀柱内，其廣二寸，厚四分。（四面各别出卯，合入池槽，下同。）

下華版長厚同上，（卯入至蜀柱卯。）廣一寸五分。

地栿長隨望柱内，廣一寸八分，厚一寸一分，上兩棱連梯混各四分。

單鉤闌：（高五寸至一尺者，並用此法。）其名件等，以鉤闌每寸之高積而爲法。

望柱長視高加二寸方一分八厘

蜀柱長同上制度同重臺鉤闌法自盆脣木上雲栱下作撮項胡桃子

雲栱長四分廣二分厚一分

尋杖長隨間之廣方一分

盆脣木長同上廣一分八厘厚八厘

華版長隨蜀柱內廣三分以厚四分爲定法

地栿長隨望柱內其廣一分五厘厚一分二厘

枓子蜀柱鉤闌高三寸至五寸者並用此法其名件等以鉤闌每寸之高積而爲法

蜀柱長視高卯在內廣二分四厘厚一分二厘

之廣

尋杖長隨間廣，方一分三厘。

盆脣木長同上，廣二分，厚一分二厘。

華版長隨蜀柱内，其廣三分。以厚三分爲定法。

地栿長隨間廣，其廣一分五厘，厚一分二厘。

踏道圜橋子高四尺五寸，斜拽長三尺七寸至五尺五寸，面廣五尺。下用龜脚，上施連梯立旌，四周纏難子合版，内用榥。兩頰之内逐層安促踏版，上隨圜勢施鉤闌望柱。

龜脚每橋子高一尺，則長二寸，廣六分，厚四分。

連梯程其廣一寸，厚五分。

連梯榥長隨廣，其方五分。

113 114 115 116 117 118 119 120

立柱長視高方七分。

攏立柱上梶長與方並同連梯梶。

兩頰每高一尺則加六寸，曲廣四寸，厚五分。

促版踏版每廣一尺則長九寸六分。廣一寸三分，踏版又加三分。厚二分。

三厘。

踏版梶每廣一尺則長加八分。方六分。

背版長隨柱子内，廣視連梯與上梶内。以厚六分爲定法。

月版長視兩頰及柱子内，廣隨兩頰與連梯内。以厚六分爲定法。

上層如用山華蕉葉造者，帳身之上更不用結瓦。其壓厦版於橑檐方外出四十分，上施混肚方，

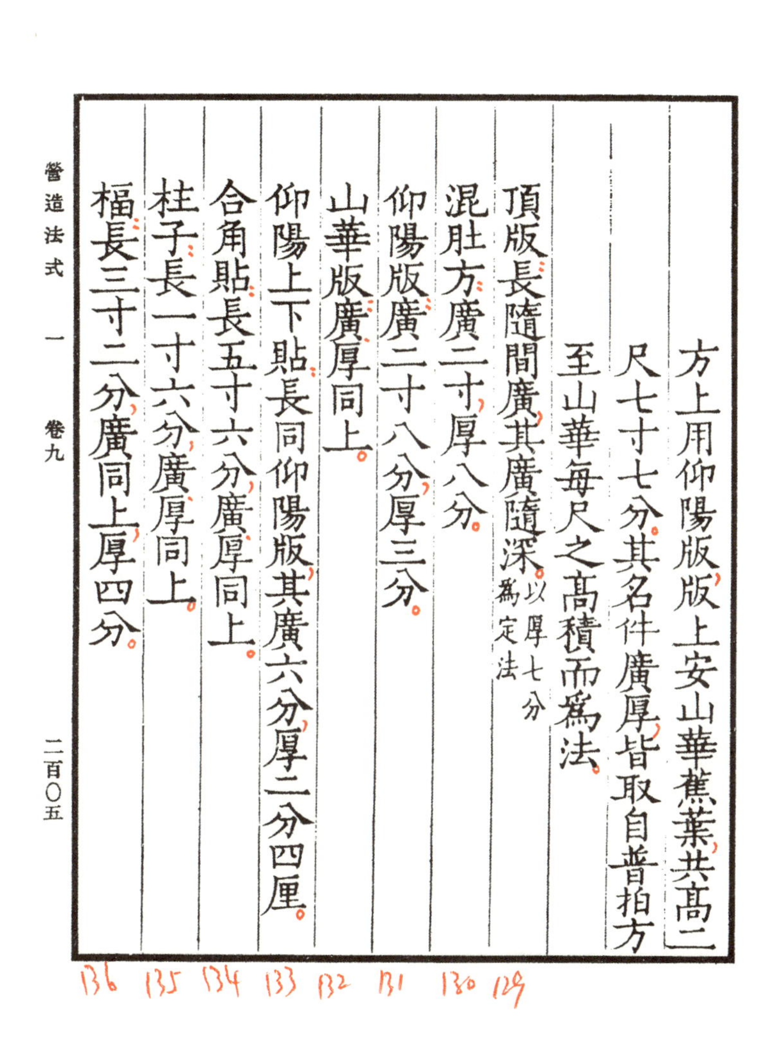

方上用仰陽版，版上安山華蕉葉，共高二尺七寸七分。其名件廣厚，皆取自普拍方至山華每尺之高，積而爲法。

頂版長隨間廣，其廣隨深。以厚七分爲定法

混肚方廣二寸，厚八分。

仰陽版廣二寸八分，厚三分。

山華版廣厚同上。

仰陽上下貼長同仰陽版，其廣六分，厚二分四厘。

合角貼長五寸六分，廣厚同上。

柱子長一寸六分，廣厚同上。

楅長三寸二分，廣同上，厚四分。

凡佛道帳芙蓉瓣每瓣長一尺二寸隨瓣用龜脚上對鋪作結瓦瓦隴條每條相去如隴條之廣至角隨宜分布其屋蓋舉折及枓栱等分數並準大木作制度隨材減之卷殺瓣柱及飛子亦如之

營造法式卷第九

營造法式卷第十

通直郎管修蓋皇弟外第專一提舉修蓋班直諸軍營房等臣李誡奉

聖旨編修

小木作制度五

牙脚帳　九脊小帳

壁帳

牙脚帳

造牙脚帳之制：共高一丈五尺，廣三丈，内外攏共深八尺。以此爲率。下段用牙脚坐；坐下施龜脚。中段帳身上用隔枓；下用錠脚。上段山華仰陽版；六鋪作。每段各分作三段造。其名件廣厚，皆隨逐層每尺之高積而爲法。

牙脚坐高二尺五寸，長三丈二尺，深一丈。坐頭在內。下用連梯、龜脚，中用束腰、壓青牙子、牙頭、牙脚，背版填心，上用梯盤、面版，安重臺鉤闌，高一尺。其鉤闌並準佛道帳制度。

龜脚：每坐高一尺，則長三寸，廣一寸二分，厚一寸四分。

連梯：隨坐深長，其廣八分，厚一寸二分。

角柱：長六寸二分，方一寸六分。

束腰：長隨角柱内，其廣一寸，厚七分。

牙頭：長三寸二分，廣一寸四分，厚四分。

牙脚：長六寸二分，廣二寸四分，厚同上。

8 7 6 5 4 3 2

填心長三寸六分，廣二寸八分，厚同上。

壓青牙子長同束腰，廣一寸六分，厚二分六厘。

上梯盤長同連梯，其廣二寸，厚一寸四分。

面版長廣皆隨梯盤長深之内，厚同牙頭。

背版長隨角柱内，其廣六寸二分，厚三分二厘。

束腰上貼絡柱子長一寸，兩頭叉瓣在外。方七分。

束腰上襯版長三分六厘，廣一寸，厚同牙頭。

連梯棍每深一尺，則長八寸六分。方一寸。每面廣一尺用一條。

立棍長九寸，方同上。隨連梯棍用五條。

梯盤棍長同連梯，方同上。用同連梯棍。

帳身高九尺，長三丈，深八尺，内外槽柱上用隔枓，下用

二寸六分？

19 18 17 16 15 14 13 12 11 10 9

虛柱

踅三寸五分，與三寸六分

鋜脚，四面柱内安歡門帳帶，兩側及後壁皆施心柱、腰串、難子安版，前面每間兩邊並用立頰、泥道版。

内外帳柱，長視帳身之高，每高一尺，則方四分五厘。

虛柱，長三寸，方四分五厘。

内外槽上隔枓版，長隨每間之深廣，其廣一寸二分四厘，厚一分七厘。

上隔枓仰托榥，長同上，廣四分，厚二分。

上隔枓内外上下貼，長同上，廣二分，厚一分。

上隔枓内外上柱子，長五分；下柱子，長三分四厘；其廣厚並同上。

20 21 22 23 24 25

内外歡門長同上其廣二分厚一分五厘。

内外帳帶長三寸四分方三分六厘。

裏槽下錠脚版長隨每間之深廣其廣七分厚一分七厘。

錠脚仰托榥長同上廣四分厚二分。

錠脚内外貼長同上廣二分厚一分。

錠脚内外柱子長五分廣二分厚同上。

兩側及後壁合版長同立頰廣隨帳柱心柱内其厚一分。

心柱長同上方三分五厘。

腰串長隨帳柱内方同上。

立頰長視上下仰托榥內其廣三分六厘厚三分

泥道版長同上其廣一寸八分厚一分

難子長同立頰方一分安平棊亦用此

平棊華文等並準殿內平棊制度

桯長隨枓槽四周之內其廣二分三厘厚一分六

厘

背版長廣隨桯以厚五分爲定法

貼長隨桯內其廣一分六厘厚同背版

難子并貼華厚同貼每方一尺用華子二十五枚或

十六枚

楅長同桯其廣二分三厘厚一分六厘

護縫長同背版，其廣二分。厚同貼。

帳頭共高三尺五寸，枓槽長二丈九尺七寸六分，深七尺七寸六分，六鋪作單抄重昂重栱轉角造，其材廣一寸五分。柱上安枓槽版，鋪作之上用壓厦版，版上施混肚方、仰陽、山華版，每間用補間鋪作二十八朵。

普拍方長隨間廣，其廣一寸二分，厚四分七厘。絞頭在外。

内外槽并兩側夾枓槽版長隨帳之深廣，其廣三寸，厚五分七厘。

壓厦版長同上，至角加一尺三寸。其廣三寸二分六厘，厚五分七厘。

長下疑脱廣字

混肚方長同上，至角加一尺五寸。其廣二分，厚七分。

頂版長隨混肚方内。以厚六分為定法

仰陽版長同混肚方，至角加一尺六寸。其廣二寸五分，厚三分。

仰陽上下貼下貼長同上，上貼隨合角貼内，廣五分，厚二分五厘。

仰陽合角貼長隨仰陽版之廣，其廣厚同上。

山華版長同仰陽版，至角加一尺九寸。其廣二寸九分，厚三分。

山華合角貼廣五分，厚二分五厘。

臥榥長隨混肚方内，其方七分。每長一尺用一條。

49 50 51 52 53 54 55 56

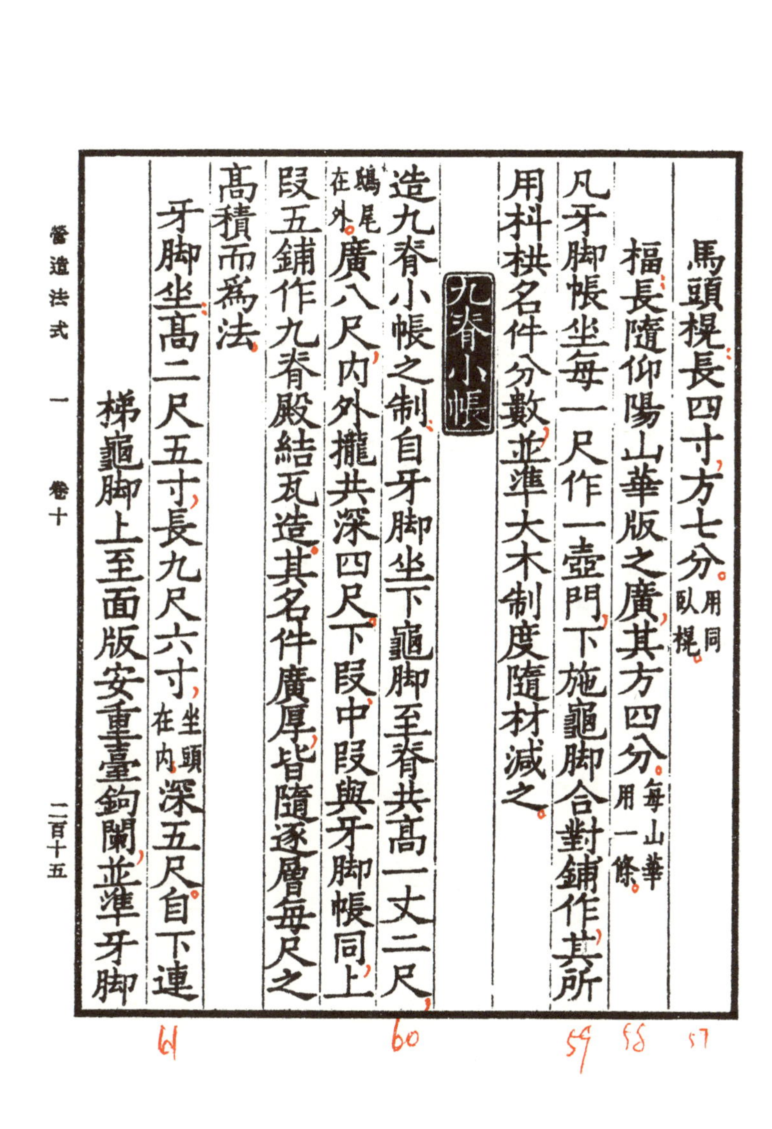

馬頭榥長四寸，方七分。（用同臥榥。）

楅長隨仰陽山華版之廣，其方四分。（每山華用一條。）

凡牙脚帳坐，每一尺作一壼門，下施龜脚，合對鋪作。其所用枓栱名件分數，並準大木制度隨材減之。

九脊小帳

造九脊小帳之制：自牙脚坐下龜脚至脊共高一丈二尺，（鴟尾在外。）廣八尺，内外攏共深四尺。下段、中段與牙脚帳同；上段五鋪作、九脊殿結瓦造。其名件廣厚，皆隨逐層每尺之高積而爲法。

牙脚坐高二尺五寸，長九尺六寸，（坐頭在内。）深五尺。自下連梯龜脚上至面版安重臺鉤闌，並準牙脚

注文应为本文

帳坐制度。

龜脚，每坐高一尺，則長三寸，廣一寸二分，厚六分。

連梯，隨坐深長，其廣二寸，厚一寸二分。

角柱，長六寸二分，方一寸二分。

束腰，長隨角柱内，其廣一寸，厚六分。

牙頭，長二寸八分，廣一寸四分，厚三分二厘。

牙脚，長六寸二分，廣二寸，厚同上。

填心，長三寸六分，廣二寸二分，厚同上。

壓青牙子，長同束腰，隨深廣。減一寸五分，其廣一寸六分，厚二分四厘。

上梯盤，長厚同連梯，廣一寸六分。

面版，長廣皆隨梯盤内，厚四分。

62 63 64 65 66 67 68 69 70 71

背版長隨角柱内其廣六寸二分厚同壓青牙子

束腰上貼絡柱子長一寸（别出兩頭叉瓣）方六分

束腰錠脚内襯版長二寸八分廣一寸厚同填心

連梯棍長隨連梯内方一寸（每廣一尺用一條）

立棍長九寸（卯在内）方同上（隨連梯棍用三條）

梯盤棍長同連梯方同上（用同連梯棍）

帳身一間高六尺五寸廣八尺深四尺其内外槽柱至

泥道版並準牙脚帳制度（唯後壁兩側並不用腰串）

内外帳柱長視帳身之高方五分

虚柱長三寸五分方四分五厘

内外槽上隔枓版長隨帳柱内其廣一寸四分二厘

厚一分五厘。

上隔科仰托榥長同上，廣四分三厘，厚二分八厘。

上隔科内外上下貼長同上，廣二分八厘，厚一分四厘。

上隔科内外上柱子長四分八厘；下柱子長三分八厘，廣厚同上。

内歡門長隨立頰内；外歡門長隨帳柱内，其廣一寸五分，厚一分五厘。

内外帳帶長三寸二分，方三分四厘。

裹槽下錠脚版長同上隔科上下貼，其廣七分二厘，厚一分五厘。

錠脚仰托榥長同上，廣四分三厘，厚二分八厘。

82　83　84　85　86　87　88

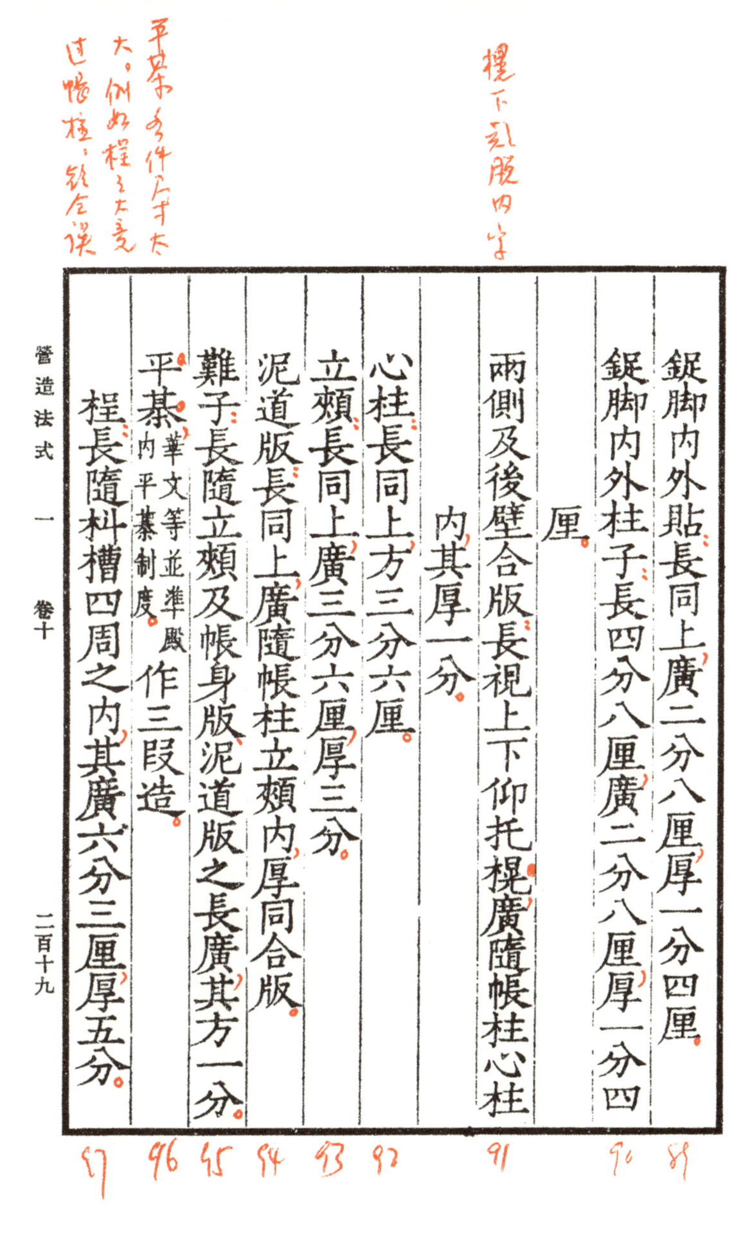

榥下疑脫内字

平棊各件尺寸太大。例如桯之大竟過帳柱，疑有誤

鋜脚内外貼長同上廣二分八厘厚一分四厘

鋜脚内外柱子長四分八厘廣二分八厘厚一分四厘

兩側及後壁合版長視上下仰托榥廣隨帳柱心柱内其厚一分

心柱長同上方三分六厘

立頰長同上廣三分六厘厚三分

泥道版長同上廣隨帳柱立頰内厚同合版

難子長隨立頰及帳身版泥道版之長廣其方一分

平棊（華文等並準殿内平棊制度）作三段造

桯長隨枓槽四周之内其廣六分三厘厚五分

背版長廣隨桯（以厚五分為定法）

貼長隨桯內其廣五分（厚同上）

貼絡華文（厚同上）每方一尺用華子二十五枚或十六枚

福長同背版其廣六分厚五分

護縫長同上其廣五分（厚同貼）

難子長同上方二分

帳頭自普拍方至脊共高三尺（鴟尾在外）廣八尺深四尺四柱五鋪作下出一抄上施一昂材廣一寸二分厚八分重栱造上用壓厦板出飛檐作九脊結瓦

普拍方長隨深廣，絞頭在外。其廣一寸，厚三分。
枓槽版長厚同上，減二寸。其廣二寸五分。
壓厦版長厚同上，每壁加五寸。其廣二寸五分。
栿長隨深，加五寸。其廣一寸，厚八分。
大角梁長七寸，廣八分，厚六分。
子角梁長四寸，曲廣二寸，厚同上。
貼生長同壓厦版，加七寸。其廣六分，厚四分。
脊槫長隨廣，其廣一寸，厚八分。
脊槫下蜀柱長八寸，廣厚同上。
脊串長隨槫，其廣六分，厚五分。
义手長六寸，廣厚皆同角梁。

115 114 113 112 111 110 109 108 107 106 105

山版每深一尺則長九寸廣四寸五分以厚六分爲定法

曲椽每深一尺則長八寸曲廣同脊串厚三分每補間鋪作一朵用三條

厦頭椽每深一尺則長五寸廣四分厚同上角同上

從角椽長隨宜均攤使用

大連檐長隨深廣每壁加一尺二寸其廣同曲椽厚同貼生

前後厦瓦版長隨槫每至角加一尺五寸其廣自脊至大連檐隨材合縫以厚五分爲定法

兩厦頭厦瓦版長隨深加同上其廣自山版至大連檐合縫同上厚同上

飛子長二寸五分尾在內廣二分五厘厚二分三厘角內隨宜取曲

白版長隨飛檐，每壁加二尺。其廣三寸，厚同廈瓦版。

壓脊長隨廈瓦版，其廣一寸五分，厚一寸。

垂脊長隨脊至壓廈版外，其曲廣及厚同上。

角脊長六寸，廣厚同上。

曲闌槫脊，共長四尺。廣一寸，厚五分。

前後瓦隴條，每深一尺則長八寸五分，廈頭者長五寸五分，若至角並隨角斜長。方三分，相去空分同。

搏風版，每深一尺則長四寸五分。曲廣一寸二分。以厚七分為定法。

瓦口子長隨子角梁內，其曲廣六分。

垂魚，共長一尺二寸，每長一尺即廣六寸，厚同搏風版。

惹草，共長一尺，每長一尺即廣七寸，厚同上。

鴟尾，共高一尺一寸，每高一尺即廣六寸，厚同壓脊。

凡九脊小帳施之於屋一間之内，其補間鋪作前後各八朶，兩側各四朶，坐内壼門等，並準牙脚帳制度。

壁帳

造壁帳之制：高一丈三尺至一丈六尺，山華仰陽在外。其帳柱之上安普拍方，方上施隔科及五鋪作下昂重栱，出角入角造，其材廣一寸二分，厚八分，每一間用補間鋪作一十三朶。鋪作上施壓厦版、混肚方，混肚方上與梁下齊。方上安仰陽版及山華，仰陽版、山華在兩梁之間。帳内上施平棊，兩柱之内並用义子桄。其名件廣厚，皆取帳身間内每尺之高，積而為法。

帳柱：長視高，每間廣一尺則方三分八厘。

义子桄

"高"作"廣"

仰托榥長隨間廣，其廣三分，厚二分。

隔枓版長同上，其廣一寸一分，厚一分。

隔枓貼長隨兩柱之内，其廣二分，厚八厘。

隔枓柱子長隨貼内，廣厚同貼。

枓槽版長同仰托榥，其廣七分六厘，厚一分。

壓厦版長同上，其廣八分，厚一分。枓槽版及壓厦版，如減材分，即廣隨所用減之。

混肚方長同上，其廣四分，厚二分。

仰陽版長同上，其廣七分，厚一分。

仰陽貼長同上，其廣二分，厚八厘。

合角貼長視仰陽版之廣，其厚同仰陽貼。

無之字

桯下疑脱長字

山華版長隨仰陽版之廣其厚同壓厦版

平綦華文並準殿內平綦制度長廣並隨間內

背版長隨平綦其廣隨帳之深以厚六分為定法

桯長隨背版四周之廣其廣二分厚一分六厘

貼長隨桯四周之內其廣一分六厘厚同上

難子并貼華每方一尺用貼絡華二十五枚或十六枚

護縫長隨平綦其廣同桯厚同背版

楅廣三分厚二分

凡壁帳上山華仰陽版後每華尖皆施楅一枚所用飛子、馬銜皆量宜造之其枓栱等分數並準大木作制度

148 149 150 151 152 153 154 155 156

營造法式卷第十

营造法式

（陈明达点注本）

四

〔宋〕李诫 撰

浙江摄影出版社
全国百佳图书出版单位

營造法式卷第三十一

通直郎管修蓋皇弟外第專一提舉修蓋班直諸軍營房等臣李誡奉

聖旨編修

大木作制度圖樣下

殿閣地盤分槽等第一

殿堂等八鋪作副階六鋪作雙槽斗底槽準此下雙槽同草架

側樣第十一

殿堂等七鋪作副階五鋪作雙槽草架側樣第十二

殿堂等五鋪作副階四鋪作單槽草架側樣第十三

殿堂等六鋪作分心槽草架側樣第十四

廳堂等自十架椽至四架椽間縫内用梁柱第十五

大木作制度圖樣下

殿閣地盤分槽等第十

殿閣身地盤九間身内分心斗底槽 149

殿閣地盤殿身七間副階周帀各兩架椽身内金箱斗底槽 150

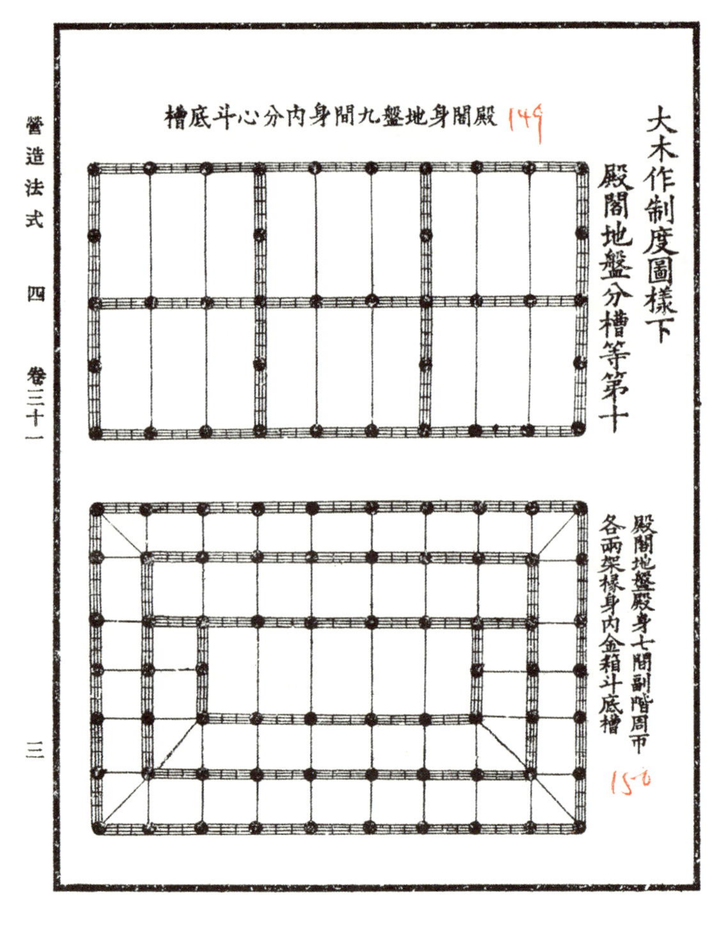

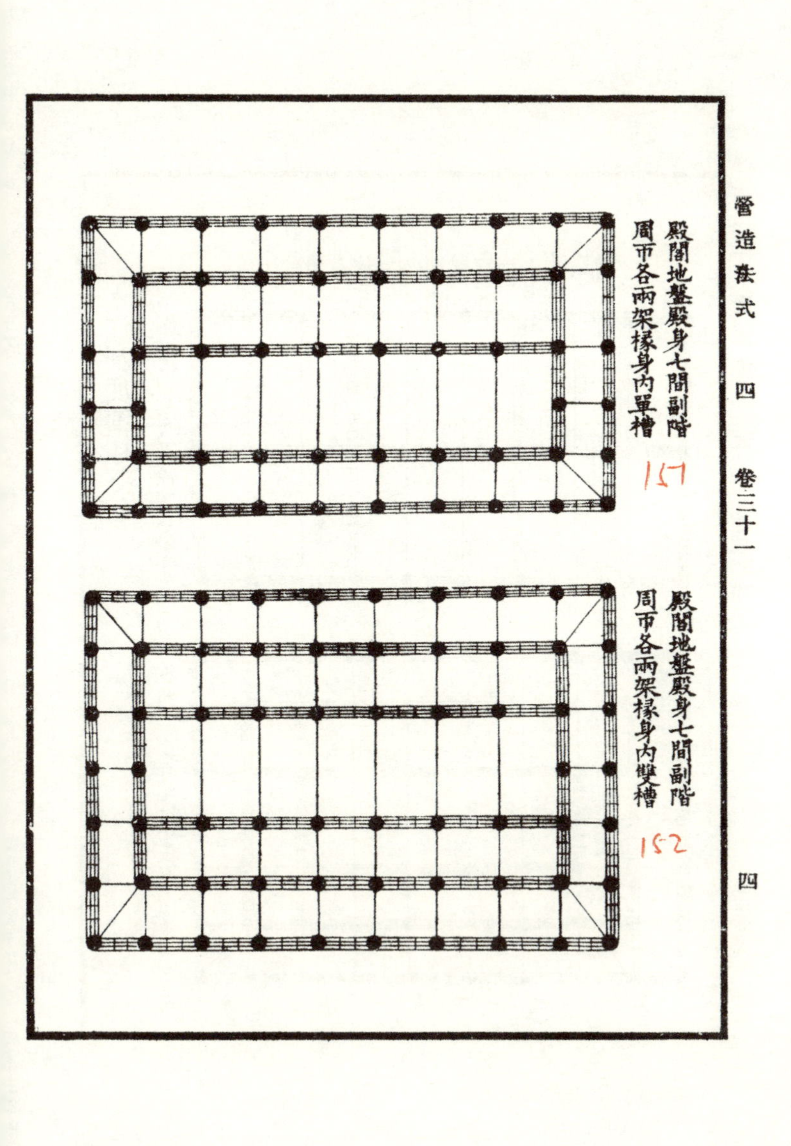
殿閣地盤殿身七間副階
周帀各兩架椽身内單槽
157
殿閣地盤殿身七間副階
周帀各兩架椽身内雙槽
152

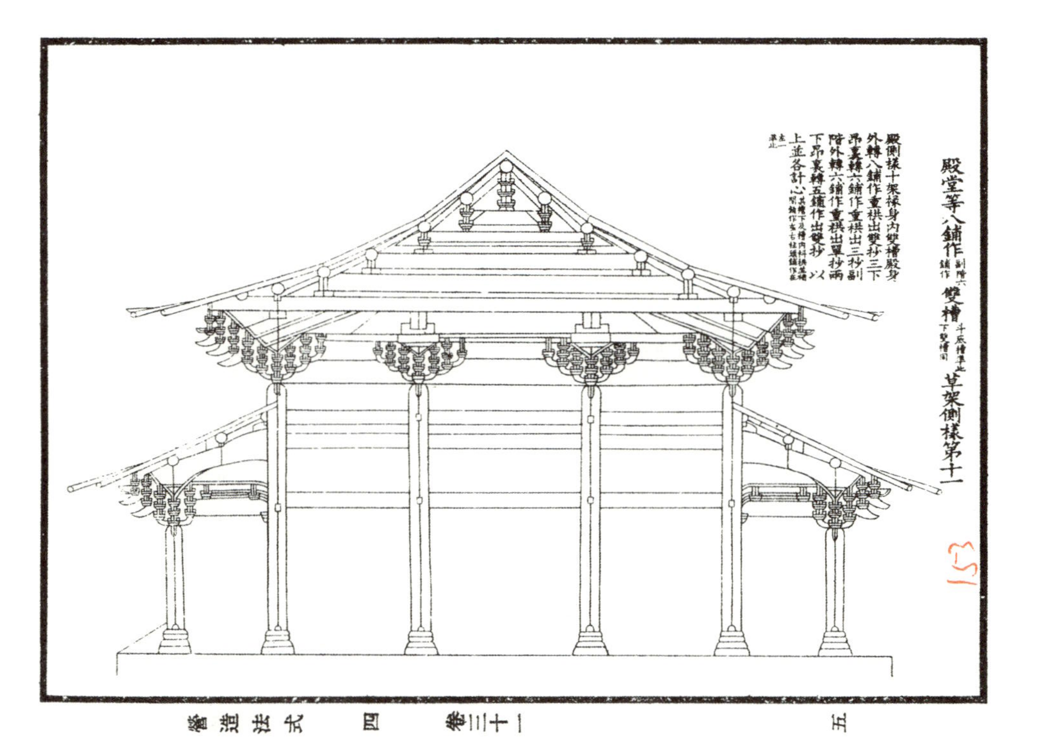
殿堂等八鋪作（副階六鋪作）雙槽（斗底槽準此，下雙槽同）草架側樣第十一
殿側樣十架椽身內雙槽殿身外轉八鋪作重栱出雙抄三下昂裏轉六鋪作重栱出三抄副階外轉六鋪作重栱出單抄兩下昂裏轉五鋪作出雙抄以上並各計心（其檐下及槽內枓栱並補間鋪作在左右柱頭鋪作在左一準此）

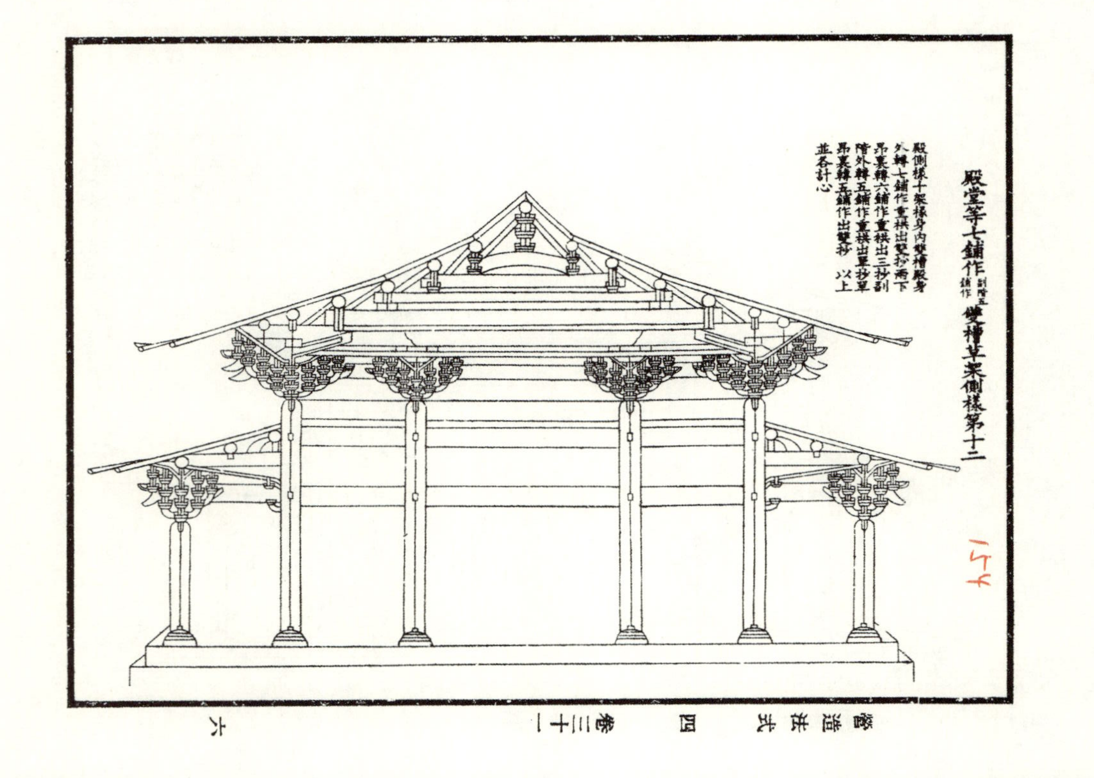
殿堂等七鋪作副階五鋪作雙槽草架側樣第十二
殿側樣十架椽身內雙槽殿身
外轉七鋪作重栱出雙抄兩下
昂裏轉六鋪作重栱出三抄副
階外轉五鋪作重栱出單抄單
昂裏轉五鋪作出雙抄　以上
並各計心

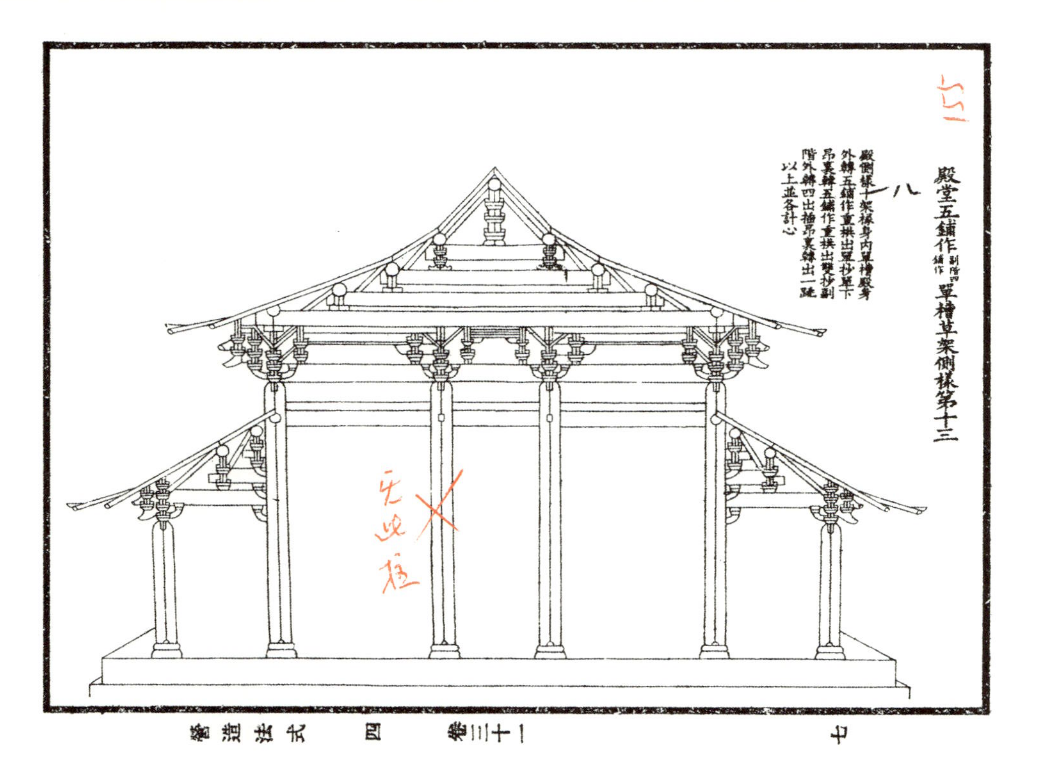
殿堂五鋪作副階四鋪作單槽草架側樣第十三
殿側樣十架椽身内單槽殿身外轉五鋪作重栱出單抄單下昂裏轉五鋪作重栱出雙抄副階外轉四出插昂裏轉出一跳以上並各計心

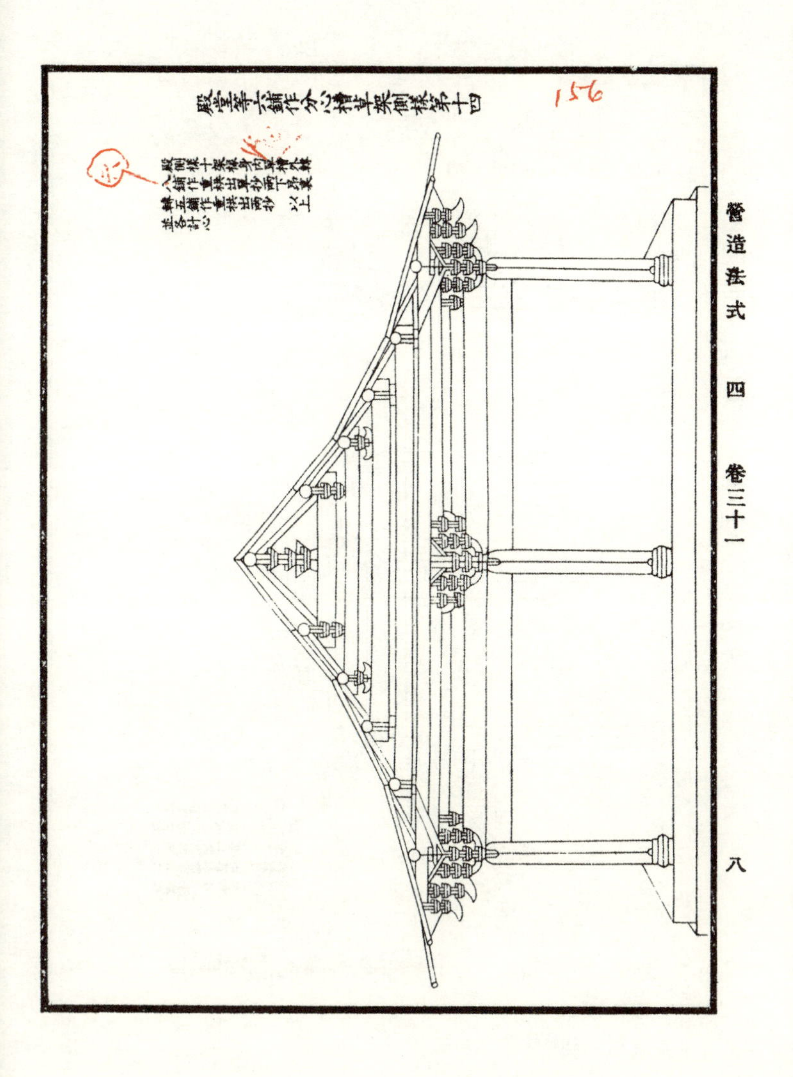

殿堂等六鋪作分心槽草架側樣第十四

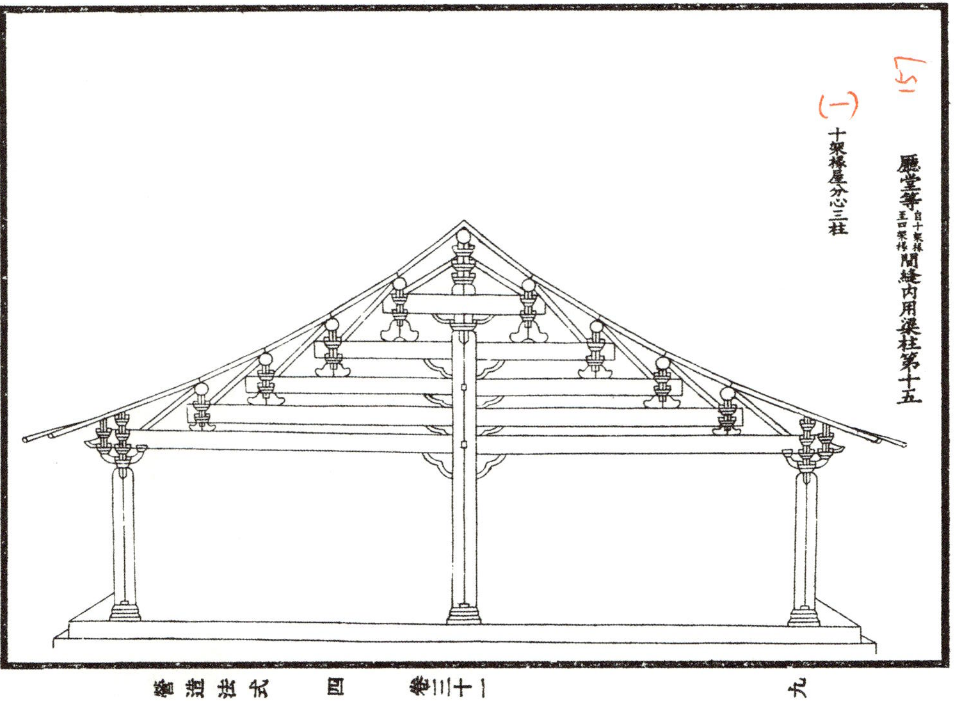
廳堂等自十架椽至四架椽間縫内用梁柱第十五
十架椽屋分心三柱

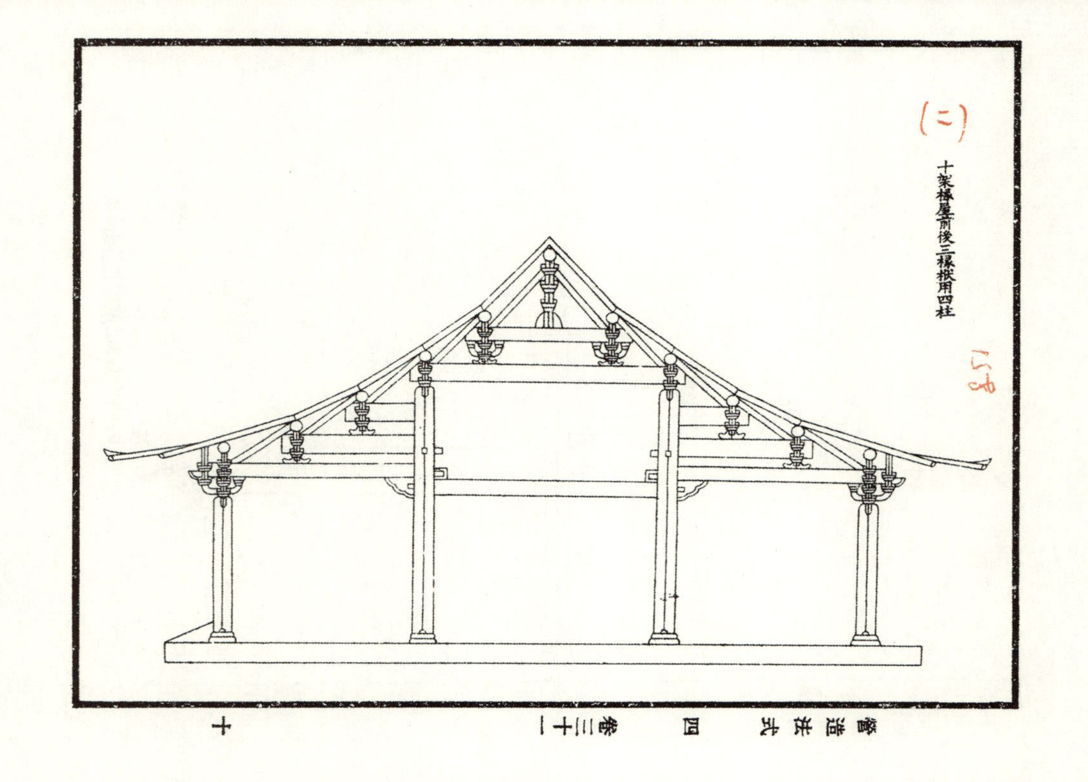
十架椽屋前後三椽栿用四柱
(二)
158

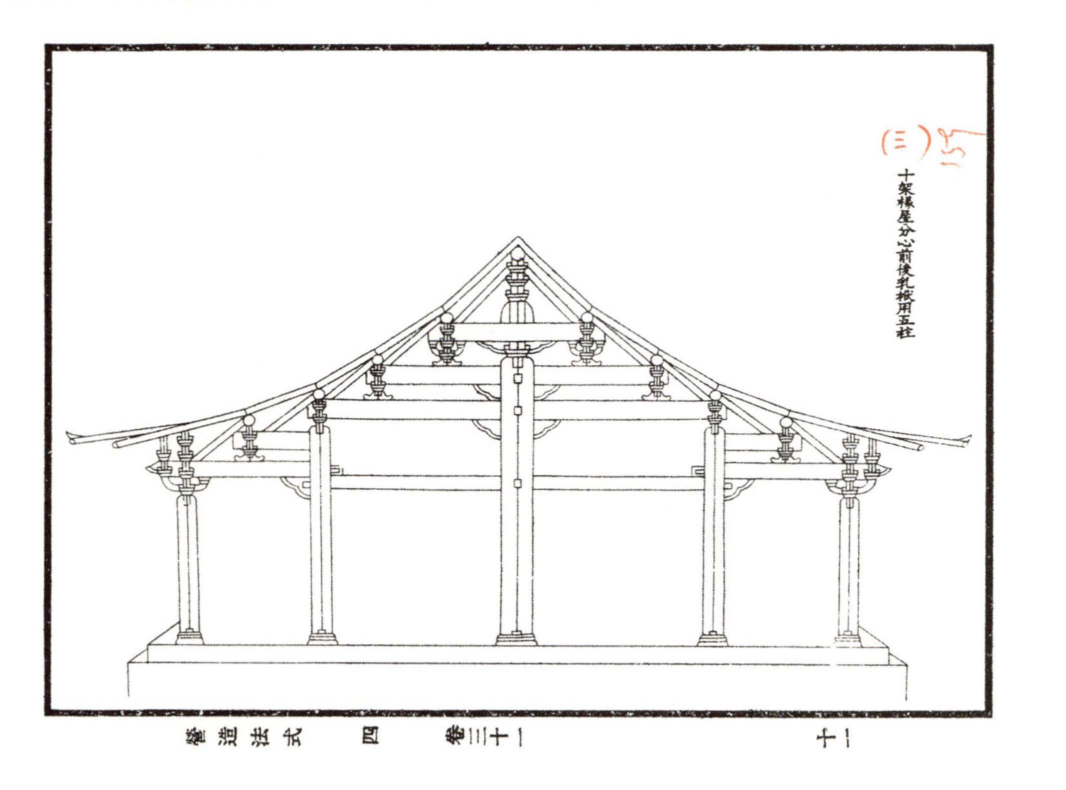
十架椽屋分心前後乳栿用五柱

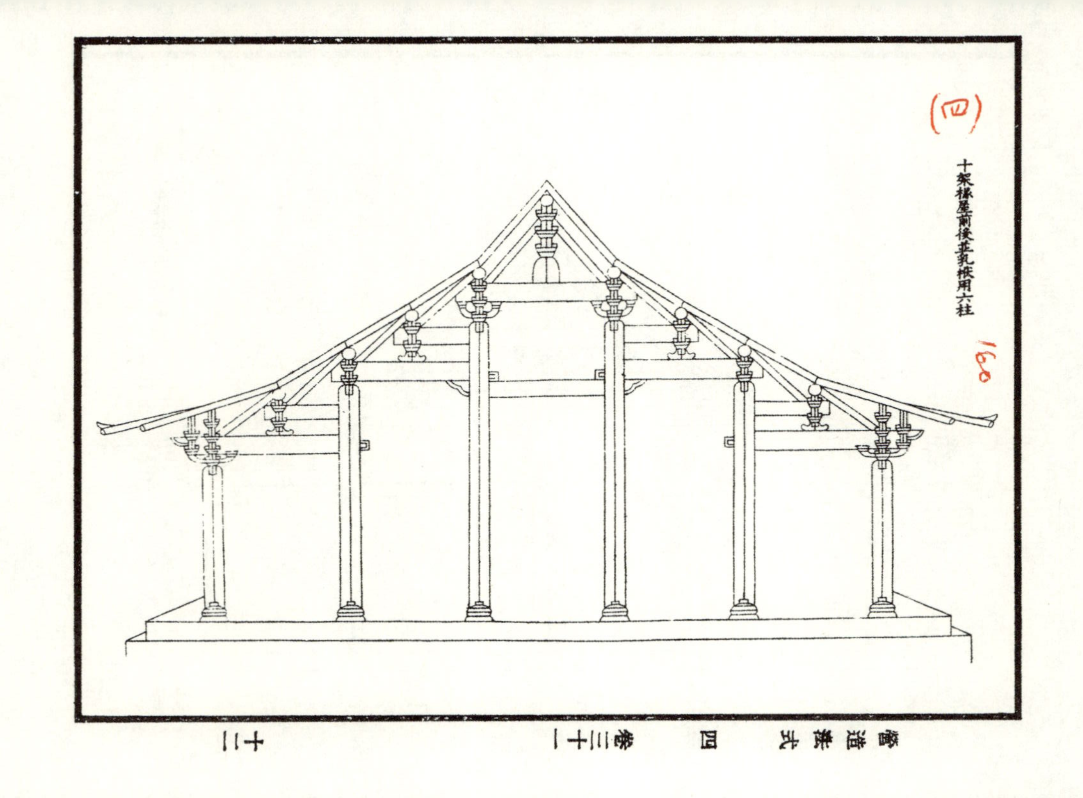
十架椽屋前後並乳栿用六柱

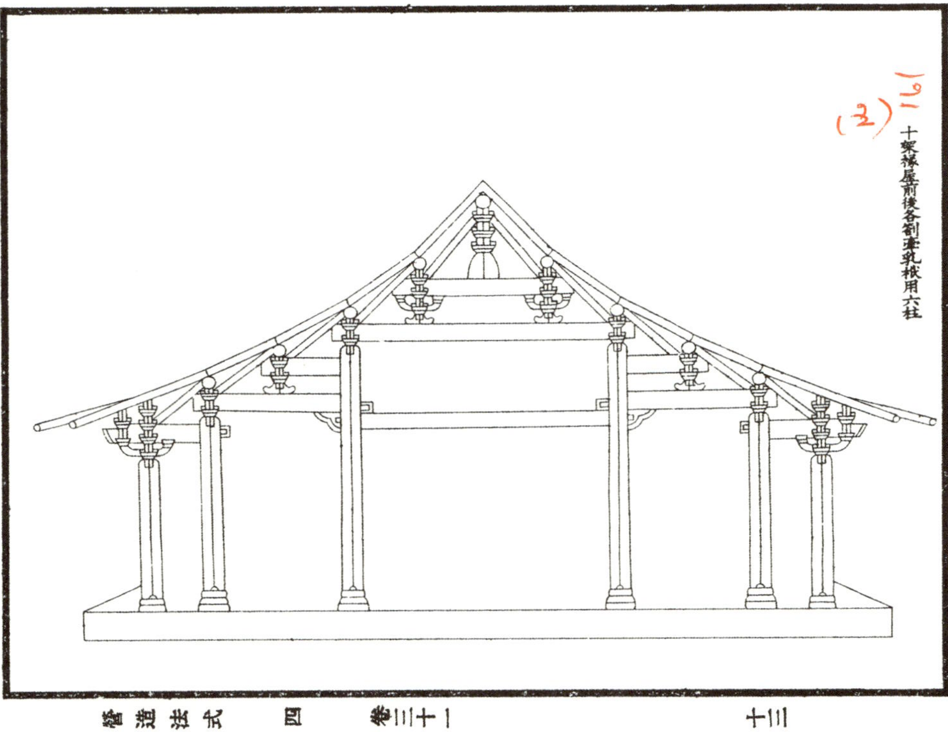
十架椽屋前後各劄牽乳栿用六柱

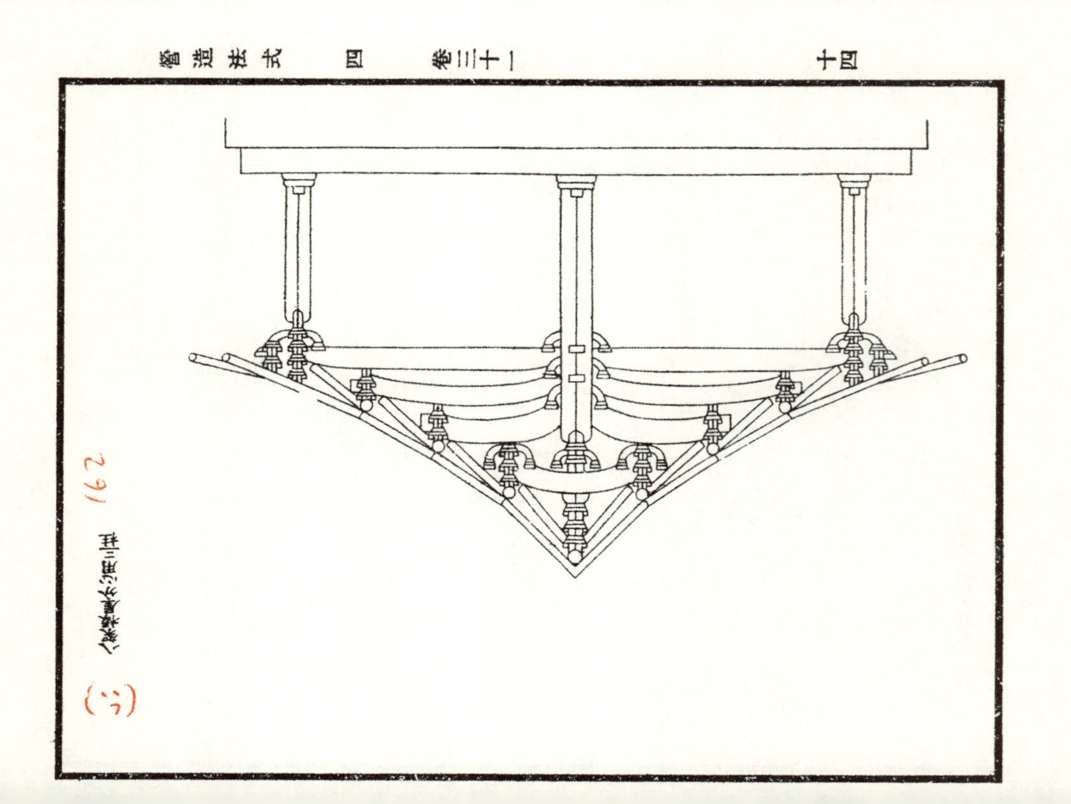

八架椽屋分心用三柱

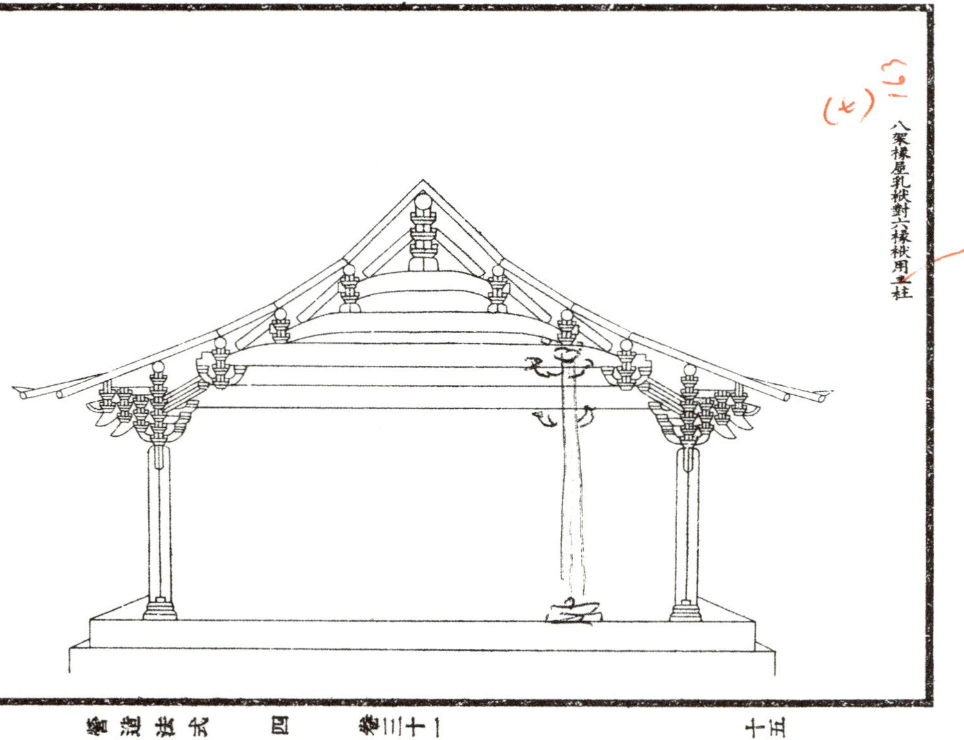
八架椽屋乳栿對六椽栿用三柱

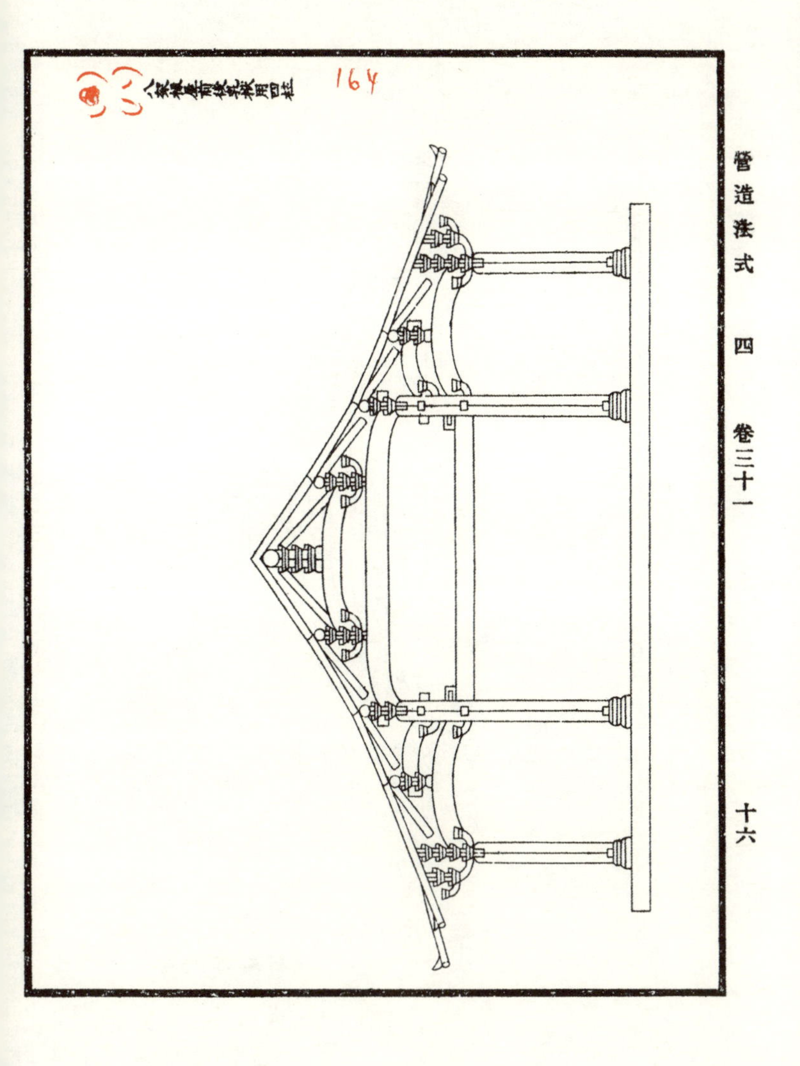

八架椽屋前後乳栿用四柱

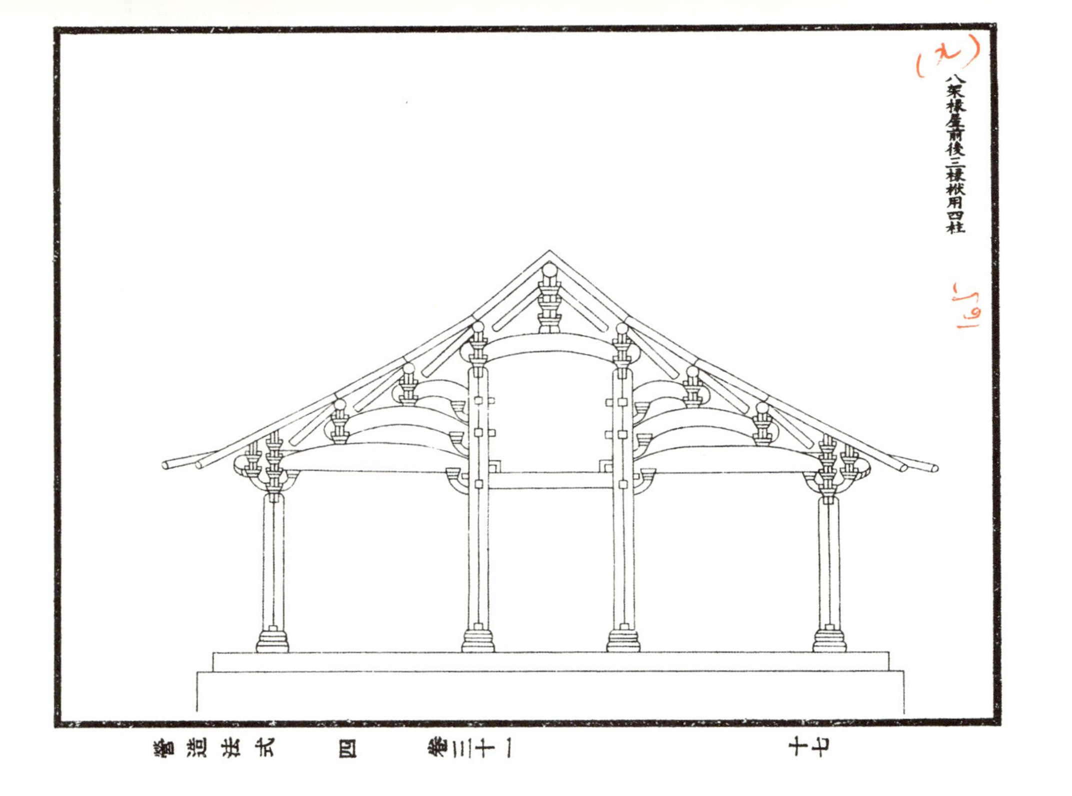

八架椽屋前後三椽栿用四柱

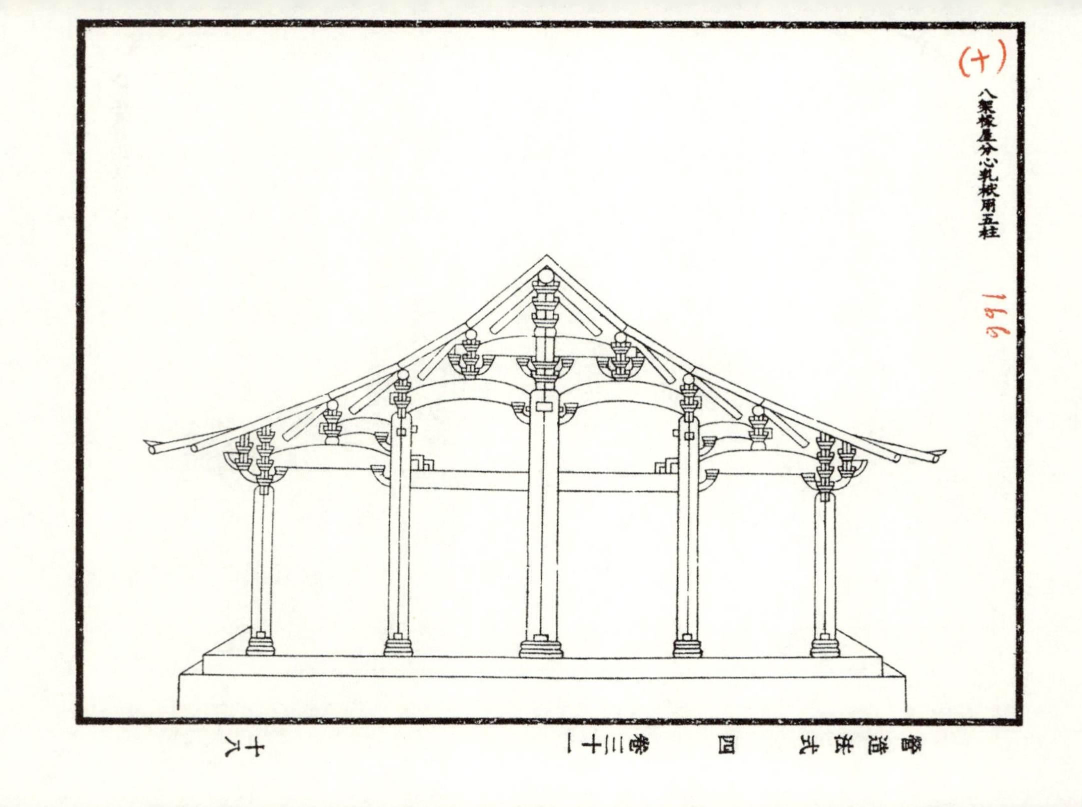

八架椽屋分心乳栿用五柱

八架椽屋前後劄牽用六柱

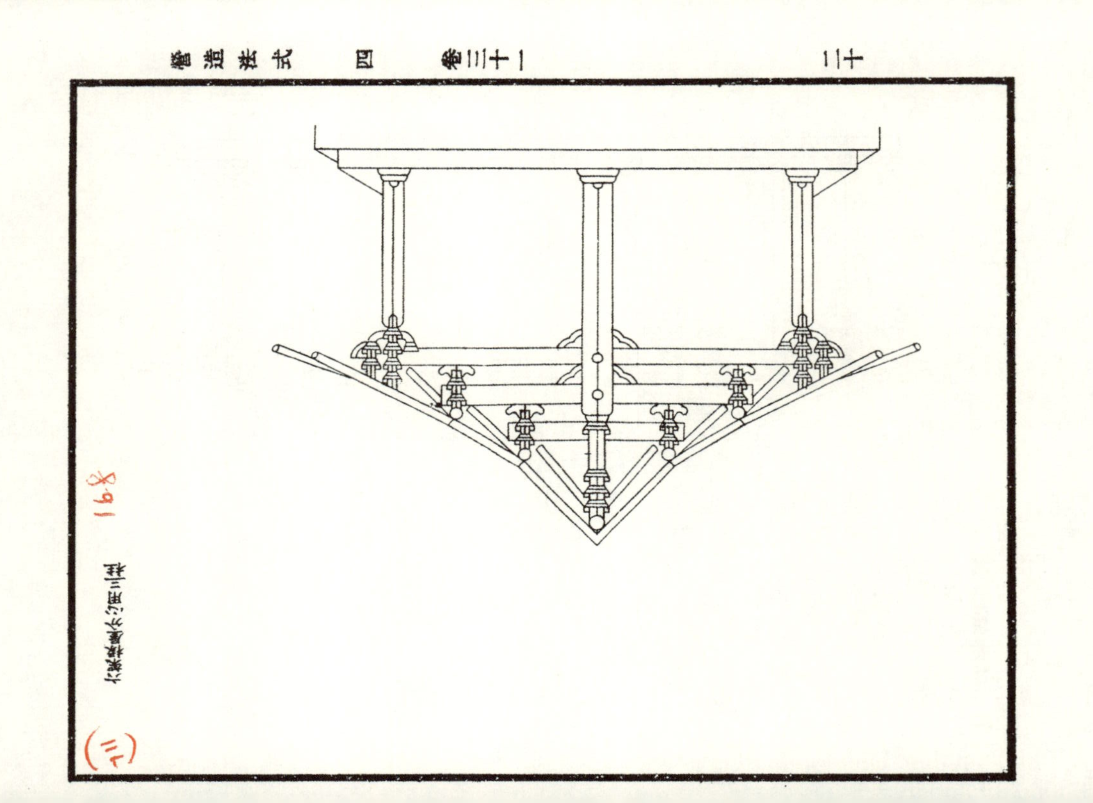

六椽屋分心用三柱

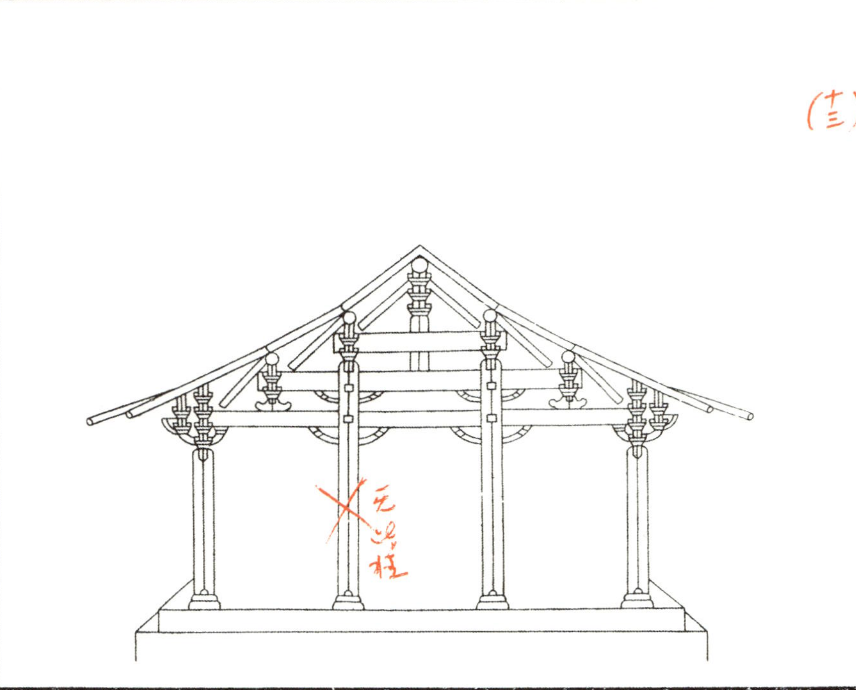

六架椽屋乳栿對四椽栿用四柱

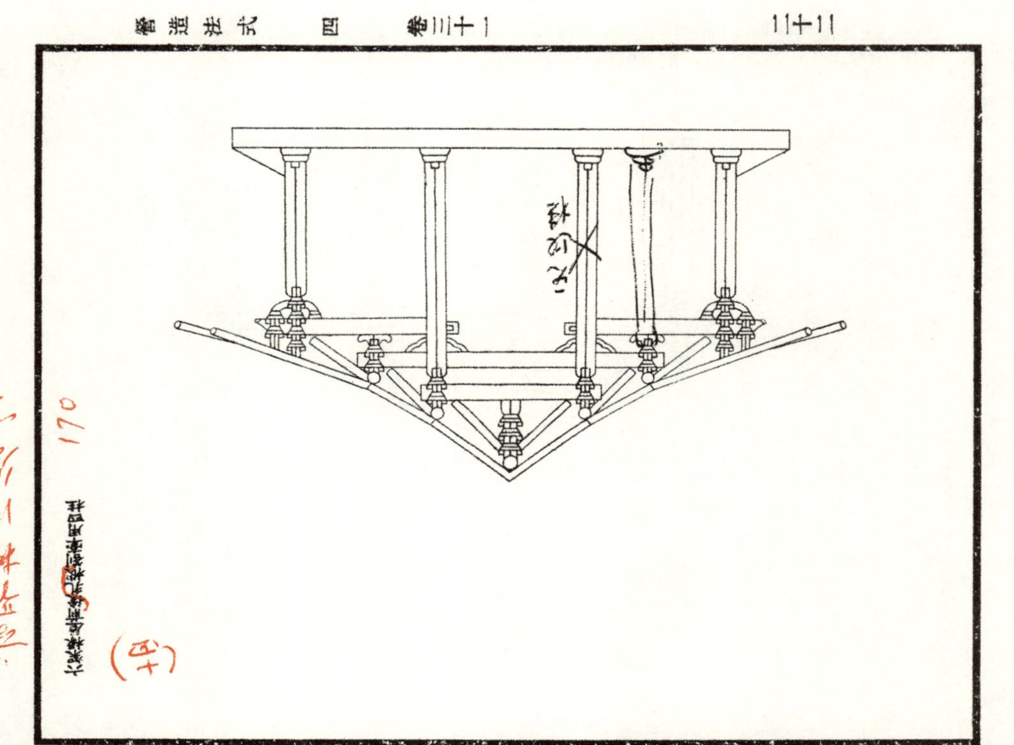

六架椽屋前後乳栿劄牽用四柱

四架椽屋分心用三柱

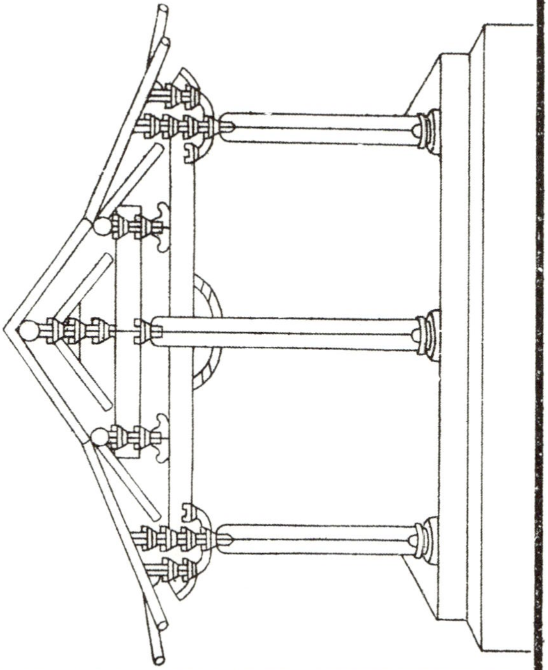

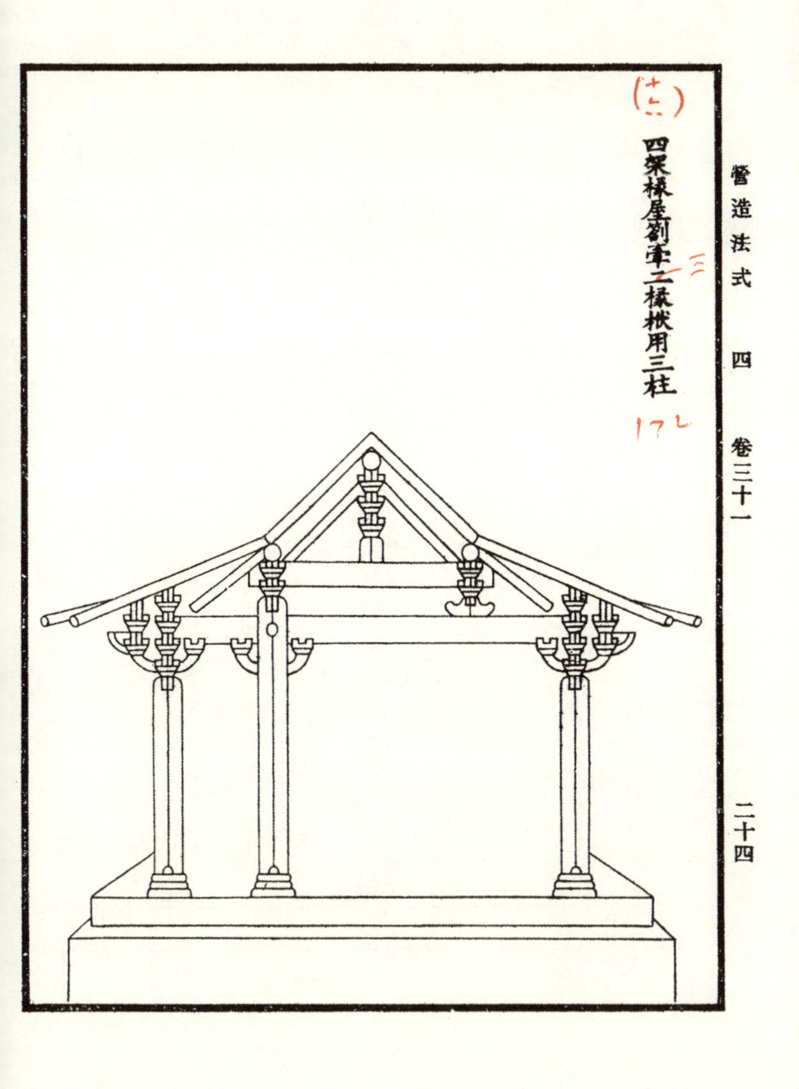
四架椽屋劄牽三椽栿用三柱

(十七)

四架椽屋分心劄牽用四柱

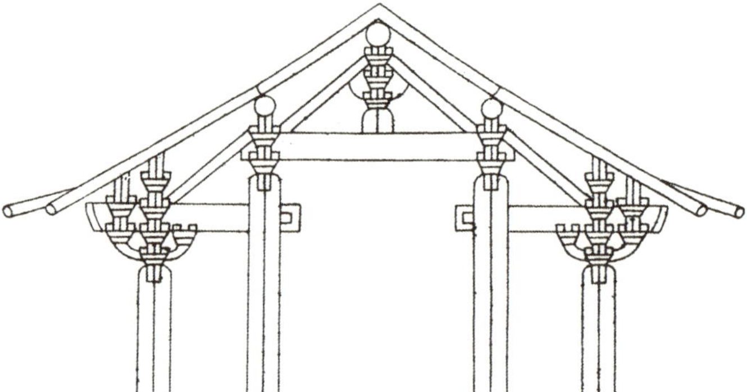

(十八) 四架椽屋通檐用二柱 174

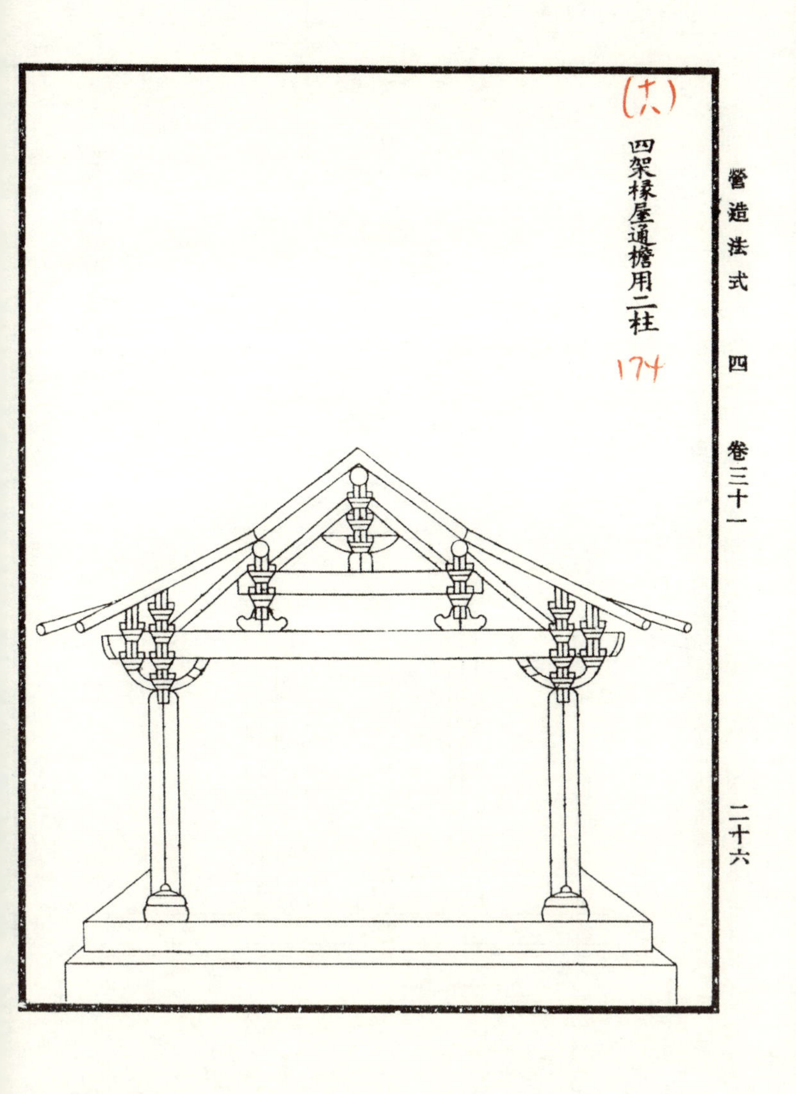

營造法式卷第三十一

殿閣地盤分槽第十

殿閣身地盤九間身内分心斗底槽

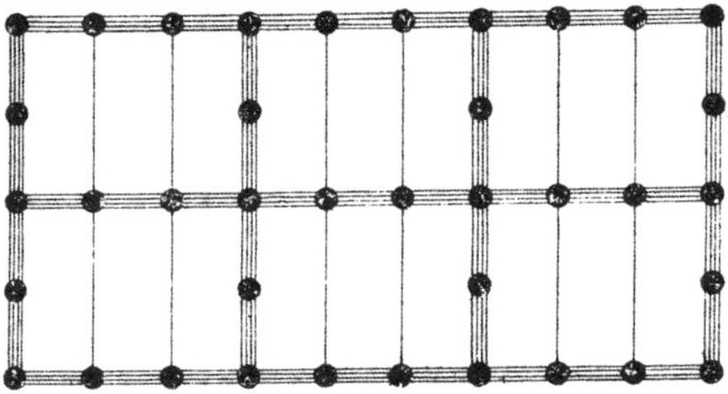

殿閣地盤殿身七間副階周帀各兩架椽身内金箱斗底槽

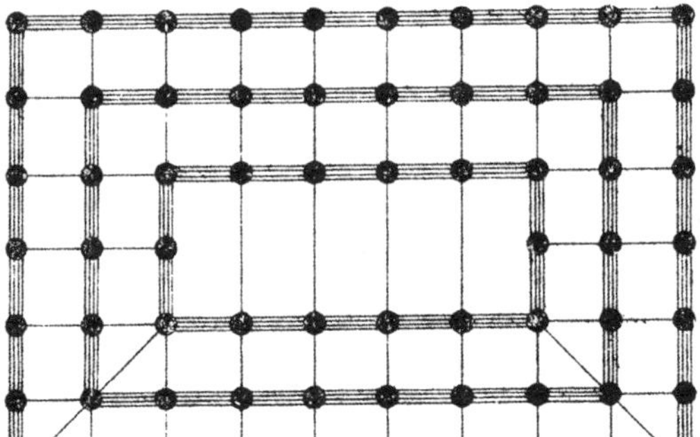

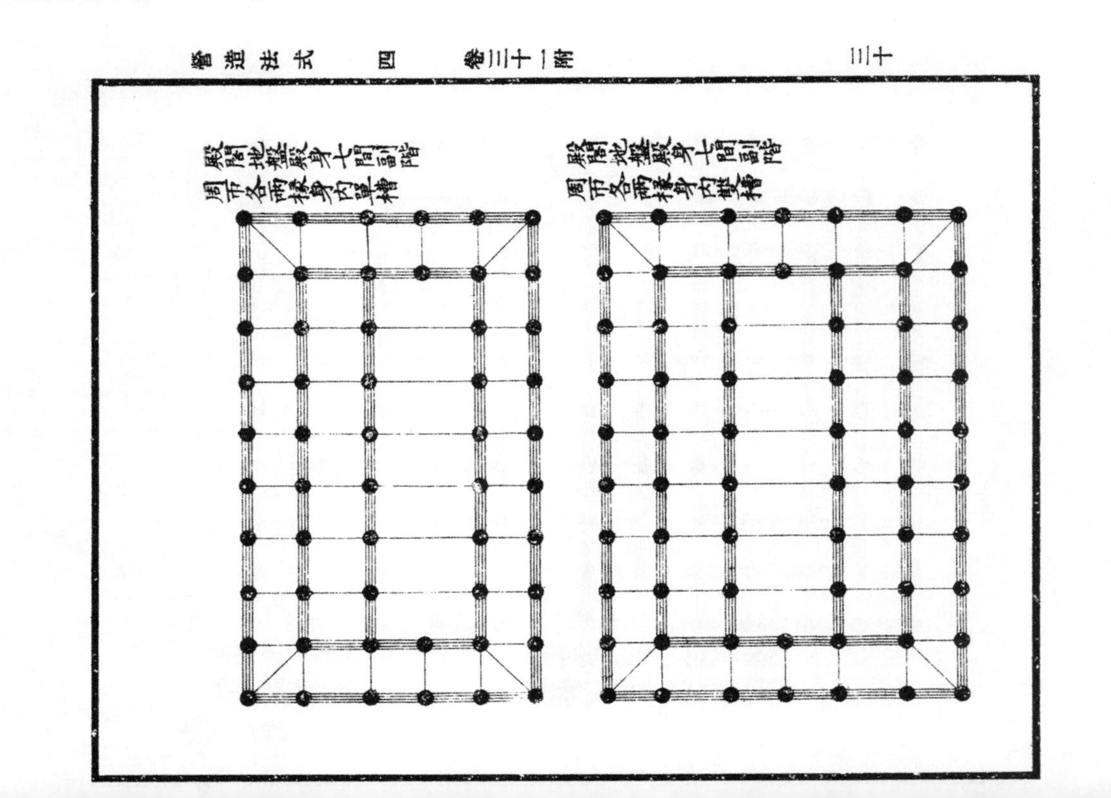
殿閣地盤殿身七間副階周帀各兩椽身內單槽
殿閣地盤殿身七間副階周帀各兩椽身內雙槽

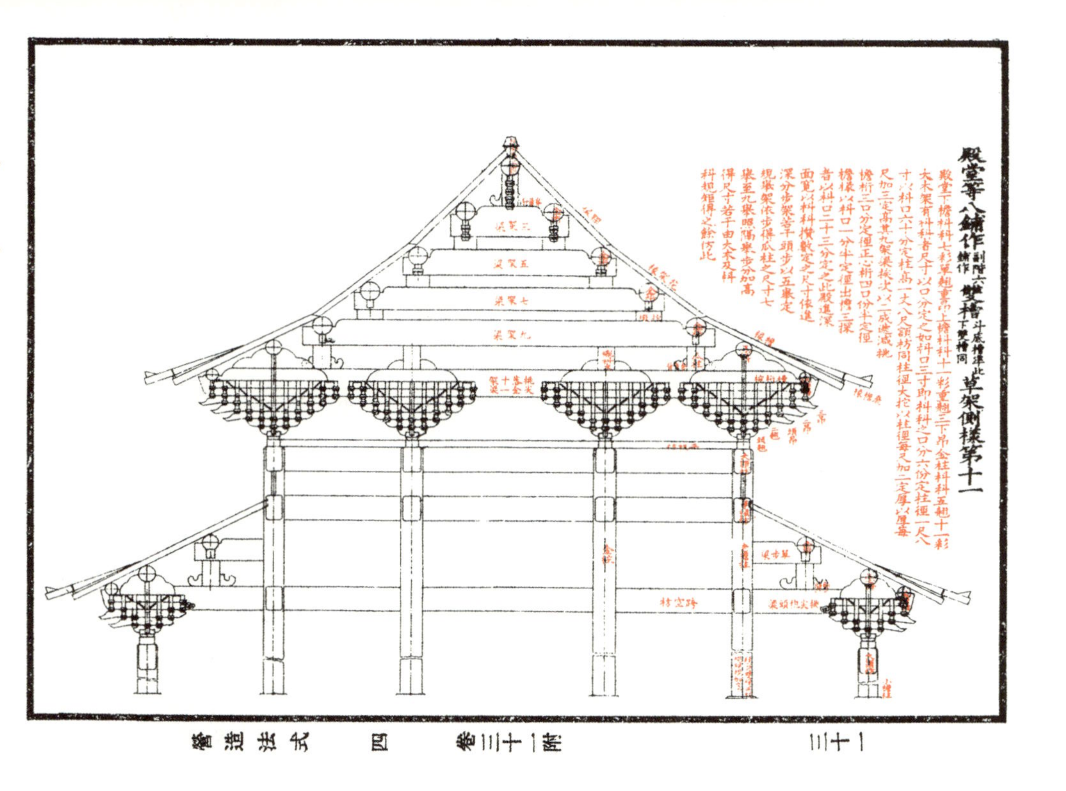

意义不容低估！
此类附，乃史上首次采、备名词比照

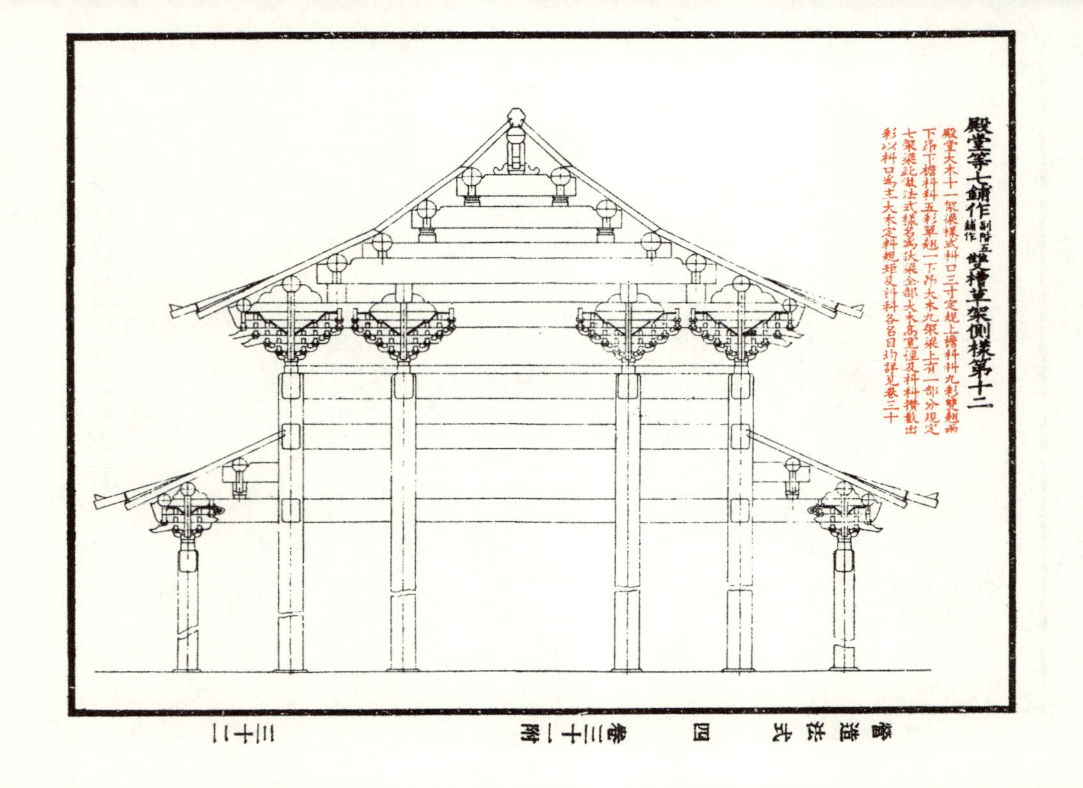
殿堂等七鋪作（副階五鋪作）雙槽草架側樣第十二
殿堂大木十一架梁樣式枓口三寸定規上檐枓科九彩雙翹兩
下昂下檐枓科五彩單翹一下昂大木九架梁上有一部分規定
七架梁此照法式樣名爲伏梁全部大木高寬徑及枓科攢數出
彩以枓口爲志大木定料規矩及枓科各名目均詳見卷三十

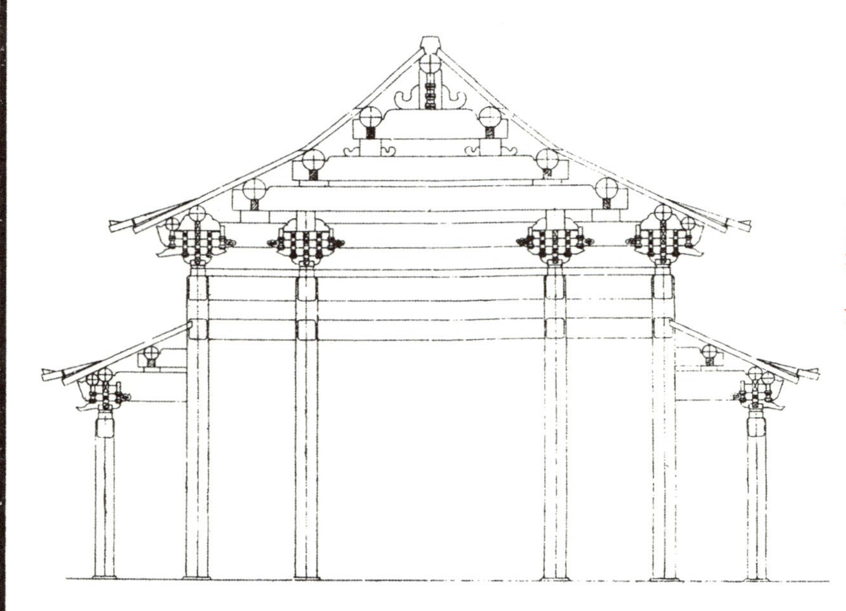
殿堂五鋪作副階四鋪作單槽草架側樣第十三
殿堂九架梁側面法式此圖二十分之一下檐枓科三彩一下昂裏出蔴葉頭上檐枓科五彩單翹單昂大木定料依枓口爲宗皆枓科規矩詳見第二篇

殿堂等六鋪作分槽草架側樣第十四

殿堂第十四大木十一架梁枓科七彩單翹兩下昂裏出兩頭一卷大木定料科規
定材料大小若干及枓科規矩出彩均詳見卷三十

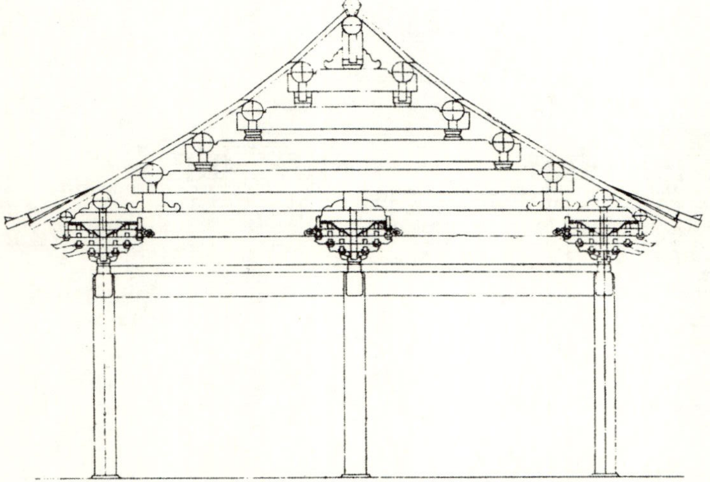

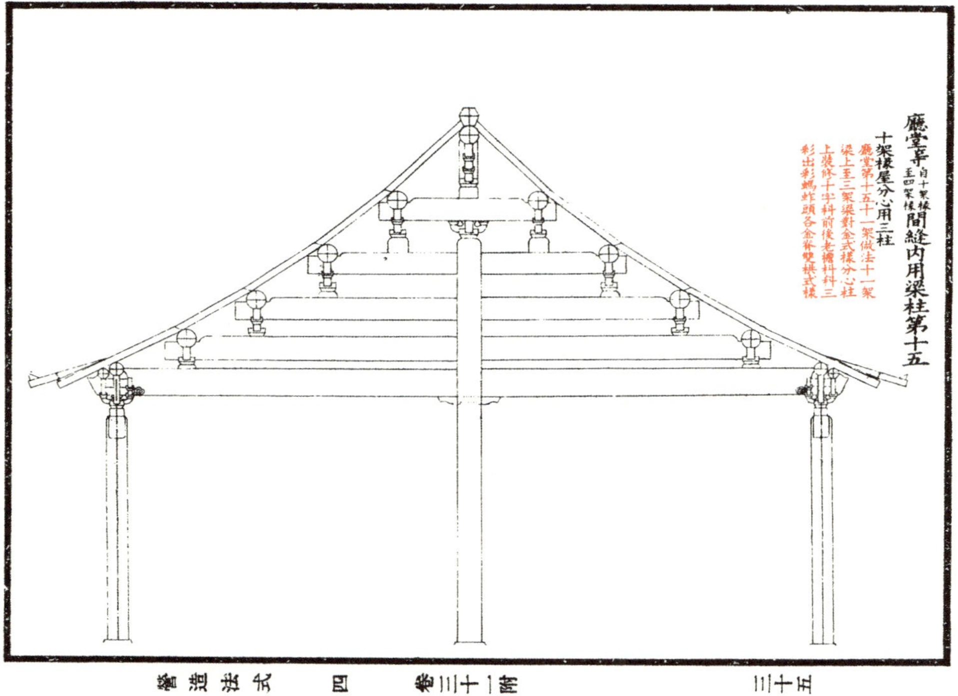
廳堂等自十架椽至四架椽間縫內用梁柱第十五
十架椽屋分心用三柱
廳堂第十五十一架做法十一架
梁上至三架梁對金式樣分心柱
上裝修十字枓前後老檐枓枓三
彩出彩螞蚱頭各金脊雙栱式樣

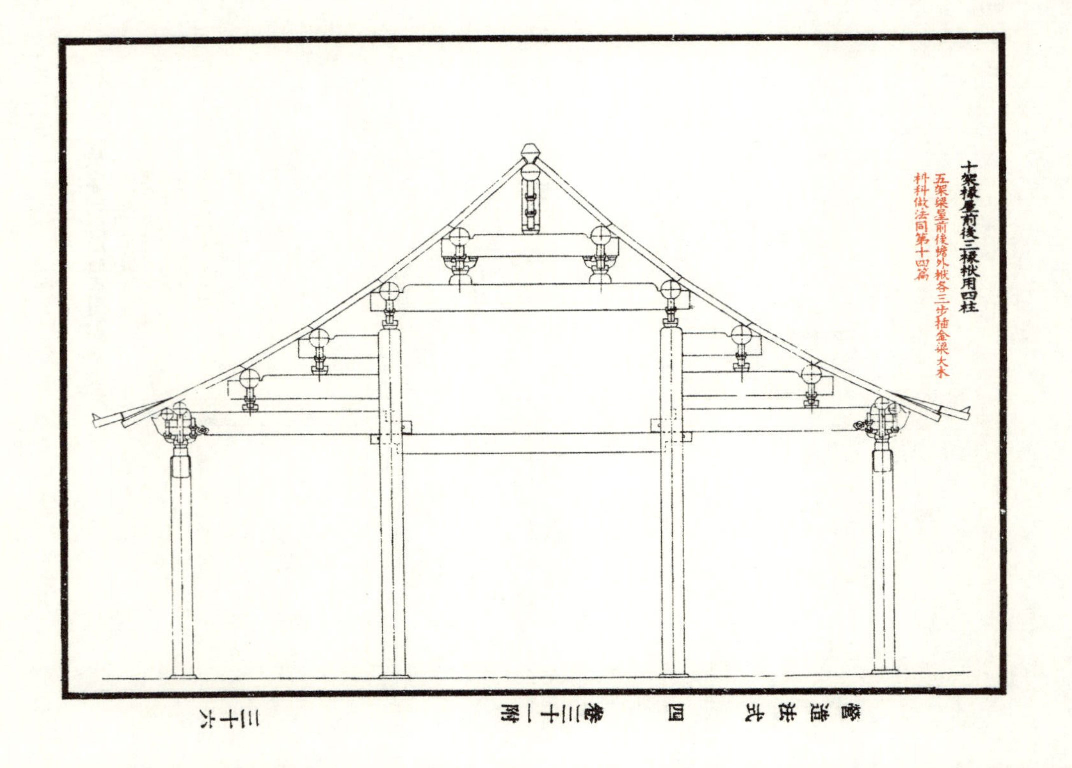
十架椽屋前後三椽栿用四柱
五架梁星前後蟾外榥各三步抽金梁大木
枓科做法同第十四篇

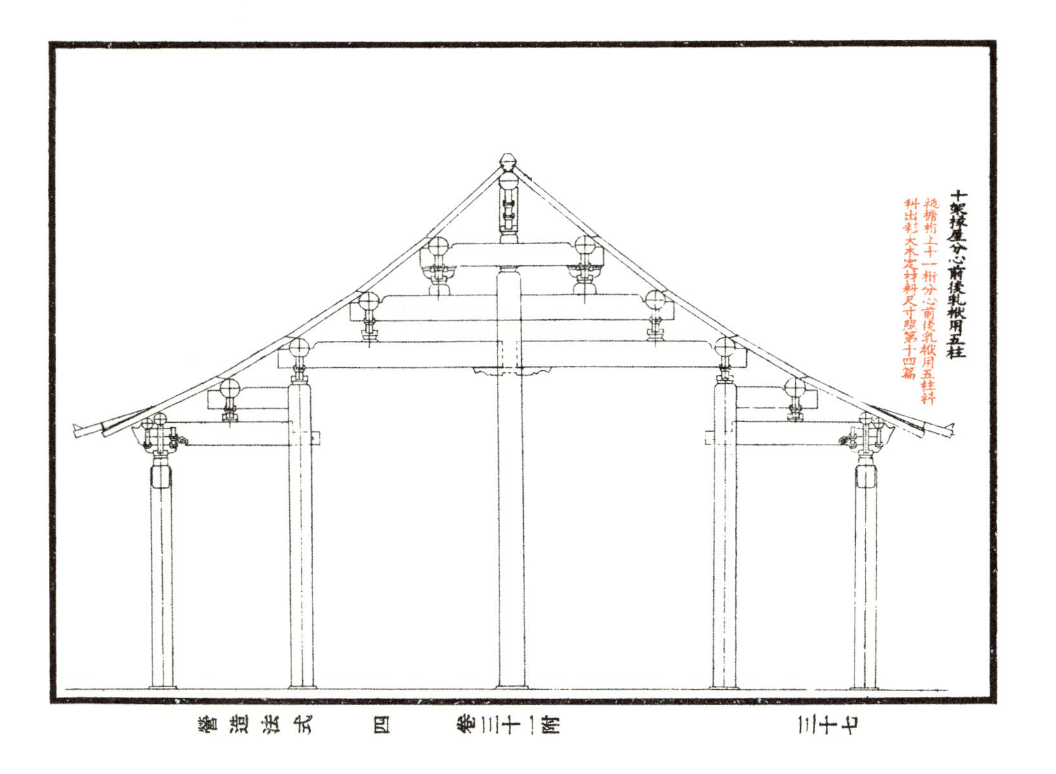
十架椽屋分心前後乳栿用五柱
挑檐桁上十一桁分心前後乳栿用五柱枓
科出彩大木定材料尺寸照第十四篇

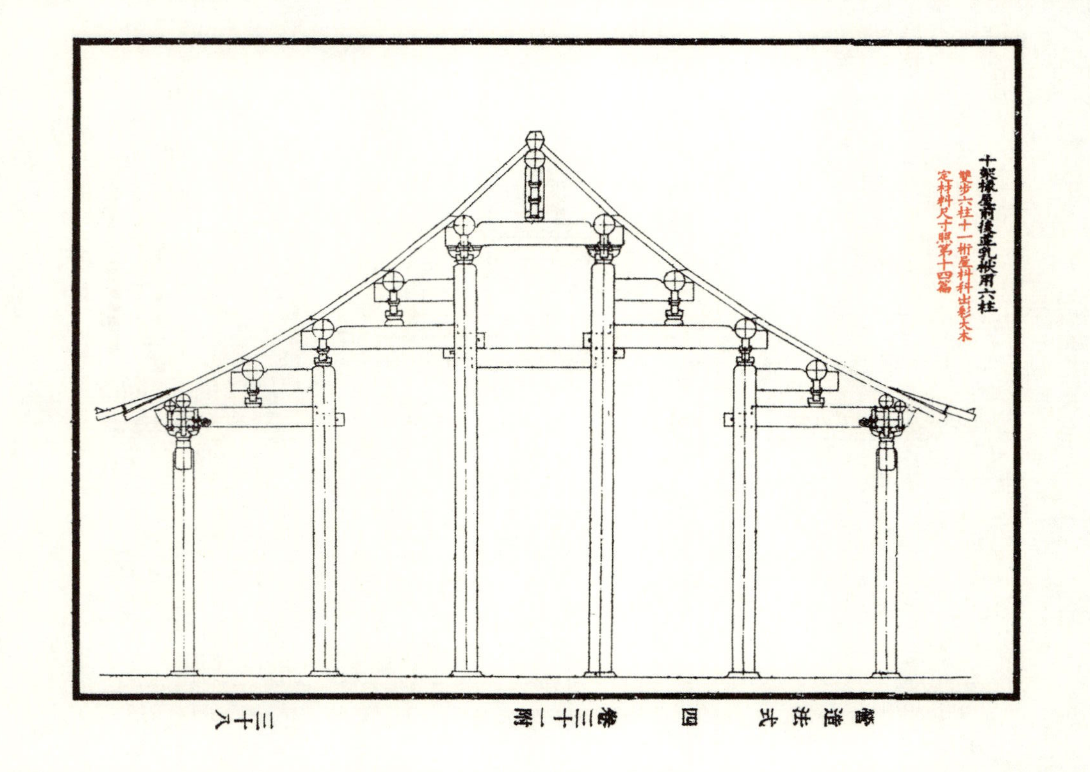
十架椽屋前後並乳栿用六柱
雙步六柱十一桁層斗科出彩大木
定材料尺寸照第十四篇

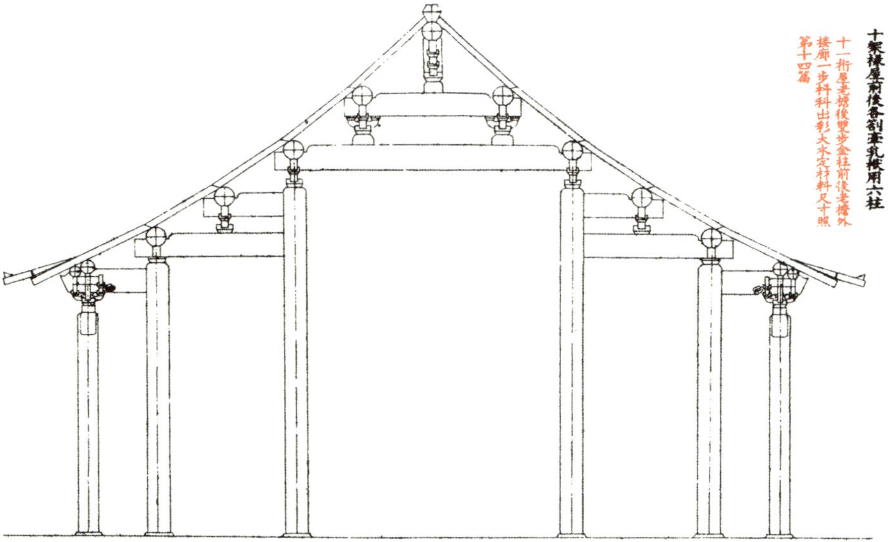

十架椽屋前後各劄牽乳栿用六柱

十一桁屋老檐後雙步金柱前後老檐外接廊一步枓科出彩大木定材料尺寸照第十四篇

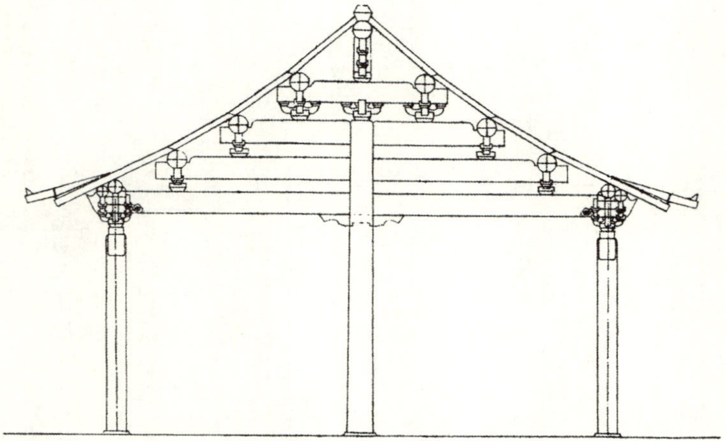

八架椽屋分心用三柱

凡架梁三步劄牽做法三架梁下十字栱三部
前後檐枓栱三彩梁柱等料及枓栱出彩各部
之名目均詳見卷三十

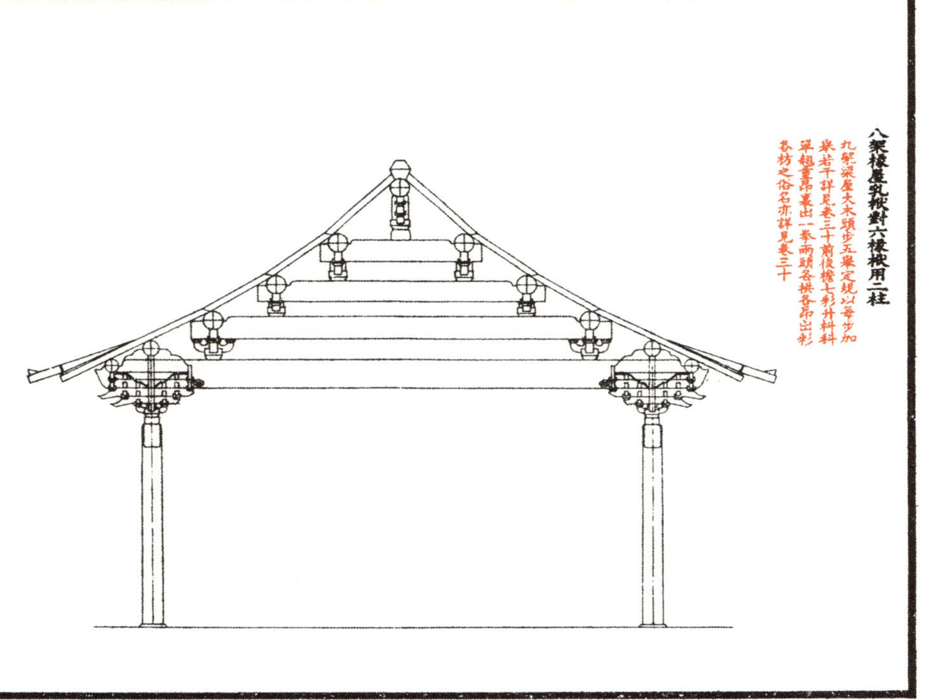
八架椽屋乳栿對六椽栿用三柱
九架梁屋大木頭步五舉定規以每步加
舉若干詳見卷三十前後檐七彩升料科
單翹重昂裏出一拳兩頭各栱各昂出彩
各枋之俗名亦詳見卷三十

八架椽屋前後乳栿用四柱

九架梁前後雙步插金做法進深五架梁下兩步
俗名跨空枋前後小擔枓枓三彩內部各金雙栱
做法三架梁下出彩爲十字翹

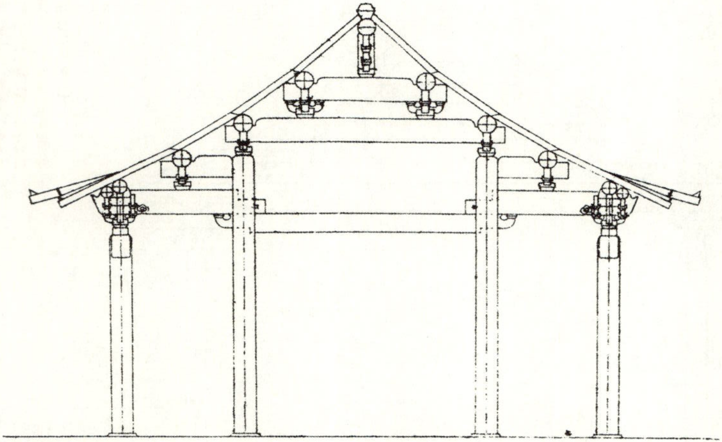

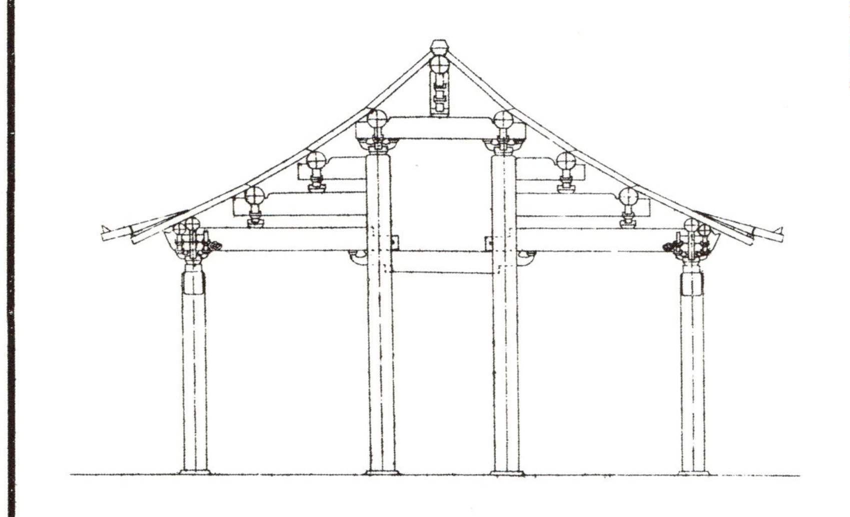
八架椽屋前後三椽栿用四柱
九架梁屋四柱插金做法前後檐三彩
升料金字柱十字翘

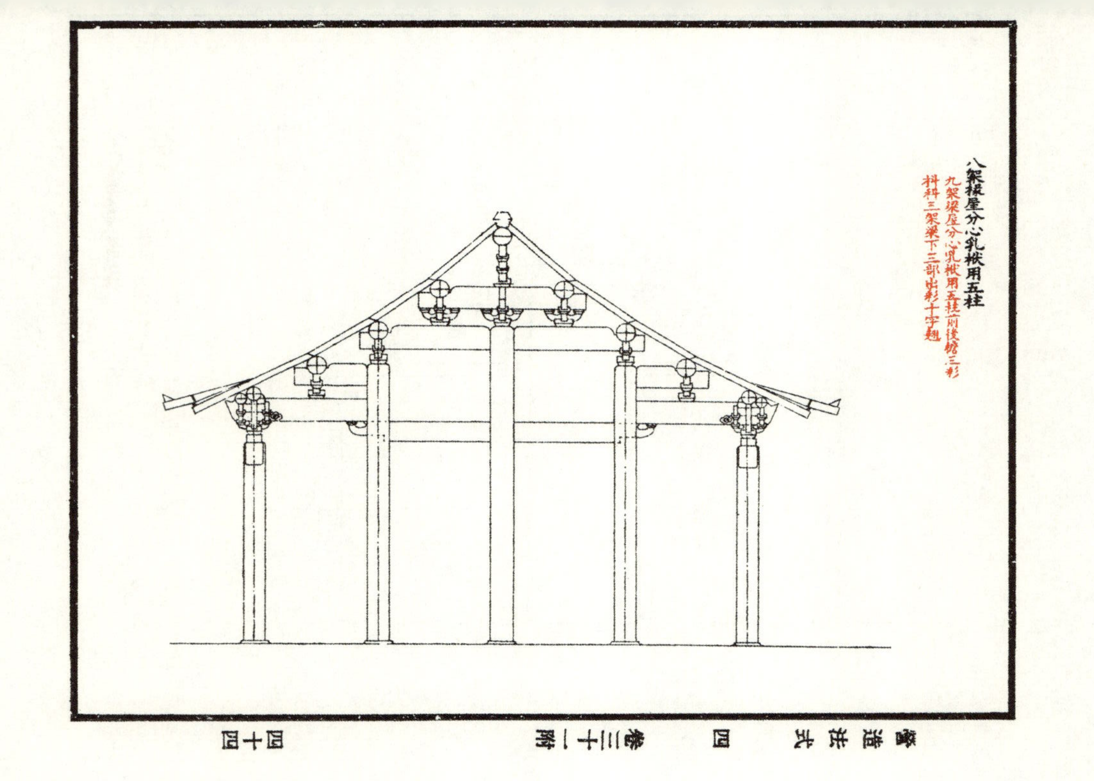
八架椽屋分心乳栿用五柱
九架梁屋分心乳栿用五柱前後檐三彩
枓科三架梁下三部出彩十字翅

八架椽屋前後劄牽用六柱

九架梁屋進深六柱前後檐用三彩斗科

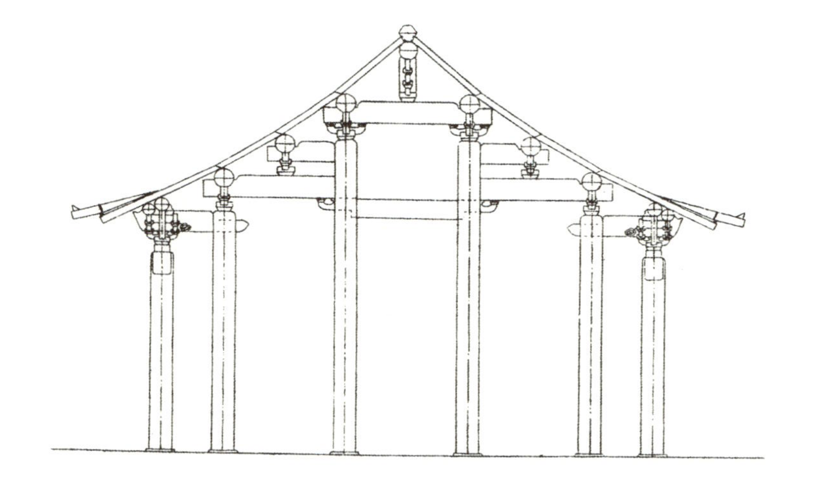

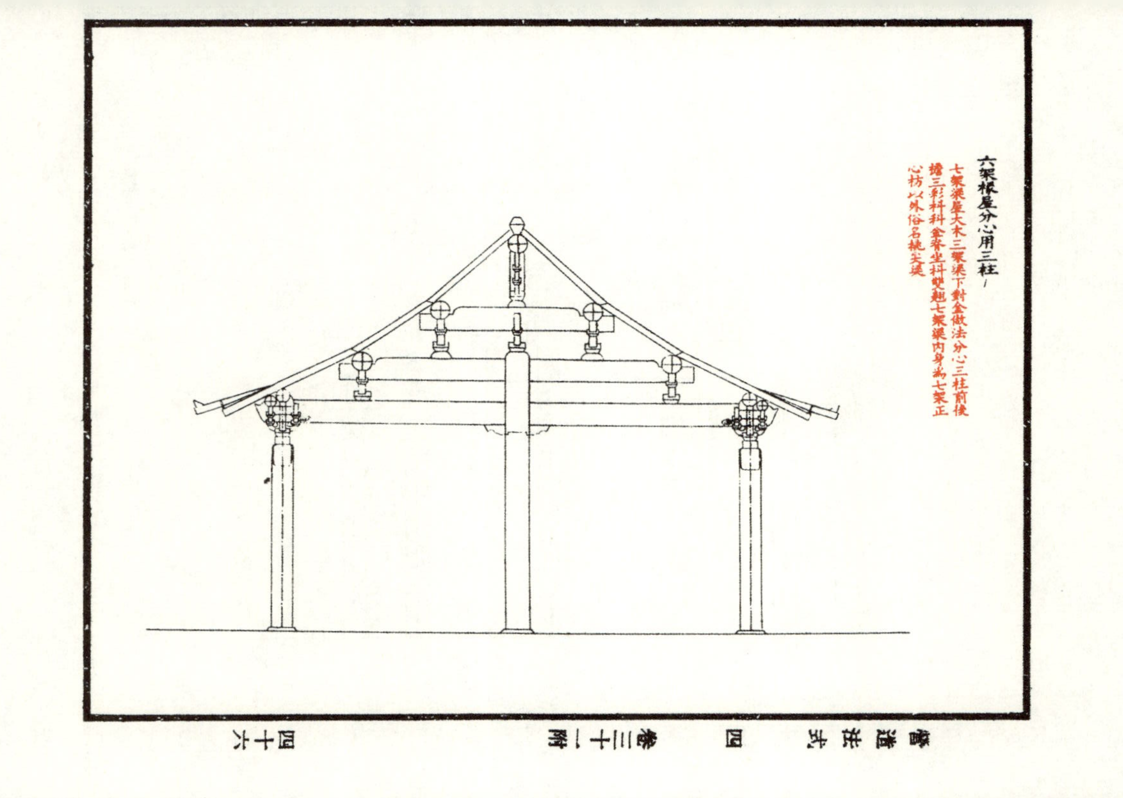
六架椽屋分心用三柱
七架梁屋大木三架梁下對金做法分心三柱前後
檐三彩料科金脊坐料雙翹七架梁內身為七架正
心枋以外俗名挑尖梁

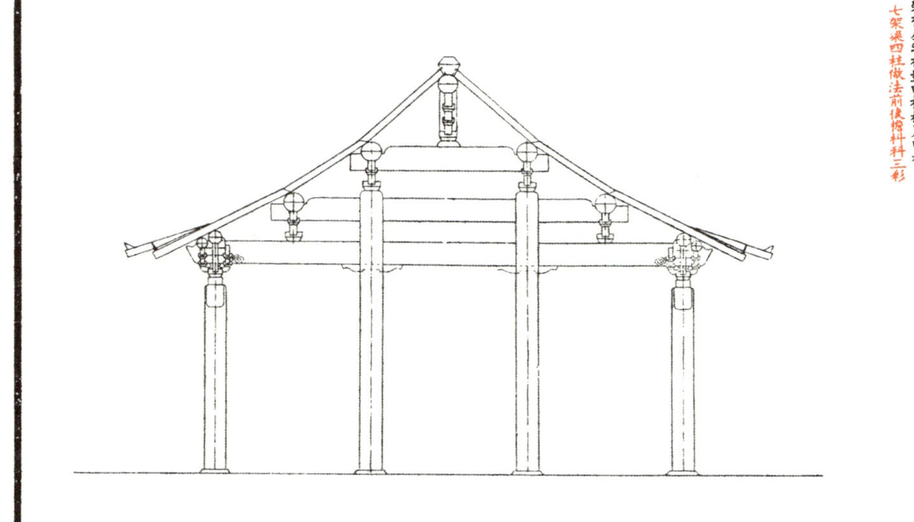
六架椽屋乳栿對四椽栿用四柱
七架梁四柱做法前後檐枓科三彩

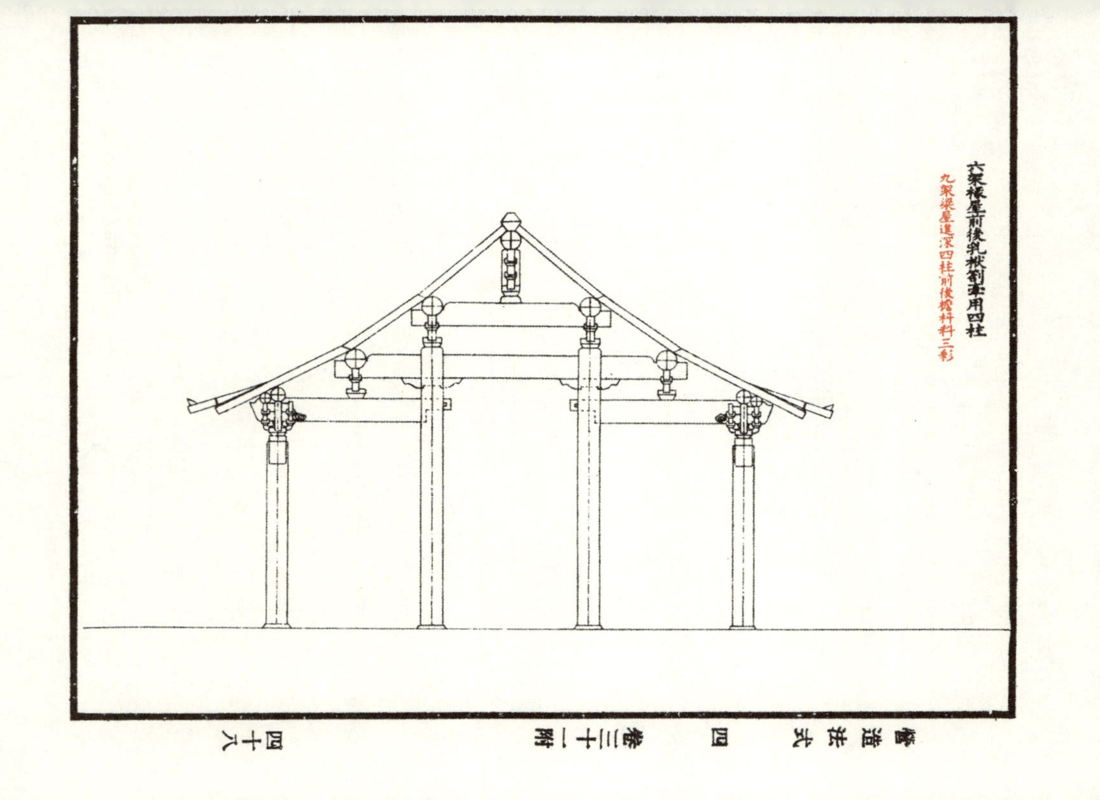
六架椽屋前後乳栿劄牽用四柱
九架梁屋進深四柱前後檐枓料三彩

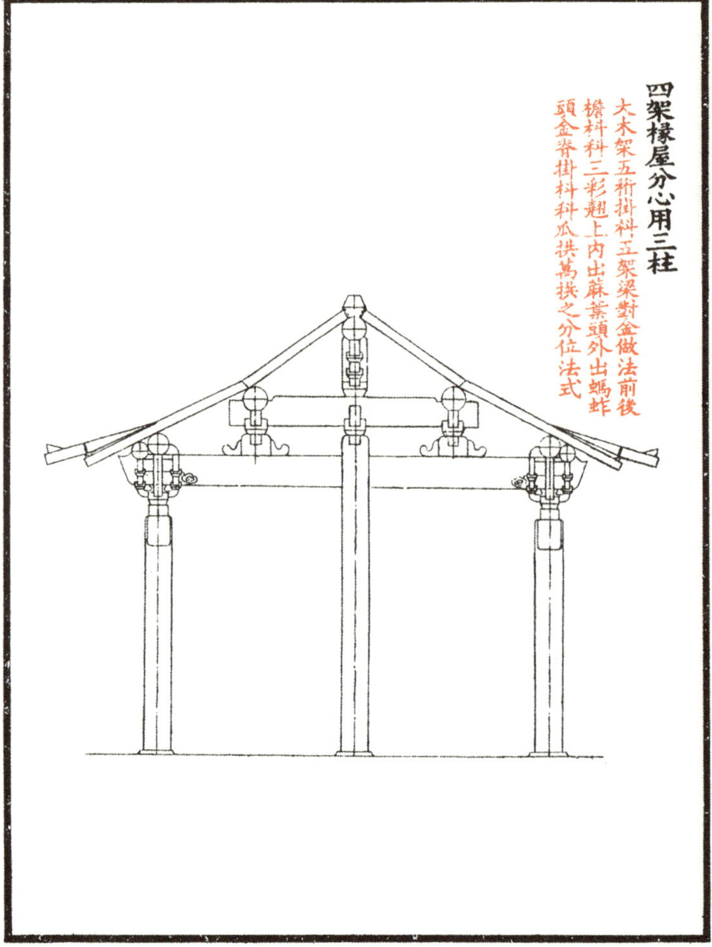
四架椽屋分心用三柱
大木架五桁掛枓科五架梁對金做法前後
檐枓科三彩翹上内出蔴葉頭外出螞蚱
頭金脊掛枓科瓜拱萬拱之分位法式

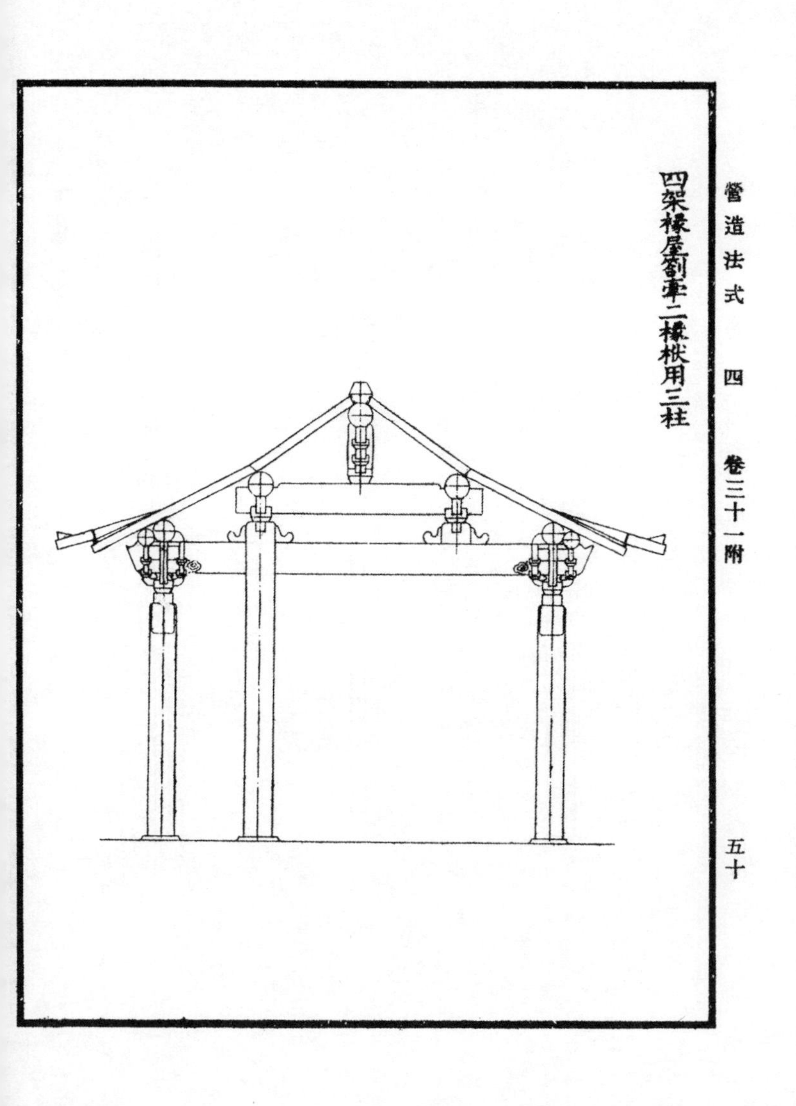

四架椽屋劄牽三椽栿用三柱

四架椽屋分心劄牽用四柱

大木架三架梁做法前後檐廊架一步
枓科同第二十篇

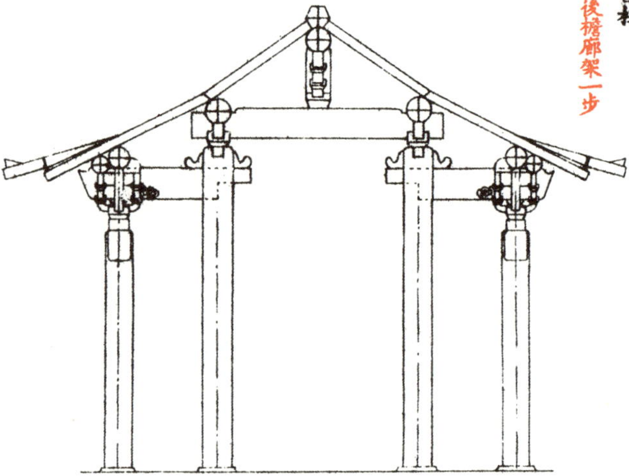

四架椽屋通檐用二柱

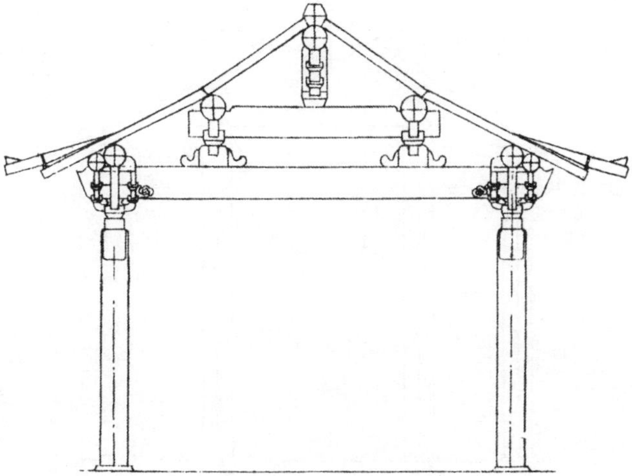

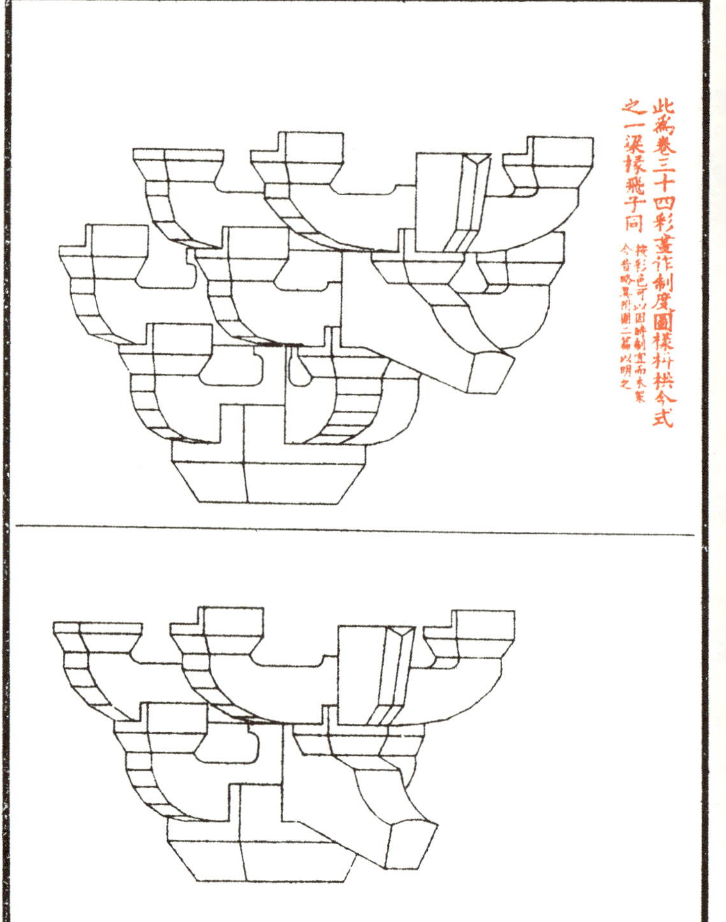
此爲卷三十四彩畫作制度圖樣枓栱令式之一梁椽飛子同
按彩色可以因時制宜而未繫今皆略異附圖二篇以明之

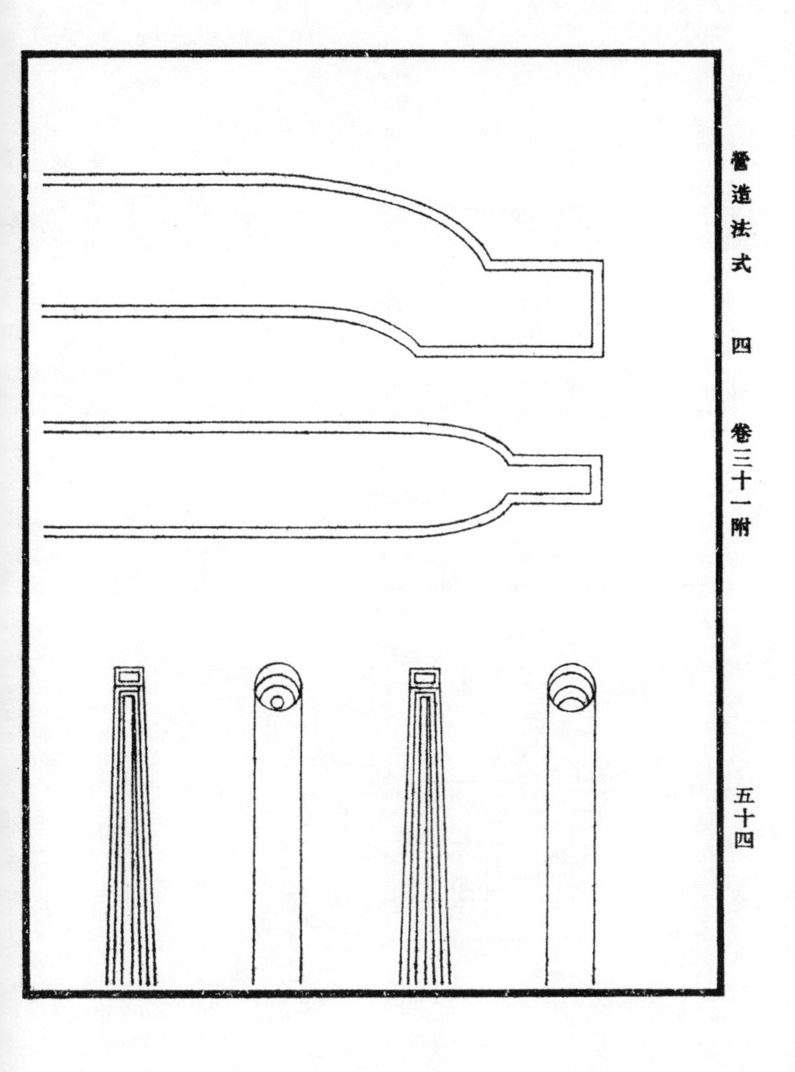

此爲卷三十四彩畫作制度圖樣
枓栱今式之二梁椽飛子同

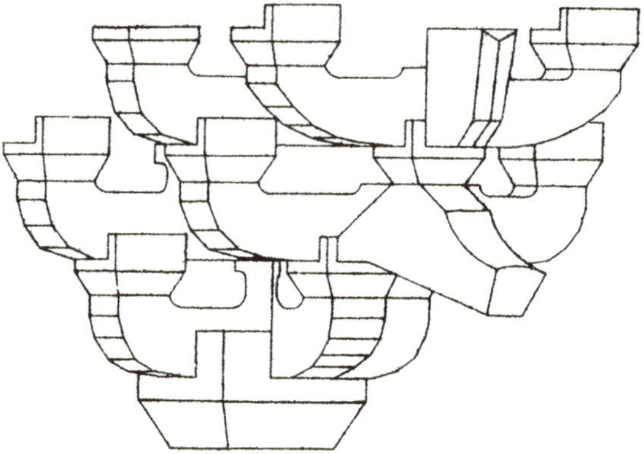

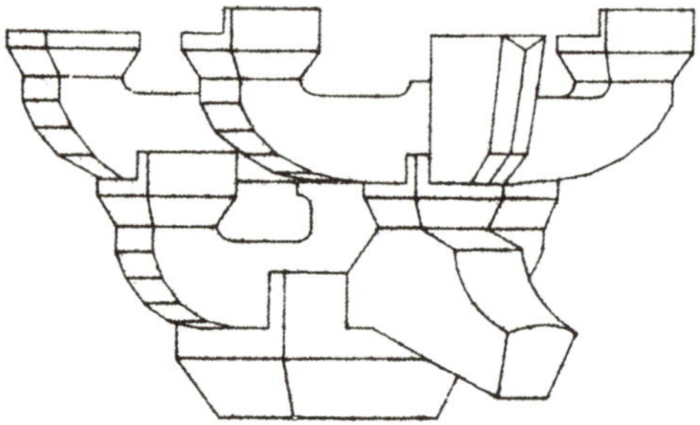

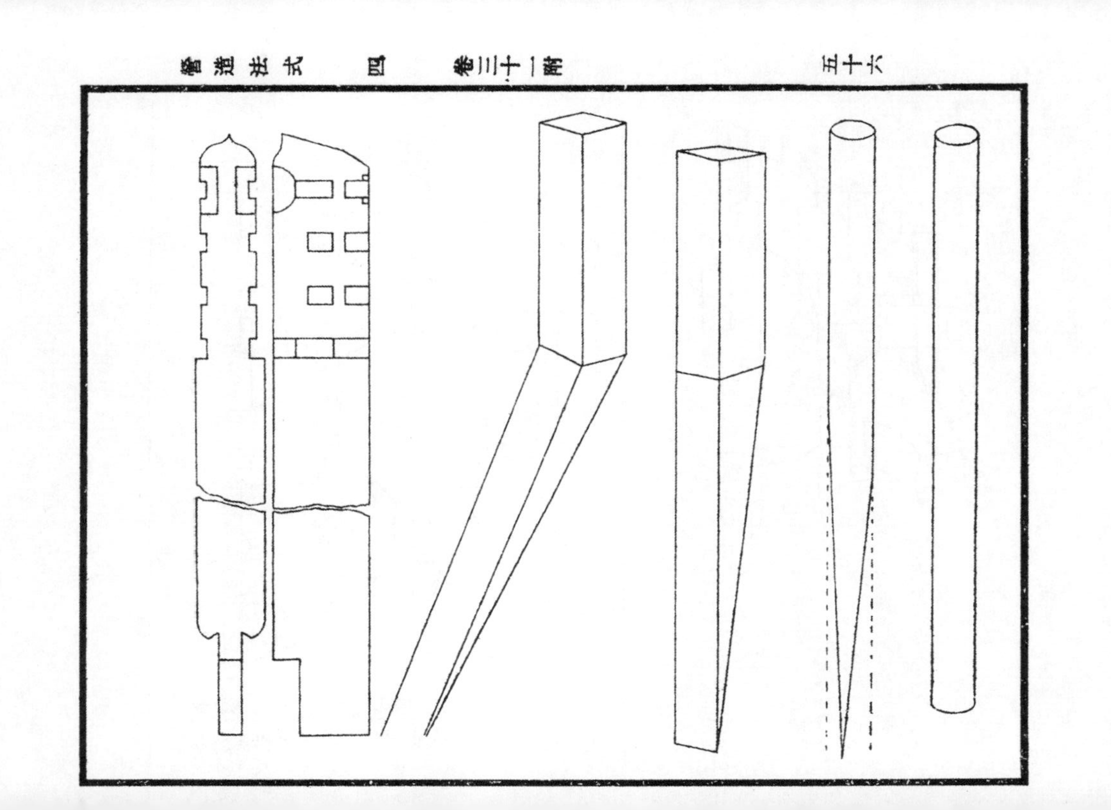

營造法式卷第三十一附

深州賀新賡　秦渭濱圖說

武進劉南策影繪

黄岡饒星舫繕寫

營造法式卷第三十二

通直郎管修蓋皇弟外第專一提舉修蓋班直諸軍營房等臣李誠奉

聖旨編修

小木作制度圖樣

門窗格子門等第一附垂魚

平棊鉤闌等第二

殿閣門亭等牌第三

佛道帳經藏第四

雕木作制度圖樣

混作第一

栱眼内彫插第二

格子門等腰華版第三

平棊華盤第四

雲栱等雜樣第五

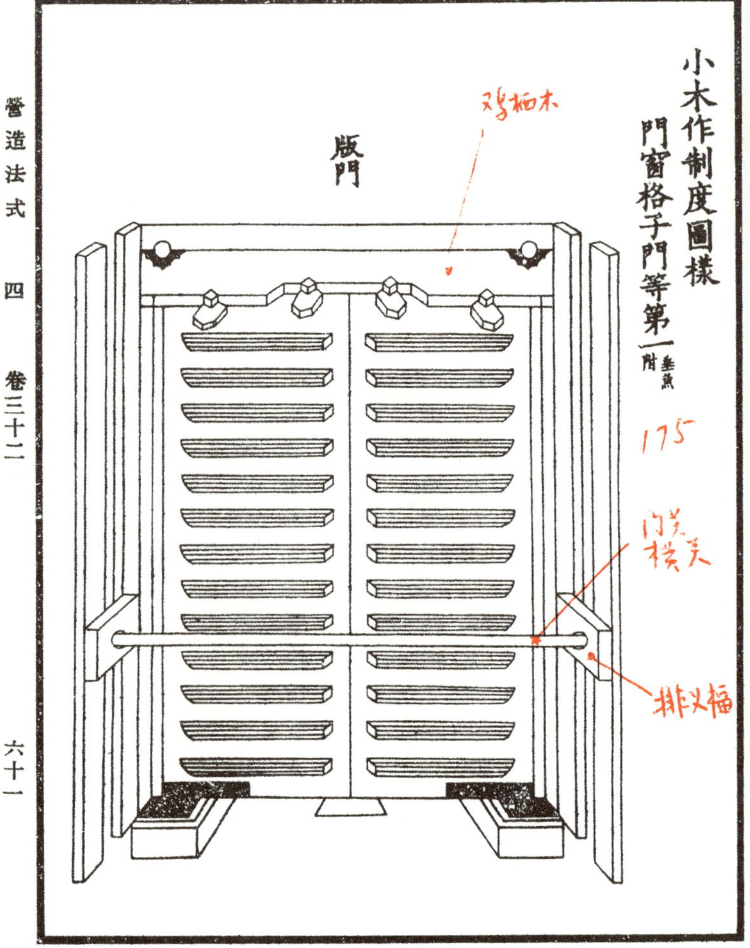

小木作制度圖樣

門窗格子門等第一 附垂魚

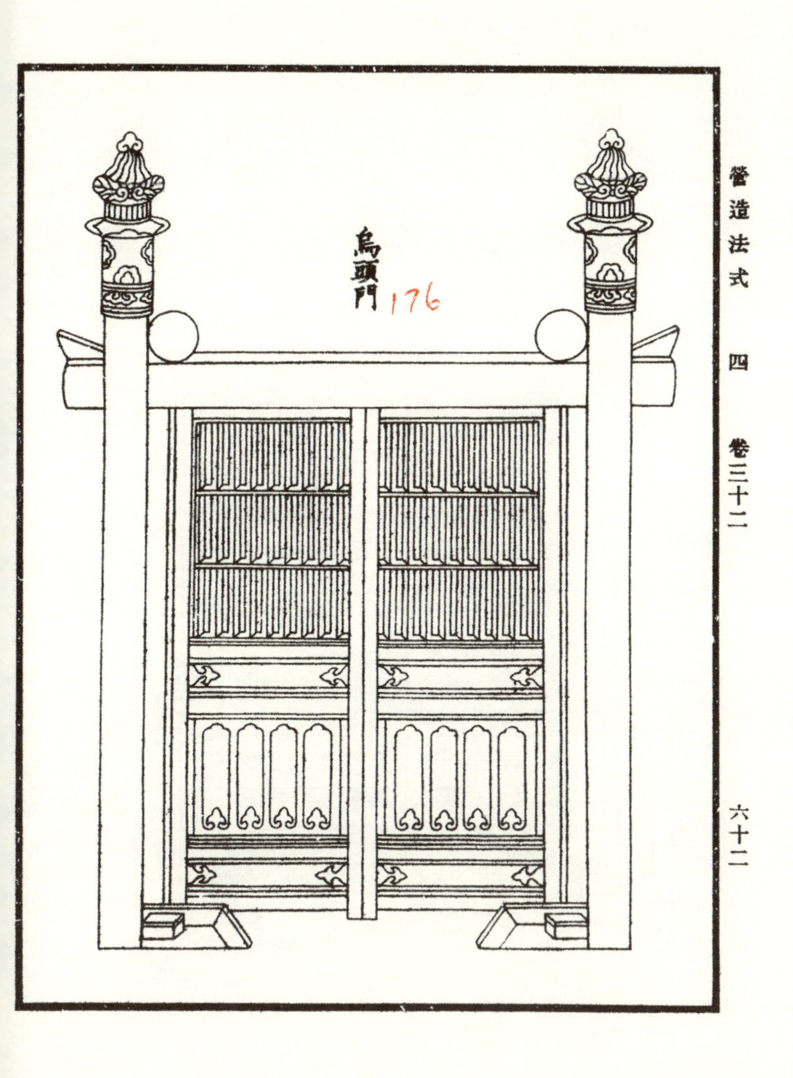
烏頭門
176

牙頭護縫軟門

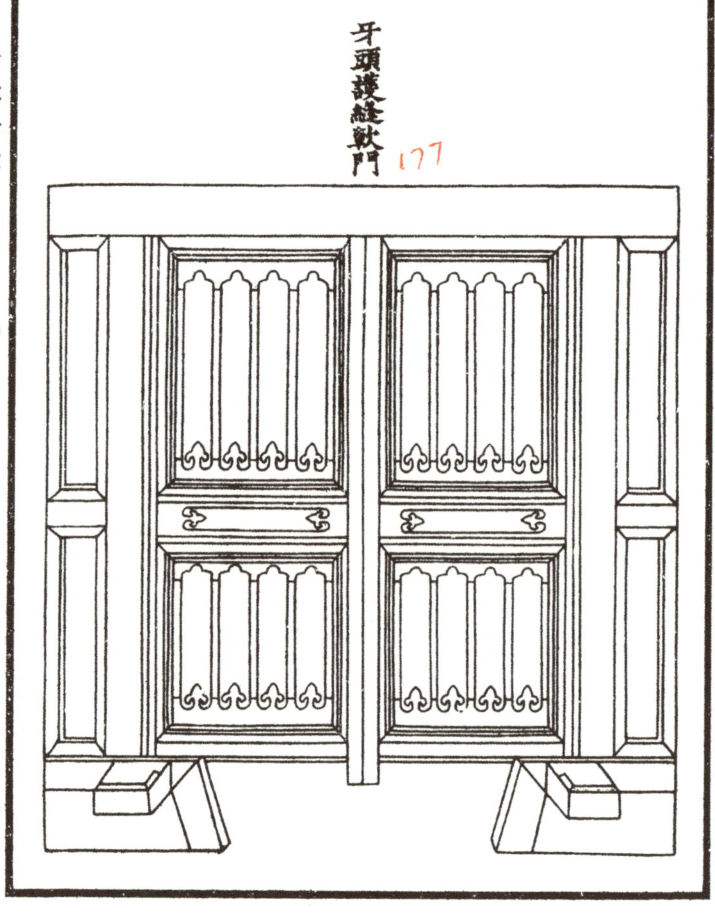

177

合版軟門

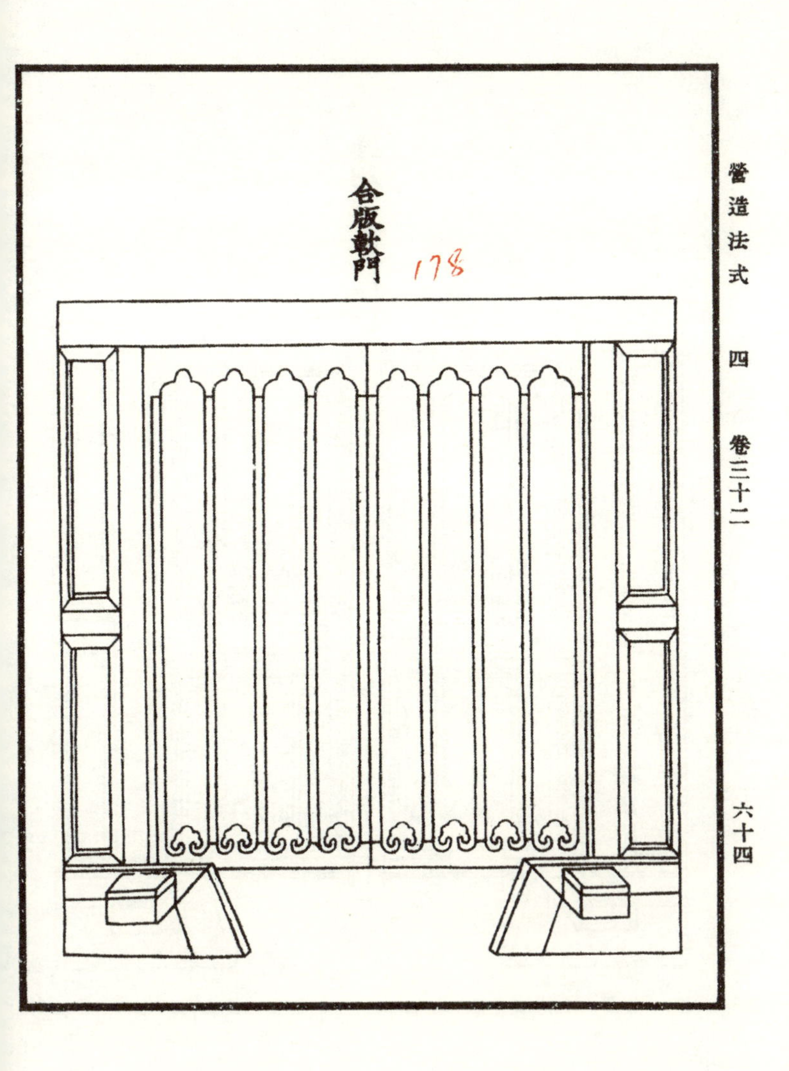

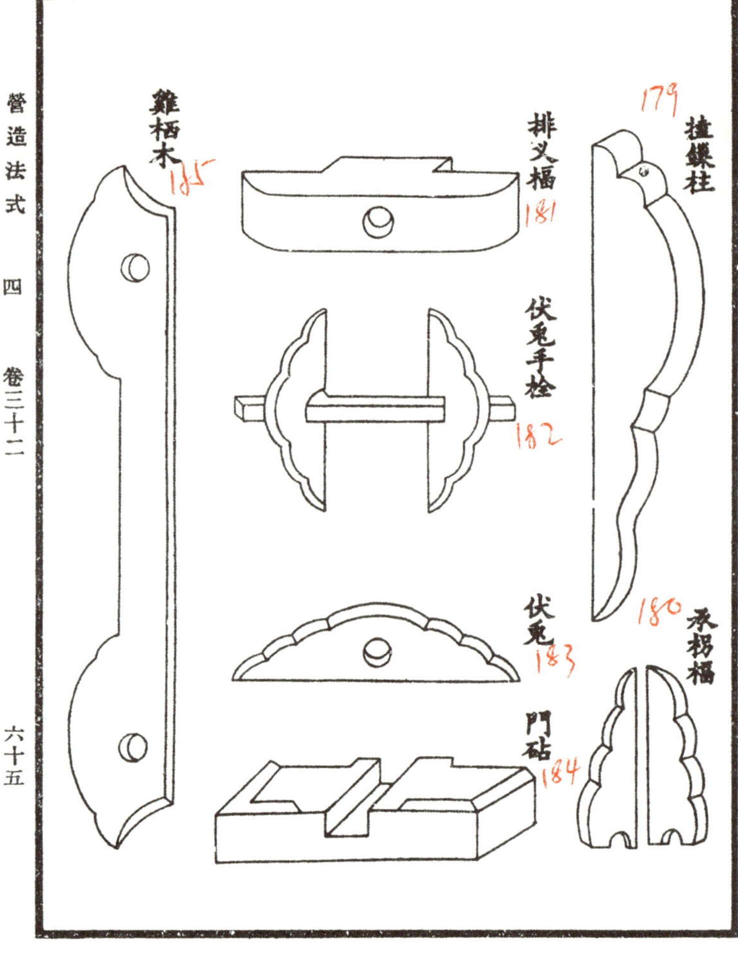

搘䉾柱 179
承㭼楅 180
排叉楅 181
伏兔手拴 182
伏兔 183
門砧 184
雞栖木 185

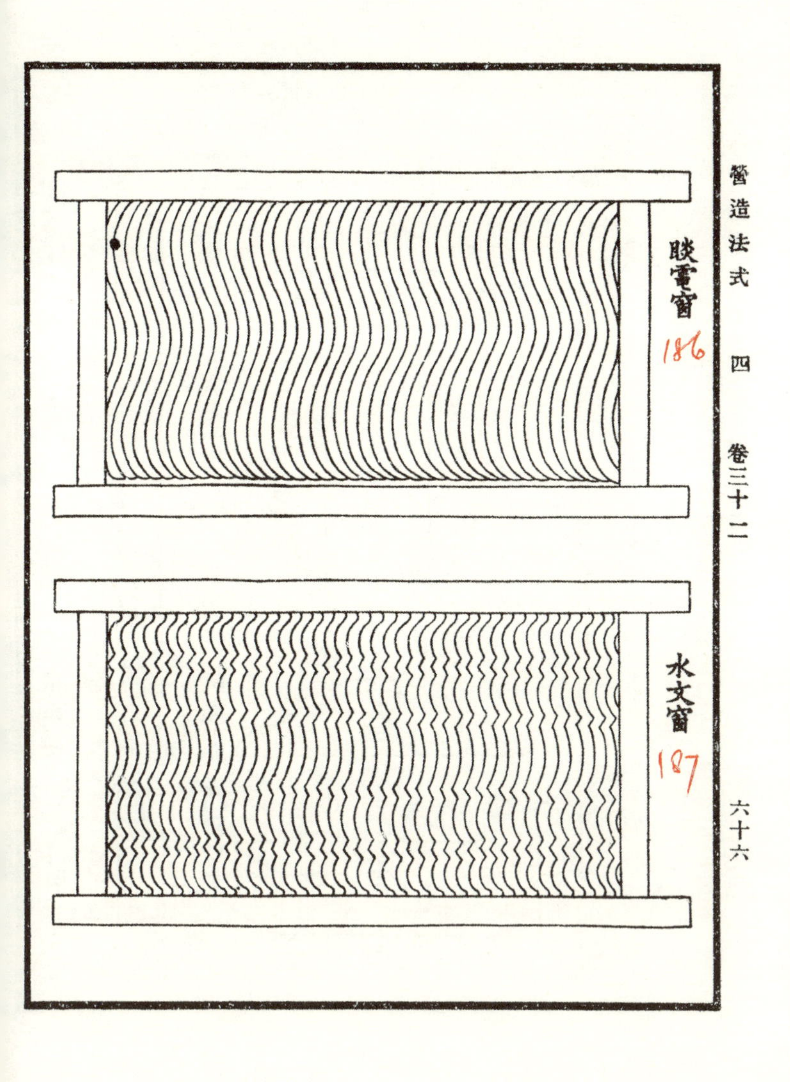
睒電窗
186
水文窗
187

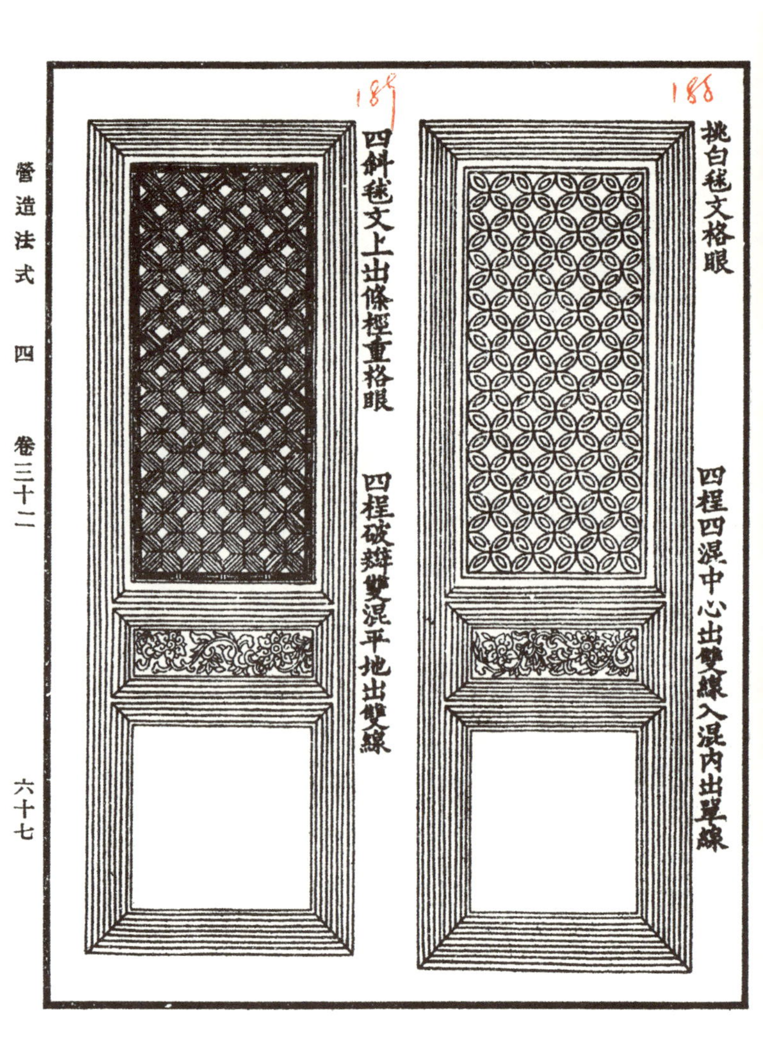
188
挑白毬文格眼
四桯四混中心出雙線入混內出單線
187
四斜毬文上出條桱重格眼
四桯破瓣雙混平地出雙線

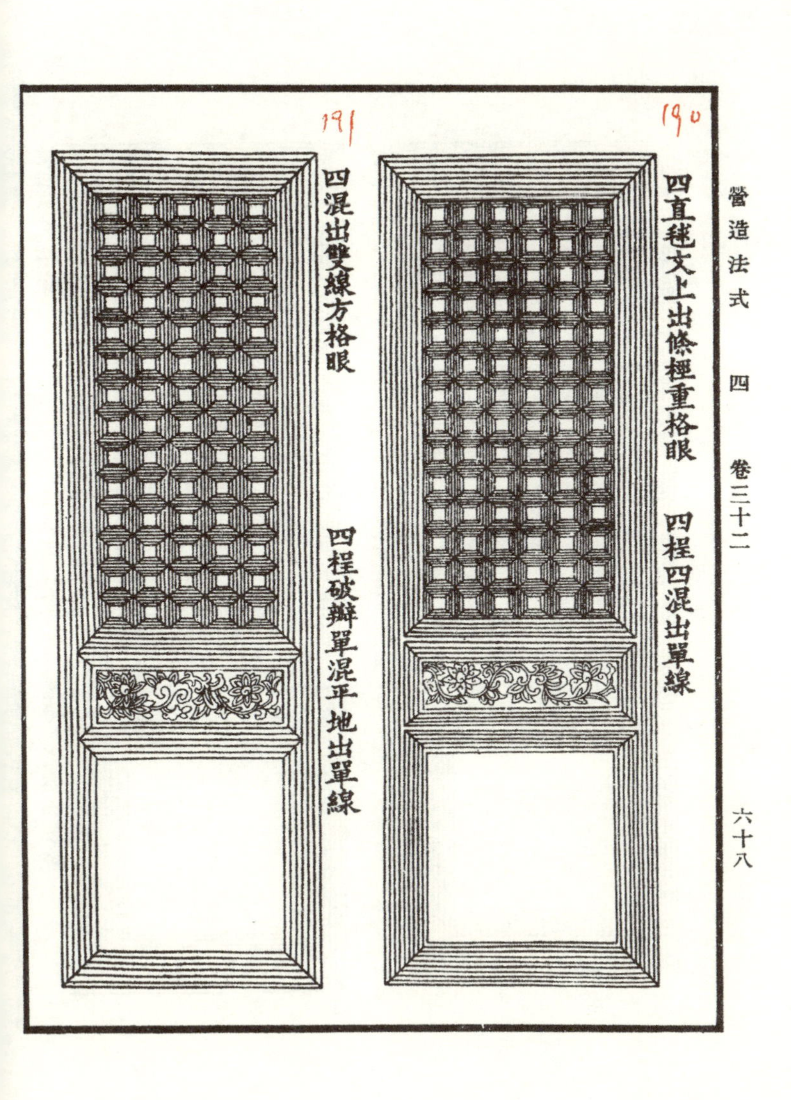
190
四直毬文上出條桱重格眼
四桯四混出單線
191
四混出雙線方格眼
四桯破瓣單混平地出單線

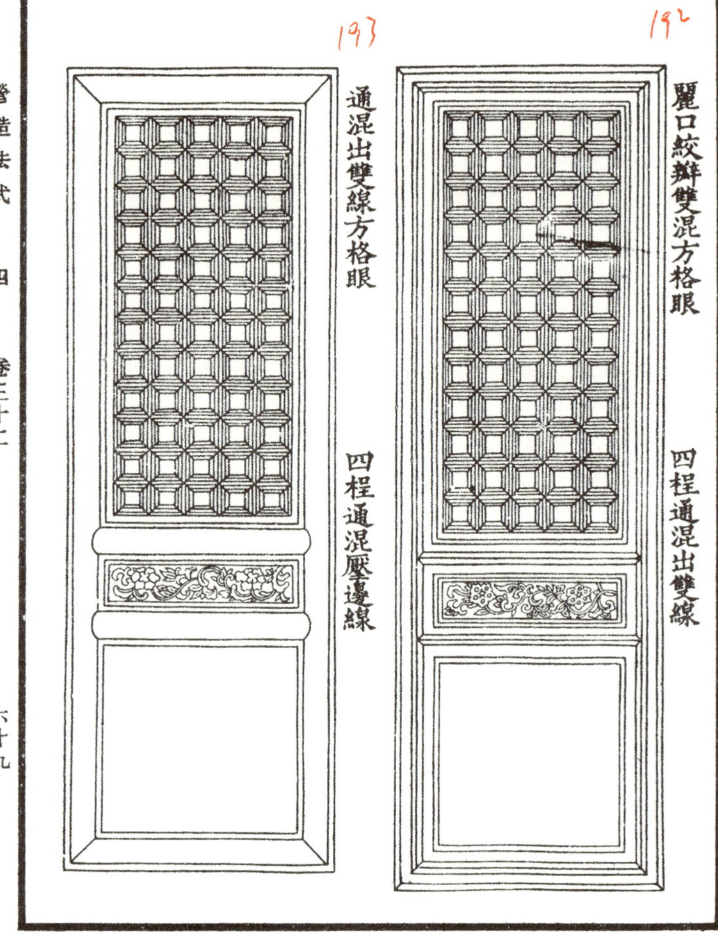
192
麗口絞瓣雙混方格眼
四桯通混出雙線
193
通混出雙線方格眼
四桯通混壓邊線

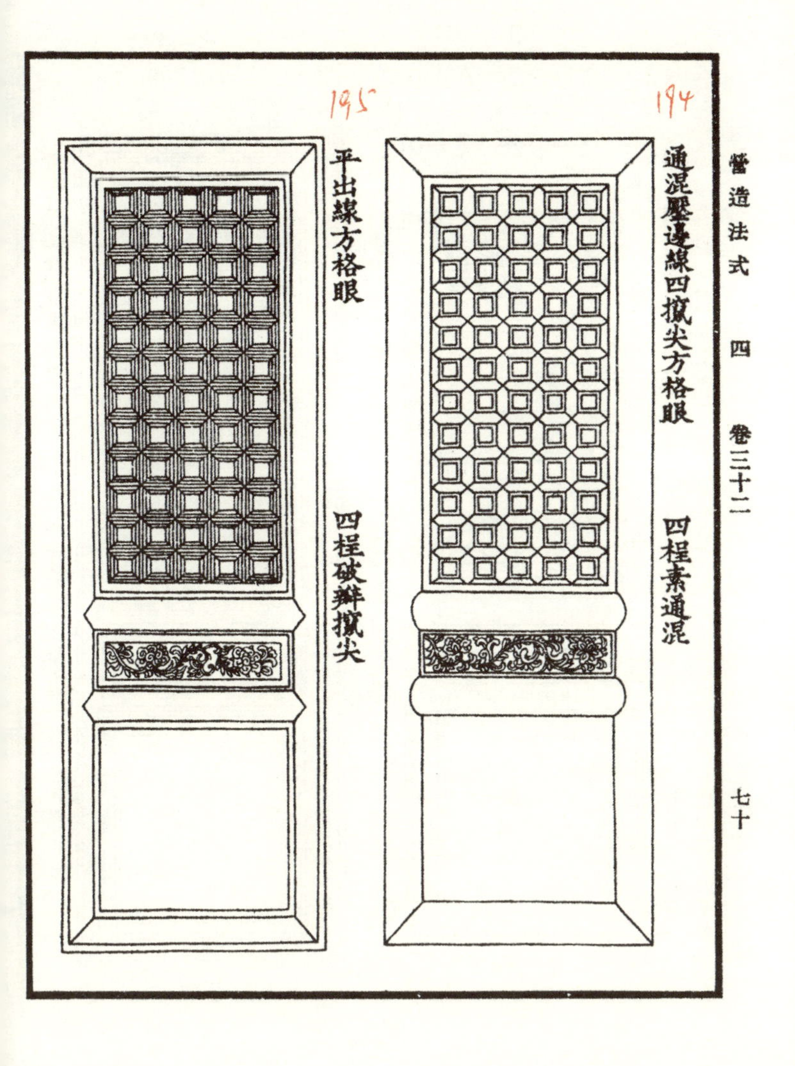
194
通混壓邊線四攛尖方格眼
四桯素通混
195
平出線方格眼
四桯破瓣攛尖

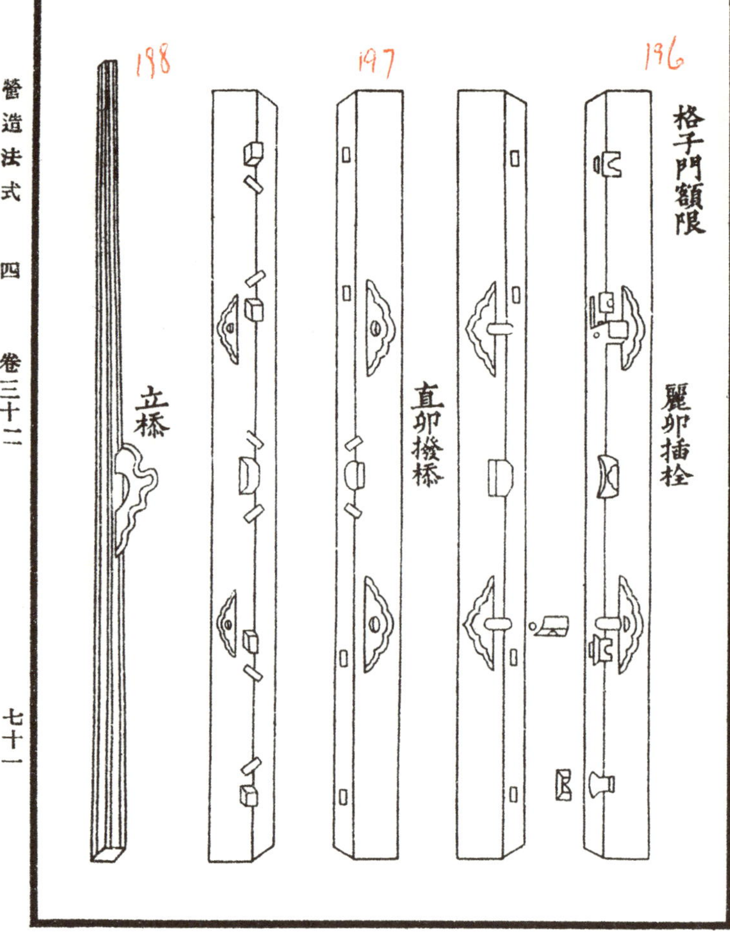
格子門額限
麗卯插栓
直卯撥棜
立棜
196
197
198

闌檻鉤窗

199

截間格子

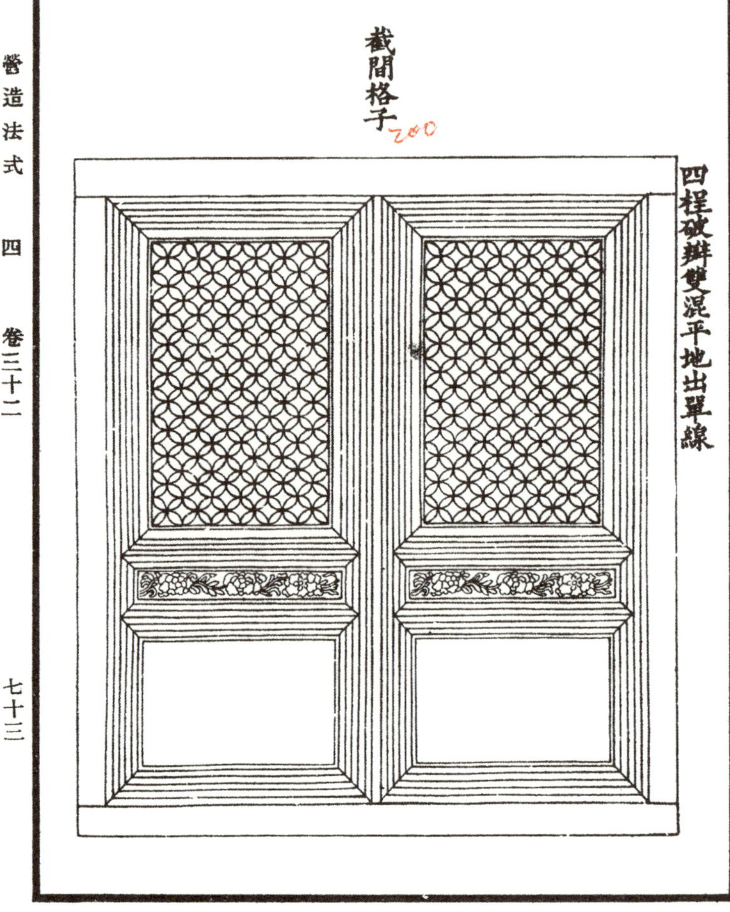

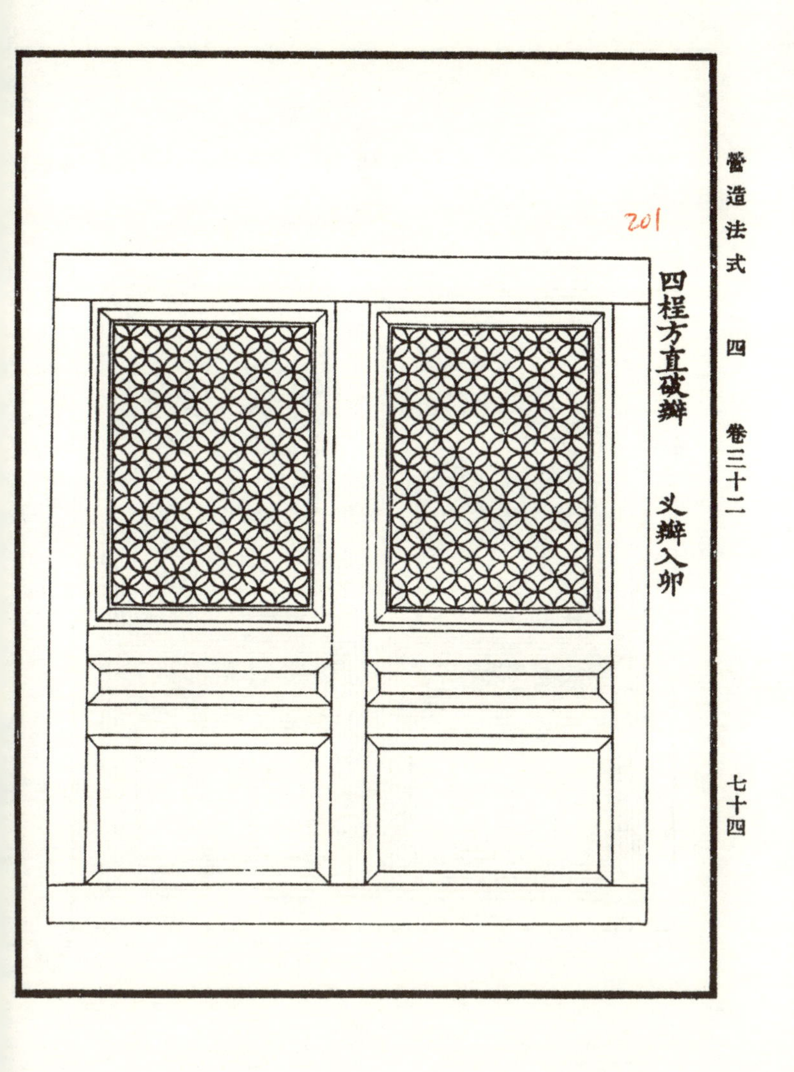
201
四桯方直破瓣 叉瓣入卯

截間帶門格子

202

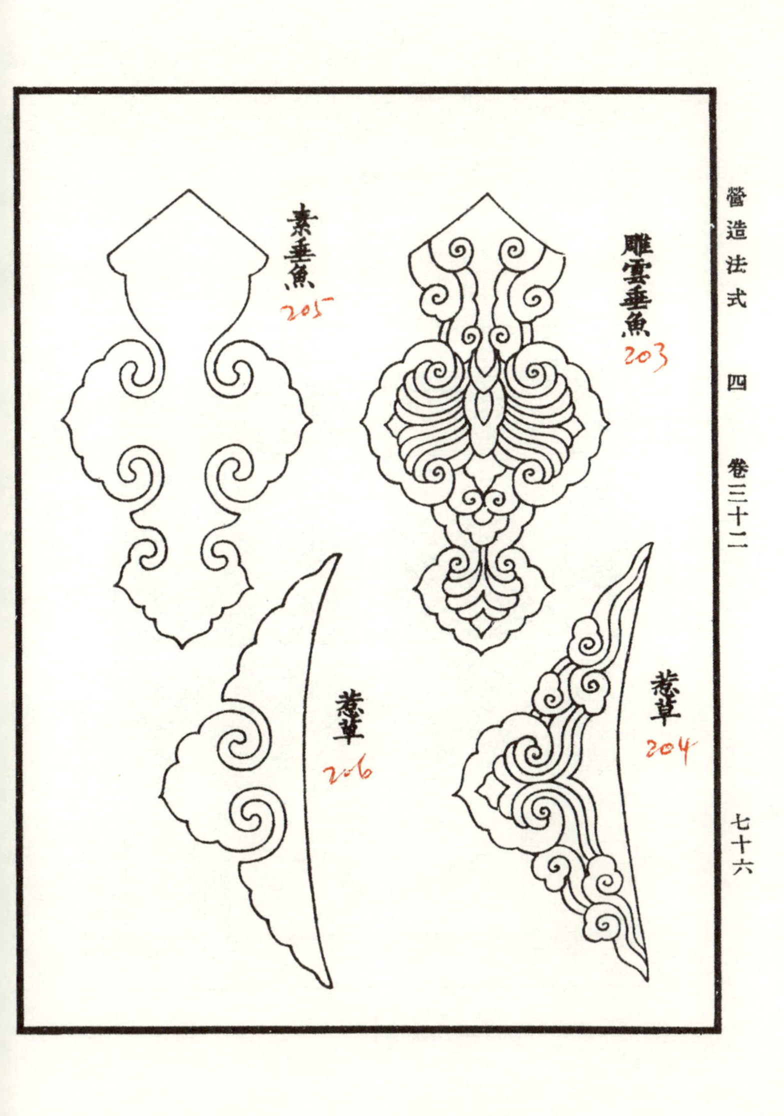
雕雲垂魚
203
惹草
204
素垂魚
205
惹草
206

平棊鉤闌等第三

穿心鬭八

疊勝

瑣子
211

簇六毬文

212

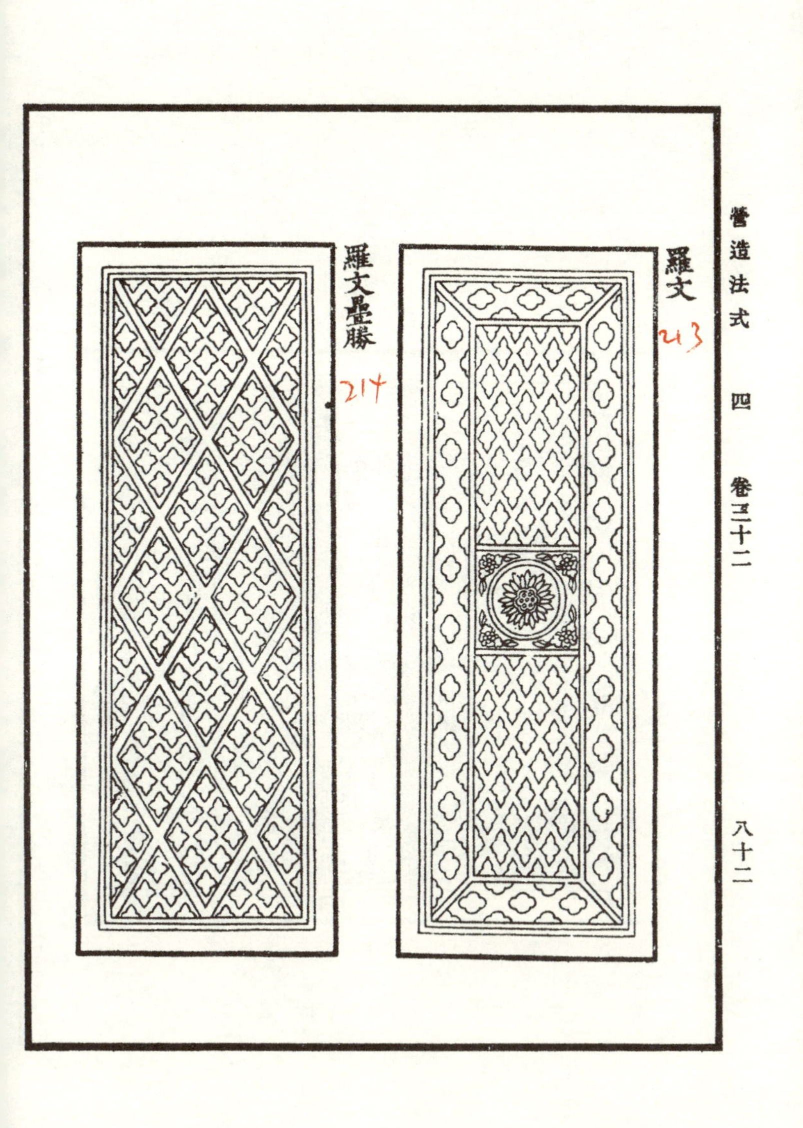
羅文
213
羅文疊勝
214

柿蒂

龜背

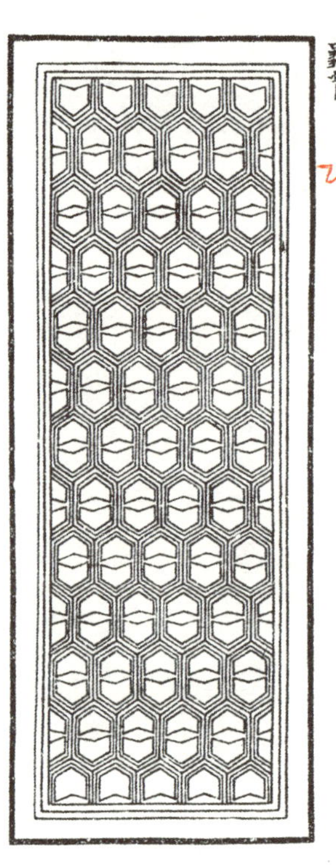

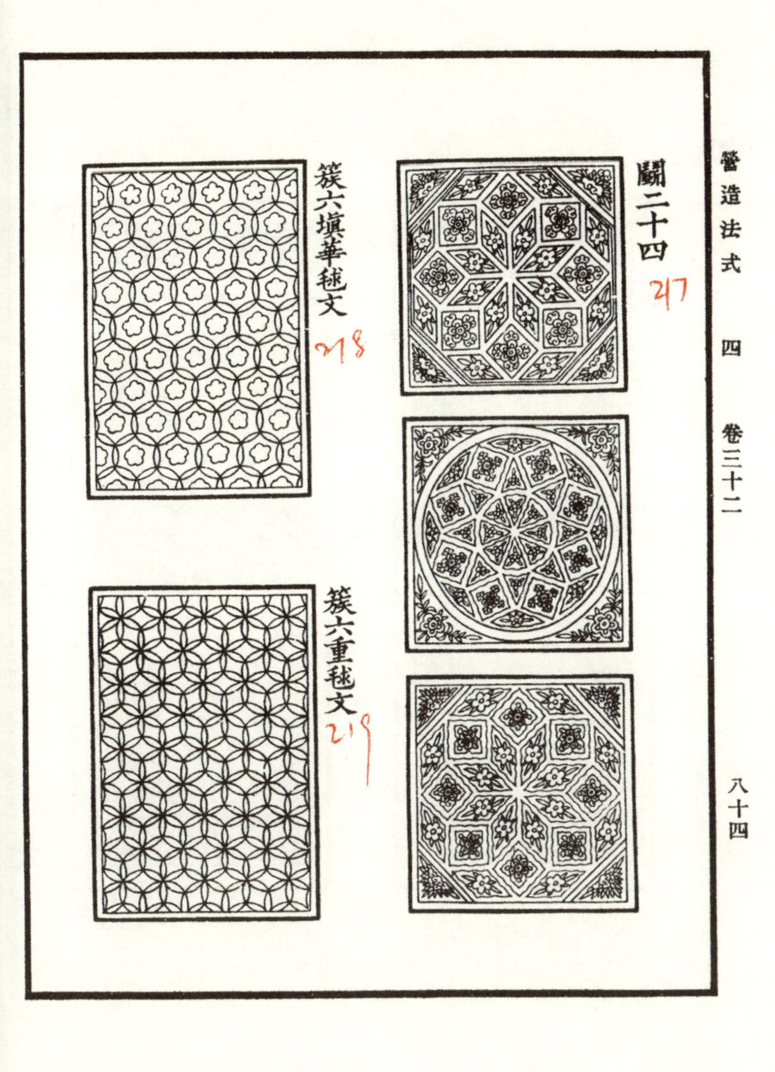
鬬二十四
217
簇六填華毬文
218
簇六重毬文
219

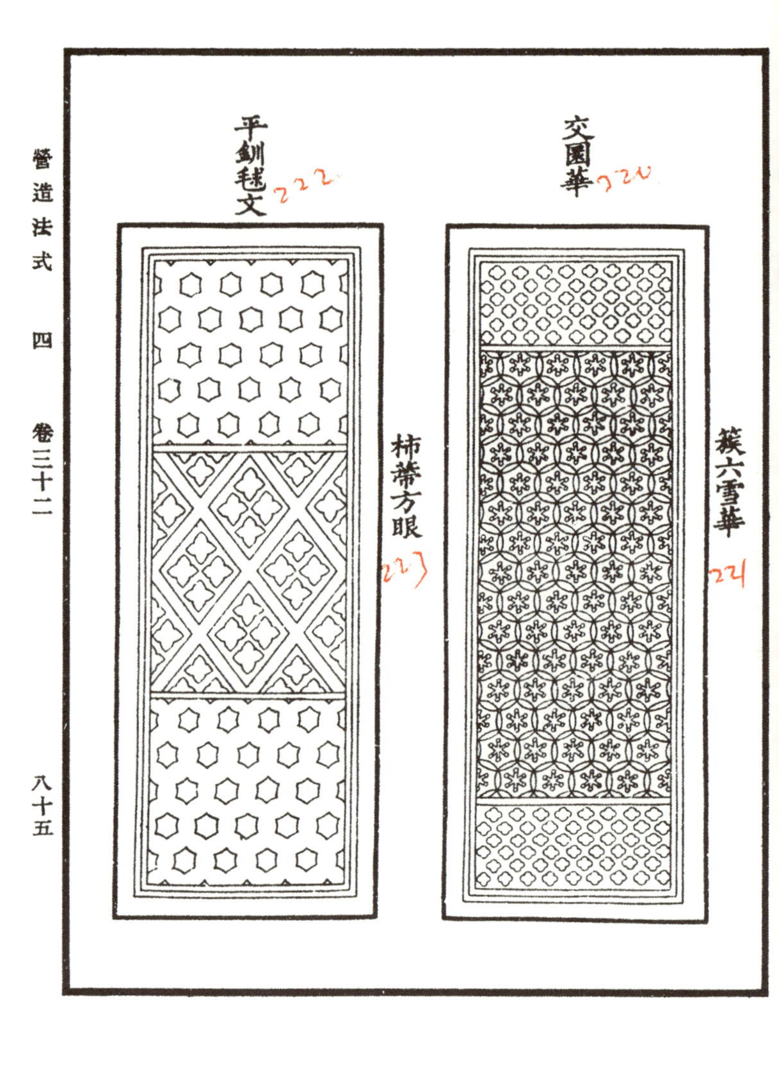

交圜華
簇六雪華
平釧毬文
柿蒂方眼

裏槽外轉角平棊

224

簇四毬文轉道

内方圜柿蒂相間

柿蒂轉道

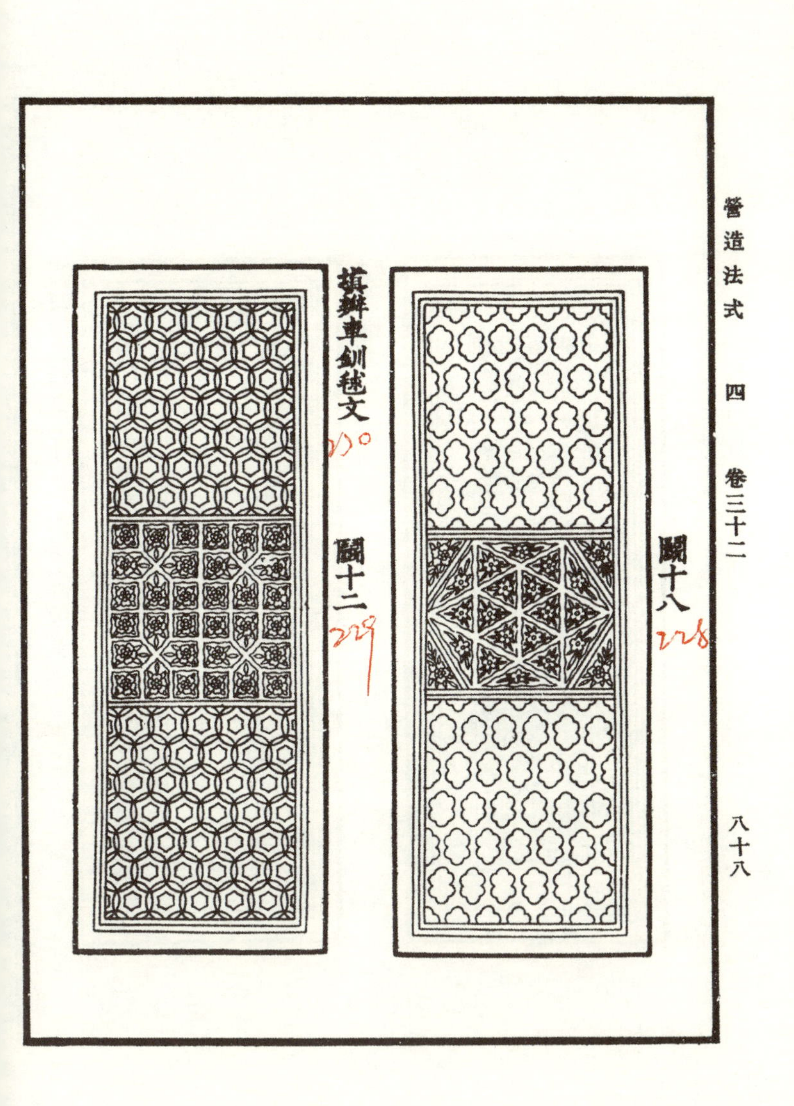
鬭十八
鬭十二
填[illegible]車釧毬文

單撮項鉤闌

231

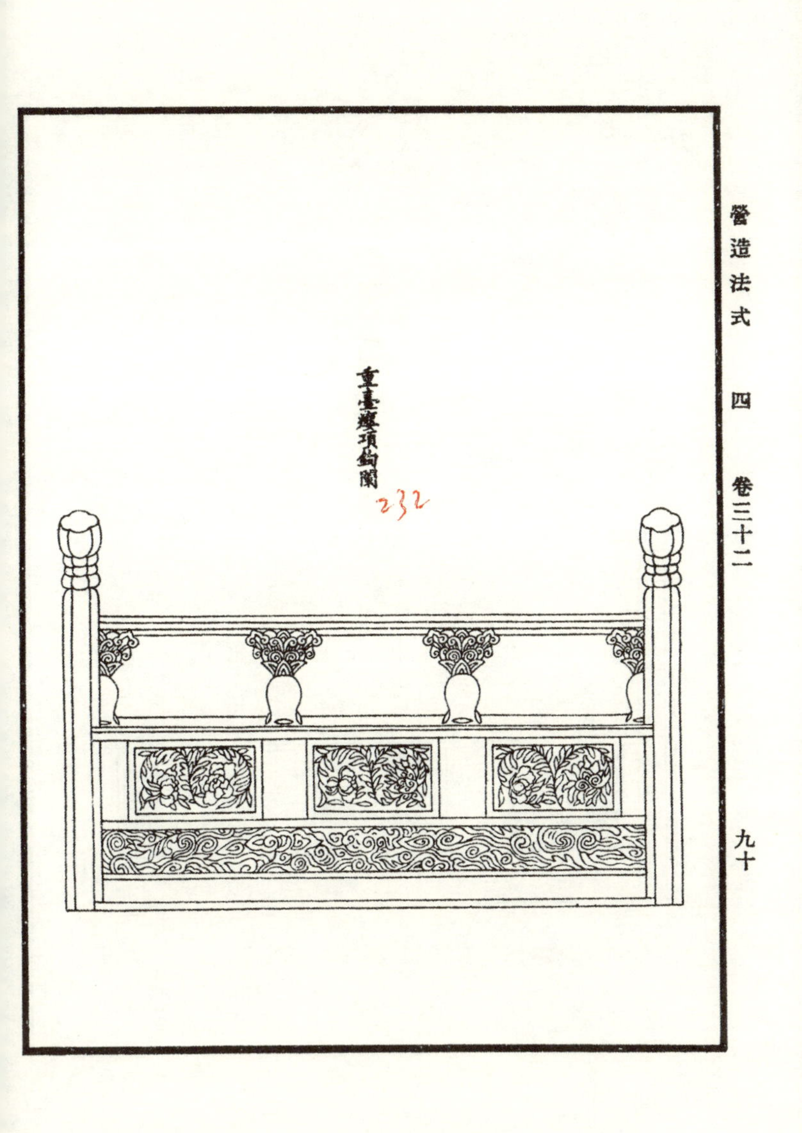
重臺癭項鉤闌
232

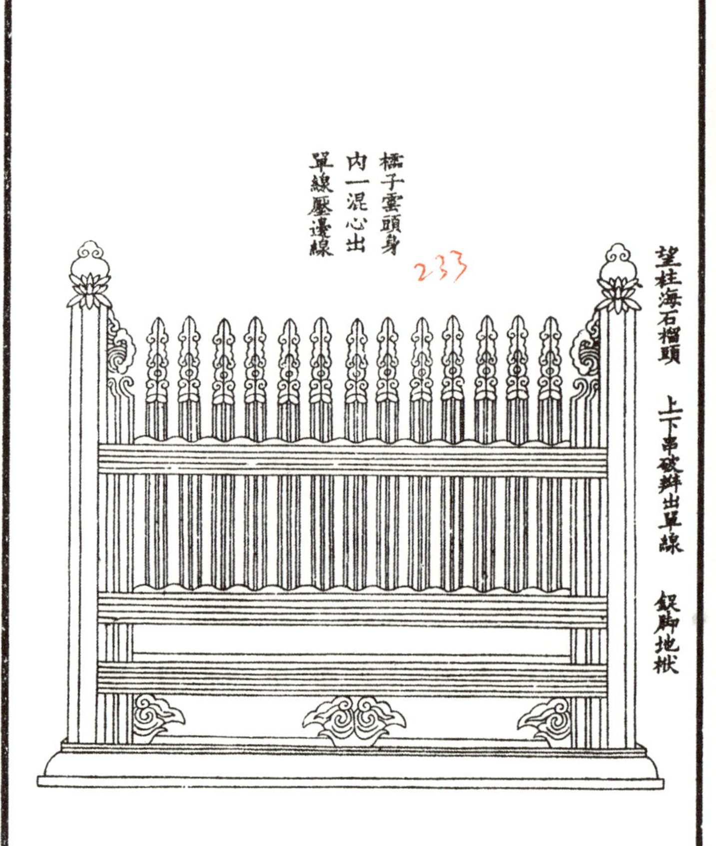

望柱海石榴頭
上下串破瓣出單線
鋜脚地栿
櫺子雲頭身
内一混心出
單線壓邊線

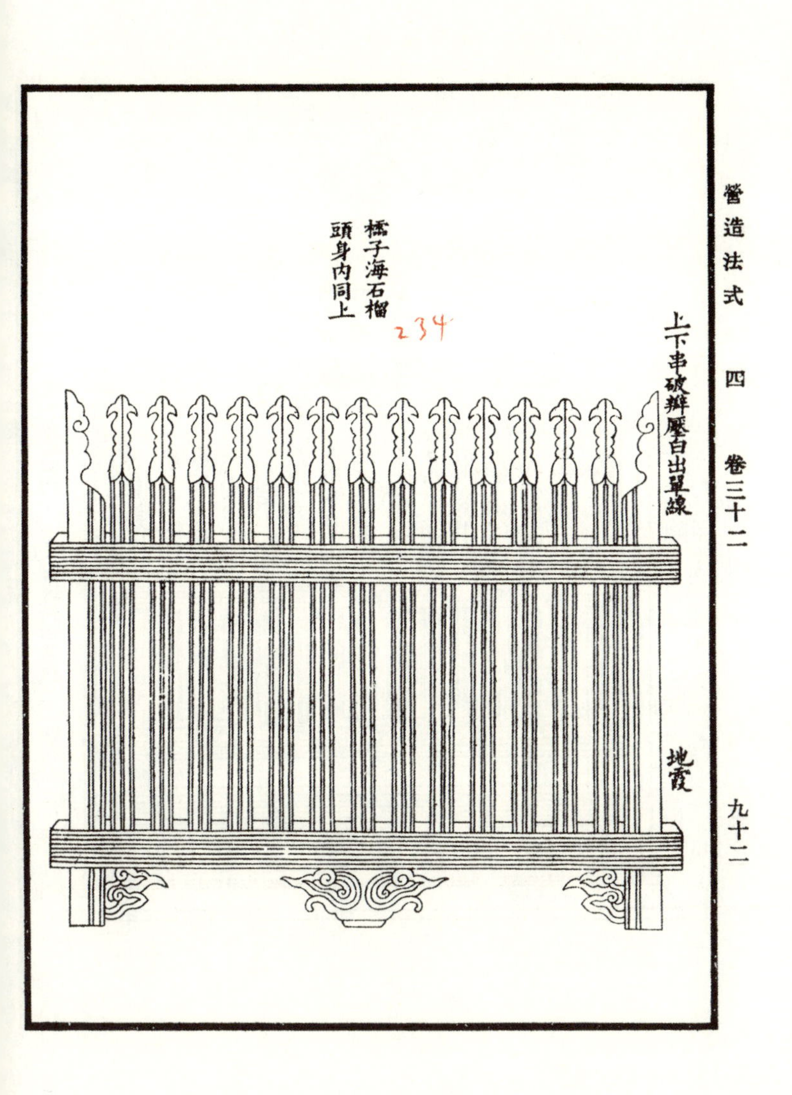
上下串破瓣壓白出單線
地霞
櫺子海石榴
頭身内同上
234

殿閣門亭等牌第三

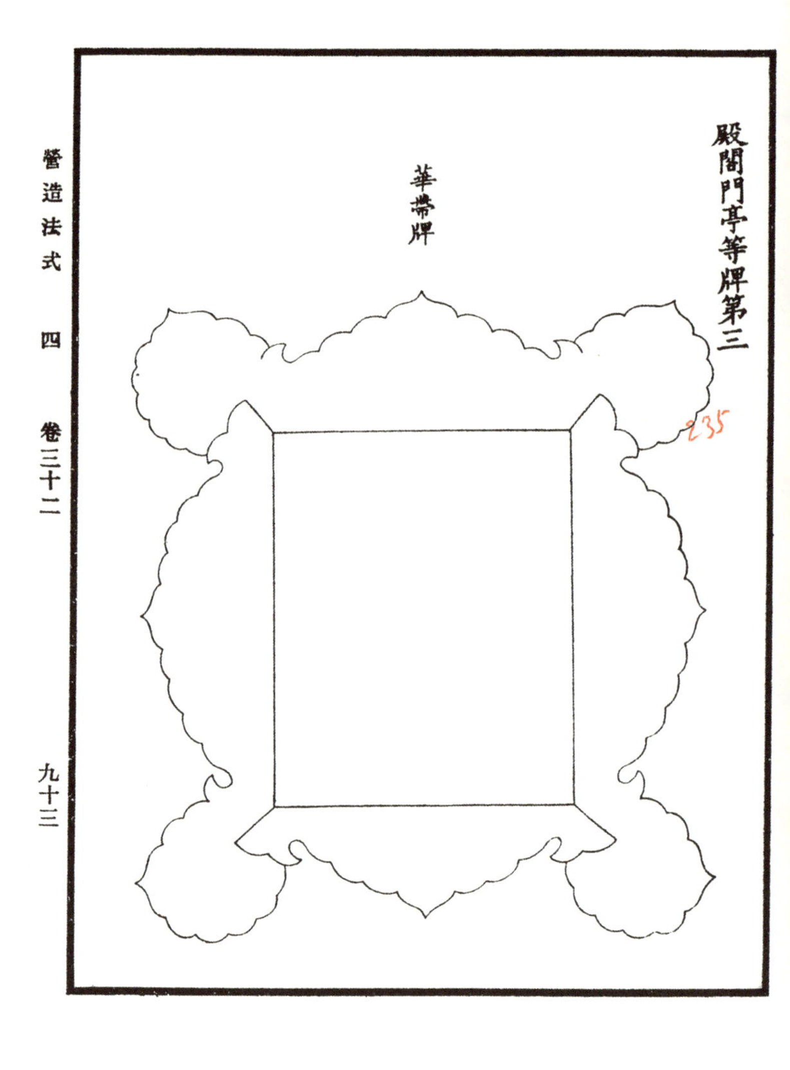

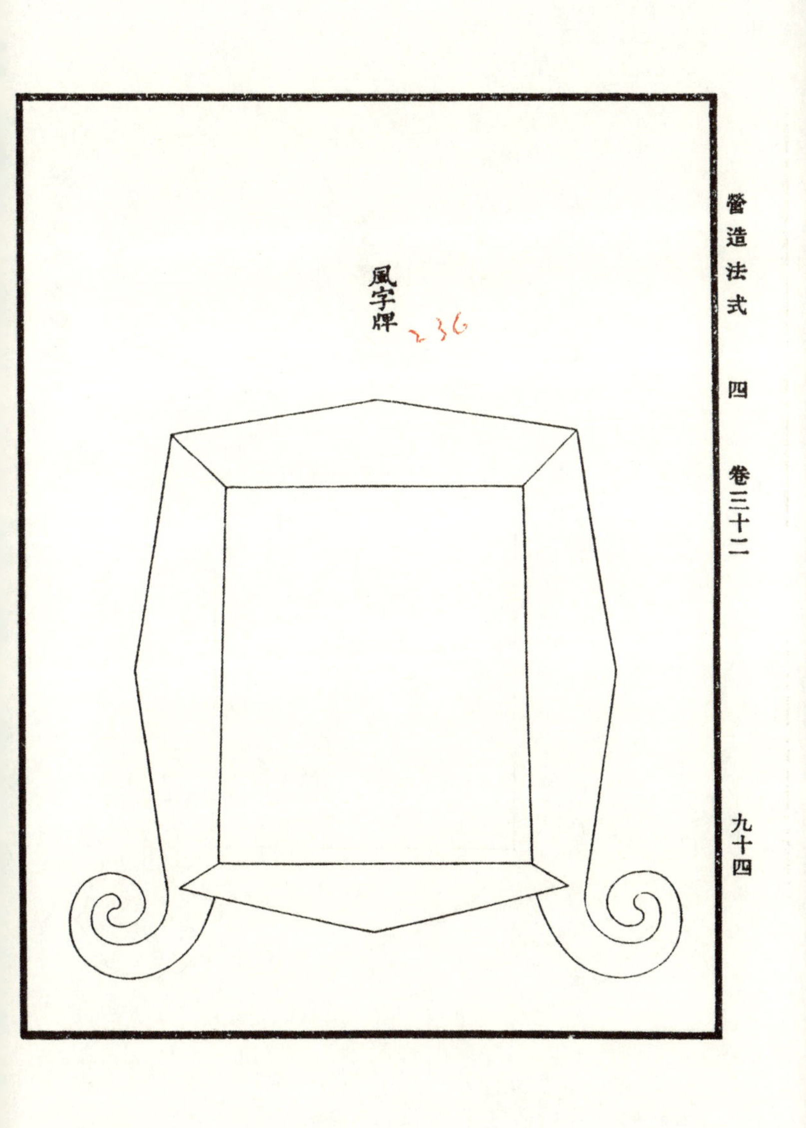
風字牌
236

佛道帳經藏第四

天宫樓閣佛道帳

山華蕉葉佛道帳

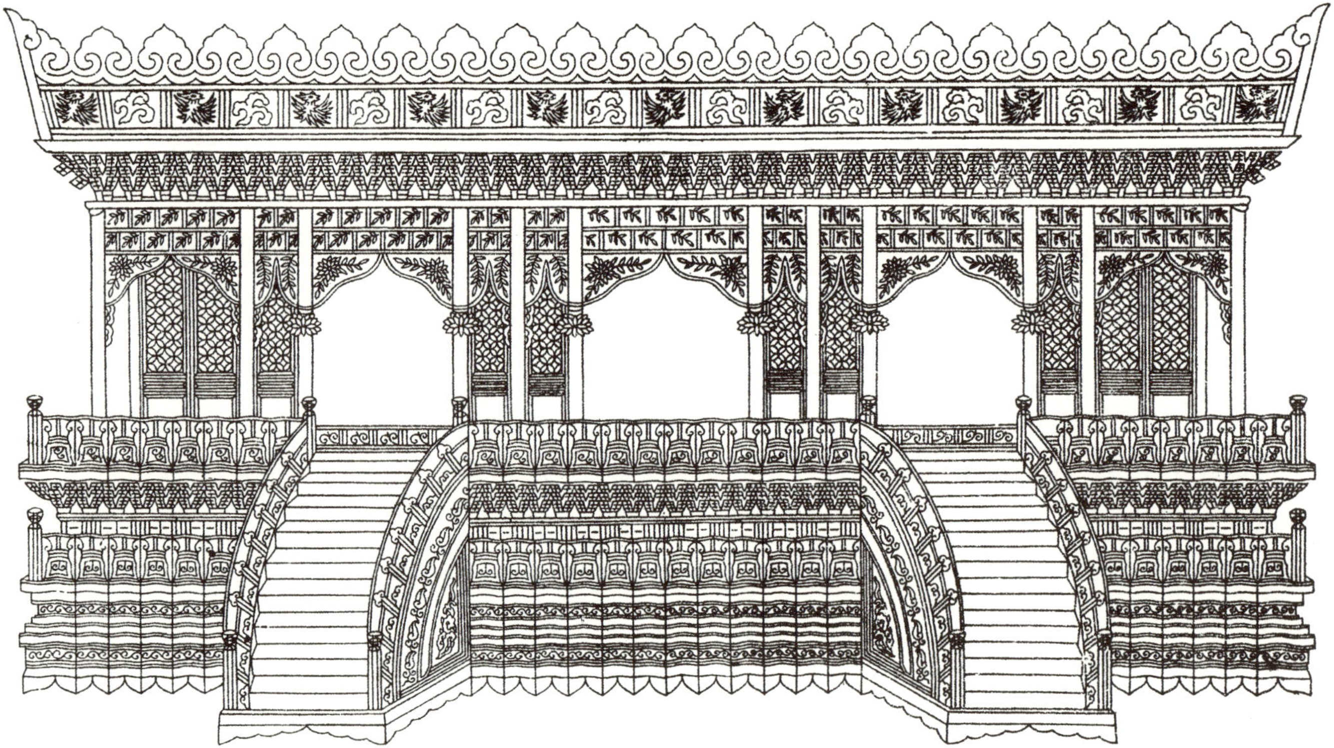

九脊牙脚小帳

239

轉輪經藏

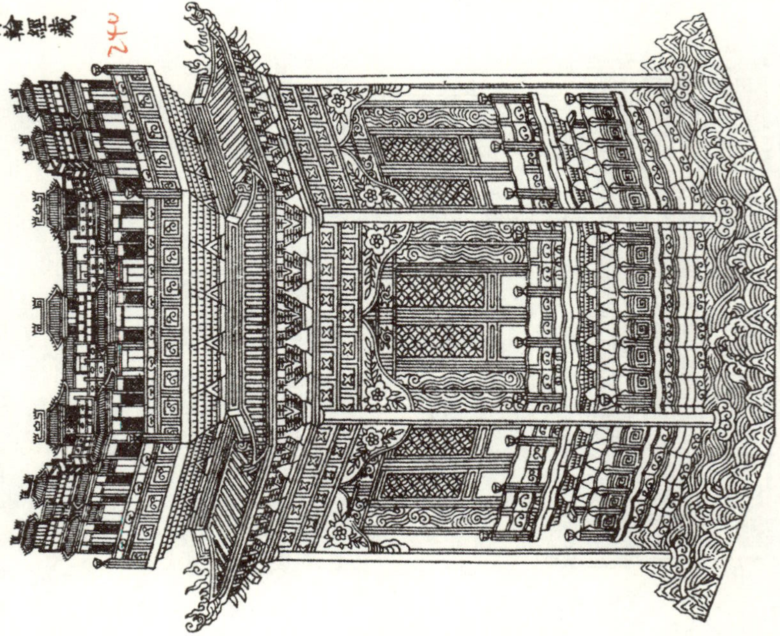

240

彫木作制度圖樣

混作第一

242 玉女

243 化生

244 菩薩

245 拂菻

246 柘支

247 坐龍

248 鳳

249 鴛鴦

250 師子

栱眼内彫插第二

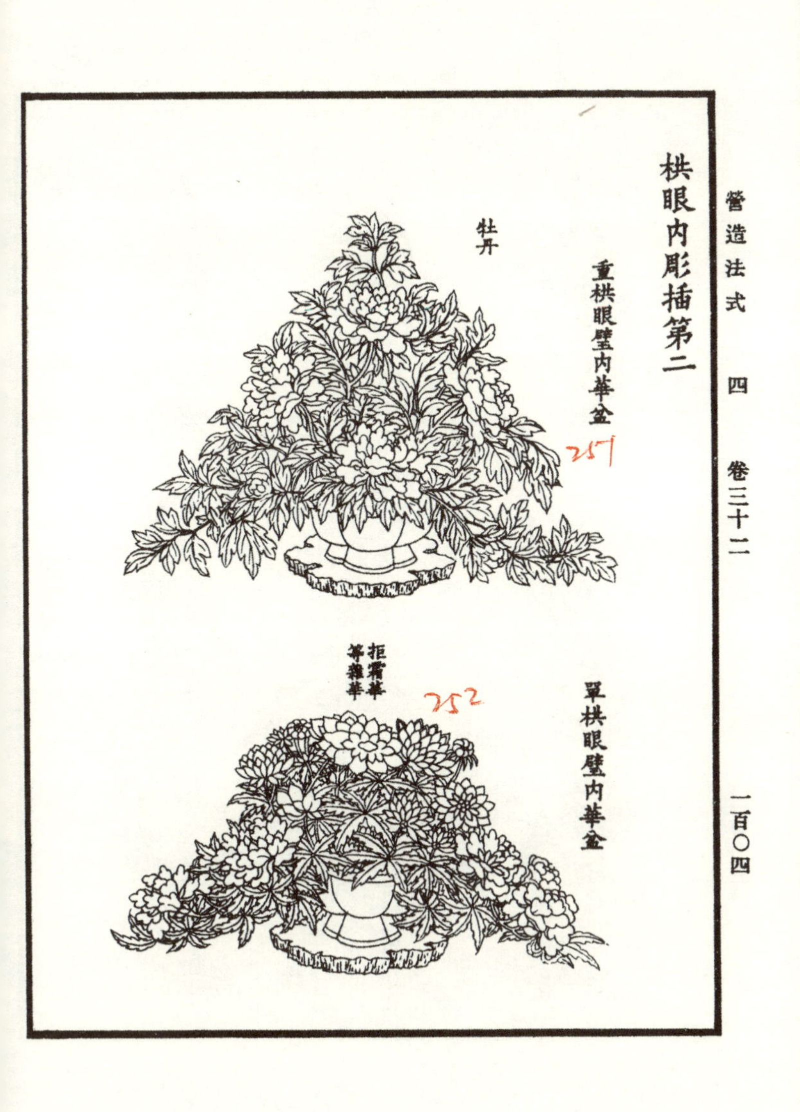

格子門等腰華版第三

剔地起突三卷葉

兩卷葉

一卷葉

剔地窪葉

剔地平卷葉

透突平卷葉

平棊華盤第四

雲栱等雜樣第五

單雲頭栱 260

雙雲頭栱 264

像生華雲栱 261

海石榴華雲栱 265

重臺地霞 262

單地霞 266

像生牡丹華地霞 663

像生蓮荷華地霞 267

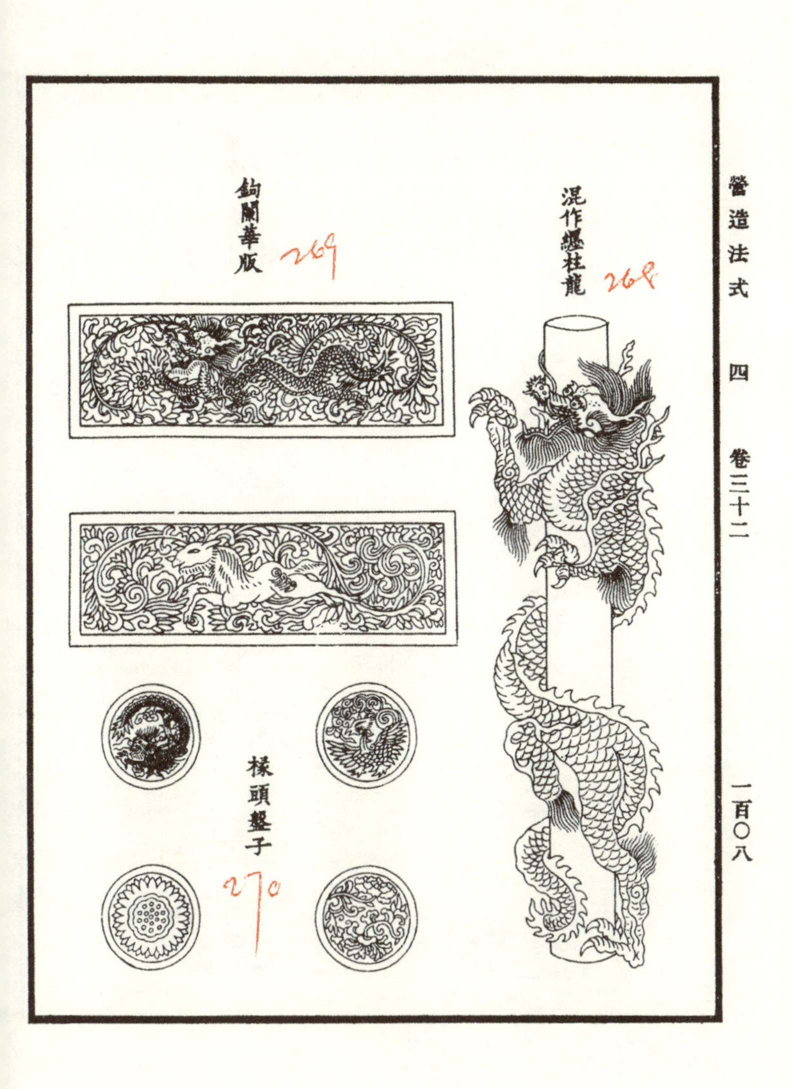
混作纏柱龍
268
鉤闌華版
269
椽頭盤子
270

營造法式卷第三十二

營造法式卷第三十三

通直郎管修蓋皇弟外第專一提舉修蓋班直諸軍營房等臣李誡奉

聖旨編修

彩畫作制度圖樣上

五彩雜華第一

五彩瑣文第二

飛仙及飛走等第三

騎跨仙真第四

五彩額柱第五

五彩平棊第六

碾玉雜華第七

碾玉瑣文第八

碾玉額柱第九

碾玉平棊第十

彩畫作制度圖樣上

五彩雜華第一

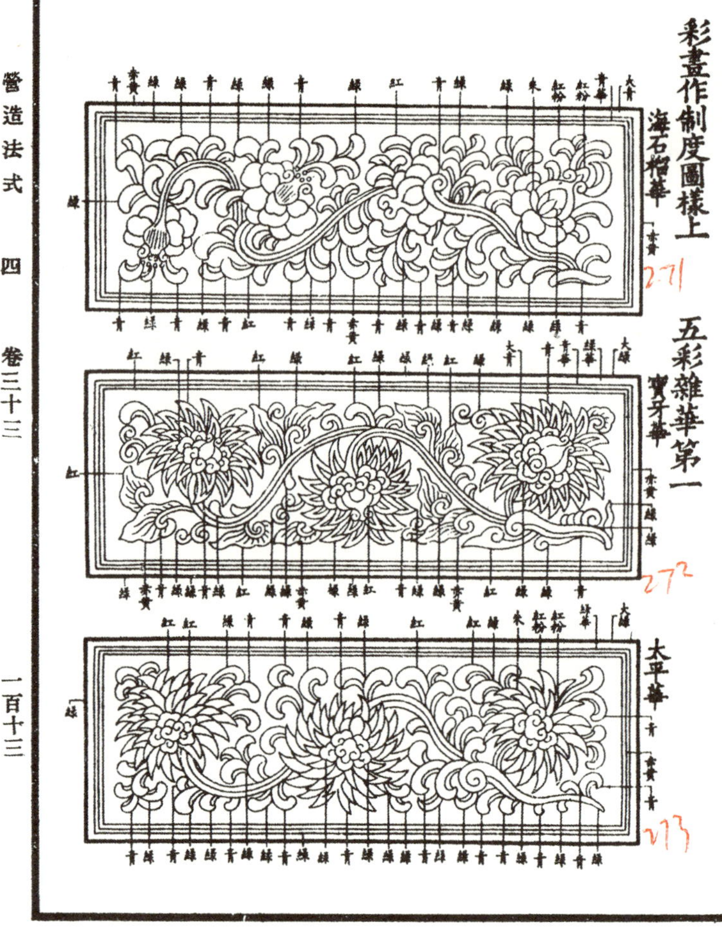

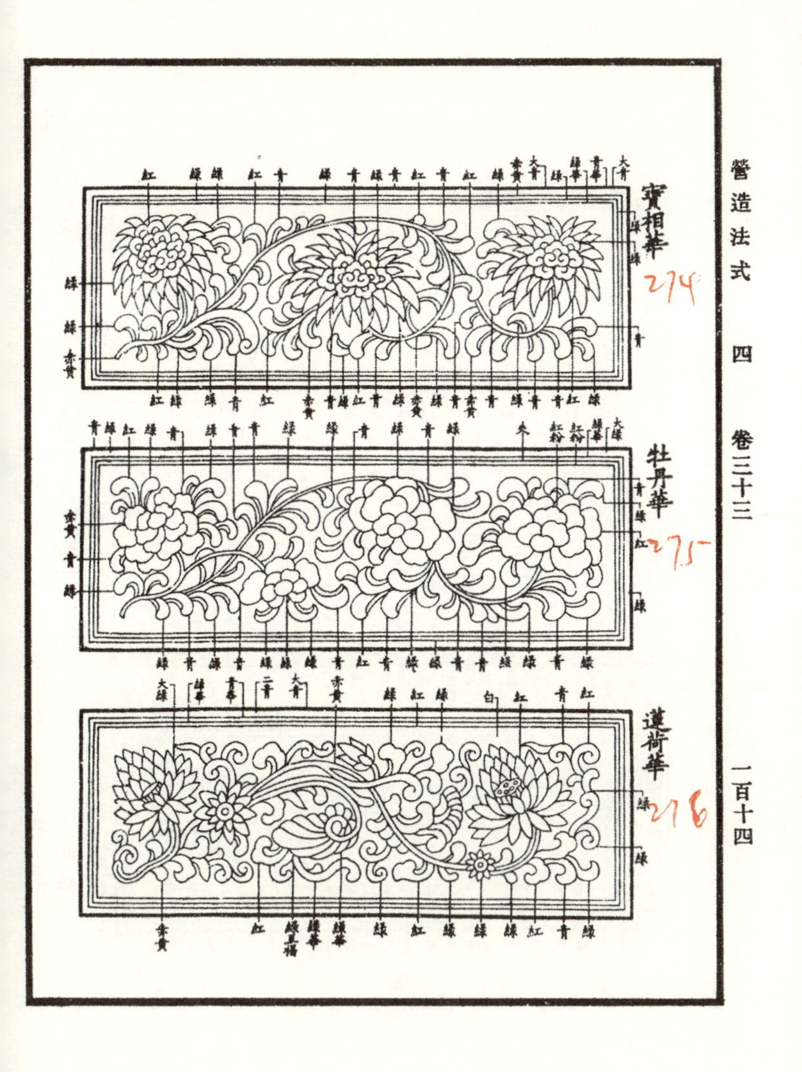
寶相華
牡丹華
蓮荷華

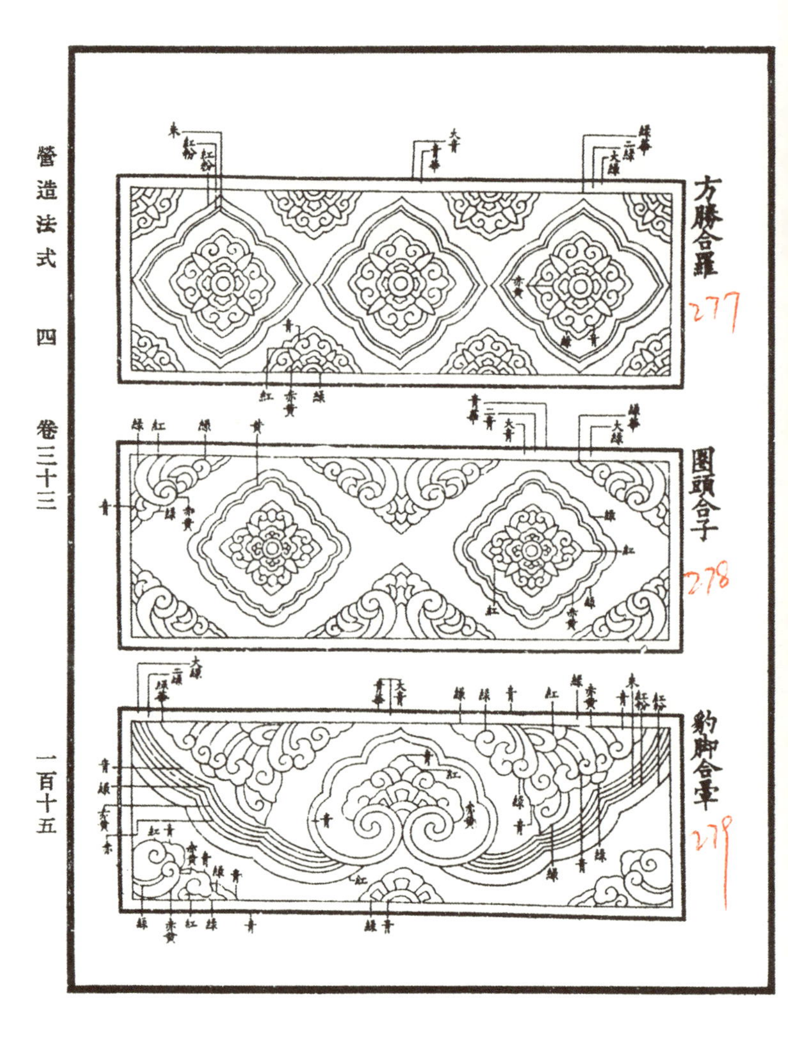
方勝合羅
277
圜頭合子
278
豹脚合暈
279

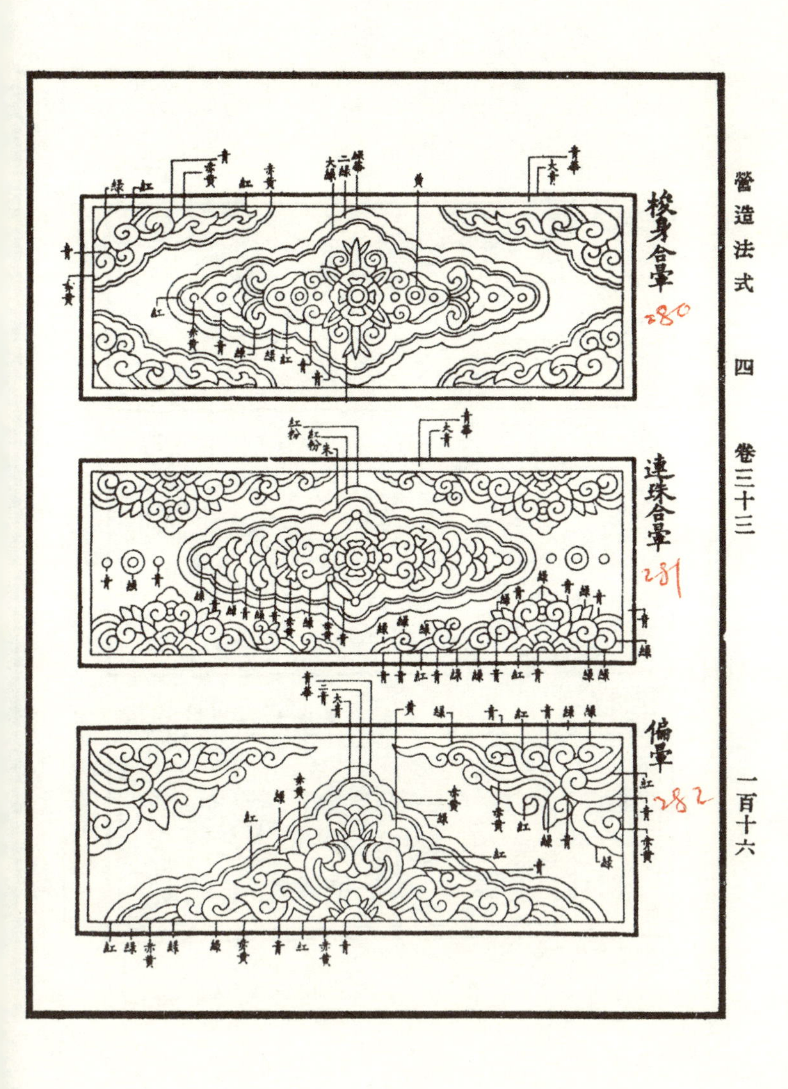
梭身合暈
連珠合暈
偏暈

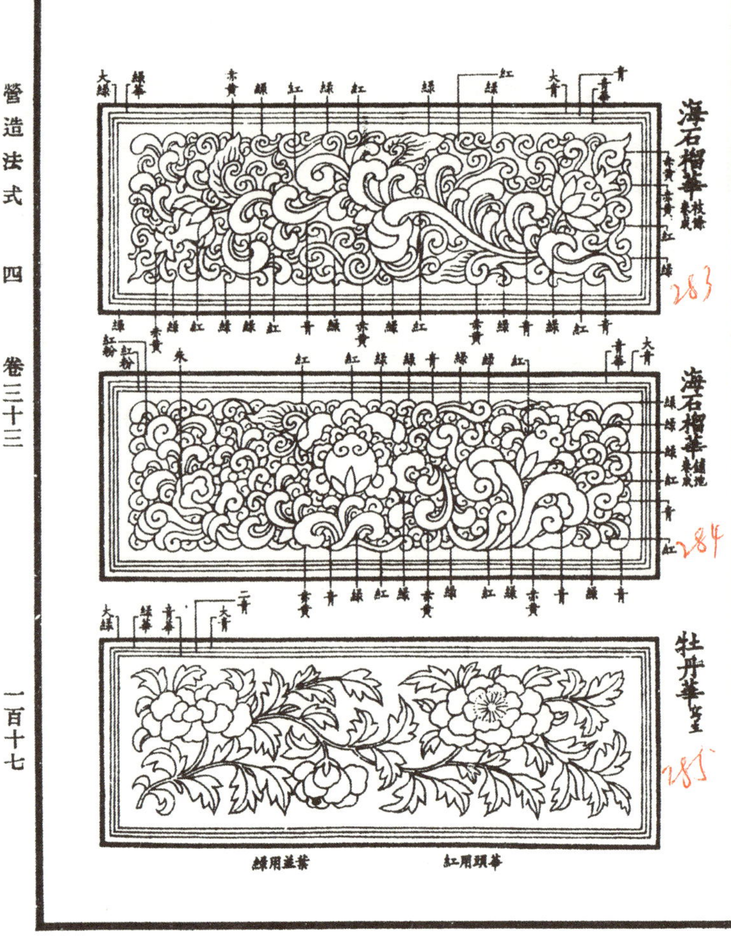
海石榴華 枝條卷成
海石榴華 鋪地卷成
牡丹華 寫生

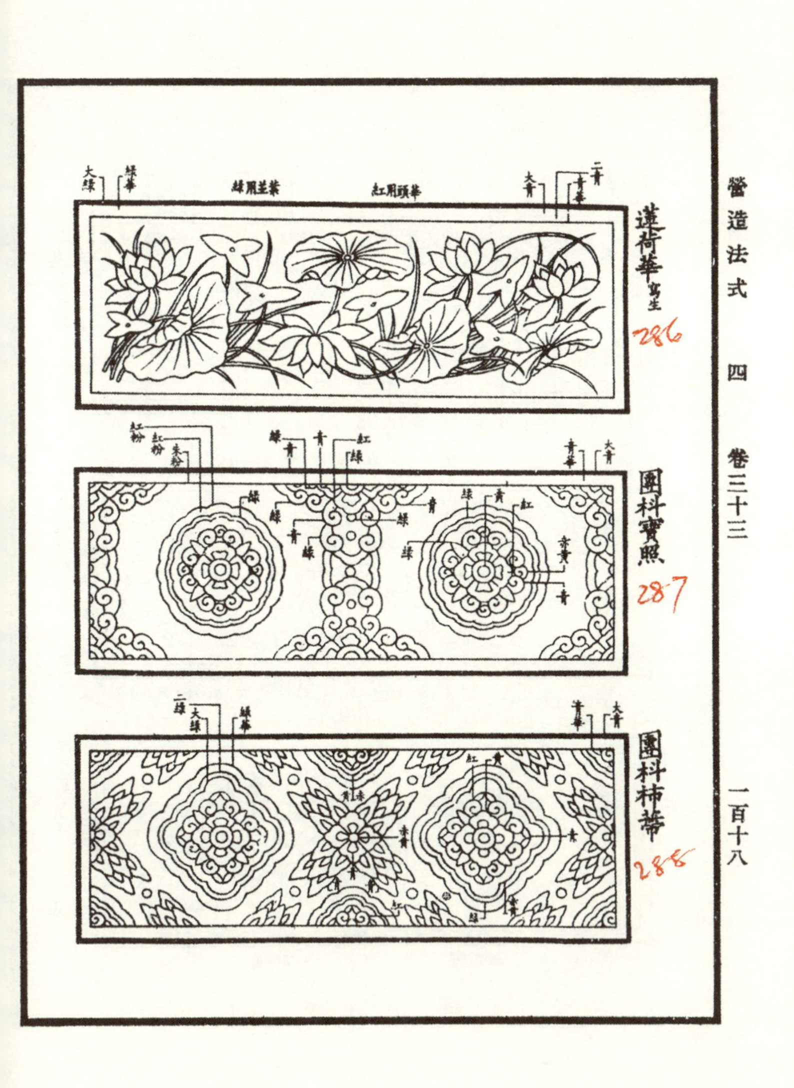

蓮荷華 寫生
286
大綠
綠華
綠用並華
紅用頭華
大青
二青
青華
團科寶照
287
紅粉
朱粉
綠
青
紅
大青
青華
團科柿蒂
288
二綠
大綠
綠華
青華
大青

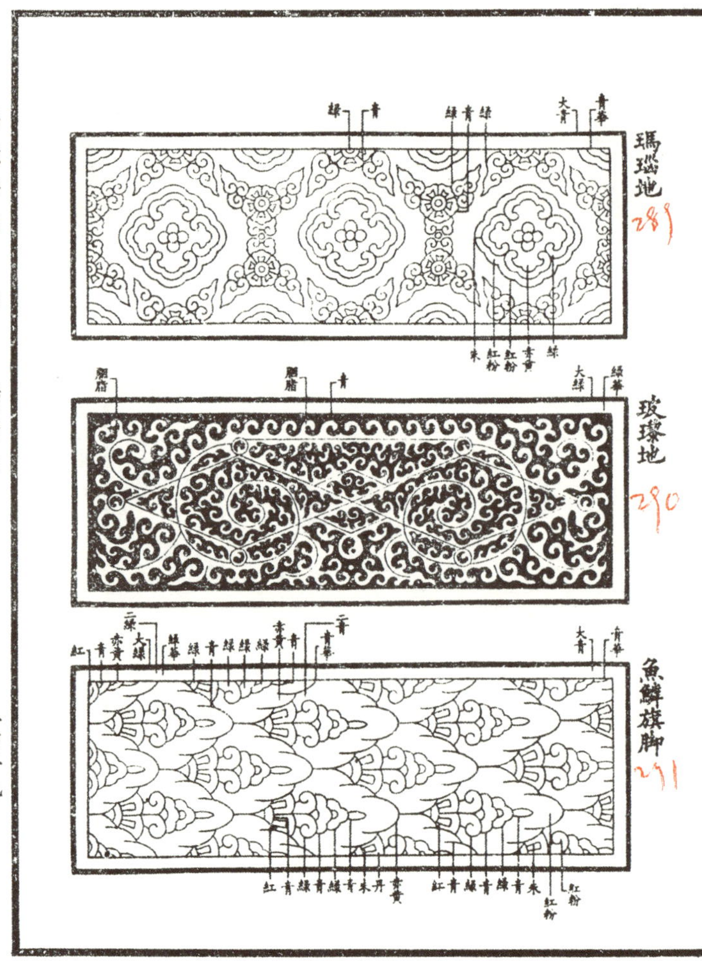
瑪瑙地
289
玻璨地
290
魚鱗旗脚
291

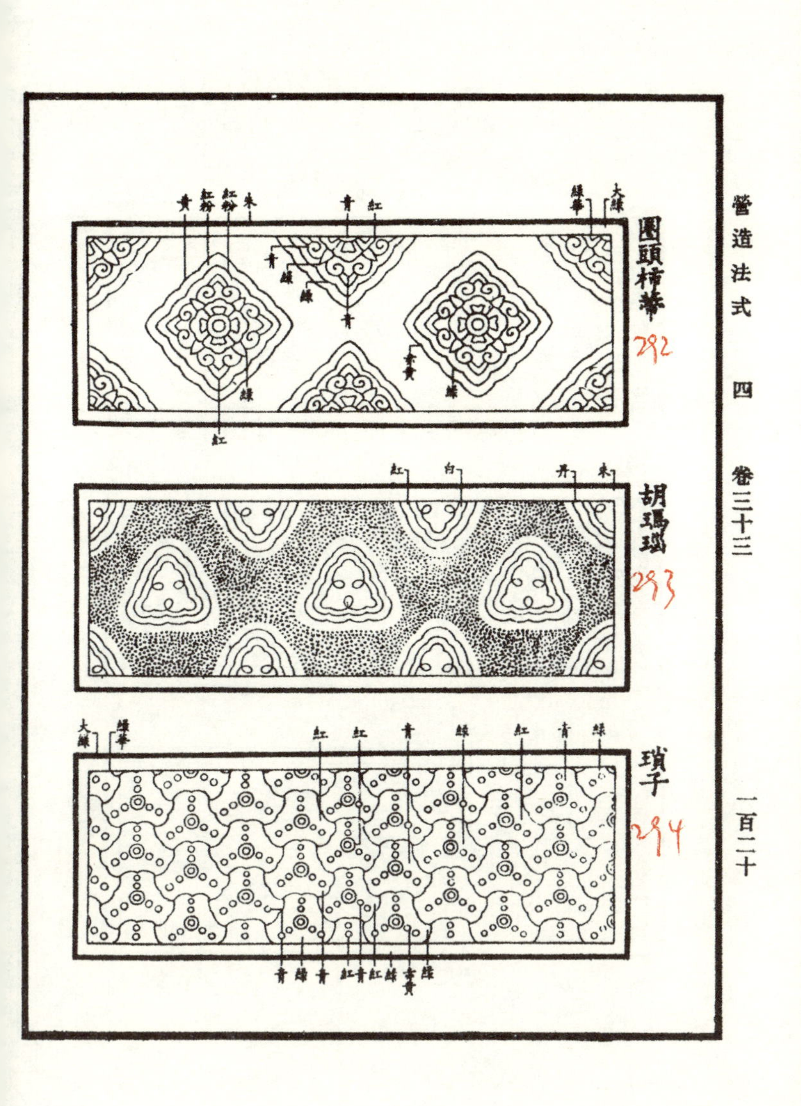
圜頭柿蔕
292
胡瑪瑙
293
瑣子
294

五彩瑣文第二

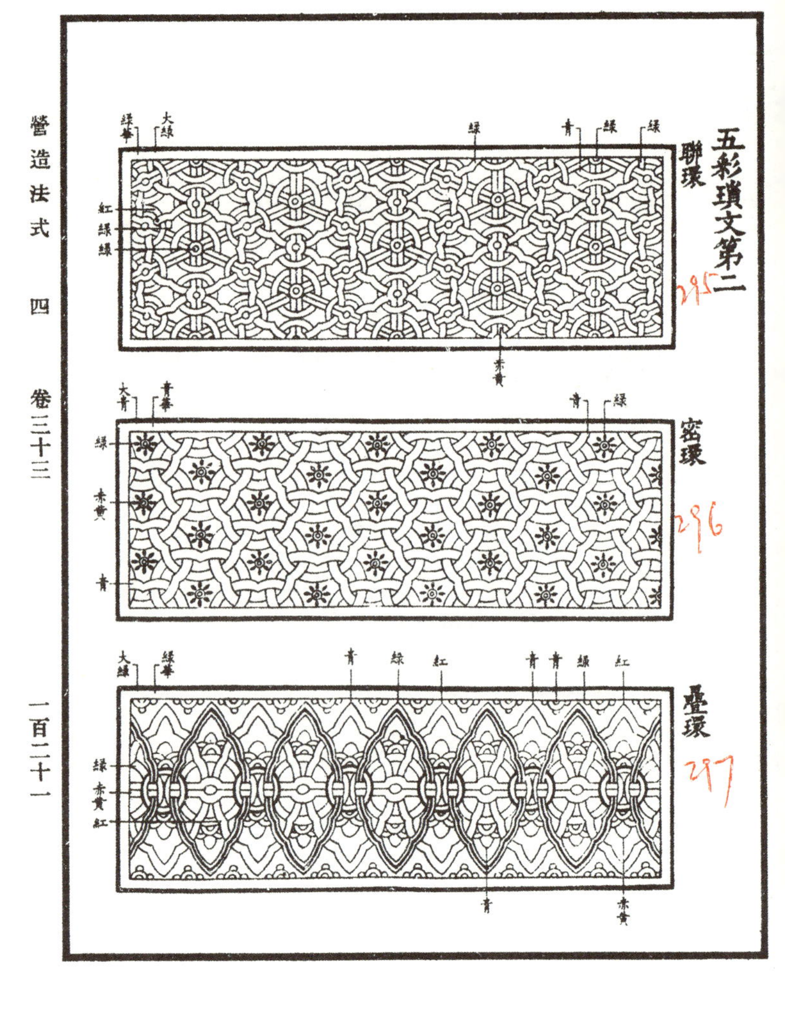
聯環
綠華
大綠
綠
青
綠
綠
紅
綠
綠
赤黃
295
密環
大青
青華
青
綠
綠
赤黃
青
296
疊環
大綠
綠華
青
綠
紅
青
青
綠
紅
綠
赤黃
紅
青
赤黃
297

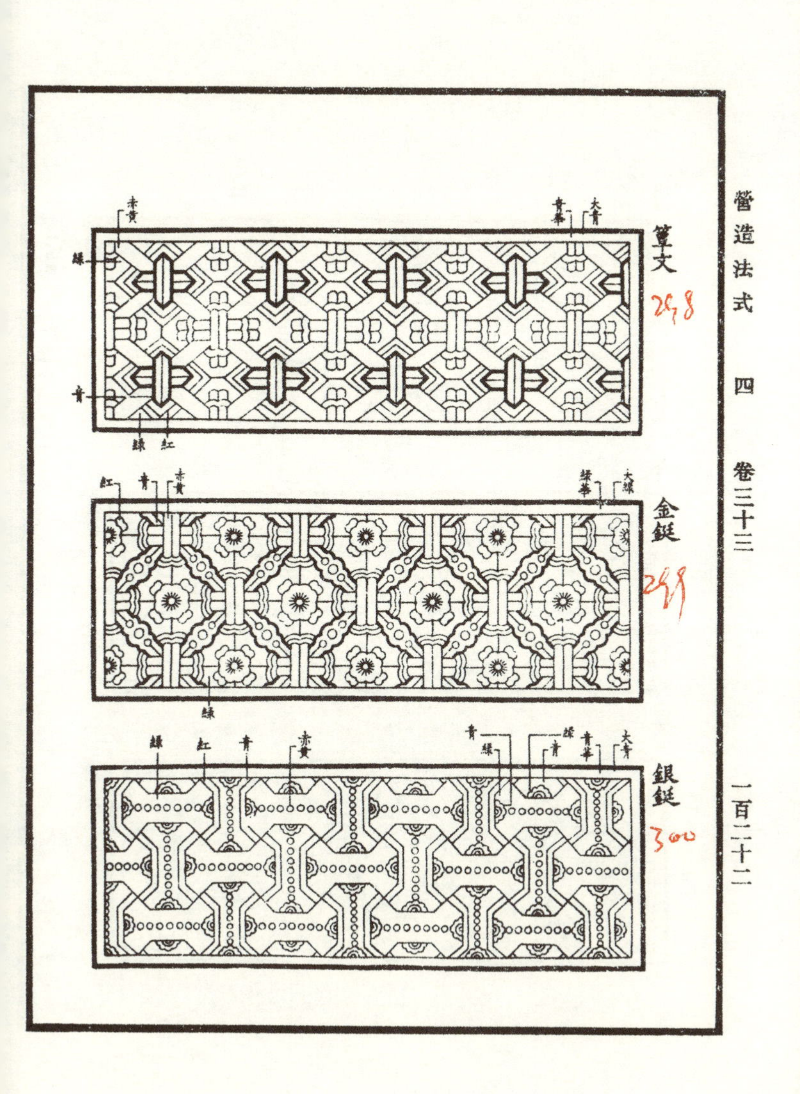
簟文
248
大青
青華
赤黄
緑
青
緑
紅
金鋌
249
大緑
緑華
赤黄
青
紅
緑
銀鋌
300
大青
青華
青
緑
青
緑
赤黄
青
紅
緑

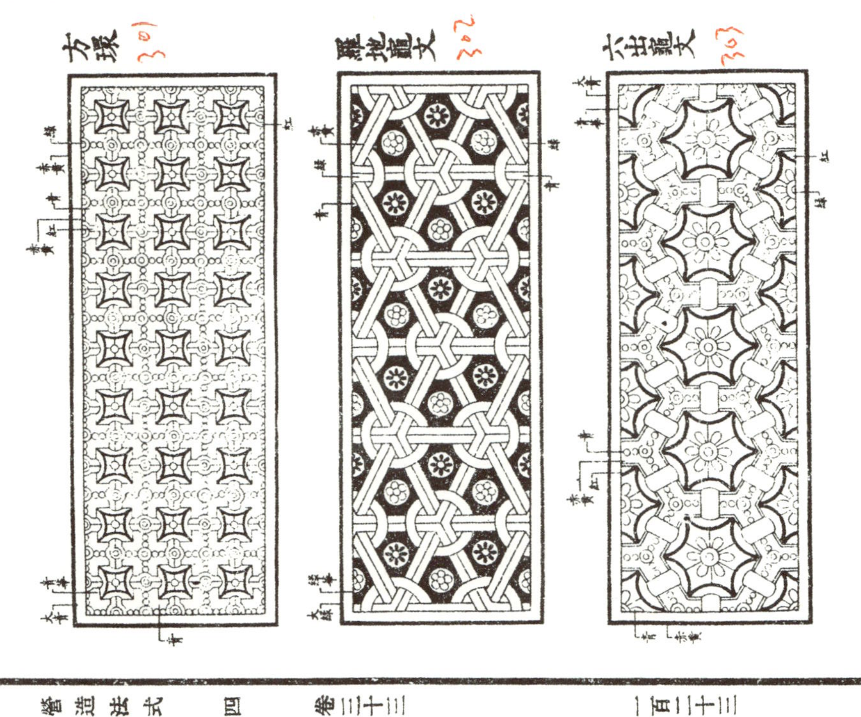
方環
羅地龜文
六出龜文

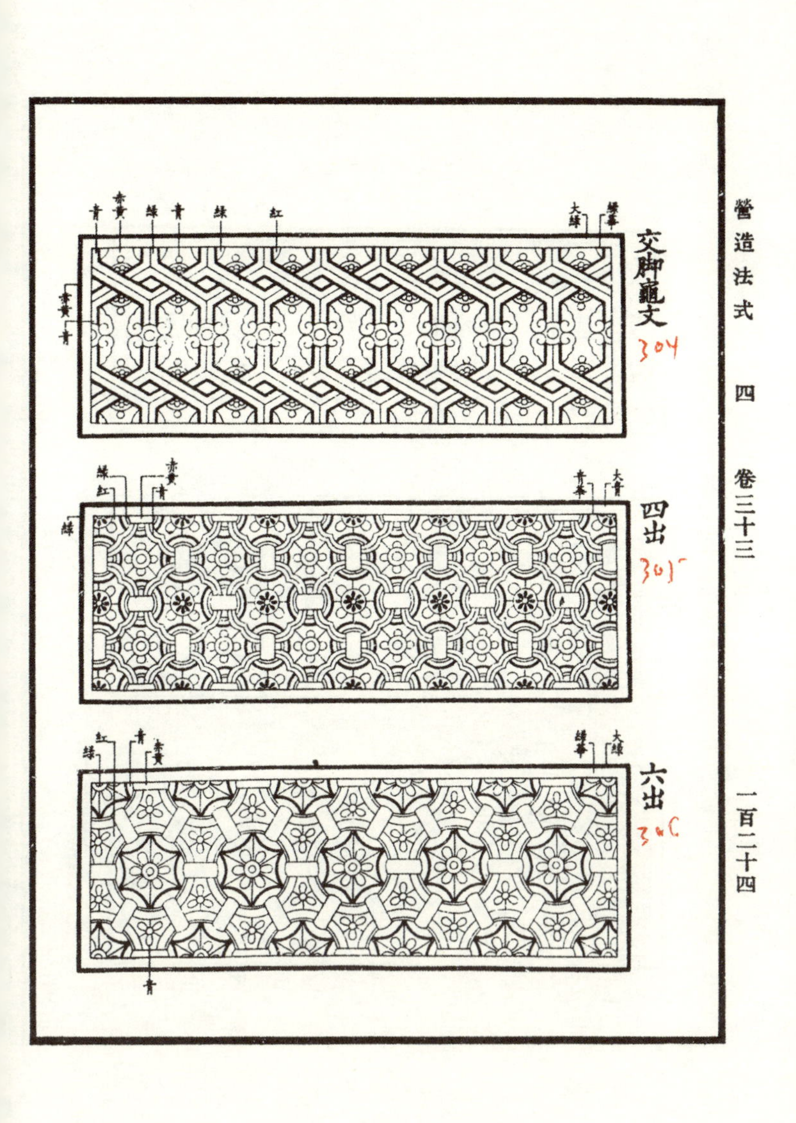
交脚龜文
304
青
赤黄
緑
青
緑
紅
大緑
緑華
赤黄
青
四出
305
緑
紅
赤黄
青
緑
青華
大青
六出
306
紅
緑
青
赤黄
緑華
大緑
青

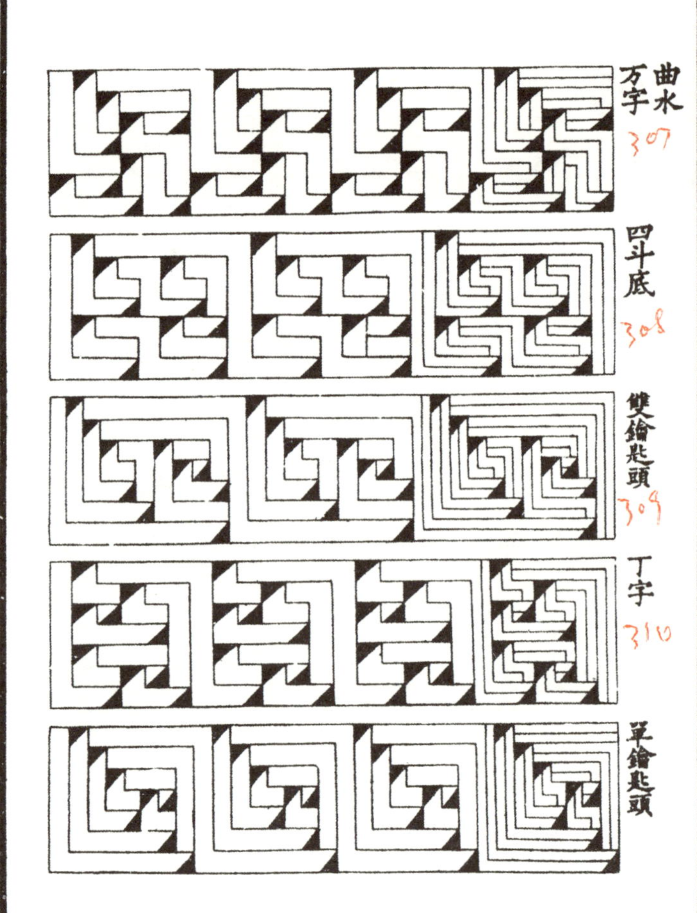
曲水万字
307
四斗底
308
雙鉤䦨頭
309
丁字
310
單鉤䦨頭

工字 312

同上 313

同上 314

天字 315

香印 316

飛仙及飛走等第三

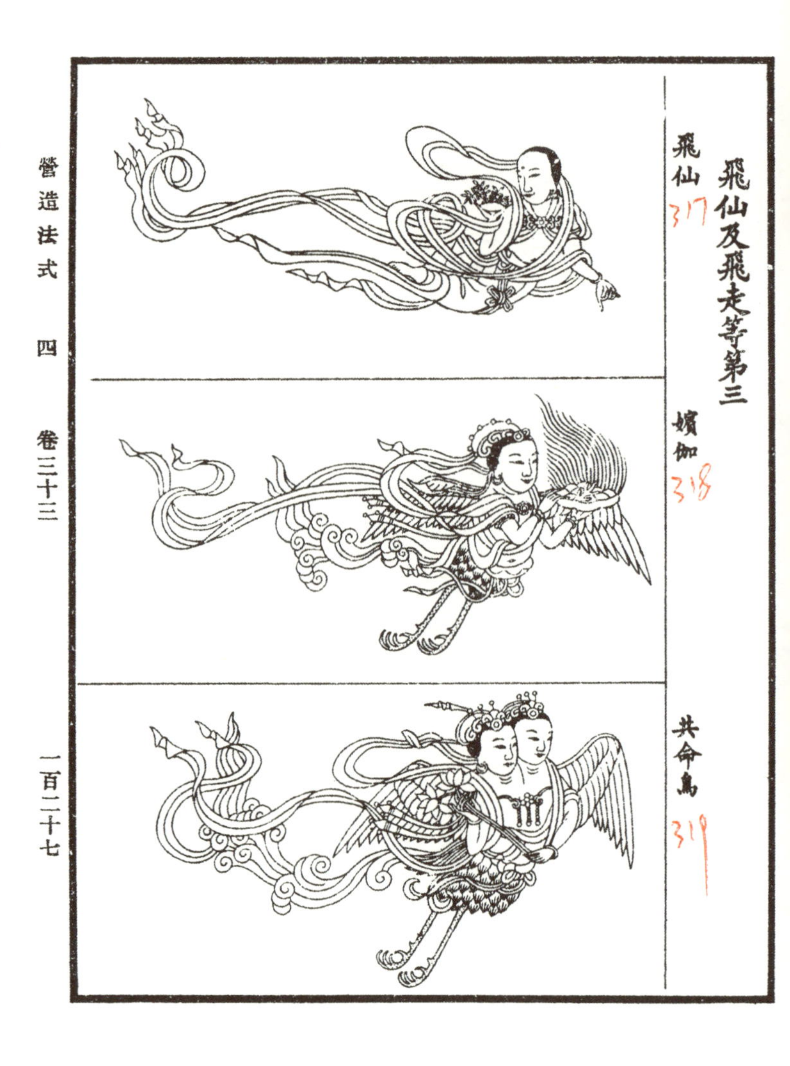

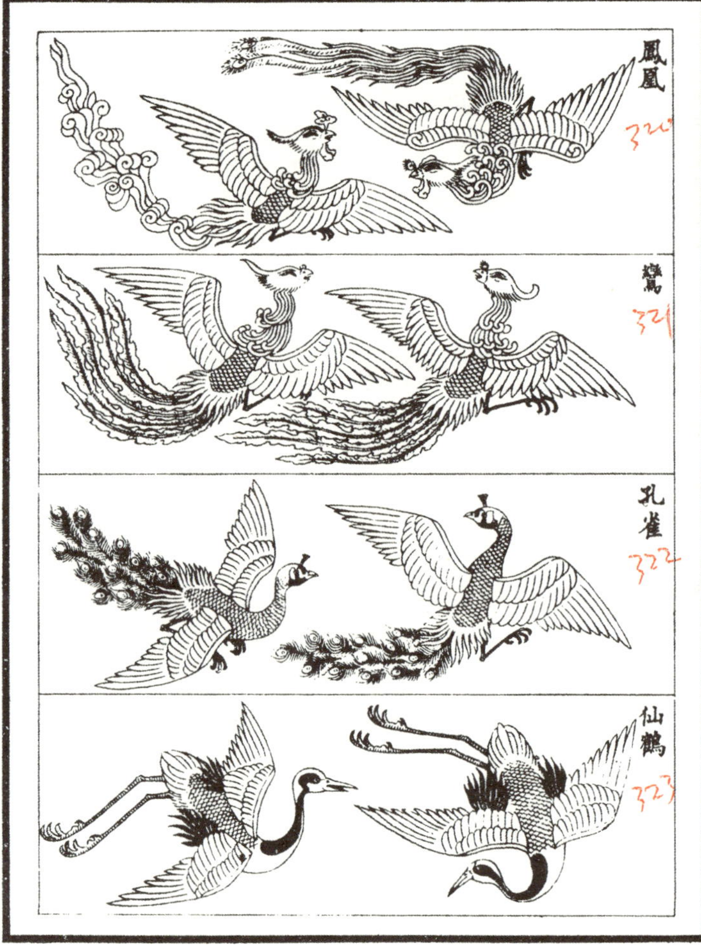
鳳凰
320
鸞
321
孔雀
322
仙鶴
323

鸚鵡 324

山鷓 325

練鵲 326

山鷄 327

鸂鶒 328

鴛鴦 329

鵝 330

華鴨 331

師子
332
麒麟
333
狻猊
334
獬豸
335

天馬 336

海馬 337

仙鹿 338

羚羊 339

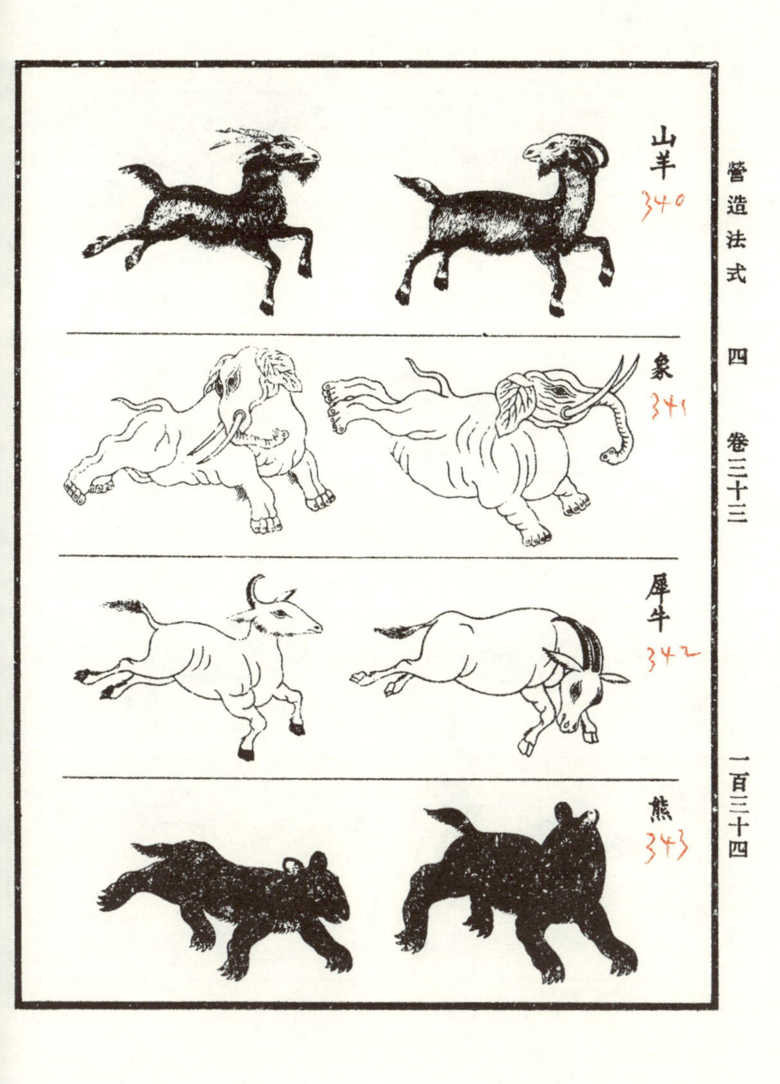
山羊
340
象
341
犀牛
342
熊
343

騎跨仙真第四

真人 344

女真 345

金童 346

玉女 347

化生 348

真人 349

女真 350

玉女 357

拂箖 352

獠蠻 353

化生 354

五彩額柱第五

豹腳

合蟬燕尾

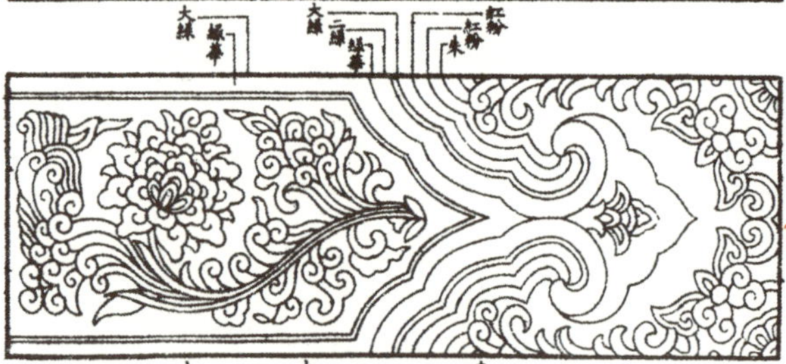

疊暈

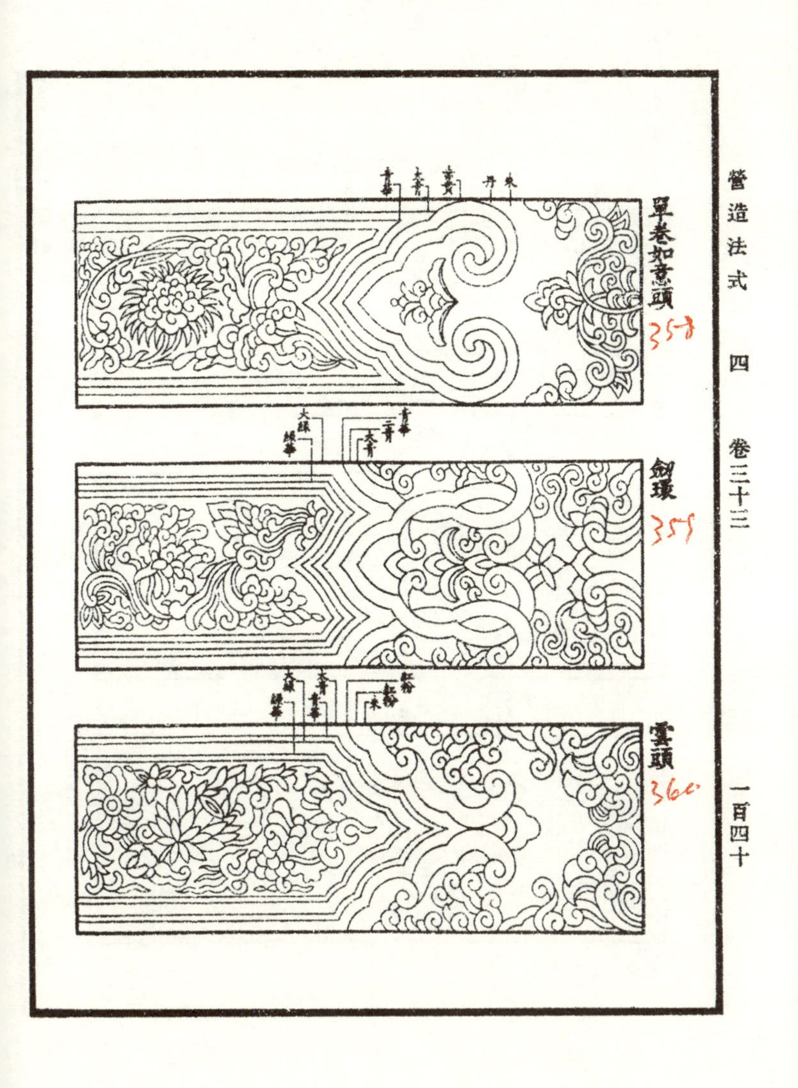
單卷如意頭
358
劒環
355
雲頭
360
大綠
綠華
青華
二青
大青
紅粉
朱

三叠如意頭

簇三

牙脚

海石榴華内間六入圜華科

364

大青
二青
青華
大綠
二綠
綠華
紅粉朱

寶牙華内間柿蔕科

365

紅粉
紅粉
綠華
二綠
大綠
青華
大青

枝條卷成海石榴華内間四入圜華科

366

朱
赤黄
青華
二青
大青
綠華
二綠
大綠

五彩平棊第六 其華子暈心墨者係青暈外緣者係綠渾黑者係紅並係碾玉裝不暈墨者係五彩裝造

大青
二青
青華

368

綠

紅

碾玉雜華第七

海石榴華

大青
青華
白
大綠
綠華

寶牙華

大青
青華
白
綠華
大綠
青華

太平華

大青
青華
白
綠華
大綠

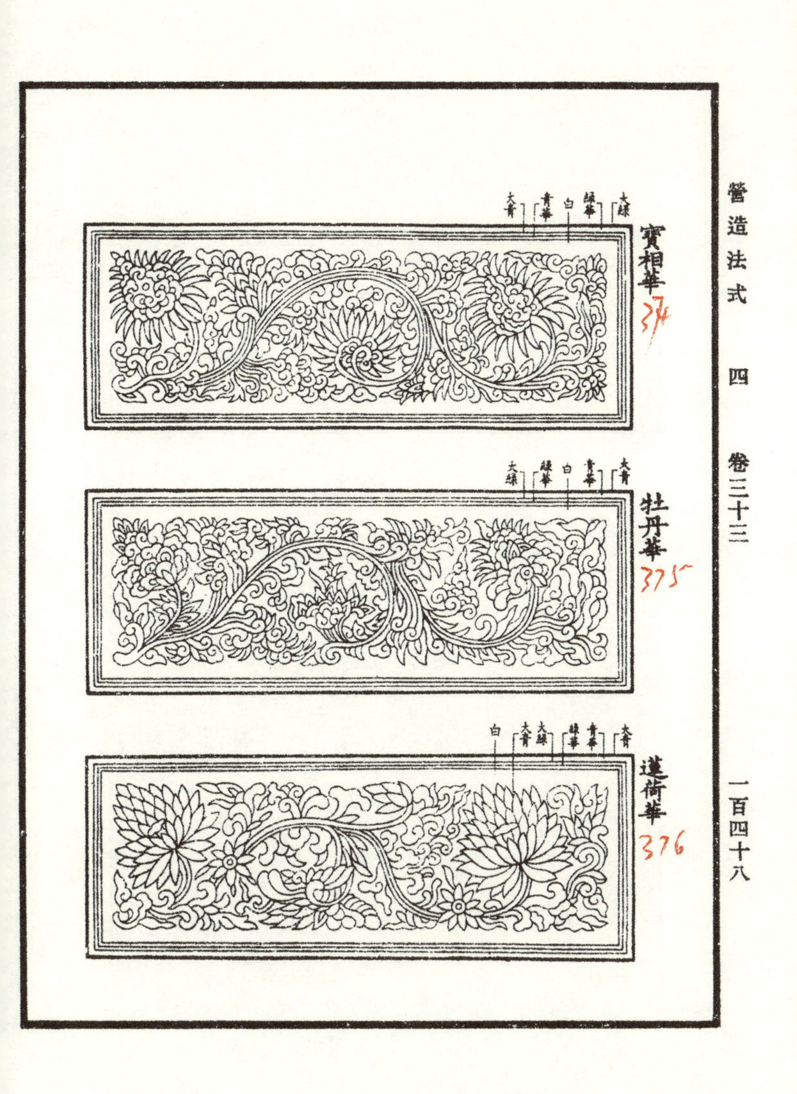
寶相華
大綠
綠華
白
青華
大青
牡丹華
大青
青華
白
綠華
大綠
蓮荷華
大青
青華
綠華
大綠
大青
白

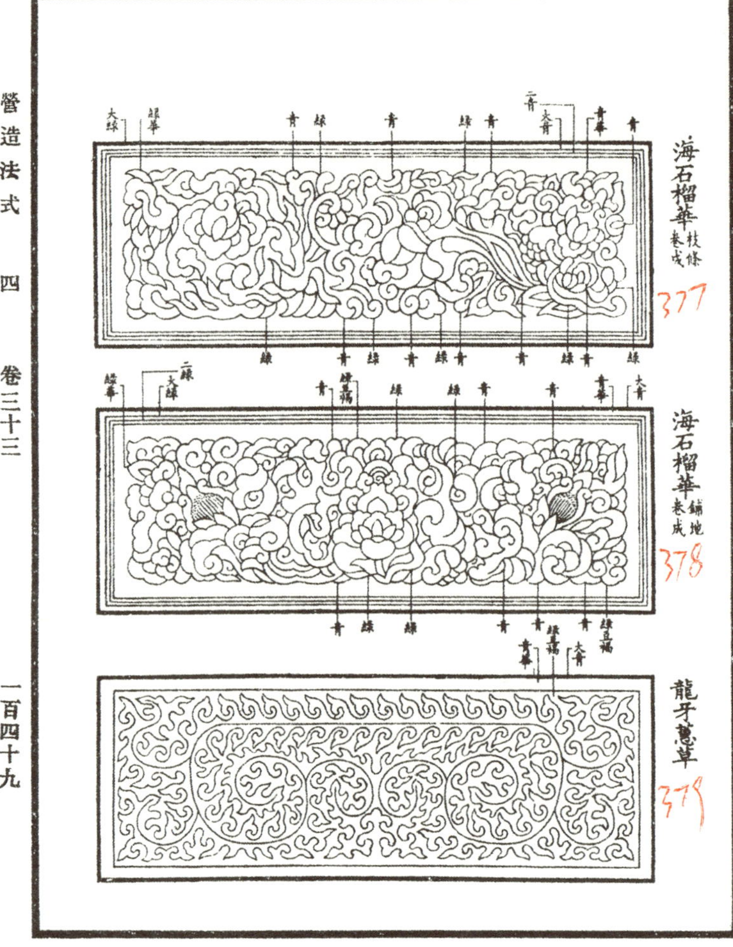
海石榴華 枝條卷成
377
海石榴華 鋪地卷成
378
龍牙蕙草
379

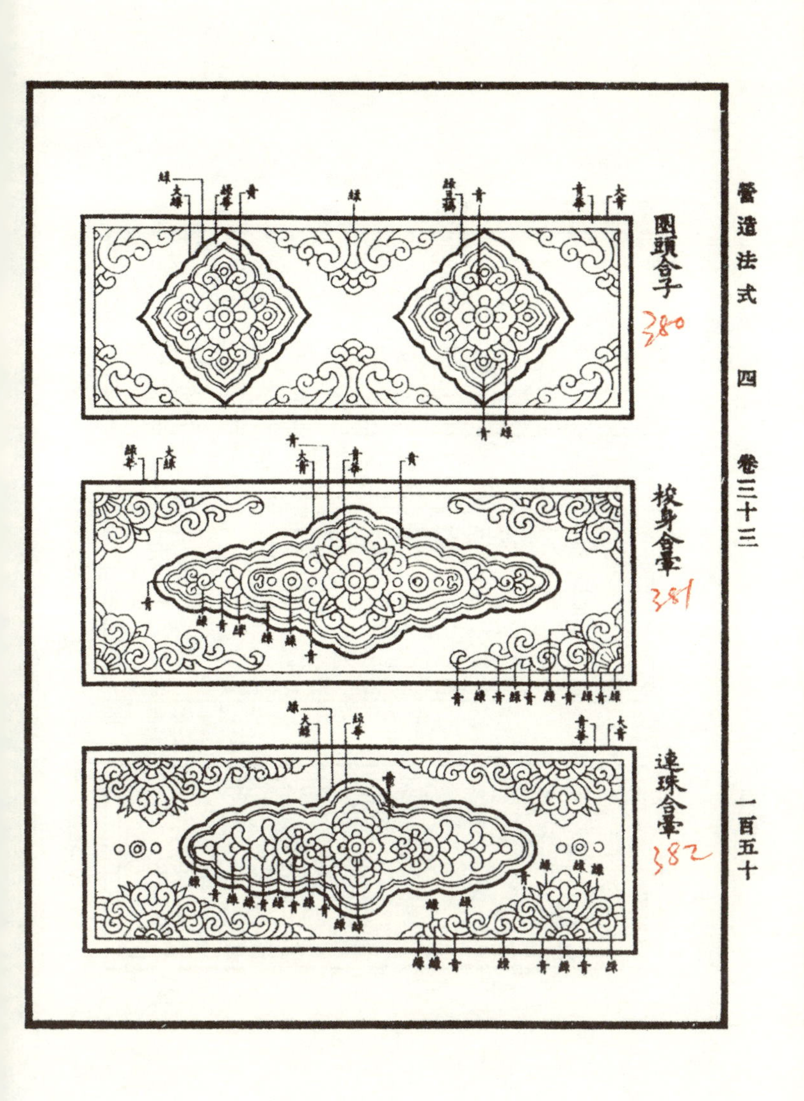
圜頭合子
梭身合暈
連珠合暈

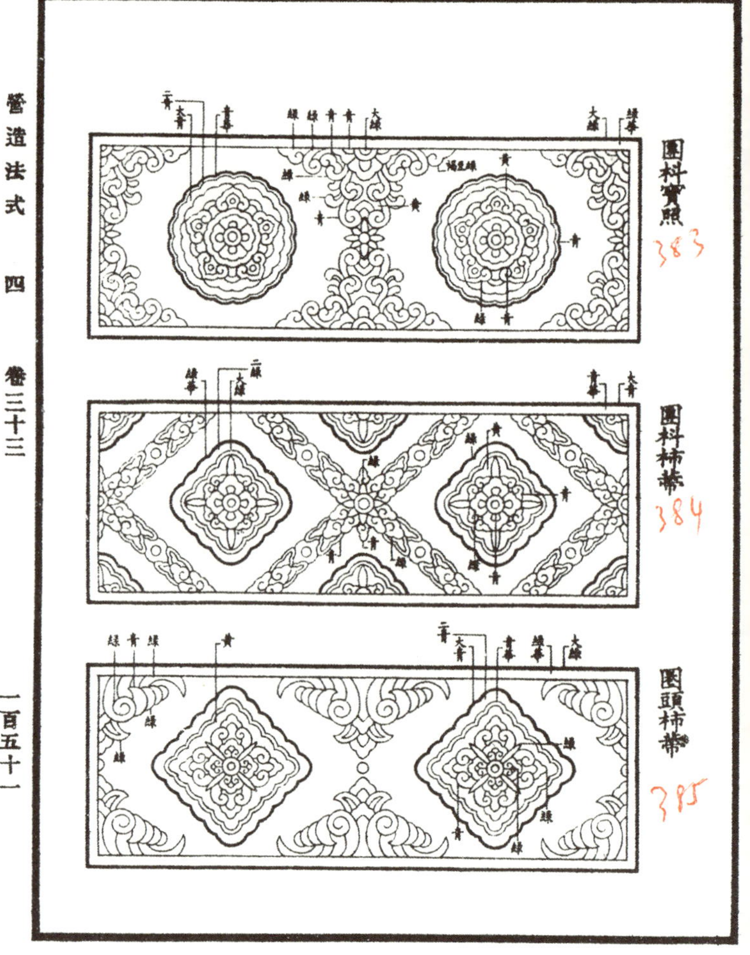

團科寶照
383
團科柿蒂
384
圈頭柿蒂
385

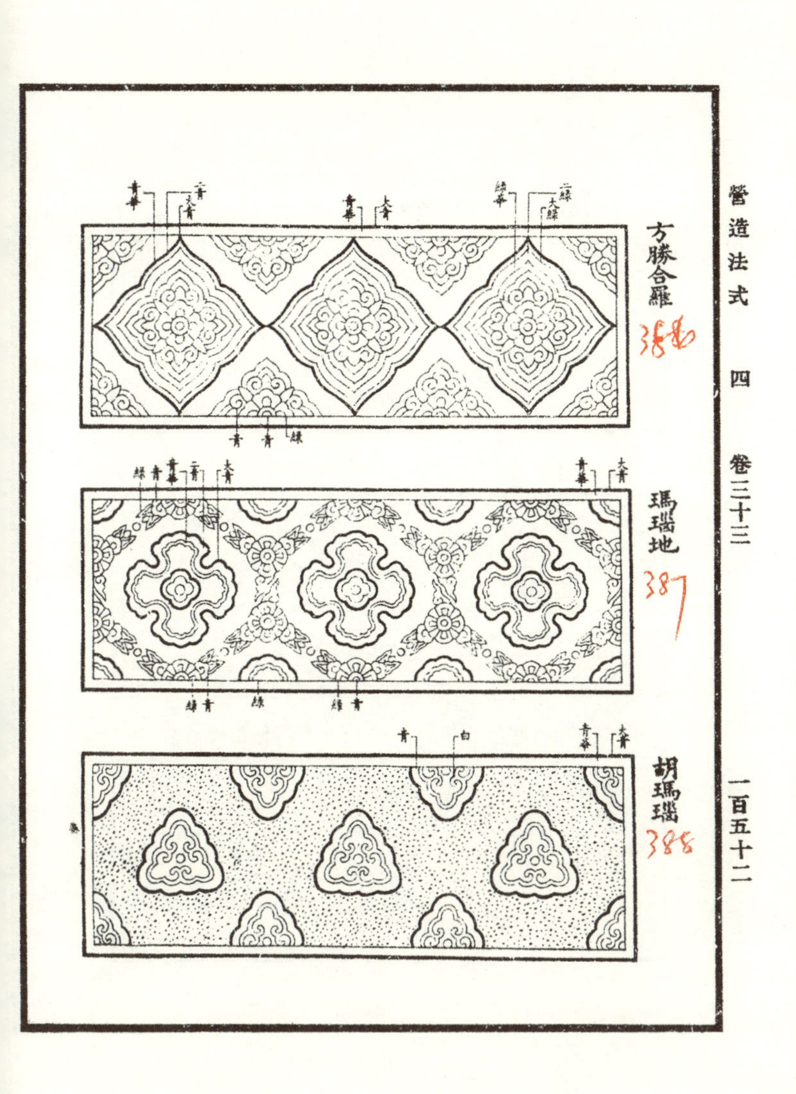
方勝合羅
388
青華
二青
大青
青華
大青
綠華
二綠
大綠
青
青
綠
瑪瑙地
387
綠
青
青華
二青
大青
青華
大青
綠
青
綠
綠
青
胡瑪瑙
388
青
白
青華
大青

碾玉瑣文第八

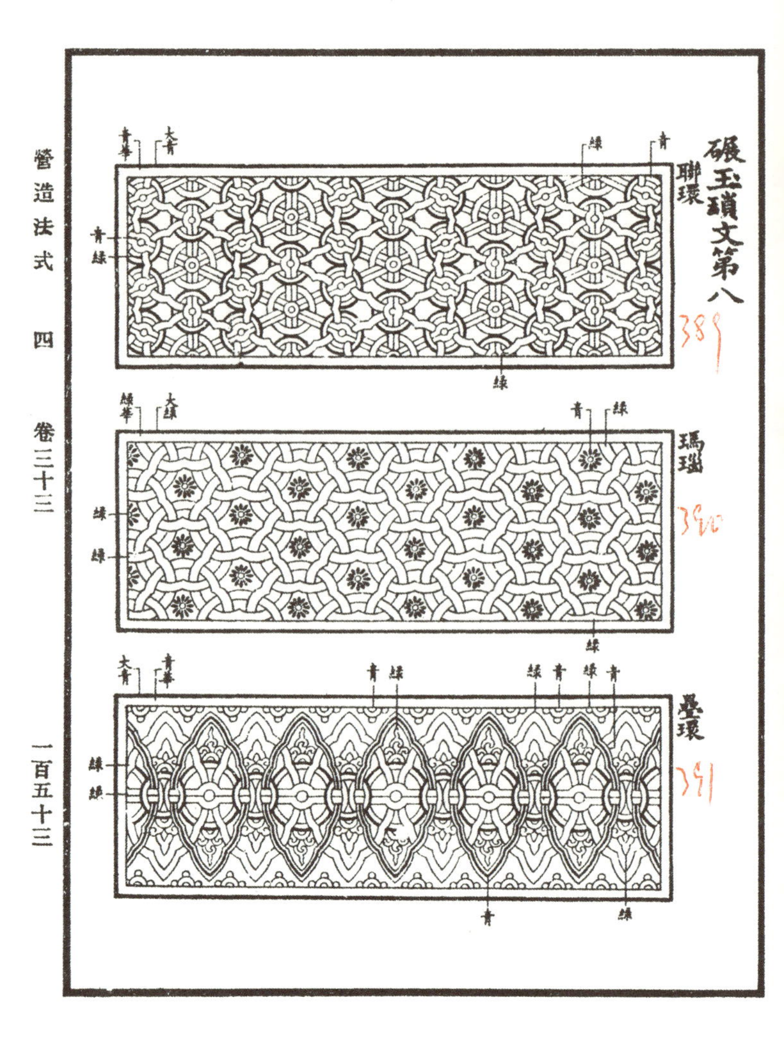

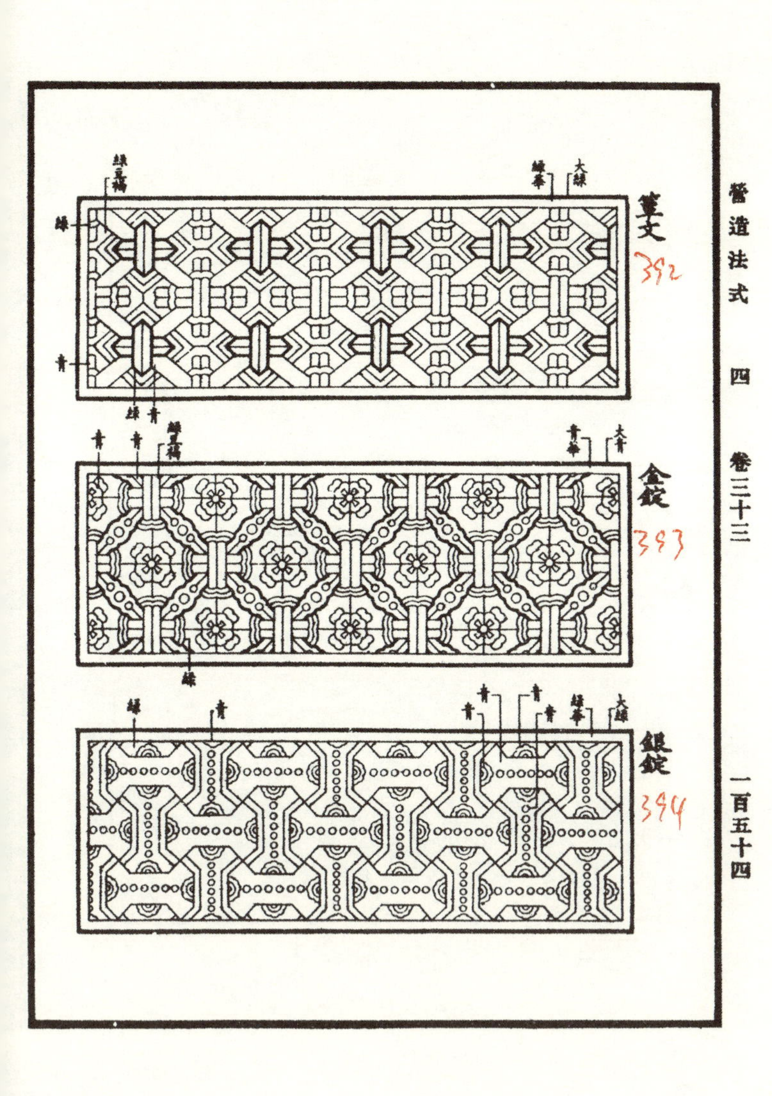
簟文
392
大綠
綠華
綠豆褐
綠
青
綠
青
金錠
393
大青
青華
青
青
綠豆褐
綠
銀錠
394
大綠
綠華
青
青
青
青
綠
青

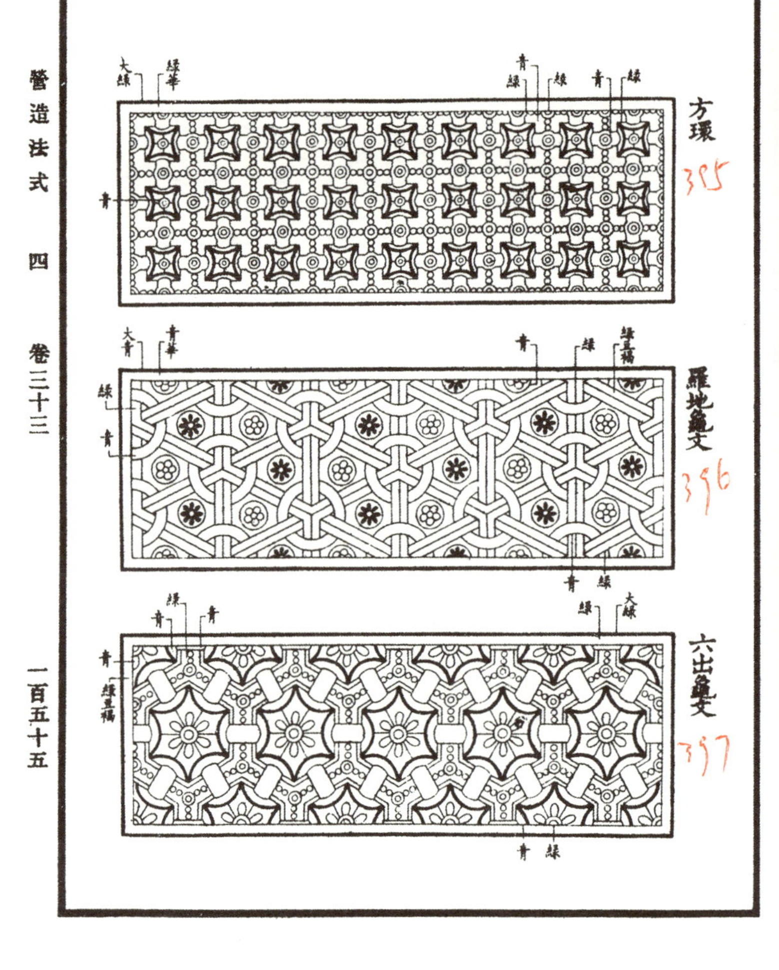
方環
395
大綠
綠華
青
綠
綠
青
綠
青
羅地龜文
396
大青
青華
綠
青
青
綠
綠豆褊
青
綠
六出龜文
397
青
綠
青
綠
大綠
青
綠豆褊
青
綠

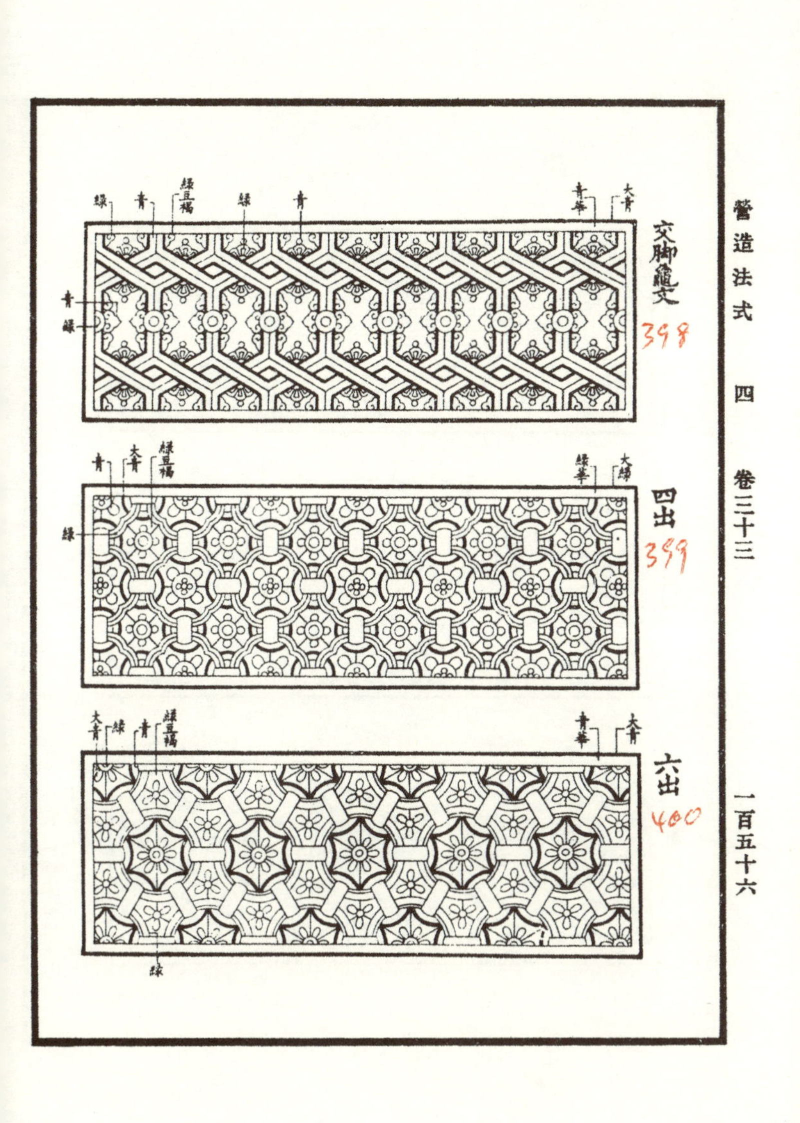
交腳龜文
398
大青
青華
綠
青
綠豆褐
青
綠
四出
399
大綠
綠華
青
大青
綠豆褐
綠
六出
400
大青
青華
大青
綠
青
綠豆褐
綠

碾玉額柱第九

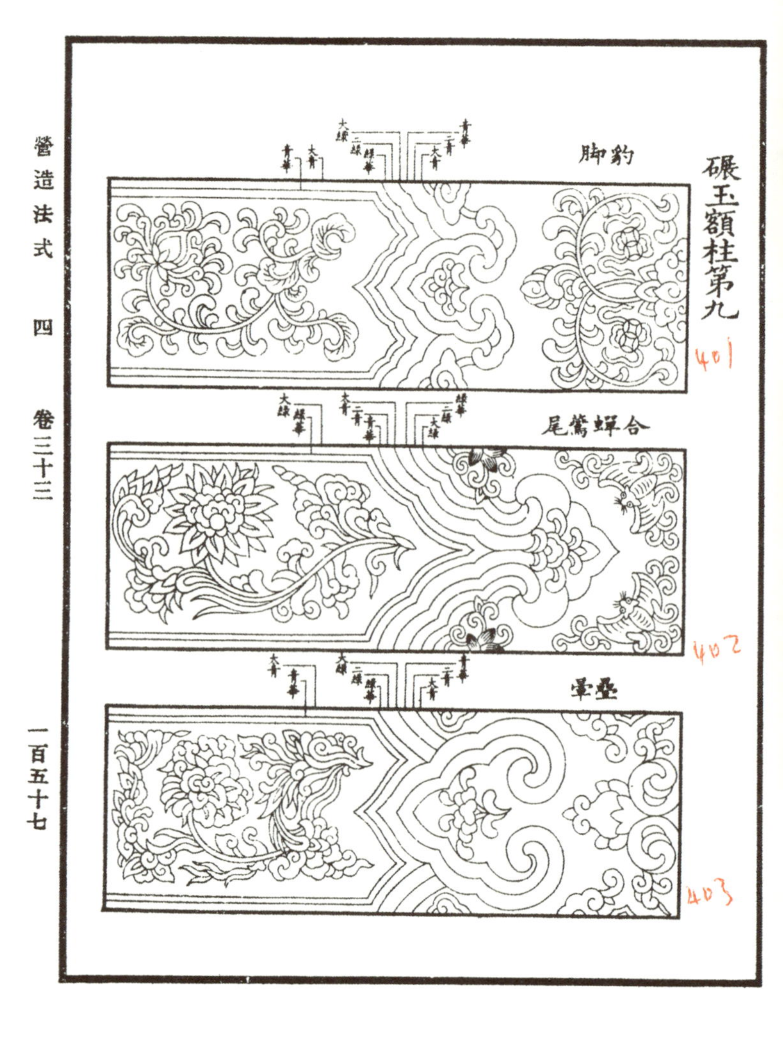

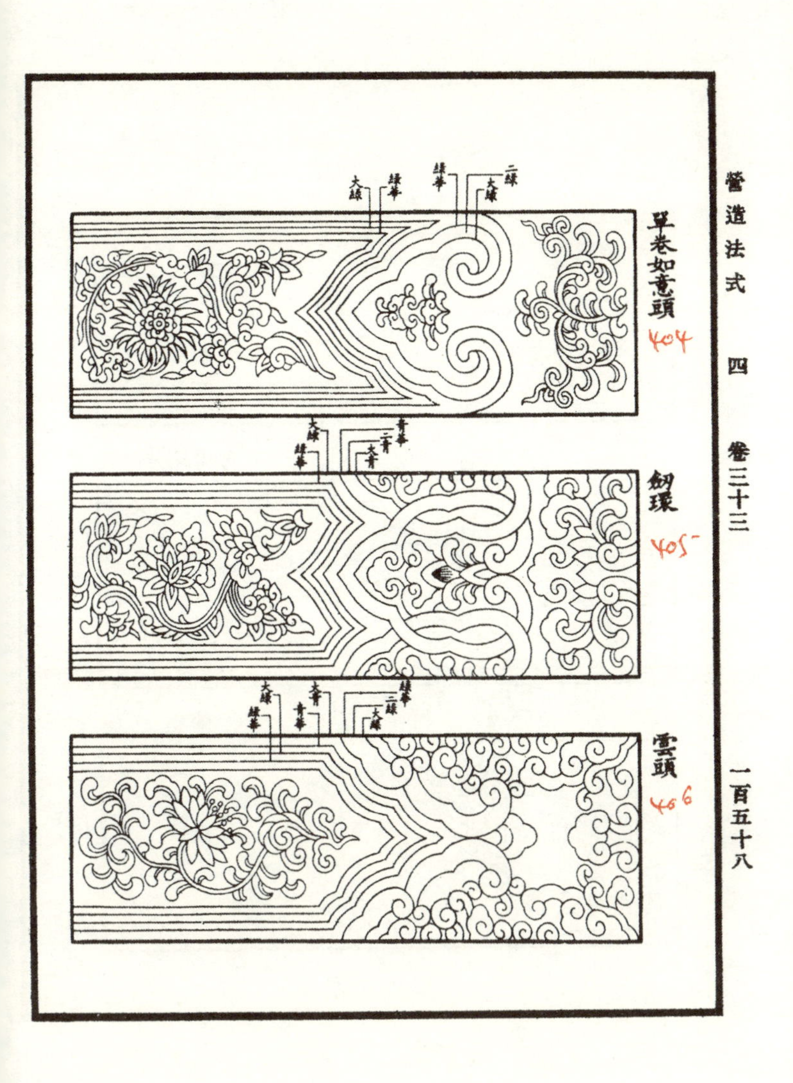

單卷如意頭
404
大緑
緑華
緑華
二緑
大緑
劒環
405
大緑
緑華
青華
二青
大青
雲頭
406
大緑
緑華
大青
青華
緑華
二緑
大緑

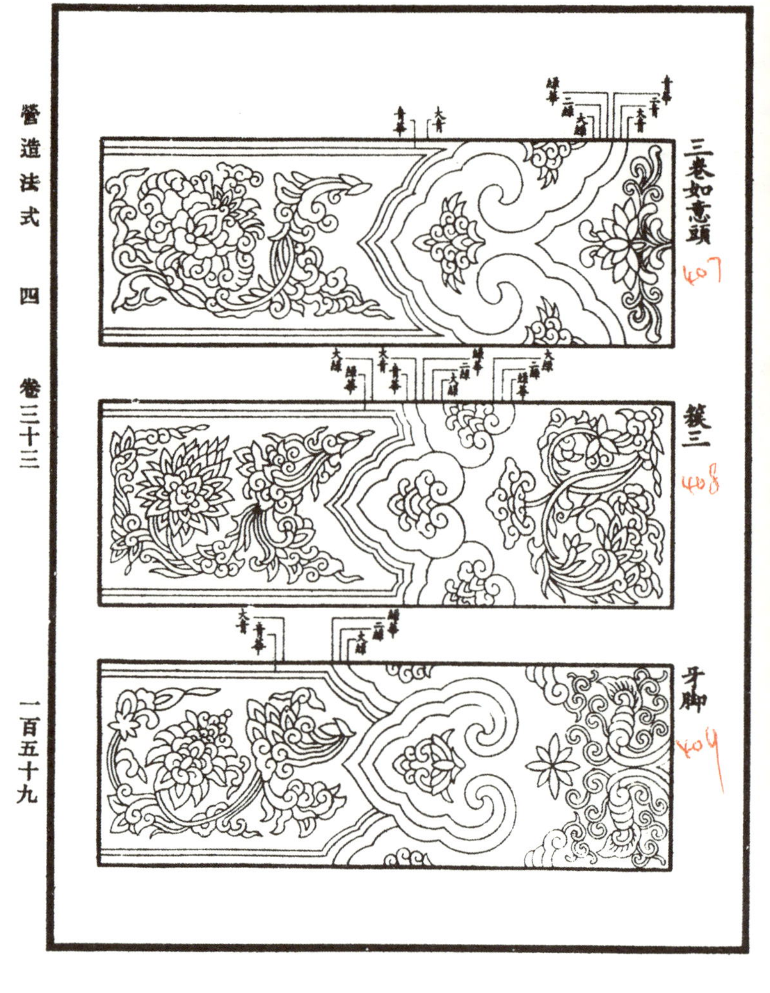
三卷如意頭
大青
青華
青華
二青
大青
緑華
二緑
大緑
簇三
大緑
緑華
大青
青華
緑華
二緑
大緑
大緑
二緑
緑華
牙脚
大青
青華
緑華
二緑
大緑

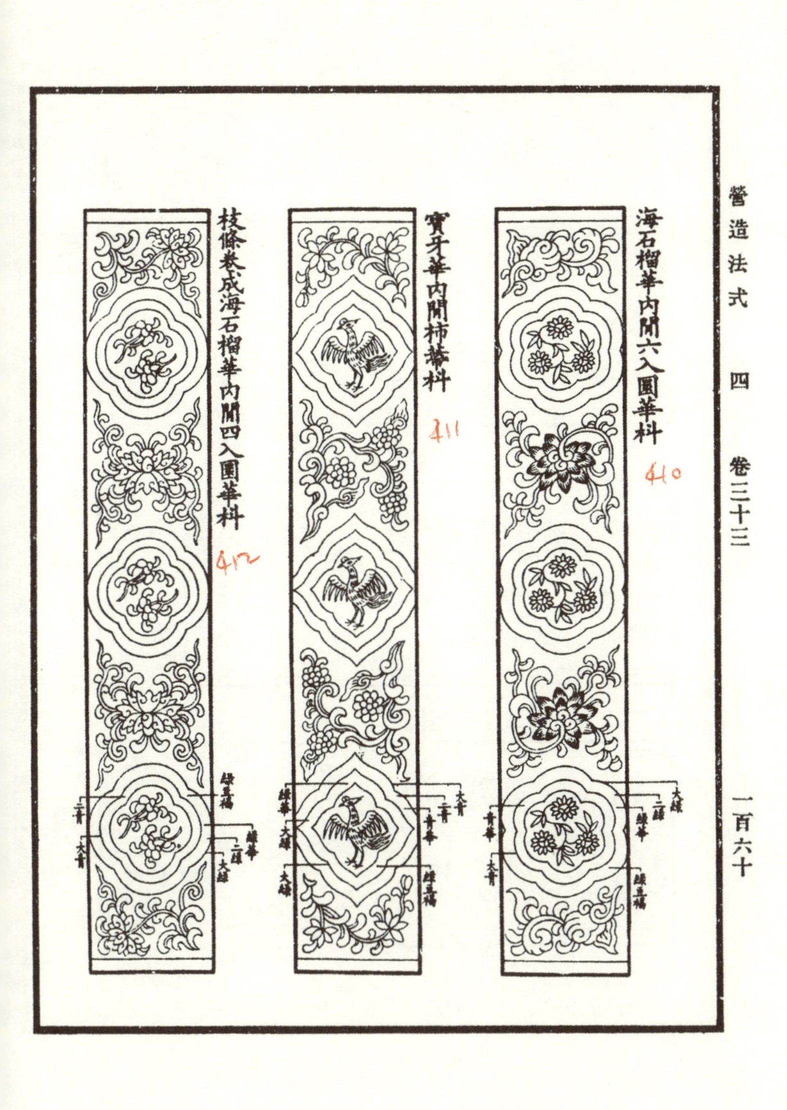
海石榴華内間六入圜華科
大綠
二綠
綠華
綠豆褊
青華
大青
寶牙華内間柿蔕科
大青
二青
青華
綠豆褊
綠華
大綠
大綠
枝條卷成海石榴華内間四入圜華科
綠豆褊
二青
大青
綠華
二綠
大綠

碾玉平棊第十

其華子暈心墨者係青暈外緣者係綠並係碾玉裝其不暈者白上描檀疊青綠

419

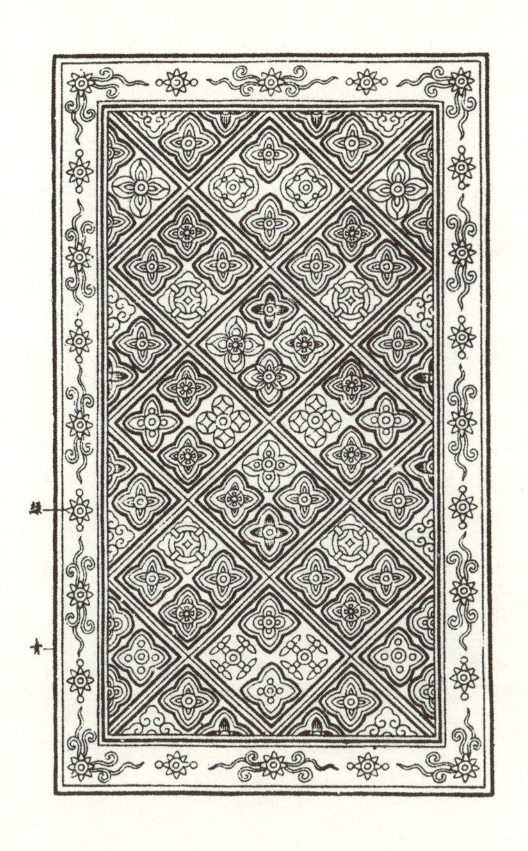

416

營造法式卷第三十三

營造法式卷第三十四

通直郎管修蓋皇弟外第專一提舉修蓋班直諸軍營房等臣李誡奉

聖旨編修

彩畫作制度圖樣下

五彩徧裝名件第十一

碾玉裝名件第十二

青緑疊暈棱間裝名件第十三

三暈帶紅棱間裝名件第十四

兩暈棱間内畫松文裝名件第十五

解緑結華裝名件第十六 附解緑裝

刷飾制度圖樣

丹粉刷飾名件第一

黃土刷飾名件第二

彩畫作制度圖樣下

五彩遍裝名件第十一

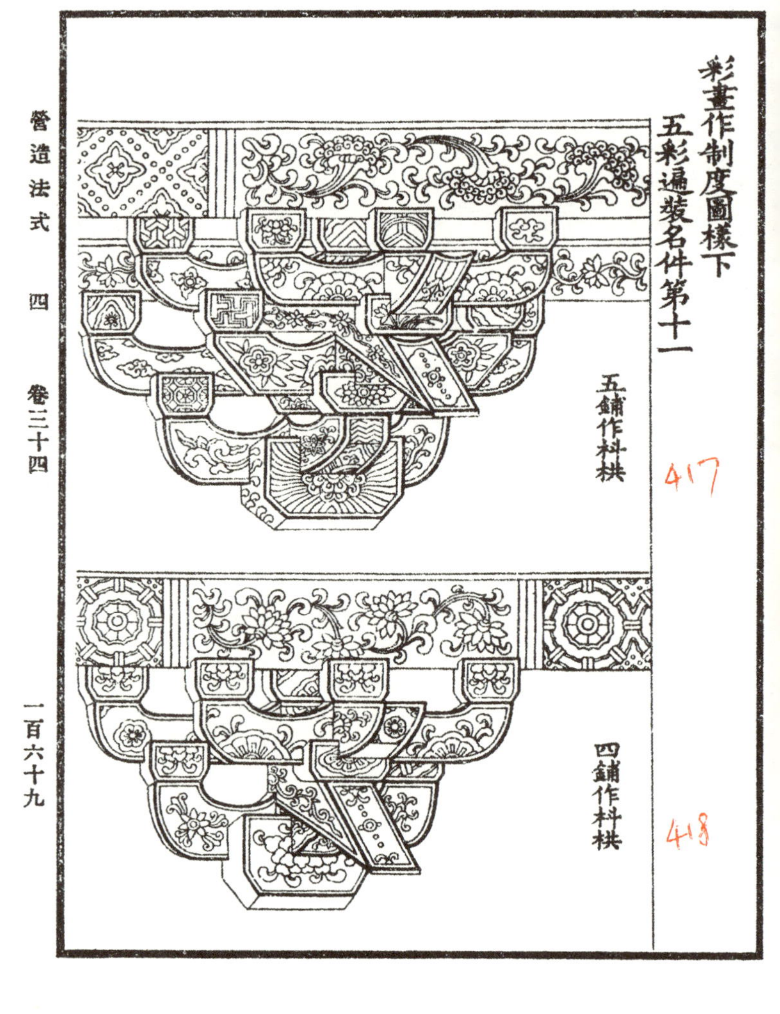

梁椽　飛子

419

420

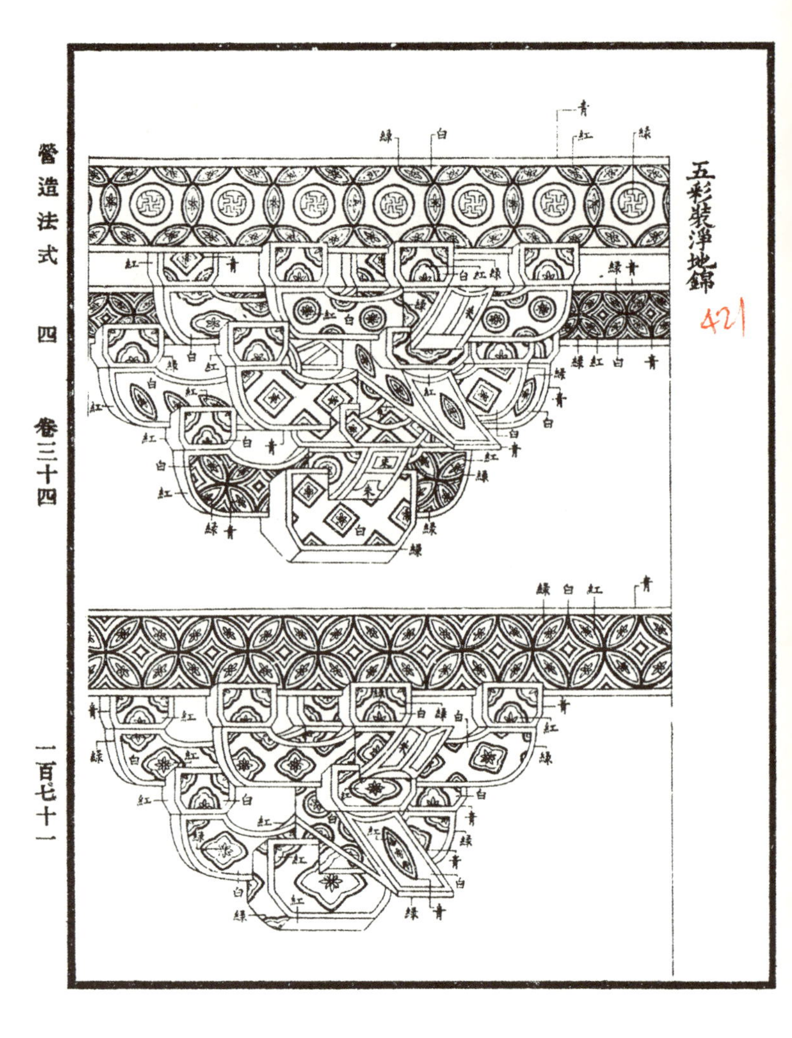

五彩裝淨地錦

421

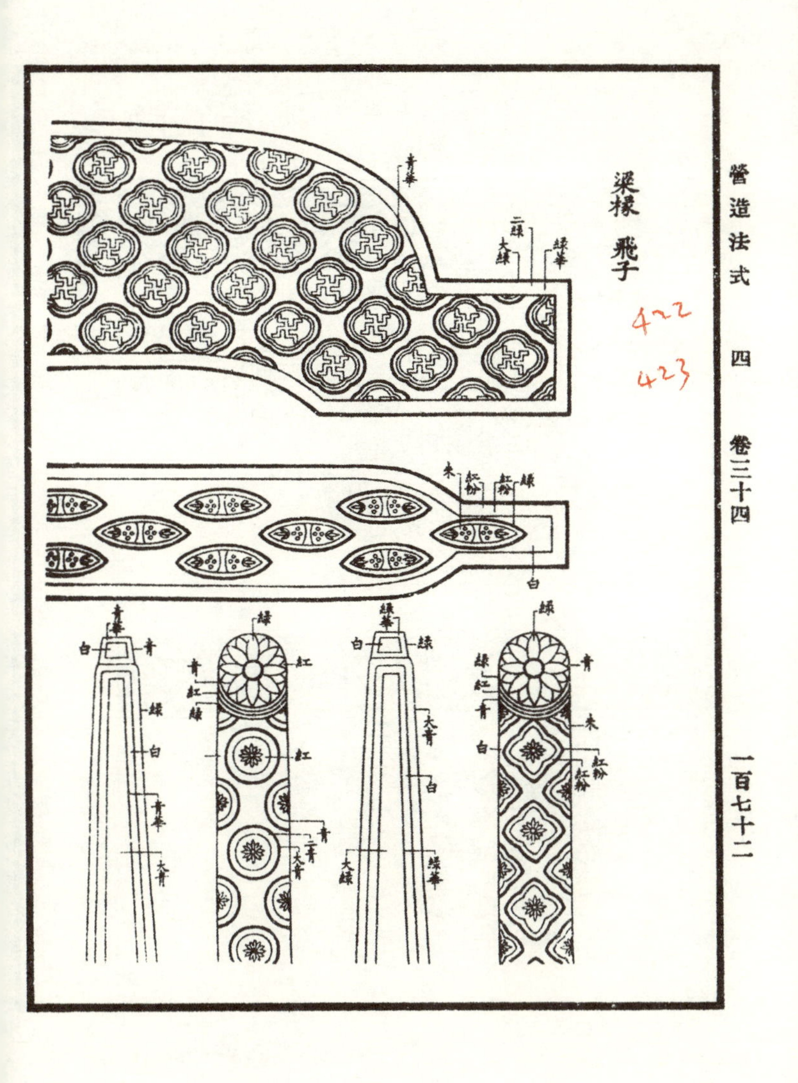

梁椽　飛子
青華
二緑
大緑
緑華
朱
紅粉
紅粉
緑
白
青華
白
青
緑
白
青華
大青
緑
青
紅
緑
紅
紅
青
二青
大青
緑華
白
緑
大青
白
大緑
緑華
緑
緑
青
紅
青
朱
白
紅
紅粉

五彩裝栱眼壁

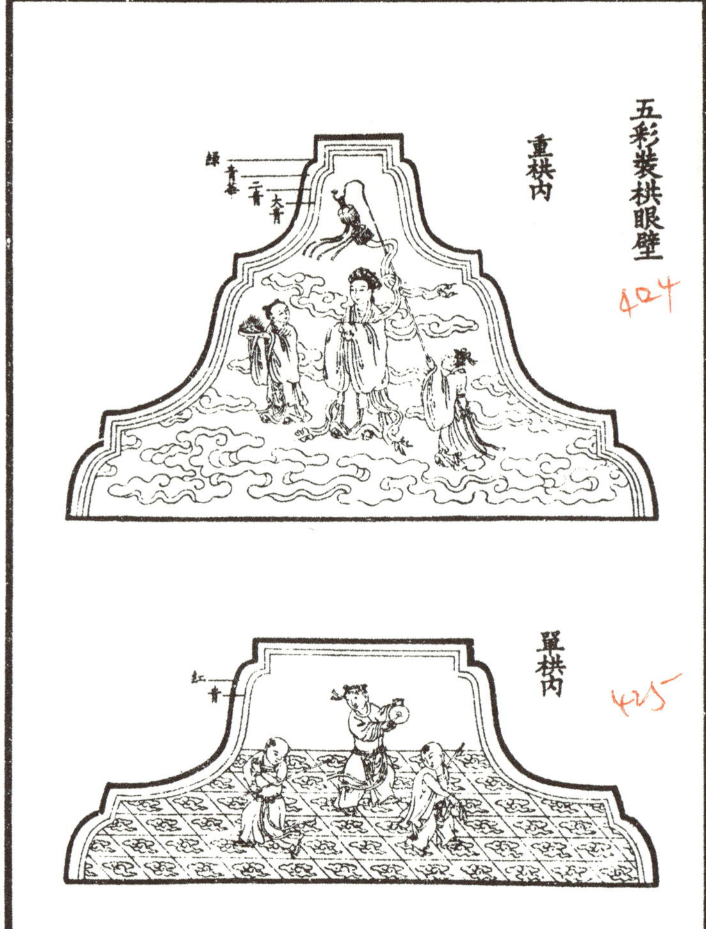

綠
青華
三青
大青

426

紅
青

427

大綠
綠
青華
二青
大青

大青
青
紅粉
紅粉
紅

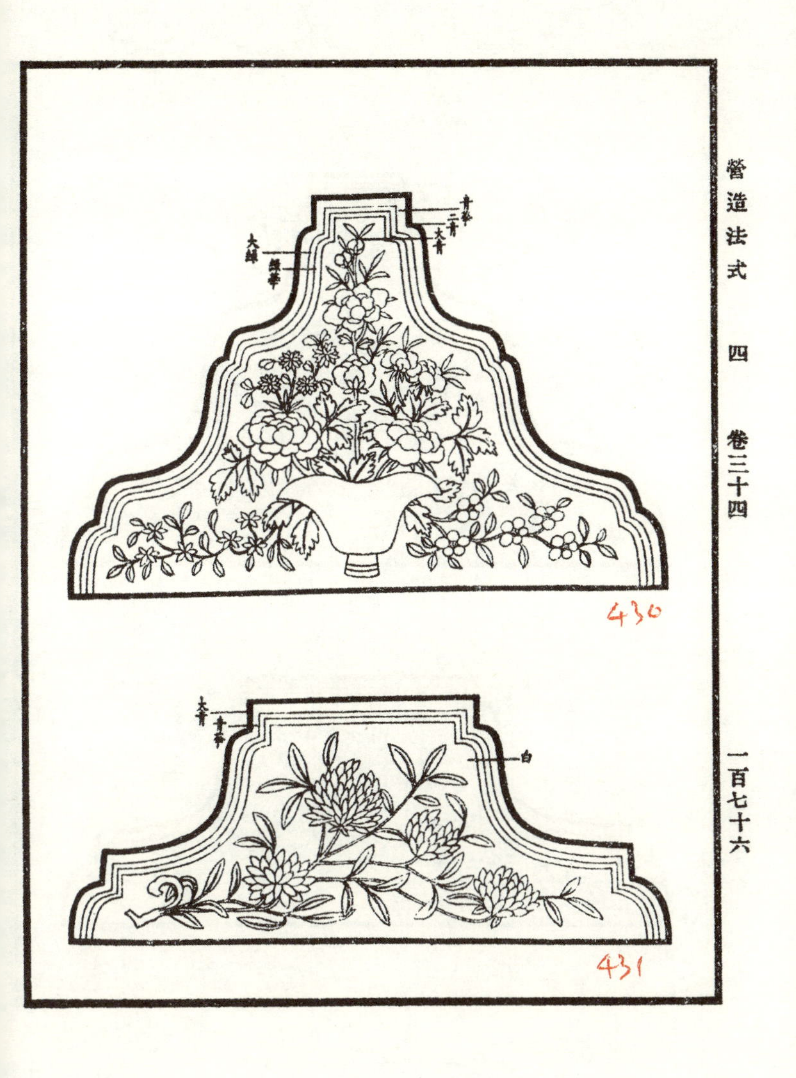
青華
三青
大青
大綠
綠華
430
大青
青華
白
431

綠
紅粉
紅粉
朱

432

青
綠華
二綠
大綠

433

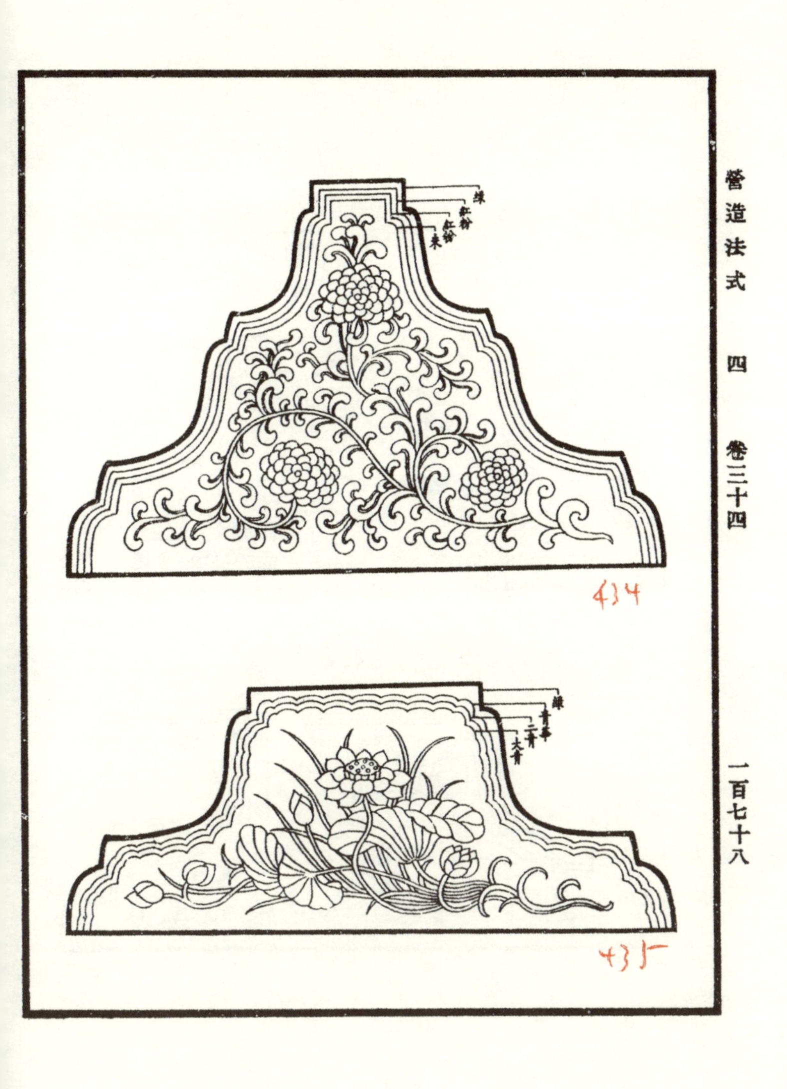
綠
紅粉
紅粉
朱
434
綠
青華
二青
大青
435

碾玉裝名件第十二

五鋪作枓栱

四鋪作枓栱

梁椽　飛子

碾玉裝栱眼壁

440

441

青
白
綠華
大綠

442

綠
白
青華
大青

443

青綠疊暈棱間裝名件第十三

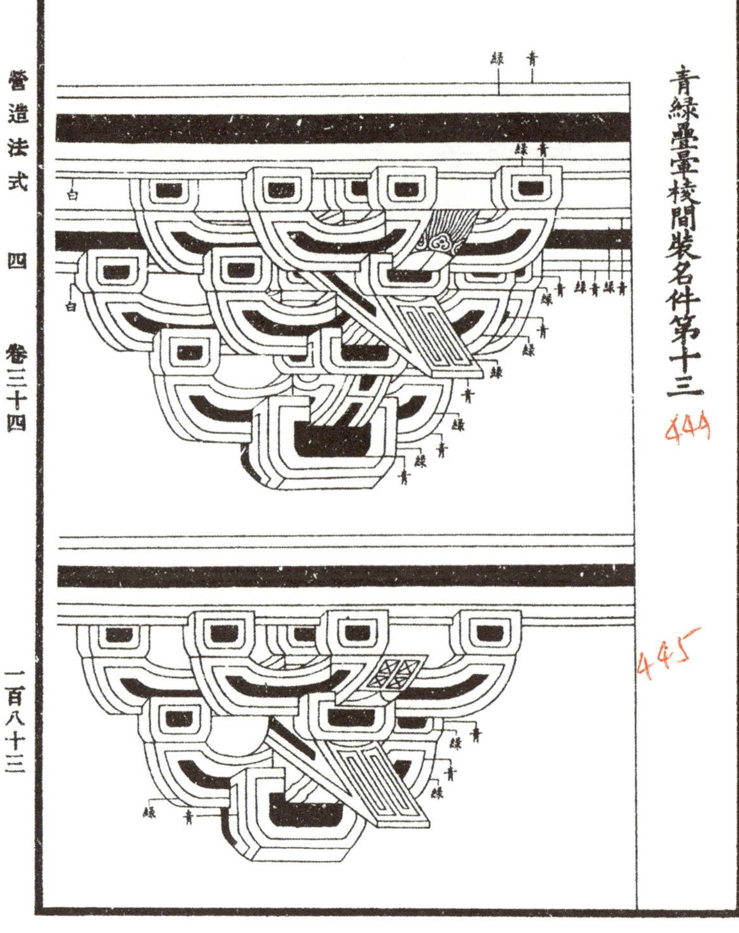

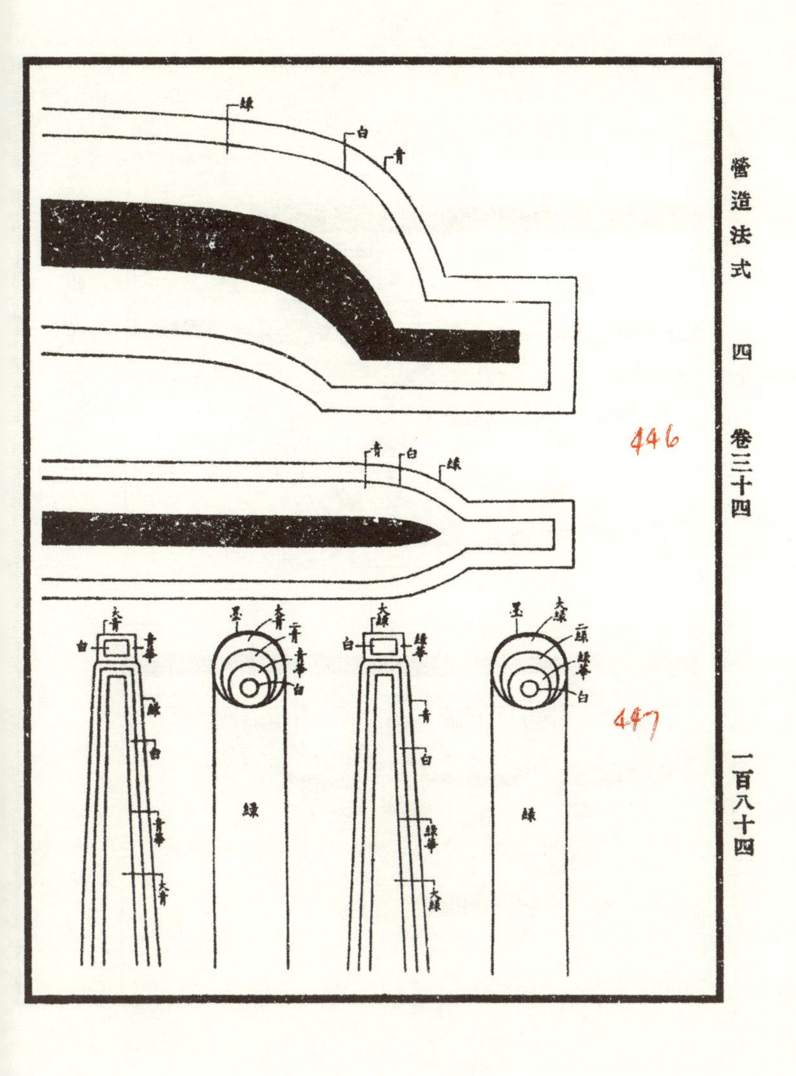
綠
白
青
青
白
綠
大青
白
青華
綠
白
青華
大青
墨
大青
二青
青華
白
綠
大綠
白
綠華
青
白
綠華
大綠
墨
大綠
二綠
綠華
白
綠

青緑疊暈三暈棱間裝

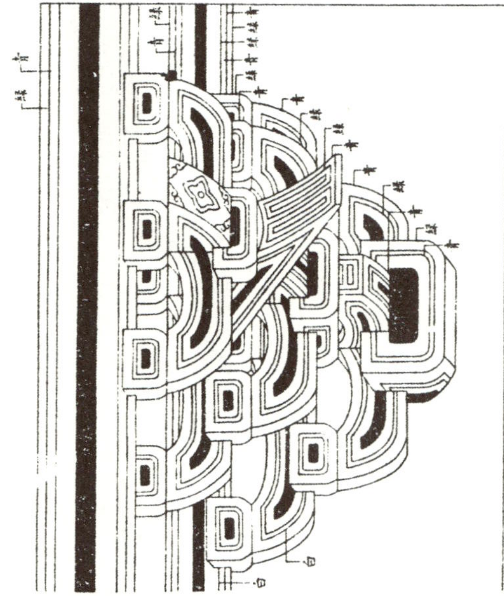

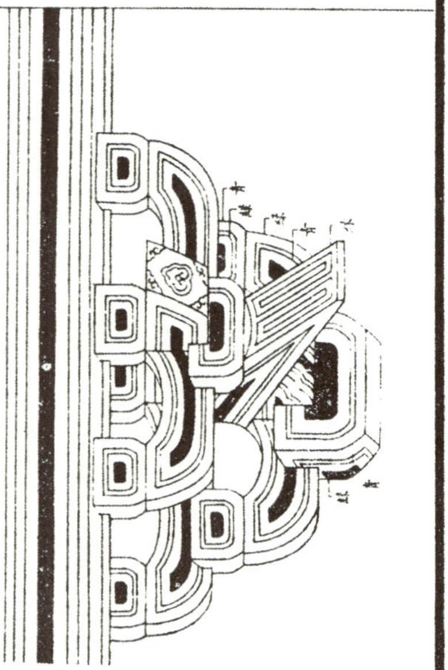

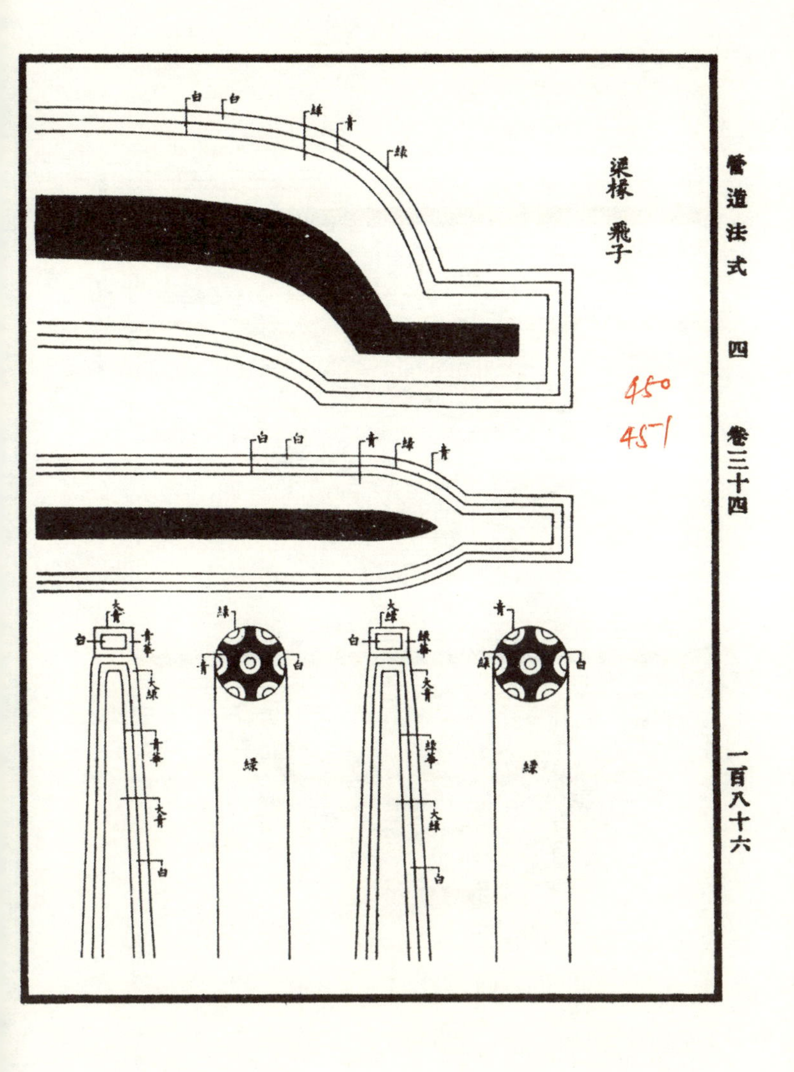

450
451

三暈帶紅棱間裝名件第十四

452

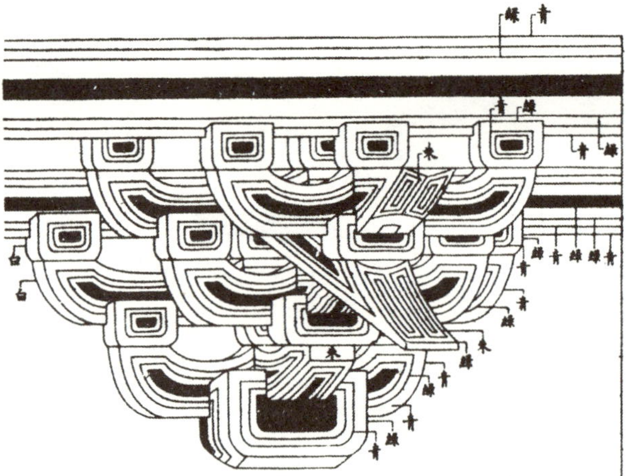

453

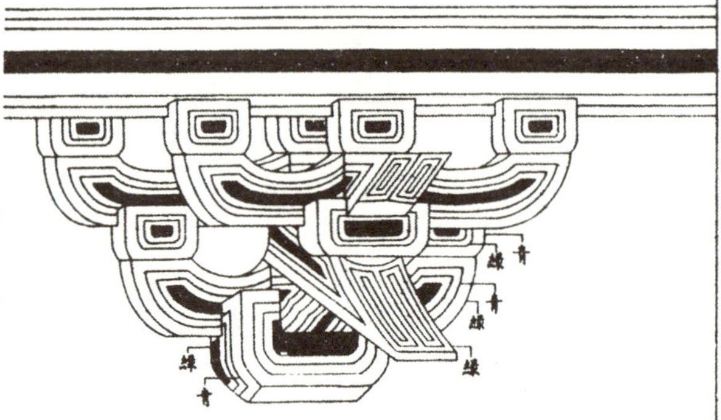

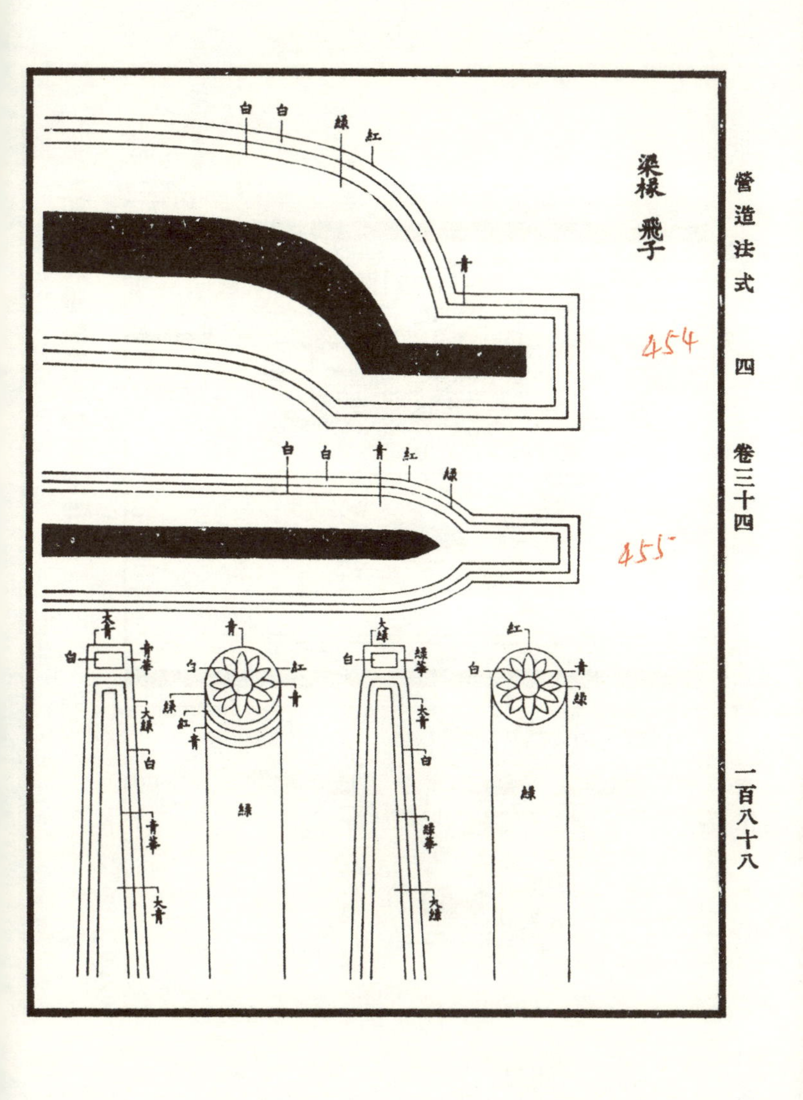
梁椽飛子
白
白
綠
紅
青
白
白
青
紅
綠
大青
白
青華
大綠
白
青華
大青
青
白
紅
青
綠
紅
青
綠
大綠
白
綠華
大青
白
綠華
大綠
紅
白
青
綠
綠
454
455

兩暈棱間內畫松文裝名件第十五

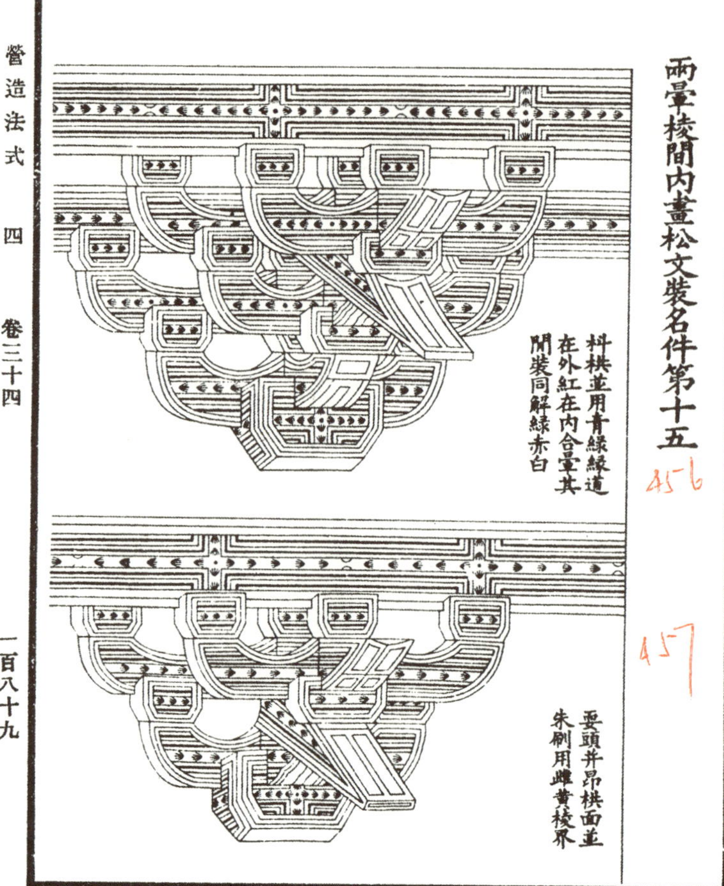

456

457

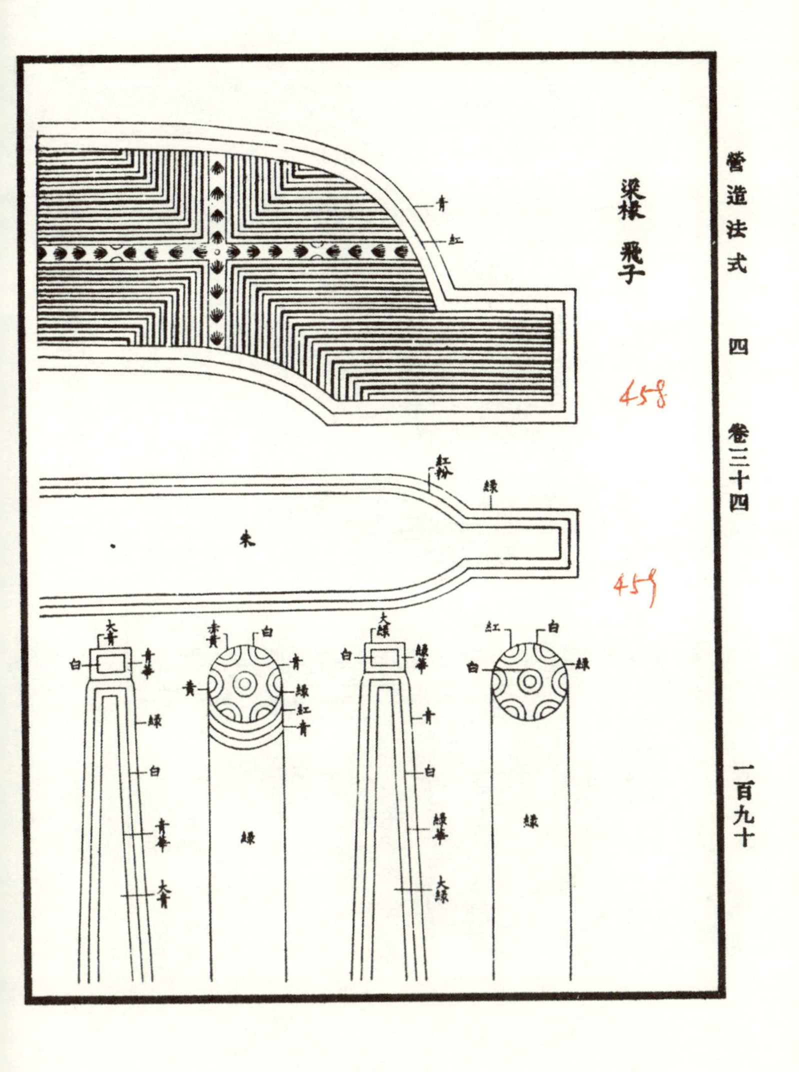

梁椽　飛子
青
紅
紅粉
綠
朱
大青
白
青華
綠
白
青華
大青
赤黄
白
青
青
綠
紅
青
綠
大綠
白
綠華
青
白
綠華
大綠
紅
白
白
綠
綠
458
459

解緑結華裝名件第十六 解緑裝附

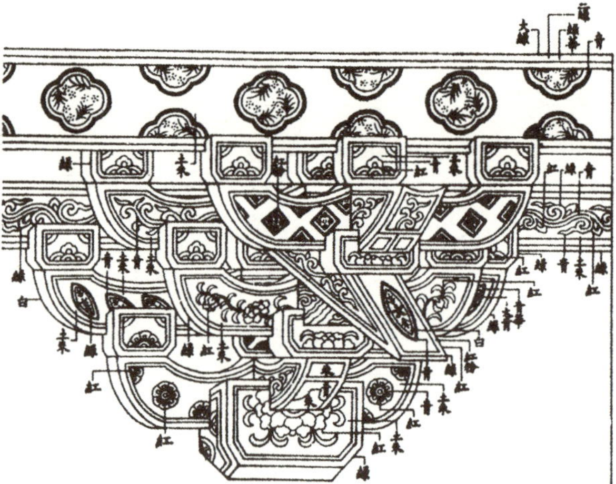

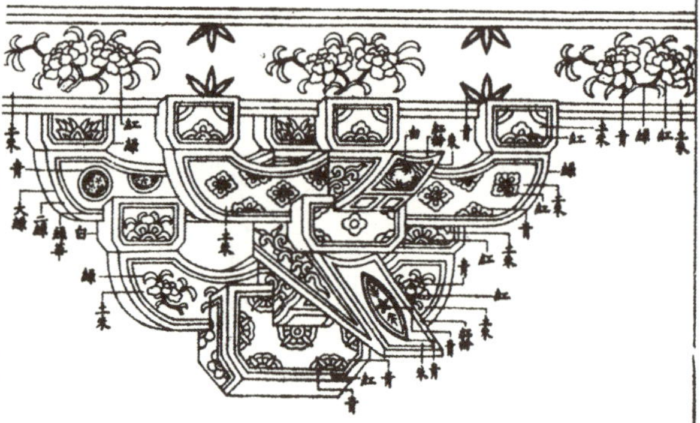

梁椽　飛子

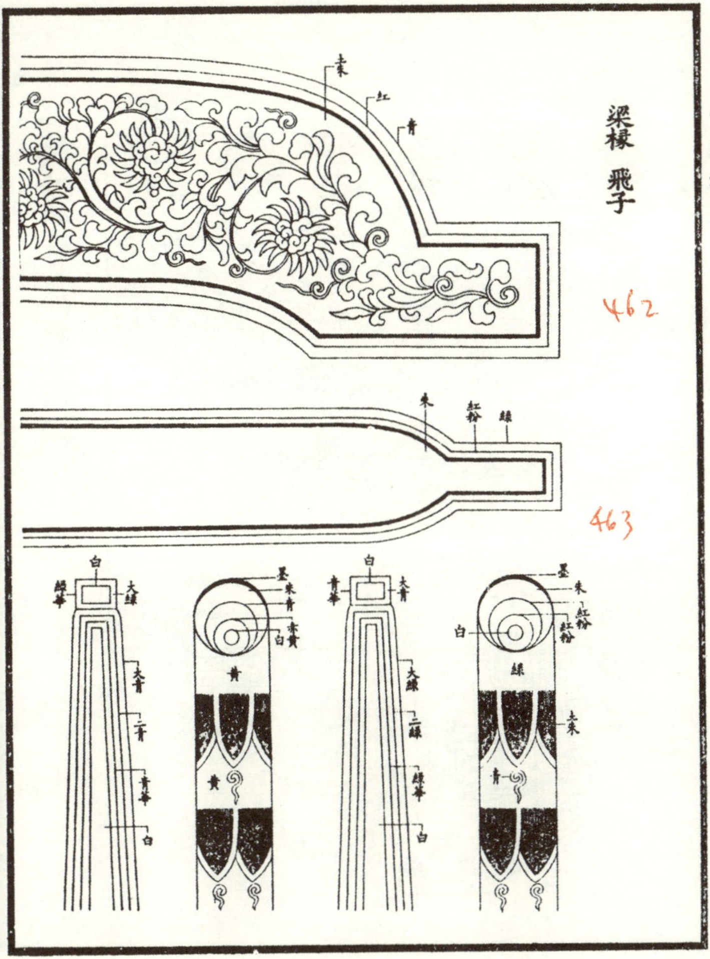

土朱
紅
青

朱
紅粉
綠

白
綠華
大綠
大青
二青
青華
白

墨
朱
青
深黄
白
黄
黄

白
青華
大青
大綠
二綠
綠華
白

墨
朱
青
紅粉
紅粉
白
綠
土朱
青

解緑裝名件

凡青緑疊暈青在外青華在中粉緑在内

凡緑緣疊暈大緑在外緑華在中粉緑在内

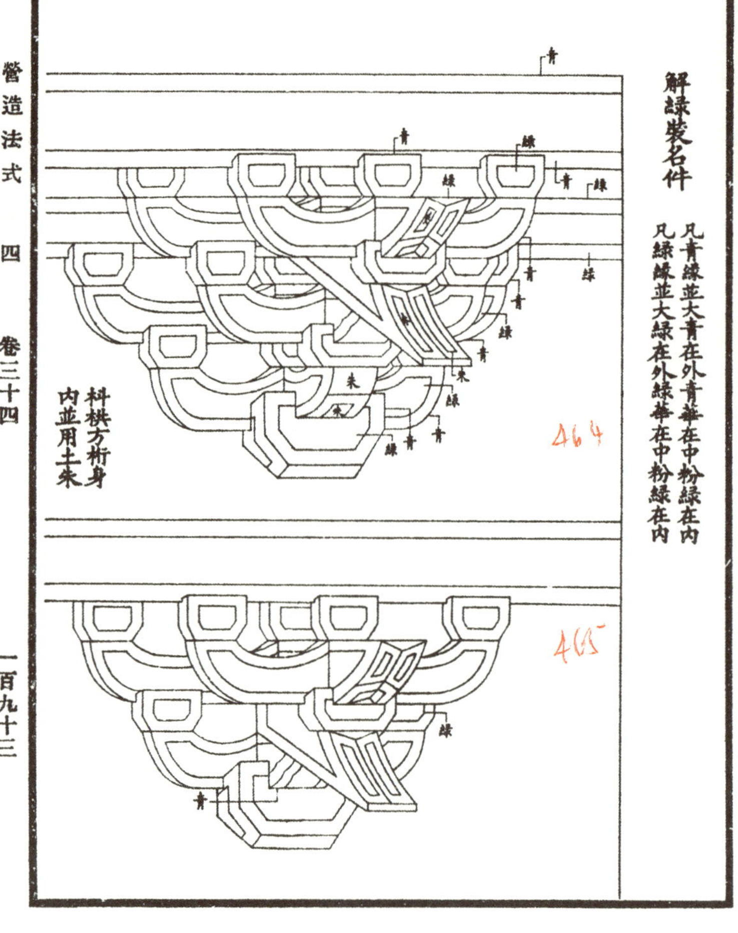

梁椽　飛子

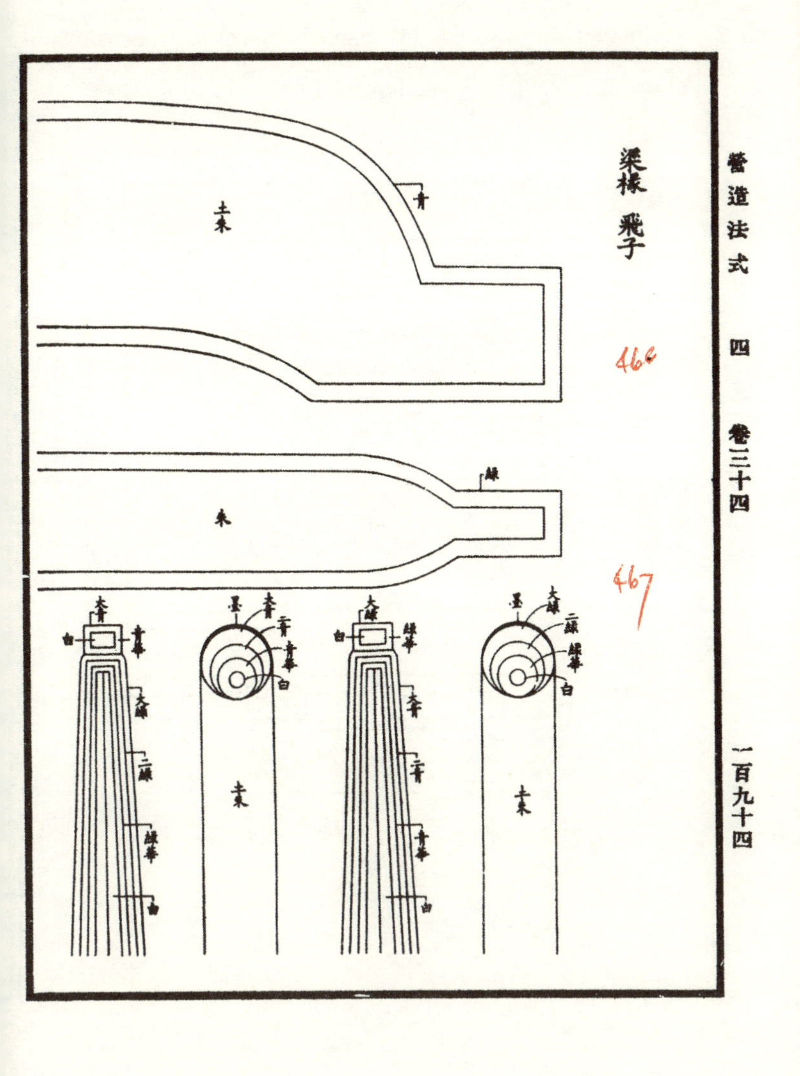
青
土朱
綠
朱
大青
白
青華
大綠
二綠
綠華
白
墨
大青
二青
青華
白
土朱
大綠
白
綠華
大青
二青
青華
白
墨
大綠
二綠
綠華
白
土朱
466
467

栱眼壁內畫單枝條華

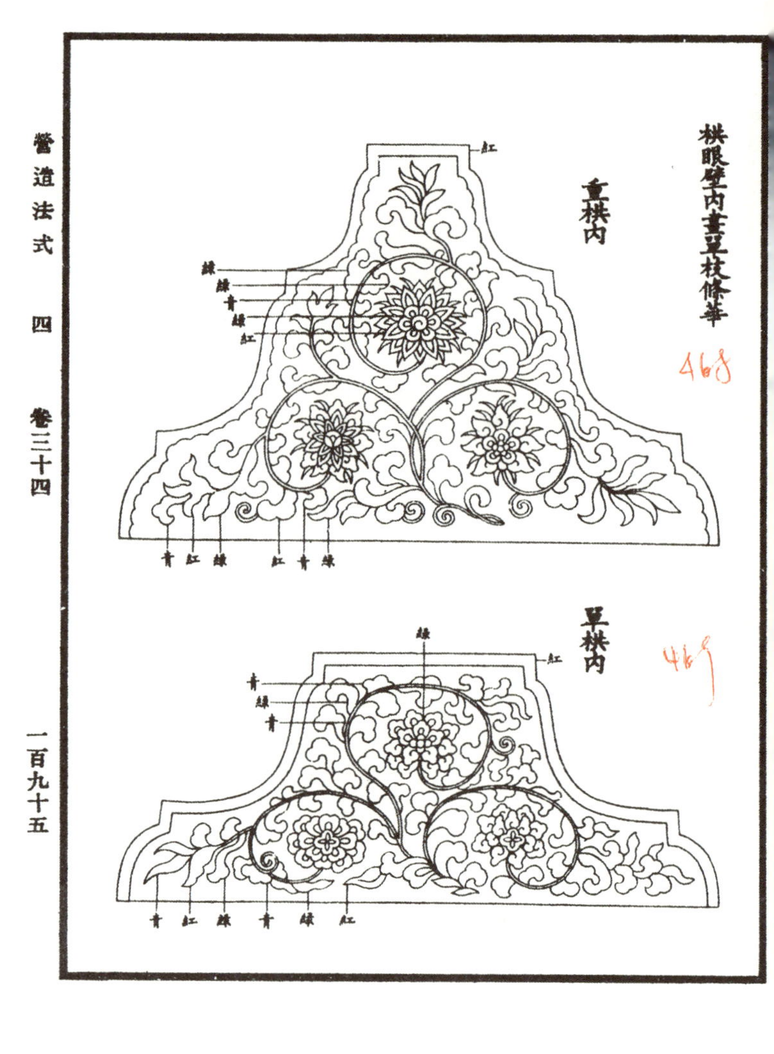

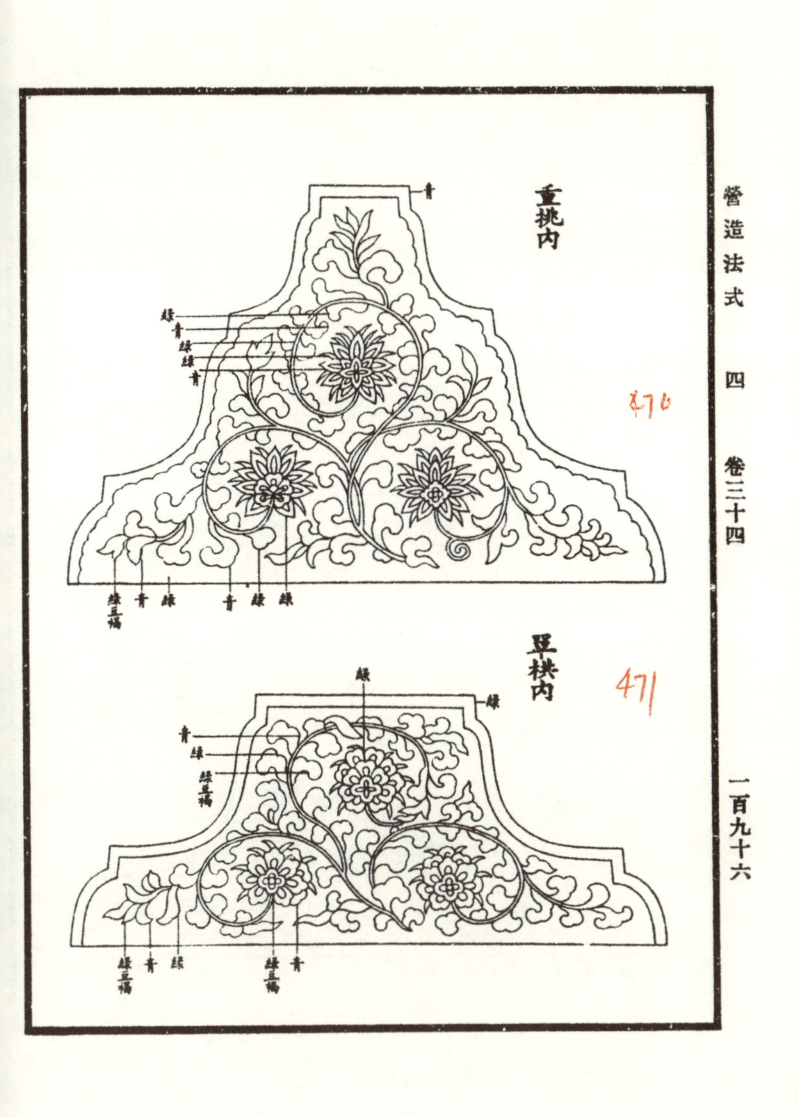
重栱內
青
綠
青
綠
綠
青
綠豆褊
青
綠
青
綠
綠
476
單栱內
471
綠
綠
青
綠
綠豆褊
綠豆褊
青
綠
綠豆褊
青

青綠疊暈棱間裝栱眼壁內影作

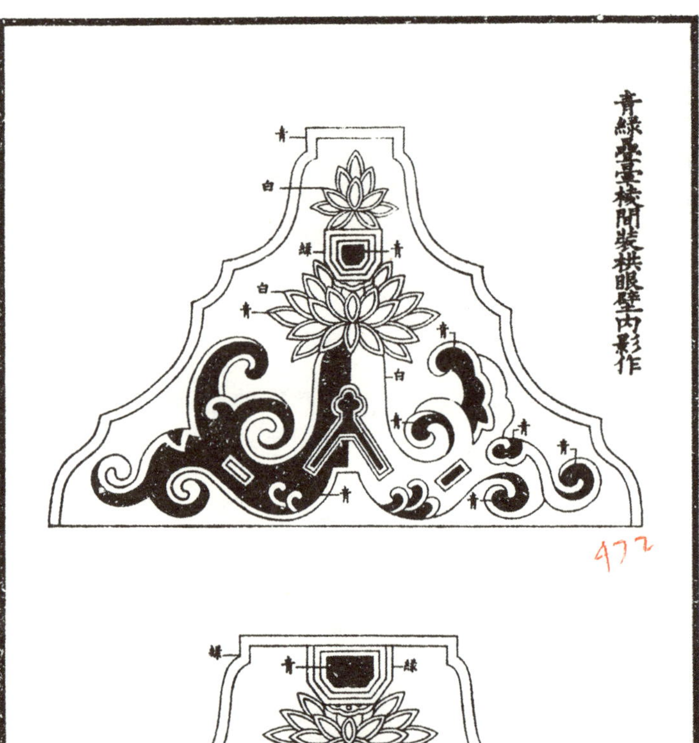

解綠結華裝栱眼壁內影作

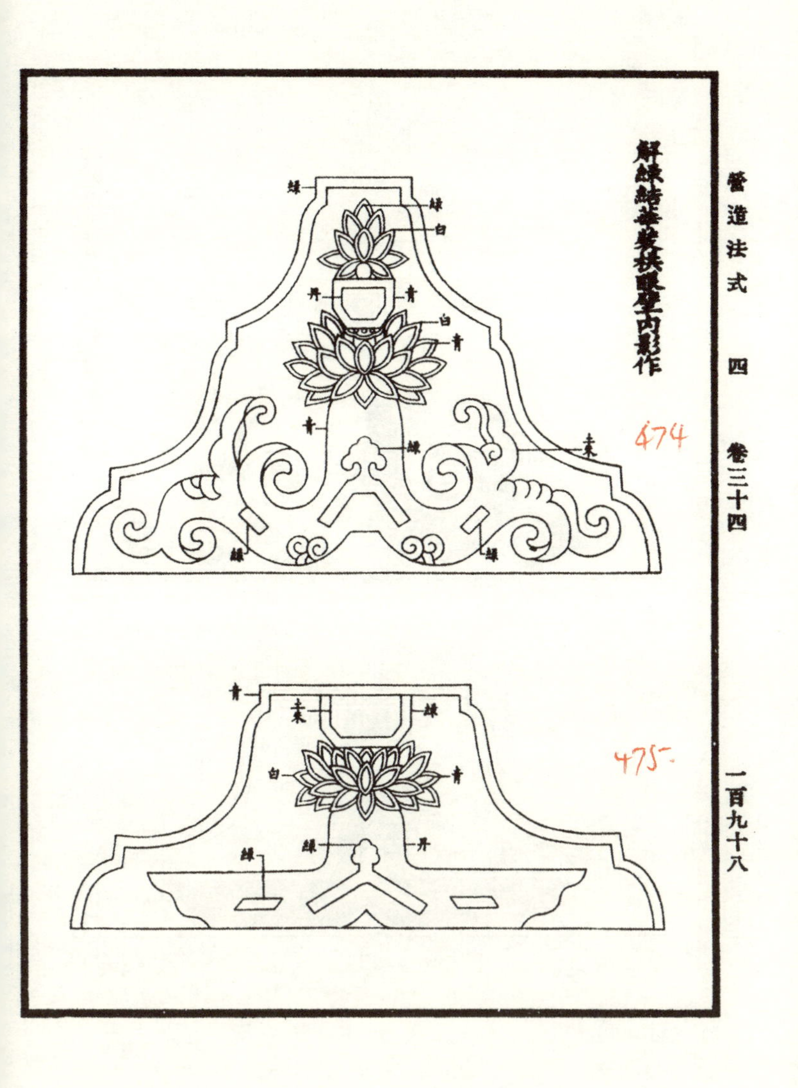

刷飾制度圖樣

丹粉刷飾名件第一

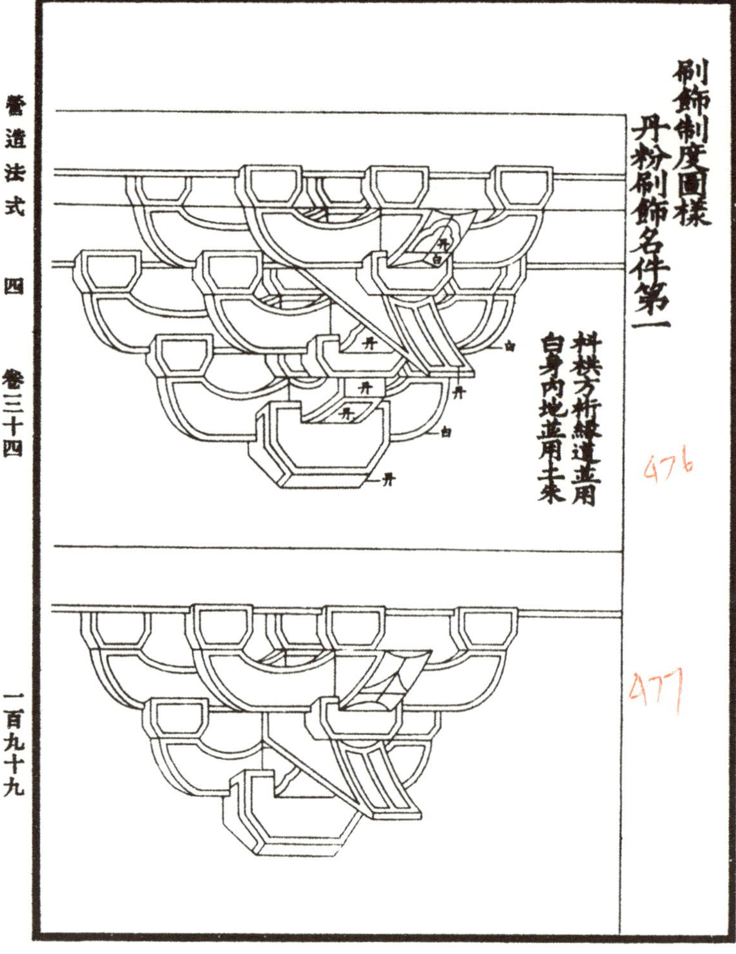

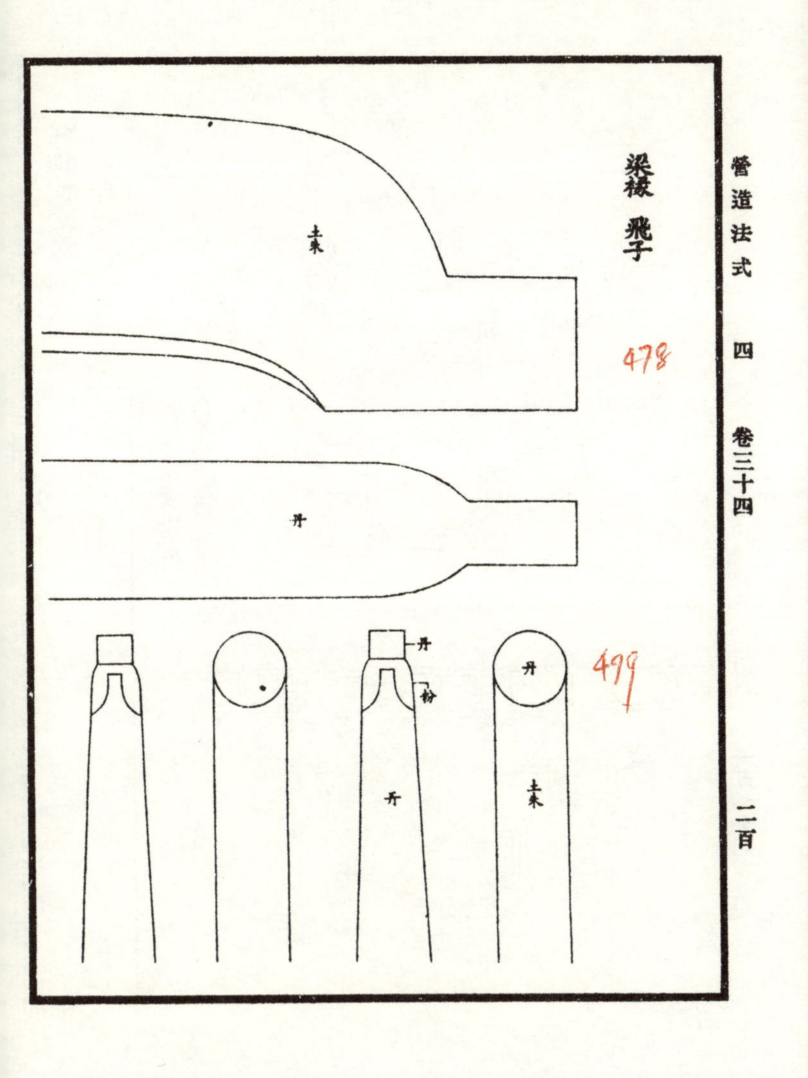
梁栿 飛子
土朱
丹
丹
粉
丹
丹
土朱
478
499

黄土刷飾名件第二

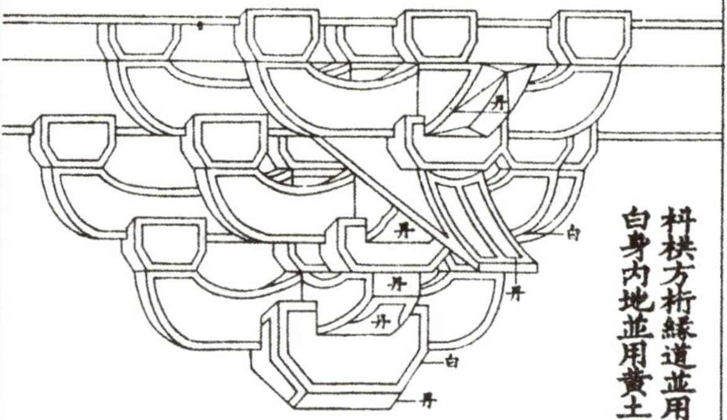

枓栱方桁緣道並用白身内地並用黄土

480

481

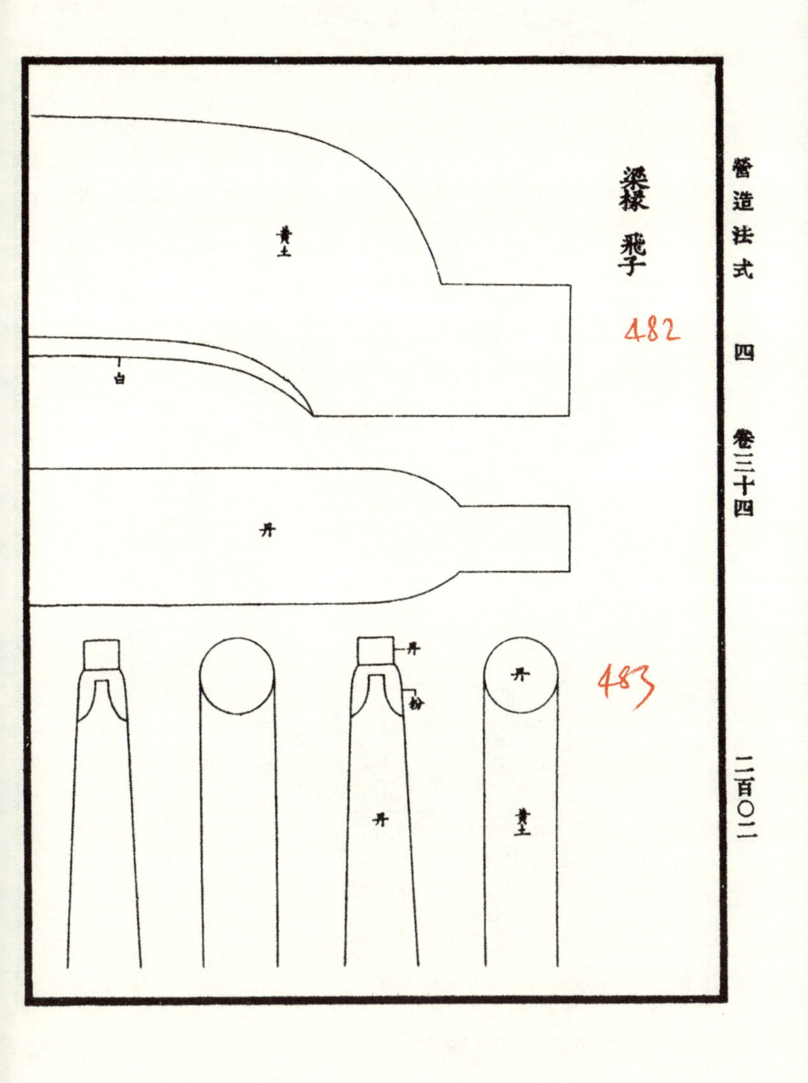
椽 飛子
482
黄土
白
丹
483
丹
粉
丹
丹
黄土

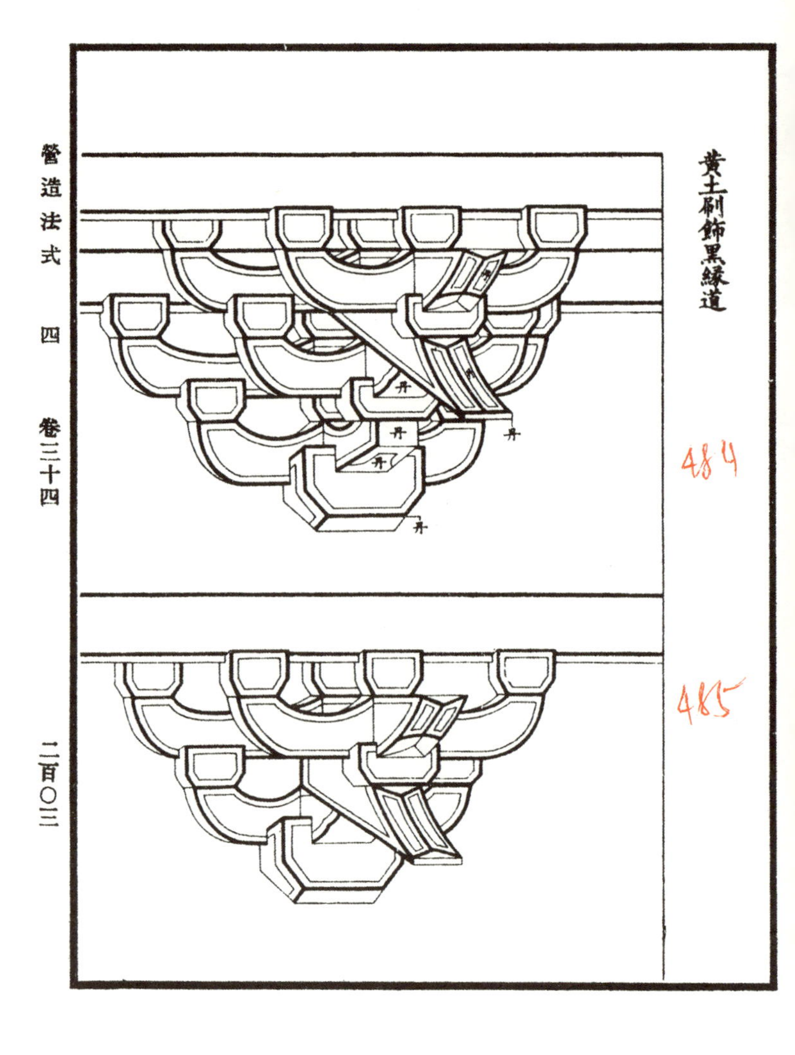
黄土刷飾黑緣道
丹
丹
丹
丹
丹

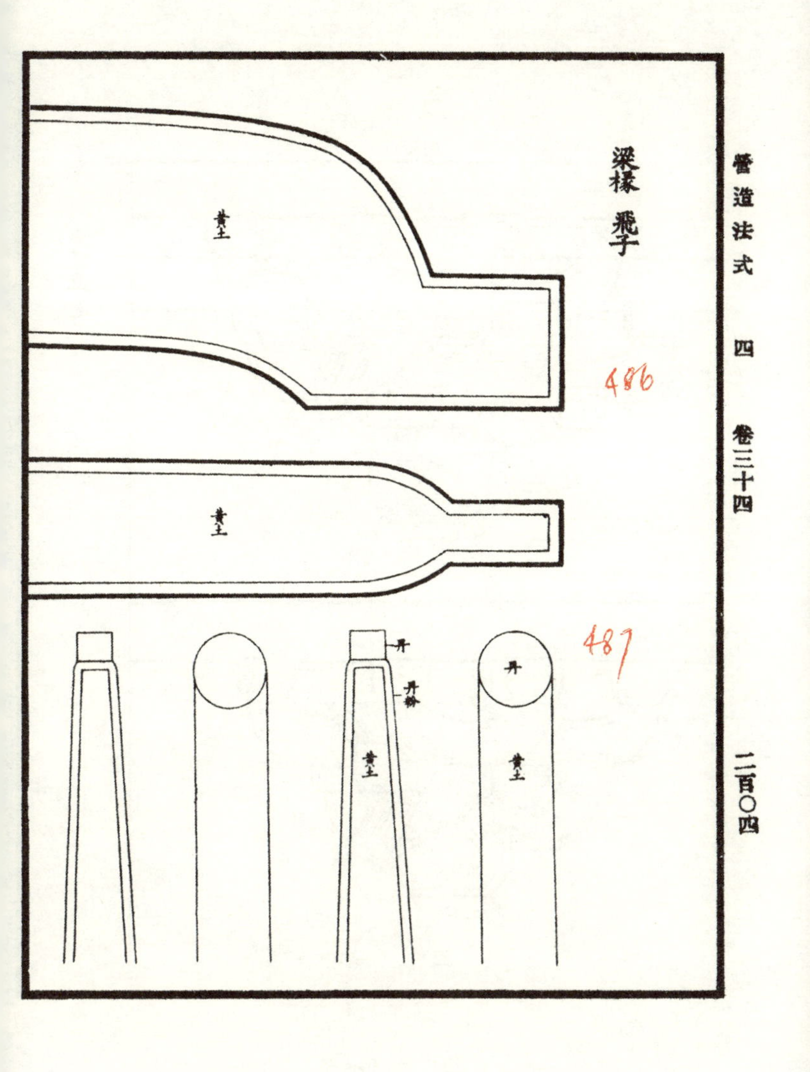
梁椽 飛子
黄土
黄土
丹
丹粉
黄土
丹
黄土
486
487

丹粉刷飾栱眼壁

重栱眼

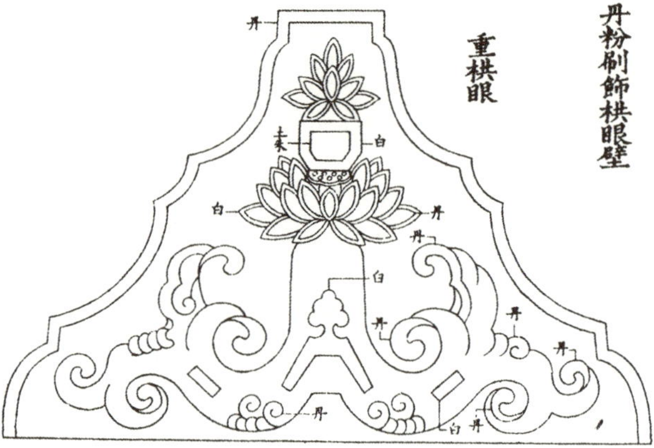

單栱眼

黄土刷飾栱眼壁

營造法式卷第三十四

繕寫黄岡饒星舫

繪圖任邱呂茂林
大興賈瑞齡

營造法式附録目

營造法式附録目終

宋故中散大夫知虢州軍州管句學士兼管內勸農使

賜紫金魚袋李公墓誌銘 為傅沖益作

大觀四年二月丁丑今龍圖閣直學士李公譓對垂拱

上問弟誡所在龍圖言方以中散大夫知虢州有旨趣

召後十日龍圖復奏事殿中既以虢州不禄聞上嗟惜

久之詔別官其一子公之卒二月壬申也越四月丙子

其孤葬公鄭州管城縣之梅山從先尚書之塋公諱誡

字明仲鄭州管城縣人曾祖諱惟寅故尚書虞部員外郎

贈金紫光禄大夫祖諱惇裕故尚書祠部員外郎祕閣

校理贈司徒父諱南公故龍圖閣直學士大中大夫贈

左正議大夫元豐八年哲宗登大位正議時為河北轉

運副使以公奉表致方物恩補郊社齋郎調曹州濟陰
縣尉濟陰故盜區公至則練卒除器明購罰廣方略得
劇賊數十人縣以清淨遷承務郎元祐七年以承奉郎
爲將作監主簿紹聖三年以承事郎爲將作監丞元符
中建五王邸成遷宣義郎時公在將作且八年其考工
庀事必究利害堅窳之制堂構之方與繩墨之運皆已
了然於心遂被旨著營造法式書成凡二十四卷詔頒
之天下已而丁母安康郡夫人某氏喪崇寧元年以宣
德郎爲將作少監二年冬請外以便養以通直郎爲京
西轉運判官不數月復召入將作爲少監辟雍成遷將
作監再入將作又五年其遷奉議郎以尚書省其遷承

議郎以龍德宮棣華宅其遷朝奉郎賜五品服以朱雀
門其遷朝奉大夫以景龍門九成殿其遷朝散大夫以
開封府廨其遷右朝議大夫賜三品服以修奉太廟其
遷中散大夫以欽慈太后佛寺成大抵自承務郎至中
散大夫凡十六等其以吏部年格遷者七官而已大觀
某年丁正議公喪初正議疾病公賜告歸又許挾國醫
以行至是上特賜錢百萬公曰敦匠事治穿具力足以
自竭然上賜不敢辭則以與浮屠氏爲其所謂釋迦佛
像者以侈上恩而報罔極云服除知虢州獄有留繫彌
年者公以立談判未幾疾作遂不起吏民懷之如久被
其澤者蓋享年若干公資孝友樂善赴義喜周人之急

又博學多藝能家藏書數萬卷其手鈔者數千卷工篆
籀草隸皆入能品嘗纂重修朱雀門記以小篆書丹以
進有旨勒石朱雀門下善畫得古人筆法上聞之遣中
貴人諭旨公以五馬圖進睿鑒稱善公喜著書有續山
海經十卷續同姓名録二卷琵琶録三卷馬經三卷六博
經三卷古篆說文十卷公配王氏封奉國郡君子男若
干人女若干人云云湴盗觀虞舜命九官而垂共工居其
一疇咨而後命之蓋其慎且重如此誠以授法庶工使
棟宇器用不離於軌物此豈小夫之所能知哉及觀周
之小雅斯干之詩其言考室之盛至於庭戶之端楹椽
之美且又嗟詠騫揚奐散之狀而實本宣王之德政魯

僖公能復周公之宇作爲寢廟是斷是度是尋是尺而
奚斯實授法於庶工方紹聖崇寧中聖天子在上政之
流行德之高遠巍然沛然與山川其侔大也而後以先
王之制施之寢廟官寺棟宇之間當是時地不愛材工
獻其巧而公獨膺垂奚斯之任者十有三年以結睿知
致顯位所謂君子攸寧孔曼且碩者視宣王僖公之世
爲甚陋而公實尸其勞可謂盛矣沖益初爲鄭圃治中始
從公游及代還京師久困不得官遇公領大匠遂見取
爲屬寖以微勞竊資秩緊公德是賴既日夕後先熟公
治身臨政之美泣而爲銘銘曰
維仕慕君不有其躬何適非安唯命之從譬之庀材唯

匠之爲爾極而極爾榱而榱亦譬在鎔不謁而擇爲利則斷爲堅則擊垂在九官世載厥賢曰汝共工沒齒不遷匪食之志繫職則然公爲一尉羣盜斯得公在將作寢廟奕奕爲垂奚斯以叟帝績仕無大小必見其賢無不自盡以虔所天帝以爲能世以爲才勞能實多福祿具來有生會終公有貽憲窾辭貞珉盡力之勸

右誌銘在程俱北山小集中注稱爲傅沖益作傅乃誡之屬吏篇中於誡之諱字及傅自述稱名處均書某茲皆填明以便覽者惟北山小集宋刻以後傳本絶希此據歸安姚彥進齋所藏鈔本録入簽注影宋訛字仍之未敢臆改紹聖誤寫紹興則改正焉按誡父南公宋史有傳兄諴亦附傳而不及誡又按楊仲良續資治通鑑長編紀事本末崇寧四年七月二十七日宰相蔡京等進呈庫部員外郎姚舜仁請即國丙己之地建明堂繪圖以獻上上曰先帝常欲爲之有圖見在禁中然考究未甚詳仍令將作監李誡誡誤諴同舜仁上殿八月十六日李誡姚舜仁進明堂圖上謂誡等曰云云録之備考

營造法式卷第八

通直郎管修蓋皇弟外第專一提舉修蓋班直諸軍營房等臣李誡奉

聖旨編修

小木作制度三

平棊　鬭八藻井

小鬭八藻井　拒馬叉子

叉子　鉤闌重臺鉤闌　單鉤闌

棵籠子　井亭子

牌

平棊其名有三：一曰平機，二曰平橑，三曰平棊；俗謂之平起。其以方椽施素版者，謂之平闇。

造殿內平棊之制：於背版之上，四邊用桯，桯內用貼，貼內

宋紹興刻本題名

平江府今得

紹聖營造法式舊本并目録看詳共一十四冊

紹興十五年五月十一日校勘重刊

左文林郎平江府觀察推官陳綱校勘

寶文閣直學士右通奉大夫知平江軍府事提舉勸農使開國子食邑五百戶王㬇重刊

諸書記載並題跋

宋史○職官志將作監置監少監各一人監掌宮室城郭橋梁舟車營造之事少監爲之貳○元祐七年詔頒將作監修成營造法式○藝文志史部儀注類營造法式二百五十册（注曰元祐間）卷亡○又子部藝術類李誡新集木書一卷（按宋史無李誡傳錄此以徵李誡之誤）

晁載之續談助○右鈔崇寧二年正月通直郎試將作少監李誡所編營造法式其宮殿佛道龕帳非常所用者皆不敢取又曰自卷十六至二十五並土木等功限自卷二十六至二十八並諸作用釘膠等料用例自卷二十九至三十四並制度圖樣並無鈔五年

十一月二十三日潤州通判廳西樓北齋伯宇記時蔡

晉如通判潤州事

晁公武郡齋讀書誌○將作營造法式三十四卷皇朝李誡撰熙寧中敕將作監編修營造法式誡以爲未備乃考究經史并詢匠工以成此書頒於列郡世謂喻皓木經極爲精詳此書蓋過之

陳振孫書録解題○營造法式三十四卷看詳一卷將作少監李誡編修初熙寧中始詔修定至元祐六年成書紹聖四年命誡重修元符三年上崇寧二年頒印前二卷爲總釋其後曰制度曰功限曰料例曰圖樣而壕寨石作大小木彫旋鋸作泥瓦彩畫刷飾又

各分類匠事備矣

陸友仁研北雜誌○李明仲誡所著書有續山海經十卷古篆說文十卷續同姓録二卷營造法式廿四卷琵琶録三卷馬經三卷六博經三卷

唐順之稗編○李誡營造法式均鈔看詳條目不再録惟屋楹數一條爲今本所無録以備考○

屋楹數

王盈孫傳僖宗還議立太廟盈孫議曰故廟十一室二十三楹楹十一梁垣墉廣袤稱之禮記兩楹知爲兩柱之間矣然楹者柱也自其奠廟之所而言兩楹則間於廟兩柱之中於義易曉後人記屋室以若干楹言之其所通數一柱爲一楹耶抑以柱之一列爲一楹也此無辨者蓋盈孫此議則

以柱之一列爲一楹也

讀書敏求記○李誡營造法式三十四卷目録看詳二卷牧翁得之天水長公圖樣界畫最爲難事己丑春予以四十千從牧翁購歸牧翁又藏梁谿故家鏤本庚寅冬不戒於火縹囊緗帙盡爲六丁取去獨此本流傳人間真希世之寶也誡字明仲所著書有續山海經十卷古篆説文十卷續同姓録二卷琵琶録三卷馬經三卷六博經二卷今俱失傳附識此以示藏書家互蒐討之

四庫全書總目○營造法式三十四卷浙江范懋柱家天一閣藏本

宋通直郎試將作少監李誡奉敕撰初熙寧中敕將

作監官編修營造法式至元祐六年成書紹聖四年
以所修之本衹是料狀别無變造制度難以行用命
誡别加撰輯誡乃考究羣書并與人匠講説分列類
例以元符三年奏上之崇寧二年復請用小字鏤版
頒行誡所作總看詳中稱今編修海行法式總釋總
例共二卷制度十五卷功限十卷料例并工作等三
卷圖樣六卷目録一卷總三十六卷計三百五十七
篇内四十九篇係於經史等羣書中檢尋考究其三
百八篇係自來工作相傳經久可用之法與諸作諳
會工匠詳悉講究蓋其書所言雖止藝事而能考證
經傳參會衆説以合於古者飭材庀事之義故陳振

孫書録解題以爲遠出喻皓木經之上考陸友仁研北雜誌載誡所著尚有續山海經十卷古篆說文十卷續同姓録二卷琵琶録三卷馬經三卷六博經三卷則誡本博洽之士故所撰述具有條理惟友仁稱誡字明仲而書其名作誠字然范氏天一閣影鈔本及宋史藝文志文獻通考俱作誡字疑友仁誤也此本前有誡所奏劄子及進書序各一篇其三十一卷當爲木作制度圖樣上篇原本已闕而以看詳一卷錯入其中檢永樂大典内亦載有此書其所闕二十餘圖並在今據以補足仍移看詳於卷首又看詳内稱書總三十六卷而今本制度一門較原目少二卷

僅三十四卷永樂大典所載不分卷數無可參校而核其前後篇目又別無脱漏疑爲後人所併省今亦姑仍其舊云

四庫全書簡明目録○營造法式三十四卷宋李誡奉敕撰原本顛舛失次今從永樂大典校正是書初修於熙寧中哲宗又詔誡重修據所作總看詳中稱總釋總例共二卷制度十五卷功限十卷料例并功作等共三卷圖樣六卷目録一卷當爲三十六卷此本無所佚脱而止三十四卷似爲後人所併其書共三百五十七篇内四十九篇皆根據經史講求古法餘三百八篇則自來工師所傳也

張鏡蓉跋○營造法式自宋槧既軼世間傳本絶稀相傳吾邑錢氏述古堂有影宋鈔本先祖觀察公求之二十年卒未得見庚辰歲家月霄先生得影寫述古本於郡城陶氏五柳居重價購歸出以見示以先祖想慕未見之書一旦獲此眼福欣喜過望假歸手自影寫圖樣界畫則畢仲愷高弟王君某任其事焉自來政書考工之屬能羅括衆說博洽詳明深悉夫飭材辨器之義者無踰此書陳振孫直齋書録解題以爲超越乎喻皓木經者也謹按四庫全書本係浙江范懋柱天一閣所進内鈌三十一卷木作制度圖樣賴有永樂大典所載以補其鈌則是書之罕覯益可

徵焉至看詳内稱書凡三十六卷而此本僅三十四
卷余所藏宋本續談助亦載是書卷數與是本同蓋
自宋時已合併矣吾邑藏書家自明五川楊氏以來
遞有繼起至汲古述古爲極盛百餘年來其風寖微
今得月霄之愛素好古搜訪祕笈不遺餘力儲蓄之
富幾與錢毛兩家抗衡以蓉有同好每得竒籍必以
相示或假傳鈔略無吝色其嘉惠同志之雅尤世俗
所難録竣因書數語以識欣慼而又以傷先祖之終
不獲見也道光元年辛巳夏六月琴川張蓉鏡識於
小瑯環福地時年二十歲

張金吾跋〇營造法式圖樣界畫工細緻密非良工不

易措手故流傳絕少同里家子和先生購訪二十年不獲文孫芙川見金吾藏本驚爲得未曾有假歸手自繕録畫繪之事王君某任之既竣事出以見示精楷遠出金吾藏本上語云莫爲之先雖美弗彰莫爲之後雖盛弗傳子和先生於是乎有孫矣夫祖宗之手澤子孫或不知世守況能以先人之好爲好乎且嗜好之不同如其面焉祖父所好者在是子孫所好者或不在是不能强而同也孝子賢孫慎守先澤一物之微罔敢失墜如是者蓋已不數覯矣而必責以仰承先志搜羅未備其亦嘗一察其所好何如而强之以素未究心者哉雖然曠百世而相感者同氣之

求也越千里而相通者同聲之應也況一體相承曾無間隔家學淵源漸染有素而必謂繼志述事不能必之子若孫者非通論也芙川好學嗜古吾邑中蓋不多見而金吾所心折者尤在善成先志歲時道光七年八月上澣張金吾書

孫原湘跋○從來制器尚象聖人之道寓焉規矩準繩之用所以示人以法天象地邪正曲直之辨故作爲宮室臺榭使居其中者寓目無非準則而匪僻淫蕩之心以遏匪直爲示巧適觀而已宋李明仲營造法式紹聖中奉敕重脩内四十九篇原本經傳講求成法深合古人飭材庀事之義其三百八篇亦皆自來

工作相傳經久可用之法明仲固博洽之士故所述雖藝事而不詭於道如此顧宋槧既不可得四庫全書本亦范氏天一閣所進影鈔宋本内缺三十一卷木作制度圖樣從永樂大典中補入至人間傳本絶少向聞錢遵王家有影宋完本淵如觀察兄嘗厲書子和及余屬爲購求徧訪不得事閲二十餘稔矣今年秋子和孫伯元以此本見示云假之張月霄月霄新得之郡城陶氏書肆者伯元手自鈔録并倩名手王生爲之圖樣界畫從此人間祕笈頓有兩分爲之歡喜慶幸惜淵如子和之不得見也述古堂書目稱趙元度得營造法式中缺十餘卷先後搜訪借鈔竭

二十餘年之力始爲完書圖樣界畫費錢五萬命長安良工始能措手前人一書之艱得如此今伯元年甚少愛素好古每得奇籍輒自鈔寫即此書之圖樣界畫費已不貲故精妙迥出月霄本上以余與子和積願未見之書伯元能以勇猛精進之心成此善舉子和爲有孫矣爲識於卷尾以告後之讀是書者嘉慶二十五年七月望後心青居士孫原湘跋

黄丕烈跋○余同年張子和有嗜書癖故與余訂交尤相得猶憶乾隆癸丑間在京師琉璃廠耽讀玩市一時有兩書淫之目既子和成進士由翰林改部曹出爲觀察偶相聚首必以蒐訪書籍爲分内事余亦因

子和之有同嗜也乘其乞假及奉諱之歸里時輒呼舟過訪信宿盤桓蓋我兩人之作合由科名而訂交則實由書籍也子和有二丈夫子皆能繼其家聲所謂能讀父書者今其家孫伯元以手鈔營造法式見示屬爲䟦尾余謂此書世鮮傳本而今得此精鈔之本自娱固爲美事然人所難得者最在世守一語語云莫爲之前雖美弗彰莫爲之後雖盛弗傳今伯元少年勤學不但世守楹書而又能搜羅繕寫以廣先人所未備得不謂之有後乎余年已及耆嗜好漸淡所有不能自保安問子孫茲讀伯元所藏之書并其題識知其精進不已於古書源流及藏弆諸家之始

末明辨以晳子和爲有文孫矣他日當續泛琴川之棹以冀博觀清祕其樂又何如耶道光元年正月十有二日宋廛一翁

陳鑾跋○張君芙川持示其所藏影鈔宋李誡營造法式三十四卷是書宋槧久亡舊鈔亦鮮傳本好古之士一見爲幸芙川令祖子和觀察嘗購之不獲芙川借得而手鈔之摹觀察像於卷首於此見芙川不惟善讀書且善繼志也自昔共工命于虞攷工記于周後世設官工居六部之一營造之事君子所當用心按誡生平恒領將作前後晉十六階咸以營造敘勛其以吏部年格遷者七官而已當時太廟辟雍龍德

九成尚書省京兆廨國家大役事皆出其手故度材
程功詳審精密非文人紙上談可比今讀其經進劄
子有仁儉生知睿明天縱淵静而百姓定綱舉而衆
目張官得其人事爲之制丹楹刻桷淫巧既除菲食
卑宫淳風斯復殆亦有見於徽廟之侈心而意存規
諷乎誡歿於大觀四年自後神霄艮嶽之役起童貫
領局製朱動運花石宋亦由是南渡是書之存足以
攷鑒得失烏得以都料匠視之哉時道光庚寅花朝
鄂州陳鑾跋於琴川之石梅僊館

聞箏道人跋○右李誡營造法式三十四卷看詳一卷
目録一卷小瑯環福地影宋寫本小瑯環主人之所

藏也周官攷工遺意具見於此其中援引典籍至爲
賅博頗足以資攷訂即如看詳卷内引通俗文云屋
上平曰陠必孤切按藏鏞堂刋輯本通俗文止舉御
覽所引屋加椽曰橑一條廣韻所引屋平曰㾴𪊤一
條今當以屋上平曰陠一條增入又看詳卷内引尚
書大傳注云賁大也言大牆正道直也今本尚書大
傳注云賁大也𤗆謂之𤗆大𤗆正直之𤗆其文微異
當兩存之又看詳卷内引周髀算經云矩出於九九
八十一萬物周事而圜方用焉大匠造制而規矩設
焉或毁方而爲圜或破圜而爲方方中爲圜者謂之
圜方圜中爲方者謂之方圜也今本周髀算經九矩

矩出於九九八十一之下無萬物周事至謂之方圜也四十九字是則可補今本周髀之脱佚者矣以上數端若無李誡斯編安所據以證明之宜小瑯環主人之珍祕之也道光丙戌重陽後三日闍筝道人識

後

褚逢椿䟦○右琴川張君芙川所藏影宋槧李明仲營造法式三十四卷目録看詳二卷繕寫工正界畫細密蓋倩名手從月霄先生借鈔月霄邃於經學愛日精廬藏書萬卷皆手自校勘經其鑒定必爲善本而自謂此更精妙出其上洵希世之珍矣是書刋於紹興年明仲紹聖中以通直郎奉敕編修徽宗朝官至

中散大夫於時艮嶽臺榭之觀侈靡日甚戎馬北來銅駝荆棘南渡偏安臨安土木增飾崇麗再度宏規洪忠宣謂無意中原不亦信乎讀是書者當與孟元老夢華離黍有同慨也若芙川之好學嗜古善承先志則尤足欽仰者道光戊子季冬長洲褚逢椿題跋

邵淵耀跋○宋李明仲營造法式一書攷古證今經營慘淡允推絶作宋槧本不可得矣其影宋傳録者在前代已極珍貴張君芙川善承祖志不惜重貲勤成是編繕寫摹績一一精妙誠藝林盛事也顧君心尚有嗛者謂向在都門見明人鈔本十卷至二十四卷偬得之矣以議價不諧而罷至今猶勞夢想予獨以

爲君之所見雖屬舊鈔而圖樣全闕未審其工拙若何即如此書從愛日精廬傳寫而工緻轉居其上夫安知今之不逾於昔耶書之可貴者無過宋本亦以校訂之善雕造之精耳豈專尚其時代乎以是解於君其或非籩言也道光八年春分後一日隅山邵淵耀跋

錢泳跋○右影鈔宋槧李明仲營造法式三十四卷目録看詳二卷吾鄉張上舍芙川所藏也余嘗論圖書金石諸物雖聚於所好而其間廢興得失亦有關乎世運世運昌則萬寶畢呈不僅文籍也此書海内稀見尚願芙川付之剞劂氏以傳不朽不亦大快事耶

棋華溪居士錢泳記

瞿鏞鐵琴銅劍樓書目○營造法式三十六卷舊鈔本題

通直郎管修蓋皇弟外第專一提舉修蓋班直諸軍營房等臣李誡奉聖旨編修前有進書序又請鏤版劄子書録解題云崇寧二年頒印此本序後有平江府今得紹聖營造法式舊本并目録看詳共一十四冊紹興十五年五月十一日校勘重刋蓋始刻於崇寧繼刻於紹興也案目録爲三十四卷而看詳內稱書總三十六卷或疑制度一門闕二卷當爲後人所併其實目録一卷看詳中已言之敏求記亦言目録看詳各一卷合之正三十六卷也看詳中制度十五

卷五當作三傳鈔致誤此書雖展轉影鈔實祖宋本
圖樣界畫最爲清整遵王所見當不是過也
丁丙藏書志○營造法式三十六卷影宋鈔本李伯雨藏書通直
郎管修蓋皇弟外第專一提舉修蓋班直諸軍營房
等臣李誡奉聖旨編修誡字明仲試將作少監著續
山海經古篆説文等書乃博洽之士先是熙寧中編
營造法式紹聖四年以所修本别無變造制度命誡
别加撰輯乃考究羣書並與人匠講説分别類例於
元符三年奏上請用小字鏤版頒行奏旨誡自序二
篇總釋總例二卷制度十五卷功限十卷料例並工
作等三卷圖樣六卷目録一卷陳氏書録解題稱其

遠出喻皓木經之上敏求記云虞山得之天水長公予從虞山購歸虞山又藏梁谿故家鏤本忽六丁取去獨此本流傳人間真希世之寶後張金吾得述古影寫本張蓉鏡又從而影出者卷末有平江府今得紹聖營造法式舊本并目録看詳共一十四冊紹興十五年五月十一日校勘重刊左文林郎平江府觀察推官陳綱校勘王喚重刊五行殆即所謂鏤本也長洲褚逢椿跋云明仲於徽宗朝官至中散大夫於時艮嶽臺榭之觀侈靡日甚戎馬北來銅駝荆棘南渡偏安而臨安又新土木再度宏規紹興間平江即鏤此書讀者可作東京夢華觀也有宛陵李之郇藏

書一印

石印營造法式齊耀琳序○宋李明仲營造法式刋本未見今江蘇圖書館所藏爲張蓉鏡氏手鈔本卷帙完整致稱瓌寶紫江朱桂辛先生奉使過寧瀏覽圖籍深以尊藏祕笈不獲流播人間爲憾存古詔後之意蓋汲汲焉竊惟棟宇之作權輿邃古匠人設官周興益備顧考工所記朝市涂軌經制粲然而辨器飭材諸法獨從闕略豈當時工皆世習知作巧述無取辭費抑書缺有間官司之失守使然耶明仲仕宋徽宗朝前後十六階咸以營造敘進維時太廟辟廱龍德九成尚書省京兆廨國家大工皆出其手故能本

所親歷著録成書將作專家斯爲鉅製印傳餉世容
可忽諸矧工業之敝久矣海通以來高閣大厦競襲
歐風厭故喜新輕訾舊制誠恐殷質周文倕工般巧
之所留貽後將有莫能善其事者夫伎術宜圖嬗進
規矩難棄高曾古今中外形式雖有不同法守並無
或異是則此書之傳之尤不容緩也抑又聞之不通
夫朝廟宫室之制者不可以説禮觀於明堂太室聚
訟輒累萬言欒栱芝栭圖象必求備物一朝建設何
在不與典章法度相關然則世有證汴京之舊聞稽
趙宗之故實者亦未必無取焉夫又非徒審美一端
資工業家之考鏡爾已民國八年九月二日伊通齊

耀琳

朱啓鈐前序○制器尚象由來久矣凡物皆然而於營造則尤要我中華文明古國宮室之制創自數千年以前踵事增華遞演遞進蔚爲大觀溯厥原始要不外兩大派別黄河以北土厚水深質姓堅凝大率因土爲屋由穴居制度進而爲今日之磚石建築迄今山陜之民猶有太古遺風者是也長江流域上古洪水爲灾地勢卑溼人民多棲息於木樹之上由巢居制度進而爲今日之樓榭建築故中國營造之法實兼土木石三者之原質而成泰西建築則以磚石爲主而以木爲骨幹者絶稀此與東方不同之點也惟

印度天方參用中式而變其結構佛教東來我國廟
宇殿閣亦間取法焉然積習輕藝士夫弗講僅賴工
師私相授受藉以流傳書間有闕習焉不察識者憾
焉自歐風東漸國人趨尚西式棄舊制若土苴不復
措意迺歐美來游中土者覩宮闕之輪奐棟宇之翬
飛驚爲傑構於是羣起研究以求所謂東方式者如
飛瓦複簷蝌斗藻井諸式以爲其結構之精奇美麗
迥出西法之上競相則傚特苦無專門圖籍可資考
證詢之工匠亦識其當然而不知其所以然夫以數
千年之專門絕學乃至不能爲外人道不惟匠氏之
羞抑亦士夫之責也啟鈐奉使南下道出金陵承震

岩省長約觀江南圖書館獲見影宋本營造法式一書都三十四卷爲絳雲樓劫餘展轉流傳歸嘉惠堂丁氏經溗陽端匋齋收入圖書館此書係宋李誠奉敕編進內容分別部居舉凡木石工作以及彩繪各制至纖至悉無不詳具并附圖樣顏色尺寸尤極明晰惜係鈔本影繪原圖不甚精審若能再得宋時原刻校正或益以近今界畫比例之法重加彩繪當必更有可觀至卷首釋名一篇引證翔碻允爲工學詞典之祖自宋迄今雖形勢不無變革然大畧推輪模範俱在洵匠氏之準繩考工之秘笈也爰商之震岩省長縮付石印以廣其傳世有同好者倘於斯編之

外旁求博采補所未備參互考證俾一綫絶學發揮光大斬至泰西作者之林尤所忻慕焉書印成震岩省長來索弁言啟鈐喜古籍之弗湮而工業之將日以發皇也因不辭而爲之序中華民國八年三月紫江朱啟鈐

右録以外無關攷訂者概無取焉錢曾所稱牧翁藏梁谿故家鏤本未詳所自孫從添藏書紀要稱近時錢遵王有白描營造法式營造正式明趙美琦脈望館書目有營造正式一册趙氏殁後書歸錢氏述古堂目有營造正式一卷殆趙氏所藏均未列撰人姓氏讀書敏求記有魯班營造正式六

卷錢曾跋稱規矩繩尺爲千古良工模範然非出於班手云云未知與趙氏所藏是一是二曾既贊美其規矩繩尺必有圖樣所以孫氏稱爲白描惜未見是書耳道光間楊氏連筠簃叢刋目録中有李誡營造法式三十六卷刋未畢工莫郘亭見知書目即據以録入實未見印行也均併識之以俟博雅武進陶湘

營造法式附録終

識語

右營造法式三十六卷宋將作少監李誡奉敕編初修於熙寧中元祐六年成書再修於紹聖四年元符三年成書崇寧二年鏤版頒行是爲崇寧本紹興十五年知平江府王�得紹聖舊本校勘重刊是爲紹興本晁載之續談助莊季裕雞肋編各摘鈔法式若干條一在崇寧五年一在紹興三年當時已互相傳鈔足徵是書之珍重陳振孫書録解題稱李誡（誡作諴陸友仁研北雜誌同四庫總目已證明其誤）編修營造法式三十四卷看詳一卷未及目録晁公武郡齋讀書志作三十四卷未及目録看詳陶宗儀説郛摘鈔法式看詳諸條而題李誡木經唐順之稗編摘

鈔看詳條目末有屋楹數一條爲今書所無豈熙寧初修本歟錢氏述古堂藏法式二十八卷圖樣六卷看詳一卷目録一卷總三十六卷前有李誡進書表序崇寧二年鏤版頒行劄子後有紹興十五年王喚校刋銜名每葉二十行行二十二字書中如桓字注曰犯淵聖御名構字注曰犯御名即紹興本也錢曾跋稱是書牧翁得之天水長公己丑春從牧翁購歸牧翁又藏梁谿故家鏤本庚寅不戒於火獨此本流傳人間孫原湘跋稱述古堂謂趙元度得營造法式缺十餘卷先後搜訪借鈔竭二十餘年之力始爲完書圖樣界畫費錢五萬道光辛巳琴川張芙川氏蓉鏡手鈔跋曰營造法式自宋槧旣軼

世間傳本絶稀相傳錢氏述古堂有影宋鈔本求之不
得庚辰歲家月霄得影寫述古本於郡城陶氏五柳居
假歸手自影寫圖樣界畫則畢仲愷高弟王君某任其
事光緒丁未戊申間滇陽匋齋氏端方總督兩江建圖
書館收錢唐丁氏嘉惠堂藏書有鈔本營造法式稱爲
張芙川影宋民國八年己未紫江朱桂辛氏啟鈐過江
南獲見是書縮印行世上海商務印書館踵之尺寸照
鈔本原式惟以孫黄諸跋證之知丁本係重鈔張氏者
亥豕魯魚觸目皆是吳興蔣氏密韻樓藏有鈔本字雅
圖工首尾完整可補丁氏脱誤數十條惟仍非張氏原
書常熟瞿氏鐵琴銅劍樓所藏舊鈔亦紹興本四庫全

書内法式係據浙江范氏天一閣進呈影宋鈔本録入錄第三十一卷館臣以永樂大典本補全明文淵閣書目法式有五部未詳卷數撰名内閣書目有法式二册又五册均不全注曰宋崇寧間李誡等奉敕編凡三十四卷闕十二卷以下清季遷内閣大庫書於國子監南學民國初年由南學再遷於午門樓旋又遷於京師圖書館即南學舊址法式殘本七册因之蕩然江安傅沅叔氏曾於散出廢紙堆中檢得法式第八卷首葉之前半李誡銜名具在誡字之誤更不待辨又八卷内第五全葉宋槧宋印每葉二十二行行二十二字小字雙行字數同殆即崇寧本歟桂辛氏以前影印丁本未臻完善屬湘蒐集諸家傳本

詳校付梓湘按館本據天一閣鈔宋録入范氏當有明中葉依宋槧過録在述古之先復經館臣以大典本補正尤較諸家傳鈔爲可據惟四庫書分度七閣文源文宗文匯已遭兵燹杭州文瀾亦毀其半文淵藏大内盛京之文溯儲保和殿熱河之文津儲京師圖書館今均完整以文淵文溯文津三本互勘復以晁莊陶唐摘刋本蔣氏所藏舊鈔本對校丁本之缺者補之誤者正之譌字縱不能無脱簡庶幾可免四庫總目云看詳稱總三十六卷今本制度門較原目少二卷僅三十四卷核其篇目又無脱漏疑爲後人併省非也晁載之續談助稱卷十六至二十五並土木作等功限卷二十六至二十八並諸作料釘膠料用例卷二十九至三十四並制度圖樣核以卷一卷二爲總釋總例卷三至卷十五並諸作制度是制度止十三卷而云十五五實三字之筆誤瞿氏言之審矣今書

總三十六卷篇目三百五十八與看詳所載相符並無殘缺併省間有文義難通明知譌誤而各本相同不敢臆改則仍之而存疑焉至於行款字體均仿崇寧刊本精繕鋟木書中篇目仿大觀本草體例照刋陰文以清眉目圖樣依紹興本重繪因界畫不易分明鏤版難於纖密則將版框照原本放大兩倍繪成影石縮印如原式又因圖樣傳寫無可校勘如石作彫作小木作諸制度圖樣均可因時制宜大木作制度圖樣爲工師繩墨比例所依據毫釐之差鑿枘立見今北京宮殿建於明永樂年間地爲金元故址而規模實宋代遺制八百年來工用相傳名式不無變更稽諸會典事例工部檔案均有源流可溯惟圖式缺如無

憑實驗爰倩京都承辦官工之老匠師賀新賡等就現今之圖樣按法式第三十三十一兩卷大木作制度名目詳繪增坿並注今名於上俾與原圖對勘覘其同異觀其會通既可作依仿之模型且以證名詞之沿革又法式第三十三三十四兩卷爲彩畫作制度圖樣原書僅注色名深淺向背學者瞢焉今按注填色五彩套印少者四五版多者十餘版定興郭世五氏夙嫻藝術於顏料紙質覃精極思尤有心得董督斯役殆盡能事近年來彩印工藝精益求精而合色之外端賴紙料我國產紙之區涇宣最著然棉連夾貢屢受機軸之砑壓則伸縮參差套色不能整齊頻經石印之浸潤則纖維黏脫再版即將破碎所以彩印圖本鮮有用我國紙者是書選閩紙中改良瑜版質堅理密印次愈多紙質轉練着色不浮洵我國美術精進之一端爲郭君初次發明者

首次宋清
名词对照
梁公则例
先范

国产纸料

特坿識之崇寧本殘葉及紹興重刻之題名均影印坿後以
存宋本之真諸家記載題跋有關攷訂者亦坿録之昔
周櫟園亮工謂近人箸述凡博古賞鑑飲食器具之類
均有成書獨無言及營造者宋李誠營造法式皆徽廟
宮室制度聞海虞毛子晉家有此書式皆有圖界畫精
工有劉松年等筆法字畫得歐虞之體紙版黑白分明
近世所不能及子晉翻刻宋人祕本甚多惜不使此書
一流布也云云見書影卷一今距櫟園時又將三百年矣宋
槧固不可得迷古初影亦不能得再寫於張氏又不能
得僅得張氏一再傳寫之本校字繪圖增式彩印時閱
七年稿經十易視錢氏所稱費錢五萬者奚啻什百惜

不得櫟園一見之也書成爰敘顛末參校者爲江安傅沅叔氏增湘上虞羅叔言氏振玉大興祝讀樓氏書元定興郭世五氏葆昌合肥闞鶴初氏鐸仁和吳印丞氏昌綬昆明呂壽生氏鑄元和章式之氏鈺家喬如兄珙星如弟洙仲眉姪毅他山之助用誌不忘匡謬正譌更俟來者

中華民國十有四年歲次乙丑閏四月武進陶湘識

责任编辑：郭哲渊
责任校对：高余朵
责任印制：汪立峰

图书在版编目（CIP）数据

营造法式：陈明达点注本：全4册 / (宋) 李诫撰
. -- 杭州：浙江摄影出版社, 2020.3（2022.1重印）
（营造文库）
ISBN 978-7-5514-2761-6
Ⅰ. ①营… Ⅱ. ①李… Ⅲ. ①建筑史－中国－宋代
Ⅳ. ①TU-092.44
中国版本图书馆CIP数据核字(2019)第279370号

YINGZAO FASHI

营造法式

（陈明达点注本）

〔宋〕李诫 撰

全国百佳图书出版单位
浙江摄影出版社出版发行
地址：杭州市体育场路347 号
邮编：310006
电话：0571-85151082
网址：www.photo.zjcb.com
制版：浙江新华图文制作有限公司
印刷：浙江海虹彩色印务有限公司
开本：787mm×1092mm 1/32
印张：34.75
2020年3月第1版 2022年1月第2次印刷
ISBN 978-7-5514-2761-6
定价：198.00元

营造法式

（陈明达点注本）

三

〔宋〕李诫 撰

浙江摄影出版社
全国百佳图书出版单位

營造法式卷第二十三

通直郎管修蓋皇弟外第專一提舉修蓋班直諸軍營房等臣李誡奉

聖旨編修

小木作功限四

轉輪經藏　壁藏

轉輪經藏

轉輪經藏一坐，八瓣，內外槽帳身造。

外槽帳身腰檐、平坐上施天宮樓閣，共高二丈，徑一丈六尺。

帳身外柱至地高一丈二尺。

造作功：

帳柱每一條。

歡門每長一丈。

右各一功五分。

隔枓版并貼柱子及仰托榥，每長一丈二功五分。

帳帶每三條一功。

攏裏二十五功。

安卓一十五功。

腰檐高二尺，枓槽徑一丈五尺八寸四分。

造作功：

枓槽版長一丈五尺，壓厦版及山版同。一功。

内外六鋪作，外跳一抄兩下昂，裏跳並卷頭枓栱，每一朶共二功三分。

角梁每一條（子角梁同）八分功。

貼生每長四丈。

飛子每四十枚。

白版紐計每長三丈廣一尺。（厦瓦版同）

瓦隴條每四丈。

槫脊每長二丈五尺。（搏脊槫同）

角脊每四條。

瓦口子每長三丈。

小山子版每三十枚。

井口榥每三條。

立棍每一十五條。

馬頭棍每八條。

右各一功。

攏裹三十五功。

安卓二十功。

平坐高一尺，徑一丈五尺八寸四分。

造作功：

枓槽版每長一丈五尺。壓厦版同。

鴈翅版每長三丈。

井口棍每三條。

馬頭棍每八條。

16 15 14 13

面版每長一丈廣一尺

右各一功

枓栱六鋪作並卷頭（材廣厚同腰檐）每一朶共一功一分

單鉤闌高七寸每長一丈（望柱在內）共五功

攏裹二十功

安卓一十五功

天宮樓閣共高五尺深一尺

造作功

角樓子每一坐（廣二瓣）並挾屋行廊（各廣二瓣）共七十二功

茶樓子每一坐（廣同上）並挾屋行廊（各廣同上）共四十五功

攏裹八十功

安卓七十功。

裹槽高一丈三尺，徑一丈。

坐高三尺五寸，坐面徑一丈一尺四寸四分，科槽徑九尺八寸四分。

造作功：

龜脚每二十五枚。

車槽上下澁、坐面澁、猴面澁每各長五尺。

車槽澁并芙蓉華版每各長五尺。

坐腰上下子澁、三澁每各長一丈。壺門神龕並背版同。

坐腰澁并芙蓉華版每各長四尺。

明金版每長一丈五尺。

28 27 26

枓槽版每長一丈八尺。壓廈版同。

坐下榻頭木每長一丈三尺。下卧棍同。

立棍每一十條。

柱脚方每長一丈二尺。方下卧棍同。

拽後棍每一十二條。猴面鈿面棍同。

猴面梯盤棍每三條。

面版每長一丈，廣一尺。

右各一功。

六鋪作重栱卷頭枓栱，每一朶共一功一分。

上下重臺鉤闌高一尺，每長一丈七功五分。

攏裏三十功。

32 31 30 29

安卓二十功。

帳身高八尺五寸，徑一丈。

造作功：

帳柱每一條一功一分。

上隔枓版並貼絡柱子及仰托榥，每各長一丈二功五分。

下錠脚隔枓版並貼絡柱子及仰托榥，每各長一丈二功。

兩頰每一條三分功。

泥道版每一片一分功。

歡門華瓣每長一丈。

33 34 35 36 37 38 39

帳帶每三條。

帳身版紐計每長一丈，廣一尺。

帳身内外難子及泥道難子，每各長六丈。

右各一功。

門子合版造，每一合四功。

攏裹二十五功。

安卓一十五功。

柱上帳頭共高一尺，徑九尺八寸四分。

造作功：

科槽版每長一丈八尺。壓厦版同。

角栿每八條。

搭平棊方子每長三丈。

右各一功。

平棊依本功。

六鋪作重栱卷頭枓栱，每一朶一功一分。

攏裹二十功。

安卓一十五功。

轉輪高八尺，徑九尺，用立軸長一丈八尺，徑一尺五寸。

造作功。

軸每一條九功。

輻每一條。

外輞每二片。

裏輞每一片。
裏柱子每二十條。
外柱子每四條。
挾木每二十條。
面版每五片。
格版每一十片。
後壁格版每二十四片。
難子每長六丈。
托輻牙子每一十枚。
托棖每八條。
立絞棍每五條。

十字套軸版每一片。

泥道版每四十片。

右各一功。

攏裹五十功。

安卓五十功。

經匣每一隻長一尺五寸，高六寸，盝頂在内。廣六寸五分。

造作、攏裹共一功。

右轉輪經藏總計造作共一千九百三十五功二分，攏裹共二百八十五功，安卓共二百二十功。

壁藏

壁藏一坐高一丈九尺，廣三丈，兩擺手各廣六尺，内外槽

共深四尺

坐高三尺深五尺二寸

造作功

車槽上下澁并坐面猴面澁芙蓉瓣每各長六尺

子澁每長一丈

臥棍每一十條

立棍每十二條拽後棍羅文棍同

上下馬頭棍每一十五條

車槽澁並芙蓉華版每各長五尺

坐腰並芙蓉華版每各長四尺

明金版並造瓣每長二丈枓槽壓厦版同

約?

柱脚方每長一丈二尺。

榻頭木每長一丈三尺。

䆗脚每二十五枚。

面版合縫在內。紐計每長一丈，廣一尺。

貼絡神龕並背版，每各長五尺。

飛子每五十枚。

五鋪作重栱卷頭枓栱每一朵。

右各一功。

上下重臺鉤闌高一尺，長一丈，七功五分。

攏褁五十功。

安卓三十功。

63　62　61　60

帳身高八尺，深四尺，作七格，每格内安經匣四十枚。

造作功：

上隔枓並貼絡及仰托榥，每各長一丈，共二功五分。

下錠脚並貼絡及仰托榥，每各長一丈，共二功。

帳柱每一條。

歡門（剜造華瓣在内）每長一丈。

帳帶（剜切在内）每三條。

心柱每四條。

腰串每六條。

帳身合版，紐計每長一丈，廣一尺。

格榥每長三丈。（逐格前後柱子同。）

鈿面版槐每三十條。

格版每二十片各廣八寸。

普拍方每長二丈五尺。

隨格版難子每長八丈。

帳身版難子每長六丈。

右各一功。

平綦依本功。

摺疊門子每一合共三功。

逐格鈿面版紐計每長一丈廣一尺八分功。

攏裹五十五功。

安卓三十五功。

腰檐高二尺，枓槽共長二丈九尺八寸四分，深三尺八寸四分。

造作功：

枓槽版每長一丈五尺，（鑰匙頭及壓廈版並同。）

山版每長一丈五尺，合廣一尺。

貼生每長四丈，（瓦隴條同。）

曲椽每二十條。

飛子每四十枚。

白版紐計每長三丈，廣一尺。（厦瓦版同。）

搏脊槫每長二丈五尺。

小山子版每三十枚。

瓦口子（簽切在內）每長三丈

臥榥每一十條

立榥每一十二條

右各一功

六鋪作重栱一抄兩下昂枓栱每一朶一功二分

角梁每一條（子角梁同）八分功

角脊每一條二分功

攏裹五十功

安卓三十功

平坐高一尺枓槽共長二丈九尺八寸四分深三尺八寸四分

造作功

枓槽版每長一丈五尺鑰匙頭及壓廈版並同

鴈翅版每長三丈

臥榥每一十條

立榥每一十二條

鈿面版紐計每長一丈廣一尺

右各一功

六鋪作重栱卷頭枓栱每一朶共一功一分

單鉤闌共七寸每長一丈五功

攏裹二十功

安卓一十五功

天宮樓閣

造作功

殿身每一坐（廣二瓣）并挾屋行廊（各廣二瓣）各三層共八十四功

角樓每一坐（廣同上）并挾屋行廊等並同上

茶樓子並同上

右各七十二功

龜頭每一坐（廣一瓣）并行廊屋（廣二瓣）各三層共三十功

攏裹一百功

安卓一百功

經匣準轉輪藏經匣功

右壁藏一坐總計造作共三千二百八十五功三分，攏裹共二百七十五功，安卓共二百一十功。

營造法式卷第二十三

營造法式卷第二十四

通直郎管修蓋皇弟外第專一提舉修蓋班直諸軍營房等臣李誡奉

聖旨編修

諸作功限一

彫木作　旋作
鋸作　竹作

彫木作

每一件：

混作：

照壁内貼絡：

寶牀長三尺，每尺高五寸，其牀垂牙豹脚造，上彫香鑪、香合、蓮華、寶枓、香山、七寶等，共五十七功（每增減一寸，各加減一功九分，仍以寶牀長爲法。）

真人高二尺，廣七寸，厚四寸，六功（每高增減一寸，各加減三分功。）

仙女高一尺八寸，廣八寸，厚四寸，一十二功（每高增減一寸，各加減六分六厘功。）

童子高一尺五寸，廣六寸，厚三寸，三功三分（每高增減一寸，各加減二分二厘功。）

角神高一尺五寸，七功一分四厘（每增減一寸，各加減四分七厘六毫功。寶藏神每功減三分功。）

鶴子高一尺，廣八寸，首尾共長二尺五寸，三功（每高增減一寸，各加減三分功。）

雲盆或雲氣曲長四尺，廣一尺五寸，七功五分（每廣增減

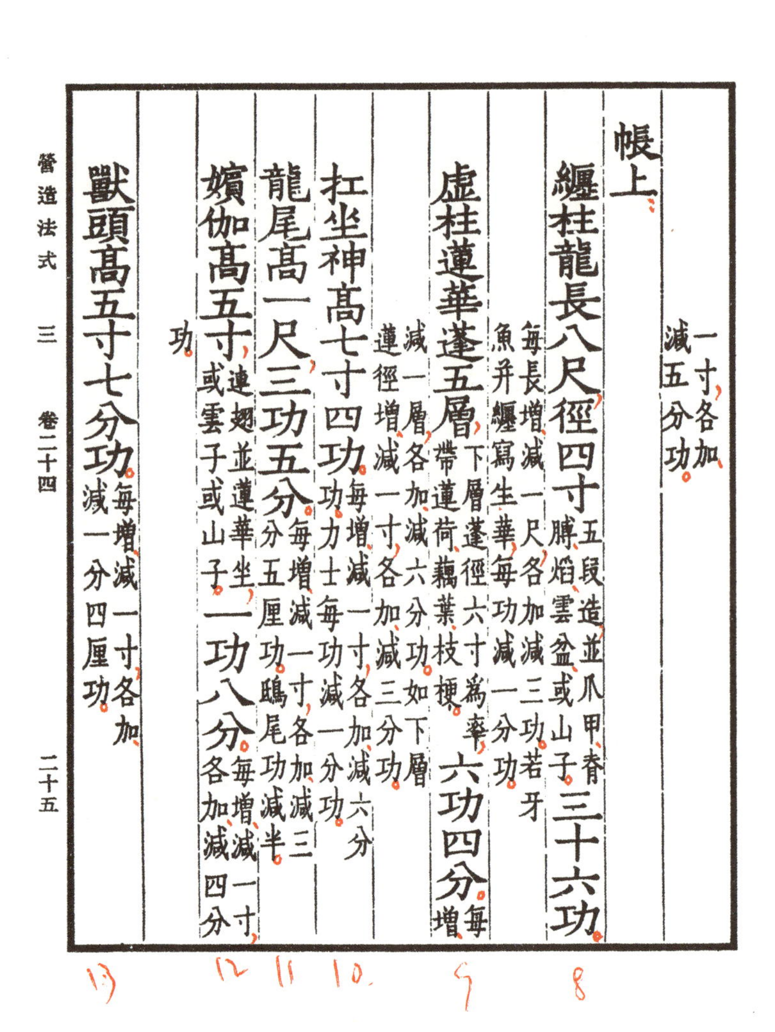

一寸，各加減五分功。

帳上：

纏柱龍長八尺，徑四寸，五段造，並爪甲、脊膊、焰雲、盆或山子。三十六功。每長增減一尺，各加減三功；若牙魚并纏寫生華，每功減一分功。

虛柱蓮華蓬五層，下層蓬徑六寸爲率，帶蓮荷藕葉枝梗。六功四分。每增減一層，各加減六分功；如下層蓮徑增減一寸，各加減三分功。

扛坐神高七寸，四功。每增減一寸，各加減六分功；力士每功減一分功。

龍尾高一尺，三功五分。每增減一寸，各加減三分五厘功；鴟尾功減半。

嬪伽高五寸，連翅並蓮華坐，或雲子或山子。一功八分。每增減一寸，各加減四分功。

獸頭高五寸，七分功。每增減一寸，各加減一分四厘功。

套獸長五寸，功同獸頭。

蹲獸長三寸，四分功。每增減一寸，各加減一分三厘功。

柱頭。取徑爲準。

坐龍五寸，四功。每增減一寸，各加減八分功。其柱頭如帶仰覆蓮荷臺坐，每徑一寸加功一分。下同。

師子六寸，四功二分。每增減一寸，各加減七分功。

孩兒五寸單造，三功。每增減一寸，各加減六分功。雙造每功加五分功。

鴛鴦鵝鴨之類同。四寸，一功。每增減一寸，各加減二分五厘功。

蓮荷。

蓮華六寸，實彫六層，三功。每增減一寸，各加減五分功。如增減層數，以所計功作六分，每層各加減一分，減至三層止。如蓬葉造，其功加倍。

荷葉七寸五分功。每增減一寸，各加減七厘功。

半混：

彫插及貼絡寫生華：透突造同；如剔地，加功三分之一。

華盆：

牡丹芍藥同。高一尺五寸，六功。每增減一寸，各加減五分功；加至二尺五寸，減至一尺止。

雜華高一尺二寸，卷搭造。三功。每增減一寸，各加減二分三厘功；平彫減功三分之一。

華枝長一尺，廣五寸至八寸。

牡丹芍藥同。三功五分。每增減一寸，各加減三分五厘功。

雜華二功五分。每增減一寸，各加減二分五厘功。

貼絡事件

昇龍（行龍同）長一尺二寸（下飛鳳同），二功。（每增減一寸，各加減一分六厘功。牌上貼絡者同，下準此。）

飛鳳（立鳳、孔雀、牙魚同），一功二分。（每增減一寸，各加減一分功。內鳳如華尾造平彫，每功加三分功；若卷搭，每功加八分功。）

飛仙（嬪伽類），長一尺一寸，二功。（每增減一寸，各加減一分七厘功。）

師子（狻猊、麒麟、海馬同），長八寸，八分功。（每增減一寸，各加減一分功。）

真人，高五寸（下至童子同），七分功。（每增減一寸，各加減一分五厘功。）

仙女，八分功。（每增減一寸，各加減一分六厘功。）

菩薩，一功二分。（每增減一寸，各加減一分四厘功。）

童子（孩兒同），五分功。（每增減一寸，各加減一分功。）

鴛鴦（鸂鶒、羊、鹿之類同。）長一尺（下雲子同。）八分功。（每增減一寸，各加減八厘功。）

雲子六分功。（每增減一寸，各加減六厘功。）

香草高一尺三分功。（每增減一寸，各加減三厘功。）

故實人物（以五件爲率。）各高八寸共三功。（每增減一件，各加減六分功。即每增減一寸，各加減三分功。）

帳上

帶長二尺五寸（兩面結帶造。）五分功。（每增減一寸，各加減二厘功。若彫華者同華版功。）

山華蕉葉版（以長一尺、廣八寸爲率，實雲頭造。）三分功。

平棊事件

盤子徑一尺（剗雲子間起突盤龍，其牡丹華間起突龍鳳之類，平彫者同；卷搭者加功三分之一，三功。每增減一寸，各加減三分功，減至五寸止。下雲圈、海眼版同。

雲圈徑一尺四寸，二功五分。每增減一寸，各加減二分功。

海眼版（水地間海魚等）徑一尺五寸，二功。每增減一寸，各加減一分四厘功。

雜華方三寸（透突平彫），三分功。角華減功之半，角蟬又減三分之一。

華版

透突（間龍鳳之類同）廣五寸以下，每廣一寸，一功。如兩面彫，功加倍。其剔地，減長六分之一；廣六寸至九寸者，減長五分之一；廣一尺以上者，減長三分之一。華牌帶同。

卷搭（彫雲龍同。如兩卷造，每功加一分功。下海石榴華兩卷、三卷造準此）長一尺八寸，廣六寸至九寸者，即長三尺五寸；廣一尺以上者，即長七尺二寸。

海石榴長一尺，廣六寸至九寸者，即長二尺二寸；廣一尺以上者，即長四尺五寸。

牡丹芍藥同長一尺四寸。廣六寸至九寸者，即長二尺八寸；廣一尺以上者，即長五尺五寸。

平彫長一尺五寸。廣六寸至九寸者，即長六尺；廣一尺以上者，即長一十尺。如長生蕙草間羊、鹿、鴛鴦之類，各加長三分之一。

鉤闌檻面實雲頭兩面彫造。如鑿撲，每功加一分功；其彫華樣者，同華版功；如上面彫者，減功之半。

雲栱長一尺七分功。每增減一寸，各加減七厘功。

鵞項長二尺五寸七分五厘功。每增減一寸，各加減三厘功。

地霞長二尺一功三分。每增減一寸，各加減六厘五毫功；如用華盆，即同華版功。

矮柱長一尺六寸四分八厘功。每增減一寸，各加減三厘功。

剗萬字版每方一尺二分功。如鉤片，減功五分之一。

椽頭盤子鉤闌尋杖頭同剔地雲鳳或雜華，以徑三寸爲準，七分五厘功。每增減一寸，各加減二分五厘功。如雲龍造，功加三分之一。

垂魚鑿撲實彫雲頭造，惹草同。每長五尺四功。每增減一尺，各加減八分功。如間雲鶴之類，加功四分之一。

惹草每長四尺二功。每增減一尺，各加減五分功。如間雲鶴之類，加功三分之一。

搏科蓮華帶枝梗。長一尺二寸一功二分。每增減一寸，各加減一分功。如不帶枝梗，減功三分之一。

手把飛魚長一尺一功二分。每增減一寸，各加減一分二厘功。

伏兎荷葉長八寸四分功。每增減一寸，各加減五厘功。如蓮華造，加功三分之一。

义子：

雲頭兩面彫造雙雲頭每八條一功。單雲頭加數二分之一；若彫一面，減功之半。

鋜脚壼門版實彫結帶華，（透突華同。）每一十一盤一功。

毬文格子挑白，每長四尺，廣二尺五寸，以毬文徑五寸爲率，計七分功。（如毬文徑每增減一寸，各加減五厘功；其格子長廣不同者，以積尺加減。）

旋作

殿堂等雜用名件：

椽頭盤子，徑五寸，每一十五枚。（每增減五分，各加減一枚。）

楮角梁寶缾，每徑五寸。（每增減五分，各加減一分功。）

蓮華柱頂，徑二寸，每三十二枚。（每增減五分，各加減三枚。）

木浮漚，徑三寸，每二十枚。（每增減五分，各加減二枚。）

鉤闌上蔥臺釘，高五寸，每一十六枚。（每增減五分，各加減二枚。）

蓋蔥臺釘筩子高六寸，每三十二枚。每增減三分，各加減一枚。

右各一功。

柱頭仰覆蓮胡桃子，二段造。徑八寸七分功。每增一寸，加一分功。若三段造，每一功加二分功。

照壁寶牀等所用名件：

注子高七寸，一功。每增一寸，加二分功。

香鑪徑七寸，每增一寸，加一分功。下酒杯盤、荷葉同。

鼓子高三寸，鼓上釘鐶等在內。每增一寸，加一分功。

注盌徑六寸，每增一寸，加一分五厘功。

右各八分功。

酒杯盤七分功。

65 66 67 68

荷葉徑六寸。

鼓坐徑三寸五分。每增一寸，加五厘功。

右各五分功。

酒杯徑三寸。蓮子同。

卷荷長五寸。

杖鼓長三寸。

右各三分功。如長徑各增一寸，各加五厘功。其蓮子外貼子造，若剔空旋靨貼蓮子，加二分功。

披蓮徑二寸八分，二分五厘功。每增減一寸，各加減三厘功。

蓮蓓蕾高三寸，並同上。

佛道帳等名件：

69 70 71 72

火珠徑二寸，每一十五枚。每增減二分，各加減一枚；至三寸六分以上，每徑增減一分同。

滴當子徑一寸，每四十枚。每增減一分，各加減二枚；至一寸五分以上，每增減一分，各加減一枚。

瓦頭子長三寸，徑一寸，每四十枚。每徑增減一分，各加減四枚，加至一寸五分止。

瓦錢子徑一寸，每八十枚。每增減一分，各加減五枚。

寶柱子長一尺五寸，徑一寸二分，如長一尺，徑二寸者同。每一十五條；每長增減一寸，各加減一條。如長五寸，徑二寸，每三十條。每長增減一寸，各加減二條。

貼絡門盤浮漚徑五分，每二百枚。每增減一分，各加減一十五枚。

平綦錢子徑一寸每一百一十枚每增減一分各加減八枚加至一寸二分止

角鈴以大鈴高三寸爲率每一鈎每增減五分各加減一分功

櫨枓徑二寸每四十枚每增減一分各加減一枚

右各一功

虚柱頭蓮華並頭瓣每一副胎錢子徑五寸八分功每增減一寸各加減一分五厘功

鋸作

解割功

椆檀櫪木每五十尺

榆槐木雜硬材每五十五尺雜硬材謂海棗龍菁之類

白松木，每七十尺。

柟、柏木、雜軟材，每七十五尺。雜軟材謂香椿、椵木之類。

榆、黄松、水松、黄心木，每八十尺。

杉、桐木，每一百尺。

右各一功。每二人爲一功，或內有盤截不計。若一條長二丈以上，枝撐高遠，或舊材內有夾釘脚者，並加本功一分功。

竹作

織簟，每方一尺：

細棊文素簟，七分功。劈篾，刮削，拖摘，收廣一分五厘；如刮篾收廣三分者，其功減半。織華加八分功；織龍、鳳又加二分五厘功。

麤簟劈篾青白，收廣四分。二分五厘功。假棊文造，減五厘功；如刮篾收廣二分，其功加倍。

織雀眼網每長一丈廣五尺：

間龍鳳、人物、雜華、刮篾造，三功四分五厘六毫。事造貼釘在內。

如係小木釘貼，即減一分功。下同。

渾青刮篾造，一功九分二厘。

青白造，一功六分。

笍索每一束：長二百尺，廣一寸五分，厚四分。

渾青造，一功一分。

青白造，九分功。

障日篛每長一丈，六分功。如織簟造，別計織簟功。

每織方一丈：

笓七分功。樓閣兩層以上處，加二分功。

編道九分功。如縛棚閣兩層以上，加二分功。

竹栅八分功。

夾截每方一丈三分功。劈竹篾在内。

搭蓋涼棚每方一丈二尺三功五分。如打笓造，别計打笓功。

營造法式卷第二十四

營造法式卷第二十五

通直郎管修蓋皇弟外第專提舉修蓋班直諸軍營房等臣李誡奉

聖旨編修

諸作功限二

瓦作　泥作

彩畫作　塼作

窰作

瓦作

斫事甋瓦口：以一尺二寸甋瓦，一尺四寸瓪瓦爲準，打造同。

瑠璃：

撺窠，每九十口；每增減一等，各加減二十口，至一尺以下，每減一等，各加三十口。

解撟打造大當溝同每一百四十口每增減一等，各加減三十口；至一尺以下，每減一等，各加四十口。

青掍素白

擶窠每一百口每增減一等，各加減二十口；至一尺以下，每減一等，各加三十口。

解撟每一百七十口每增減一等，各加減三十五口；至一尺以下，每減一等，各加四十五口。

右各一功。

打造甋瓪瓦口：

瑠璃瓪瓦：

線道每一百二十口每增減一等，各加減二十五口；加至一尺四寸止。至一尺以下，每減一等，各加三十五口。甃畫者加三分之一。青掍素白瓦同。

條子瓦比線道加一倍。（剺畫者加四分之一，青掍素白瓦同。）

素掍素白：

甋瓦大當溝每一百八十口。（每增減一等，各加減三十口；至一尺以下，每減一等，各加三十五口。）

㼧瓦：

線道每一百八十口。（每增減一等，各加減三十口，加至一尺四寸止。）

條子瓦每三百口。（每增減一等，各加減六分之一，加至一尺四寸止。）

小當溝每四百三十枚。（每增減一等，各加減三十枚。）

右各一功。

結瓦每方一丈。（如尖斜高峻，比直行每功加五分功。）

甋㼧瓦：

瑠璃以一尺二寸爲準二功二分每增減一等各加減一分功

青棍素白比瑠璃其功減三分之一

散𧢲大當溝四分功小當溝減功三分之一

壘脊每長一丈曲脊加長二倍

瑠璃六層

青棍素白用大當溝一十層用小當溝者加二層

右各一功

安卓

火珠每坐以徑二尺爲準二功五分每增減一等各加減五分功

瑠璃每一隻

龍尾每高一尺八分功青棍素白者減二分功

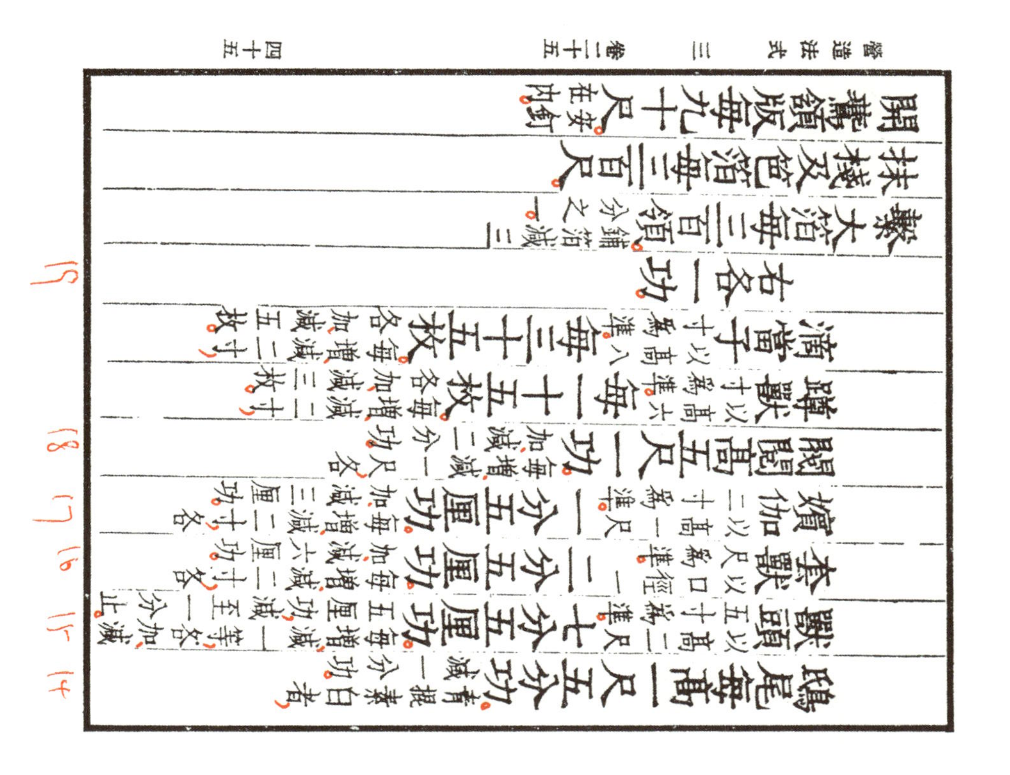

鴟尾每高一尺五分功。青掍素白者，減一分功。

獸頭以高二尺五寸爲準，七分五厘功。每增減一等，各加減五厘功，減至一分止。

套獸以口徑一尺爲準，二分五厘功。每增減二寸，各加減六厘功。

嬪伽以高一尺二寸爲準，一分五厘功。每增減二寸，各加減三厘功。

閥閱高五尺，一功。每增減一尺，各加減二分功。

蹲獸以高六寸爲準，每一十五枚。每增減二寸，各加減三枚。

滴當子以高八寸爲準，每三十五枚。每增減二寸，各加減五枚。

右各一功。

繫大箔每三百領。鋪箔減三分之一。

抹棧及笆箔每三百尺。

開鷰頷版每九十尺。安釘在內。

織泥籃子每一十枚

右各一功

泥作

每方一丈殿宇樓閣之類，有轉角、合角、托匙處，於本作每功上加五分功；高二丈以上，每一丈，每一功各加一分二厘功，加至四丈止；供作並不加。即高不滿七尺，不須棚閣者，每功減三分功。貼補同。

紅石灰黃、青、白石灰同。五分五厘功收光五遍，合和斫事麻擣在內。如仰泥縛棚閣者，每兩椽加七厘五毫功，加至一十椽上。下並同。

破灰

細泥

右各三分功收光在內。如仰泥縛棚閣者，每兩椽各加一厘功。其細泥作畫壁并灰襯，二分五厘功。

麤泥二分五厘功。如仰泥縛棚閣者，每兩椽加二厘功。其畫壁披蓋麻篾并搭乍中泥，若麻灰細泥下作襯，一分五厘功。如仰泥縛棚閣，每兩椽各加五毫功。

沙泥畫壁：

劈篾被篾共二分功。

披麻一分功。

下沙收壓一十遍共一功七分。栱眼壁同。

壘石山泥假山同。五功。

壁隱假山一功。

盆山每方五尺三功。每增減一尺，各加減六分功。

用坯：

殿宇牆廳堂門樓牆，并補壘柱窠同。每七百口；廊屋散舍牆加一百口。

貼壘免落牆壁每四百五十口（翻接壘牆頭射垛，加五十口。）

壘燒錢鑪每四百口。

側劄照壁（窗坐、門頰之類同。）每三百五十口。

壘砌竈（茶鑪同。）每一百五十口。（用塼同。其泥飾各紐計積尺，別計功。）

右各一功。

織泥籃子每一十枚一功。

彩畫作

五彩間金：

描畫裝染四尺四寸。（平棊、華子之類，係殿造者，即各減數之半。）

上顏色彫華版一尺八寸。

五彩徧裝亭子、廊屋、散舍之類五尺五寸。（殿宇、樓閣，各減數五分之一如裝畫暈錦，即各減數十分之一。若描白地枝條華，即各加數十分之一；或裝四出、六出錦者同。

右各一功。

上粉貼金出褫，每一尺一功五分。

青緑碾玉，紅或搶金碾玉同。亭子、廊屋、散舍之類，一十二尺。殿宇、樓閣各項減數六分之一。

青緑間紅三暈稜間亭子、廊屋、散舍之類，二十尺。殿宇、樓閣各項，減數四分之一。

青緑二暈稜間亭子、廊屋、散舍之類，二十五尺。殿宇、樓閣各項，減數五分之一。

解緑畫松青緑緣道廳堂亭子、廊屋、散舍之類，四十五

尺殿宇樓閣減數九分之一如間紅三暈即各減十分之二

解緑赤白廊屋散舍華架之類一百四十尺殿宇即減數七分之二若樓閣亭子廳堂門樓及内中屋各項減廊屋數七分之一若間結華或卓柏各減十分之二

丹粉赤白廊屋散舍諸營廳堂及鼓樓華架之類一百六十尺殿宇樓閣減數四分之一即亭子廳堂門樓及皇城内屋各減八分之一

刷土黄白緑道廊屋散舍之類一百八十尺廳堂門樓涼棚各項減數六分之一若墨緑道即減十分之一

土朱刷間黄丹或土黄刷帶護縫牙子抹緑同版壁平闇門窗义子鉤闌棵籠之類一百八十尺若護縫牙子解染青緑者減數三分

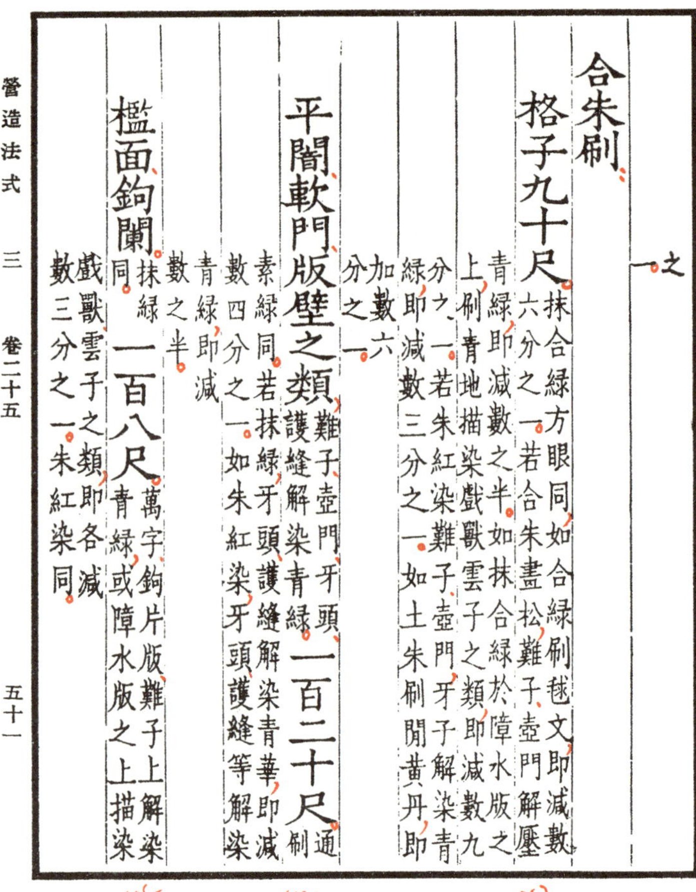

之一

合朱刷。

格子九十尺抹合綠方眼同，如合綠刷毬文，即減數六分之一；若合朱畫松、難子、壺門解壓青綠，即減數之半。如抹合綠於障水版之上，刷青地描染戲獸雲子之類，即減數九分之一；若朱紅染難子、壺門、牙子解染青綠，即減數三分之一。如土朱刷間黃丹，即加數六分之一。

平闇軟門版壁之類難子、壺門、牙頭、護縫解染青綠。一百二十尺通刷素綠同；若抹綠牙頭護縫解染青華，即減數四分之一；如朱紅染牙頭護縫等解染青綠，即減數之半。

檻面鉤闌抹綠同。一百八尺萬字、鉤片版、難子上解染青綠，或障水版之上描染戲獸雲子之類，即各減數三分之一。朱紅染同。

义子雲頭望柱頭五彩或碾玉裝造五十五尺抹綠者加數五分之一若朱紅染者即減數五分之一

棵籠子間刷素綠牙子難子等解壓青綠六十五尺

烏頭綽楔門牙頭護縫難子壓染青綠棂子抹綠一百尺若高廣一丈以上即減數四分之一如若土朱刷間黃丹者加數二分之一

抹合綠窗難子刷黃丹頰串地栿刷土朱一百尺

華表柱並裝染柱頭鶴子日月版須縛棚閣者減數五分之一

刷土朱通造一百二十五尺

綠筍通造一百尺

用桐油每一斤煎合在內

右各一功

塼作

斫事

方塼

二尺一十三口。每減一寸，加二口。

一尺七寸二十口。每減一寸，加五口。

一尺二寸五十口。

壓闌塼二十口。

右各一功。鋪砌功並以斫事塼數加之，二尺以下加五分，一尺七寸加六分，一尺五寸以下各倍加，一尺二寸加八分，壓闌塼加六分。其添補功，即以鋪砌之數減半。

條塼長一尺三寸，四十口。趄面塼加一分。一功。壘砌功即以斫事塼數加一倍，趄面塼同。其添補者，即減剏壘塼八分之一。如五若砌高四尺以上者，減塼四分之一。如補換華頭，即以斫事之數減半。

麤壘條塼謂不斫事者。長一尺三寸，二百口。每減一寸加一倍。一功。

其添補者，即減剏壘塼數。長一尺三寸者，減四分之一；長一尺二寸，各減半。若壘高四尺以上，各減塼五分之一；長一尺二寸者，減四分之一。

事造剜鑿。並用一尺三寸塼。

地面鬭八，階基、城門坐塼側頭、須彌臺坐之類同。龍鳳、華樣、人物、壺門、寶缾之類。

方塼一口，間窠毬文，加一口半。

條塼五口。

右各一功。

透空氣眼

方塼每一口

神子一功七分。

龍鳳華盆一功三分。

條塼壺門三枚半（每一枚用塼百口）一功。

刷染塼甋基階之類每二百五十尺（須縛棚閣者減五分之一）一功。

甃壘井每用塼二百口一功。

淘井每一眼徑四尺至五尺二功。（每增一尺加一功，至九尺以上每增一尺加二功。）

窰作

造坯

方塼

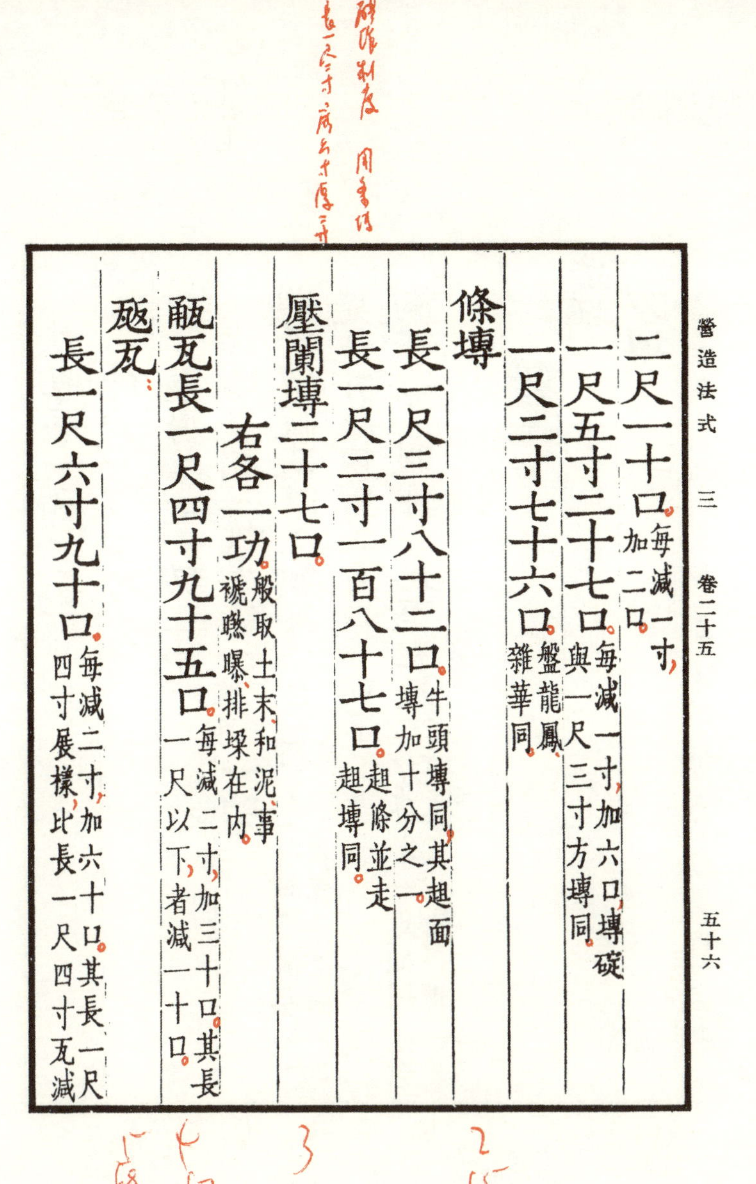

二尺一十口。每減一寸，加二口。

一尺五寸二十七口。每減一寸，加六口，塼碇與一尺三寸方塼同。

一尺二寸七十六口。盤龍鳳、雜華同。

條塼

長一尺三寸八十二口。牛頭塼同，其趄面塼加十分之一。

長一尺二寸一百八十七口。趄條並走趄塼同。

壓闌塼二十七口。

右各一功。般取土末、和泥、事褫䗶曝、排垛在內。

瓪瓦長一尺四寸九十五口。每減二寸，加三十口，其長一尺以下者減一十口。

瓪瓦：

長一尺六寸九十口。每減二寸，加六十口，其長、一尺四寸展樣，比長一尺四寸瓦減

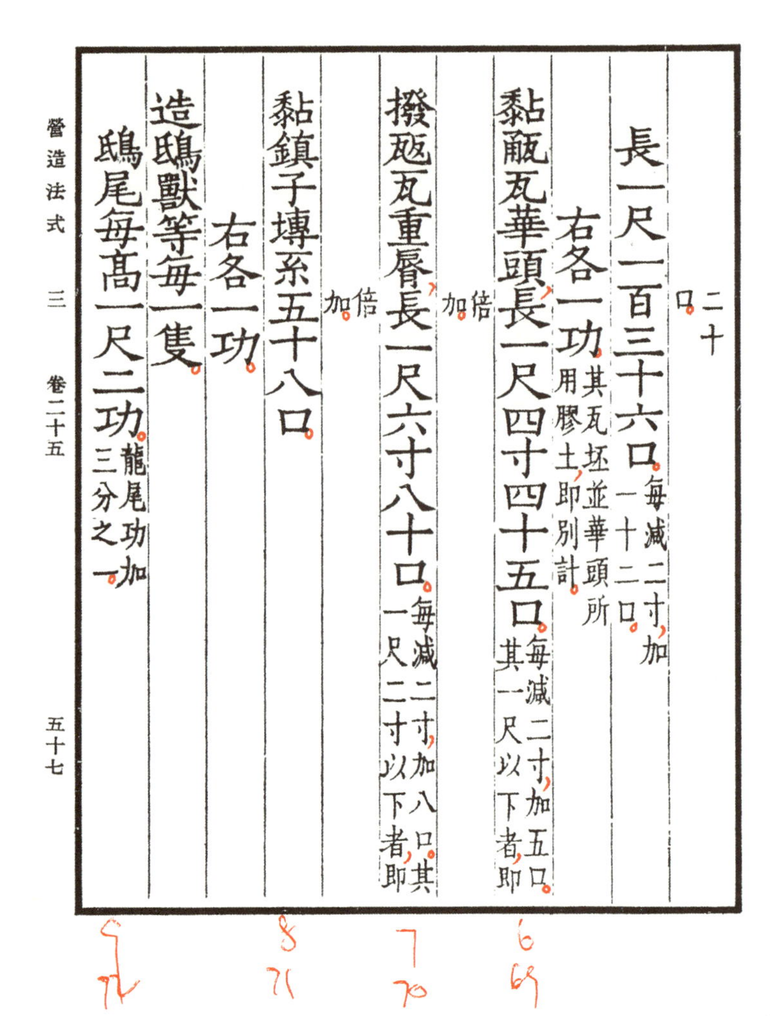

二十口。

長一尺一百三十六口。每減二寸，加一十二口。

右各一功。其瓦坯並華頭所用膠土，即別計。

黏甋瓦華頭長一尺四寸四十五口。每減二寸，加五口。其一尺以下者，即倍加。

撥甋瓦重脣長一尺六寸八十口。每減二寸，加八口。其一尺二寸以下者，即倍加。

黏鎮子塼系五十八口。

右各一功。

造鴟獸等每一隻。

鴟尾每高一尺二功。龍尾功加三分之一。

獸頭

高三尺五寸二功八分。每減一寸，減八厘功。

高二尺八分功。每減一寸，減一分功。

高一尺二寸一分六厘八毫功。每減一寸，減四毫功。

套獸口徑一尺二寸七分二厘功。每減二寸，減一分三厘功。

蹲獸高一尺四寸二分五厘功。每減二寸，減二厘功。

嬪伽高一尺四寸四分六厘功。每減二寸，減六厘功。

角珠每高一尺八分功。

火珠徑八寸二功。每增一寸，加八分功；至一尺以上，更於所加八分功外，遞加一分功。謂如徑一尺，加九分功；徑一尺一寸，加一功之類。

閥閲每高一尺八分功。

行龍飛鳳走獸之類，長一尺四寸五分功。

用茶土掍甋瓦長一尺四寸八十口一功。長一尺六寸甋瓦同，其華頭重脣在內，餘準此。如每減二寸，加四十口。

裝素白塼瓦坯，青掍瓦同，如滑石掍，其功在內。大窰計燒變所用芟草數，每七百八十束，曝窰三分之一。爲一窰；以坯十分爲率，須於往來一里外至二里，般六分共三十六功。遞轉在內。曝窰三分之一。若般取六分以上，每一分加三功，至四十二功止。曝窰每一分加一功，至一十五功止。即四分之外及不滿一里者，每一分減三功，減至二十四功止。曝窰每一分減一功，減至七功止。

燒變大窰每一窰：

燒變一十八功。（曝窰三分之一，出窰功同。）

出窰一十五功。

燒變琉璃瓦等每一窰七功。（合和用藥、般裝、出窰在内。）

擣羅洛河石末每六斤一十兩一功。

炒黑錫每一料一十五功。

壘窰每一坐。

大窰三十二功。

曝窰一十五功三分。

營造法式卷第二十五

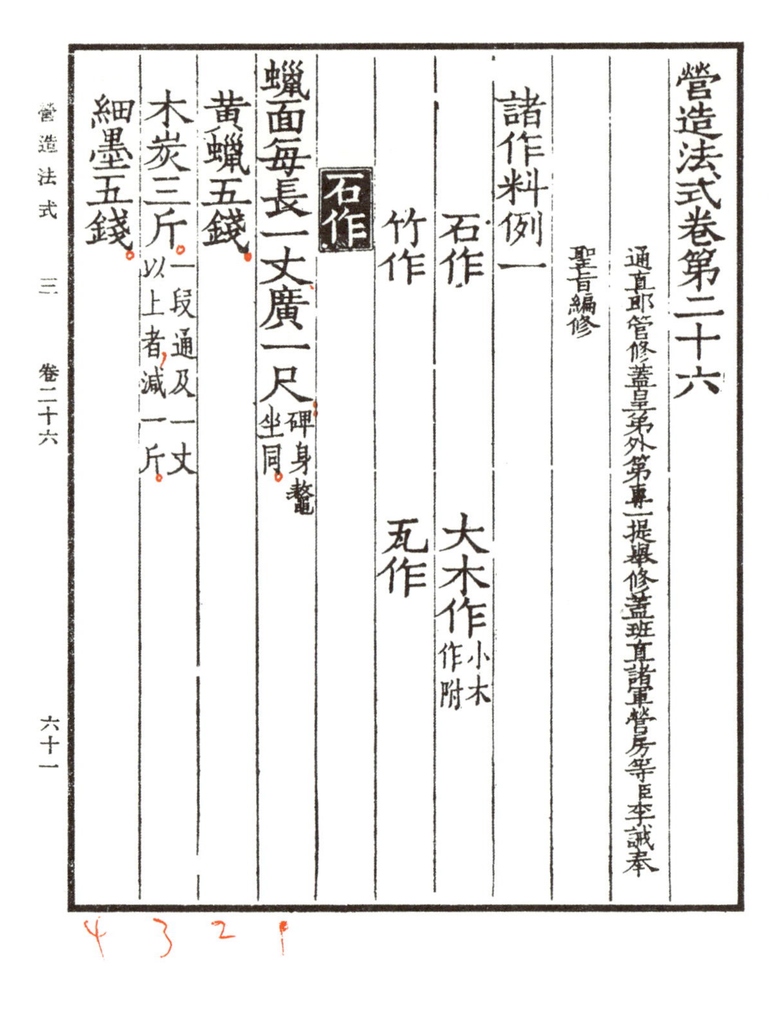

營造法式卷第二十六

通直郎管修蓋皇弟外第專一提舉修蓋班直諸軍營房等臣李誡奉

聖旨編修

諸作料例一

石作　大木作（小木作附）

竹作　瓦作

石作

蠟面每長一丈廣一尺（碑身鼇坐同）

黃蠟五錢

木炭三斤（一段通及一丈以上者，減一斤）

細墨五錢

安砌每長三尺廣二尺礦石灰五斤。贔屓碑一坐三十斤，笏頭碣一十斤。

每段：

熟鐵鼓卯二枚，上下大頭各廣二寸，長一寸，腰長四寸，厚六分，每一枚重一斤。

鐵葉每鋪石二重，隔一尺用一段。每段廣三寸五分，厚三分。如並四造，長七尺；並三造，長五尺。

灌鼓卯縫每一枚用白錫三斤。如用黑錫，加一斤。

大木作 小木作附

用方木：

大料模方長八十尺至六十尺，廣三尺五寸至二尺五寸，厚二尺五寸至二尺，充十二架椽至八架椽栿。

廣厚方長六十尺至五十尺，廣三尺至二尺，厚二尺至一尺八寸，充八架椽栿並檐栿、綽幕、大檐頭。

長方長四十尺至三十尺，廣二尺至一尺五寸，厚一尺五寸至一尺二寸，充出跳六架椽至四架椽栿。

松方長二丈八尺至二丈三尺，廣二尺至一尺四寸，厚一尺二寸至九寸，充四架椽至三架椽栿、大角梁、檐額、壓槽方，高一丈五尺以上版門及裹栿版、佛道帳所用枓槽、壓厦版。其名件廣厚非小松方以下可充者同。

13 朴柱長三十尺徑三尺五寸至二尺五寸充五間八架椽以上殿柱。

14 松柱長二丈八尺至二丈三尺徑二尺至一尺五寸就料剪截充七間八架椽以上殿副階柱或五間三間八架椽至六架椽殿身柱或七間至三間八架椽至六架椽廳堂柱。

就全條料又剪截解割用下項：

15 小松方長二丈五尺至二丈二尺廣一尺三寸至一尺二寸厚九寸至八寸。

16 常使方長二丈七尺至一丈六尺廣一尺二寸至八寸厚七寸至四寸。

官樣方長二丈至一丈六尺廣一尺二寸至九寸厚七
寸至四寸
截頭方長二丈至一丈八尺廣一尺三寸至一尺一寸
厚九寸至七寸五分
材子方長一丈八尺至一丈六尺廣一尺二寸至一尺
厚八寸至六寸
方八方長一丈五尺至一丈三尺廣一尺一寸至九寸
厚六寸至四寸
常使方八方長一丈五尺至一丈三尺廣八寸至六寸
厚五寸至四寸
方八子方長一丈五尺至一丈二尺廣七寸至五寸厚

五寸至四寸。

竹作

色額等第

上等每徑一寸分作四片，每片廣七分。每徑加一分至一寸以上，準此計之。中等同。其打笆用下等者，只推竹造。

漏三長二丈，徑二寸一分。係除梢實收數，下並同。

漏二長一丈九尺，徑一寸九分。

漏一長一丈八尺，徑一寸七分。

中等

大竿條長一丈六尺，織簟減一尺，次竿頭竹同。徑一寸五分。

次竿條長一丈五尺，徑一寸三分。

24　23

頭竹長一丈二尺，徑一寸二分。

次頭竹長一丈一尺，徑一寸。

下等

笪竹長一丈，徑八分。

大管長九尺，徑六分。

小管長八尺，徑四分。

織細棊文素簟（織華或龍鳳造同）每方一尺，徑一寸二分竹一條。（襯簟在内。）

織麤簟（假棊文簟同）每方二尺，徑一寸二分竹一條八分。

織雀眼網（每長一丈，廣五尺）以徑一寸二分竹：

渾青造一十一條。（内一條作貼，如用木貼即不用，下同。）

青白造六條

筎索每一束（長二百尺，廣一寸五分，厚四分）以徑一寸三分竹

渾青疊四造一十九條

青白造一十三條

障日篛每三片各長一丈廣二尺

徑一寸三分竹二十一條（劈篾在內）

蘆蓆八領（壓縫在內，如織簟造不用）

每方一丈

打笆以徑一寸三分竹爲率用竹三十條造（一十二條作經，一十八條作緯，鉤頭攙壓在內，其竹若甋瓦結瓦六椽以上用上等，四椽及瓪瓦六椽以上用中等，甋瓦兩椽、瓪瓦四椽以下用下等，若闕本等以別等竹比折充）

編道以徑一寸五分竹爲率，用二十三條造。（梯並竹釘在內，闕以別色充。若照壁中縫及高不滿五尺，或栱壁、山斜、泥道，以次竿或頭竹、次竹比折充。）

竹栅以徑八分竹，一百八十三條造。（四十條作經，一百四十三條作緯編造。如高不滿一丈，以大管竹或小管竹比折充。）

夾截：

中箔五領。（攙壓在內。）

徑一寸二分竹，一十條。（劈篾在內。）

搭蓋涼棚每方一丈二尺：

中箔三領半。

徑一寸三分竹，四十八條。（三十二條作椽，四條走水，四條裹脣，三條壓縫，五條

劈篾青白用

蘆蓆九領如打笆造不用

瓦作

用純石灰謂礦灰下同

結瓦每一口

瓪瓦一尺二寸二斤即澆灰結瓦用五分之一每增一等各加減八兩至一尺以下各減所減之半下至壘脊條子瓦同其一尺二寸㼒瓦準一尺瓪瓦法

仰㼒瓦一尺四寸三斤每增減一等各加減一斤

點節瓪瓦一尺二寸一兩每增減一等各加減四錢

壘脊以一尺四寸㼒瓦結瓦爲率

大當溝以瓪瓦一口造每二枚七斤八兩每增減一等各加減四分之一線道

同。

線道以瓪瓦一口造二片。每一尺兩壁共二斤。

條子瓦以瓪瓦一口造四片。每一尺兩壁共一斤。每增減一等，各加減五分之一。

泥脊白道每長一丈一斤四兩。

用墨煤染脊每層長一丈四錢。

用泥壘脊九層爲率每長一丈：

麥𪍿一十八斤。每增減二層，各加減四斤。

紫土八擔。每一擔重六十斤。餘應用土並同。每增減二層，各加減一擔。

小當溝每瓪瓦一口造二枚。仍取條子瓦二片。

鷰頷或牙子版每合角處用鐵葉一段。殿宇長一尺，廣六寸；餘長六寸，廣四寸。

結瓦以瓪瓦長每口攙壓四分收長六分。其解撟剪截不得過三分。

合溜處尖斜瓦者並計整口。

布瓦隴每一行依下項

甋瓦以仰瓪瓦爲計。

長一尺六寸每一尺。

長一尺四寸每八寸。

長一尺二寸每七寸。

長一尺每五寸八分。

長八寸每五寸。

長六寸每四寸八分。

瓪瓦：

長一尺四寸，每九寸。

長一尺二寸，每七寸五分。

結瓦每方一丈：

中箔每重二領半。壓占在内，殿宇、樓閣五間以上用五重，三間四重，廳堂三重，餘並二重。

土四十擔。係甋瓪結瓦，以一尺四寸瓪瓦爲率，下遞減同。每增一等加一十擔，每減一等減五擔；其散瓪瓦各減半。

麥麩二十斤。每增一等加一斤，每減一等減八兩；散瓪瓦各減半。如純灰結瓦不用，其麥䴬同。

麥䴬一十斤。每增一等加八兩，每減一等減四兩；散瓪瓦不用。

泥籃二枚。散訛瓦一枚，用徑一寸三分竹一條織造二枚。

繫箔常使麻一錢五分。

抹柴棧或版笆箔每方一丈。如純灰於版并笆箔上結瓦者不用。

土二十擔。

麥䴷一十斤。

安卓：

鴟尾每一隻。以高三尺為率，龍尾同。

鐵脚子四枚，各長五寸。每高增一尺，長加一寸。

鐵束一枚，長八寸。每高增一尺，長加二寸，其束子大頭廣二寸，小頭廣一寸二分，為定法。

搶鐵三十二片，長視身三分之一。每高增一尺，加八片，大頭廣二

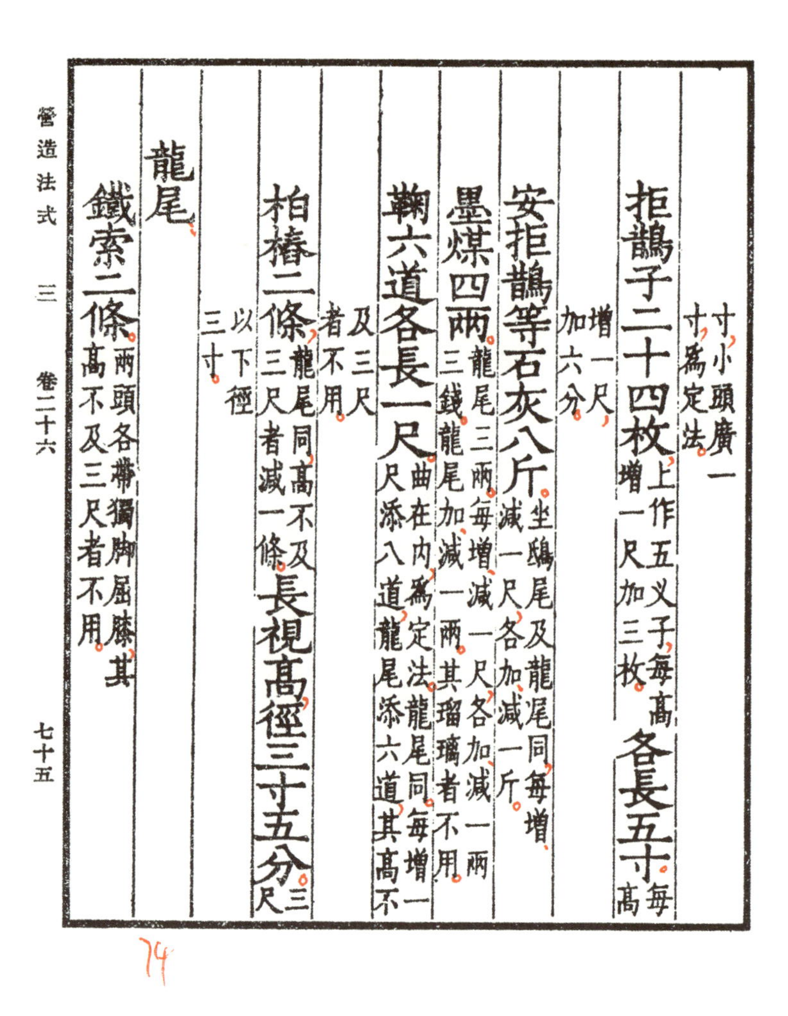

寸，小頭廣一寸，爲定法。

拒鵲子二十四枚，上作五义子，每高增一尺加三枚。各長五寸，每高增一尺，加六分。

安拒鵲等石灰八斤，坐鴟尾及龍尾同，每增減一尺，各加減一斤。

墨煤四兩，龍尾三兩，每增減一尺，各加減一兩三錢，龍尾加減一兩，其瑠璃者不用。

鞠六道，各長一尺，曲在內爲定法，龍尾同，每增一尺添八道，龍尾添六道，其高不及三尺者不用。

柏椿二條，龍尾同，高不及三尺者減一條。長視高，徑三寸五分。三尺以下徑三寸。

龍尾：

鐵索二條，兩頭各帶獨脚屈膝，其高不及三尺者不用。

一條長視高一倍外加三尺。

一條長四尺。每增一尺加五寸。

火珠每一坐。以徑二尺爲準。

柏椿一條長八尺。每增減一等，各加減六寸，其徑以三寸五分爲定法。

石灰一十五斤。每增減一等，各加減二斤。

墨煤三兩。每增減一等，各加減五錢。

獸頭每一隻。

鐵鉤一條。高二尺五寸以上，鉤長五尺；高一尺八寸至二尺，鉤長三尺；高一尺四寸至一尺六寸，鉤長二尺五寸；高一尺二寸以下，鉤長二尺。

繫顋鐵索一條長七尺。兩頭各帶直脚屈膝，獸高一尺八寸以下並不用。

滴當子每一枚。以高五寸爲率。

石灰五兩。每增減一等，各加減一兩。

嬪伽每一隻，以高一尺四寸爲率。

石灰三斤八兩。每增減一等，各加減八兩，至一尺以下減四兩。

蹲獸每一隻，以高六寸爲率。

石灰二斤。每增減一等，各加減八兩。

石灰每三十斤，用麻擣一斤。

出光瑠璃瓦每方一丈，用常使麻八兩。

營造法式卷第二十六

78 77

營造法式卷第二十七

通直郎管修蓋皇弟外第專一提舉修蓋班直諸軍營房等臣李誡奉

聖旨編修

諸作料例二

泥作　彩畫作

塼作　窰作

泥作

每方一丈

紅石灰　乾厚一分三厘，下至破灰同。

石灰三十斤。非殿閣等加四斤，若用礦灰減五分之一。下同。

赤土二十三斤。

土朱一十斤。非殿閣等減四斤。

黄石灰：

石灰四十七斤四兩。

黄土一十五斤十二兩。

青石灰：

石灰三十二斤四兩。

軟石炭三十二斤四兩。如無軟石炭，即倍加石灰之數，每石灰一十斤，用麤墨一斤，或墨煤十一兩。

白石灰：

石灰六十三斤。

破灰：

石灰二十斤。

白蔑土一擔半。

麥䴸一十八斤。

細泥：

麥䴸一十五斤。作灰襯同，其施之於城壁者倍用，下麥䴷準此。

土三擔。

麤泥：中泥同。

麥䴷八斤。搭絡及中泥作襯，並減半。

土七擔。

沙泥畫壁：

沙土、膠土、白蔑土各半擔。

麻擣九斤。栱眼壁同，每斤洗淨者收一十二兩。

麤麻一斤。

徑一寸三分竹三條。

壘石山

石灰四十五斤。

麤墨三斤。

泥假山：

長一尺二寸，廣六寸，厚二寸塼三十口。

柴五十斤。曲堰者。

徑一寸七分竹一條。

常使麻皮二斤。

12　11

中箔一領

石灰九十斤

麤墨九斤

麥䴭四十斤

麥𪎊二十斤

膠土一十擔

壁隱假山

石灰三十斤

麤墨三斤

盆山每方五尺

石灰三十斤每增減一尺各加減六斤

(13) (14)

麤墨三斤

每坐

立竈用石灰或泥並依泥飾料例紐計下至茶鑪子準此

突每高一丈二尺方六寸坯四十口方加至一尺二寸倍用其坯係長一尺二寸廣六寸厚二寸下應用塼坯並同

壘竈身每一斗坯八十口每增一斗加一十口

釜竈以一石爲率

突依立竈法每增一石腔口直徑加一寸至十石止

壘腔口坑子罨煙塼五十口每增一石加一十口

坐甑

生鐵竈門依大小用鑊竈同

生鐵版二片，各長一尺七寸。每增一石，加一寸。廣二寸，厚五分。

坯四十八口。每增一石，加四口。

礦石灰七斤。每增一口，加一斤。

鑊竈：以口徑三尺爲準。

突依釜竈法。斜高二尺五寸，曲長一丈七尺，駝勢在內，自方一尺五寸，並二壘砌爲定法。

塼一百口。每徑加一尺，加三十口。

生鐵版二片，各長二尺，每徑長加一尺，加三寸。廣二寸五分，厚八分。

生鐵柱子一條，長二尺五寸，徑三寸。仰合蓮造。若徑不滿五尺不用。

茶鑪子：以高一尺五寸爲率。

燎杖用生鐵或熟鐵造八條各長八寸方三分

坯二十口每加一寸加一口

壘坯牆

用坯每一千口徑一寸三分竹三條造泥籃在內

闇柱每一條長一丈一尺徑一尺二寸為準牆頭在外中箔一領

石灰每一十五斤用麻擣一斤若用礦灰加八兩其和紅黃青灰即以所用土朱之類斤數在石灰之內

泥籃每六椽屋一間三枚以徑一寸三分竹一條織造

彩畫作

應刷染木植每面方一尺各使下項拱眼壁各減五分之一彫木華版加五分之一即描華之類準折計之

20　21　22　23

綠 同

定粉五錢三分

墨煤二錢二分八厘五毫

土朱一錢七分四厘四毫殿宇樓閣加三分廊屋散舍減二分

白土八錢石灰同

土黃二錢六分六厘殿宇樓閣加二分

黃丹四錢四分殿宇樓閣加二分廊屋散舍減一分

雌黃六錢四分合雌黃紅粉同

合青華四錢四分四厘合綠華同

合深青四錢合深綠及常使朱紅心子朱紅紫檀並用

合朱五錢生青綠華深朱紅同

生大青七錢生大青浮淘青梓州熟大青綠二青綠並同

24 25 26 27 28 29 30 31 32 33 34

生二緑六錢。生二青同。

常使紫粉五錢四分。

藤黄三錢。

槐華二錢六分。

中綿臙脂四片。若合色以蘇木五錢二分，白礬一錢三分煎合充。

描畫細墨一分。

熟桐油一錢六分。若在闇處不見風日者，加十分之一。

應合和顔色每斤各使下項：

合色：

緑華：青華減定粉一兩，仍不用槐華、白礬。

定粉一十三兩。

35 36 37 38 39 40 41 42

青黛三兩

槐華一兩

白礬一錢

朱

黄丹一十兩

常使紫粉六兩

緑

雌黄八兩

淀八兩

紅粉

心子朱紅四兩

43

44

45

定粉一十二兩

紫檀

常使紫粉一十五兩五錢

細墨五錢

草色

緑華青華減槐華白礬

澱一十二兩

定粉四兩

槐花一兩

白礬一錢

深緑深青即減槐花白礬

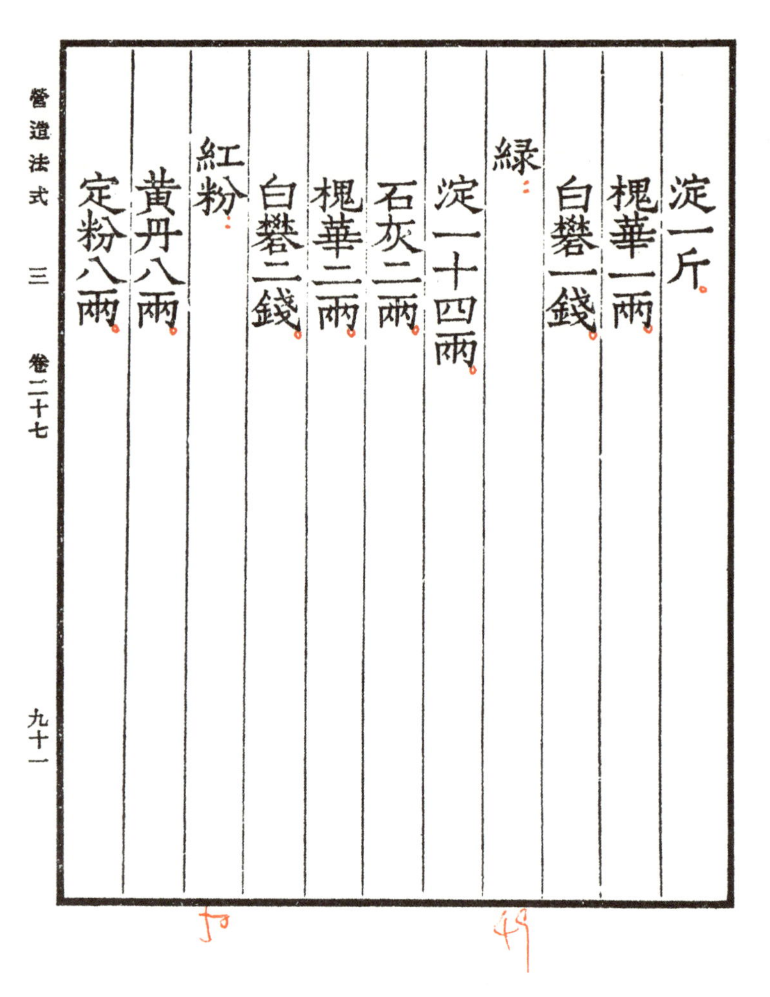

淀一斤。

槐華一兩。

白礬一錢。

緑：

淀一十四兩。

石灰二兩。

槐華二兩。

白礬二錢。

紅粉：

黄丹八兩。

定粉八兩。

49　50

襯金粉

定粉一斤

土朱八錢（顆塊者）

應使金箔每面方一尺使襯粉四兩顆塊土朱一錢每粉三十斤仍用生白絹一尺（濾粉）木炭一十斤（熁粉）綿半兩（描金）

應煎合桐油每一斤

松脂定粉黃丹各四錢

木扎二斤

應使桐油每一斤用亂絲四錢

塼作

應鋪壘安砌皆隨高廣指定合用塼等第以積尺計之若

階基、慢道之類，並二或並三砌，應用尺三條塼細壘者，外壁斫磨塼每一十行，裏壁麤塼八行填後。其隔減塼甋及樓閣高寫或行數不及者，並依此增、減計定。

應卷輂河渠並隨圜用塼，每廣二寸計一口，覆背卷準此，其繞背每廣六寸用一口。

應安砌所須礦灰，以方一尺五寸塼用一十三兩。每增減一寸，各加、減三兩。其條塼減方塼之半，壓闌於二尺方塼之數減十分之四。

應以墨煤刷塼甋基階之類，每方一百尺用八兩。

應以灰刷塼牆之類，每方一百尺用一十五斤。

應以墨煤刷塼甋基階之類，每方一百尺，并灰刷塼牆之類，計灰一百五十斤，各用苕帚一枚。

應甃壘并所用盤版，長隨徑，每片廣八寸，厚二寸，每一片：

常使麻皮一斤。

蘆蕟一領。

徑一寸五分竹二條。

窑作

燒造用芟草：

塼每一十口：

方塼：

方二丈八束，每束重二十斤，餘芟草稱束者並同。每減一寸減六分。

方一尺二寸二束六分。盤龍鳳華並塼碇同。

條塼：

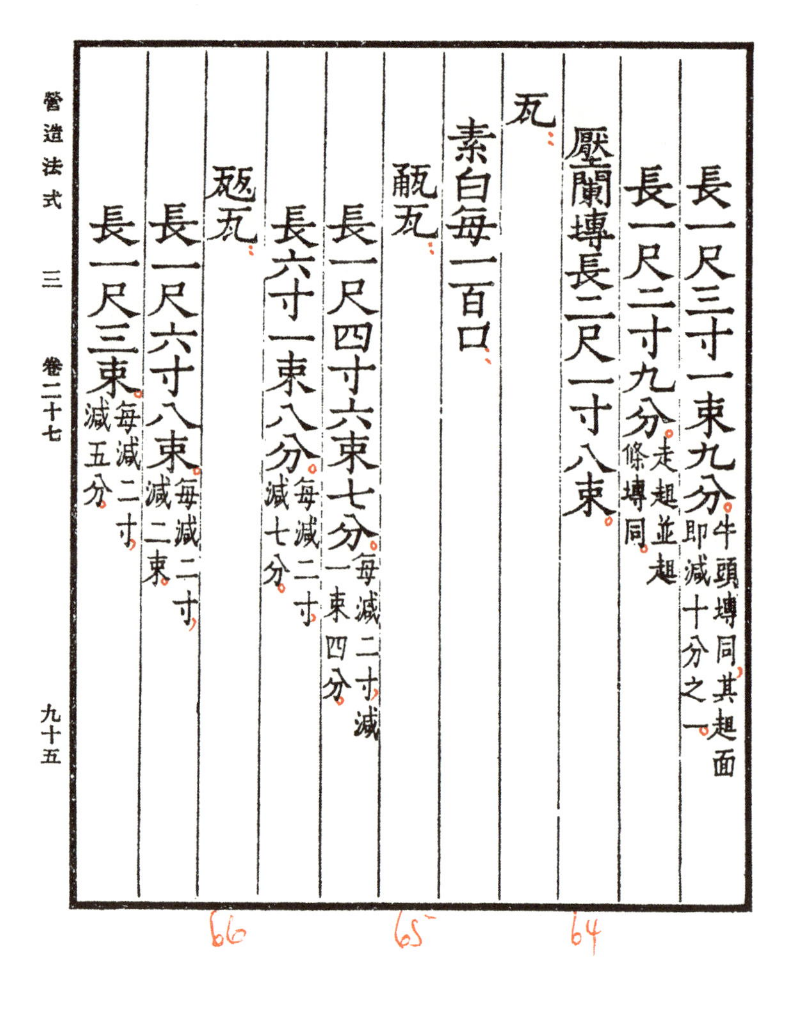

長一尺三寸一束九分。牛頭塼同，其趄面即減十分之一。

長一尺二寸九分。走趄並趄條塼同。

壓闌塼長二尺一寸八束。

瓦：

素白每一百口、

甋瓦：

長一尺四寸六束七分。每減二寸，減一束四分。

長六寸一束八分。每減二寸，減七分。

㼛瓦：

長一尺六寸八束。每減二寸，減二束。

長一尺三束。每減二寸，減五分。

64 65 66

青掍瓦以素白所用數加一倍。

諸事件，謂鴟、獸、嬪伽、火珠之類；本作内餘稱事件者準此。每一功一束。其龍尾所用芟草同鴟尾。

瑠璃瓦并事件，並隨藥料每窰計之。謂曝窰。大料分三窰，折大料同。一百束，折大料八十五束；中料分二窰，小料同。一百一十束，小料一百束。

掍造鴟尾，龍尾同。每一隻以高一尺爲率，用麻擣二斤八兩。

青掍瓦：

滑石掍：

坯數：

大料以長一尺四寸瓪瓦，一尺六寸㼧瓦，各六百

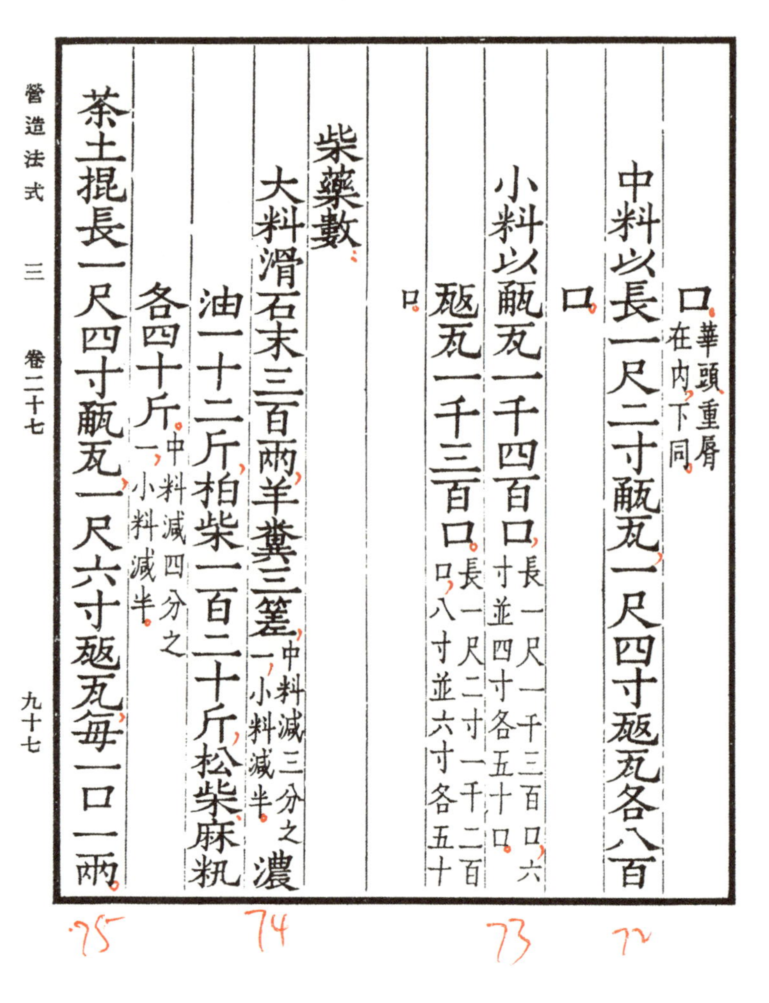

口。華頭重脣在內。下同。

中料以長一尺二寸甋瓦、一尺四寸瓪瓦各八百口。

小料以甋瓦一千四百口，長一尺一千三百口，六寸並四寸各五十口。瓪瓦一千三百口。長一尺二寸一千二百口，八寸並六寸各五十口。

柴藥數：

大料滑石末三百兩，羊糞三筐，中料減三分之一，小料減半。濃油一十二斤，柏柴一百二十斤，松柴、麻籸各四十斤。中料減四分之一，小料減半。

茶土掍長一尺四寸甋瓦，一尺六寸瓪瓦，每一口一兩。

每減二寸，減五分。

造瑠璃瓦並事件：

藥料每一大料用黄丹二百四十三斤。折大料二百二十二斤，中料二百二十二斤，小料二百九斤四兩。每黄丹三斤用銅末三兩，洛河石末一斤。

用藥每一口，鴟獸事件及條子綫道之類，以用藥處通計尺寸，折大料。

大料長一尺四寸甋瓦七兩二錢三分六厘。長一尺六寸瓪瓦減五分。

中料長一尺二寸甋瓦六兩六錢一分六毫六絲六忽。長一尺四寸瓪瓦減五分。

小料長一尺甋瓦六兩一錢二分四厘三毫三絲

二忽。長一尺二寸甋瓦減五分。

藥料所用黄丹闕用黑錫炒造，其錫以黄丹十分加一分。即所加之數斤以下不計。每黑錫一斤，用蜜駝僧二分九厘，硫黄八分八厘，盆硝二錢五分八厘，柴二斤一十一兩，炒成收黄丹十分之數。

營造法式卷第二十七

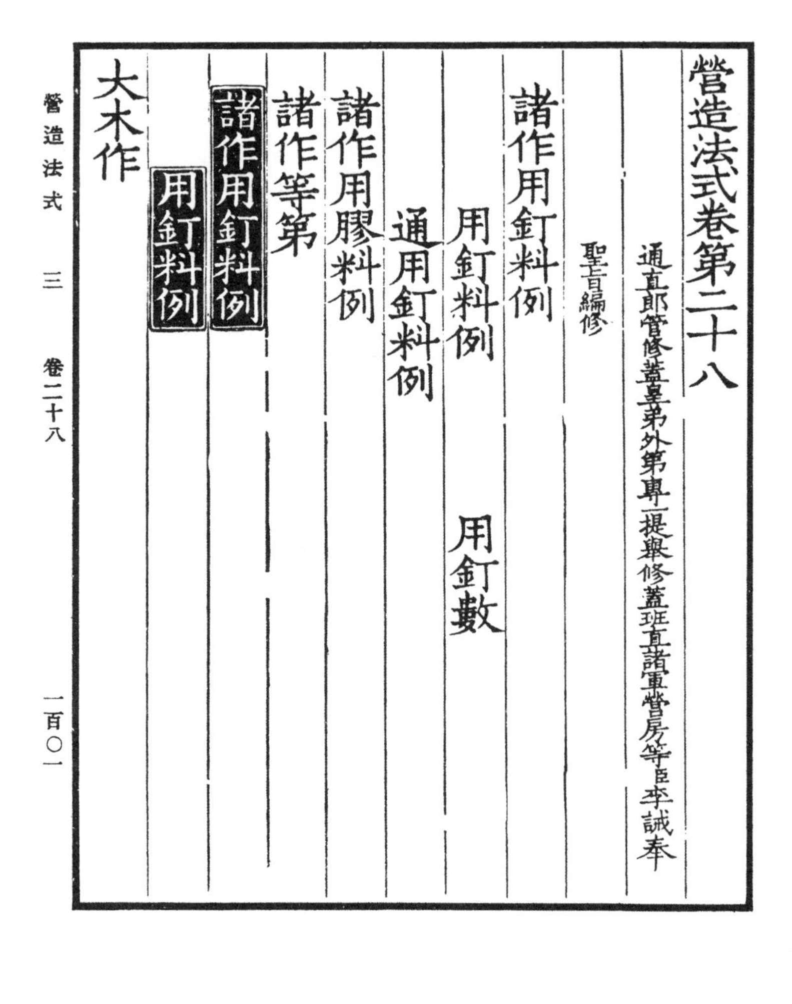

營造法式卷第二十八

通直郎管修蓋皇弟外第專一提舉修蓋班直諸軍營房等臣李誡奉
聖旨編修

諸作用釘料例

用釘料例　用釘數

通用釘料例

諸作用膠料例

諸作等第

諸作用釘料例

用釘料例

大木作

椽釘長加椽徑五分。有餘分者從整寸，謂如五寸椽用七寸釘之類，下同。

角梁釘長加材厚一倍。柱礩同。

飛子釘長隨材厚。

大小連檐釘長隨飛子之厚。如不用飛子者，長減椽徑之半。

白版釘長加版厚一倍。平闇遮椽版同。

搏風版釘長加版厚兩倍。

橫抹版釘長加版厚五分。隔減并襻同。

小木作：

凡用釘並隨版木之厚，如厚三寸以上或用簽釘者，其長加厚七分。若厚二寸以下者，長加厚一倍；或縫內用兩入釘者，加至二寸止。

彫木作：

凡用釘並隨版木之厚，如厚二寸以上者，長加厚五分，至五寸止。若厚一寸五分以下者，長加厚一倍；或縫内用兩入釘者，加至五寸止。

竹作：

壓笆釘長四寸。

雀眼網釘長二寸。

瓦作：

瓪瓦上滴當子釘，如高八寸者，釘長一尺；若高六寸者，釘長八寸；高一尺二寸及一尺四寸嬪伽，并長一尺二尺瓪瓦同。或高三寸及四寸者，釘長六寸。高一尺嬪伽并六寸華頭套獸長一尺者釘長四寸，如長六寸以上者釘長三寸，瓪瓦同，並用本作蔥臺長釘。月版及釘箔同。若長四寸以上者釘長二寸。燕頷版牙子同。

泥作：

沙壁內麻華釘長五寸。造泥假山釘同。

塼作：

井盤版釘長三寸。

用釘數

大木作：

連檐隨飛子椽頭每一條。營房隔間同。

大角梁每一條。續角梁二枚，子角梁三枚。

托槫每一條。

生頭每長一尺。搏風版同。

搏風版每長一尺五寸。

横抹每長二尺。

右各一枚。

飛子每一條。襻槫同。

遮椽版每長三尺，雙使。難子每長五寸一枚。

白版每方一尺。

槫枓每一隻。

隔減每一出入角。襻每條同。

右各二枚。

椽每一條。上架三枚，下架一枚。

平闇版每一片。

柱礩每一隻。

右各四枚。

小木作：

門道立臥柣每一條。平棊、華、露籬、帳、經藏、猴面等榥之類同；帳上透栓、臥榥、隔縫用；井亭大連檐、隨椽隔間同。

烏頭門上如意牙頭每長五寸。難子、貼絡牙脚、牌帶、簽面并福、破子窗填心、水槽底版、胡梯促踏版、帳上山華、貼及福角、脊瓦口、轉輪經藏鈿面版之類同；帳及經藏簽面版等隔榥用；帳上合角并山華絡牙脚帳頭福用二枚。

鉤窗檻面搏肘每長七寸。

烏頭門並格子簽子桯每長一尺。格子等搏肘、版引檐不用、門簪、雞栖、平棊、梁抹瓣方、井亭等搏風版、地棚地面版、帳經藏仰托榥、帳上混肚方、牙脚帳壓青牙子、壁藏料槽版、簽面之類同。其裹栿隨水路兩邊各用。

破子窗簽子桯每長一尺五寸。

簽平棊桯每長二尺。帳上搏同。

藻井背版每廣二寸、兩邊各用。

水槽底版罨頭每廣三寸。

帳上明金版每廣四寸。帳、經藏厦瓦版、隨椽隔間用。

隨福簽門版每廣五寸。帳并經藏坐面、隨榥背版、井亭厦瓦版隨椽隔間用，其山版用二枚。

平棊背版每廣六寸。簽角蟬版兩邊各用。

帳上山華蕉葉每廣八寸。牙脚帳隨梘釘頂版同。

帳上坐面版隨梘每廣一尺。

鋪作每枓一隻。

帳并經藏車槽等澁子、澁腰華版每瓣。壁藏坐壺門牙頭同，車槽坐腰面等澁背版隔瓣用，明金版隔瓣用二枚。

右各一枚。

烏頭門搶柱每一條。獨扇門等伏兎、手栓、承拐福用，門簪、雞栖、立牌牙子、平棊護縫、鬭四瓣方、帳上椿子、車槽等處臥梘、方子、壁帳馬銜、填心、轉輪經藏輞、頰子之類同。

護縫每長一尺。井亭等脊、角梁、帳上仰陽、隔枓貼之類同。

右各二枚。

七尺以下門楅每一條。垂魚、釘槫頭版、引檐、跳椽、鉤闌華托柱、义子、馬銜、井亭搏脊、帳並經藏腰檐、抹角栿、曲剜椽子之類同。

露籬上屋版隨山子版每一縫。

右各三枚。

七尺至一丈九尺門楅每一條四枚。平棊楅、小平棊枓槽版、横鈐、立旌、版門等伏兎、槫柱、日月版、帳上角梁、隨間栿、牙脚帳格榥、經藏井口榥之類同。

二丈以上門楅每一條五枚。隨圜橋子上促踏版之類同。

鬭四并井亭子上枓槽版每一條。帳帶、猴面榥、山華蕉葉、鑰匙頭之類同。

帳上腰檐、鼓坐、山華蕉葉枓槽版每一間。

右各六枚。

截間格子槫柱每一條。上面八枚，下面四枚。

鬭八上枓槽版每片一十枚。

小鬭四鬭八平棊上并鉤闌門窗雁翅版帳并壁藏天宫樓閣之類隨宜計數。

彫木作

寳牀每長五寸。脚并事件每件三枚。

雲盆每長廣五寸。

右各一枚。

角神安脚每一隻。膝窠四枚，帶五枚，安釘每身六枚。

扛坐神力士同。每一身。

華版每一片。如通長造者，每一尺一枚，其華頭係貼釘者，每朶一枚，若一寸以上加一枚。

虛柱每一條釘卯。

38 37 36

右各二枚。

混作真人童子之類高二尺以上每一身。二尺以下二枚。

柱頭人物之類徑四寸以上每一件。如三寸以下一枚。

寶藏神臂膊每一隻。腿脚四枚，襜二枚，帶五枚，每一身安釘六枚。

鶴子腿每一隻。每翅四枚，尾每段一枚。如施於華表柱頭者，加脚釘每隻四枚。

龍鳳之類接搭造每一縫。纏柱者加一枚，如全身作浮動者每長二尺又加二枚，每長增五寸加一枚。

應貼絡每一件。以一尺為率，每增減五寸，各加減一枚，減至二枚止。

椽頭盤子徑六寸至一尺每一箇。徑五寸以下三枚。

右各三枚。

竹作。

雀眼網貼每長二尺一枚

壓竹笆每方一丈三枚

瓦作

滴當子嬪伽（甋瓦華頭同）每一隻

鷰頷或牙子版每長二尺

右各一枚

月版每叚每廣八寸二枚

套獸每一隻三枚

結瓦鋪箔係轉角處者每方一丈四枚

泥作

沙泥畫壁披麻每方一丈五枚

41 42 43 44 45 46 47

造泥假山每方一丈三十枚

塼作

井盤版每一片三枚

通用釘料例

每一枚

葱臺頭釘長一尺二寸蓋下方五分重一十一兩長一尺一寸蓋下方四分八厘重一十兩一分長一尺蓋下方四分六厘重八兩五錢

猴頭釘長九寸蓋下方四分重五兩三錢長八寸蓋下方三分八厘重四兩八錢

卷蓋釘長七寸蓋下方三分五厘重三兩長六寸蓋下方三分重二兩長五寸蓋下方二分五厘重一兩四錢長四寸蓋下方二分重七錢

圜蓋釘長五寸蓋下方二分三厘重一兩二錢長三寸五分蓋下方一分八厘重六錢五分長三寸蓋

下方一分六厘，重三錢五分。

拐蓋釘 長二寸五分，蓋下方一分四厘，重二錢二分五厘；長二寸，蓋下方一分二厘，重一錢五分；長一寸三分，蓋下方一分，重一錢；長一寸，蓋下方八厘，重五分。

葱臺長釘 長一尺，頭長四寸，脚長六寸，重三兩六錢；長八寸，頭長三寸，脚長五寸，重二兩三錢五分；長六寸，頭長二寸，脚長四寸，重一兩一錢。

兩入釘 長五寸，中心方二分二厘，重六錢七分；長四寸，中心方二分，重四錢三分；長三寸，中心方一分八厘，重二錢七分；長二寸，中心方一分五厘，重一錢二分；長一寸五分，中心方一分，重八分。

卷葉釘 長八分，重一分，每一百枚重一兩。

諸作用膠料例

小木作 彫木作同。

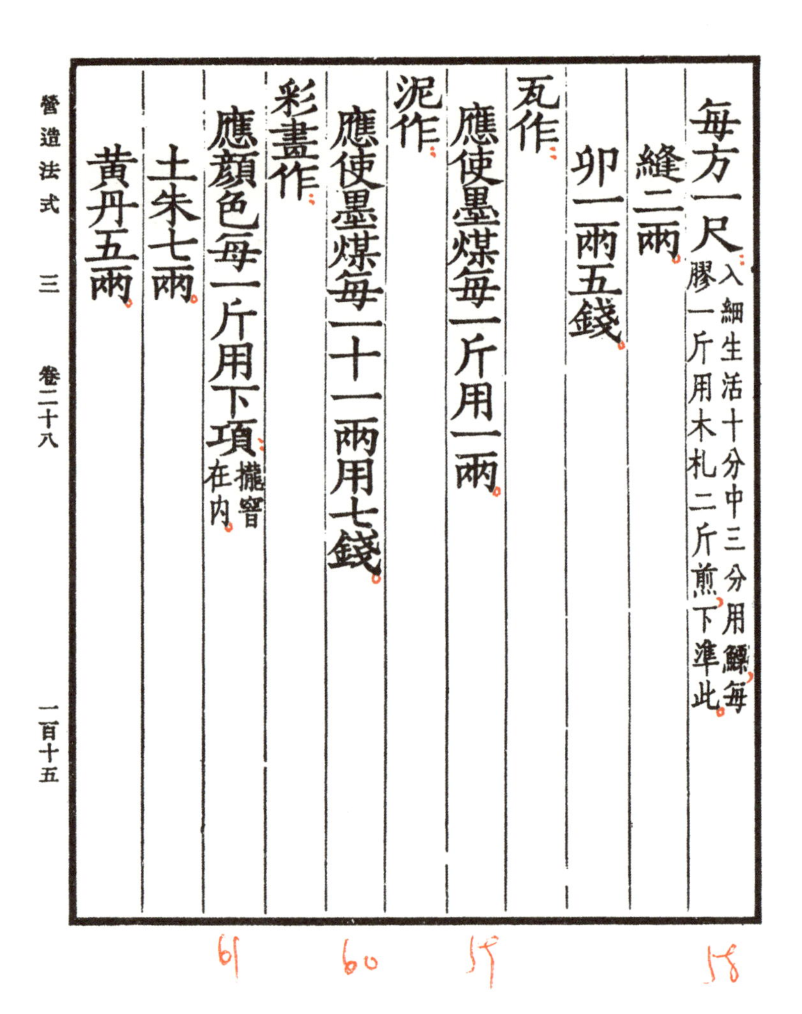

每方一尺入細生活十分中三分用鰾每膠一斤用木札二斤煎下準此

縫二兩

卯一兩五錢

瓦作

應使墨煤每一斤用一兩

泥作

應使墨煤每一十一兩用七錢

彩畫作

應顏色每一斤用下項攏窨在內

土朱七兩

黃丹五兩

墨煤四兩。

雌黄三兩。土黄、淀、常使朱紅、大青緑、梓州熟大青緑、二青緑、定粉、深朱紅、常使紫粉同。

石灰二兩。白土、生二青緑、青緑華同。

合色：

緑。

朱。

右各四兩。

緑華青華同。二兩五錢。

紅粉。

紫檀。

右各二兩。

63

62

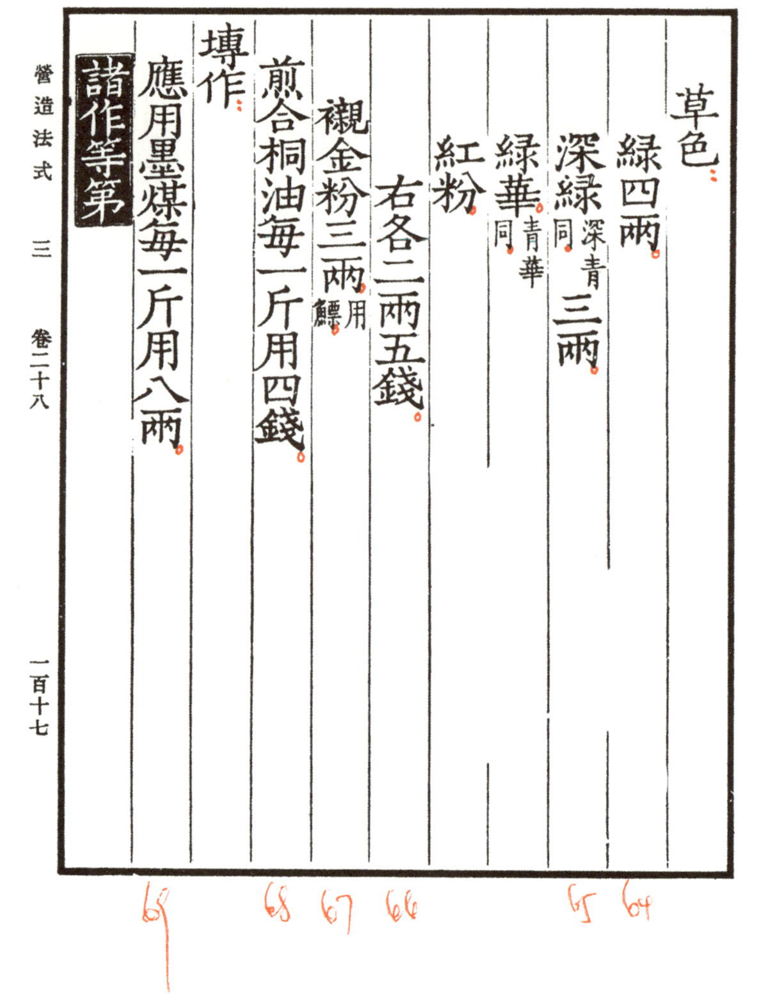

草色

緑四兩

深緑同深青三兩

緑華同青華

紅粉

右各二兩五錢

襯金粉三兩用鰾

煎合桐油每一斤用四錢

塼作

應用墨煤每一斤用八兩

石作

鐫刻混作剔地起突及壓地隱起華或平鈒華（混作謂螭頭或鉤闌之類）

右爲上等

柱碇素覆盆（階基望柱門砧流盃之類應素造者同）

地面（踏道地栿同）

碑身（笏頭及坐同）

露明斧刃卷輂水窗

水槽（井口井蓋同）

右爲中等

鉤闌下螭子石（闇柱碇同）

卷輂水窗拽後底版山棚鋜脚同。

右爲下等。

大木作：

鋪作枓栱角梁、昂、抄、月梁同。

絞割展拽地架。

右爲上等。

鋪作所用槫、柱、栿、額之類，並安椽。

枓口跳絞泥道栱或安側項方，及用把頭栱者同。所用枓栱華駝峯、楷子、大連檐、飛子之類同。

右爲中等。

枓口跳以下所用槫、柱、栿、額之類，并安椽。

凡平闇内所用草架栿之類，謂不事造者。其枓口跳以下所用素駝峯、楷子、小連擔之類同。

右爲下等。

小木作：

版門牙縫、透栓、壘肘造。

格子門：闌檻鉤窗同。

毬文格子眼：四直方格眼出線，自一混、四攛尖以上造者同。

桯出線造。

鬬八藻井：小鬬八藻井同。

叉子：內霞子、望柱、地栿、衮砧，隨本等造，下同。

欞子：馬衘同。海石榴頭，其身瓣內單混面上出心線以上造。

75

串辦内單混出線以上造。

重臺鉤闌 井亭子并胡梯同。

牌帶貼絡彫華。

佛道帳 牙脚、九脊壁帳、轉輪經藏、壁藏同。

右爲上等。

烏頭門 軟門及版門、牙縫同。

破子窗 井屋子同。

格子門 平棊及闌檻、鉤窗同。

格子方絞眼平出線或不出線造。

桯方直破辦攛尖 素通混或壓邊線造同。

栱眼壁版 裹栿版、五尺以上垂魚、惹草同。

照壁版合版造版同障日

辟簾竿六混以上造

义子、

摏子雲頭方直出心線或出邊線壓白造

串側面出心線或壓白造

單鈎闌摏項蜀柱雲栱造素牌及棵籠子六辨或八辨造同

右為中等

版門直縫造版摏窗牗電窗同

截間版帳照壁障日版牙頭護縫造并屏風骨子及橫鈴立旌之類同

版引檐地棚并五尺以下垂魚惹草同

辟簾竿通混破辨造

义子（拒馬义子同）

檽子跳瓣雲頭或方直笏頭造

串破瓣造（托棖或曲棖同）

單鉤闌枓子蜀柱青蜓頭造（棵籠子四瓣造同）

右爲下等

凡安卓上等門窗之類爲中等中等以下並爲下等其門并版壁格子以方一丈爲率於計定造作功限内以加功二分作下等（每增減一尺各加減一分功烏頭門比版門合得下等功限加倍）破子窗以六尺爲率於計定功限内以五分功作下等（每增減一尺各加減五厘功）

彫木作

混作

角神（寶藏神同）

華牌浮動神仙、飛仙、昇龍、飛鳳之類

柱頭或帶仰覆蓮荷臺坐造龍、鳳、師子之類

帳上纏柱龍（纏寶山或牙魚，或間華；并扛坐神、力士、龍尾、嬪伽同）

半混

雕插及貼絡寫生牡丹華、龍、鳳、師子之類（寶牀事件同）

牌頭（帶舌同）華版

椽頭盤子龍、鳳或寫生華（鉤闌尋杖頭同）

檻面（鉤闌同）雲栱（鵞項、矮柱、地霞、華盆之類同，中、下等準此）剔地起突二卷或一卷造

平棊內盤子剔地雲子間起突雕華龍鳳之類（海眼版水地間海魚等同）

華版

海石榴或尖葉牡丹或寫生或寶相或蓮荷（帳上歡門車槽猴面等華版及裏栿障水填心版格子版壁腰內所用華版之類同中等準此）

剔地起突卷搭造（透突起突造）

透突窪葉間龍鳳師子化生之類

長生草或雙頭蕙草透突龍鳳師子化生之類

右爲上等

混作帳上鴟尾（獸頭套獸蹲獸同）

半混

貼絡鴛鴦羊鹿之類平棊内角蟬并華之類同

檻面鉤闌同雲栱窪葉平彫

垂魚惹草間雲鶴之類立標手把飛魚同

華版透突窪葉平彫長生草或雙頭蕙草透突平彫或

剔地間鴛鴦羊鹿之類

右爲中等

半混

貼絡香草山子雲霞

檻面鉤闌同

雲栱實雲頭

萬字鉤片剔地

85 86 87

义子雲頭或雙雲頭

鋜脚壼門版帳帶同造實結帶或透突華葉

垂魚惹草實雲頭

槫枓蓮華伏兎蓮荷及帳上山華蕉葉版之類同

毬文格子挑白

右爲下等

旋作

寳牀所用名件搘角梁寳缾櫨枓同

右爲上等

寳柱蓮華柱頂虚柱蓮華並頭瓣同

火珠滴當子椽頭盤子仰覆蓮胡桃子葱臺釘并蓋釘筒子同

右爲中等。

櫨科。

門盤浮漚。瓦頭子、錢子之類同。

右爲下等。

竹作：

織細棊文簟間龍鳳或華樣。

右爲上等。

織細棊文素簟。

織雀眼網間龍鳳人物或華樣。

右爲中等。

織麤簟。假棊文簟同。

90

91

92

93

織素雀眼網。

織笆。編道竹栅、打篛笍、索、夾載蓋棚同。

右爲下等。

瓦作、

結瓦殿閣樓臺。

安卓鴟獸事件。

斫事瑠璃瓦口。

右爲上等。

瓪瓪結瓦廳堂廊屋。用大當溝散瓪結瓦、攤釘行壠同。

斫事大當溝。開剜鷰頷、牙子版同。

右爲中等。

94　95　96

散瓪瓦結瓦

斫事小當溝并線道條子瓦

抹棧笆箔混染黑脊白道繫箔並織造泥籃同

右爲下等

泥作

用紅灰黄白灰同

沙泥畫壁被麻同麓披

壘造鍋鑊竈燒錢鑪茶鑪同

壘假山壁隱山子同

右爲上等

用破灰泥

壘坯牆

右爲中等

細泥麤泥并搭作中泥作襯同

織造泥籃

右爲下等

彩畫作

五彩裝飾間用金同

青緑碾玉

右爲上等

青緑棱間

解緑赤白及結華畫松文同

柱頭脚及槫畫束錦。

右爲中等。

丹粉赤白。刷土黄丹。

刷門窗。版壁、义子、鉤闌之類同。

右爲下等。

塼作

鐫華。

壘砌象眼踏道。須彌華臺坐同。

右爲上等。

壘砌平階地面之類。謂用斫磨塼者。

斫事方條塼。

102

103

104

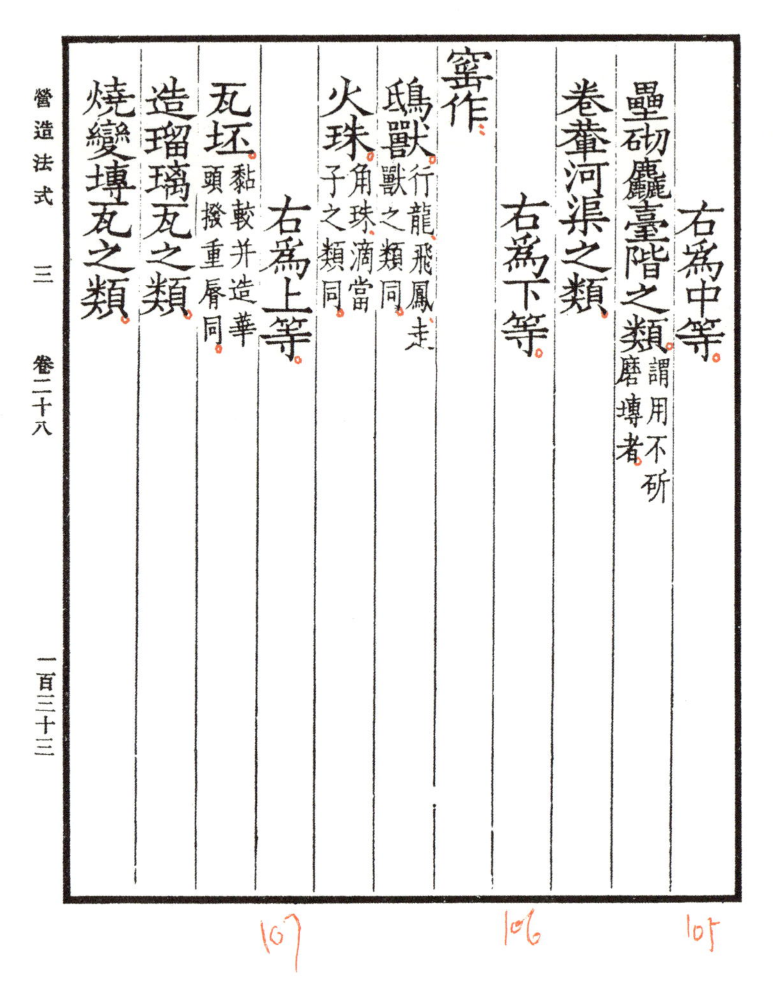

右爲中等。

壘砌麤臺階之類。謂用不斫磨塼者。

卷輂河渠之類，

右爲下等。

窰作：

鴟獸。行龍、飛鳳、走獸之類同。

火珠。角珠、滴當子之類同。

右爲上等。

瓦坯。黏較并造華頭撥重脣同。

造瑠璃瓦之類。

燒變塼瓦之類。

右爲中等

塼坯

裝窰壘薔窰同

右爲下等

營造法式卷第二十八

營造法式卷第二十九

通直郎管修蓋皇弟外第專一提舉修蓋班直諸軍營房等臣李誡奉

聖旨編修

總例圖樣

圜方方圜圖

壕寨制度圖樣

景表版等第一

水平真尺第二

石作制度圖樣

柱礎角石等第一

踏道螭首第二

殿内鬬八第三

鉤闌門砧第四

流盃渠第五

總例圖樣

圜方方圜圖

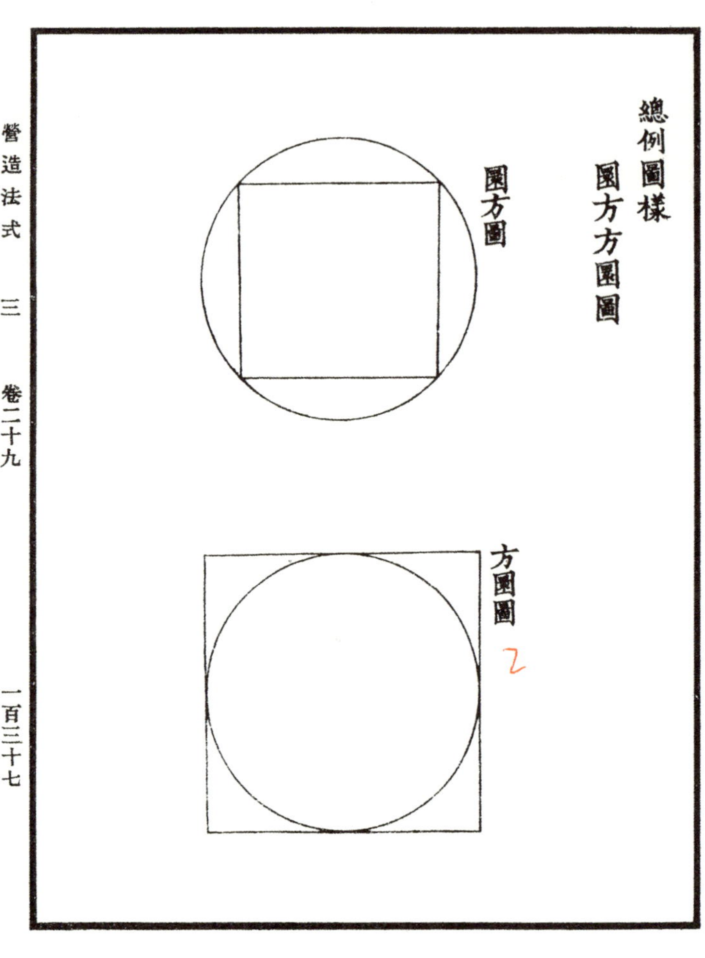

壕寨制度圖樣
景表版等第一

景表版

望筒

水池景表

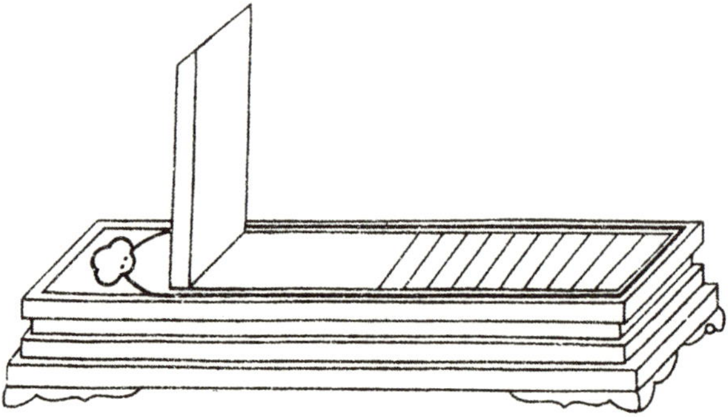

水平真尺第二

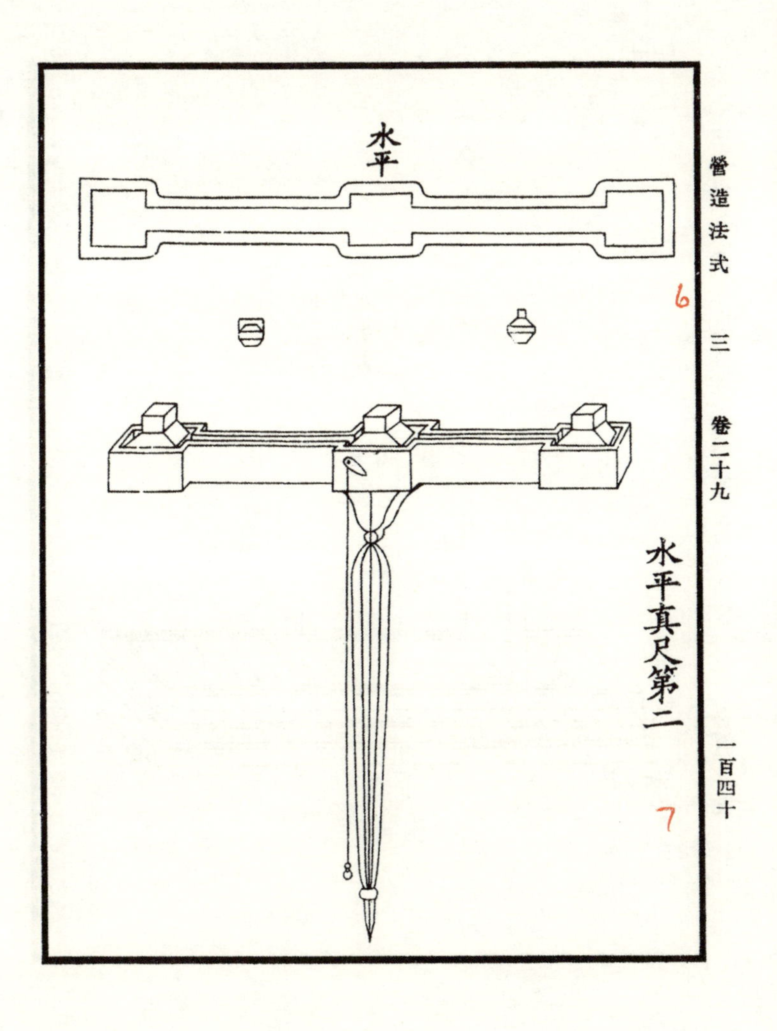

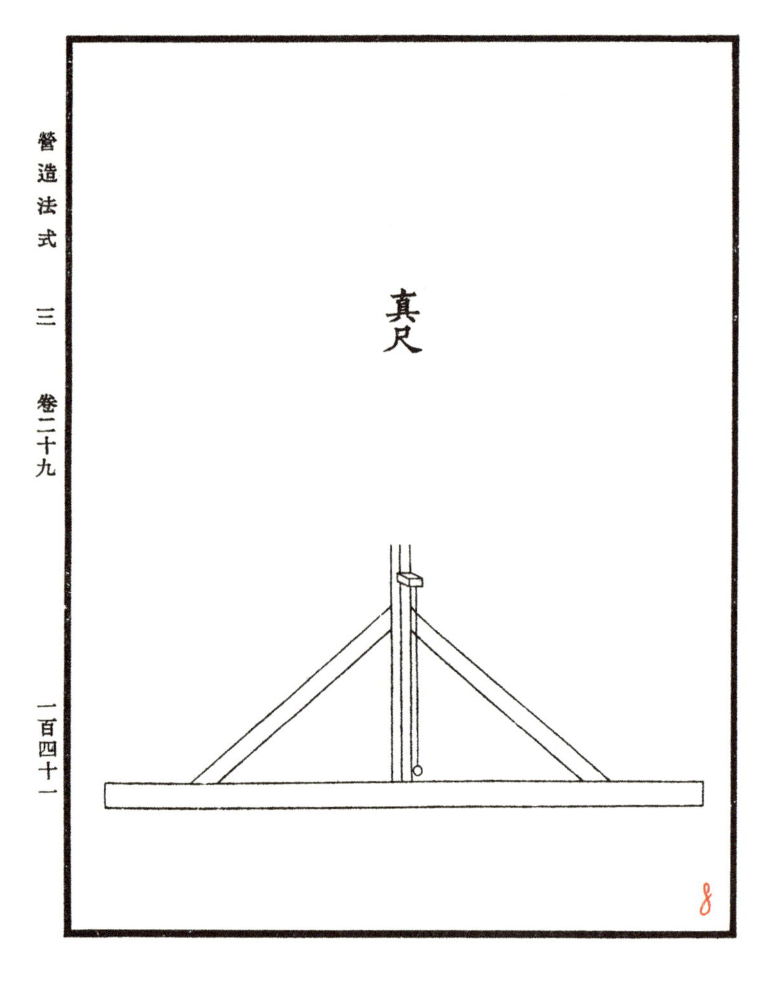
真尺

石作制度圖樣

柱礎角石等第一

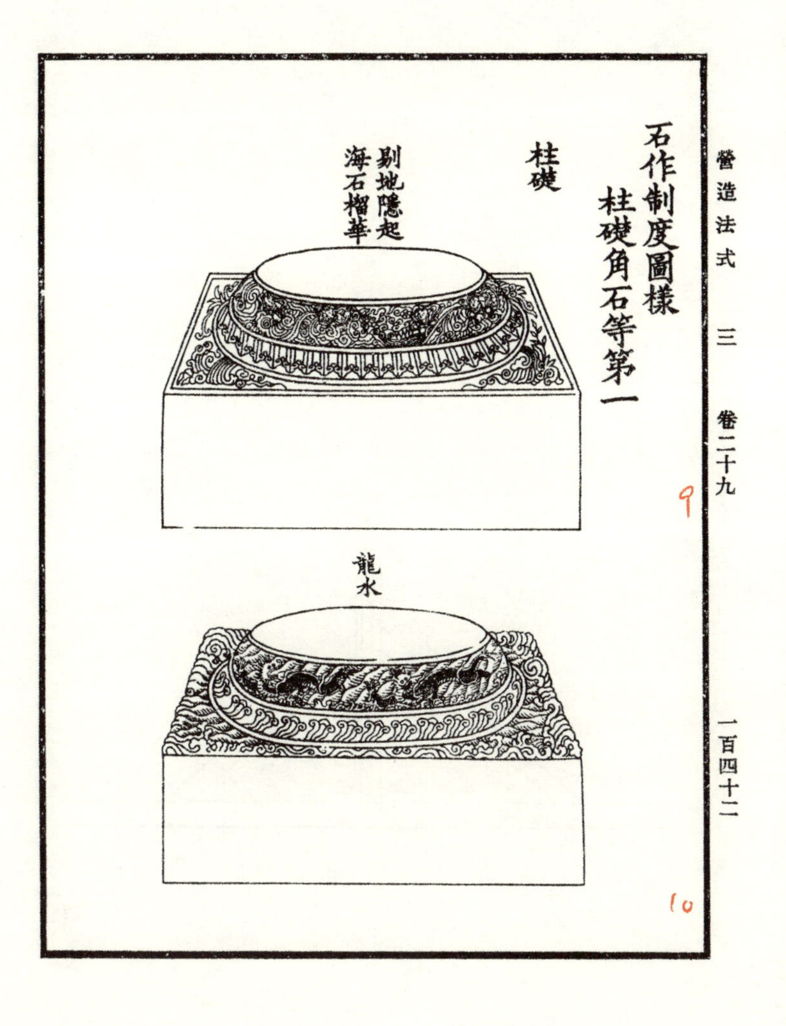

壓地隱起牡丹華

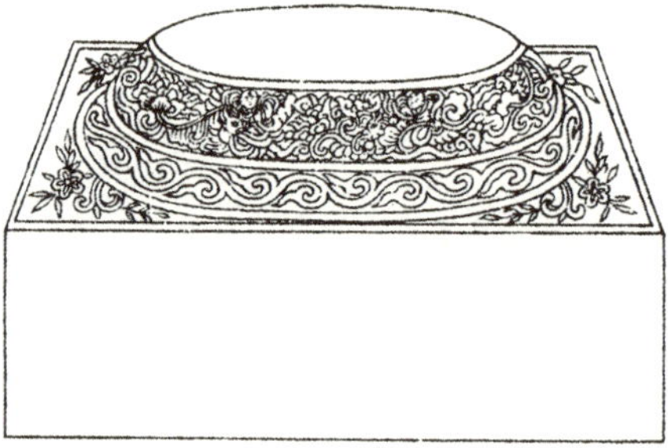

寶相華

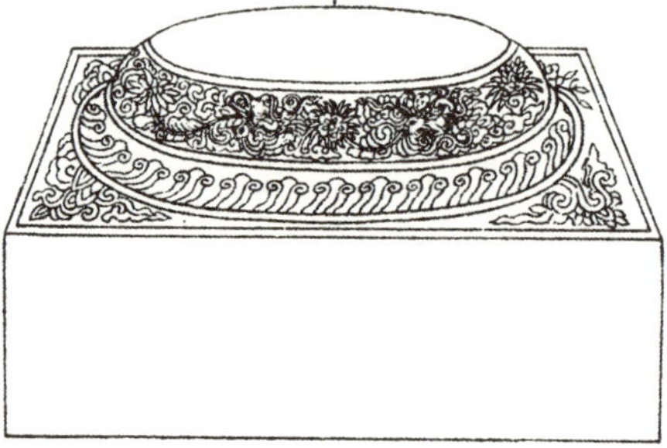

11

12

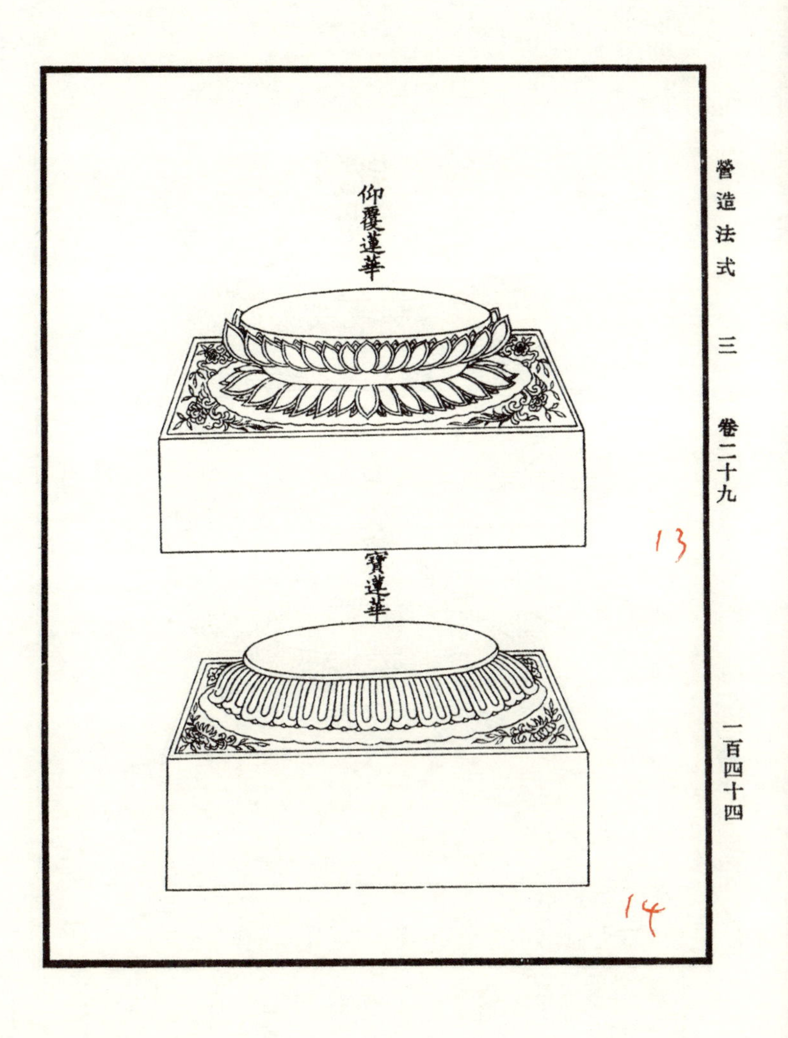
仰覆蓮華
寶蓮華

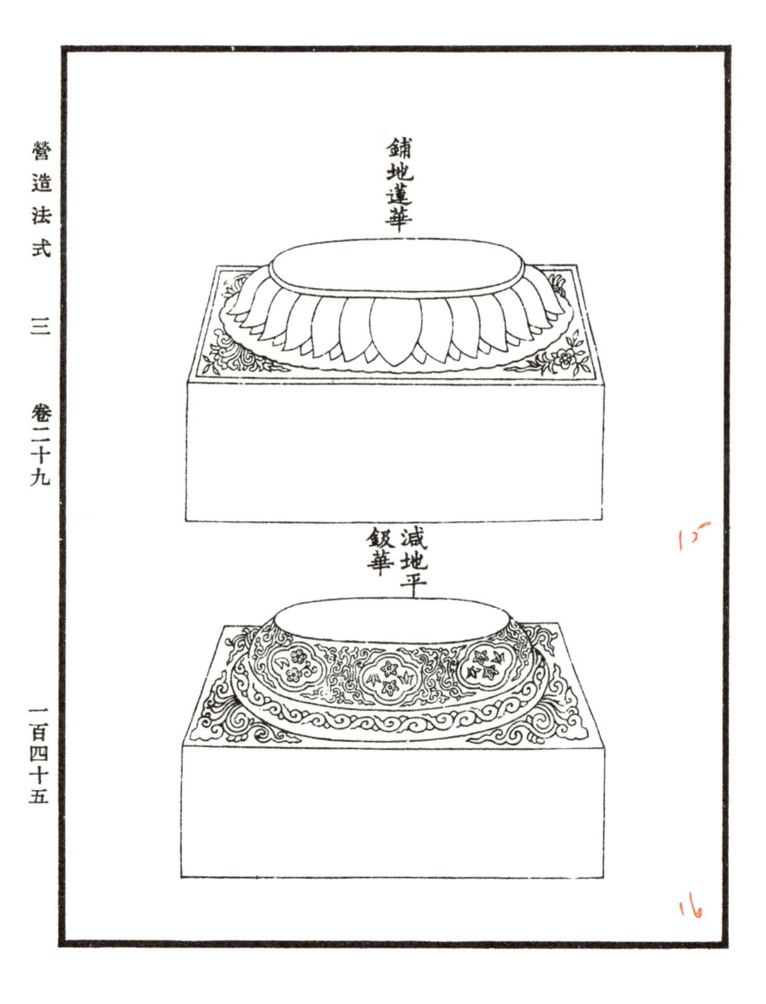
鋪地蓮華
減地平鈒華
15
16

角石

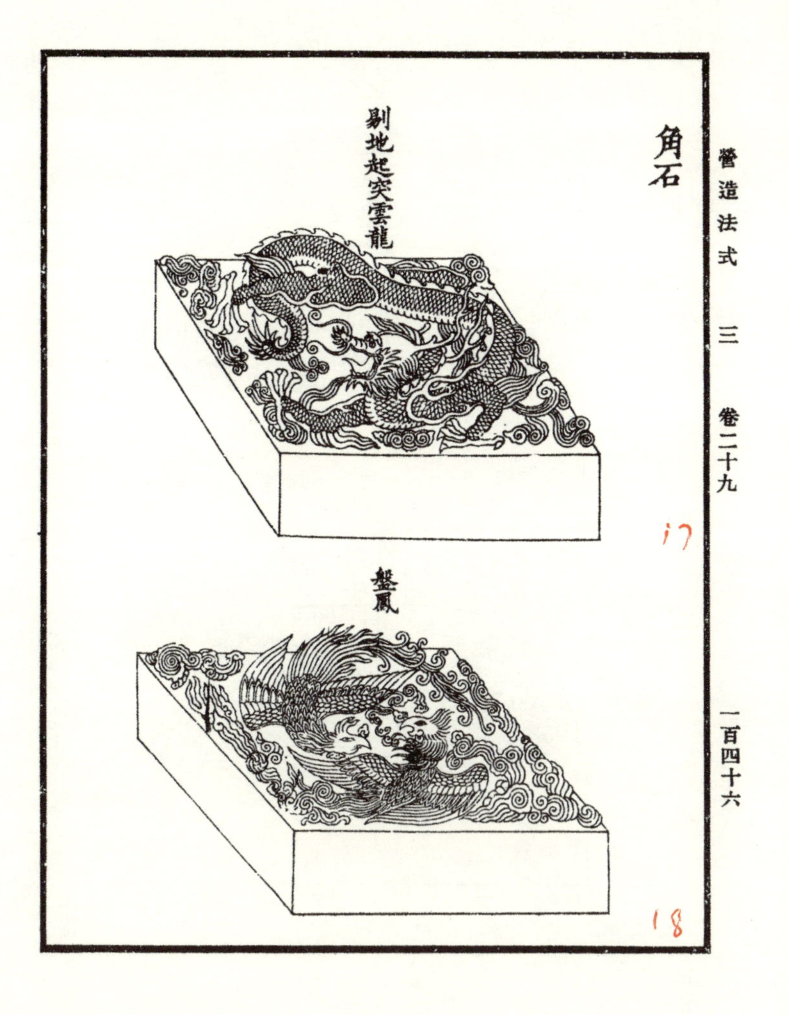

17

18

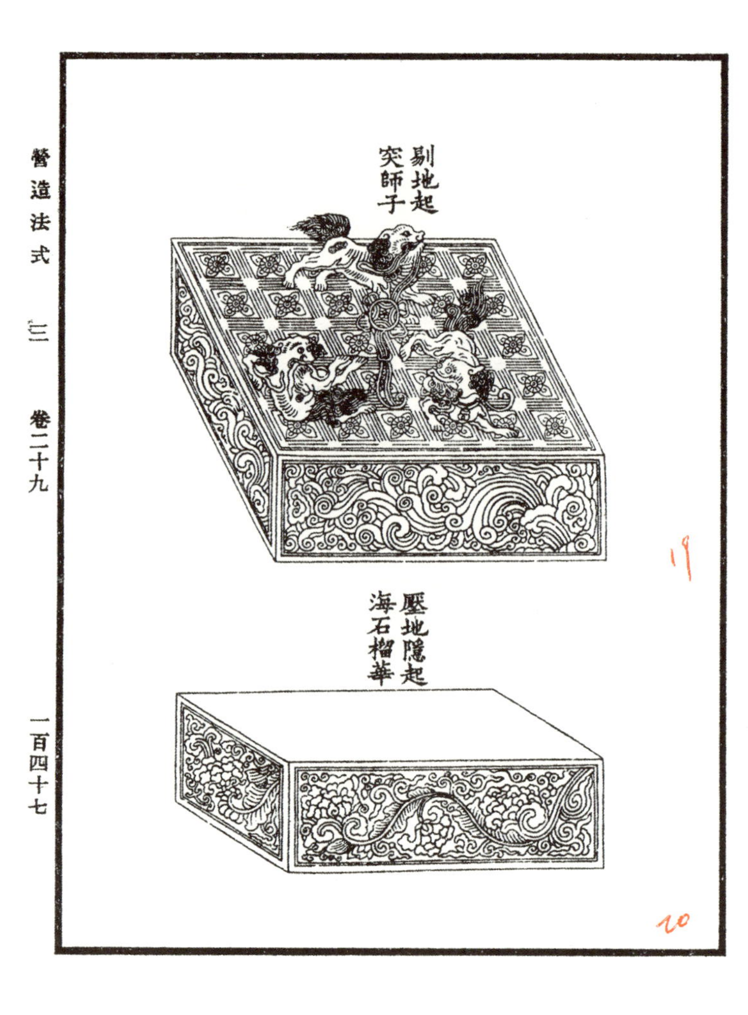
剔地起
突師子
壓地隱起
海石榴華

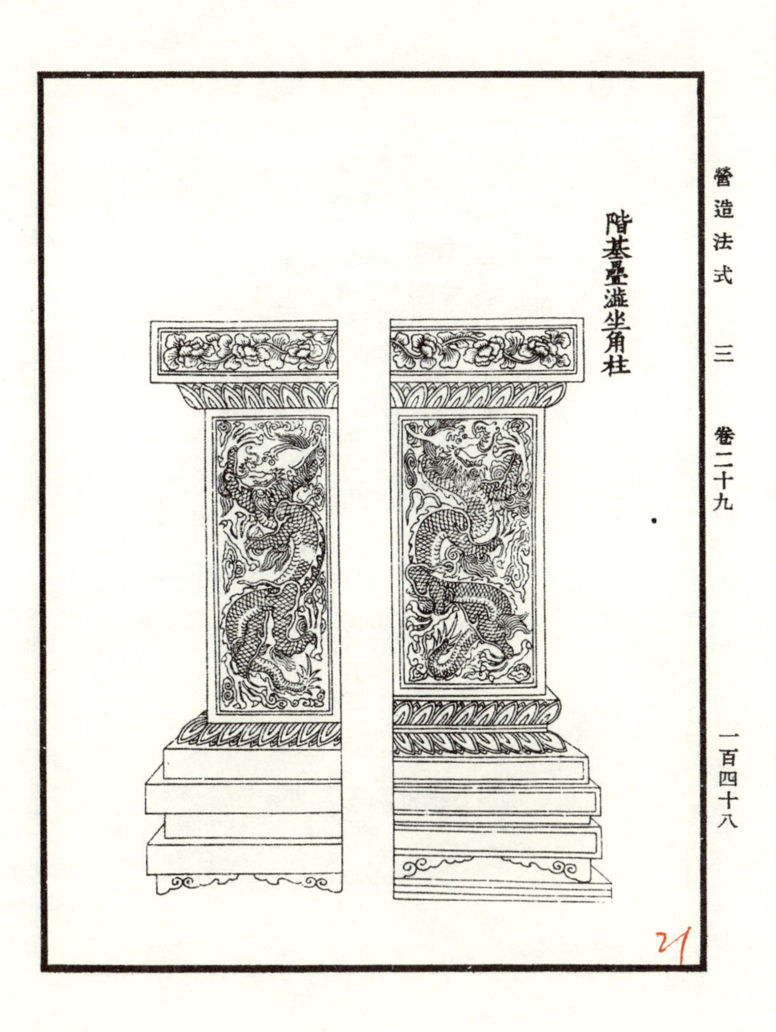

階基疊澁坐角柱

角柱

壓闌石

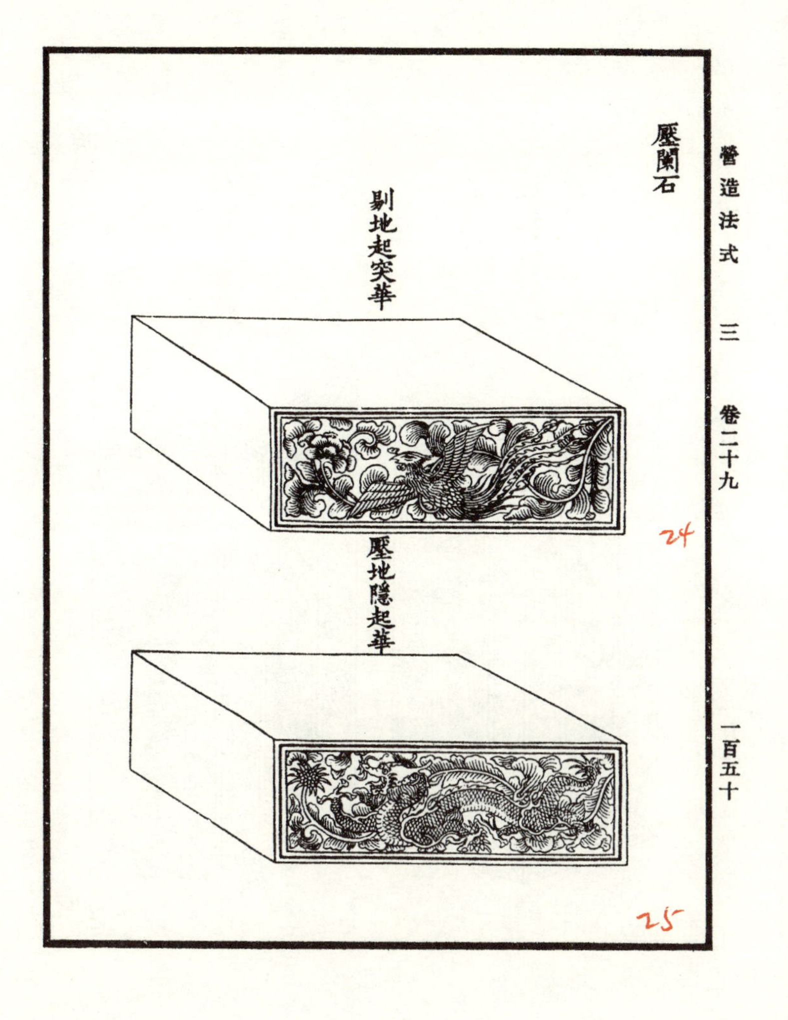

踏道螭首第二

踏道

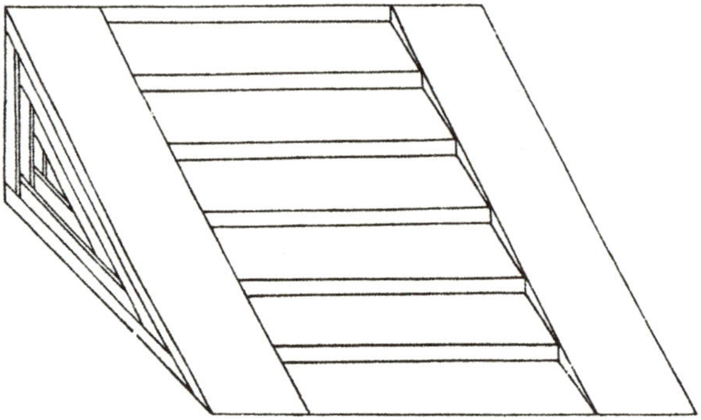

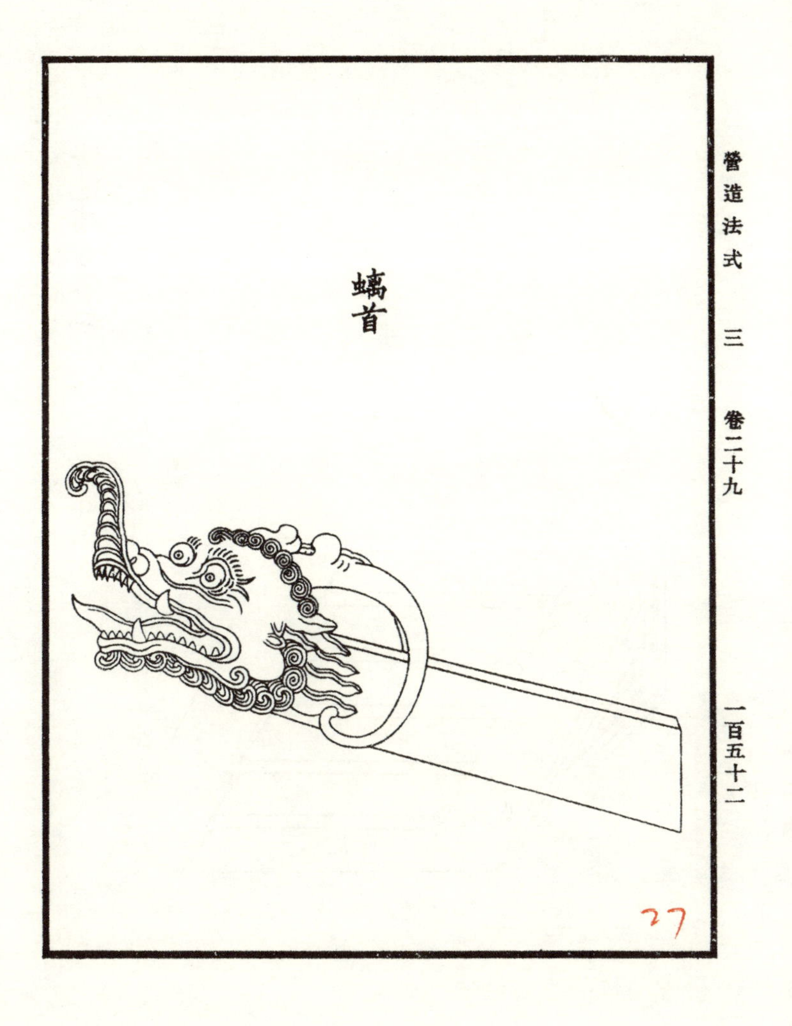
螭首

鉤闌門砧第四

重臺鉤闌

單鈎闌

30

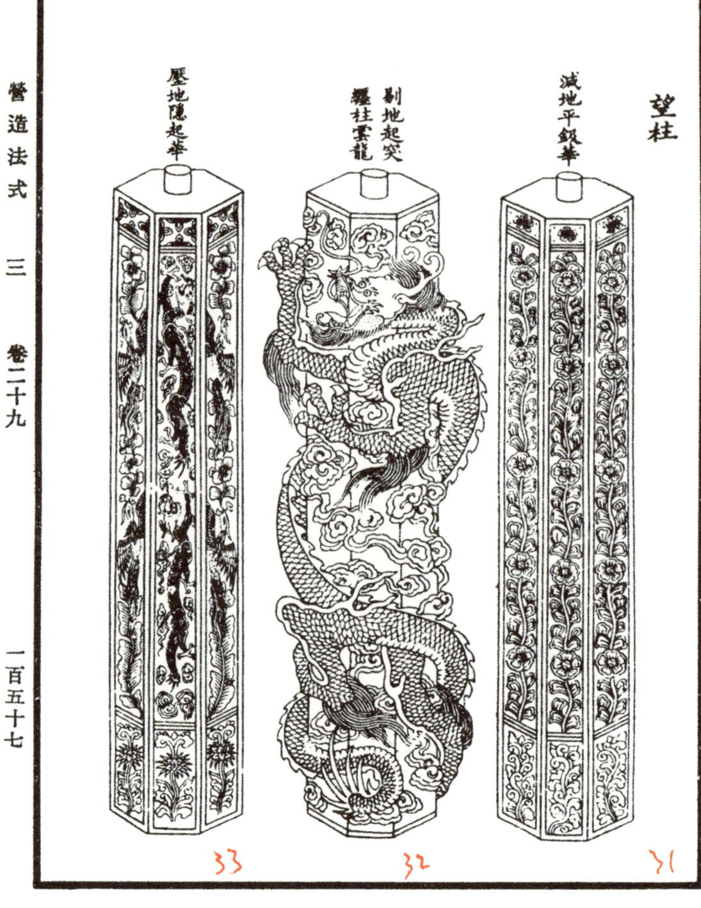
望柱
減地平鈒華
剔地起突纏柱雲龍
壓地隱起華
31
32
33

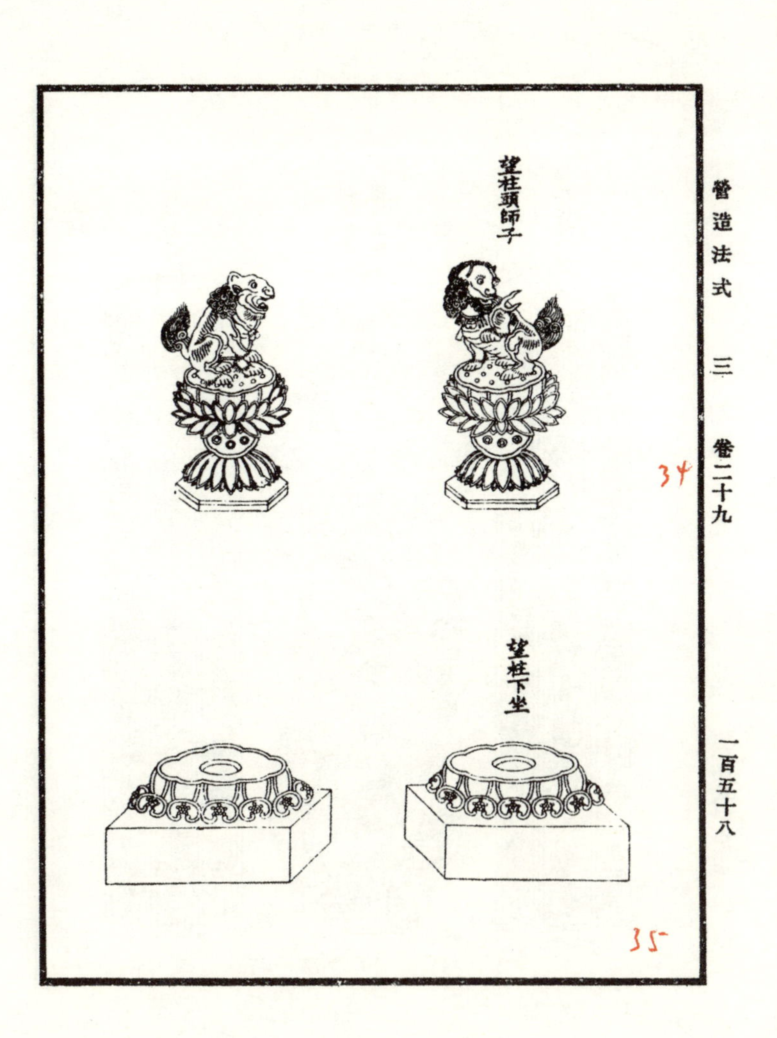
望柱頭師子
望柱下坐
34
35

門砧

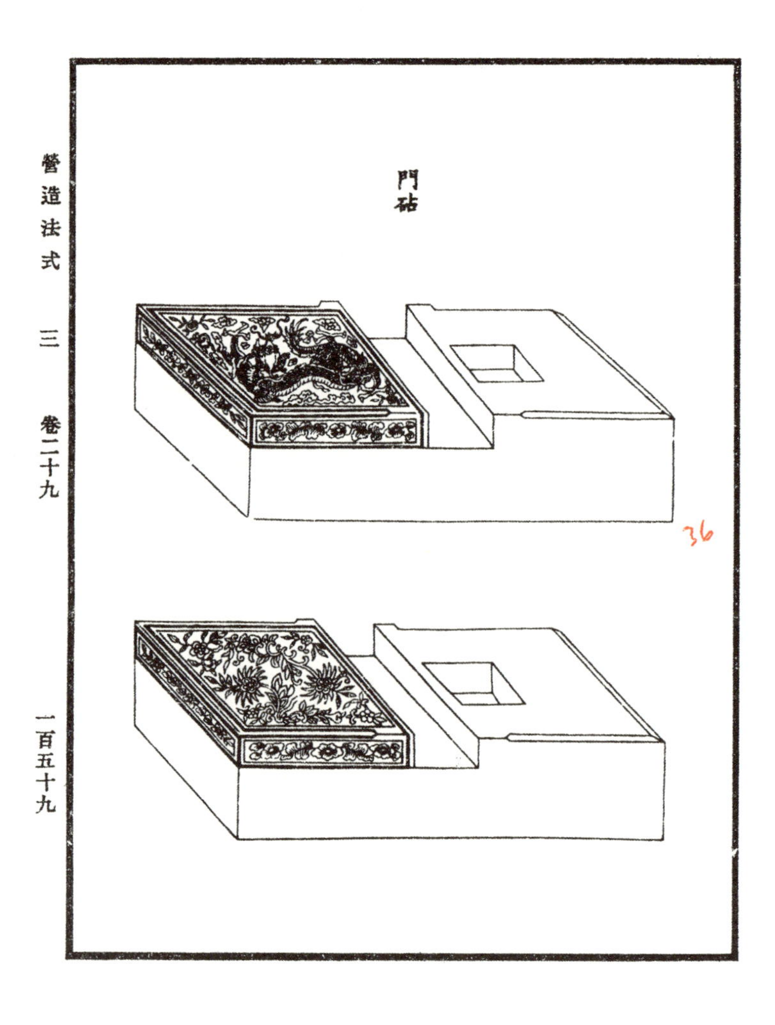

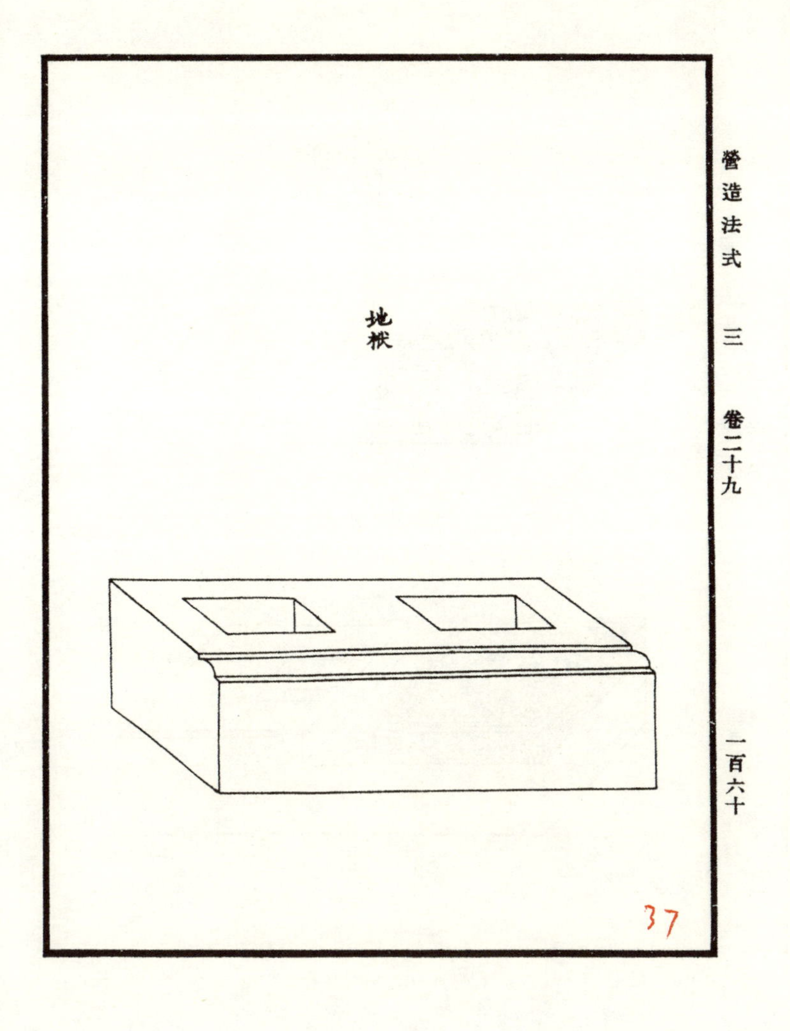
地栿

營造法式卷第二十九

營造法式卷第三十

通直郎管修蓋皇弟外第專一提舉修蓋班直諸軍營房等臣李誠奉

聖旨編修

大木作制度圖樣上

栱枓等卷殺第一

梁柱等卷殺第二

下昂上昂出跳分數第三

舉折屋舍分數第四

絞割鋪作栱昂枓等所用卯口第五

梁額等卯口第六

合柱鼓卯第七

槫縫襻間第八

鋪作轉角正樣第九

大木作制度圖樣上

栱枓等卷殺第一

華栱

泥道栱

慢栱

瓜子栱

令栱

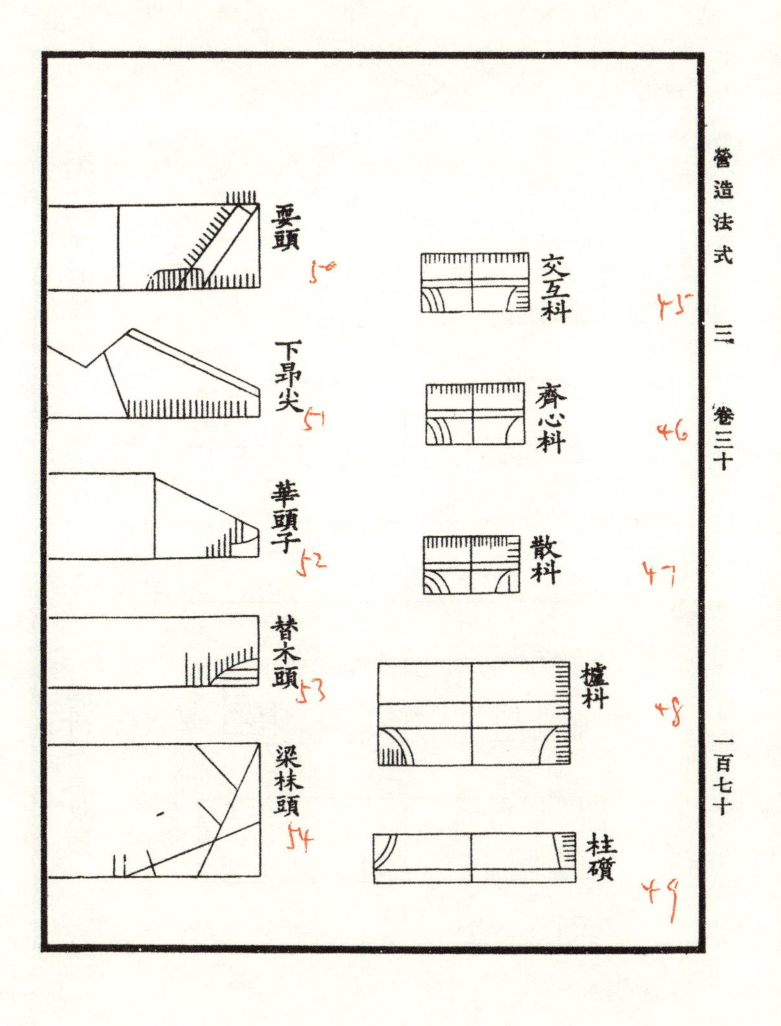
交互枓
45
齊心枓
46
散枓
47
櫨枓
48
柱礩
49
耍頭
50
下昂尖
51
華頭子
52
替木頭
53
梁栿頭
54

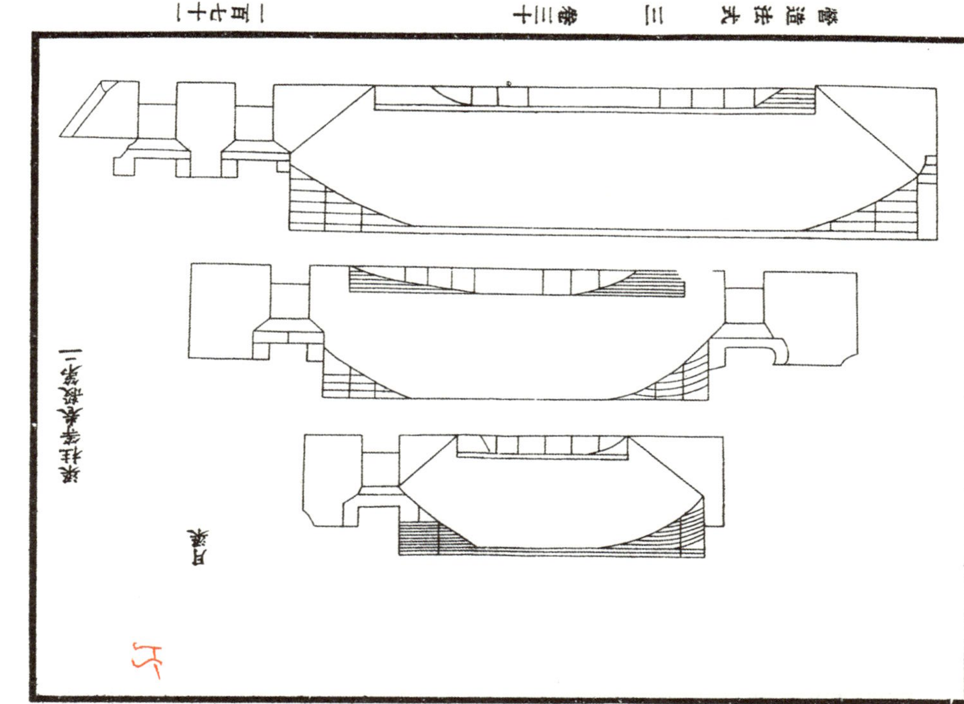
梁柱等卷殺第二
月梁

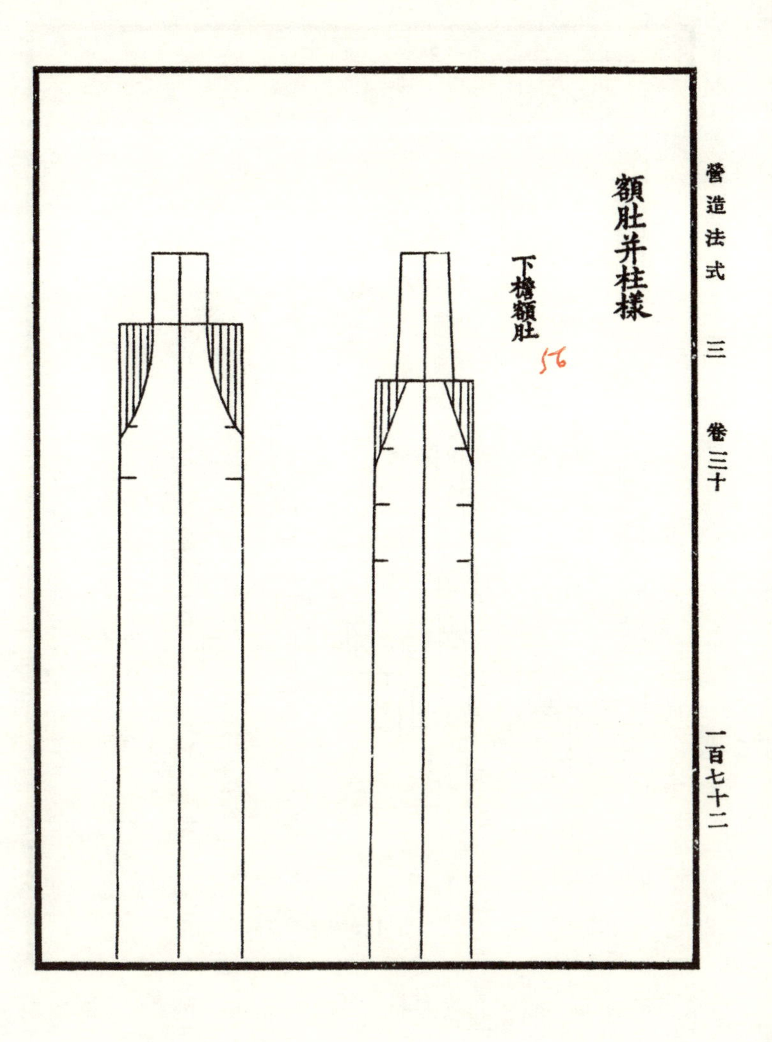
額肚并柱様
下檐額肚
56

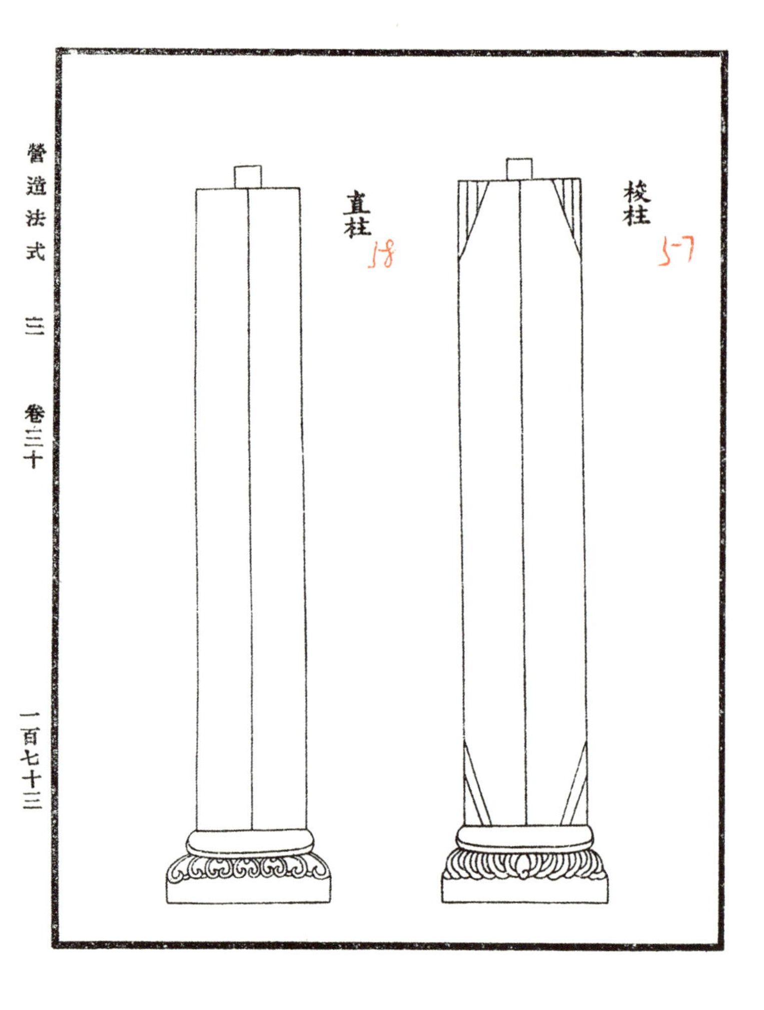
梭柱
5-7
直柱
5-8

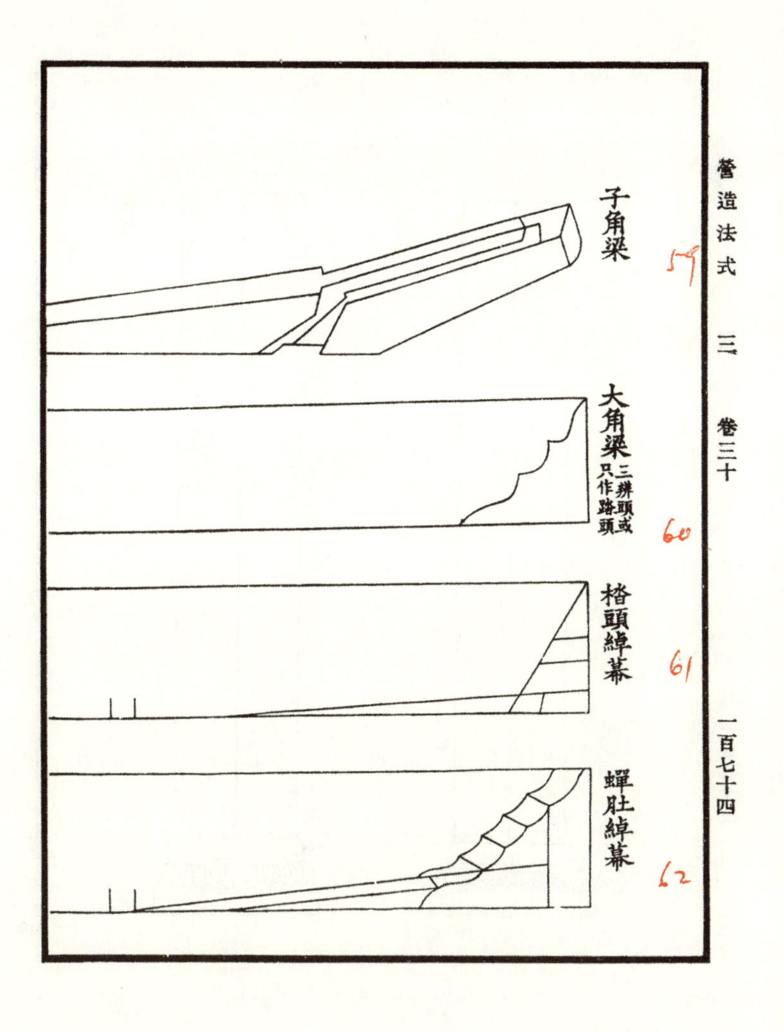
子角梁
59
大角梁
三瓣頭或只作踣頭
60
楷頭綽幕
61
蟬肚綽幕
62

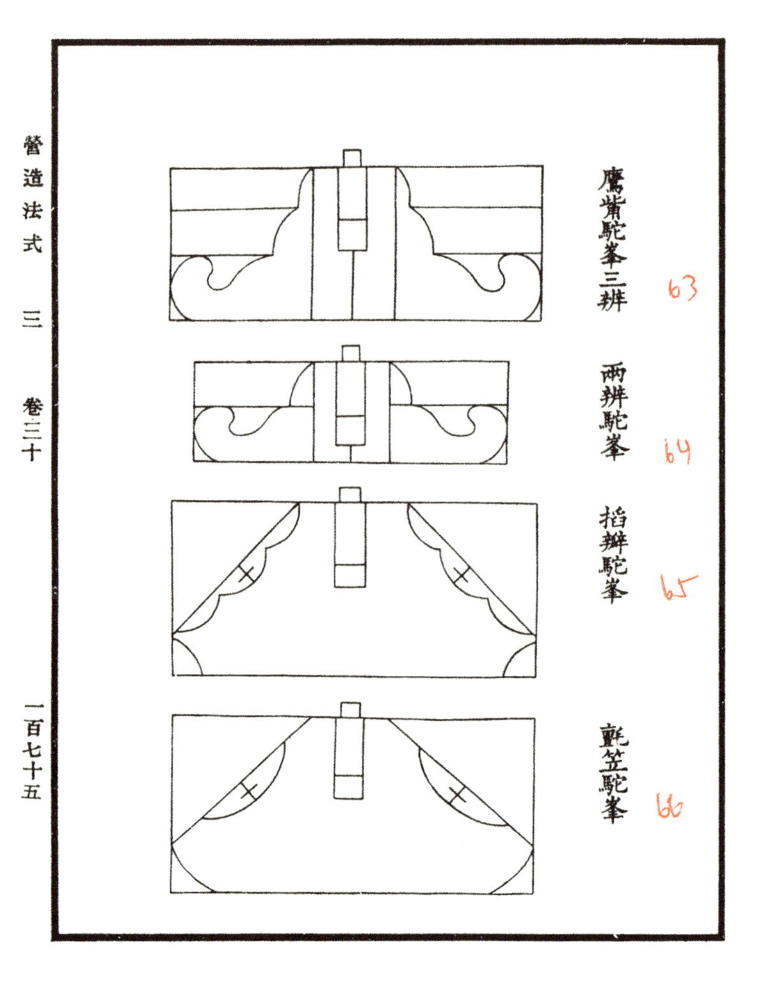
鷹嘴駝峯三瓣
63
兩瓣駝峯
64
掐瓣駝峯
65
氈笠駝峯
66

下昂上昂出跳分數第三

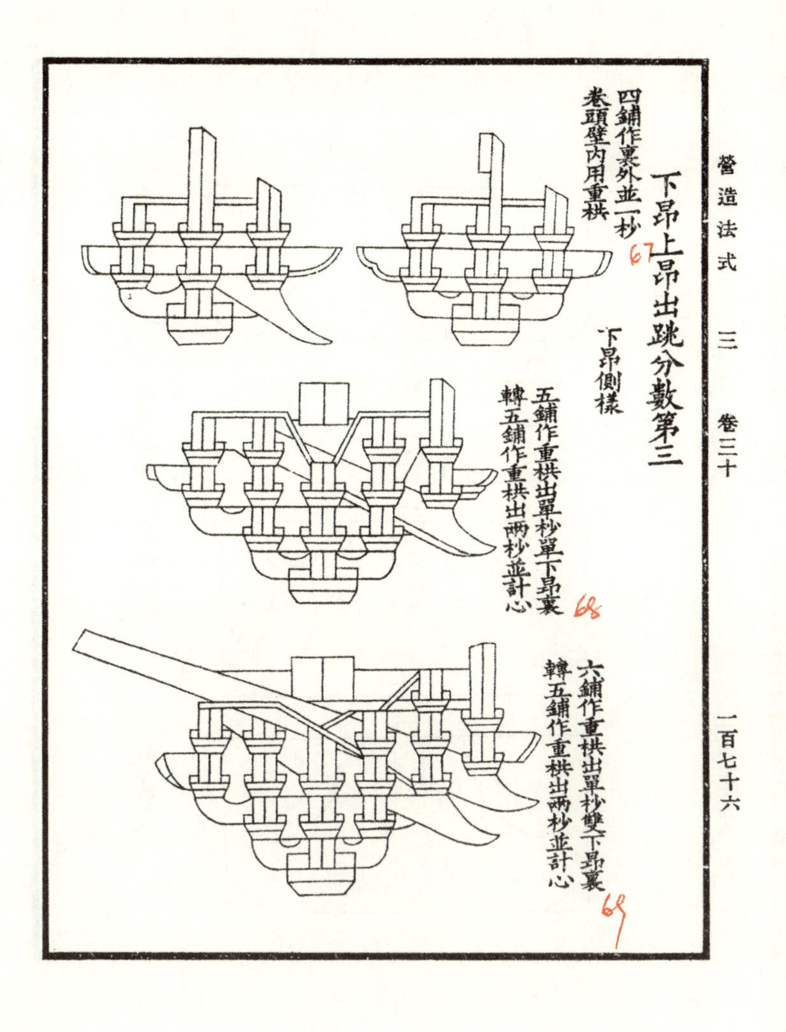
下昂側樣
四鋪作裏外並一杪
卷頭壁内用重栱
67
五鋪作重栱出單杪單下昂裏
轉五鋪作重栱出兩杪並計心
68
六鋪作重栱出單杪雙下昂裏
轉五鋪作重栱出兩杪並計心
69

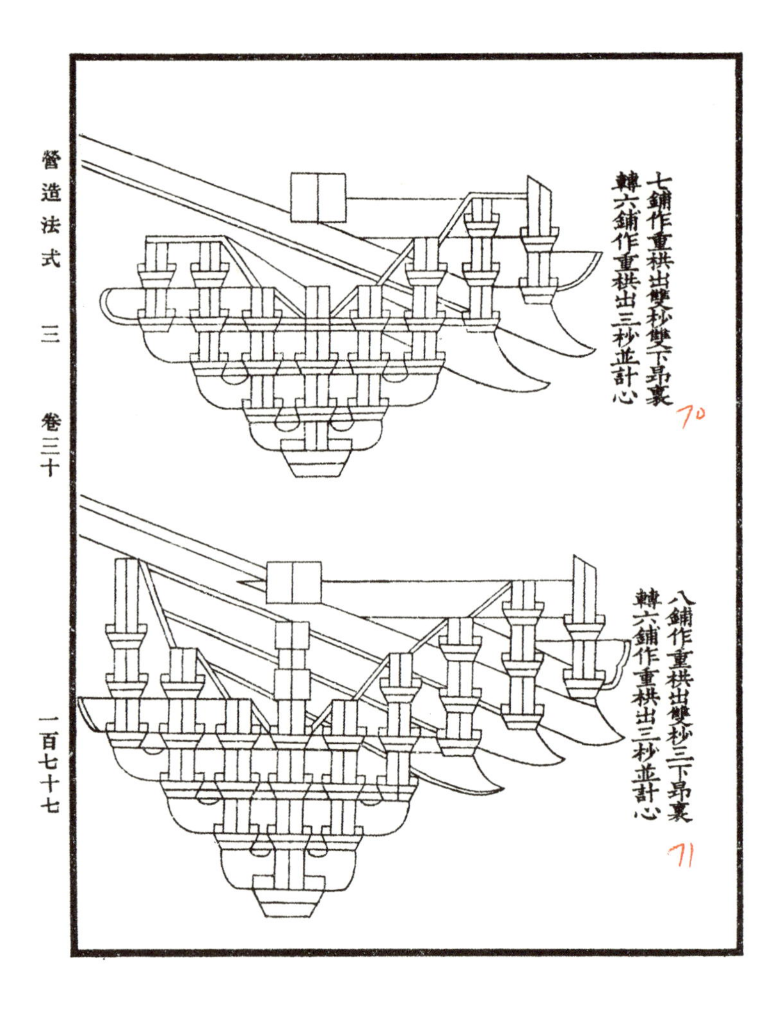
七鋪作重栱出雙杪雙下昂裏轉六鋪作重栱出三杪並計心
70
八鋪作重栱出雙杪三下昂裏轉六鋪作重栱出三杪並計心
71

上昂側樣

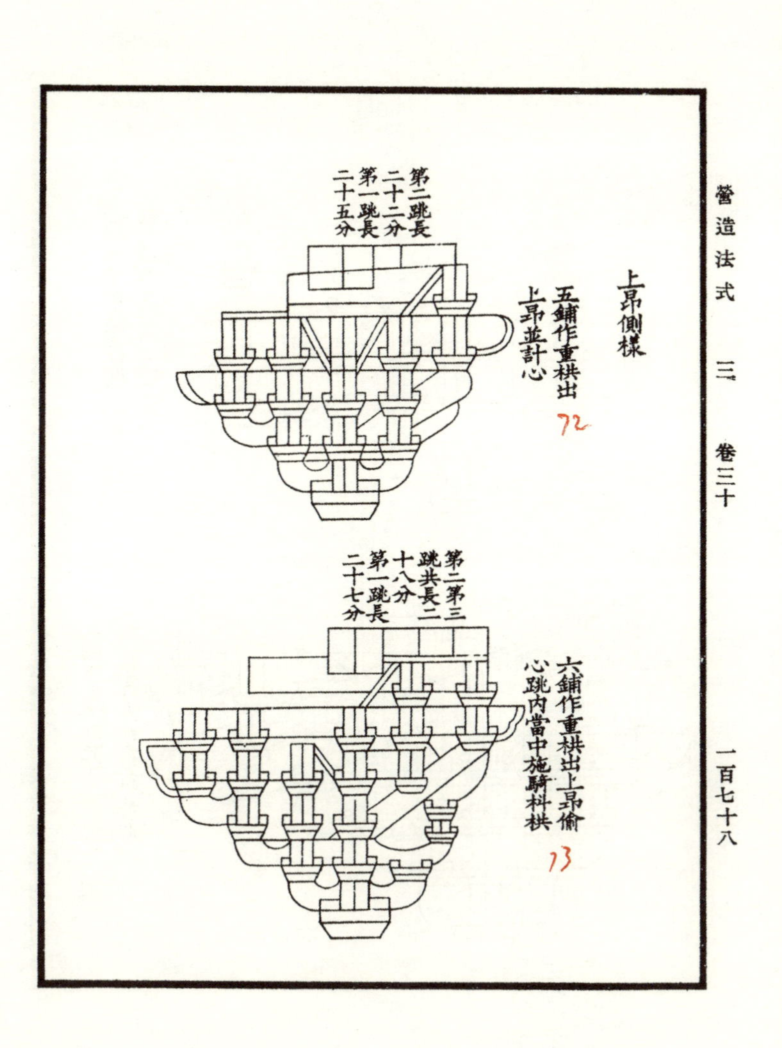
五鋪作重栱出上昂並計心
72
第二跳長二十二分
第一跳長二十五分
六鋪作重栱出上昂偷心跳内當中施騎枓栱
73
第二第三跳共長二十八分
第一跳長二十七分

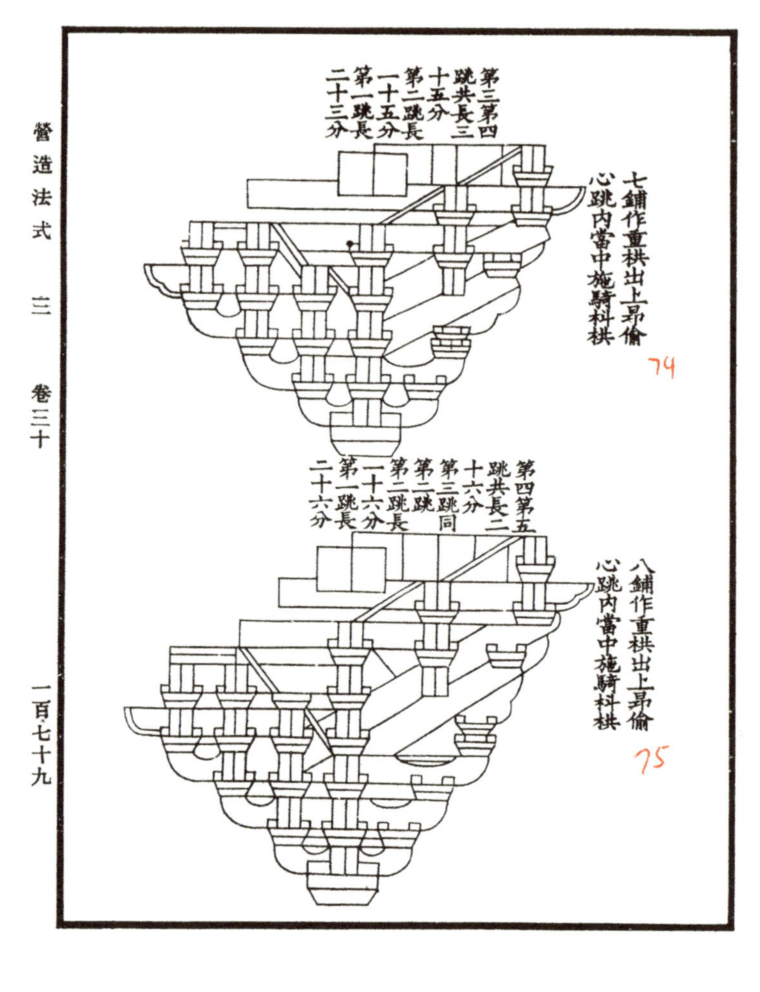
七鋪作重栱出上昂偷心跳内當中施騎枓栱
74
第三第四跳共長三十五分
第二跳長一十五分
第一跳長二十三分
八鋪作重栱出上昂偷心跳内當中施騎枓栱
75
第四第五跳共長二十六分
第三跳同
第二跳長一十六分
第一跳長二十六分

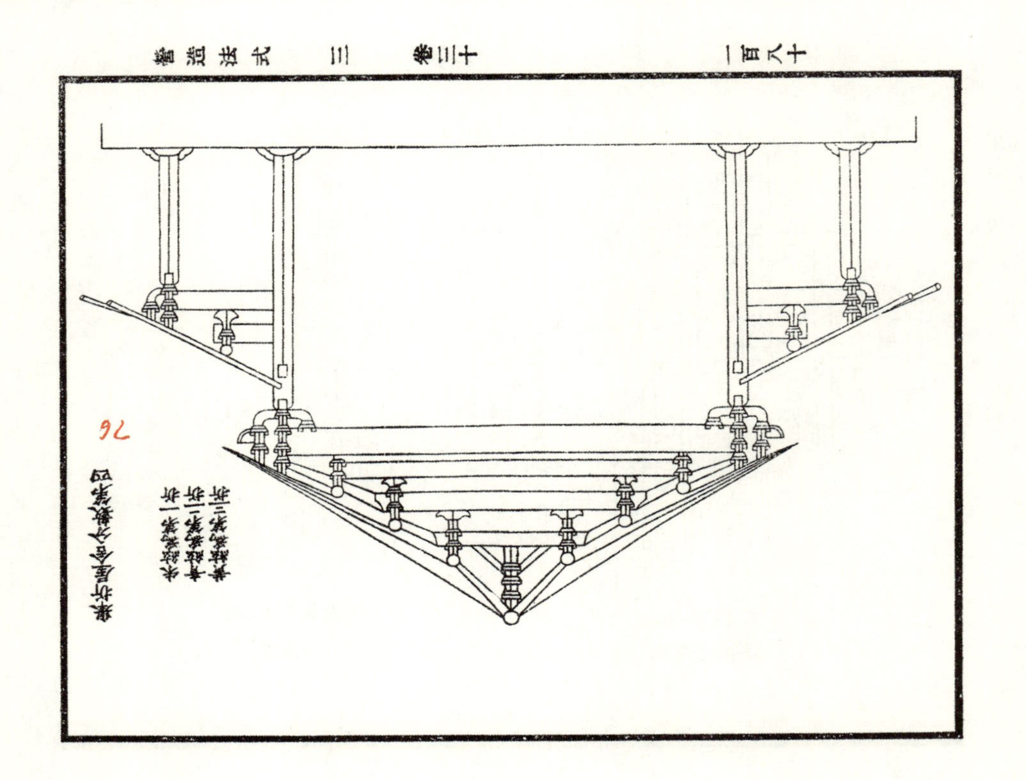
舉折屋舍分數第四
朱絃爲第一折
青絃爲第二折
黄絃爲第三折

亭榭鬭尖用甋瓦舉折

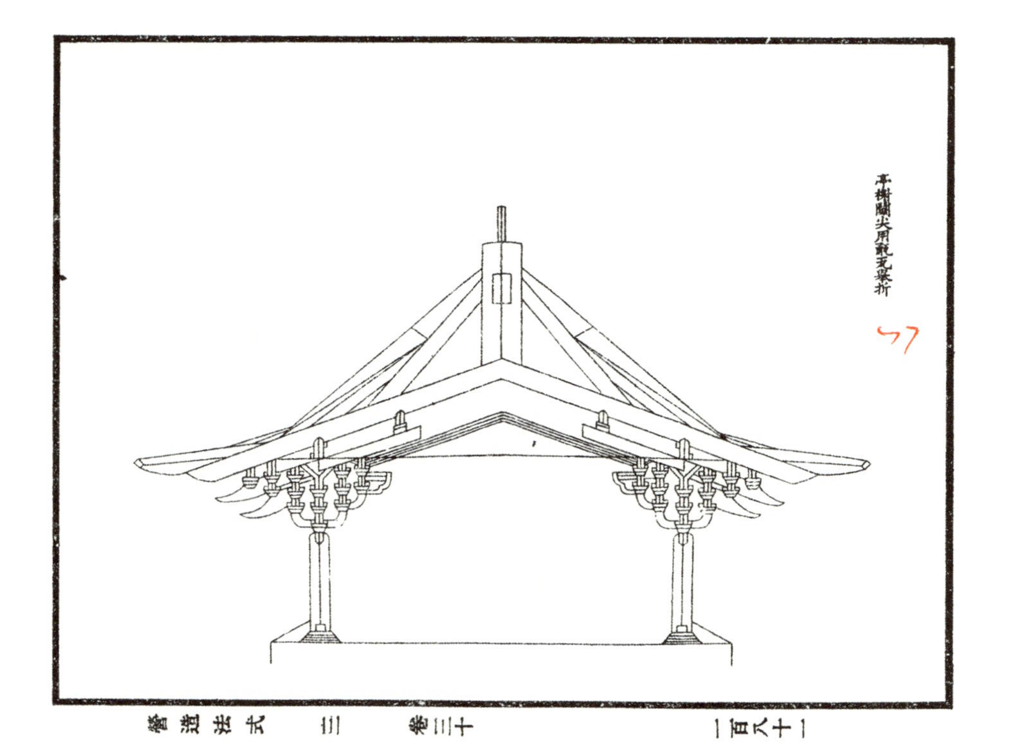

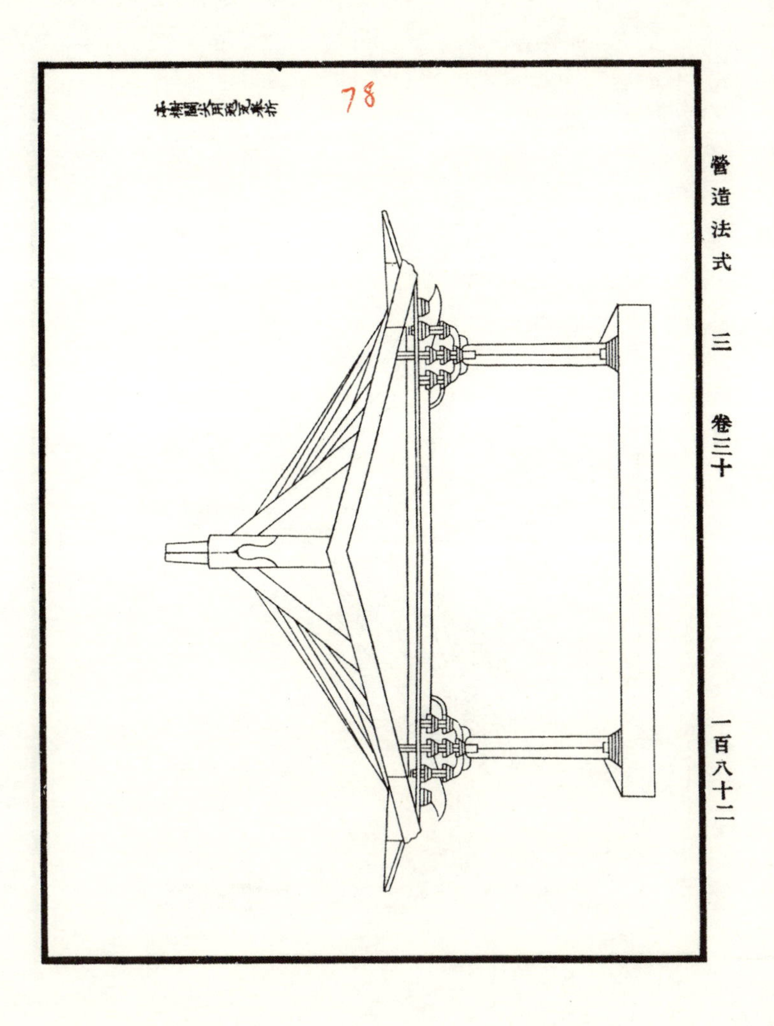

亭榭鬭尖用筒瓦舉折

絞割鋪作栱昂枓等所用卯口第五 以五鋪作名件卯口爲法其六鋪作以上並隨跳加長

華栱 足材

79

華栱 單材

80

華栱第二跳 外作華頭子如第三跳以上隨跳加長

闇梁

81

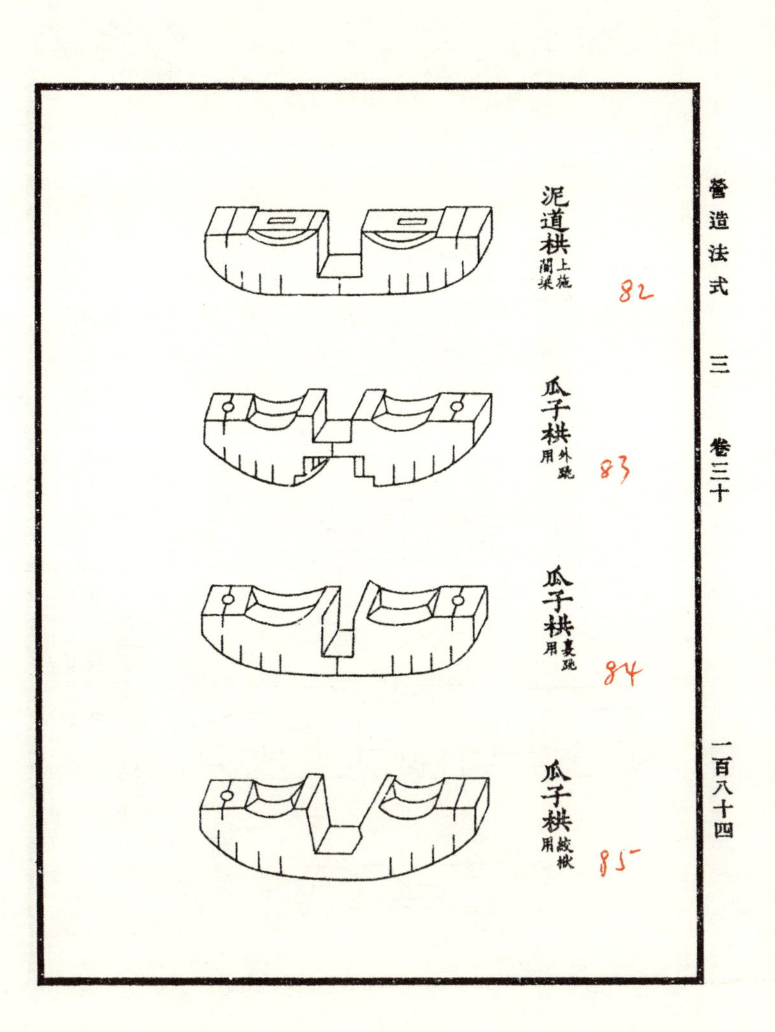
泥道栱上施闇栔
82
瓜子栱用外跳
83
瓜子栱用裏跳
84
瓜子栱用鮫楸
85

慢栱壁内用上施闇梁

86

慢栱外跳騎昂用

87

慢栱裏跳用

88

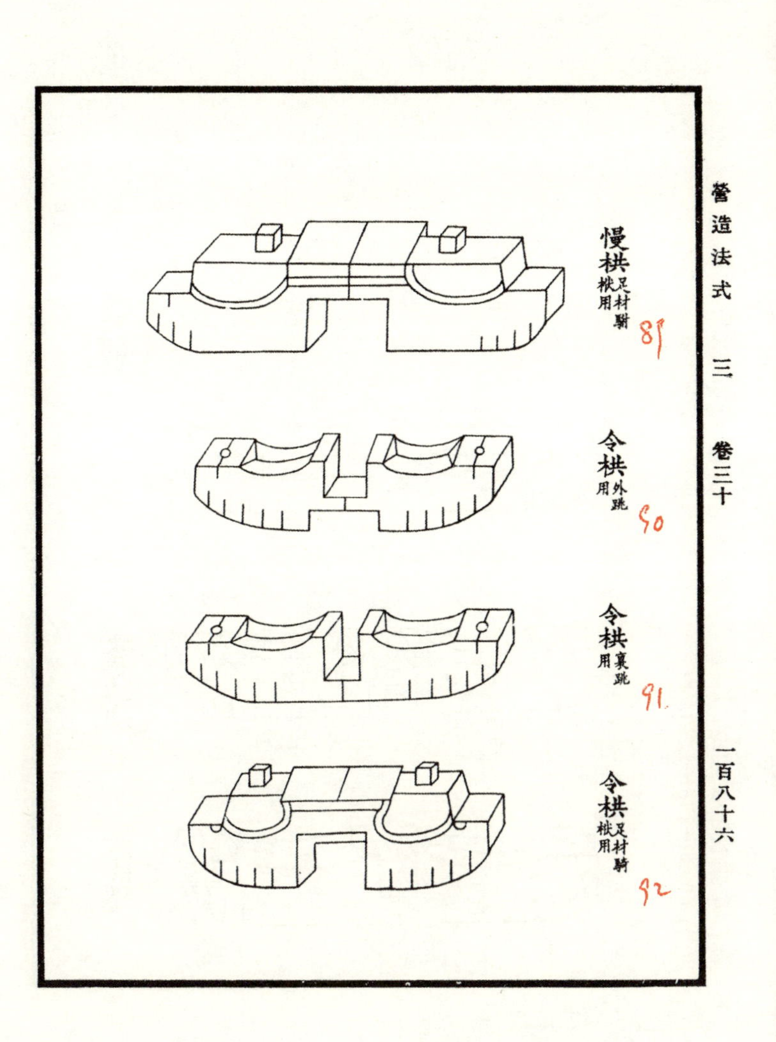
慢栱 足材騎栿用
令栱 外跳用
令栱 裏跳用
令栱 足材騎栿用

華栱與泥道栱相列外跳用

慢栱與華頭子相列外跳用七鋪作以上隨跳加長

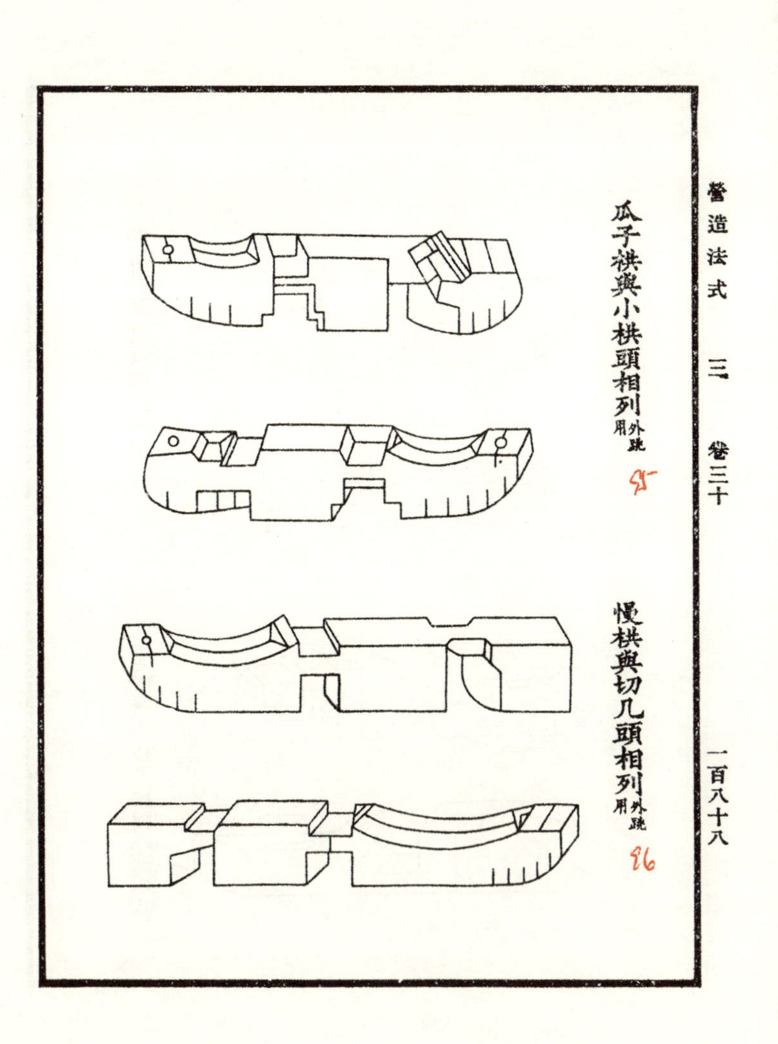
瓜子栱與小栱頭相列用外跳
85
慢栱與切几頭相列用外跳
86

瓜子栱與令栱相列外跳鴛鴦交首栱也六鋪作以上並用瓜子栱

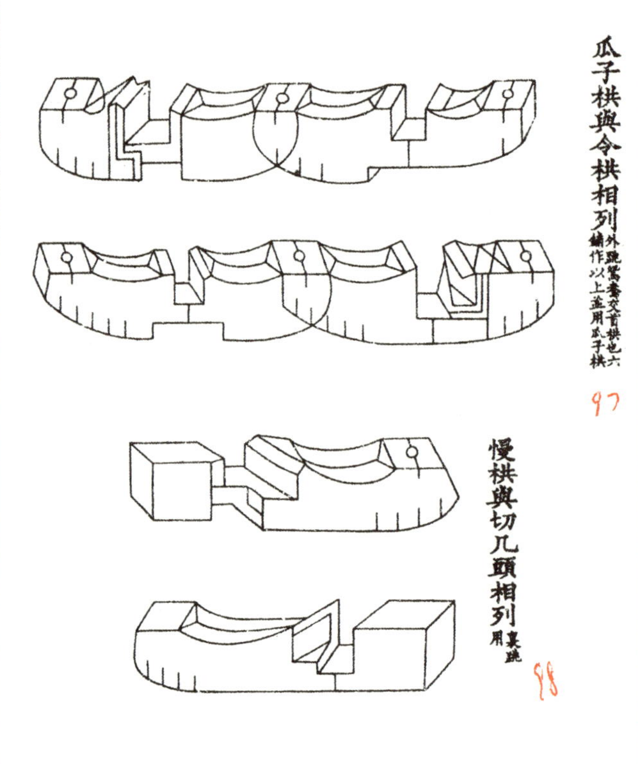

慢栱與切几頭相列裏跳用

瓜子栱與小栱頭相列裏跳用

99

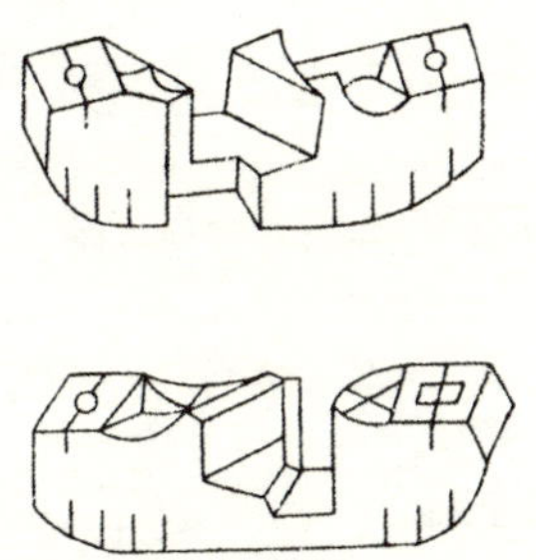

令栱與小栱頭相列裏跳用

100

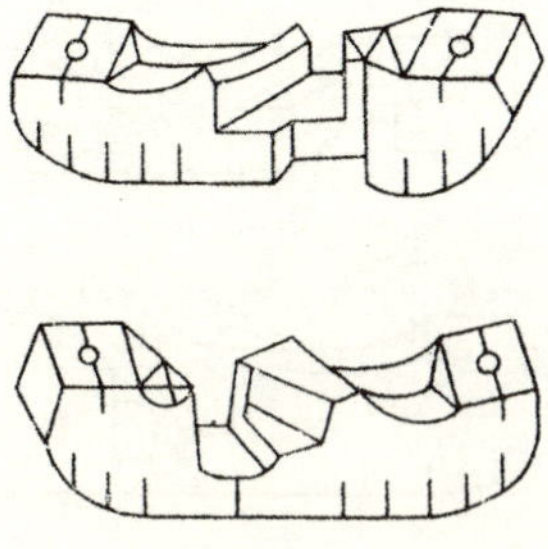

柱頭或補間鋪作内第二跳下昂第三跳以上隨跳加長

101

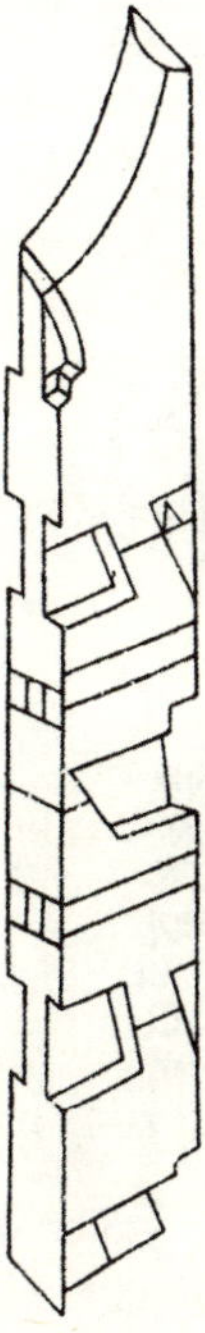

合角下昂　角內用六鋪作以上隨跳加長

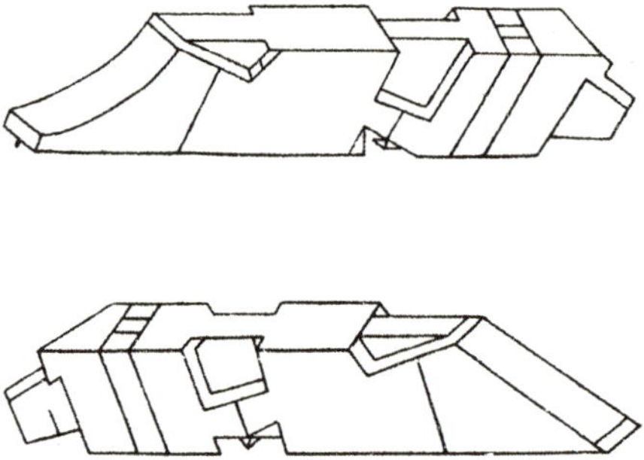

耍頭　外跳昂上用

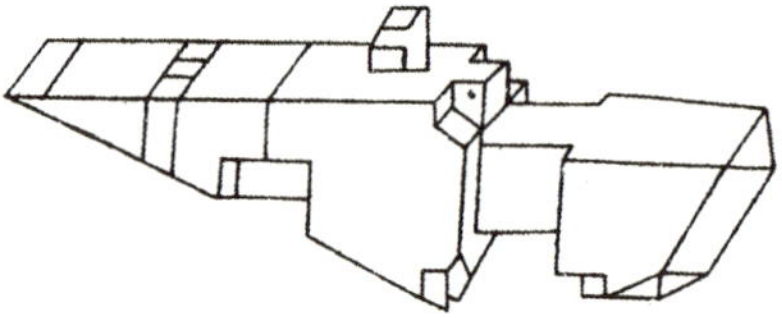

耍頭　裏跳上用七鋪作以上隨跳加長

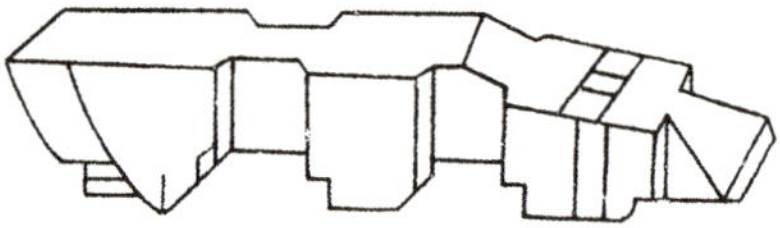

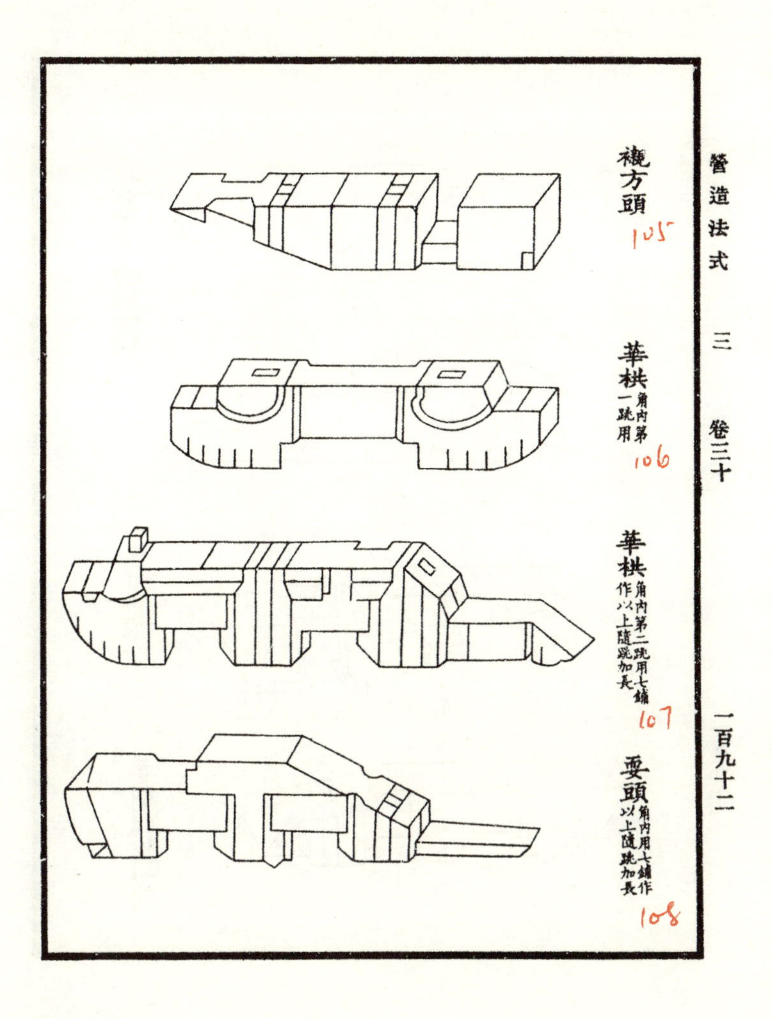
襯方頭
105
華栱 角內第一跳用
106
華栱 角內第二跳用七鋪作以上隨跳加長
107
耍頭 角內用七鋪作以上隨跳加長
108

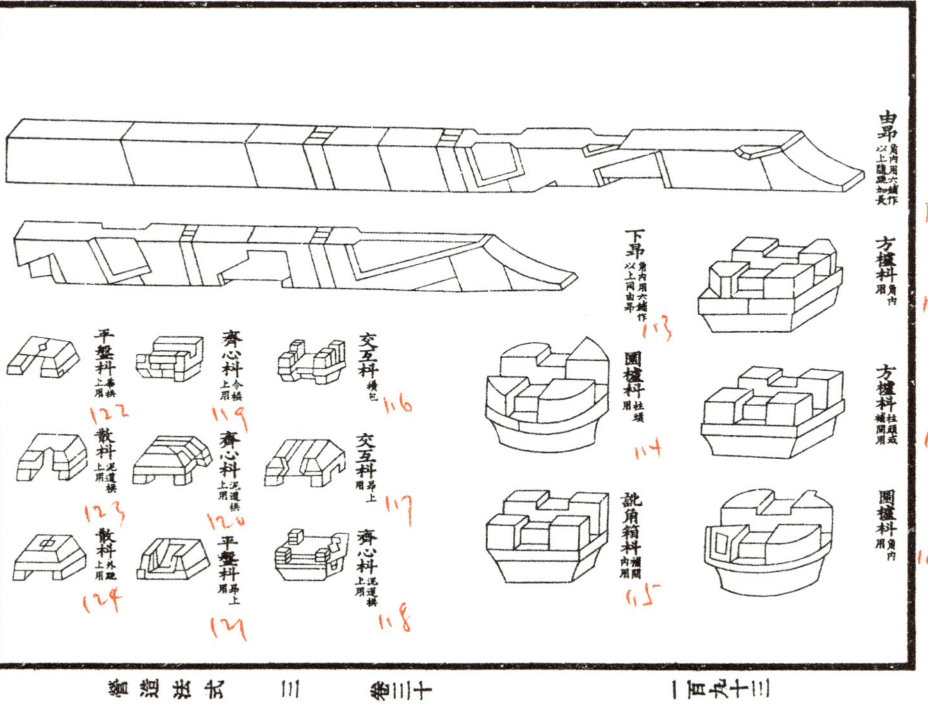
由昂 角內用六鋪作以上隨跳加長
方櫨枓 角內用
方櫨枓 柱頭或補間用
圜櫨枓 角內用
下昂 角內用六鋪作以上同由昂
圜櫨枓 柱頭用
訛角箱枓 補間內用
交互枓
交互枓 昂上用
齊心枓 泥道栱上用
齊心枓 令栱上用
齊心枓 泥道栱上用
平盤枓 昂上用
平盤枓 華栱上用
散枓 泥道栱上用
散枓 外跳上用

梁額等卯口第六

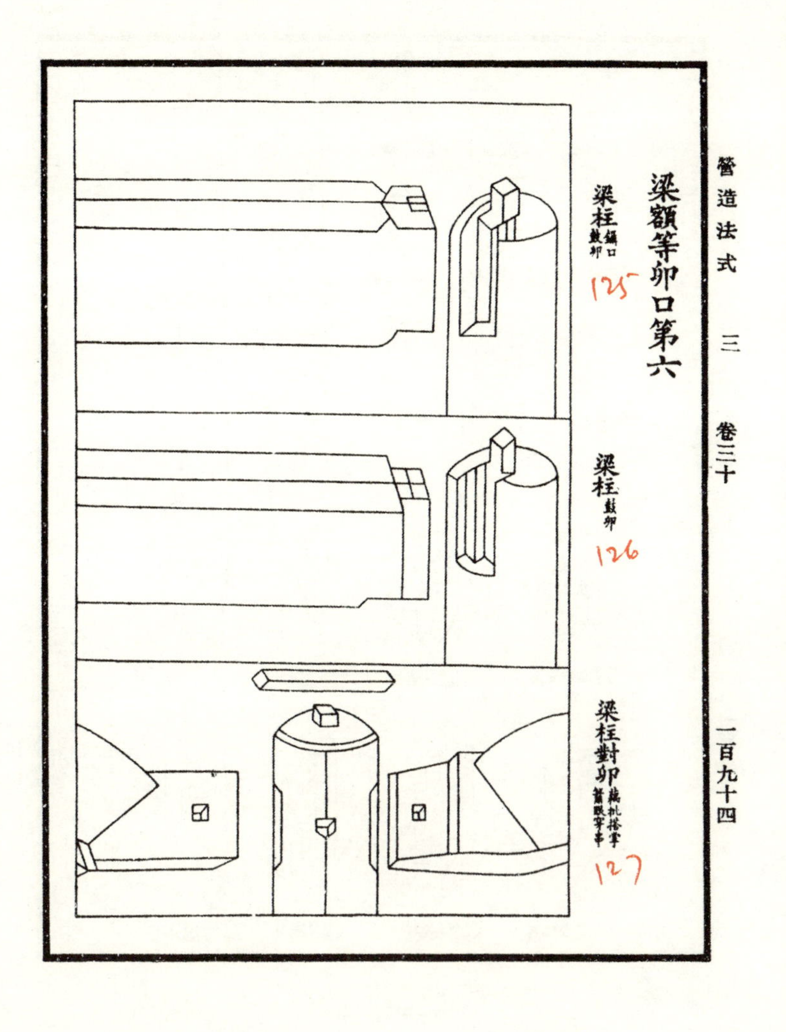

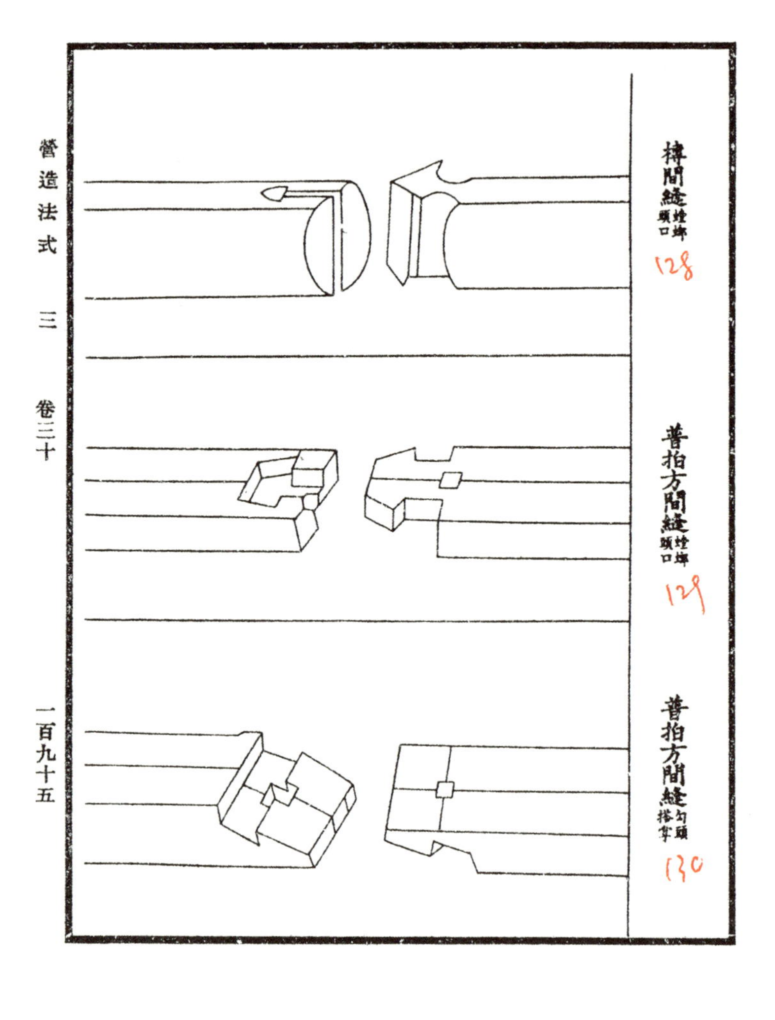

槫間縫螳螂頭口
128
普拍方間縫螳螂頭口
129
普拍方間縫勾頭搭掌
130

合柱鼓卯第七

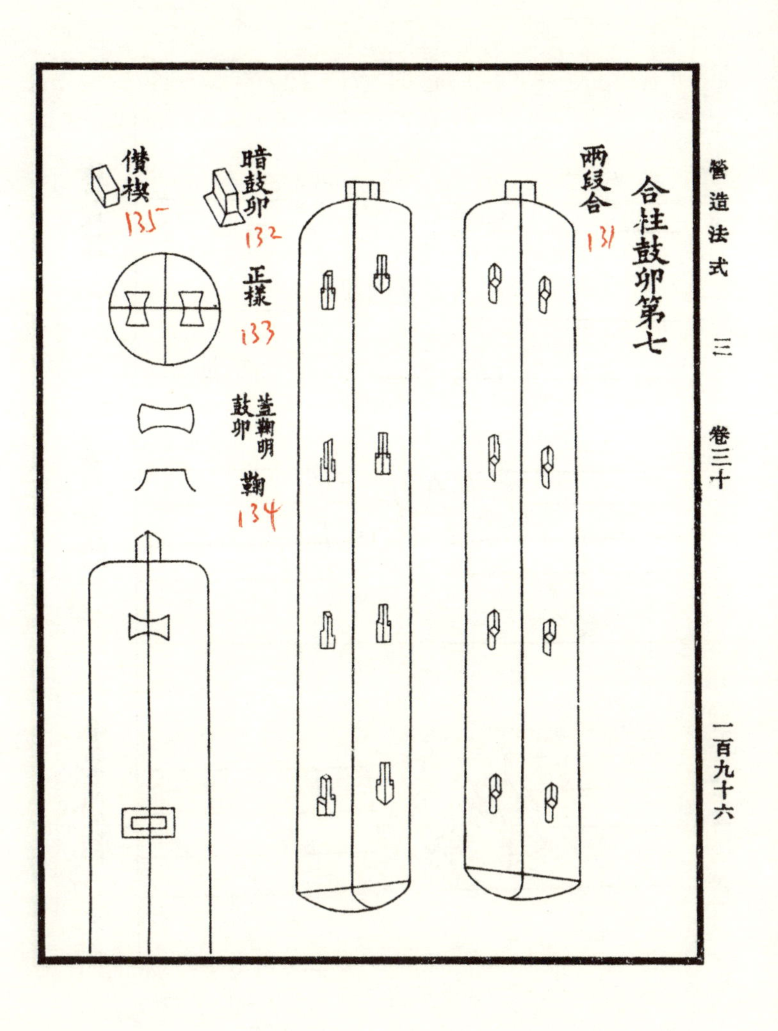

三段合 四段合同

136

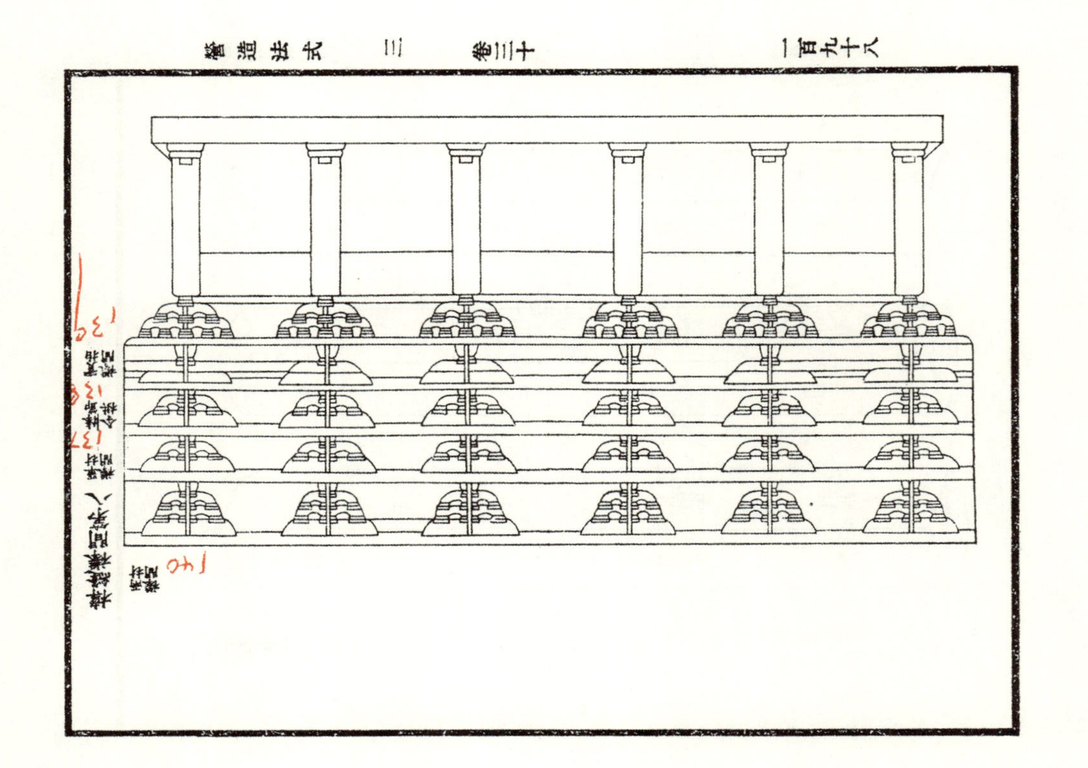
槫縫襻間第八
兩材襻間
單材襻間
捧節令栱
實拍襻間
137
138
139
140

鋪作轉角正樣第九

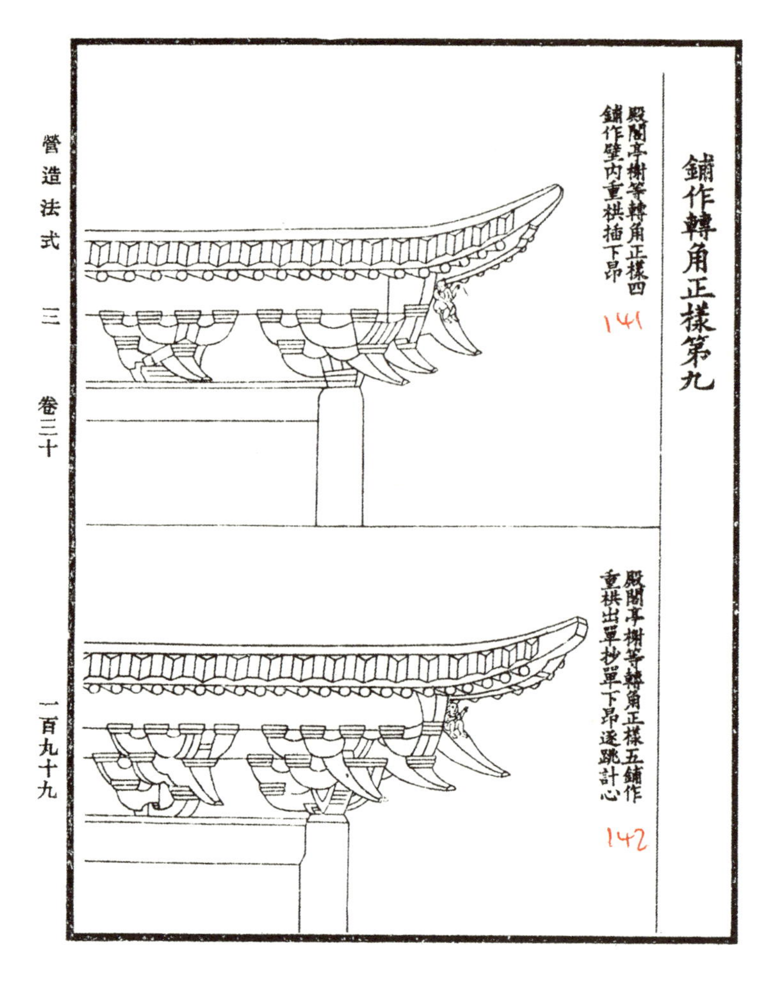

殿閣亭榭等轉角正樣四鋪作壁内重栱插下昂
141
殿閣亭榭等轉角正樣五鋪作重栱出單抄單下昂逐跳計心
142

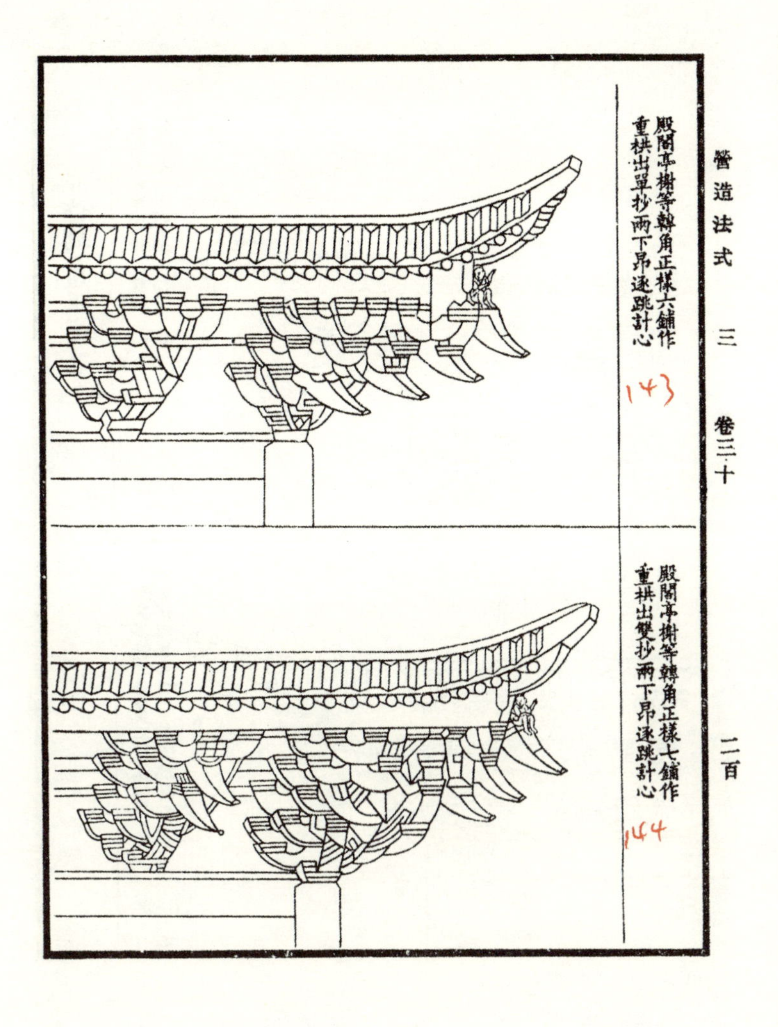
殿閣亭榭等轉角正樣六鋪作
重栱出單抄兩下昂逐跳計心
143
殿閣亭榭等轉角正樣七鋪作
重栱出雙抄兩下昂逐跳計心
144

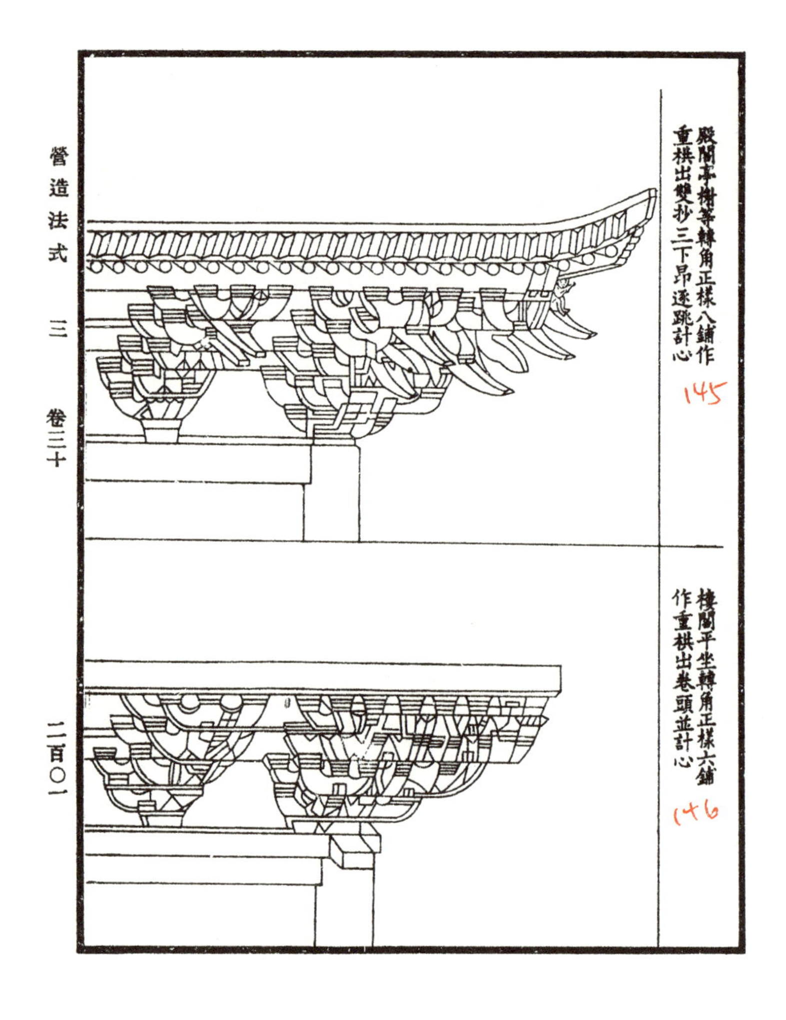

殿閣亭榭等轉角正樣八鋪作重栱出雙抄三下昂逐跳計心

145

樓閣平坐轉角正樣六鋪作重栱出卷頭並計心

146

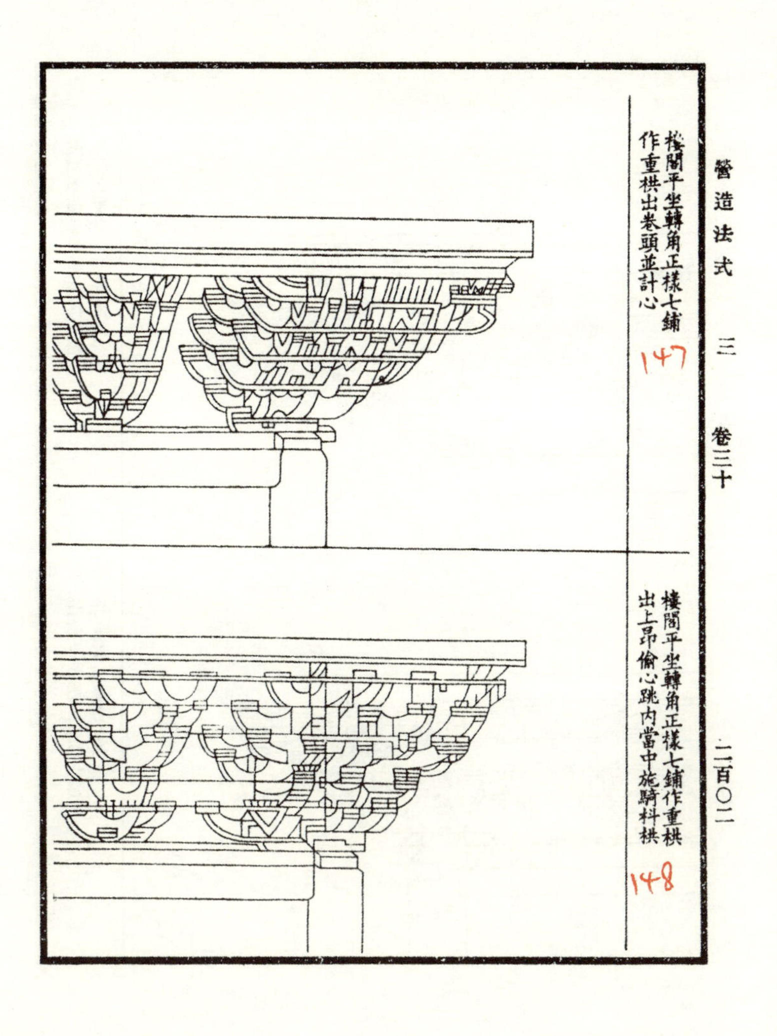
樓閣平坐轉角正樣七鋪作重栱出卷頭並計心
147
樓閣平坐轉角正樣七鋪作重栱出上昂偷心跳內當中施騎枓栱
148

營造法式卷第三十

栱斗等卷殺第一

斗科相傳規矩以斗口尺寸爲定論如斗口（即拱昂中之口）一寸應定瓜拱長六寸二分萬拱應長九寸二分廂拱應長七寸二分此三種拱子用於柱外爲外拽單彩瓜拱外拽單彩萬拱外拽廂拱（此不拘單彩者僅此一種無他分别只分裏外）俱以斗口二份定高單彩者應除去一升底六分應定高一寸四分以斗口一份定厚一寸〇柱内裏拽單彩各拱子相同外拽尺寸〇正心瓜拱正心萬拱（在柱中者）長同單彩惟按二斗口定高二寸以斗口一寸應加三分定厚一寸三分〇此五種拱子勿論三彩五彩起至十一彩止僅用此五種拱子而已惟分别裏外拽頭層二層名稱庶免相混以上拱子等件係用於宮殿正面〇柱中心正身上之側面斗科統謂之出彩料件〇坐斗以斗口二份定高二寸以三份定長三寸以斗口一寸加三分定進深一寸三分〇出彩頭二層上下翹頭出彩頭二層上下昂及耍頭撑頭俱以斗口二份定高二寸以斗口一份定厚一寸檐桁椀定長厚同出彩料高以架定之（說見後）出彩各料以幾彩幾拽架定長〇拽架以斗口一寸三份定之每拽架應寬三寸〇螞蚱頭六分頭蘇葉頭等以一拽架定長〇正心枋同正心拱子裏外拽枋同單彩拱子定高厚以面闊定長〇瓜三萬四廂五言之以分定拱彎之瓣也起二回三搭拉十而定昂嘴之斜垂也以升腰二份三份定之餘仿此

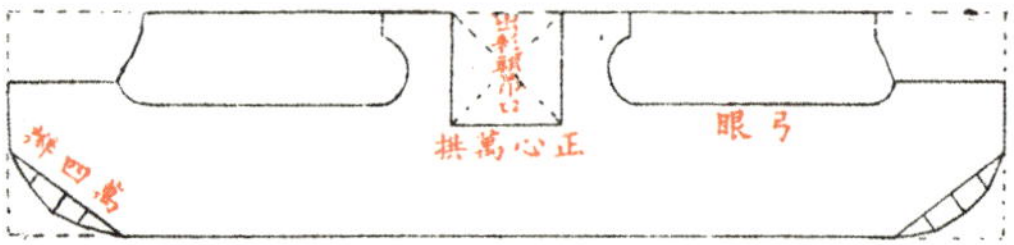

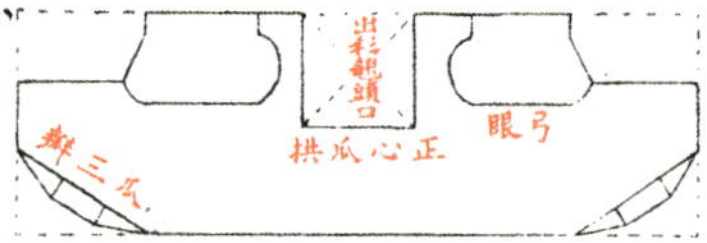

裏外廂拱　廂五瓣　眼弓

裏外拽單彩萬拱　萬四瓣　眼弓

裏外拽單彩瓜拱　瓜三瓣　眼弓

正心萬拱　萬四瓣　眼弓

正心瓜拱　瓜三瓣　眼弓

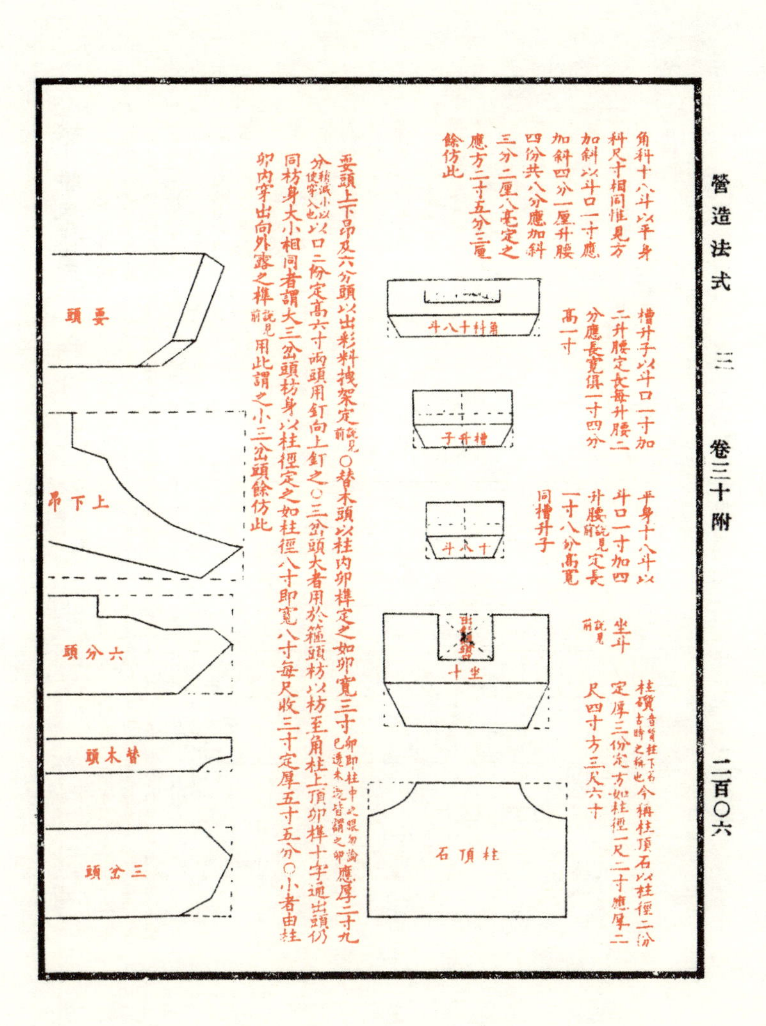

角科十八斗以平身科尺寸相同惟見方加斜以斗口一寸應加斜四分一厘升腰四份共八分應加斜三分二厘八毫定之應方二寸五分二毫餘仿此
角科十八斗
槽升子以斗口一寸加二升腰定長每升腰二分應長寬俱一寸四分高一寸
槽升子
平身十八斗以斗口一寸加四升腰(說見前)定長一寸八分高寬同槽升子
十八斗
坐斗(說見前)
柱礩(音質柱下石古時之稱也)今稱柱頂石以柱徑二分定厚三份定方如柱徑一尺二寸應厚二尺四寸方三尺六寸
柱頂石
耍頭上下昂及六分頭以出彩料拽架定(說見前)○替木頭以柱內卯榫定之如卯寬三寸(卯即柱中之眼勿論已透未透皆謂之卯)應厚二寸九分(稍減小以使穿入也)以口二份定高六寸兩頭用釘向上釘之○三岔頭大者用於箍頭枋以枋至角柱上頂卯榫十字通出頭仍同枋身大小相同者謂大三岔頭枋身以柱徑定之如柱徑八寸即寬八寸每尺收三寸定厚五寸五分○小者由柱卯內穿出向外露之榫(說見前)用此謂之小三岔頭餘仿此
耍頭
上下昂
六分頭
替木頭
三岔頭

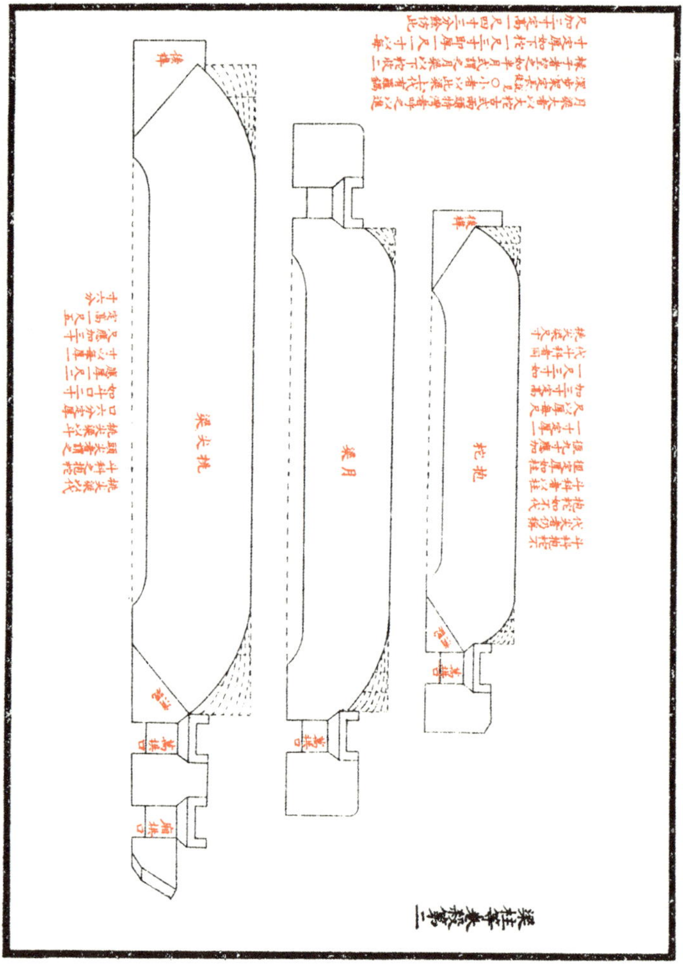
梁柱等卷殺第二
斗科抱柁不代尖者仍稱抱柁如不代斗科者以柱徑定厚如柱徑九寸應加一寸定厚一尺以厚每尺加三寸定高一尺三寸如代斗科者同挑尖梁尺寸
抱柁
後榫
萬拱口
月梁大者以大柁古式兩頭特灣者呼之以進深步架定長說見〇小者以此梁上代有羅鍋椽子者望之如半月式謂之月梁以下柁收二寸定厚如下柁一尺三寸即厚一尺一寸以每尺加三寸定高一尺四寸三分餘仿此
月梁
萬拱口
挑尖梁
後榫
萬拱口
廂拱口
挑尖梁以代斗科之抱柁頭尖者謂之挑尖梁以斗口六分定厚如斗口二寸應厚一尺二寸以每厚一尺應加三寸定高一尺五寸六分

額枋并柱樣

額枋以斗口六份定高如斗三寸應高一尺八寸以每尺減三寸定厚應厚一尺二寸六分〇卯榫以每枋一尺十分之三定厚應厚五寸四分高同枋身尺寸餘倣此

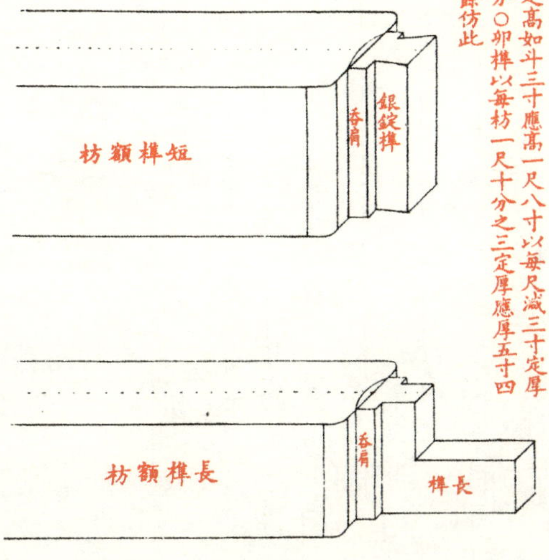

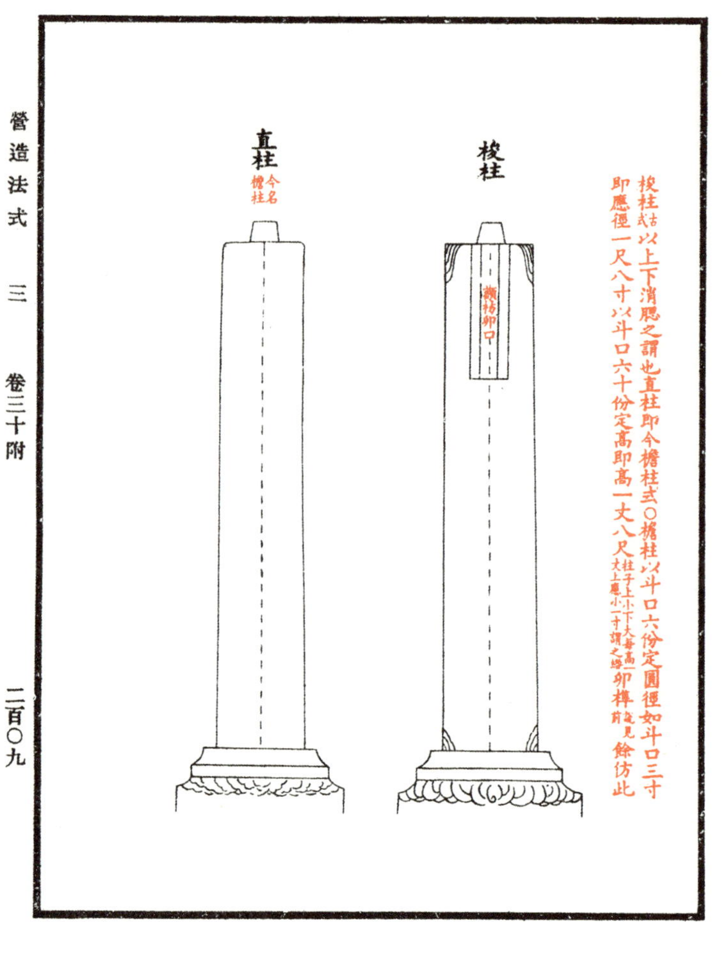

梭柱古式以上下消殺之謂也直柱即今檐柱式〇檐柱以斗口六份定圓徑如斗口三寸即應徑一尺八寸以斗口六十份定高即高一丈八尺柱子上小下大每高一丈上應小一寸謂之[illegible]卯榫見前餘仿此

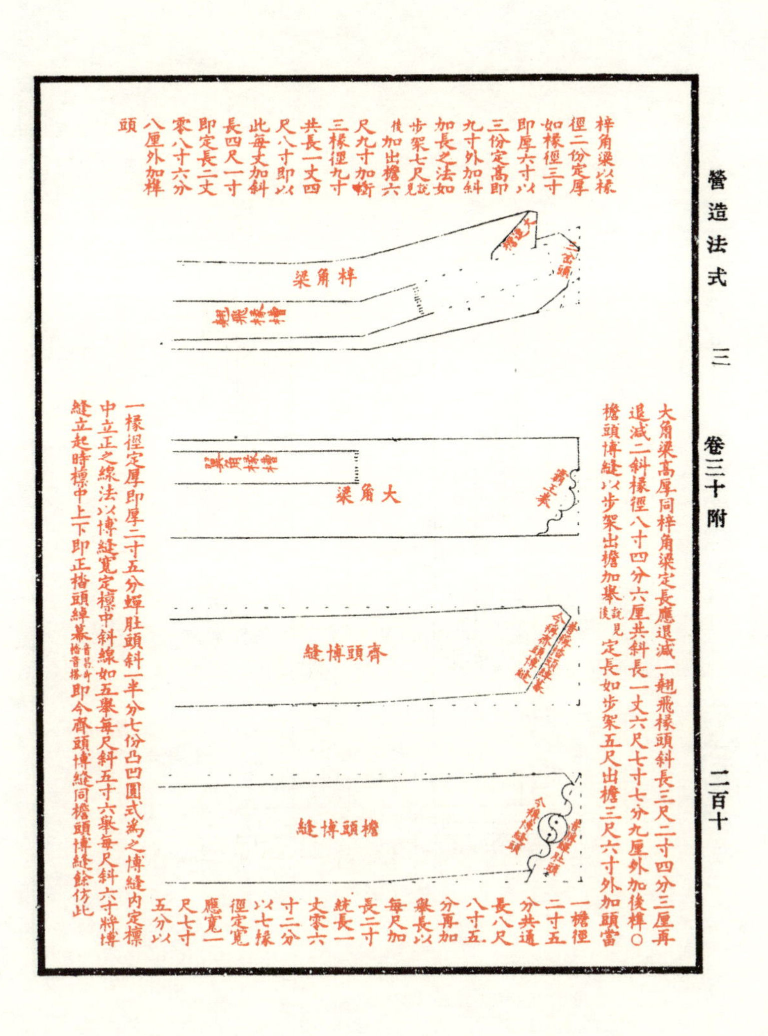
梓角梁以椽徑二份定厚如椽徑三寸即厚六寸以三份定高即九寸外加斜加長之法如步架七尺見說後加出檐六尺九寸加斜三椽徑九寸共長一丈四尺八寸即以此每丈加斜長四尺一寸即定長二丈零八寸六分八厘外加榫頭
梓角梁
翹飛椽
大角梁退減二斜椽徑八寸四分六厘共斜長一丈六尺七寸七分九厘外加後榫○檐頭博縫以步架出檐加舉見說後定長如步架五尺出檐三尺六寸外加頭當
大角梁高厚同梓角梁定長應退減一翹飛椽頭斜長三尺二寸四分三厘再
大角梁
翼角椽檐
齊頭博縫
檐頭博縫
一檐徑二寸五分共通長八尺八寸五分再加舉長以每尺加長二寸就長一丈零六寸二分以七椽徑定寬應寬一尺七寸五分以
一椽徑定厚即厚二寸五分蝉肚頭斜一半分七份凸凹圓式爲之博縫內定標中立正之線法以博縫寬定標中斜線如五舉每尺斜五寸六舉每尺斜六寸將博縫立起時標中上下即正搘頭綽幕音昌斗搘音椿即今齊頭博縫同檐頭博縫餘仿此

柁墩角背俗稱駝峯以舉架定高說見後如舉高二尺刨去上平水五寸下柁背三寸五分應定高一尺一寸五分以一步架定長說見後如步架二尺五寸五分即定長二尺五寸五分以柁厚一尺每尺收三寸定厚即厚七寸○瓜柱角背除長同柁墩角背以瓜柱二份定高如瓜柱高一尺六寸五分應高一尺一寸以瓜柱徑九寸以徑三分之一定厚即厚三寸餘仿此

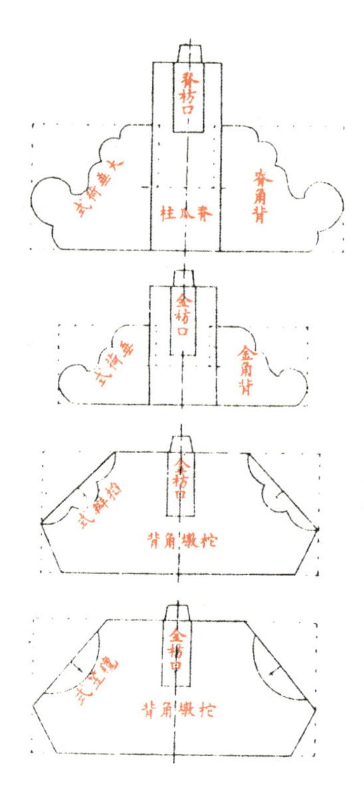

下昂上昂出跳分數第三

斗科側面長料昔云出跳今云出彩左列各升斗以每攢側面繪之逐件標註名稱所有瓜拱萬拱廂拱及出彩昂翹拽架各件之規矩詳見前二篇

下昂側樣

正名品字單翹斗科出彩一拽架俗名品字三彩斗科

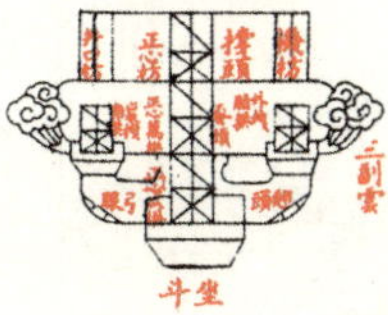

正名單昂斗科出彩一拽架俗名三彩斗科

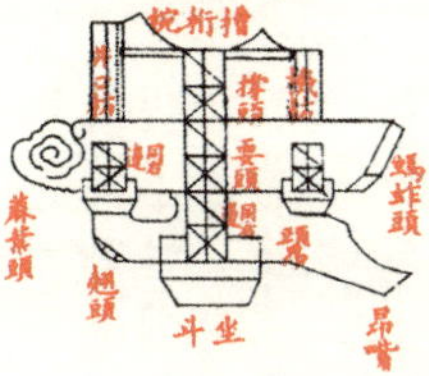

正名單翹單昂斗科出彩二拽架俗名五彩斗科

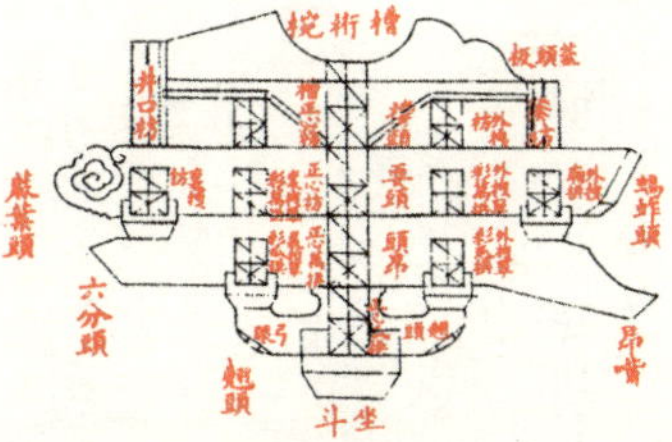

正名單翹重昂斗科出彩三拽架俗名七彩斗科

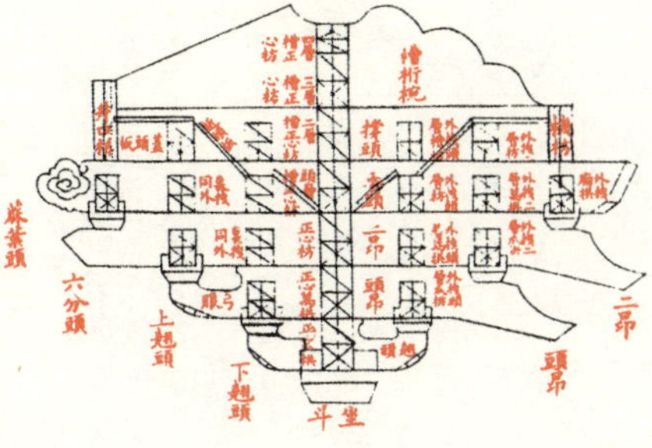

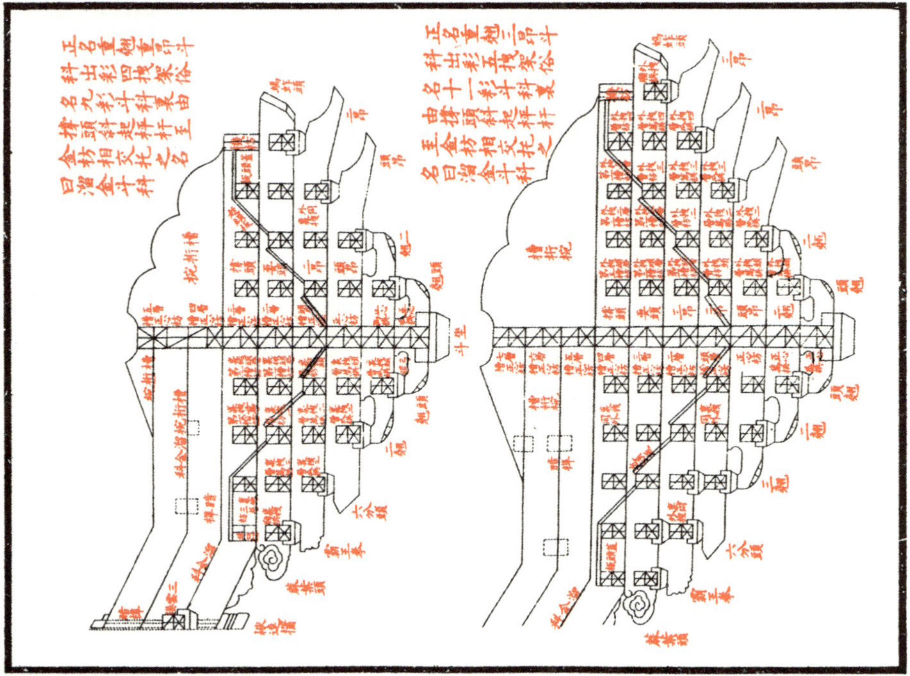

正名重翹重昂斗科出彩四拽架俗名九彩斗科裏由撑頭斜起桿杆至金枋相交托之名曰溜金斗科

正名重翹三昂斗科出彩五拽架俗名十一彩斗科裏由撑頭斜起桿杆至金枋相交托之名曰溜金斗科

上昂側樣

品字枓科側面式

品字枓科之規矩尺寸（詳見第一冊各說明）品字之取義以所有出彩料件皆不出昂尖皆以翹頭出彩兩頭皆無昂者其形有類倒置品字是以謂之品字枓科此枓用挂落（即平台）如北京正陽門樓大木爲三層檐一挂落是也（即平檐）殿閣內部或亦用之餘仿此

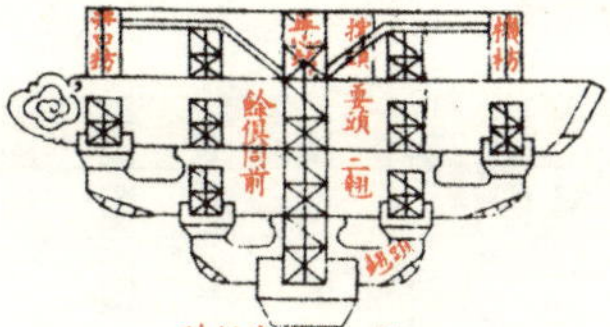

五彩二翹品字枓科

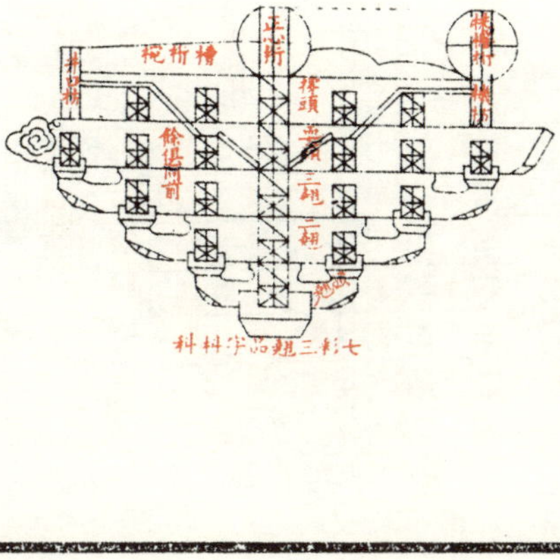

七彩三翹品字枓科

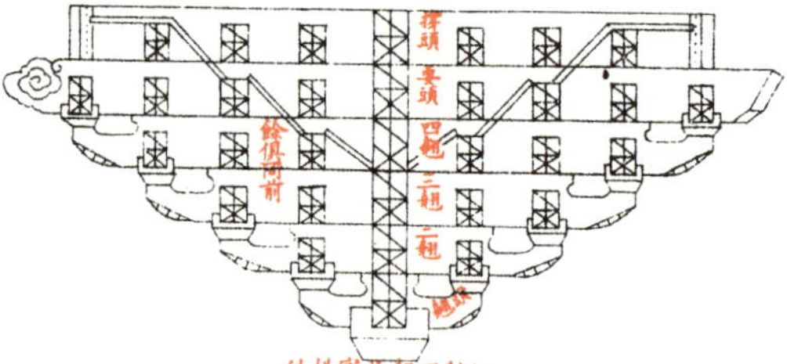

九彩四翹品字枓科

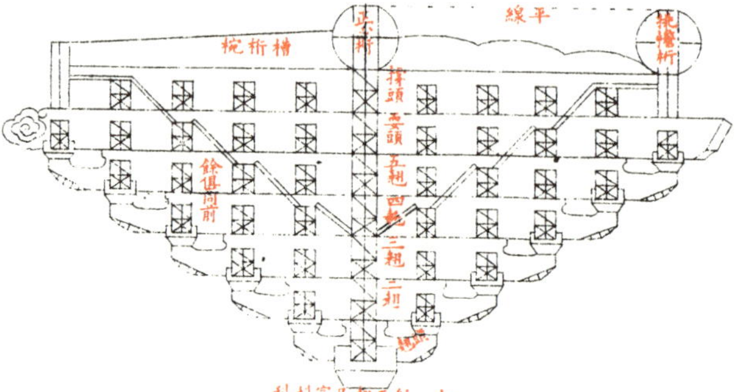

撑頭
耍頭
四翹
三翹
二翹
頭翹
餘俱同前

十一彩五翹品字枓科

平線
挑檐桁
正心桁
槽桁椀
撑頭
耍頭
五翹
四翹
三翹
二翹
頭翹
餘俱同前

舉折屋舍分數第四

舉折今名步架舉架

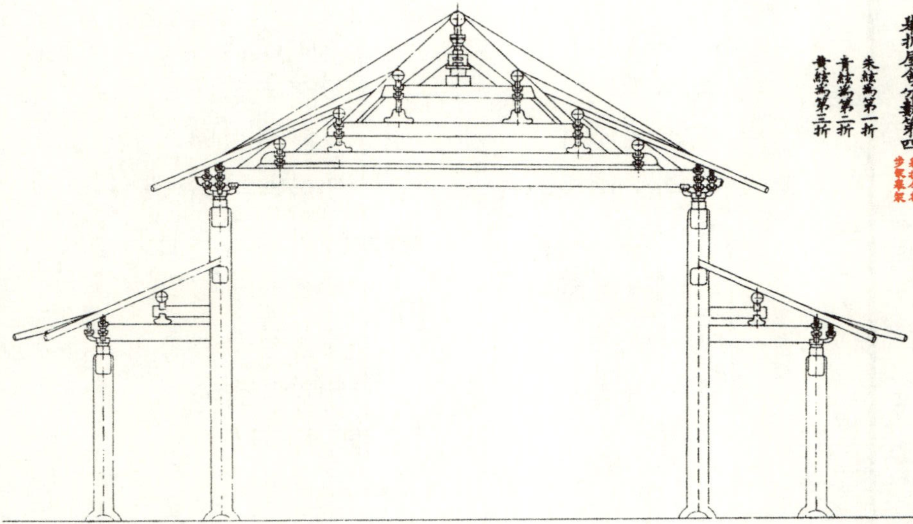

朱絃為第一折

青絃為第二折

黃絃為第三折

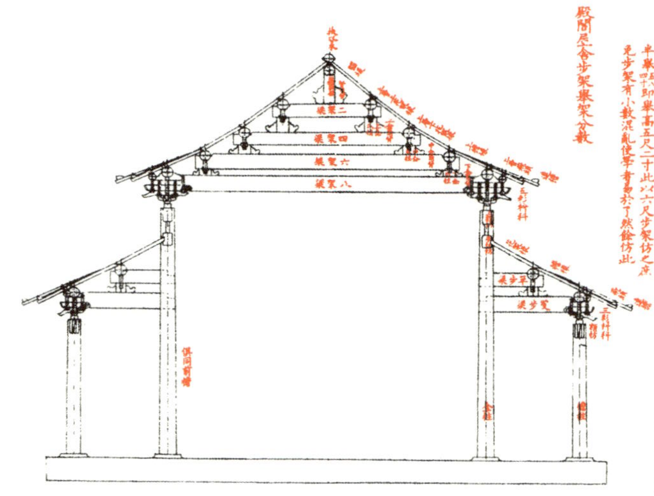
殿閣廳舍步架舉架分數
大木架有料科者尺寸以口定之如料口三寸以料口六份定柱徑即應徑一尺八寸以料口六十
份定柱高即應高一丈八尺額枋同柱徑大梁以柱徑加二定厚即二尺以厚加三定高即高二尺六寸
其二梁挨次以二成遞減挑檐桁以料口三份定徑即徑九寸正心桁以料口四份半定之即徑一尺五
寸椽子以料口一份半定之即方圓四寸五分出檐三探者以料口二十三份定之即出檐長六尺九寸
步架者由前柱至後柱共分若干份為若干步架由檐正心桁至脊桁為舉架以若干桁為若干
舉架步架即如每步六尺初舉按五舉舉架即高三尺二舉按六舉即舉架高三尺六寸三
舉應加半舉以六七四尺二寸再加半舉即舉高四尺五十五分四舉按八舉加半舉再加
半舉即舉高五尺二寸此以六尺步架仿之亦
是步架有小數混亂使學者易於了然餘仿此
二架梁
四架梁
六架梁
八架梁

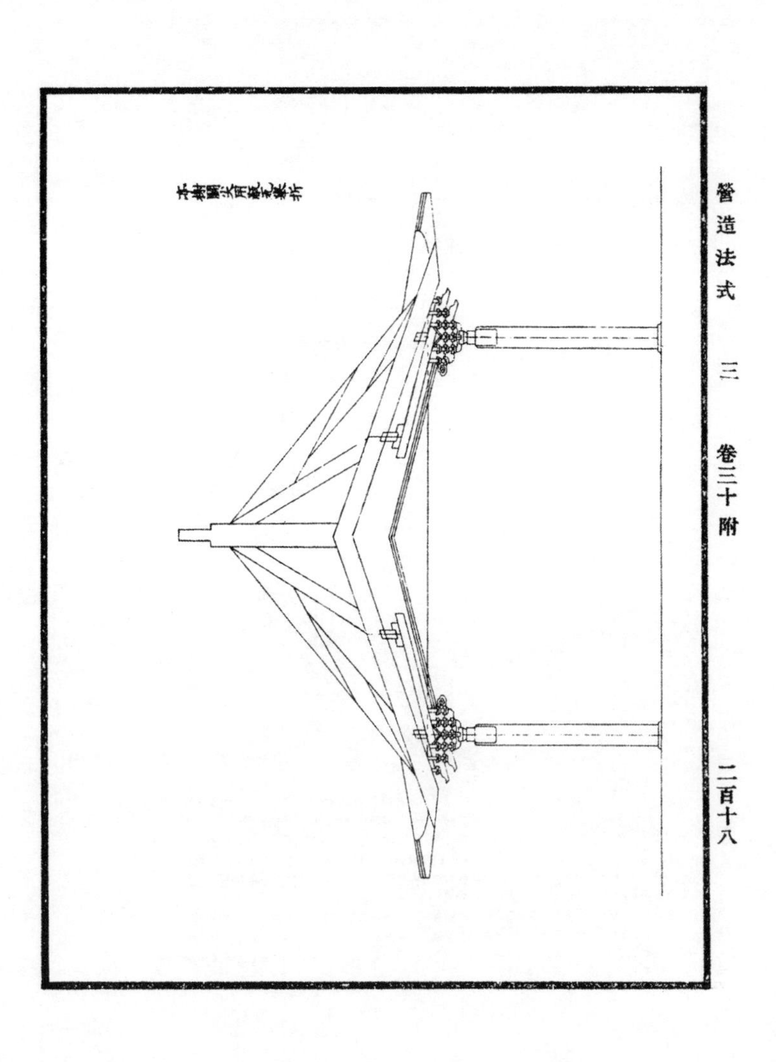
亭榭鬭尖用筒瓦舉折

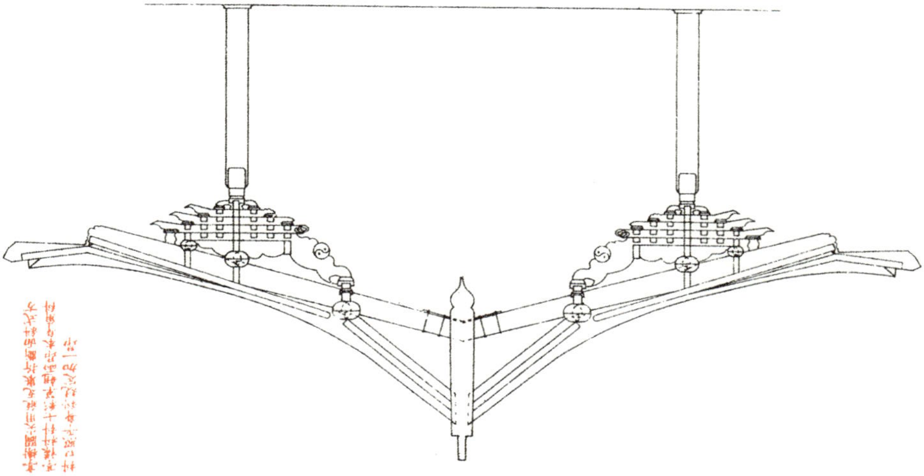

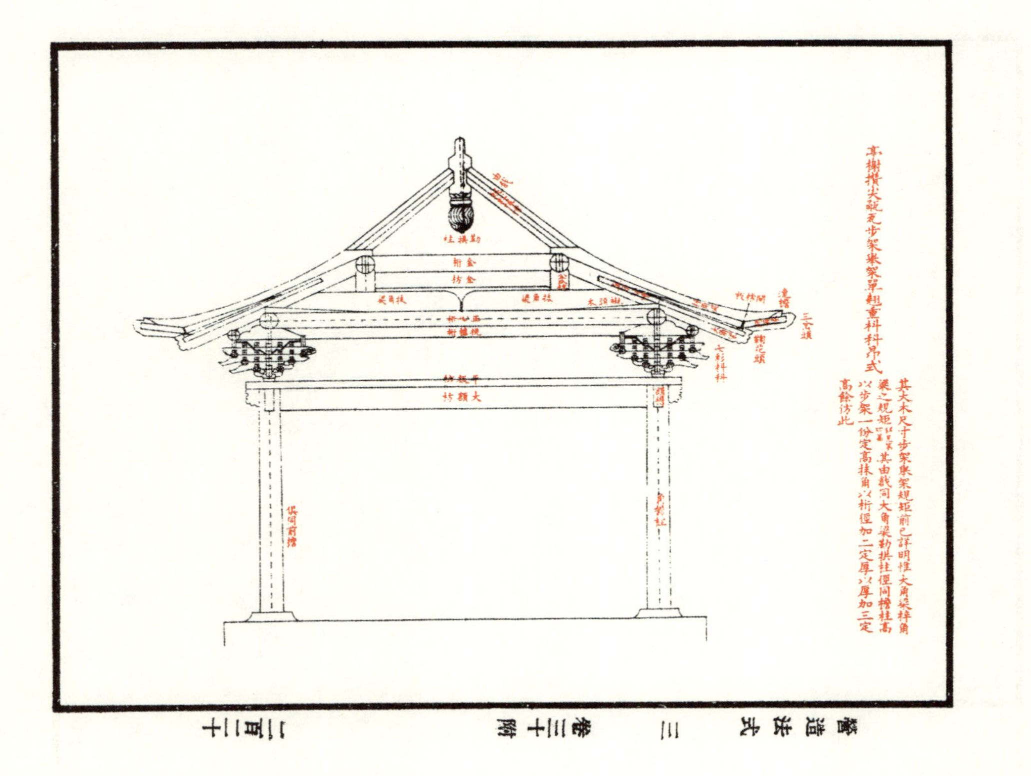
亭榭攢尖瓴瓦步架舉架單翹重料科昂式
其大木尺寸步架舉架規矩前已詳明惟大角梁仔角梁之規矩
其由戧同大角梁勒拱柱徑同檐柱高以步架一份定高抹角以桁徑加二定厚以厚加三定高餘彷此
勒拱柱
金桁
金枋
抹角梁
平板枋
大額枋
七彩科
三岔頭

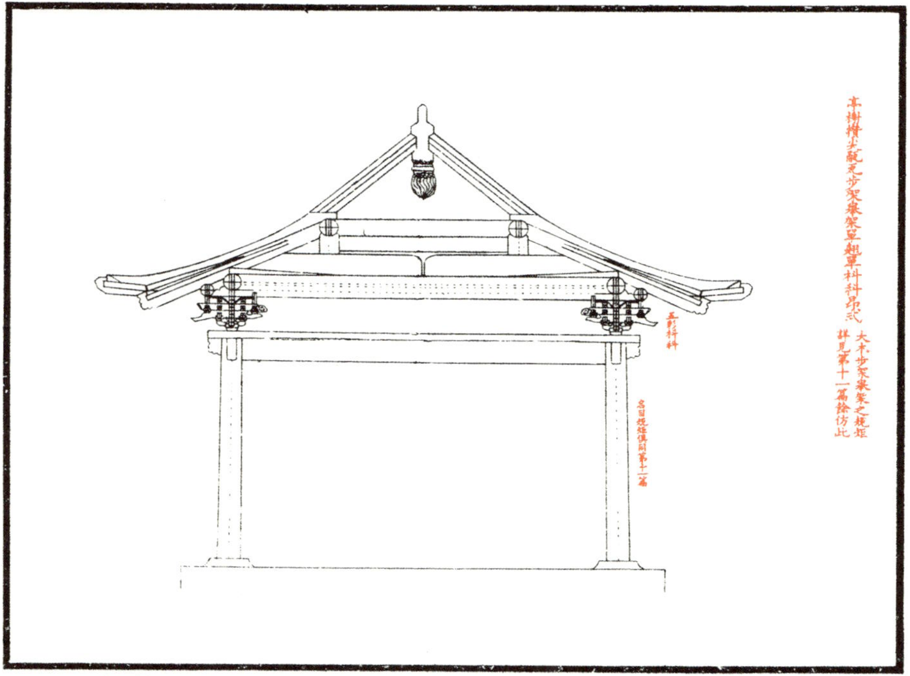

亭榭攢尖瓦四步架梁架單翹單斗科昂式
大木步架梁架之規矩
詳見第十一篇餘倣此
五踩斗科
名目規矩俱同第十一篇

絞割鋪作栱昂枓等所用卯口第五

正身科規矩尺寸詳見第一篇所有正身科由三彩五彩七彩應需各分件均繪圖如後至九彩十一彩每加二彩須加一拽架定出彩之長規矩詳見第一篇餘仿此

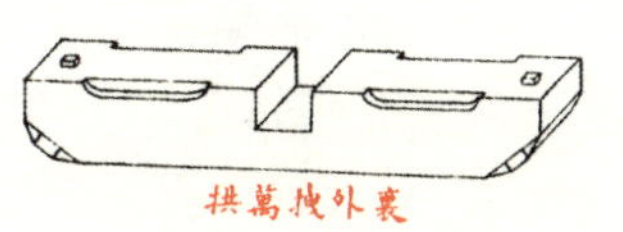

裏外拽萬栱

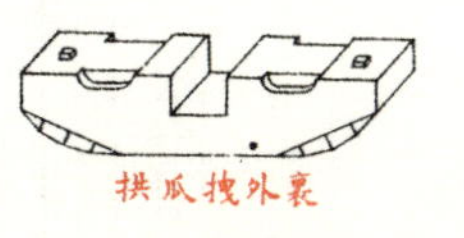

裏外拽瓜栱

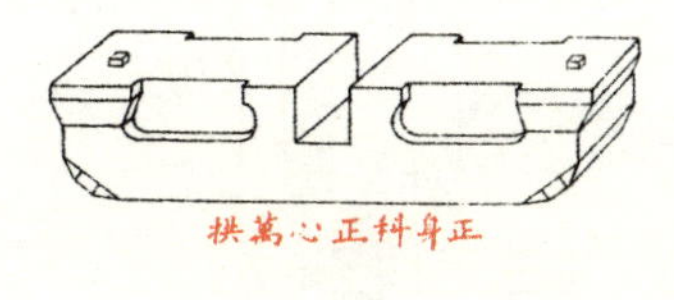

正身科正心萬栱

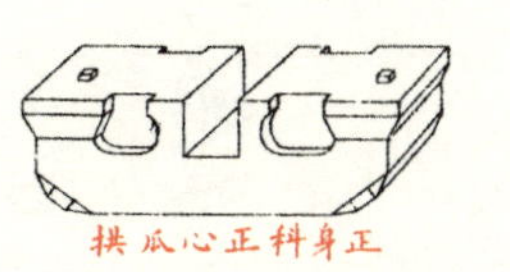

正身科正心瓜栱

正身科出彩料所用料口各分件

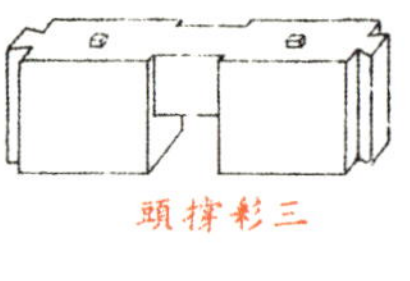

三彩撐頭

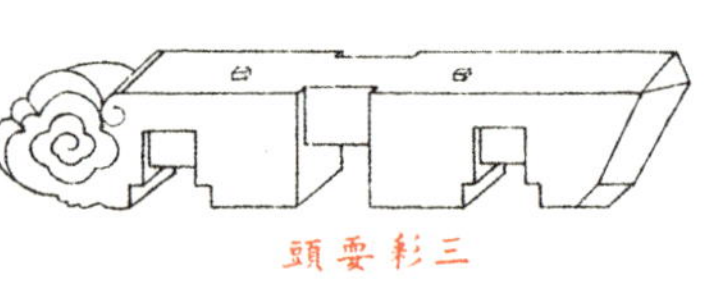

三彩耍頭

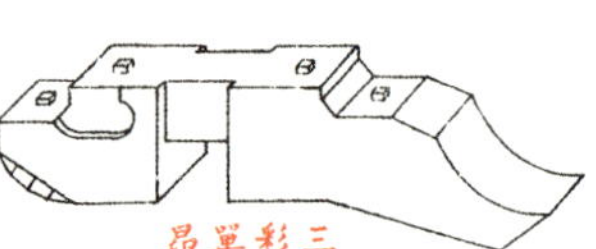
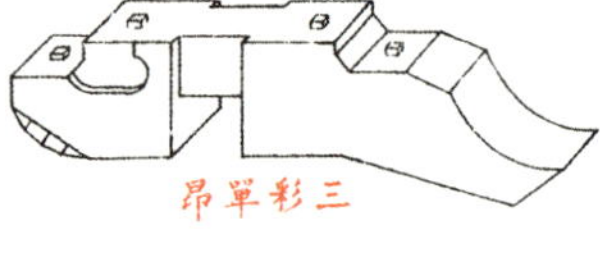

三彩單昂

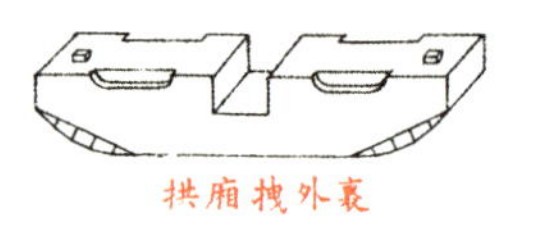

裏外拽廂拱

正身科出彩料所用科口各分件

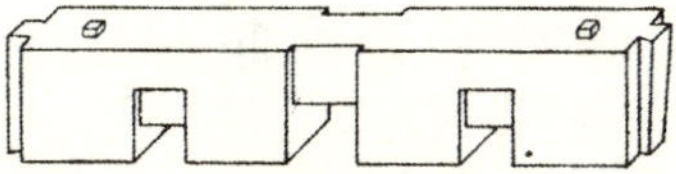

正身科五彩撑頭

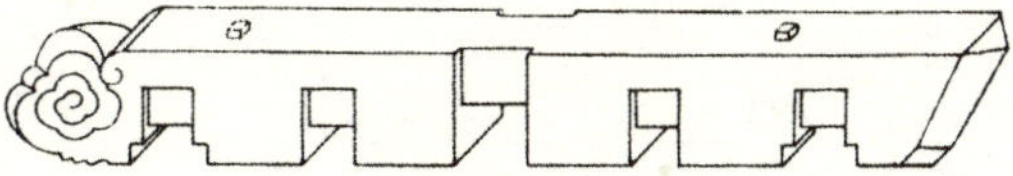

正身科五彩耍頭

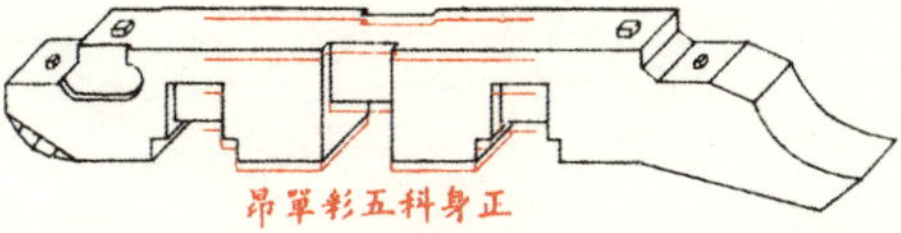

正身科五彩單昂

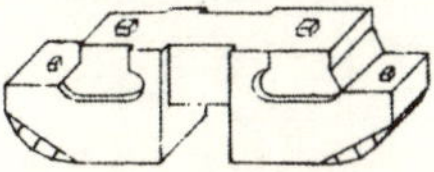

正身科五彩翹頭

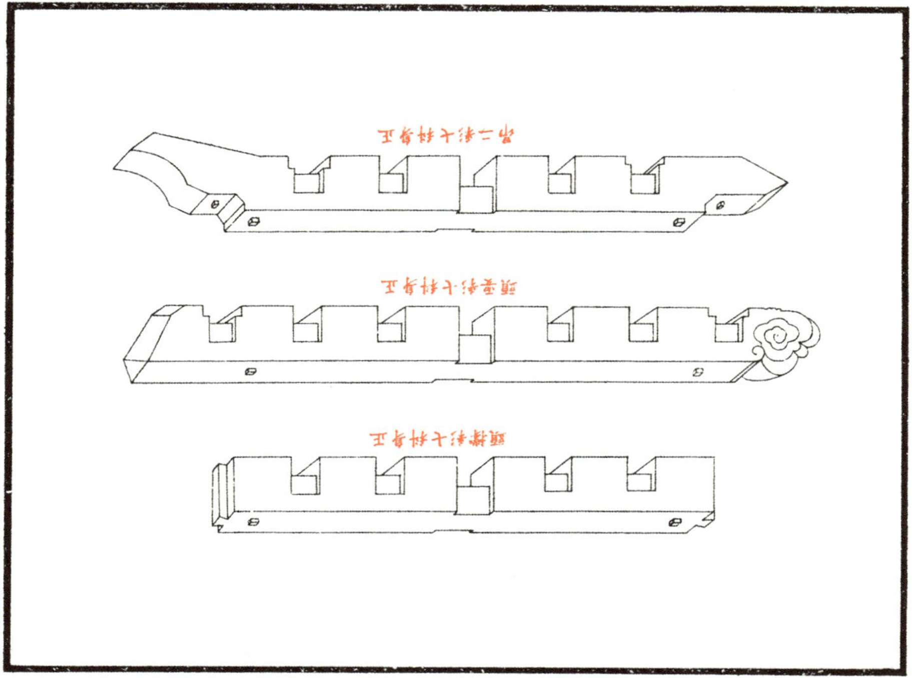
正身科七彩二昂
正身科七彩耍頭
正身科七彩撐頭

溜金科規矩以柱內裏後尾起秤杆以托定金桁爲止以舉架定之（梁架法詳見前）其餘以柱外面如三彩者同三彩科科五彩者同五彩科科餘仿此

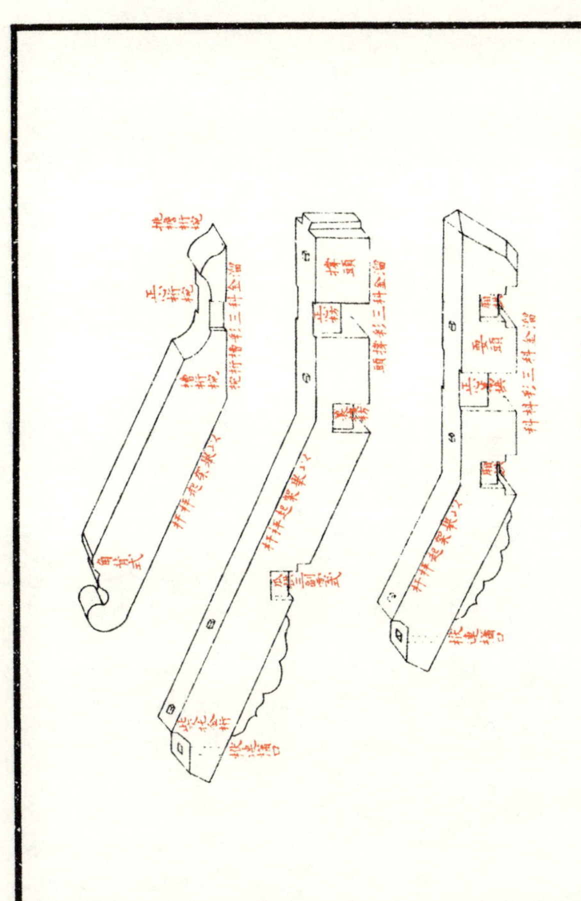

挑檐桁椀
正心桁椀
槫正心枋
槫桁椀
溜金科五彩槫桁椀
杆秤起架以業
角背式
栿連檔口
此交托金桁
瓜拱三副雲式
杆秤起架以業
槫正心枋
撐頭
外拽枋
裏拽枋
裏井口枋
溜金科五彩撐頭
杆秤起架以業
栿連檔口
廂拱
外拽萬拱
耍頭
正心枋
裏拽萬拱
廂拱
溜金科五彩耍頭

角科分件正面側面互交之式

正面側面名目相同拱翹由三彩五彩至七彩應需各件枓口均繪圖如後惟九彩十一彩每加二彩須加一拽架（詳見第一篇）加長定之餘仿此

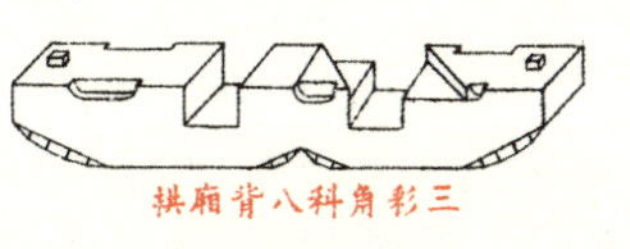

三彩角科八背廂拱

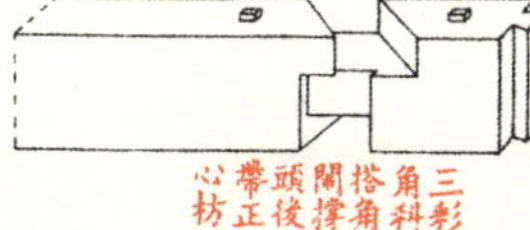

三彩角科搭角闌撐頭後帶正心枋

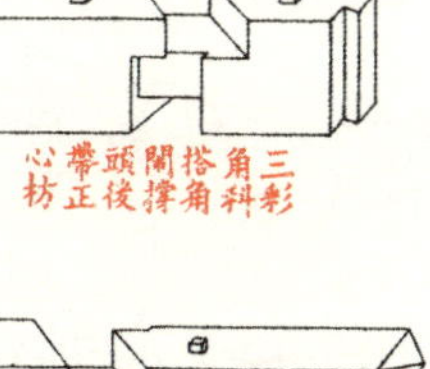

三彩角科搭角闌耍頭後帶正心萬拱

三彩角科搭角闌頭昂後帶正心瓜拱

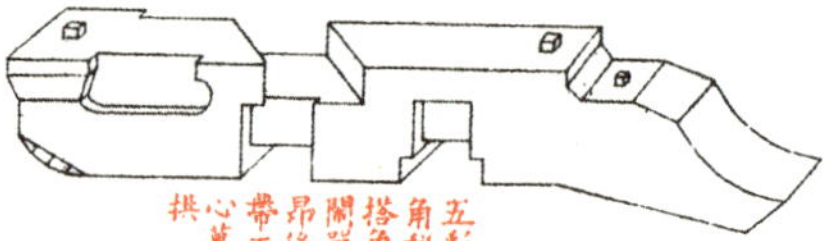

五彩角科搭角鬭單昂後帶正心萬拱

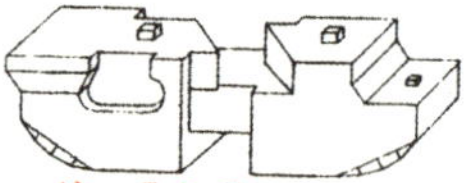

五彩角科搭角鬭單翹後帶正心瓜拱

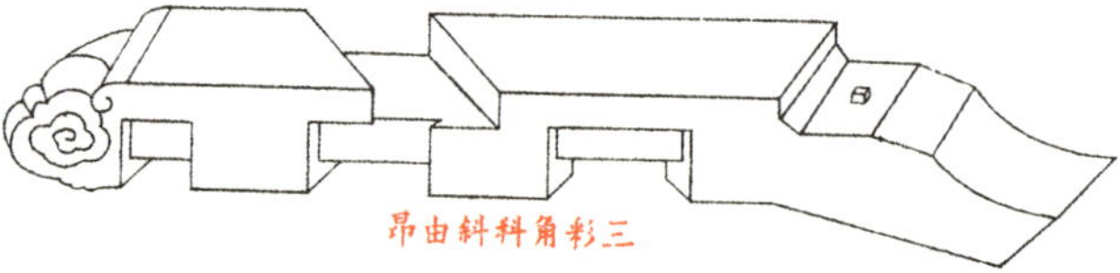

三彩角科由昂

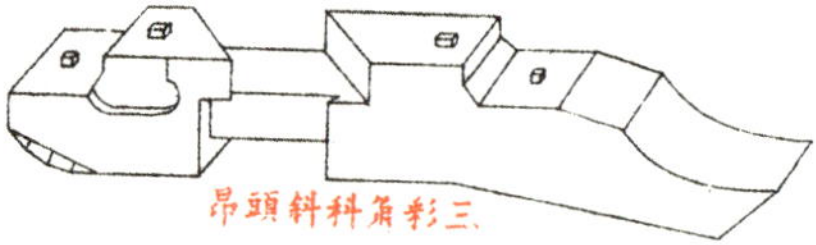

三彩角科頭昂

角科分件

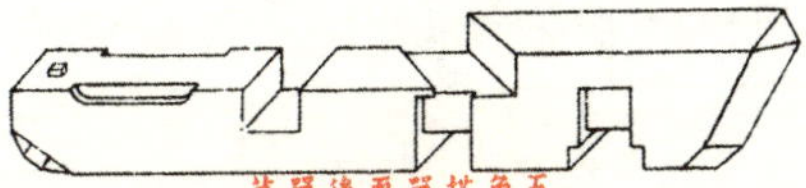

五彩角科搭角單彩耍頭後帶單彩萬拱
五彩角科搭角單彩單昂後帶單彩瓜拱 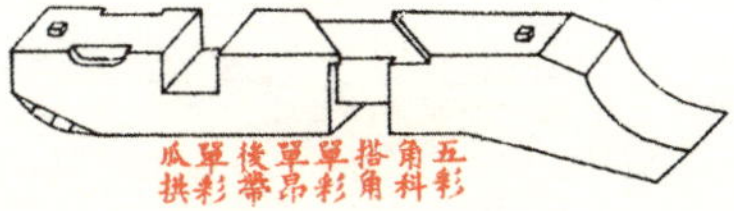
五彩角科搭角闌撐頭後帶槽正心枋 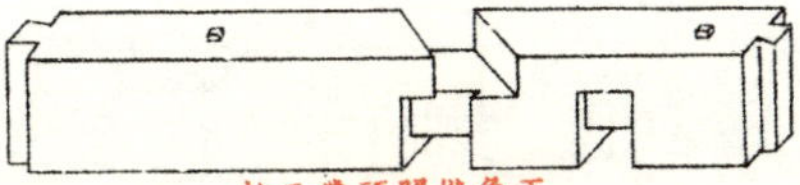
五彩角科搭角闌耍頭後帶正心枋

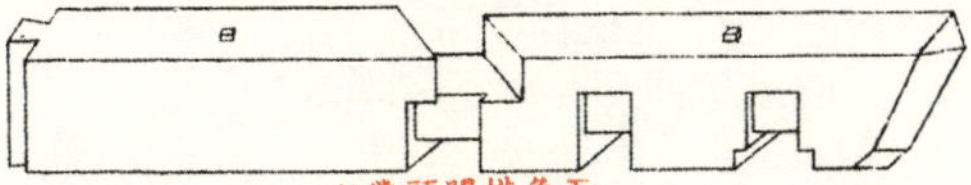

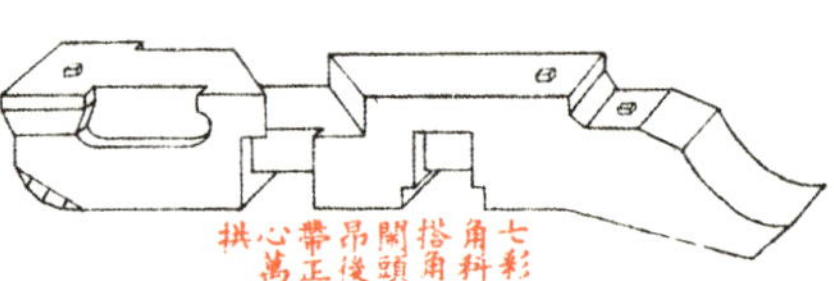

七彩角科搭角闇頭昂後帶正心萬拱

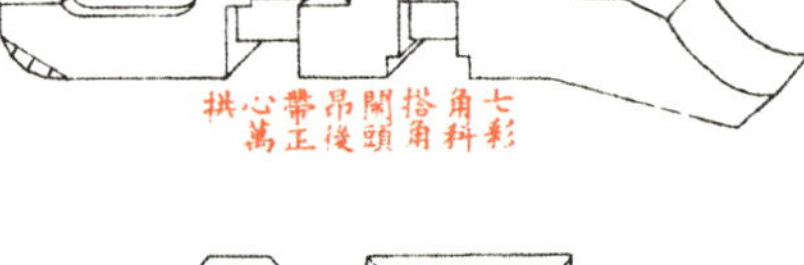

五彩角科斜翹頭

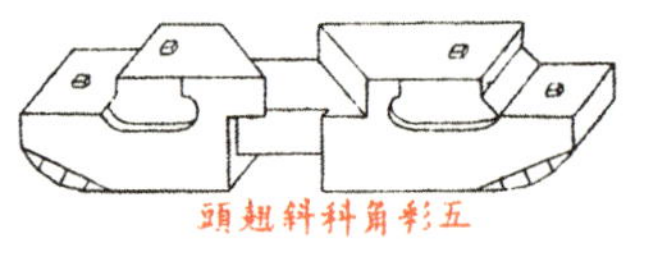

五彩角科八背廂拱

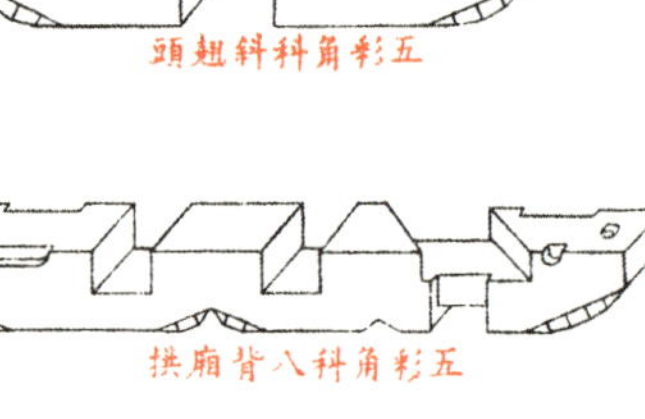

五彩角科搭角單彩撐頭後帶外拽枋

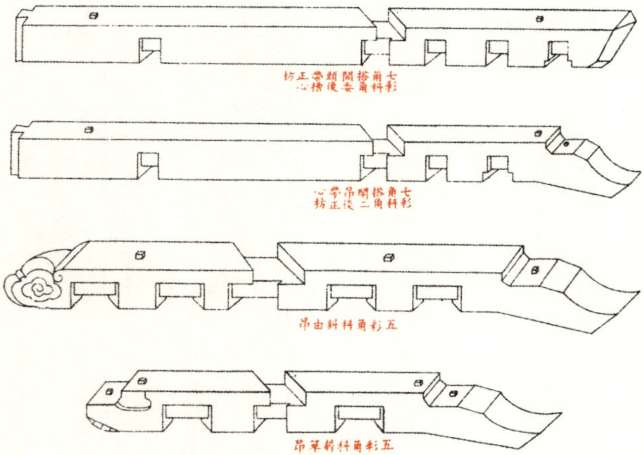

角科分件
七彩角科斜科由昂
七彩角科斜科二昂

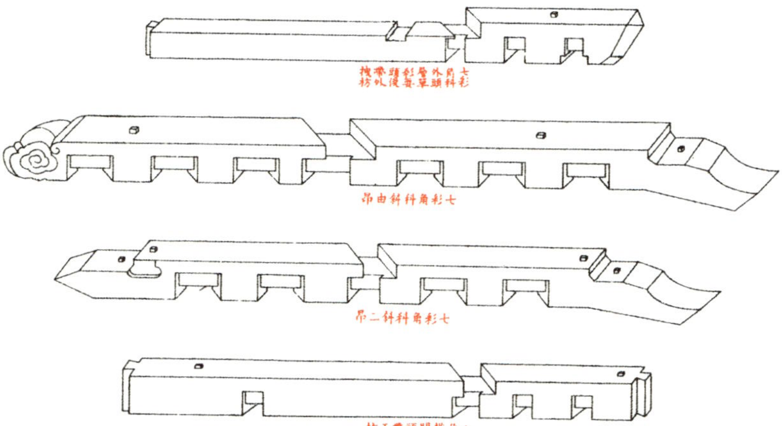

角科分件

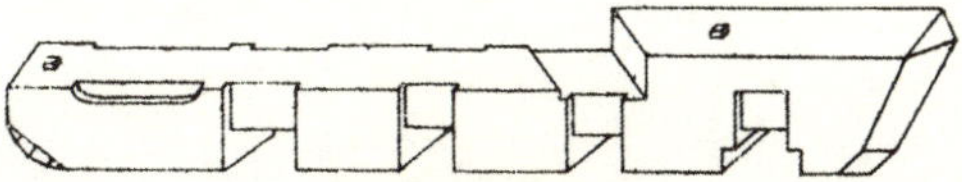

七彩角科外二層單彩要頭後帶單彩萬拱

七彩角科外二層單彩二昂後帶單彩瓜拱

七彩角科外頭層單彩二昂後帶單彩萬拱

七彩角科外頭層單彩頭昂後帶單彩瓜拱

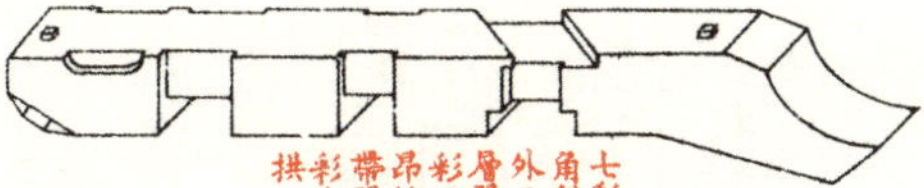

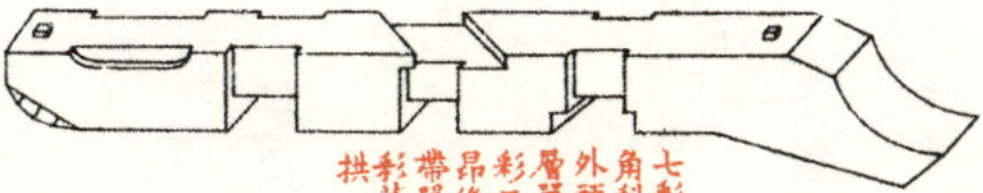

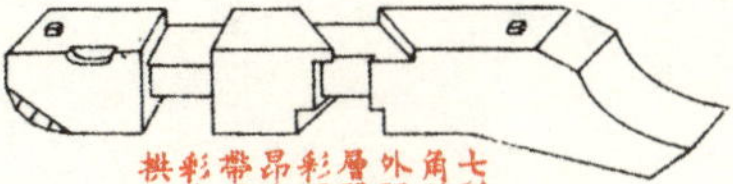

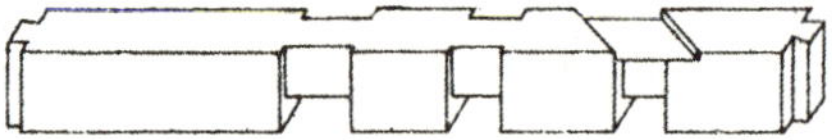

七彩角科外二層單彩撑頭後帶外拽枋

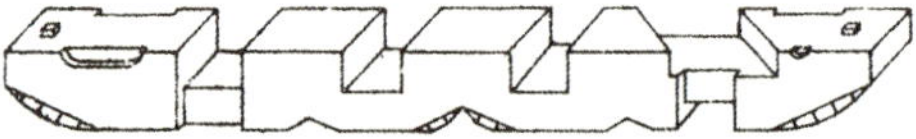

七彩角科八背廂拱

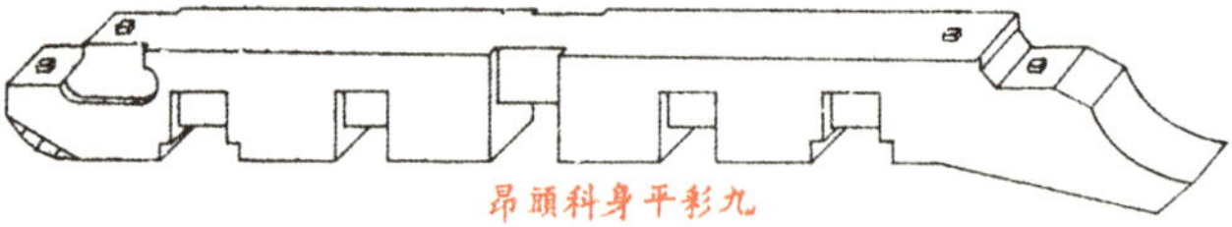

九彩平身科頭昂

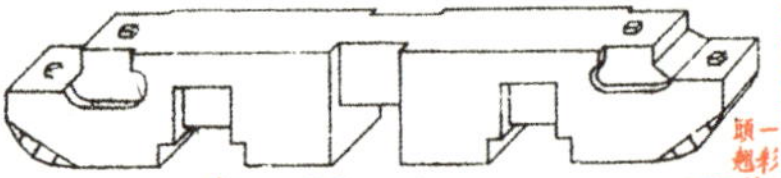

九彩平身科二翹

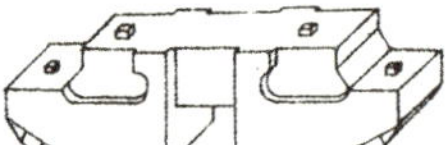

九彩平身科頭翹

科科規矩三彩者一拽架五彩者二拽架七彩者三拽架九彩者四拽架十一彩者五拽架（此以柱外核算柱內相同拽架規矩見前詳明）每加二彩者（即一瓜拱一萬拱件上下相合為二彩）須加一拽架此科科各彩分件列表由三彩起至七彩所有平身科角科應有各件互相通用全行齊備惟九彩者僅繪此三件形式列表以證明相同各彩如加彩惟須次第加拽架此九彩頭翹（同五彩單翹同七彩單翹同十一彩頭翹）此九彩二翹（同十一彩之二翹）此九彩頭昂（同七彩二昂同十一彩頭昂）以此三件表明每加二彩須加一拽架互相通用之法餘仿此

枓科分件尺寸規矩一篇詳見寫所有平身科角科柱櫨科各坐枓十八枓槽升子升耳等件規矩俱同前餘仿此

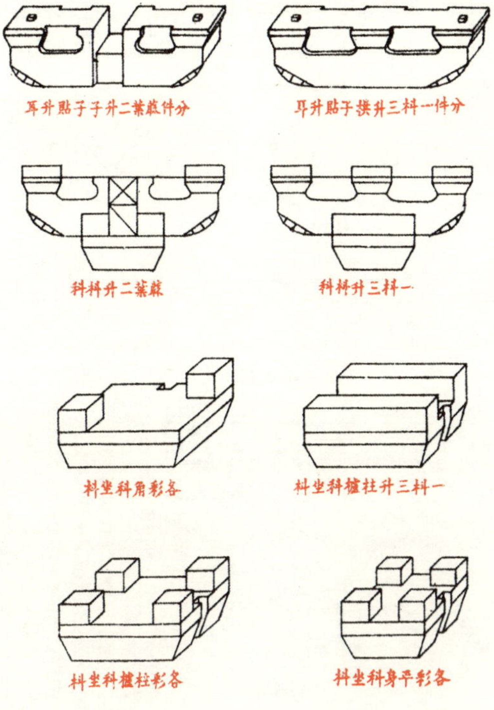

坐枓十八枓槽升子升耳及溜金枓栿連檔寶瓶等各分件式寶瓶者用於角枓由昂上以頂托角梁之立木也

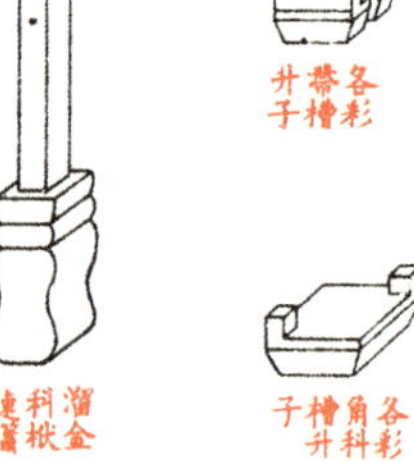
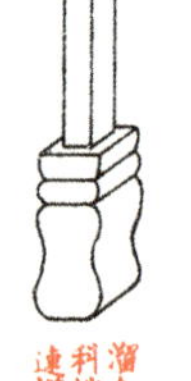
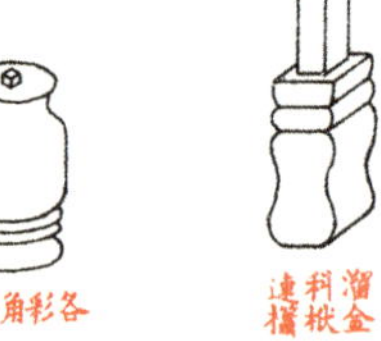
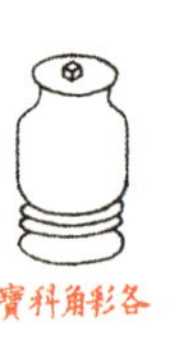

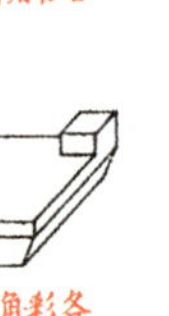

梁額等卯口第六

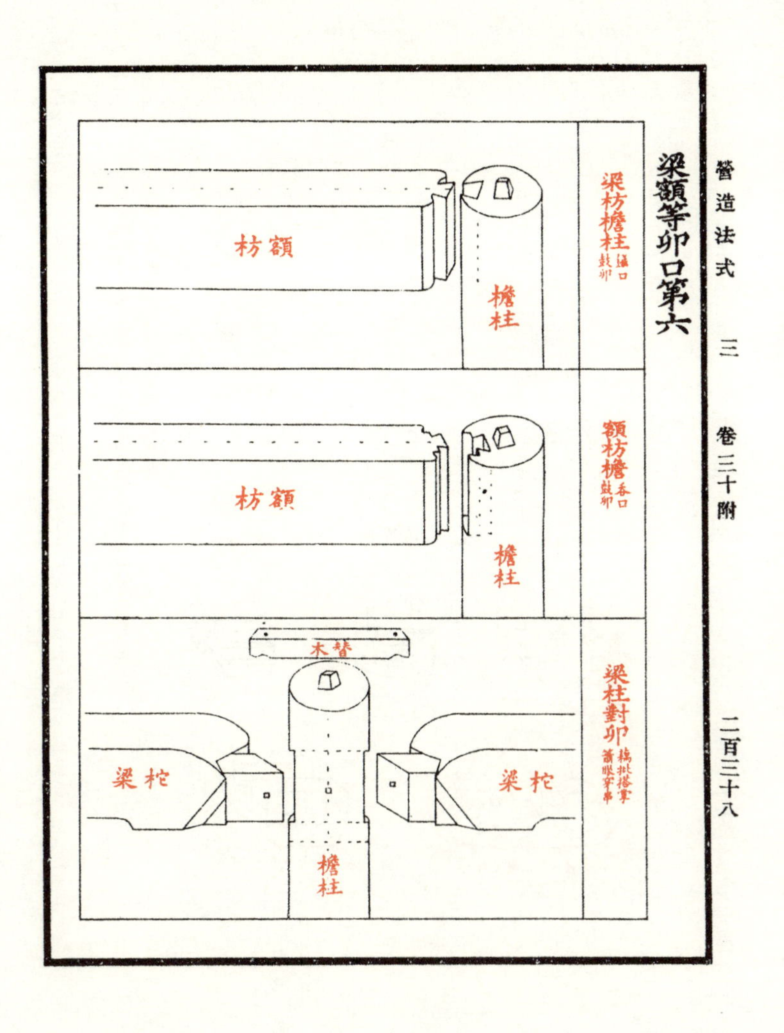

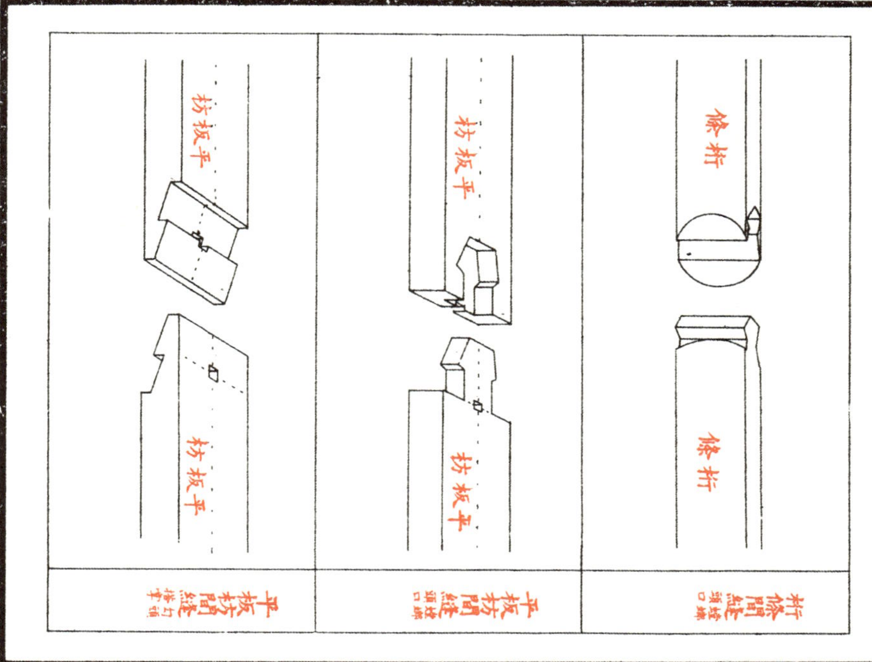
桁條
桁條
桁條間縫
螳螂頭口
平板枋
平板枋
平板枋間縫
螳螂頭口
平板枋
平板枋
平板枋間縫
勾頭搭掌

合柱鼓卯第七

兩段合

如柱木尺寸有不敷用者則以兩段合法爲一柱餘倣此

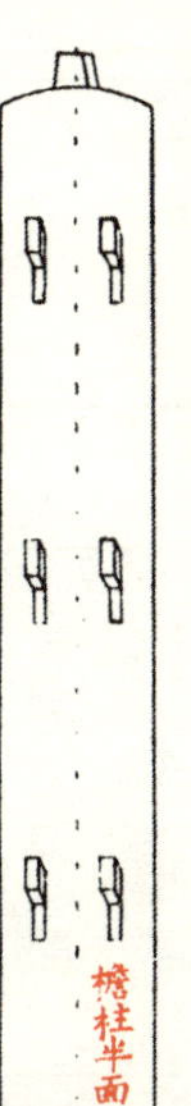

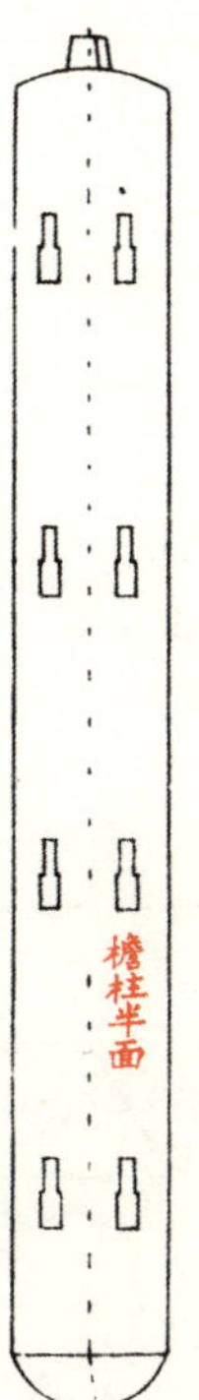

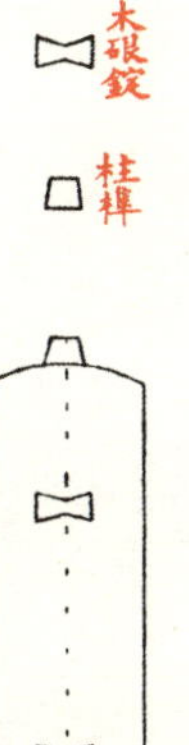

三段合（四段同）

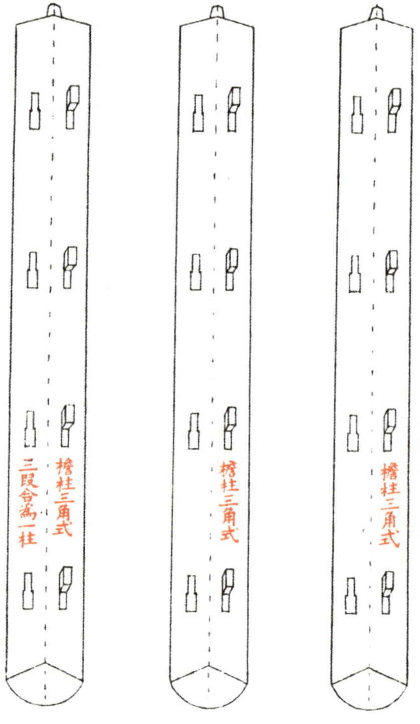

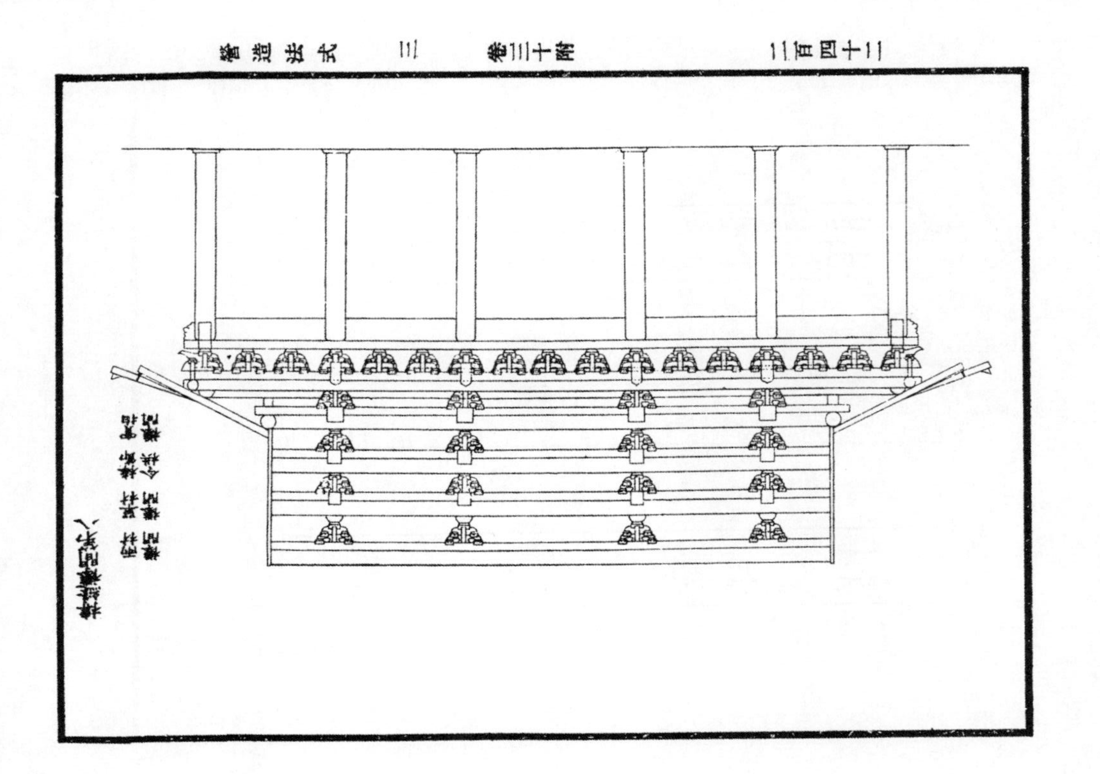
槫縫襻間第八
兩材襻間
單材襻間
令栱實拍襻間

鋪作轉角正樣第九

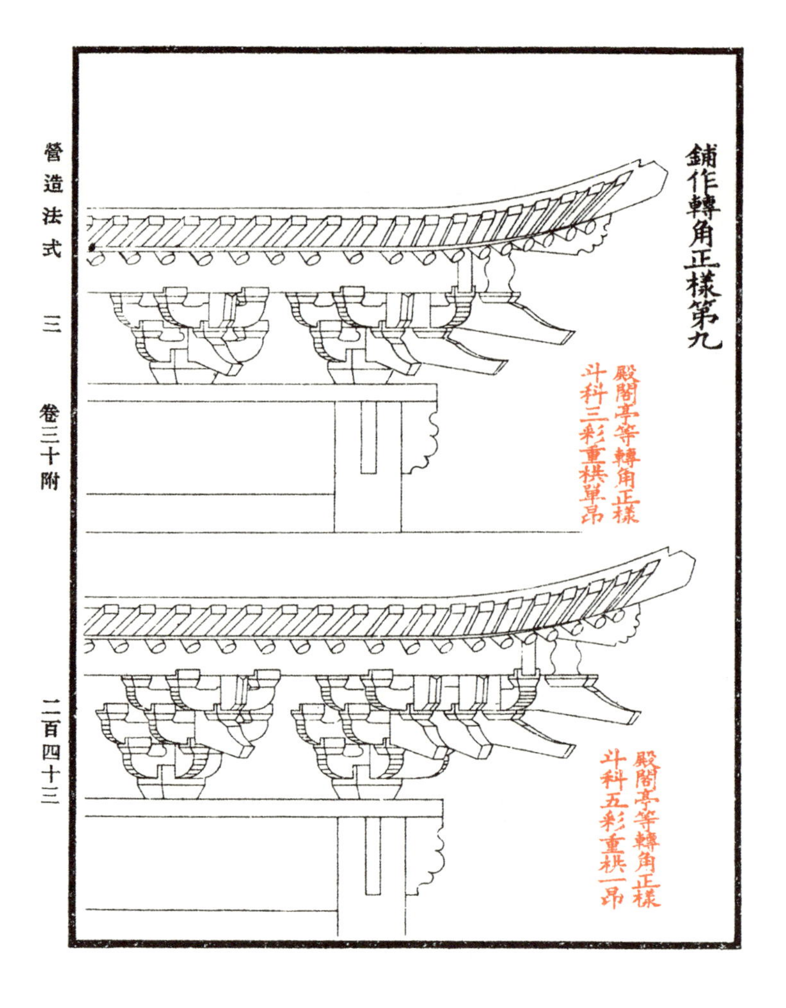
殿閣亭等轉角正樣
斗科三彩重栱單昂
殿閣亭等轉角正樣
斗科五彩重栱一昂

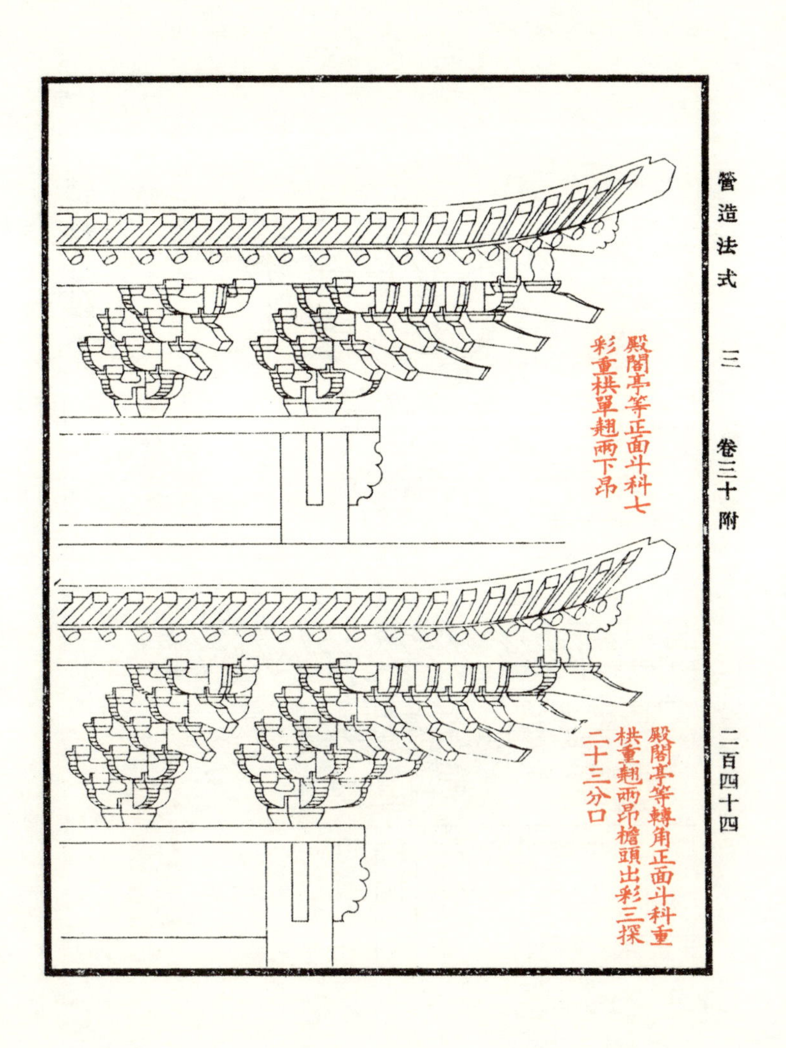
殿閣亭等正面斗科七彩重栱單翹兩下昂
殿閣亭等轉角正面斗科重栱重翹兩昂檐頭出彩三採二十三分口

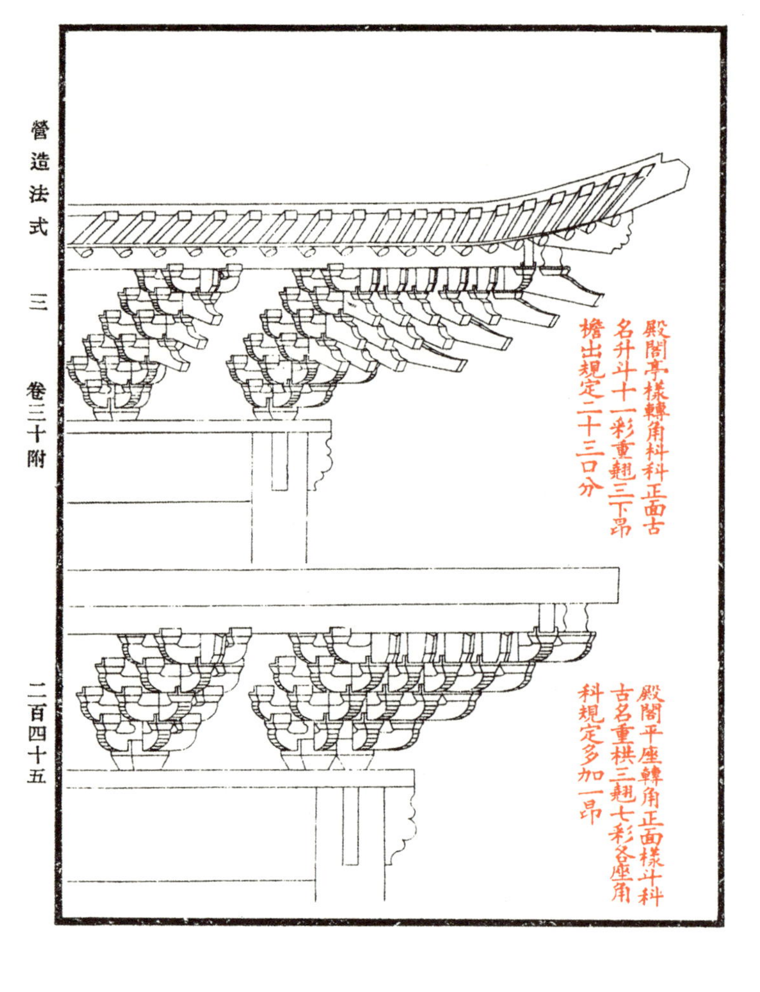
殿閣亭榭轉角枓科正面古
名升斗十一彩重翹三下昂
檐出規定二十三口分
殿閣平座轉角正面樣斗科
古名重栱三翹七彩各座角
科規定多加一昂

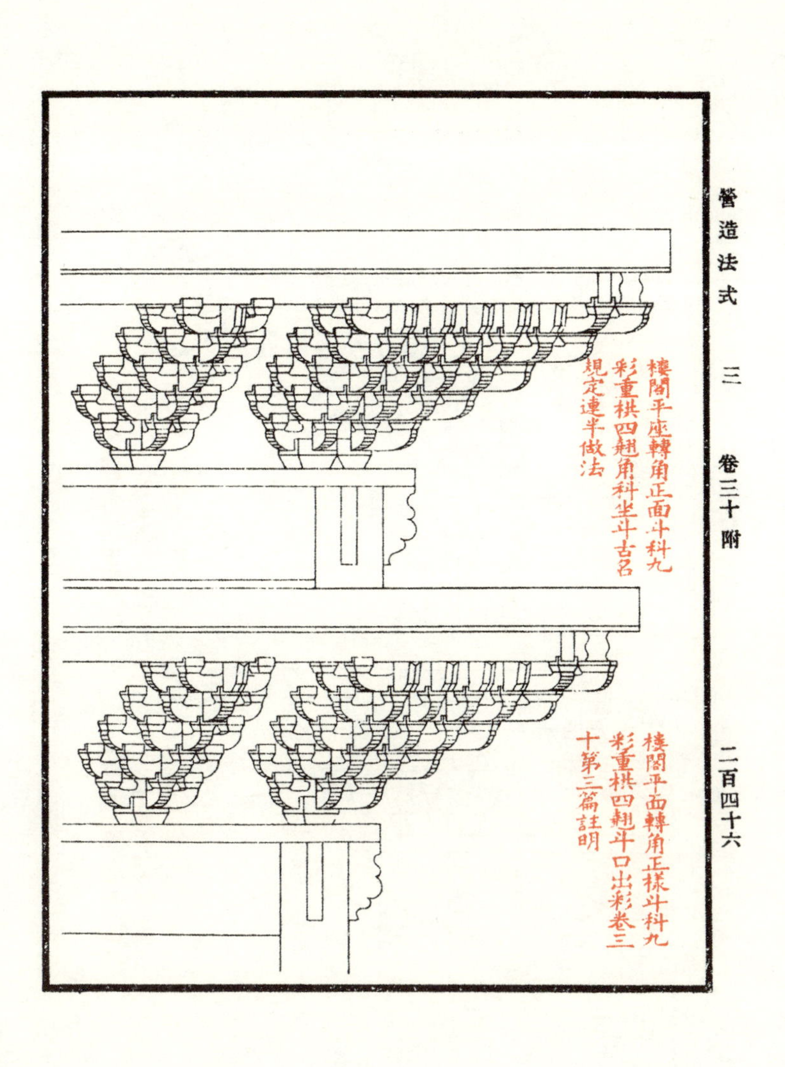
樓閣平座轉角正面斗科九彩重栱四翹角科坐斗古名規定連半做法
樓閣平面轉角正樣斗科九彩重栱四翹斗口出彩卷三十第三篇註明

營造法式卷第三十附

营造法式

（陈明达点注本）二

〔宋〕李诫 撰

浙江摄影出版社
全国百佳图书出版单位

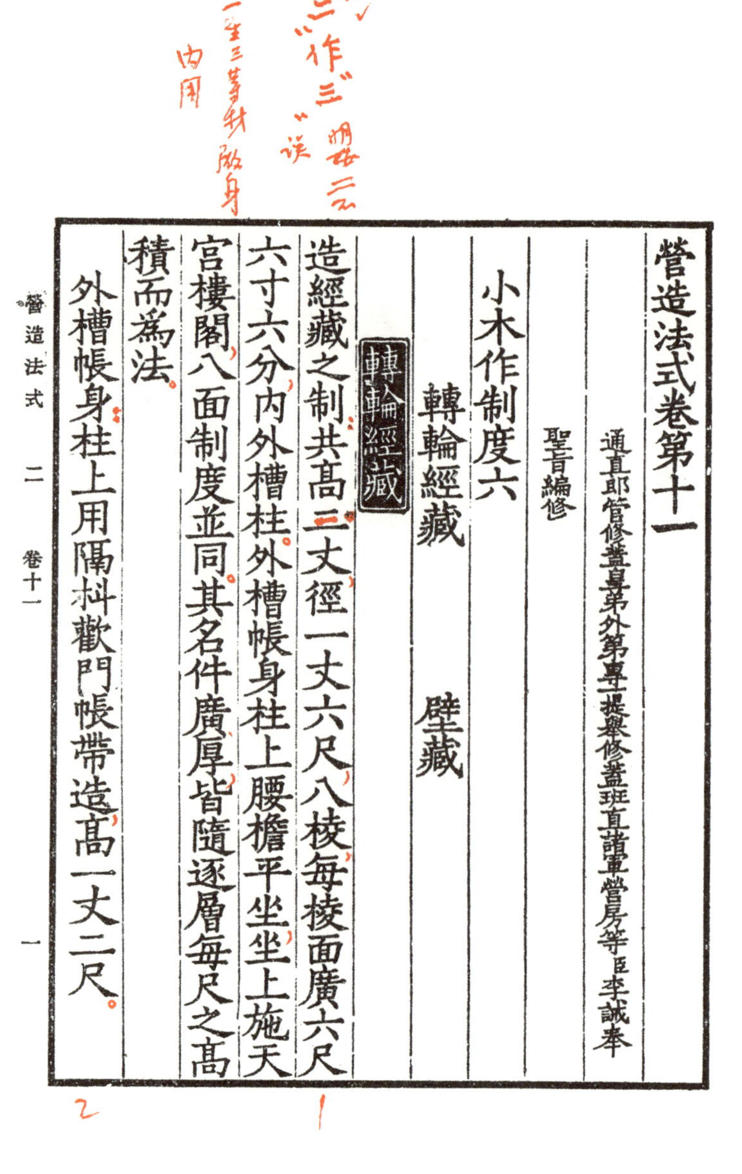

營造法式卷第十一

通直郎管修蓋皇弟外第專一提舉修蓋班直諸軍營房等臣李誡奉

聖旨編修

小木作制度六

轉輪經藏　　壁藏

轉輪經藏

造經藏之制：共高二丈，徑一丈六尺，八棱，每棱面廣六尺六寸六分，内外槽柱；外槽帳身柱上腰檐平坐，坐上施天宫樓閣，八面制度並同，其名件廣厚，皆隨逐層每尺之高，積而爲法。

外槽帳身：柱上用隔枓、歡門、帳帶，造高一丈二尺。

帳身外槽柱長視高廣四分六厘厚四分（歸瓣造）

隔科版長隨帳柱内其廣一寸六分厚一分二厘

仰托榥長同上廣三分厚二分

隔科内外貼長同上廣二分厚九厘

内外上下柱子上柱長四分下柱長三分廣厚同上

歡門長同隔科版其廣一寸二分厚一分二厘

帳帶長二寸五分方二分六厘

腰檐并結瓦共高二尺科槽徑一丈五尺八寸四分（科槽及出檐在外）

内外並六鋪作重栱用一寸材（厚六分六厘）

每瓣補間鋪作五朵外跳單抄重昂

裏跳並卷頭其柱上先用普拍方施科栱

瓦作瓦

天鍚作材一寸

厚六分六

疑應作一

上用壓廈版出椽并飛子角梁貼生依副

階舉折結瓦

普拍方長隨每瓣之廣（絞角在外）其廣二寸厚七分五厘

枓槽版長同上廣三寸五分厚一寸

壓廈版長同上（加長七寸）廣七寸五分厚七分五厘

山版長同上廣四寸五分厚一寸

貼生長同山版（加長六寸）方一分

角梁長八寸廣一寸五分厚同上

子角梁長六寸廣同上厚八分

搏脊槫長同上（加長一寸）廣一寸五分厚一寸

曲椽長八寸曲廣一寸厚四分（每補間鋪作一朶用三條與從椽取勻分）

〝條〞作〝路〞
〝瓦〞作〝㼐〞
〝瓦〞作〝㼐〞

璧。

飛子長五寸，方三分五厘。

白版長同山版，加長一尺。廣三寸五分。以厚五分爲定法。

井口榥長隨徑，方二寸。

立榥長視高，方一寸五分。每瓣用三條。

馬頭榥方同上。用數亦同上。

厦瓦版長同山版，加長一尺。廣五寸。以厚五分爲定法。

瓦隴條長九寸，方四分。瓦頭在内。

瓦口子長厚同厦瓦版，曲廣三寸。

小山子版長廣各四寸，厚一寸。

搏脊長同山版，加長二寸。廣二寸五分，厚八分。

20 21 22 23 24 25 26 27 28 29

六鋪作材一寸

角脊長五寸，廣二寸，厚一寸。

平坐高一尺，枓槽徑一丈五尺八寸四分，壓厦版出頭在外。六鋪作卷頭重栱，用一寸材，每瓣用補間鋪作九朵，上施單鉤闌，高六寸。撮項雲栱造，其鉤闌準佛道帳制度。

普拍方長隨每瓣之廣，絞頭在外。方一寸。

枓槽版長同上，其廣九寸，厚二寸。

壓厦版長同上，加長七寸五分。廣九寸五分，厚二寸。

鴈翅版長同上，加長八寸。廣二寸五分，厚八分。

井口榥長同上，方三寸。

馬頭榥每直徑一尺，則長一寸五分。方三分。每瓣用三條。

鈿面版長同井口榥，減長四寸。廣一尺二寸，厚七分。

天宮樓閣三層共高五尺，深一尺。下層副階內角樓子，長一瓣，六鋪作單抄重昂。角樓挾屋長一瓣，茶樓子長二瓣，並五鋪作單抄單昂。行廊長二瓣，分心。四鋪作。以上並或單栱或重栱造。材廣五分，厚三分三厘，每瓣用補間鋪作兩朶。其中層平坐上安單鉤闌，高四寸。枓子蜀柱造，其鉤闌準佛道帳制度。鋪作並用卷頭，與上層樓閣所用鋪作之數，並準下層之制。其結瓦名件，準腰檐制度，量所宜減之。

裏槽坐，高三尺五寸。并帳身及上層樓閣，共高一丈三尺；帳身直徑一丈，面徑一丈一尺四寸四分，枓槽徑九尺八寸四分，下用龜脚，脚上施車槽、疊澁等，其制度並準佛道帳坐之法。內門窗上設平坐，坐上施重臺鉤闌，高九寸，雲栱、癭項造，其鉤闌準佛道帳制度。用六鋪作卷頭，其材廣一寸，厚六分六釐，每瓣用補間鋪作五朵，門窗或用壼門神龕。並作芙蓉瓣造。

龜脚，長二寸，廣八分，厚四分。

車槽上下澁，長隨每瓣之廣，加長一寸。其廣二寸六分，厚六分。

車槽，長同上，減長一寸。廣二寸，厚七分。安華版在外。

上子澁兩重在坐腰上下者長同上減長二寸廣二寸厚三分

下子澁長厚同上廣二寸三分

坐腰長同上減長三寸五分廣一寸三分厚一寸安華版在外

坐面澁長同上廣二寸三分厚六分

猴面版長同上廣三寸厚六分

明金版長同上減長二寸廣一寸八分厚一分五厘

普拍方長同上絞頭在外方三分

枓槽版長同上減長七寸廣二寸厚三分

壓厦版長同上減長一寸廣一寸五分厚同上

車槽華版長隨車槽廣七分厚同上

坐腰華版長隨坐腰廣一寸厚同上

坐面版長廣並隨猴面版内厚二分五厘

坐内背版每枓槽徑一尺則長二寸五分廣隨坐高以厚六分爲定法

猴面梯盤棍每枓槽徑一尺則長八寸方一寸

猴面鈿版棍每枓槽徑一尺則長二寸方八分每瓣用三條

坐下榻頭木并下臥棍每枓槽徑一尺則長八寸方同上隨瓣用

榻頭木立棍長九寸方同上隨瓣用

拽後棍每枓槽徑一尺則長二寸五分方同上每瓣上下用六條

柱脚方并下臥棍每枓槽徑一尺則長五寸方一寸隨瓣用

柱脚立棍長九寸方同上每瓣上下用六條

帳身高八尺五寸徑一丈帳柱下用鋜脚上用隔枓四

面并安歡門帳帶前後用門柱内兩邊皆

施立頰泥道版造。

帳柱，長視高，其廣六分，厚五分。

下鋜脚上隔枓版，各長隨帳柱内，廣八分，厚二分四

釐；内上隔枓版廣一寸七分。

下鋜脚上隔枓仰托榥，各長同上，廣三分六釐，厚二

分四釐。

下鋜脚上隔枓内外貼，各長同上，廣二分四釐，厚一

分一釐。

下鋜脚及上隔枓上内外柱子，各長六分六釐；上隔

枓内外下柱子，長五分六釐；廣厚同上。

立頰，長視上下仰托榥内，廣厚同仰托榥。

65 66 67 68 69 70

"二"作"一"

泥道版長同上廣八分厚一分。

難子長同上方一分。

歡門長隨兩立頰内廣一寸二分厚一分。

帳帶長三寸二分方二分四厘。

門子長視立頰廣隨兩立頰内。合版令足兩扇之數，以厚八分爲定法。

帳身版長同上廣隨帳柱内厚一分二厘。

帳身版上下及兩側内外難子長同上方一分二厘。

柱上帳頭共高一尺徑九尺八寸四分，檐及出跳在外。六鋪作卷頭重栱造其材廣一寸厚六分六厘每辦用補間鋪作五朶上施平棊。

普拍方長隨每辦之廣，絞頭在外。廣三寸厚一寸二分。

枓槽版長同上，廣七寸五分，厚二寸。

壓厦版長同上，加長七寸。廣九寸，厚一寸五分。

角栿每徑一尺，則長三寸。廣四寸，厚三寸。

算桯方廣四寸，厚二寸五分。長用兩等：一，每徑一尺長六寸二分；二，每徑一尺長四寸八分。

平棊貼絡華文等，並準殿内平棊制度。

桯長隨内外算桯方及算桯方心，廣二寸，厚一分五厘。

背版長廣隨桯四周之内。以厚五分爲定法。

福每徑一尺，則長五寸七分。方二寸。

護縫長同背版，廣二寸。以厚五分爲定法。

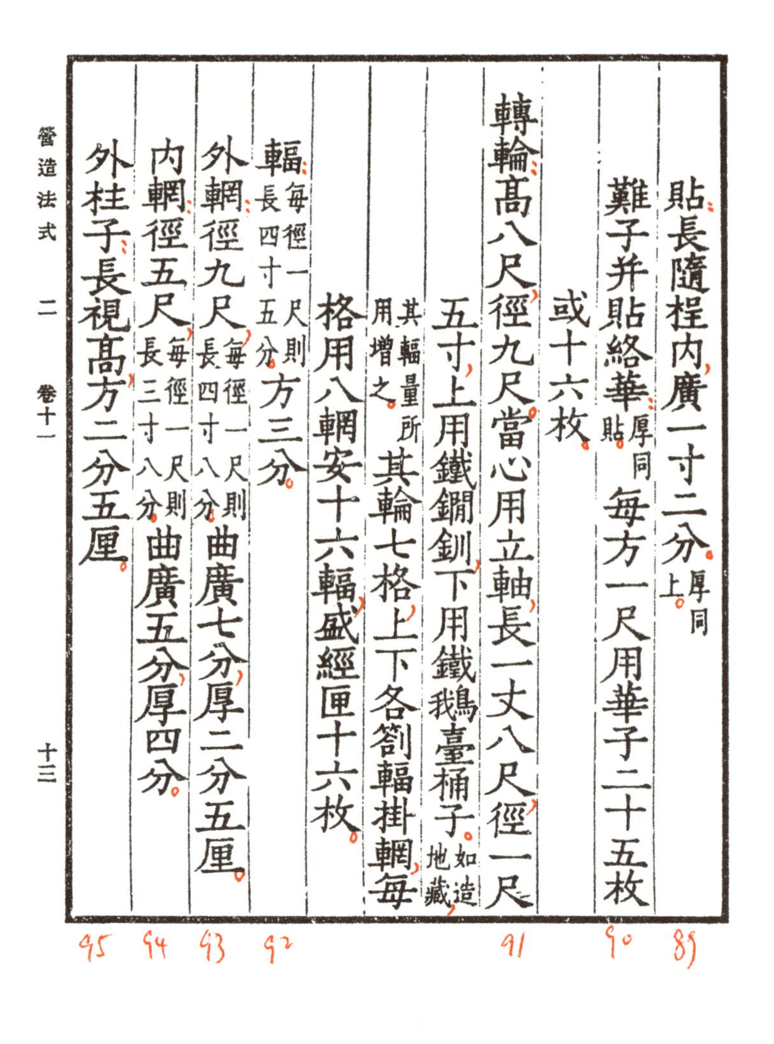

貼長隨桯內廣一寸二分。厚同上。

難子并貼絡華。厚同貼。每方一尺用華子二十五枚或十六枚。

轉輪高八尺，徑九尺，當心用立軸，長一丈八尺，徑一尺五寸，上用鐵鐧釧，下用鐵鵝臺桶子。如造地藏，其輻量所用增之。其輪七格，上下各劄輻掛輞，每格用八輞，安十六輻，盛經匣十六枚。

輻：每徑一尺，則長四寸五分，方三分。

外輞：徑九尺，每徑一尺，則長四寸八分。曲廣七分，厚二分五厘。

內輞：徑五尺，每徑一尺，則長三寸八分。曲廣五分，厚四分。

外柱子：長視高，方二分五厘。

内柱子長一寸五分方同上

立頰長同外柱子方一分五厘

鈿面版長二寸五分外廣二寸二分内廣一寸二分以厚六分為定法

格版長二寸五分廣一寸二分厚同上

後壁格版長廣一寸二分厚同上

難子長隨格版後壁版四周方八厘

托輻牙子長二寸廣一寸厚三分隔間用

托棖每徑一尺則長四寸方四分

立絞棍長視高方二分五厘隨輻用

十字套軸版長隨外平坐上外徑廣一寸五分厚五

分。

泥道版長一寸一分，廣三分二厘。以厚六分爲定法。

泥道難子長隨泥道版四周，方三厘。

經匣長一尺五寸，廣六寸五分，高六寸。盝頂在内。上用趄塵盝頂，陷頂開帶，四角打卯，下陷底。每高一寸，以二分爲盝頂斜高，以一分三厘爲開帶。四壁版長隨匣之長廣，每匣高一寸，則廣八分，厚八厘。頂版底版每匣長一尺，則長九寸五分；每匣廣一寸，則廣八分八厘；每匣高一寸，則厚八厘。子口版長隨匣四周之内，每高一寸，則廣二分，厚五厘。

108　107　106

凡經藏坐芙蓉瓣長六寸六分下施龜脚上對鋪作套軸版安
於外槽平坐之上其結瓦瓦隴條之類並準佛道帳制度
舉折等亦如之

壁藏

造壁藏之制共高一丈九尺身廣三丈兩擺子各廣六尺
内外槽共深四尺坐頭及出跳皆在柱外前後與兩側制度並同其
名件廣厚皆取逐層每尺之高積而爲法
坐高三尺深五尺二寸長隨藏身之廣下用龜脚脚上
施車槽疊澁等其制度並準佛道帳坐之
法唯坐腰之内造神龕壺門門外安重臺
鉤闌高八寸上設平坐坐上安重臺鉤闌

五鋪作材一寸

高一尺，用雲栱纍項造，其鉤闌準佛道帳制度。用五鋪作卷頭，其材廣一寸，厚六分六厘，每六寸六分施補間鋪作一朶，其坐並芙蓉瓣造。

龜脚，每坐高一尺，則長二寸，廣八分，厚五分。

車槽上下澁，後壁側當者長隨坐之深加二寸，內上澁面前長減坐八尺。廣二寸五分，厚六分五厘。

車槽，長隨坐之深廣，廣二寸，厚七分。

上子澁，兩重，長同上，廣一寸七分，厚三分。

下子澁，長同上，廣二寸，厚同上。

坐腰，長同上，減五寸。廣一寸二分，厚一寸。

坐面澁，長同上，廣二寸，厚六分五厘。

118 117 116 115 114 113 112

壼門

猴面版長同上廣三寸厚七分

明金版長同上每面減四寸廣一寸四分厚二分

料槽版長同車槽上下澁側當減一尺二寸面前減八尺擺手面前廣減六寸

廣二寸三分厚三分四厘

壓厦版長同上側當減四寸面前減八尺擺手面前減二寸廣一寸六分

厚同上

神龕壼門背版長隨料槽廣一寸七分厚一分四厘

壼門牙頭長同上廣五分厚三分

柱子長五分七厘廣三分四厘厚同上隨瓣用

面版長與廣皆隨猴面版内以厚八分爲定法

普拍方長隨料槽之深廣方三分四厘

119 120 121 122 123 124 125 126 127

下車槽臥棍每深一尺則長九寸，卯在內。方一寸一分。用隔瓣

柱脚方長隨枓槽內深廣，方一寸二分。絞廕在內。

柱脚方立棍長九寸，卯在內。方一寸一分。用隔瓣

榻頭木長隨柱脚方內，方同上。絞廕在內。

榻頭木立棍長九寸一分，卯在內。方同上。用隔瓣

拽後棍長五寸，卯在內。方一寸。

羅文棍長隨高之斜長，方同上。用隔瓣

猴面臥棍每深一尺則長九寸，卯在內。方同榻頭木。用隔瓣

帳身高八尺，深四尺，帳柱上施隔枓，下用錠脚，前面及兩側皆安歡門帳帶。帳身施版門子。上下截作七格，每格安經匣四十枚。屋內用平棊等造。

128 129 130 131 132 133 134 135 136

"五"作"二"

帳内外槽柱長視帳身之高，方四分。

内外槽上隔枓版長隨帳柱内，廣一寸三分，厚一分八厘。

内外槽上隔枓仰托榥長同上，廣五分，厚二分二厘。

内外槽上隔枓内外上下貼長同上，廣五分，二厘，厚一分二厘。

内外槽上隔枓内外上柱子長五分，廣厚同上。

内外槽上隔枓内外下柱子長三分六厘，廣厚同上。

内外歡門長同仰托榥，廣一寸二分，厚一分八厘。

内外帳帶長三寸，方四分。

裏槽下鋜脚版長同上隔枓版，廣七分二厘，厚一分

137 138 139 140 141 142 143 144 145

八厘。

裹槽下錠脚仰托榥長同上，廣五分，厚二分二厘。

裹槽下錠脚外柱子長五分，廣二分二厘，厚一分二厘。

正後壁及兩側後壁心柱長視上下仰托榥內，其腰串長隨心柱內，各方四分。

帳身版長視仰托榥腰串內，廣隨帳柱心柱內，以厚八分為定法。

帳身版內外難子長隨版四周之廣，方一分。

逐格前後格榥長隨間廣，方二分。

鈿版榥每深一尺則長五寸五分。廣一分八厘，厚一分五厘。每廣六寸逐格鈿面版長同前後兩側格棍廣隨前後格棍内。用一條。

逐格前後柱子長八寸方二分。每匣小間用二條。

格版長二寸五分廣八分五厘厚同鈿面版。

破間心柱長視上下仰托棍内其廣五分厚三分。

揩疊門子長同上廣隨心柱帳柱内。以厚一寸爲定法。

格版難子長隨格版之廣其方六厘。

裏槽普拍方長隨間之深廣其廣五分厚二分。

平棊華文等準佛道帳制度。

經匣盝頂及大小等並準轉輪藏經匣制度。

153 154 155 156 157 158 159 160 161

腰檐高二尺，枓槽共長二丈九尺八寸四分，深三尺八寸四分，枓栱用六鋪作單抄雙昂，材廣一寸，厚六分六厘。上用壓厦版，出檐結瓦。

普拍方長隨深廣，絞頭在外。廣二寸，厚八分。

枓槽版長隨後壁及兩側擺手深廣，前面長減八寸。廣三寸五分，厚一寸。

壓厦版長同枓槽版，減六寸，前面長減同上。廣四寸，厚一寸。

枓槽鑰匙頭長隨深廣，厚同枓槽版。

山版長同普拍方，廣四寸五分，厚一寸。

出入角角梁長視斜高，廣一寸五分，厚同上。

出入角子角梁長六寸，卯在內。曲廣一寸五分，厚八分。

抹角方長七寸廣一寸五分厚同角梁。

貼生長隨角梁內方一寸。折計用。

曲椽長八寸曲廣一寸厚四分。每補間鋪作一朶用三條從角勻攤。

飛子長五寸，尾在內。方三分五厘。

白版長隨後壁及兩側擺手，到角長加一尺前面長減九尺。廣三寸五分。以厚五分為定法。

厦瓦版長同白版，加一尺三寸前面長減八尺。廣九寸。厚同上。

瓦隴條長九寸方四分。瓦頭在內隔間勻攤。

搏脊長同山版，加二寸前面長減八尺。其廣二寸五分厚一寸。

角脊長六寸廣二寸厚同上。

搏脊槫長隨間之深廣其廣一寸五分厚同上。

"瓦"作"厦"

"三"作"二"

小山子版長與廣皆二寸五分厚同上。

山版枓槽臥棍長隨枓槽內其方一寸五分。隔瓣上下用二枚。

山版枓槽立棍長八寸方同上。隔瓣用二枚。

平坐高一尺枓槽長隨間之廣共長二丈九尺八寸四分深三尺八寸四分安單鉤闌高七寸。其鉤闌準佛道帳制度。用六鋪作卷頭材之廣厚及用壓廈版並準腰檐之制。

普拍方長隨間之深廣合角在外方一寸。

枓槽版長隨後壁及兩側擺手前面減八尺廣九寸子口在內厚二寸。

壓厦版長同料槽版，至出角加七寸五分，前面減同上。廣九寸五分，厚同上。

鴈翅版長同料槽版，至出角加九寸，前面減同上。廣二寸五分，厚八分。

料槽内上下臥棍長隨料槽内，其方三寸。隨辦隔間上下用。

料槽内上下立棍長隨坐高，其方二寸五分。隨臥棍用二條。

鈿面版長同普拍方。以厚七分爲定法。

天宫樓閣高五尺，深一尺，用殿身、茶樓、角樓、龜頭殿、挾屋、行廊等造。

下層副階内殿身長三辦，茶樓子長二辦，角樓長一辦，並六鋪作單抄雙昂造；龜頭殿挾各長

186 187 188 189 190 191 192

一辦並五鋪作單抄單昂造行廊長二辦分心四鋪作造其材並廣五分厚三分三厘出入轉角間内並用補間鋪作

中層副階上平坐安單鉤闌高四寸其鉤闌準佛道帳制度其平坐並用卷頭鋪作等及上層平坐上天宮樓閣並準副階法

凡壁藏芙蓉辦每辦長六寸六分其用龜脚至舉折等並準佛道帳之制

營造法式卷第十一

營造法式卷第十二

通直郎管修蓋皇弟外第專一提舉修蓋班直諸軍營房等臣李誡奉

聖旨編修

彫作制度

混作　彫插寫生華

起突卷葉華　剔地窪葉華

旋作制度

殿堂等雜用名件　照壁版寶牀上名件

佛道帳上名件

鋸作制度

用材植　抨墨

就餘材

竹作制度

造笆　隔截編道

竹栅　護殿檐雀眼網

地面棊文簟　障日篛等簟

竹笍索

彫作制度

混作

彫混作之制有八品：

一曰神仙，真人、女真、金童、玉女之類同。二曰飛仙，嬪伽、共命鳥之類同。三曰化生，以上並手執樂器或芝草、華果、缾盤、器物之屬。四曰拂菻，蕃王、夷人之類同。手内牽拽走獸，或執旌旗矛戟之屬。五曰鳳皇，孔雀、仙鶴、鸚鵡、山鷓、練鵲、錦鷄、鴛鴦、鵞、鴨、鳧、鴈之類同。六曰師子，狻猊、麒麟、天馬、海馬、羚羊、仙鹿、熊、象之類同。

以上並施之於鉤闌柱頭之上，或牌帶四周，其牌帶之内，上施飛仙，下用寳牀真人等，如係御書，兩頬作昇龍，並在起突華地之外。及照壁版之類亦用之。

七曰角神。寳藏神之類同。

施之於屋出入轉角大角梁之下，及帳坐腰内之類亦用之。

八曰纏柱龍。盤龍、坐龍、牙魚之類同。

施之於帳及經藏柱之上，或纏寳山，或盤於藻井之內。

凡混作彫刻成形之物，令四周皆備。其人物及鳳皇之類或立或坐，並於仰覆蓮華或覆瓣蓮華坐上用之。

彫插寫生華

彫插寫生華之制有五品：一曰牡丹華，二曰芍藥華，三曰黃葵華，四曰芙蓉華，五曰蓮荷華。

以上並施之於栱眼壁之內。

凡彫插寫生華，先約栱眼壁之高廣，量宜分布畫樣，隨其卷舒，彫成華葉，於寶山之上，以華盆安插之。

起突卷葉華

彫剔地起突或透突卷葉華之制有三品

一曰海石榴華，二曰寶牙華，三曰寶相華。謂皆卷葉者，牡丹華之類同。每一葉之上三卷者爲上，兩卷者次之，一卷者又次之。

以上並施之於梁額，裹帖同。格子門腰版，牌帶，鉤闌版，雲栱，尋杖頭，椽頭盤子，如殿閣椽頭盤子或盤起突龍鳳之類。及華版。凡貼絡如平棊心中角內，若牙子版之類皆用之。或於華內間以龍鳳化生，飛禽，走獸等物。

凡彫剔地起突華，皆於版上壓下四周隱起，身內華葉等彫鎪，葉內翻卷，令表裏分明，剔削枝條須圜混相壓。其華

背
"裹"原作"裏"
"帖"作"貼"

文皆隨版内長廣，勻留四邊，量宜分布。

剔地窪葉華

彫剔地（或透突）窪葉（或平卷葉）華之制有七品：一曰海石榴華；二曰牡丹華（芍藥華、寶相華之類，卷葉或寫生者並同）；三曰蓮荷華；四曰萬歲藤；五曰卷頭蕙草（長生草及蠻雲蕙草之類同）；六曰蠻雲（胡雲及蕙草雲之類同）。

以上所用及華内間龍鳳之類並同上。

凡彫剔地窪葉華，先於平地隱起華頭及枝條（其枝梗並交起相壓），減壓下四周葉外空地。亦有平彫透突（或壓地）諸華者，其所用並同上。若就地隨刃彫壓出華文者，謂之實彫，施之於雲栱、地霞、鵝項或叉子之首（及叉子錠脚版内），及牙子版、垂魚、惹

華等皆用之

旋作制度

殿堂等雜用名件

造殿堂屋宇等雜用名件之制

椽頭盤子大小隨椽之徑若椽徑五寸即厚一寸如徑加一寸則厚加二分減亦如之（加至厚一寸二分止減至厚六分止）

搘角梁寶餅每餅高一尺即肚徑六寸頭長三寸三分足高二寸（餘作餅身）餅上施仰蓮胡桃子下坐合蓮若餅高加一寸則肚徑加六分減亦如之或作素寶餅即肚徑加一寸

蓮華柱頂每徑一寸其高減徑之半

柱頭仰覆蓮華胡桃子二段或三段造每徑廣一尺其高同徑之廣

門上木浮漚每徑一寸即高七分五厘

鉤闌上蔥臺釘每高一寸即徑二分釘頭隨徑高七分

蓋蔥臺釘筒子高視釘加一寸每高一寸即徑廣二分五厘

照壁版寶牀上名件

造殿内照壁版上寶牀等所用名件之制

香鑪徑七寸其高減徑之半

注子共高七寸每高一寸即肚徑七分兩段造其項高徑

"一"作"二"

26 25 24 23 22 21 20 19

取高十分中以三分爲之。

注盌徑六寸，每徑一寸則高八分。

酒杯徑三寸，每徑一寸即高七分。足在內。

杯盤徑五寸，每徑一寸即厚一分。足子徑二寸五分，每徑一寸即高四分，心子並同。

鼓高三寸，每高一寸即肚徑七分。兩頭隱出皮厚及釘子。

鼓坐徑三寸五分，每徑一寸即高八分。兩段造。

杖鼓長三寸，每長一寸鼓大面徑七分，小面徑六分，腔口徑五分，腔腰徑二分。

蓮子徑三寸，其高減徑之半。

荷葉徑六寸，每徑一寸即厚一分。

卷荷葉長五寸，其卷徑減長之半。

披蓮徑二寸八分，每徑一寸，即高八分。

蓮蓓蕾高三寸，每高一寸，即徑七分。

佛道帳上名件

造佛道等帳上所用名件之制：

火珠高七寸五分，肚徑三寸，每肚徑一寸，即尖長七分，每火珠高加一寸，即肚徑加四分，減亦如之。

滴當火珠高二寸五分，每高一寸，即肚徑四分，每肚徑一寸，即尖長八分，胡桃子下合蓮長七分。

瓦頭子每徑一寸，其長倍柱之廣，若作瓦錢子，每徑一

“蓓蕾”作“菩蕾”

“柱”作“徑”

35 36 37 58 39 40 41

寸，即厚三分，減亦如之。加至厚六分止，減至厚二分止。

寶柱子：作仰合蓮華、胡桃子、寶餅相間通長造，長一尺五寸，每長一寸，即徑廣八厘。如坐內紗窗旁用者，每長一寸，即徑廣二分。若腰串槽內用者，每長一寸，即徑廣四分。

貼絡門盤：每徑一寸，其高減徑之半。

貼絡浮漚：每徑五分，即高三分。

平棊錢子：徑一寸。以厚五分為定法。

角鈴：每一朵九件：大鈴、蓋子、簧子各一，角內子角鈴共六。

大鈴：高二寸，每高一寸，即肚徑廣八分。

蓋子：徑同大鈴，其高減半。

簀子徑及高皆減大鈴之半。

子角鈴徑及高皆減簀子之半。

圜爐枓大小隨材分。高二十分，徑三十二分。

虛柱蓮華錢子，用五段。上段徑四寸，下四段各遞減二分。以厚三分爲定法。

虛柱蓮華胎子，徑五寸，每徑一寸即高六分。

鋸作制度

用材植

用材植之制：凡材植須先將大方木可以入長大料者，盤截解割；次將不可以充極長極廣用者，量度合用名件，亦先從名件就長或就廣解割。

抨墨

抨繩墨之制：凡大材植，須合大面在下，然後垂繩取正抨墨。其材植廣而薄者，先自側面抨墨。務在就材充用，勿令將可以充長大用者截割爲細小名件。

若所造之物，或斜、或訛、或尖者，並結角交解。謂如飛子或顛倒交斜解割，可以兩就長用之類。

就餘材

就餘材之制：凡用木植内，如有餘材，可以别用或作版者，其外面多有璺裂，須審視名件之長廣量度，就璺解割。或可以帶璺用者，即留餘材於心内，就其厚别用或作版，勿令失料。如璺裂深或不可就者，解作臕版。

竹作制度

造笆

造殿堂等屋宇所用竹笆之制：每間廣一尺用經一道。經順椽用。若竹徑二寸一分至徑一寸七分者，廣一寸用經一道；徑一寸五分至一寸者，廣八寸用經一道；徑八分以下者，廣六寸用經一道。每經一道用竹四片，緯亦如之。緯橫鋪椽上。殿閣等至散舍，如六椽以上，所用竹並徑三寸二分至徑二寸三分；若四椽以下者，徑一寸二分至徑四分。其竹不以大小，並劈作四破用之。如竹徑八分至徑四分者，並椎破用之；下同。

隔截編道

造隔截壁桯內竹編道之制：每壁高五尺，分作四格。上下各橫用經一道。凡上下貼桯者，俗謂之壁齒；不以經數多寡，皆上下貼桯各用一道。下同。格內横用經三道，共五道。至横經縱緯相交織之，或高少而廣多者，則縱經横緯織之。每經一道用竹三片，以竹簽釘之。緯用竹一片。若栱眼壁高二尺以上，分作三格，共四道。高一尺五寸以下者，分作兩格，共三道。其壁高五尺以上者，所用竹徑三寸二分至徑二寸五分，如不及五尺，及栱眼壁、屋山內尖斜壁所用竹徑二寸三分至徑一寸，並劈作四破用之。露籬所用同。

竹柵

造竹柵之制：每高一丈，分作四格。制度與編道同。若高一丈以上者，所用竹徑八分，如不及一丈者，徑四分。並去梢全用之。

護殿檐雀眼網

造護殿閣檐枓栱及托窗櫺內竹雀眼網之制：用渾青篾，

每竹一條（以徑一寸二分爲率），劈作篾一十二條，刮去青，廣三分，從心斜起，以長篾爲經，至四邊卻折篾入身内，以短篾直行作緯，往復織之。其雀眼徑一寸（以篾心爲則）。如於雀眼内間織人物及龍鳳華雲之類，並先於雀眼上描定，隨描道織補。施之於殿檐枓栱之外。如六鋪作以上，即上下分作兩格；隨間之廣，分作兩間或三間，當縫施竹貼釘之（竹貼每竹徑一寸二分，分作四片，其窗櫺内用者同）。其上下或用木貼釘之（其木貼廣二寸，厚六分）。

地面棊文簟

造殿閣内地面棊文簟之制：用渾青篾，廣一分至一分五厘；刮去青，横以刀刃拖令厚薄匀平；次立兩刃，於刃中摘令廣狹一等。從心斜起，以縱篾爲則，先擡二篾，壓三篾，起四篾又壓三篾，然後橫下一篾織之。復於起四處攏二篾，循環如此。至四邊尋斜取正，攏三篾至七篾織水路。水路外摺邊歸篾頭於身內。當心織方勝等，或華文龍鳳。並染紅黄篾用之。其竹用徑二寸五分至徑一寸。障日篛等簟同。

障日篛等簟

造障日篛等所用簟之制：以青白篾相雜用，廣二分至四分，從下直起，以縱篾爲則，攏三篾壓三篾，然後橫下一篾織之。復自攏三處從長篾一條內再起壓三，循環如此。若造假棊文，並攏四篾壓四篾，橫下兩篾織之。復自攏四處當心再攏，循環如此。

竹笍索

造綰繫鷹架竹笍索之制：每竹一條，竹徑二寸五分至一寸。劈作一

篿：徒玷切
篛：音蹋
笍：音綴

64
63

十一片，每片揭作二片，作五股辮之。每股用篾四條，或三條。若純青造，用青白篾各二條，合青篾在外；如青白篾相間，用青篾一條，白篾二條。造成廣一寸五分，厚四分，每條長二百尺，臨時量度所用長短截之。

營造法式卷第十二

"辮"作"辮"，令？

瓦作“瓦”
仝上

營造法式卷第十三

通直郎管修蓋皇弟外第專一提舉修蓋班直諸軍營房等臣李誠奉

聖旨編修

瓦作制度

結瓦　用瓦

壘屋脊　用鴟尾

用獸頭等

泥作制度

壘牆　用泥

畫壁　立竈轉煙直拔

釜鑊竈　茶鑪

壘射垜

瓦作制度

結瓦

結瓦屋宇之制有二等：

一曰甋瓦，施之於殿閣、廳堂、亭榭等。其結瓦之法：先將甋瓦齊口斫去下棱，令上齊直；次斫去甋瓦身內裏棱，令四角平穩，（角內或有不穩，須斫令平正。）謂之解撟。於平版上安一半圈，（高廣與甋瓦同。）將甋瓦斫造畢，於圈內試過，謂之攛窠。下鋪仰瓪瓦。（上壓四分，下留六分。散瓪仰合瓦並準此。）兩甋瓦相去，隨所用甋瓦之廣，匀分隴行，自下而上。（其甋瓦須先就屋上拽勘㰚行修斫口縫令密再揭起方用灰結瓦。瓦畢先用大當溝，次用線道瓦，然後壘脊。

二曰瓪瓦，施之於廳堂及常行屋舍等，其結瓦之法：兩合瓦相去隨所用合瓦廣之半，先用當溝等壘脊畢，乃自上而至下，勻拽㰚行。其仰瓦並小頭向下，合瓦小頭在上。

凡結瓦至出檐，仰瓦之下，小連檐之上，用鷰頷版，華廢之下用狼牙版。若殿宇七間以上，鷰頷版廣三寸，厚八分；餘屋並廣二寸，厚五分為率。每長二尺用釘一枚；狼牙版同。其轉角合版處，用鐵葉裹釘。其當檐所出華頭甋瓦，身內用葱臺釘。下入小連檐，勿令透。若六椽以上，屋勢緊峻者，於正脊下第四甋瓦及第八甋瓦背當中用著蓋腰釘。先於棧笆或箔上約度腰釘遠近，橫安版兩道以透釘脚。

用瓦

用瓦之制：

殿閣廳堂等五間以上用甋瓦長一尺四寸廣六寸五分。仰瓪瓦長一尺六寸，廣一尺。三間以下用甋瓦長一尺二寸廣五寸。仰瓪瓦長一尺四寸，廣八寸。

散屋用甋瓦長九寸廣三寸五分。仰瓪瓦長一尺二寸，廣六寸五分。

小亭榭之類柱心相去方一丈以上者用甋瓦長八寸廣三寸五分。仰瓪瓦長一尺，廣六寸。若方一丈者用甋瓦長六寸廣二寸五分。仰瓪瓦長八寸五分，廣五寸五分。如方九尺以下者用甋瓦長四寸廣二寸三分。仰瓪瓦長六寸，廣四寸五分。

廳堂等用散瓪瓦者，五間以上用瓪瓦長一尺四寸，廣八寸。

廳堂三間以下，門樓同。及廊屋六椽以上，用瓪瓦長一尺三寸，廣七寸。或廊屋四椽及散屋，用瓪瓦長一尺二寸，廣六寸五分。以上仰瓦合瓦並同，至檐頭並用重脣瓪瓦。其散瓪瓦結瓦者，合瓦仍用垂尖華頭瓪瓦。

凡瓦下補襯柴棧爲上，版棧次之。如用竹笆葦箔，若殿閣七間以上，用竹笆一重，葦箔五重；五間以下，用竹笆一重，葦箔四重；廳堂等五間以上，用竹笆一重，葦箔三重；如三間以下至廊屋，並用竹笆一重，葦箔二重。以上如不用竹笆，更加葦箔兩重若用荻箔則兩重代葦箔三重。散屋用葦箔三重或兩重。其柴棧之上，先以膠泥徧泥，次以純石灰施瓪。若版及笆箔上用純灰結瓦者，不用泥抹，並用石灰隨抹施瓦。其衹用泥結瓦者，亦用泥先抹版及笆箔，然後結瓦。所用之瓦，須水浸過，然後用之。其用泥以灰點節縫者同。若只用泥或破灰泥及澆灰下瓦者，其瓦更不用水浸。壘脊亦同。

壘屋脊

壘屋脊之制：

殿閣若三間八椽或五間六椽，正脊高三十一層，垂脊低正脊兩層。並線道瓦在內，下同。

堂屋若三間八椽或五間六椽，正脊高二十一層。

廳屋若間椽與堂等者，正脊減堂脊兩層。餘同堂法。

門樓屋一間四椽，正脊高一十一層或一十三層；若三間六椽，正脊高一十七層。其高不得過廳，如殿門者依殿制。

廊屋若四椽，正脊高九層。

常行散屋若六椽用大當溝瓦者，正脊高七層；用小當溝瓦者，高五層。

營房屋若兩椽，脊高三層。

凡壘屋脊，每增兩間或兩椽，則正脊加兩層。殿閣加至三十七層止，廳堂二十五層止，門樓一十九層止，廊屋一十一層止，常行散屋大當溝者九層止，小當溝者七層止，營屋五層止。

正脊於線道瓦上厚一尺至八寸，垂脊減正脊二寸。正脊十分中上收二分，垂脊上收一分。

線道瓦在當溝瓦之上，脊之下，殿閣等露三寸五分，堂屋等三寸，廊屋以下並二寸五分。其壘脊瓦

"瓦"作"㼧"
"獅"作"猊"
"椚"作"棚"

並用本等，其本等用長一尺六寸至一尺四寸瓪瓦者，壘脊瓦只用長一尺三寸瓦。合脊甋瓦亦用本等。其本等用八寸、六寸甋瓦者，合脊用長九寸甋瓦。令合垂脊甋瓦在正脊甋瓦之下。其線道上及合脊甋瓦下，並用白石灰各泥一道，謂之白道。若甋瓪瓦結瓦，其當溝瓦所壓甋瓦頭，並勘縫刻項子深三分，令與當溝瓦相銜。其殿閣於合脊甋瓦上施走獸者，其走獸有九品：一曰行龍，二曰飛鳳，三曰行師，四曰天馬，五曰海馬，六曰飛魚，七曰牙魚，八曰狻獅，九曰獬豸，相間用之。每隔三瓦或五瓦安獸一枚。其獸之長隨所用甋瓦，謂如用一尺六寸甋瓦，即獸長一尺六寸之類。正脊當溝瓦之下垂鐵索，兩頭各長五尺。以備修整綰繫椚架之用。五間者十條，七間者十二條，九間者十四條，並勻分布用之。若五間以下，九間以上，並約此加減。垂脊之外，橫施華頭甋瓦及重脣瓪瓦者，謂之華廢。常行屋垂脊之外，順施瓪瓦相壘者，謂之剪邊。

用鴟尾

用鴟尾之制：

殿屋八椽九間以上，其下有副階者，鴟尾高九尺至一丈。若無副階高八尺。五間至七間，不計椽數。高七尺至七尺五寸，三間高五尺至五尺五寸。

樓閣三層檐者與殿五間同，兩層檐者與殿三間同。

殿挾屋高四尺至四尺五寸。

廊屋之類，並高三尺至三尺五寸。若廊屋轉角，即用合角鴟尾。

小亭殿等高二尺五寸至三尺。

凡用鴟尾若高三尺以上者，於鴟尾上用鐵脚子及鐵束子安搶鐵。其搶鐵之上，施五叉拒鵲子。三尺以下不用。身兩面用

18 19 20 21 22 23

鐵鞠身內用柏木樁或龍尾唯不用搶鐵拒鵲加襻脊鐵索。

用獸頭等

用獸頭等之制：

殿閣垂脊獸並以正脊層數爲祖。

正脊三十七層者獸高四尺，三十五層者獸高三尺五寸，三十三層者獸高三尺，三十一層者獸高二尺五寸。

堂屋等正脊獸亦以正脊層數爲祖，其垂脊並降正脊獸一等用之。謂正脊獸高一尺四寸者，垂脊獸高一尺二寸之類。

正脊二十五層者獸高三尺五寸，二十三層者獸高

27　26　25　24

三尺二十一層者獸高二尺五寸，一十九層者獸高二尺。

廊屋等正脊及垂脊獸祖並同上。散屋亦同。

正脊九層者獸高二尺七層者獸高一尺八寸。

散屋等：

正脊七層者獸高一尺六寸，五層者獸高一尺四寸。

殿閣至廳堂亭榭轉角上下用套獸嬪伽蹲獸滴當火珠等：

四阿殿九間以上或九脊殿十一間以上者：套獸徑一尺二寸，嬪伽高一尺六寸，蹲獸八枚各高一尺滴當火珠高八寸。套獸施之於子角梁首，嬪伽施

於角上蹲獸在嬪伽之後其滴當火珠在檐頭華頭甋瓦之上下同

四阿殿七間或九脊殿九間套獸徑一尺嬪伽高一尺四寸蹲獸六枚各高九寸滴當火珠高七寸

四阿殿五間九脊殿五間至七間套獸徑八寸嬪伽高一尺二寸蹲獸四枚各高八寸滴當火珠高六寸廳堂三間至五間以上如五鋪作造廈兩頭者亦用此制唯不用滴當火珠下同

九脊殿三間或廳堂五間至三間枓口挑及四鋪作造廈兩頭者套獸徑六寸嬪伽高一尺蹲獸兩枚各高六寸滴當火珠高五寸

亭榭厦兩頭者（四角或八角撮尖亭子同），如用八寸甋瓦，套獸徑六寸，嬪伽高八寸，蹲獸四枚各高六寸，滴當火珠高四寸。若用六寸甋瓦，套獸徑四寸，嬪伽高六寸，蹲獸四枚各高四寸（如枓口挑或四鋪作，蹲獸只用兩枚），滴當火珠高三寸。

廳堂之類不厦兩頭者，每角用嬪伽一枚高一尺，或只用蹲獸一枚高六寸。

佛道寺觀等殿閣正脊當中用火珠等數：

殿閣三間，火珠徑一尺五寸，五間徑二尺，七間以上並徑二尺五寸。（火珠並兩焰，其夾脊兩面造盤龍或獸面，每火珠一枚內用柏木竿一條，亭榭所用同。）

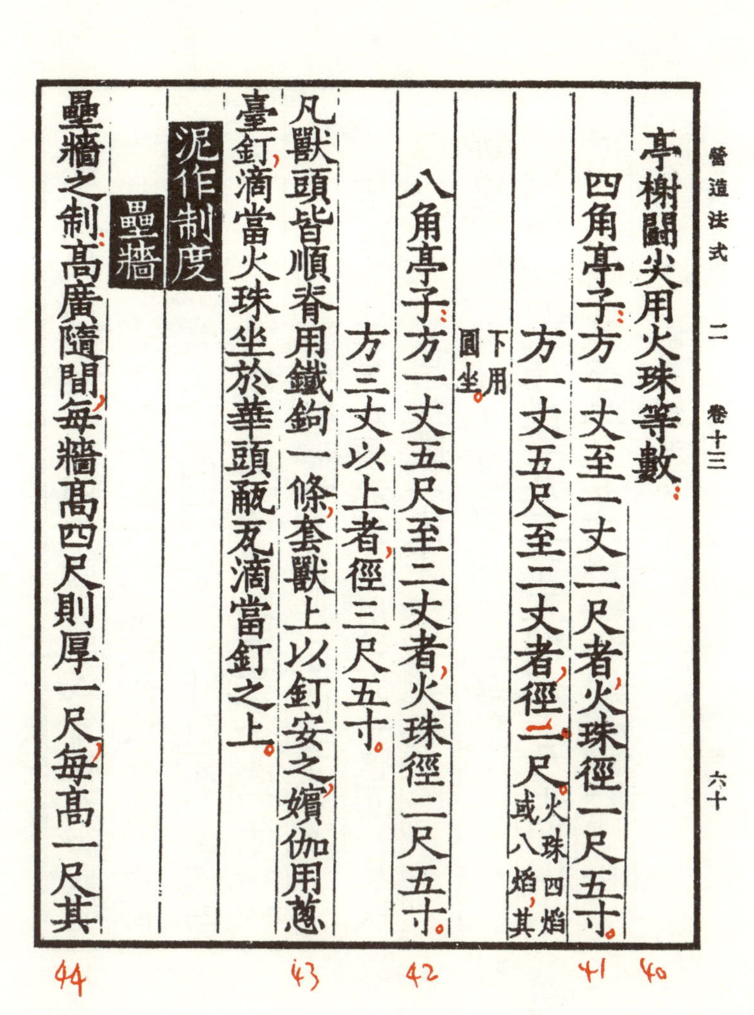

亭榭鬬尖用火珠等數

四角亭子方一丈至一丈二尺者火珠徑一尺五寸

方一丈五尺至二丈者徑二尺火珠四焰或八焰其下用圓坐

八角亭子方一丈五尺至二丈者火珠徑二尺五寸

方三丈以上者徑三尺五寸

凡獸頭皆順脊用鐵鉤一條套獸上以釘安之嬪伽用葱臺釘滴當火珠坐於華頭甋瓦滴當釘之上

泥作制度

壘牆

壘牆之制高廣隨間每牆高四尺則厚一尺每高一尺其

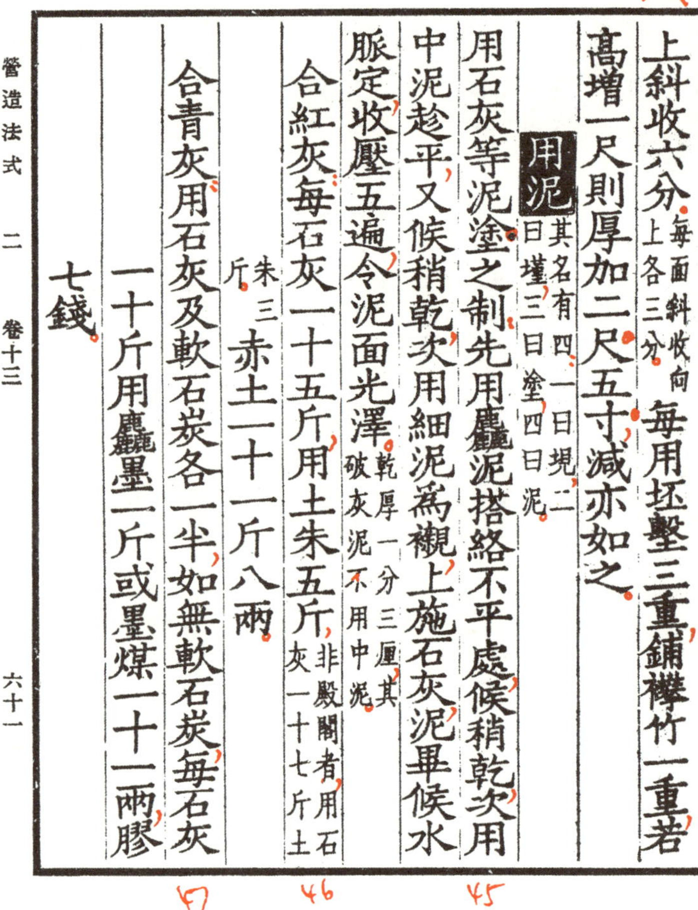

上斜收六分。每面斜收向上各三分。每用坯墼三重，鋪襻竹一重；若高增一尺，則厚加二寸五分；減亦如之。

用泥 其名有四：一曰垷，二曰墐，三曰塗，四曰泥。

用石灰等泥塗之制：先用麤泥搭絡不平處，候稍乾，次用中泥趁平；又候稍乾，次用細泥爲襯；上施石灰泥，畢，候水脉定，收壓五遍，令泥面光澤。乾厚一分三釐，其破灰泥不用中泥。

合紅灰：每石灰一十五斤，用土朱五斤，非殿閣者，用石灰一十七斤，土朱三斤。赤土一十一斤八兩。

合青灰：用石灰及軟石炭各一半。如無軟石炭，每石灰一十斤用麤墨一斤，或墨煤一十一兩，膠七錢。

合黃灰：每石灰三斤，用黃土一斤。

合破灰：每石灰一斤，用白蔑土四斤八兩，每用石灰十斤，用麥麲九斤，收壓兩遍，令泥面光澤。

細泥一重（作灰襯用）方一丈，用麥䴰一十五斤。（城壁增一倍，麤泥同。）

麤泥一重方一丈，用麥䴰八斤。（搭絡及中泥作襯減半。）

麤細泥施之城壁及散屋內外，先用麤泥，次用細泥，收壓兩遍。

凡和石灰泥，每石灰三十斤，用麻擣二斤。（其和紅、黃、青灰等，即通計所用土朱、赤土、黃土、石灰等斤數在石灰之內，如青灰內若用墨煤或麤墨者，不計數。）若礦石灰，每八斤可以充十斤之用。（每礦石灰三十斤，加麻擣一斤。）

畫壁

造畫壁之制，先以麤泥搭絡畢，候稍乾，再用泥横被竹篾一重，以泥蓋平。又候稍乾，釘麻華，以泥分披令匀，又用泥蓋平；以上用麤泥五重，厚一分五厘。若栱眼壁，只用麤細泥各一重，上施沙泥，收壓三遍。方用中泥細襯，泥上施沙泥，候水脈定，收壓十遍，令泥面光澤。

凡和沙泥，每白沙二斤，用膠土一斤，麻擣洗擇淨者七兩。

立竈 轉煙 直拔

造立竈之制：並臺共高二尺五寸。其門、突之類，皆以鍋口徑一尺為祖加減之。鍋徑一尺者一斗；每增一斗，口徑加五分，加至一石止。

轉煙連二竈：門與突並隔煙後。

門：高七寸，廣五寸。每增一斗，高廣各加二分五厘。

身：方出鍋口徑四周各三寸。為定法。

臺長同上，廣亦隨身，高一尺五寸至一尺二寸。一斗者高一尺五寸，每加一斗者減二分五厘，減至一尺二寸五分止。

腔內後項子高同門，其廣二寸，高廣五分。項子內斜高向上入突，謂之搶煙，增減亦同門。

隔煙長同臺，厚二寸，高視身出一尺。爲定法

隔鍋項子廣一尺，心內虛，隔作兩處，令分煙入突。

直拔立竈門及臺在前，突在煙匱之上。自一鍋至連數鍋。

門身臺等並同前制。唯不用隔煙。

煙匱子長隨身，高出竈身一尺五寸，廣六寸。爲定法

山華子斜高一尺五寸至二尺，長隨煙匱子，在煙突兩旁匱子之上。

凡竈突高視屋身出屋外三尺如時暫用不在屋下者高三尺突上作鞾頭出煙其方六寸或鍋增大者量宜加之加至方一尺二寸止並以石灰泥飾

釜鑊竈

造釜鑊竈之制釜竈如蒸作用者高六寸餘並入地內其非蒸作用安鐵甑或瓦甑者量宜加高加至三尺止鑊竈高一尺五寸其門項之類皆以釜口徑以每增一寸鑊口徑以每增一尺爲祖加減之釜口徑一尺六寸者一石每增一石口徑加一寸加至一十石止鑊口徑三尺增至八尺止

釜竈釜口徑一尺六寸

門高六寸於竈身內高三寸餘入地廣五寸每徑增一寸高廣各加五分如用鐵甑者

竈門用鐵鑄造，及門前後各用生鐵版。

腔内後項子高廣，搶煙及增加并後突，並同立竈之制。如連二或連三造者，並壘向後，其向後者，每一釜加高五寸。

鑊竈鑊口徑三尺，用塼壘造。

門高一尺二寸，廣九寸，每徑增一尺，高廣各加三寸，用鐵竈門，其門前後各用鐵版。

腔内後項子高視身，搶煙同上。若鑊口徑五尺以上者，底下當心用鐵柱子。

後駝項突方一尺五寸，並二坯壘。斜高二尺五寸，曲長一丈七尺，令出牆外四尺。

凡釜鑊竈面並取圜泥造，其釜鑊口徑四周各出六寸。外，

"項"作"項"

72　73　74　75　76　77

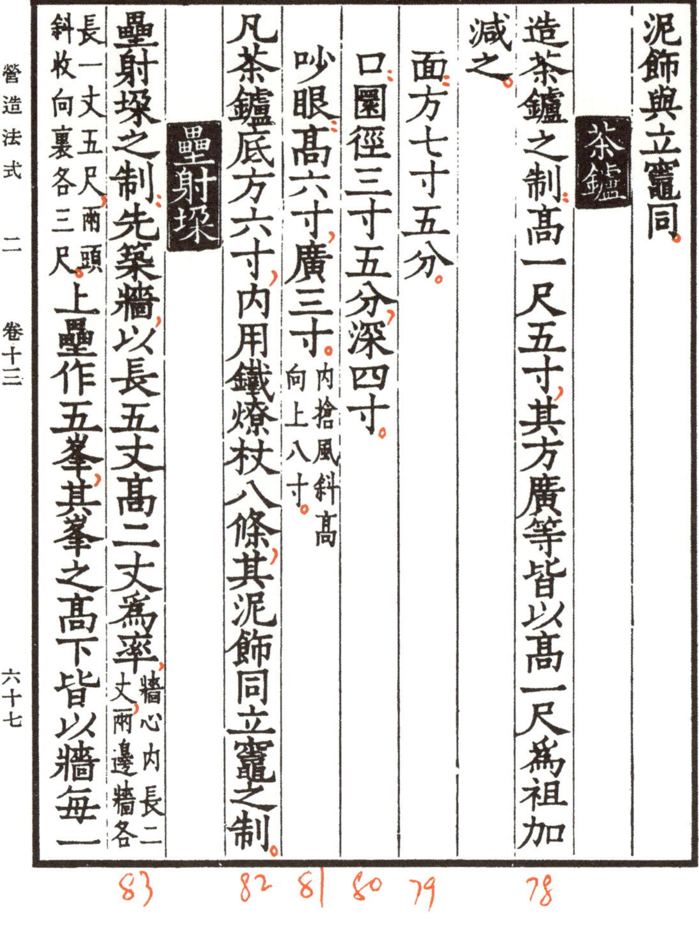

泥飾與立竈同。

茶鑪

造茶鑪之制：高一尺五寸，其方、廣等皆以高一尺爲祖加減之。

面方七寸五分。

口圜徑三寸五分，深四寸。

吵眼高六寸，廣三寸。內搶風斜高向上八寸。

凡茶鑪底方六寸，內用鐵燎杖八條，其泥飾同立竈之制。

壘射垛

壘射垛之制：先築牆，以長五丈、高二丈爲率。牆心內長二丈，兩邊牆各長一丈五尺，兩頭斜收向裏各三尺。上壘作五峯，其峯之高下，皆以牆每一

78 79 80 81 82 83

丈之長積而爲法

中峯每檣長一丈高二尺

次中兩峯各高一尺二寸其心至中峯心各一丈

兩外峯各高一尺六寸其心至次中兩峯各一丈五尺

子垜高同中峯廣減高一尺厚減高之半

兩邊踏道斜高視子垜長隨垜身厚減高之半分作一十二踏每踏高八寸三分廣一尺二寸五分

子垜上當心踏臺長一尺二寸高六寸面廣四寸厚減面之半分作三踏每一尺爲一踏

凡射垜五峯每中峯高一尺則其下各厚三寸上收令方減下厚之半上收至方一尺五寸止其兩峯之間並先約度上收之廣相對垂繩令縱至牆上爲兩峯

顱內圓勢。其峯上各安蓮華坐、瓦火珠各一枚，當面以青石灰白石灰上以青灰爲緣泥飾之。

營造法式卷第十三

營造法式卷第十四

通直郎管修蓋皇弟外第專一提舉修蓋班直諸軍營房等臣李誡奉

聖旨編修

彩畫作制度

總制度

五彩徧裝

碾玉裝

青緑疊暈棱間裝（三暈帶紅棱間裝附）

解緑裝飾屋舍（解緑結華裝附）

丹粉刷飾屋舍（黄土刷飾附）

雜間裝

煉桐油

總制度

彩畫之制，先徧襯地，次以草色和粉，分襯所畫之物，其襯

色上方布細色，或疊暈，或分間剔填。應用五彩裝及疊暈碾玉裝者，並以赭筆描畫淺色之外，並旁描道量留粉暈。其餘並以墨筆描畫淺色之外，並用粉筆蓋壓墨道。

襯地之法：

凡枓栱、梁、柱及畫壁，皆先以膠水徧刷。其貼金地以鰾膠水。

貼真金地：候鰾膠水乾，刷白鉛粉，候乾又刷，凡五遍。次又刷土朱鉛粉，同上。亦五遍。上用熟薄膠水貼金，以綿按，令著寔，候乾，以玉或瑪瑙或生狗牙斫令光。

五彩地：其碾玉裝若用青綠疊暈者同。候膠水乾，先以白土徧刷，候乾，又以鉛粉刷之。

碾玉裝或青綠棱間者：刷雌黃合綠者同。候膠水乾，用青淀和茶土刷之。（每三分中一分青淀，二分茶土。）

沙泥畫壁，亦候膠水乾，以好白土縱橫刷之。（先立刷，候乾，次橫刷，各一遍。）

調色之法

白土（茶土同。）先揀擇令淨，用薄膠湯（凡下云用湯者同，其稱熱湯者非，後同。）浸少時，候化盡，淘出細華（凡色之極細而淡者皆謂之華，後同。）入別器中，澄定，傾去清水，量度再入膠水用之。

鉛粉先研令極細，用稍濃水和成劑，（如貼真金地，並以鰾膠水和之。）再以熱湯浸少時，候稍溫，傾去，再用湯研化，令稀稠得所用之。

代赭石：土朱、土黄同，如塊小者不擣。先擣令極細，次研，以湯淘取華，次取細者，及澄去砂石、麤脚不用。

藤黄：量度所用，研細，以熱湯化，淘去砂脚，不得用膠。籠罩粉地用之。

紫礦：先擘開，撏去心内綿無色者，次將面上色深者以熱湯撚取汁，入少湯用之。若於華心内斡淡，或朱地内壓深用者，熬令色深淺得所用之。

朱紅：黄丹同。以膠水調令稀稠得所用之。其黄丹用之多澁燥者，調時入生油一點。

螺青：紫粉同。先研令細，以湯調取清用。螺青澄去淺脚，充合碧粉用；紫

（粉淺脚充合朱用。）

雌黄先擣次研，皆要極細，用熱湯淘細華於別器中，澄去清水，方入膠水用之。（其淘澄下麤者，再研再淘細華方可用。）忌鉛粉黄丹地上用，惡石灰及油，不得相近。（亦不可施之於縑素。）

襯色之法

青：以螺青合鉛粉爲地。（鉛粉二分，螺青一分。）

緑：以槐華汁合螺青鉛粉爲地。（粉青同上，用槐華一錢熬汁。）

紅：以紫粉合黄丹爲地。（或只以黄丹。）

取石色之法

生青（層青同）、石緑、朱砂，並各先擣令略細，（若浮淘青，但研令細。）用湯淘出向上土石惡水不用收取近下水内淺色（入別器中）然後研令極細以湯淘澄分色輕重各入別器中先取水内色淡者謂之青華（石緑者謂之緑華朱砂者謂之朱華）次色稍深者謂之三青（石緑謂之三緑朱砂謂之三朱）又色漸深者謂之二青（石緑謂之二緑朱砂謂之二朱）其下色最重者謂之大青（石緑謂之大緑朱砂謂之深朱）澄定傾去清水候乾收之如用時量度入膠水用之（五色之中唯青緑紅三色爲主餘色隔間品合而已其爲用亦各不同且如用青自大青至青華外暈用白朱緑同大青之内用墨或礦汁壓深此只可以施之於裝飾等用但取其輪奐鮮麗如組繡華錦之文爾至於窮要妙奪生意則謂之畫其用色之制隨其所寫或淺

或深或輕或重，千變萬化，任其自然，雖不可以立言，其色之所相亦不出於此。唯不用大青、大緑、深朱、雌黄、白土之類。

五彩徧裝

五彩徧裝之制：梁、栱之類，外棱四周皆留緣道，用青、緑或朱疊暈，（梁栿之類緣道其廣二分，枓栱之類其廣一分。）内施五彩諸華間雜，用朱或青、緑剔地，外留空緣，與外緣道對暈。（其空緣之廣，減外緣道三分之一。）

華文有九品：一曰海石榴華，（寶牙華、太平華之類同。）二曰寶相華，（牡丹華之類同。）三曰蓮荷華；（以上宜於梁、額、橑檐方、椽、柱、枓、栱、材、昂、栱眼壁及白版内，凡名件之上皆可通用。其海石榴若華葉肥大不見枝條者，謂之鋪地卷成；如華葉肥大而微露枝條者，謂之枝條卷成；並亦通用。其牡丹華及蓮荷華或作寫生畫者，施之於梁、額或栱眼壁内。）四曰團科寶照，（團科柿蒂、方勝合羅之類同。以上宜於方桁枓栱內、飛子面相間用之。五曰圈頭合子，六曰豹脚合暈，棱身合暈、連珠合暈、偏暈之類同。以上宜於方桁內、飛子及大小連檐相間用之。七曰瑪瑙地，玻璃地之類同。以上宜於方桁枓內相間用之。八曰魚鱗旗脚，宜於梁栱下相間用之。九曰圈頭柿蔕。胡瑪瑙之類同。以上宜於枓內相間用之。

瑣文有六品：一曰瑣子，聯環瑣、瑪瑙瑣、疊環之類同。二曰簟文，金鋌文、銀鋌、方環之類同。三曰羅地龜文，六出龜文、交脚龜文之類同。四曰四出，六出之類同。以上宜以撩檐方、槫、柱頭及枓內；其四出、六出亦宜於栱頭、椽頭、方桁相間用之。五曰劍環，宜於枓內相間用之。六曰曲水。或作王字及万字，或作斗底及鑰匙頭，宜於普拍方內外用之。

凡華文施之於梁、額、柱者，或間以行龍、飛禽、走獸之類於華内，其飛走之物用赭筆描之於白粉地上，或更以淺色拂淡。若五彩及碾玉裝，華内宜用白畫，其碾玉華内者亦宜用淺色拂淡，或以五彩裝飾。如方桁之類全用龍鳳走飛者，則徧地以雲文補空。

飛仙之類有二品：一曰飛仙，二曰嬪伽。共命鳥之類同。

飛禽之類有三品：一曰鳳皇，鸞、鶴、孔雀之類同。二曰鸚鵡，山鷓、練鵲、錦雞之類同。三曰鴛鴦，谿鵡、鵝、鴨之類同。其騎跨飛禽人物有五品：一曰真人，二曰女真，三曰仙童，四曰玉女，五曰化生。

走獸之類有四品：一曰師子，麒麟、狻猊、獬豸之類同。二曰天馬，海馬、仙鹿之類同。三曰羦羊，山羊、華羊之類同。四曰白象，馴犀、黑熊之類同。其騎跨牽拽走獸人物有三品：一曰拂菻，二曰獠蠻，三曰化生。若天馬、仙鹿、

羚羊亦可用真人等騎跨

雲文有二品一曰吳雲二曰曹雲蕙草雲鸞雲之類同

間裝之法青地上華文以赤黃紅綠相間外棱用紅疊暈紅地上華文青綠心內以紅相間外棱用青或綠疊暈綠地上華文以赤黃紅青相間外棱用青紅赤黃疊暈其牙頭青綠地用赤黃牙朱地以二綠若枝條綠地用藤黃汁罩以丹華或薄礦水節淡青紅地如白地上單枝條用二綠隨墨以綠華合粉罩以三綠二綠節淡

疊暈之法自淺色起先以青華綠以綠華紅以朱華粉次以三青綠以三綠紅以三朱次以二青綠以二綠紅以二朱次以大青綠以大綠紅以深朱大青之內用深墨壓心綠以深色草汁

罩心，朱以深色紫礦罩心。青華之外留粉地一暈。紅緑準此。其暈內二緑華或用藤黄汁罩，加華文緑道等狹小或在高遠處，即不用三青等及深色壓罩。凡染赤黄，先布粉地，次以朱華合粉壓暈，次用藤黄通罩，次以深朱壓心。若合草緑汁，以螺青華汁用藤黄相和，量宜入好墨數點及膠少許用之。

疊暈之法：凡枓栱、昂及梁額之類，應外棱緣道並令深色在外，其華內剔地色並淺色在外，與外棱對暈，令淺色相對，其華葉等暈並淺色在外，以深色壓心。凡外緣道用明金者，梁栿枓栱之類，金緑之廣與疊暈同，金緑內用青或緑壓之，其青緑廣比外緣五分之一。

凡五彩徧裝柱頭謂額入處。作細錦或瑣文，柱身自柱櫍上亦

或丁本

作細錦，與柱頭相應，錦之上下，作青、紅或緑疊暈一道；其身内作海石榴等華，（或於華内間以飛鳳之類。）或於碾玉華内間以五彩飛鳳之類，或間四入瓣科，或四出尖科。（科内間以化生或龍鳳之類。）櫍作青瓣或紅瓣疊暈蓮華。檐額或大額及由額兩頭近柱處，作三瓣或兩瓣如意頭角葉，（長加廣之半。）如身内紅地，即以青地作碾玉，或亦用五彩裝。（或隨兩邊緣道作分脚如意頭。）椽頭面子，隨徑之圜，作疊暈蓮華，青紅相間用之；或作出焰明珠，或作簇七車釧明珠，（皆淺色在外。）或作疊暈寶珠，深色在外，令近上，疊暈向下棱，當中點粉爲寶珠心；或作疊暈合螺瑪瑙。近頭處作青、緑、紅暈子三道，每道廣不過一寸。身内作通用六等華，外或用青、緑、紅地作團科，或方勝，或兩尖，或四入瓣，白地外用淺色，青以青華，綠以綠華，朱以朱彩圈之。白地內隨瓣之方圜，或兩尖或四入瓣同。描華用五彩淺色間裝之。其青綠紅地作團科方勝等，亦施之科拱梁栿之類者，謂之海錦，亦曰淨地錦。飛子作青綠連珠及棱身暈，或作方勝，或兩尖，或團科；兩側壁，如下面用徧地華，即作兩暈青綠棱間；若下面素地錦，作三暈或兩暈青綠棱間；飛子頭作四角柿蔕。或作瑪瑙。如飛子徧地華，即椽用素地錦。若椽作徧地華，即飛子用素地錦。白版或作紅青綠地內兩尖科素地錦。大連檐立面作三角疊暈柿蔕華。或作霞光。

碾玉裝

碾玉裝之制：梁拱之類，外棱四周皆留緣道，緣道之廣並同五彩之制。用青或綠疊暈，如綠緣內，於淡綠地上描華，用深青剔地，外留空緣與外緣道對暈。緣緣內者用綠處以青，用青處以綠。

華文及瑣文等並同五彩所用，華文內唯無寫生及豹脚合暈、偏暈、玻璃地、魚鱗旗脚，外增龍牙蕙草一品，瑣文內無瑣子。用青綠二色疊暈亦如之。內有青綠不可隔間處，於綠淺暈中用藤黄汁罩，謂之菉豆褐。

其卷成華葉及瑣文，並旁赭筆量留粉道，從淺色起暈至深色。其地以大青大綠剔之。亦有華文稍肥者，綠地以二青，其青地以二綠，隨華幹淡後以粉筆傍墨道描者，謂之映粉碾玉，宜小處用。

凡碾玉裝柱碾玉或間白畫，或素綠柱頭用五彩錦。或只碾玉。欖作紅暈或青暈蓮華，椽頭作出焰明珠，或簇七明珠，或蓮華，身內碾玉或素綠，飛子正面作合暈，兩旁並退暈，或

素緑仰版素紅（或亦碾玉裝）

青緑疊暈棱間裝（三暈帶紅棱間裝附）

青緑疊暈棱間裝之制：凡枓栱之類，外棱緣廣二分。

外棱用青疊暈者，身内用緑疊暈，（外棱用緑者，身内用青，下同。其外棱緣道淺色在内，身内淺色在外，道壓粉線。）謂之兩暈棱間裝。（外棱用青華、二青、大青，以墨壓深；身内用緑華、三緑、二緑、大緑，以草汁壓深；若緑在外緣，不用三緑；如青在身内，更加三青。）

其外棱緣道用緑疊暈，（淺色在内。）次以青疊暈，（淺色在外。）當心又用緑疊暈者，（深色在内。）謂之三暈棱間裝。（皆不用二緑、三青，其外緣廣與五彩同。其内均作兩暈。）

若外棱緣道用青疊暈，次以紅疊暈，（淺色在外，先用朱華粉，次用二朱，次

"共"應作"其"

用深朱以紫礦壓深當心用緑疊暈者若外緣用緑者當心以青謂之三暈帶紅棱間裝

凡青緑疊暈棱間裝柱身内笋文或素緑或碾玉裝柱頭作四合青緑退暈如意頭櫍作青暈蓮華或作五彩錦或團科方勝素地錦椽素緑身共頭作明珠蓮華飛子正面大小連檐並青緑退暈兩旁素緑

解緑裝飾屋舍 解緑結華裝附

解緑刷飾屋舍之制應材昂枓栱之類身内通刷土朱其緣道及鷰尾八白等並用青緑疊暈相間若枓用緑即栱用青之類緣道疊暈並深色在外粉線在内先用青華或緑華在中次用大青或大緑在外後用粉線在内其廣狹長短並同丹粉刷飾之

制唯橑額或梁栿之類並四周各用緑道兩頭相對作如意頭（由額及小額並同）若畫松文即身内通用土黄先以墨筆界畫次以紫檀間刷（其紫檀用深墨合土朱令紫色）心内用墨點節（栱梁等下面用合朱通刷又有於丹地内用墨或紫檀點簇六毬文與松文名件相雜者謂之卓柏裝）

枓栱方桁緣内朱地上間諸華者謂之解緑結華裝

柱頭及脚並刷朱用雌黄畫方勝及團華或以五彩畫四斜或簇六毬文錦其柱身内通刷合緑畫作筍文（或只用素緑緣頭或作青緑暈明珠若椽身通刷合緑者其槫亦作緑地筍文或素緑）

凡額上壁内影作，長廣制度與丹粉刷飾同，身内上棱及兩頭亦以青綠疊暈爲緣，或作翻卷華葉，身内通刷土朱，其翻卷華葉並以青綠疊暈。枓下蓮華並以青暈。

丹粉刷飾屋舍 黄土刷飾附

丹粉刷飾屋舍之制：應材木之類，面上用土朱通刷，下棱用白粉闌界緣道，兩盡頭斜訛向下。下面用黄丹通刷，昂栱下面及耍頭正面同。其白緣道長廣等依下項：

枓栱之類，栿、額、替木、叉手、托脚、駝峯、大連檐、搏風版等同。隨材之廣分爲八分，以一分爲白緣道，其廣雖多不得過一寸，雖狹不得過五分。

栱頭及替木之類，綽幕、仰楷、角梁等同。頭下面刷丹，於近上棱處刷白鷰尾長五寸至七寸，其廣隨材之厚分爲四分，兩邊各以一分爲尾，（中心空二分。）上刷横白廣一分半。（其耍頭及梁頭正面用丹處，刷望山子，上其長隨高三分之二，其下廣隨厚四分之二，斜收向上，當中合尖。）

檐額或大額刷八白者，（如裏面。）隨額之廣，若廣一尺以下者分爲五分，一尺五寸以下者分爲六分，二尺以上者分爲七分，各當中以一分爲八白，（其八白兩頭近柱，更不用朱闌斷，謂之入柱白。）於額身内均之作七隔，其隔之長隨白之廣。（俗謂之七朱八白。）

柱頭刷丹，（柱脚同。）長隨額之廣，上下並解粉線，柱身、椽、檩及門窗之類，皆通刷土朱。（其破子窗子桯，及屏風難子正側并椽頭並刷丹。平闇或版壁並用土朱刷版並桯，丹刷子桯及牙頭護縫。

額上壁內或有補間鋪作遠者，亦於拱眼壁內。畫影作於當心。其上先畫枓以蓮華承之。身內刷朱或丹，隔間用之，若身內刷朱則蓮華用丹刷，若身內刷丹則蓮華用朱刷，皆以粉筆解出華瓣。中作項子，其廣隨宜。至五寸止。下分兩脚，長取壁內五分之三，兩頭各空一分。身內廣隨項，兩頭收斜尖向內五寸。若影作華脚者，身內刷丹則翻卷葉用土朱，或身內刷土朱則翻卷葉用丹。皆以粉筆壓棱。

若刷土黃者制度並同，唯以土黃代土朱用之。其影作內蓮華

（用朱或丹，並以粉筆解出華瓣。）

若刷土黃解墨緣道者，唯以墨代粉刷緣道，其墨緣道之上用粉線壓棱。（亦有栿栱等下面合用丹處皆用黃土者，亦有只用墨緣更不用粉線壓棱者，制度並同。其影作內蓮華並用墨刷，以粉筆解出華瓣，或更不用蓮華。）

凡丹粉刷飾，其土朱用兩遍，用畢並以膠水攏罩，若刷土黃則不用。（若刷門窗，其破子窗子桯及影縫之類用丹刷，餘並用土朱。）

雜間裝

雜間裝之制：皆隨每色制度，相間品配，令華色鮮麗，各以逐等分數爲法。

五彩間碾玉裝（五彩徧裝六分，碾玉裝四分。）

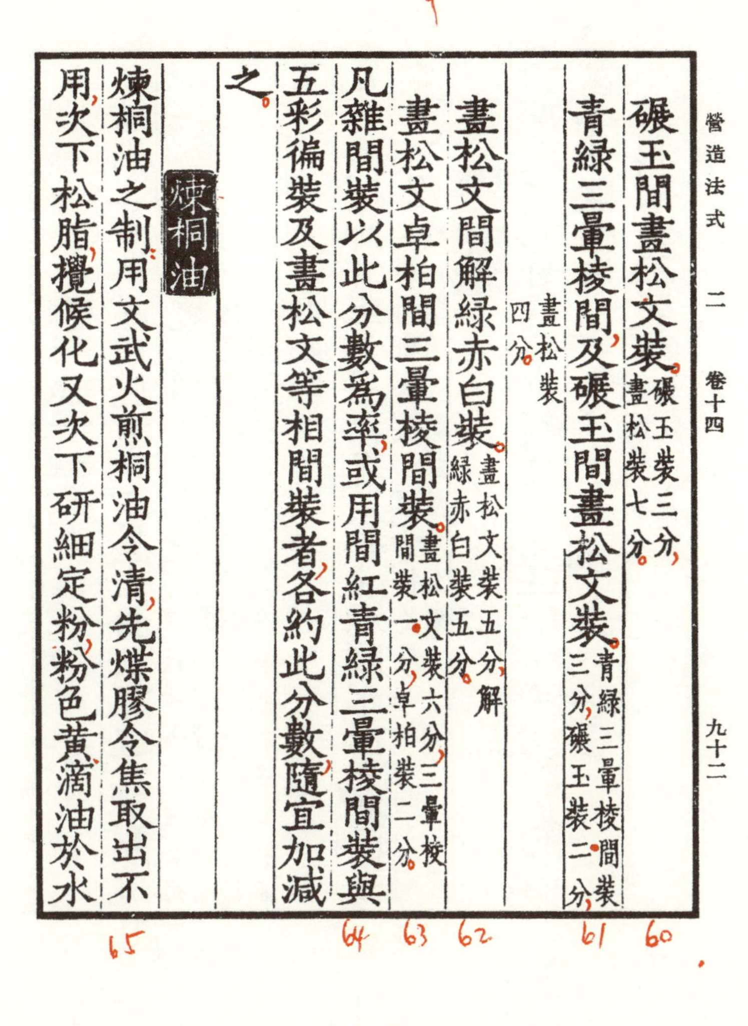

碾玉間畫松文裝（碾玉裝三分，畫松裝七分。）

青緑三暈棱間及碾玉間畫松文裝（青緑三暈棱間裝三分，碾玉裝二分，畫松裝四分。）

畫松文間解緑赤白裝（畫松文裝五分，解緑赤白裝五分。）

畫松文卓柏間三暈棱間裝（畫松文裝六分，三暈棱間裝一分，卓柏裝二分。）

凡雜間裝以此分數爲率，或用間紅青緑三暈棱間裝與五彩徧裝及畫松文等相間裝者，各約此分數，隨宜加減之。

煉桐油

煉桐油之制：用文武火煎桐油令清，先煠膠令焦，取出不用，次下松脂攪候化，又次下研細定粉，粉色黄，滴油於水內成珠，以手試之黏指處有絲縷然，後下黃丹，漸次去火攪令冷合金漆用，如施之於彩畫之上者，以亂線揩搌用之。

營造法式卷第十四

營造法式卷第十五

通直郎管修蓋皇弟外第專一提舉修蓋班直諸軍營房等臣李誠奉

聖旨編修

塼作制度

用塼　　壘階基

鋪地面　　牆下隔減

踏道　　慢道

須彌坐　　塼牆

露道　　城壁水道

卷輂河渠口　　接甑口

馬臺　　馬槽

井

窰作制度

瓦　塼

瑠璃瓦等炒造黄丹附　青棍瓦滑石棍茶土棍

燒變次序　壘造窰

塼作制度

用塼

用塼之制：

殿閣等十一間以上，用塼方二尺，厚三寸。

殿閣等七間以上，用塼方一尺七寸，厚二寸八分。

殿閣等五間以上，用塼方一尺五寸，厚二寸七分。

殿閣廳堂亭榭等用塼方一尺三寸厚二寸五分（以上用條塼並長一尺三寸廣六寸五分厚二寸五分如階脣用壓闌塼長二尺一寸廣一尺一寸厚二寸五分）

行廊小亭榭散屋等用塼方一尺二寸厚二寸（用條塼長一尺二寸廣六寸厚二寸）

城壁所用走趄塼長一尺二寸面廣五寸五分底廣六寸厚二寸趄條塼面長一尺一寸五分底長一尺二寸廣六寸厚二寸牛頭塼長一尺三寸廣六寸五分一壁厚二寸五分一壁厚二寸二分

壘階基

其名有四一曰階二曰陛三曰陔四曰墒

三等材，六十、七十條。

壘砌階基之制：用條塼。殿堂、亭榭，階高四尺以下者，用二塼相並；高五尺以上至一丈者，用三塼相並；樓臺基高一丈以上至二丈者，用四塼相並；高二丈至三丈以上者，用五塼相並；高四丈以上者，用六塼相並。普拍方外階頭，自柱心出三尺至三尺五寸。每階外細塼高十層，其內相並塼高八層。其殿堂等階，若平砌，每階高一尺，上收一分五釐；如露齦砌，每塼一層，上收一分；粗壘二分。樓臺、亭榭，每塼一層，上收二分。粗壘五分。

鋪地面

鋪砌殿堂等地面塼之制：用方塼，先以兩塼面相合，磨令平；次斫四邊，以曲尺較令方正；其四側斫令下棱收入一分。殿堂等地面，每柱心內方一丈者，令當心高二分，方三丈者高三分。如廳堂廊舍等，亦可以兩椽爲計。柱外階廣五尺以下者，每一尺令自柱心起至階齦垂二分，廣六尺以上者垂三分。其階齦壓闌用石或亦用塼，其階外散水量檐上滴水遠近鋪砌，向外側塼砌線道二周。

牆下隔減

壘砌牆隔減之制：殿閣外有副階者，其内牆下隔減長隨牆廣，下同。其廣六尺至四尺五寸，自六尺以減五寸爲法，減至四尺五寸止。高五尺至三尺四寸。自五尺以減六寸爲法，至三尺四寸止。如外無副階者，廳堂同。廣四尺至三尺五寸，高三尺至二尺四寸。若廊屋之類，廣三尺至二尺五寸，高二尺至一尺六寸，其上收同階基制度。

踏道

造踏道之制：廣隨間廣，每階基高一尺，底長二尺五寸，每一踏高四寸，廣一尺。兩頰各廣一尺二寸，兩頰内線道各厚二寸。若階基高八塼，其兩頰内地栿、柱子等平雙轉一周，以次單轉一周，退入一寸；又以次單轉一周，當心爲象眼。每階基加三塼，兩頰内單轉加一周；若階基高二十塼以上者，兩頰内平雙轉加一周。踏道下線道亦如之。

慢道

壘砌慢道之制：城門慢道，每露臺塼基高一尺，拽脚斜長五尺。其廣減露臺一尺。廳堂等慢道，每階基高一尺，拽脚斜長四尺；作三瓣蟬翅；當中隨間之廣。取宜約度。兩頰及線道，並同踏道之制。每斜長一尺加四寸爲兩側趐瓣下之廣。若作五瓣蟬翅，其兩側趐瓣下取斜長四分之三。凡慢道面塼露齦，皆深三分。如華塼即不露齦。

須彌坐

壘砌須彌坐之制：共高一十三塼，以二塼相並，以此爲率。自下一層與地平，上施單混肚塼一層，次上牙脚塼一層，比混肚塼下齦收入一寸。次上罨牙塼一層，比身脚出三分。次上合蓮塼一層，比罨牙收入一寸五分。次上束腰塼一層，比合蓮下齦收入一寸。次上仰蓮塼一層，比束腰出七分。次上壼門柱子塼三層，柱子比仰蓮收入一寸五分，壼門比柱子收入五分。次上罨澁塼一層，比柱子出五分。次上方澁平塼兩層，比罨澁出五分。如高下不同，約此率隨宜加減之。如殿階作須彌坐砌壘者，其出入並依角

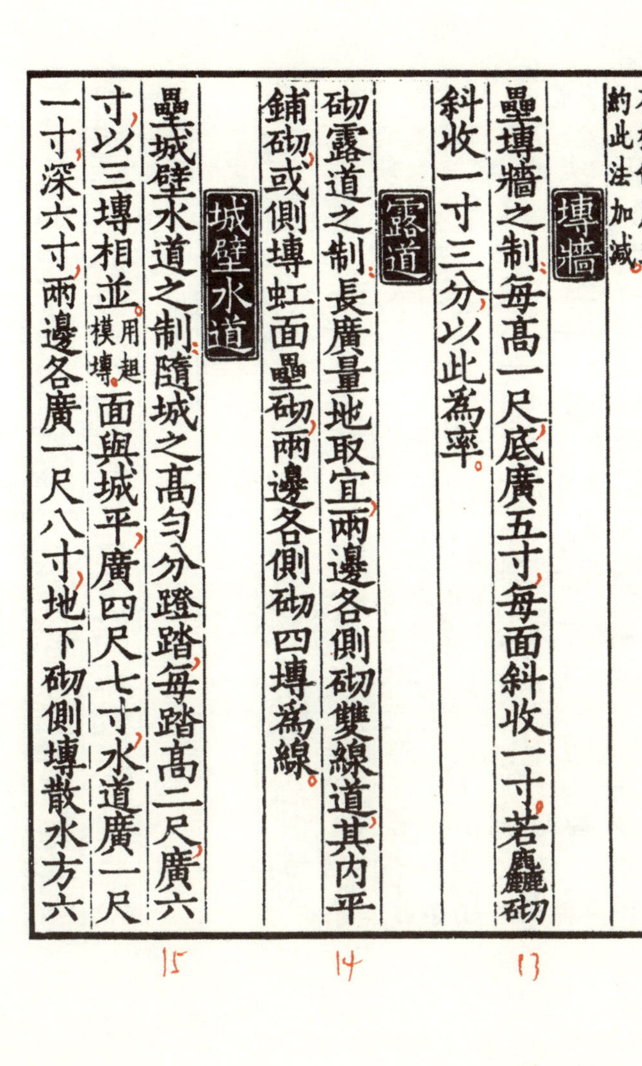

石柱制度或約此法加減

塼牆

壘塼牆之制每高一尺底廣五寸每面斜收一寸若麤砌斜收一寸三分以此爲率

露道

砌露道之制長廣量地取宜兩邊各側砌雙線道其內平鋪砌或側塼虹面壘砌兩邊各側砌四塼爲線

城壁水道

壘城壁水道之制隨城之高勻分蹬踏每踏高二尺廣六寸以三塼相並用趄模塼面與城平廣四尺七寸水道廣一尺一寸深六寸兩邊各廣一尺八寸地下砌側塼散水方六

13　14　15

尺。

卷輂河渠口

壘砌卷輂河渠塼口之制：長廣隨所用，單眼卷輂者，先於渠底鋪地面塼一重，每河渠深一尺，以二塼相並，壘兩壁塼，高五寸。如深廣五尺以上者，心内以三塼相並。其卷輂隨圜分側用塼，覆背塼同。其上繳背順鋪條塼。如雙眼卷輂者，兩壁塼以三塼相並，心内以六塼相並，餘並同單眼卷輂之制。

接甑口

壘接甑口之制：口徑隨釜或鍋，先以口徑圜樣取逐層塼定樣斫磨。口徑内以二塼相並，上鋪方塼一重爲面，或只用條塼覆面。其高隨所用。塼並倍用純灰下。

馬臺

壘馬臺之制：高一尺六寸，分作兩踏。上踏方二尺四寸，下踏廣一尺，以此爲率。

馬槽

壘馬槽之制：高二尺六寸，廣三尺，長隨間廣。或隨所用之長。其下以五塼相並，壘高六塼。其上四邊壘塼一周，高三塼。次於槽內四壁，側倚方塼一周。其方塼後隨斜分斫貼，壘三重。方塼之上，鋪條塼覆面一重；次於槽底鋪方塼一重，爲槽底面。塼並用純灰下。

井

甃井之制：以水面徑四尺爲法。

用塼若長一尺二寸，廣六寸，厚二寸，條塼，除抹角就圜，實收長一尺，視高計之，每深一丈，以六百口壘五十層，若深廣尺寸不定，皆積而計之。

底盤版隨水面徑斜，每片廣八寸，牙縫搭掌在外，其厚以二寸爲定法。

凡甃造井，於所留水面徑外四周各廣二尺開掘，其塼甋用竹并蘆蓆編夾，壘及一丈，閃下甃砌。若舊井損缺，難於修補者，即於徑外各展掘一尺，攏套接壘下甃。

窰作制度

瓦　其名有二：一曰瓦，二曰㼧。

造瓦坯用細膠土不夾砂者，前一日和泥造坯，鴟獸事件同。先於輪上安定札圈，次套布筒，以水搭泥撥圈，打搭收光，取札並布筒𣋌曝。鴟獸事件捏造，火珠之類用輪牀收托。其等第依下項。

瓪瓦：

長一尺四寸，口徑六寸，厚八分。仍留曝乾並燒變所縮分數，下準此。

長一尺二寸，口徑五寸，厚五分。

長一尺，口徑四寸，厚四分。

長八寸，口徑三寸五分，厚三分五釐。

長六寸，口徑三寸，厚三分。

長四寸，口徑二寸五分，厚二分五釐。

瓪瓦：

長一尺六寸，大頭廣九寸五分，厚一寸，小頭廣八寸五分，厚八分。

長一尺四寸，大頭廣七寸，厚七分，小頭廣六寸，厚六分。

長一尺三寸，大頭廣六寸五分，厚六分，小頭廣五寸五分，厚五分五厘。

長一尺二寸，大頭廣六寸，厚六分，小頭廣五寸，厚五分。

長一尺，大頭廣五寸，厚五分，小頭廣四寸，厚四分。

長八寸，大頭廣四寸五分，厚四分，小頭廣四寸，厚三分五厘。

長六寸，大頭廣四寸，厚同上。小頭廣三寸五分，厚三分。

凡造瓦坯之制，候曝微乾，用刀剺畫，每桶作四片。瓪瓦作二片，線道瓦於每片中心畫一道，條子十字剺畫。線道條子瓦，仍以水飾露明處一邊。

塼其名有四：一曰甓，二曰瓴甋，三曰㲉，四曰甗甎。

造塼坯前一日和泥打造，其等第依下項：

方塼：

二尺，厚三寸。

一尺七寸，厚二寸八分。

一尺五寸，厚二寸七分。

一尺三寸，厚二寸五分。

一尺二寸，厚二寸。

條塼

長一尺三寸、廣六寸五分、厚二寸五分。

長一尺二寸、廣六寸、厚二寸。

壓闌塼長二尺一寸、廣一尺一寸、厚二寸五分。

塼碇方一尺一寸五分、厚四寸三分。

牛頭塼長一尺三寸、廣六寸五分、一壁厚二寸五分、一壁厚二寸二分。

走趄塼長一尺二寸、面廣五寸五分、底廣六寸、厚二寸。

趄條塼面長一尺一寸五分、底長一尺二寸、廣六寸、厚二寸。

鎮子塼方六寸五分、厚二寸。

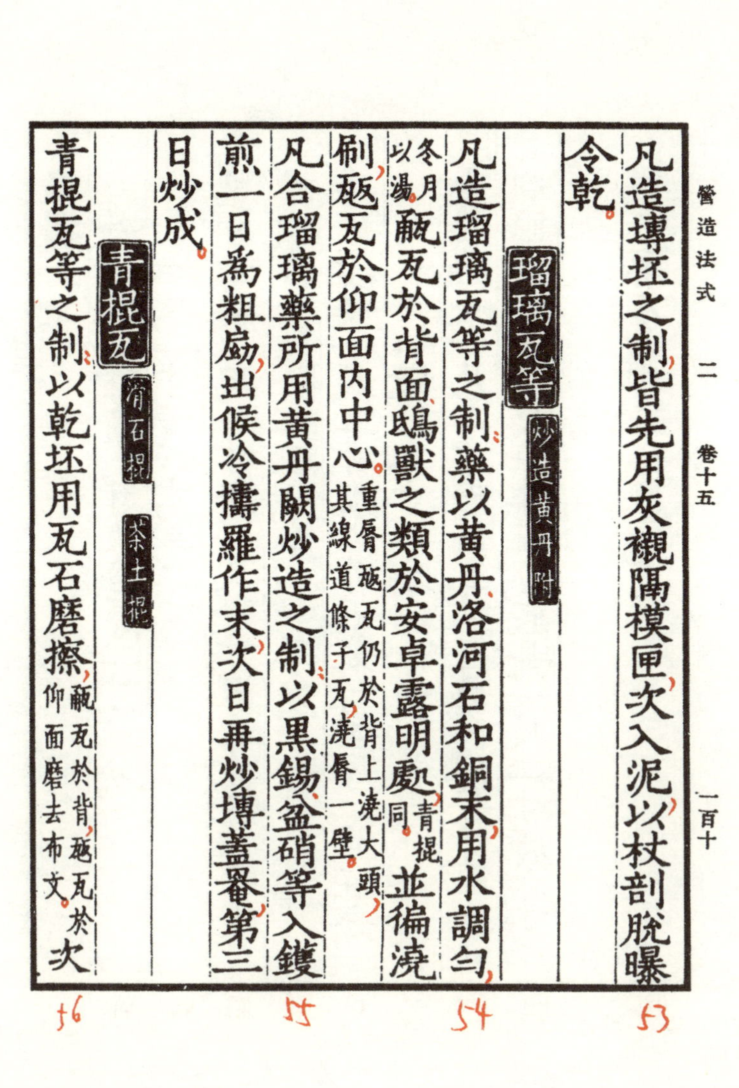

凡造塼坯之制皆先用灰襯隔模匣次入泥以杖剖脱曝令乾

瑠璃瓦等 炒造黄丹附

凡造瑠璃瓦等之制藥以黄丹洛河石和銅末用水調匀冬月以湯甋瓦於背面鴟獸之類於安卓露明處青棍同並徧澆刷瓪瓦於仰面内中心重脣瓪瓦仍於背上澆大頭其線道條子瓦澆脣一壁

凡合瑠璃藥所用黄丹闕炒造之制以黑錫盆硝等入鑊煎一日爲粗扇出候冷擣羅作末次日再炒塼蓋罨第三日炒成

青棍瓦 滑石棍 茶土棍

青棍瓦等之制以乾坯用瓦石磨擦甋瓦於背瓪瓦於仰面磨去布文次

用水濈布揩拭，候乾，次以洛河石掍砑，次摻滑石末令匀。用茶土掍者，准先摻茶土，次以石掍砑。

燒變次序

凡燒變甎瓦之制：素白窰，前一日裝窰，次日下火燒變，又次日上水窨，更三日開，候冷透，及七日出窰。青掍窰，裝窰、燒變、出窰日分，準上法。先燒芟草，茶土掍者，止於曝露內搭帶燒變，不用柴草、羊屎、油籸。次蒿草、松柏柴、羊屎、麻籸、濃油，蓋罨不令透煙。琉璃窰，前一日裝窰，次日下火燒變，三日開窰，火候冷至第五日出窰。

壘造窰

壘窰之制：大窰高二丈二尺四寸，徑一丈八尺。外圍地在外，曝窰同。門高五尺六寸，廣二尺六寸。曝窰高一丈五尺四寸，徑一丈二尺八寸，門高同大窰廣二尺四寸。

平坐高五尺六寸，徑一丈八尺，曝窰一丈二尺八寸。壘三十八層，曝窰同。

其上壘五币，高七尺，曝窰壘三币，高四尺二寸。壘七層。曝窰同。

收頂七币，高九尺八寸，壘四十九層。曝窰四币，高五尺六寸，壘二十八層。逐層各收入五寸，遞減半塼。

龜殼窰眼暗突底脚長一丈五尺，上留空分方四尺二寸，蓋罨實收長二尺四寸。曝窰同。廣五寸，壘二十層。曝窰長一丈八尺，廣同大窰，壘一十五層。

牀長一丈五尺，高一尺四寸，壘七層。曝窰長一丈八尺，高一尺六寸，壘八層。

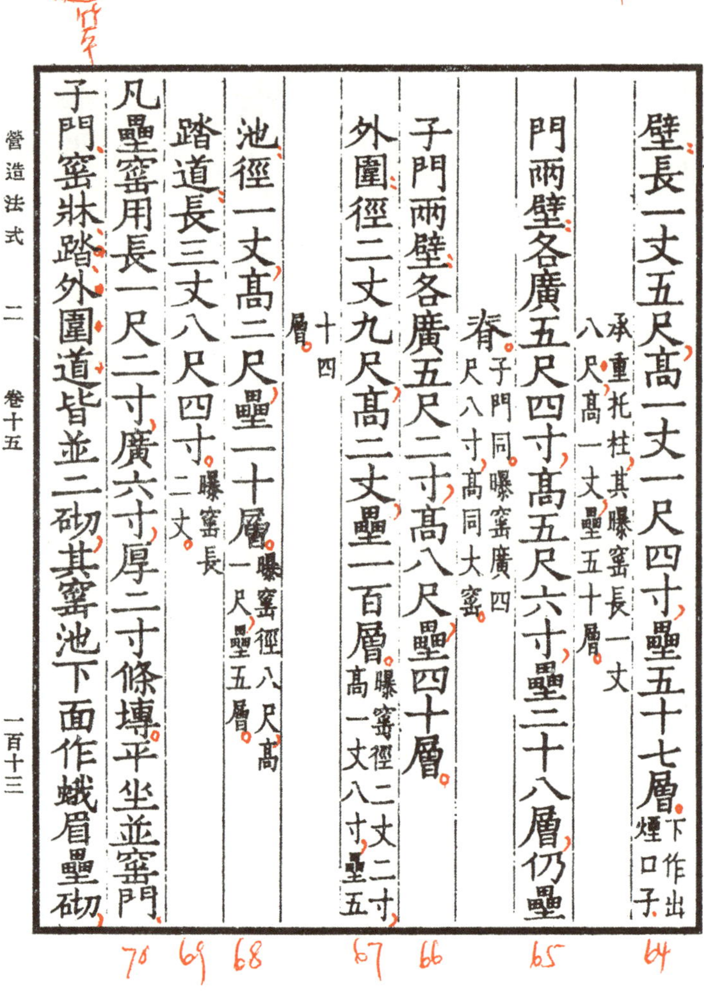
壁長一丈五尺高一丈一尺四寸壘五十七層（下作出煙口子）承重托柱其曝窯長一丈八尺高一丈壘五十層

門兩壁各廣五尺四寸高五尺六寸壘二十八層仍壘脊（子門同。曝窯廣四尺八寸高同大窯）

子門兩壁各廣五尺二寸高八尺壘四十層

外圍徑二丈九尺高二丈壘一百層（曝窯徑二丈二寸高一丈八寸壘五十四層）

池徑一丈高二尺壘一十層（曝窯徑八尺高一尺壘五層）

踏道長三丈八尺四寸（曝窯長二丈）

凡壘窯用長一尺二寸廣六寸厚二寸條塼平坐並窯門子門窯牀踏外圍道皆並二砌其窯池下面作蛾眉壘砌

承重上側，使暗突出煙。

營造法式卷第十五

營造法式卷第十六

通直郎管修蓋皇弟外第專一提舉修蓋班直諸軍營房等臣李誡奉

聖旨編修

壕寨功限

總雜功　築基

築城　築牆

穿井　般運功

供諸作功

石作功限

總造作功　柱礎

角石 角柱　殿階基

地面石 壓闌石　殿階螭首

殿内鬭八　踏道

單鉤闌 重臺鉤闌 望柱　螭子石

門砧限 臥立柣 將軍石 止扉石

地栿石　流盃渠

壇　卷輂水窗

水槽　馬臺

井口石　山棚鋜脚石

幡竿頰　贔屓碑

笏頭碣

壕寨功限

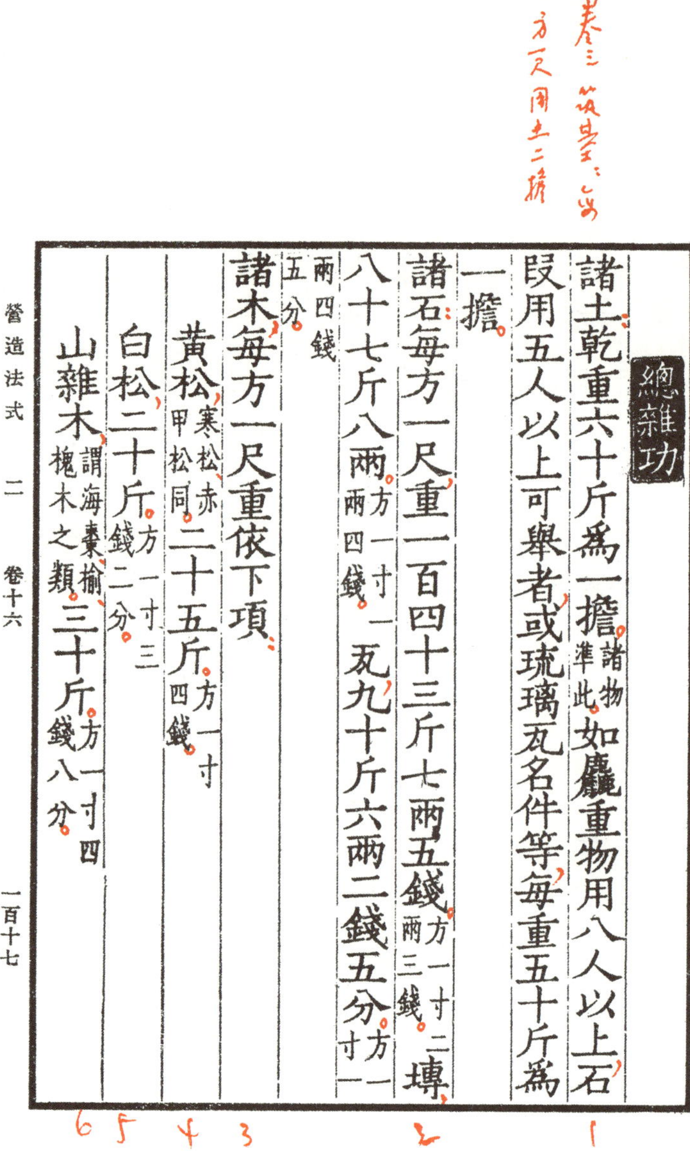

總雜功

諸土乾重六十斤爲一擔（諸物準此）。如麤重物用八人以上，石段用五人以上可舉者，或琉璃瓦名件等，每重五十斤爲一擔。

諸石每方一尺，重一百四十三斤七兩五錢（方一寸二兩三錢）。塼八十七斤八兩（方一寸一兩四錢）。瓦九十斤六兩二錢五分（方一寸一兩四錢五分）。

諸木每方一尺，重依下項：

黃松（寒松、赤甲松同），二十五斤（方一寸四錢）。

白松，二十斤（方一寸三錢二分）。

山雜木（謂海棗、榆、槐木之類），三十斤（方一寸四錢八分）。

諸於三十里外般運物一擔往復一功若一百二十步以工紐計每往復共一里六十擔亦如之（牽拽舟車栰地里準此）

諸功作般運物若於六十步外往復者（謂七十步以下者）並祗用本作供作功或無供作功者每一百八十擔一功或不及六十步者每短一步加一擔

諸於六十步内掘土般供者每七十尺一功（如地堅硬或砂礓相雜者減二十尺）

諸自下就土供壇基牆等用本功如加膊版高一丈以上用者以一百五十擔一功

諸掘土裝車及篓籃每三百三十擔一功（如地堅硬或砂礓相雜者裝一百三十擔）

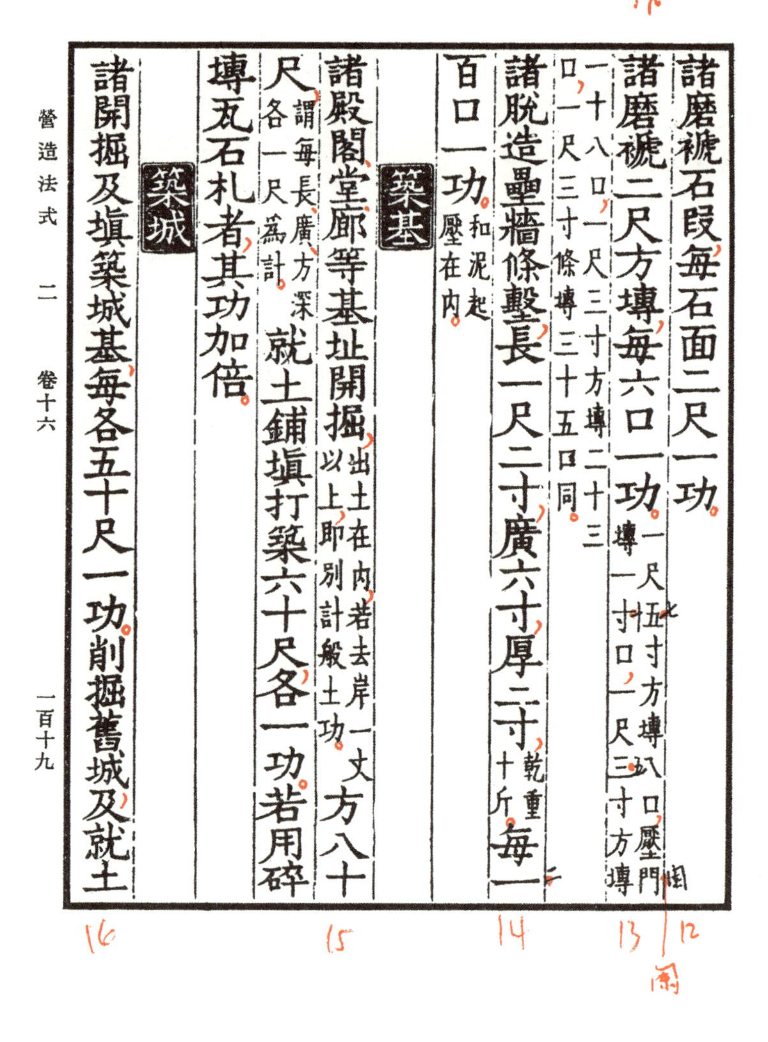

諸磨褫石段，每石面二尺一功。

諸磨褫二尺方塼，每六口一功。一尺五寸方塼八口，壓門塼一寸口，一尺三寸方塼一十八口，一尺三寸方塼二十三口，一尺三寸條塼三十五口同。

諸脫造壘牆條墼，長一尺二寸，廣六寸，厚二寸，乾重十斤。每一百口一功。和泥起壓在內。

築基

諸殿閣堂廊等基址開掘，出土在內，若去岸一丈以上，即別計般土功。方八十尺，謂每長、廣、方深各一尺爲計。就土鋪填打築六十尺，各一功。若用碎塼瓦石札者，其功加倍。

築城

諸開掘及填築城基，每各五十尺一功。削掘舊城及就土

细

修築女頭牆及護嶮牆者亦如之。

諸於三十步内供土築城自地至高一丈，每一百五擔一功。自一丈以上至二丈，每一百擔；自二丈以上至三丈，每九十擔；自三丈以上至四丈，每七十五擔；自四丈以上至五丈，每五十五擔。同其地步及城高下不等，準此細計。

諸紐草葽二百條，或斫橛子五百枚，若刬削城壁四十尺，般取膊椽功在内。各一功。

17　18

築牆

諸開掘牆基，每一百二十尺一功。若就土築牆，其功加倍。

諸用葽橛就土築牆，每五十尺一功。就土抽紝築屋下牆，同；露牆六十尺亦準此。

19

穿井

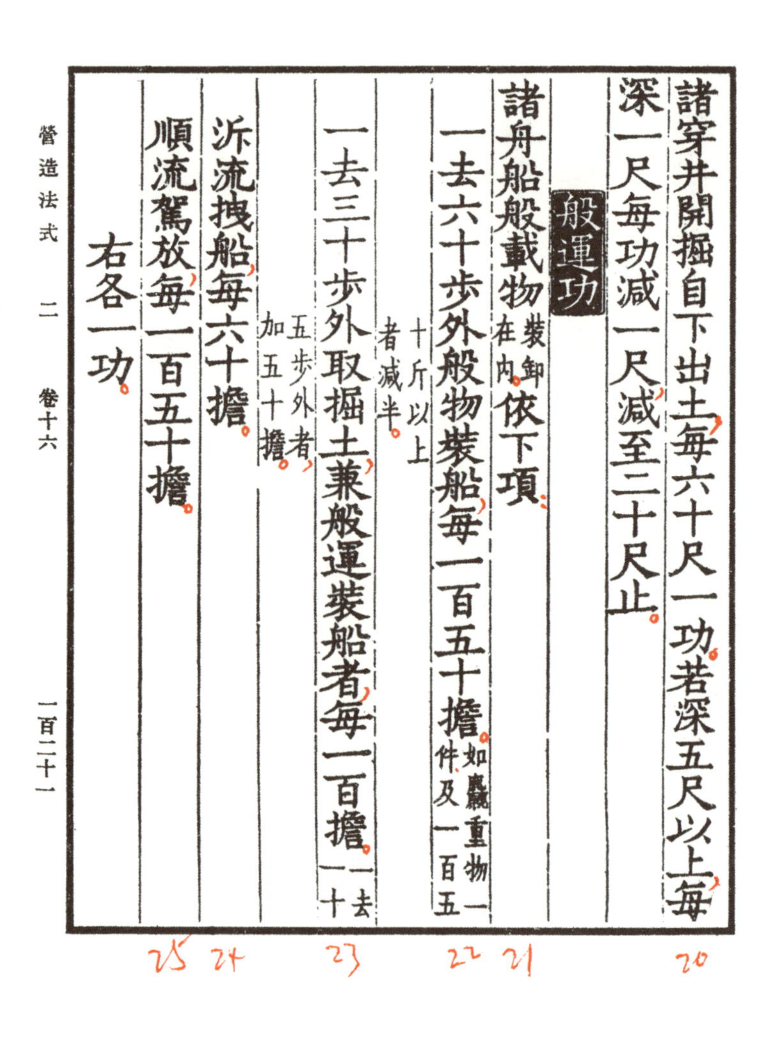

諸穿井開掘自下出土每六十尺一功若深五尺以上每深一尺每功減一尺減至三十尺止

般運功

諸舟船般載物（裝卸在內）依下項

一去六十步外般物裝船每一百五十擔（如麤重物一件及一百五十斤以上者減半）

一去三十步外取掘土兼般運裝船者每一百擔（一去十五步外者加五十擔）

泝流拽船每六十擔

順流駕放每一百五十擔

右各一功

諸車般載物（裝卸拽車在內）依下項：

螭車載麤重物：

重一千斤以上者，每五十斤；

重五百斤以上者，每六十斤。

右各一功。

轒輼車載麤重物：

重一千斤以下者，每八十斤一功。

驢拽車：

每車裝物重八百五十斤爲一運。（其重物一件重一百五十斤以上者，別破裝卸功。）

獨輪小車子：（扶駕二人。）

30　29　28　27　26

每車子裝物重三百斤。

諸河内繫栰駕放，牽拽般運竹木依下項：

慢水泝流，謂蔡河之類。牽拽每七十三尺。如水淺，每九十八尺。

順流駕放，謂汴河之類。每二百五十尺。綰繫在内；若細碎及三十件以上者，二百尺。

出漉，每一百六十尺。其重物一件長三十尺以上者，八十尺。

右各一功。

供諸作功

諸工作破供作功依下項：

瓦作結瓦，

泥作，

塼作，

鋪壘安砌，

砌壘井，

窰作壘窰，

右本作每一功，供作各二功。

大木作釘椽每一功供作一功。

小木作安卓每一件及三功以上者，每一功供作五分功。平綦、藻井、栱眼、照壁、裹栿版安卓雖不及三功者，並計供作功。即每一件供作不及一功者，不計。

石作功限

總造作功

平面每廣一尺，長一尺五寸。打剝、麤搏、細漉、斫砟在內。

40　39　38　37

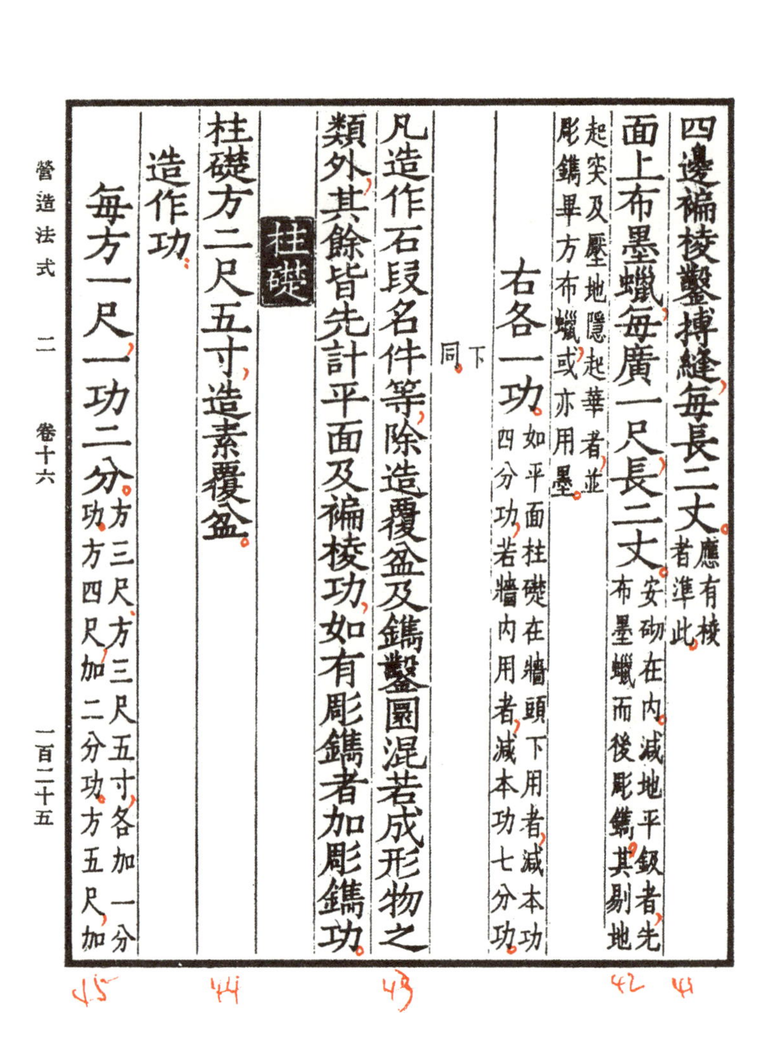

四邊褊棱鑿搏縫每長二丈應有棱者準此

面上布墨蠟每廣一尺長二丈安砌在內減地平鈒者先布墨蠟而後雕鐫其剔地起突及壓地隱起華者並雕鐫畢方布蠟或亦用墨

右各一功如平面柱礎在牆頭下用者減本功四分功若牆內用者減本功七分功下同

凡造作石段名件等除造覆盆及鐫鑿圜混若成形物之類外其餘皆先計平面及褊棱功如有雕鐫者加雕鐫功

柱礎

柱礎方二尺五寸造素覆盆

造作功

每方一尺一功二分方三尺方三尺五寸各加一分功方四尺加二分功方五尺加

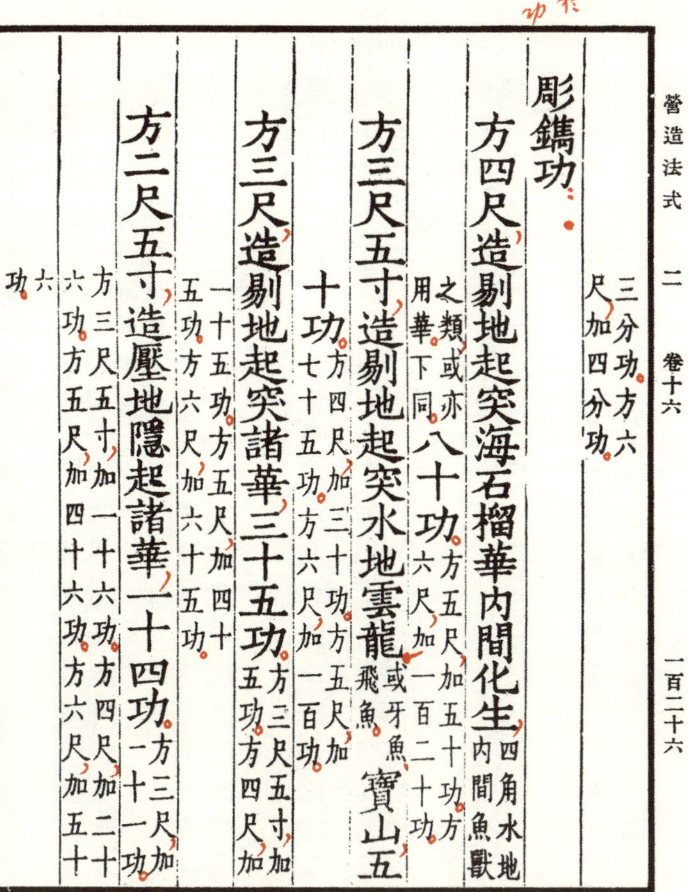

三分功。方六尺，加四分功。

彫鐫功：

方四尺，造剔地起突海石榴華內間化生，（四角水地內間魚獸之類，或亦用華。下同。）八十功。方五尺，加五十功；方六尺，加一百二十功。

方三尺五寸，造剔地起突水地雲龍（或牙魚、飛魚），寶山五十功。方四尺，加三十功；方五尺，加七十五功；方六尺，加一百功。

方三尺，造剔地起突諸華，三十五功。方三尺五寸，加五功；方四尺，加一十五功；方五尺，加四十五功；方六尺，加六十五功。

方二尺五寸，造壓地隱起諸華，一十四功。方三尺，加一十一功；方三尺五寸，加一十六功；方四尺，加二十六功；方五尺，加四十六功；方六尺，加五十六功。

方二尺五寸，造減地平鈒諸華，六功。（方一尺，加二功；方三尺五寸，加四功；方四尺，加九功；方五尺，加一十四功；方六尺，加二十四功。）

方二尺五寸，造仰覆蓮華，一十六功。（若造鋪地蓮華，減八功。）

方二尺，造鋪地蓮華，五功。（若造仰覆蓮華，加八功。）

角石（角柱）

角石：

安砌功：

角石一段，方二尺，厚八寸，一功。

彫鐫功：

角石兩側造剔地起突龍鳳間華或雲文，一十六功。（若面上鐫作師子，加六功；造壓地隱起華，減一十功；減地平鈒華，減一十二功。）

角柱城門礩柱同。

造作剜鑿功：

疊澁坐角柱，兩面共二十功。

安砌功：

角柱每高一尺，方一尺，二分五厘功。

彫鐫功：

方角柱，每長四尺，方一尺。造剔地起突龍鳳間華或雲文，兩面共六十功。若造壓地隱起華，減二十五功。

疊澁坐角柱，上、下澁造壓地隱起華，兩面共二十功。

版柱上造剔地起突雲地昇龍，兩面共一十五功。

殿階基

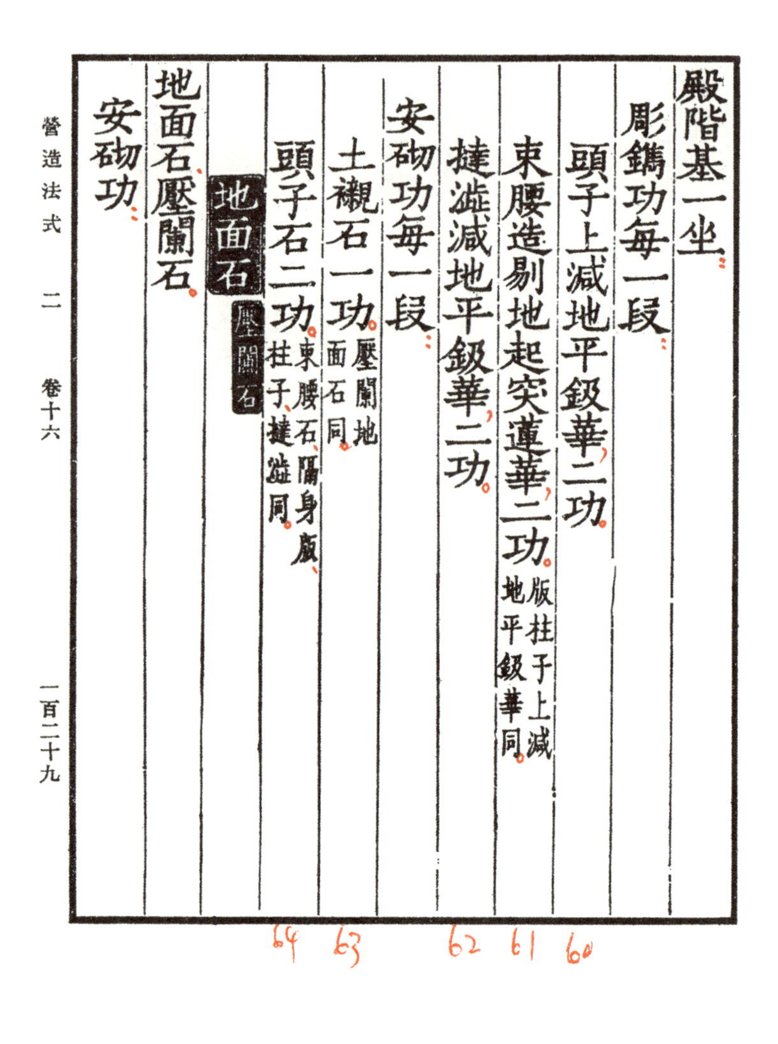

殿階基一坐

彫鐫功每一段

頭子上減地平鈒華二功

束腰造剔地起突蓮華二功（版柱子上減地平鈒華同）

撻澁減地平鈒華二功

安砌功每一段

土襯石一功（壓闌地面石同）

頭子石二功（束腰石、隔身版、柱子、撻澁同）

地面石 壓闌石

地面石壓闌石

安砌功

60 61 62 63 64

每一段，長三尺，廣二尺，厚六寸，一功。

彫鐫功：

壓闌石一段，階頭廣六寸，長三尺，造剔地起突龍鳳間華，二十功。若龍鳳間雲文，減二功；造壓地隱起華，減一十六功；造減地平鈒華，減一十八功。

殿階螭首

殿階螭首一隻，長七尺。

造作鐫鑿四十功。

安砌一十功。

殿內鬬八

殿階心內鬬八一段，共方一丈二尺。

彫鐫功：

鬭八心内造剔地起突盤龍一條，雲捲水地，四十功。

鬭八心外諸科格内，並造壓地隱起龍鳳化生諸華，三百功。

安砌功：

每石二段，一功。

踏道

踏道石每一段長三尺，廣二尺，厚六寸。

安砌功：

土襯石每一段，一功。踏子石同。

象眼石每一段，二功。副子石同。

70 71 72 73 74

彫鐫功

副子石一段造減地平鈒華二功

單鉤闌 重臺鉤闌 望柱

單鉤闌一段高三尺五寸長六尺

造作功

剜鑿尋杖至地栿等事件（内万字不透）共八十功

尋杖下若作單托神一十五功（雙托神倍之）

華版内若作壓地隱起華龍或雲龍加四十功（若万字透空亦如之）

重臺鉤闌如素造比單鉤闌每一功加五分功若盆脣癭項地栿蜀柱並作壓地隱起華大小華版並作剔地起突

華造者，一百六十功。

望柱：

六瓣望柱，每一條，長五尺，徑一尺，出上下卯，共一功。

造剔地起突纏柱雲龍，五十功。

造壓地隱起諸華，二十四功。

造減地平鈒華，一十一功。

柱下坐，造覆盆蓮華，每一枚，七功。

柱上鐫鑿像生、師子，每一枚，二十功。

安卓，六功。

螭子石

安鉤闌螭子石一段：

鑿剜眼、剜口子，共五分功。

門砧限（卧立株、將軍石、止扉石）

門砧一段。

彫鐫功：

造剔地起突華或盤龍。

長五尺，二十五功。

長四尺，一十九功。

長三尺五寸，一十五功。

長三尺，一十二功。

安砌功：

長五尺，四功。

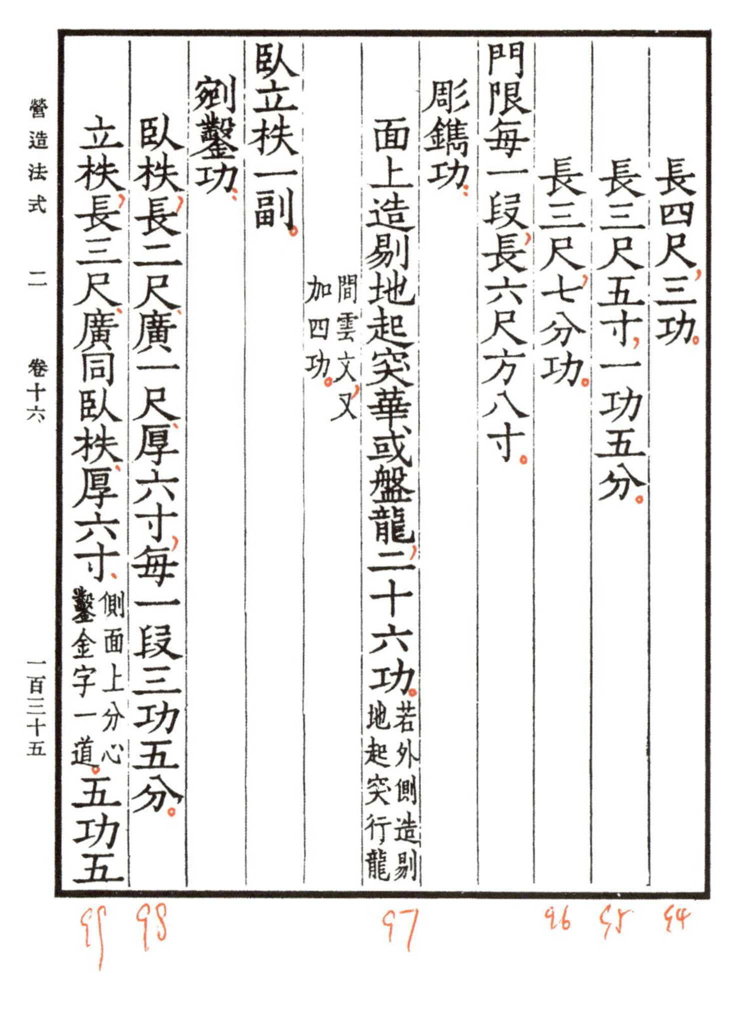

長四尺，三功。

長三尺五寸，一功五分。

長三尺，七分功。

門限每一段長六尺，方八寸。

彫鐫功：

面上造剔地起突華或盤龍，二十六功。若外側造剔地起突行龍間雲文，又加四功。

臥立柣一副。

剜鑿功：

臥柣長二尺，廣一尺，厚六寸，每一段三功五分。

立柣長三尺，廣同臥柣，厚六寸，側面上分心鑿金字一道。五功五

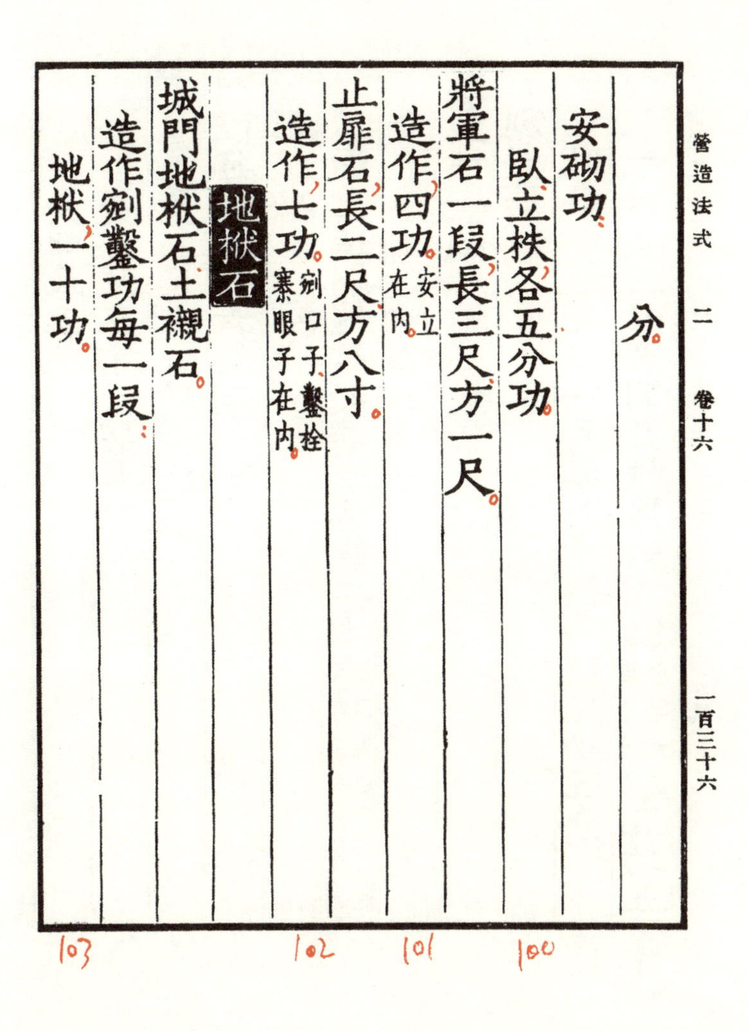

分。

安砌功：

臥立株各五分功。

將軍石一段長三尺方一尺。

造作四功。安立在內。

止扉石長二尺方八寸。

造作七功。剜口子、鑿栓寨眼子在內。

地栿石

城門地栿石土襯石。

造作剜鑿功每一段：

地栿，一十功。

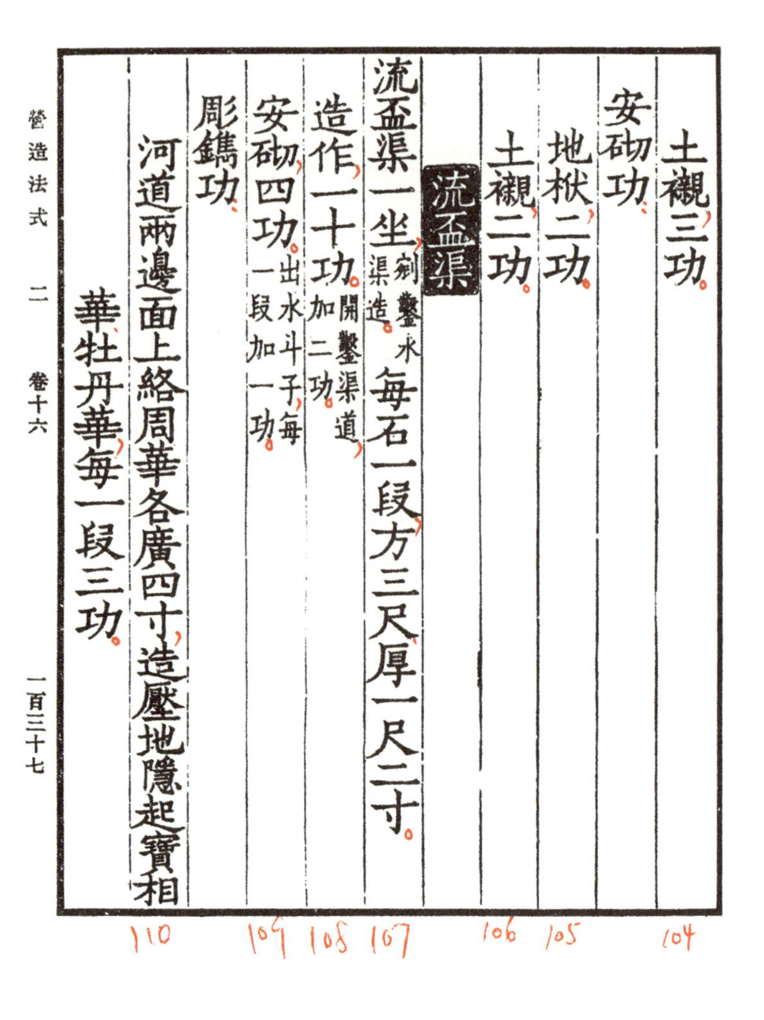

土襯三功

安砌功

地栿二功

土襯二功

流盃渠

流盃渠一坐（剜鑿水渠造）每石一段方三尺厚一尺二寸

造作一十功（開鑿渠道加二功）

安砌四功（出水斗子每一段加一功）

彫鐫功

河道兩邊面上絡周華各廣四寸造壓地隱起寶相華牡丹華每一段三功

流盃渠一坐（砌壘底版造）

造作功：

心内看盤石一段，長四尺，廣三尺五寸。

廂壁石及項子石每一段。

右各八功。

底版石每一段三功。

斗子石每一段一十五功。

安砌功：

看盤及廂壁、項子石、斗子石每一段各五功。（地架每段三功）

底版石每一段三功。

彫鐫功：

111 112 113 114 115

心内看盤石造剔地起突華，五十功。若間以龍鳳，加二十功。

河道兩邊面上徧造壓地隱起華，每一段二十功。若間以龍鳳，加一十功。

壇

壇一坐。

彫鐫功：

頭子、版柱子、搥澁造減地平鈒華，每一段各二功。束腰剔地起突造蓮華，亦如之。

安砌功：

土襯石，每一段一功。

頭子、束腰、隔身版柱子、搥澁石，每一段各二功。

卷輂水窗

卷輂水窗石，河渠同。每一段長三尺，廣二尺，厚六寸。

開鑿功：

下熟鐵鼓卯，每二枚一功。

安砌，一功。

水槽

水槽長七尺，高、廣各二尺，深一尺八寸。

造作開鑿共六十功。

馬臺

馬臺一坐，高二尺二寸，長三尺八寸，廣二尺二寸。

造作功：

121 122 123 124 125

剜鑿踏道，三十功。疊澁造加二十功。

彫鐫功：

造剔地起突華，一百功。

造壓地隱起華，五十功。

造減地平鈒華，二十功。

臺面造壓地隱起水波内出没魚獸，加一十功。

井口石

井口石並蓋口拍子一副。

造作鐫鑿功：

透井口石，方二尺五寸，井口徑一尺，共一十二功。造素覆盆加二功，若華覆盆加六功。

五十竹本

安砌，二功。

山棚鋜脚石

山棚鋜脚石方二尺，厚七寸。

造作開鑿，共五功。

安砌，一功。

幡竿頰

幡竿頰一坐。

造作開鑿功：

頰二條及開栓眼，共十六功。

鋜脚，六功。

彫鐫功：

132 133 134 135 136

造剔地起突華，一百五十功。

造壓地隱起華，五十功。

造減地平鈒華，三十功。

安卓，一十功。

贔屓碑

贔屓鼇坐碑一坐。

碑首造剔地起突盤龍雲盤，共二百五十一功。

鼇坐寫生鐫鑿，共一百七十六功。

彫鐫功：

土襯周回造剔地起突寶山水地等，七十五功。

碑身兩側造剔地起突海石榴華或雲龍，一百二十功。

絡周造減地平鈒華，二十六功。

安砌功：

土襯石，共四功。

笏頭碣

笏頭碣一坐。

彫鐫功。

碑身及額，絡周造減地平鈒華，二十功。

方直坐上造減地平鈒華，一十五功。

疊澁坐，剜鑿，三十九功。

疊澁坐上造減地平鈒華，三十功。

145　146　147　148　149　150

營造法式卷第十六

營造法式卷第十七

通直郎管修蓋皇弟外第專一提舉修蓋班直諸軍營房等臣李誡奉

聖旨編修

大木作功限一

栱枓等造作功

殿閣外檐補間鋪作用栱枓等數

殿閣身槽内補間鋪作用栱枓等數

樓閣平坐補間鋪作用栱枓等數

枓口跳每縫用栱枓等數

把頭絞項作每縫用栱枓等數

鋪作每間用方桁等數

栱枓等造作功

造作功並以第六等材爲準。

材長四十尺一功。材每加一等，遞減四尺；材每減一等，遞增五尺。

栱：

令栱一隻，二分五厘功。

華栱一隻；

泥道栱一隻；

瓜子栱一隻；

右各二分功。

慢栱一隻，五分功。

若材每加一等，各隨逐等加之：華栱、令栱、泥道栱、瓜子栱、慢栱並各加五厘功。若材每減一等，各隨逐等減之。華栱減二厘功，令栱減三厘功，泥道栱、瓜子栱各減一厘功，慢栱減五厘功。其自第四等加第三等，於遞加功内減半加之。加足材，及枓柱槫之類，並準此。

若造足材栱，各於逐等栱上更加功限：華栱、令栱各加五厘功，泥道栱、瓜子栱各加四厘功，慢栱加七厘功。其材每加減一等，遞加減各一厘功。如角内列栱，各以栱頭爲計。

枓：

櫨枓一隻，五分功。材每增減一等，遞加減各一分功。

交互枓九隻。材每增減一等，遞加減各一隻。

齊心枓十隻。加減同上。

散枓一十一隻。加減同上。

右各一功。

出跳上名件：

昻尖一十一隻，一功。加減同交互枓法。

爵頭一隻。

華頭子一隻。

右各一分功。材每增減一等，遞加減各二釐功，身內並同材法。

殿閣外檐補間鋪作用栱枓等數

殿閣等外檐自八鋪作至四鋪作，內、外並重栱計心，外跳

10 11 12 13 14 15 16

出下昂，裏跳出卷頭，每補間鋪作一朶，用栱、昂等數下項：

八鋪作裏跳用七鋪作，若七鋪作裏跳用六鋪作，其六鋪作以下裏外跳並同。轉角者準此。

自八鋪作至四鋪作各通用：

單材華栱一隻。若四鋪作插昂，不用。

泥道栱一隻。

令栱二隻。

兩出耍頭一隻。並隨昂身上下斜勢分作二隻，內四鋪作不分。

襯方頭一條。足材，八鋪作、七鋪作各長一百二十分，六鋪作、五鋪作各長九十分，四鋪作長六十分。

櫨枓一隻。

闇栔二條。一條長四十六分，一條長七十六分。八鋪作、七鋪作又加二條，各長隨補間之廣。

昂栓二條。八鋪作各長一百三十分，七鋪作各長一百一十五分，六鋪作各長九十五分，五鋪作各長八十分，四鋪作各長五十分。

八鋪作、七鋪作各獨用：

第二抄華栱一隻。長四跳。

第三抄外華頭子內華栱一隻。長六跳。

六鋪作、五鋪作各獨用：

第二抄外華頭子內華栱一隻。長四跳。

八鋪作獨用：

第四抄內華栱一隻。外隨昂、槫斜，長七十八分。

四鋪作獨用：

第一抄外華頭子內華栱一隻。長兩跳。若卷頭，不用。

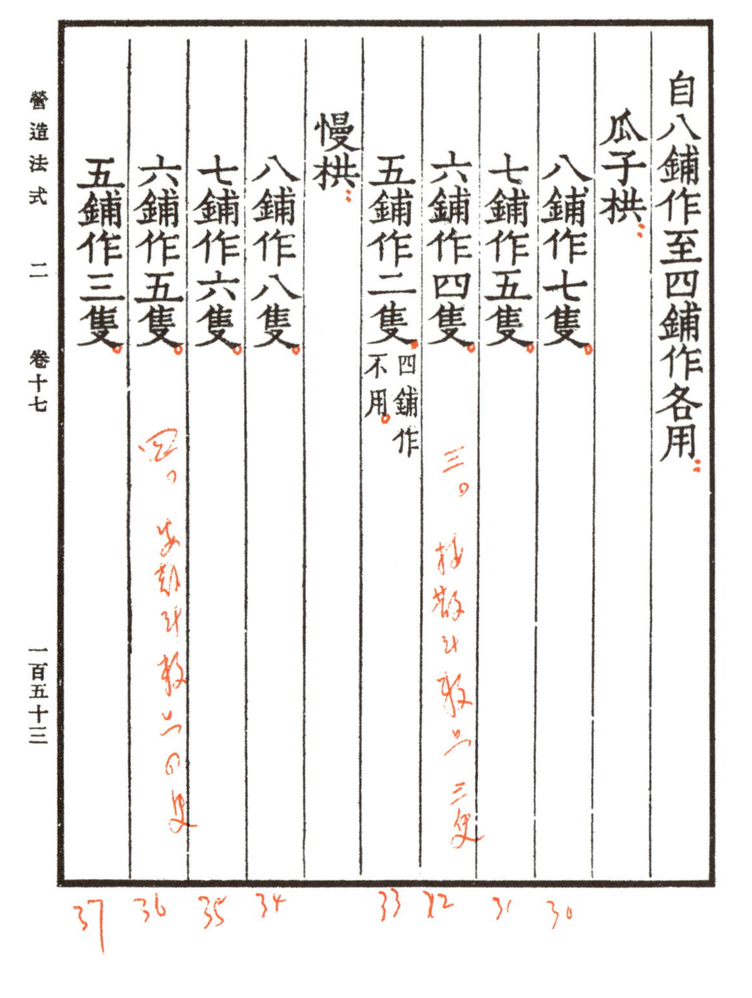

自八鋪作至四鋪作各用：

瓜子栱：

八鋪作七隻。

七鋪作五隻。

六鋪作四隻。

五鋪作二隻。四鋪作不用。

慢栱：

八鋪作八隻。

七鋪作六隻。

六鋪作五隻。

五鋪作三隻。

四鋪作一隻

下昂

八鋪作三隻一隻身長三百分，一隻身長二百七十分，一隻身長一百七十分。

七鋪作二隻一隻身長二百七十分，一隻身長一百七十分。

六鋪作二隻一隻身長二百四十分，一隻身長一百五十分。

五鋪作一隻身長一百二十分。

四鋪作插昂一隻身長四十分。

交互枓

八鋪作九隻

七鋪作七隻

六鋪作五隻

五鋪作四隻。

四鋪作二隻。

齊心枓：

八鋪作一十二隻。

七鋪作一十隻。

六鋪作五隻。五鋪作同。

四鋪作三隻。

散枓：

八鋪作三十六隻。

七鋪作二十八隻。

六鋪作二十隻。

五鋪作一十六隻。

四鋪作八隻。

殿閣身槽內補間鋪作用栱枓等數

殿閣身槽內裏、外跳，並重栱計心出卷頭，每補間鋪作一朶用栱枓等數下項：

自七鋪作至四鋪作各通用：

泥道栱一隻。

令栱二隻。

兩出耍頭一隻。七鋪作長八跳，六鋪作長六跳，五鋪作長四跳，四鋪作長兩跳。

襯方頭一隻。長同上。

櫨枓一隻。

闇栔二條。一條長七十六分，一條長四十六分。

自七鋪作至五鋪作各通用：

瓜子栱：

七鋪作六隻。

六鋪作四隻。

五鋪作二隻。

自七鋪作至四鋪作各用：

華栱：

七鋪作四隻。一隻長八跳，一隻長六跳，一隻長四跳，一隻長兩跳。

六鋪作三隻。一隻長六跳，一隻長四跳，一隻長兩跳。

五鋪作二隻。一隻長四跳，一隻長兩跳。

四鋪作一隻兩跳長

慢栱

七鋪作七隻

六鋪作五隻

五鋪作三隻

四鋪作一隻

交互枓

七鋪作八隻

六鋪作六隻

五鋪作四隻

四鋪作二隻

71 72 73 74 75 76 77 78 79

齊心枓

七鋪作一十六隻

六鋪作一十二隻

五鋪作八隻

四鋪作四隻

散枓

七鋪作三十二隻

六鋪作二十四隻

五鋪作一十六隻

四鋪作八隻

樓閣平坐補間鋪作用栱枓等數

80 81 82 83 84 85 86 87

樓閣平坐自七鋪作至四鋪作，並重栱計心，外跳出卷頭，裏跳挑斡棚栿及穿串上層柱身，每補間鋪作一朶，使栱枓等數下項。

自七鋪作至四鋪作各通用：

泥道栱一隻。

令栱一隻。

耍頭一隻。七鋪作身長二百七十分，六鋪作身長二百四十分，五鋪作身長二百一十分，四鋪作身長一百八十分。

襯方一隻。七鋪作身長三百分，一鋪作身長二百七十分，五鋪作身長二百四十分，四鋪作身長二百一十分。

櫨枓一隻。

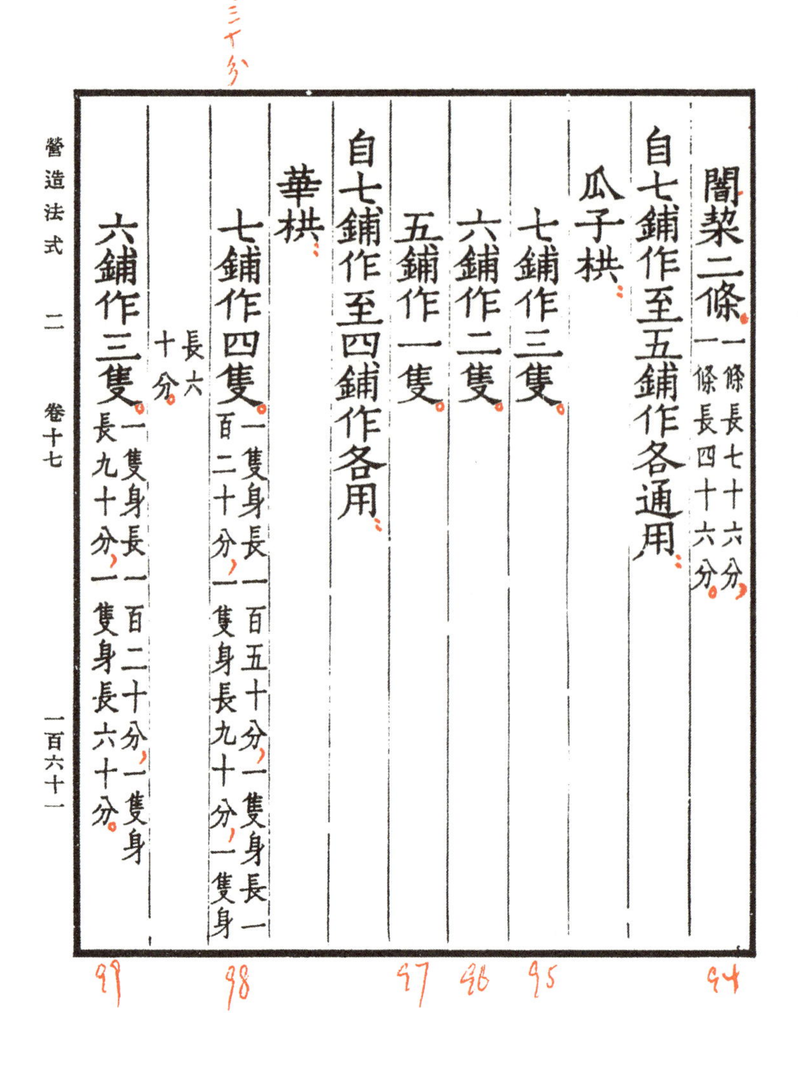

闇栔二條。一條長七十六分，一條長四十六分。

自七鋪作至五鋪作各通用：

瓜子栱：

七鋪作三隻。

六鋪作二隻。

五鋪作一隻。

自七鋪作至四鋪作各用：

華栱：

七鋪作四隻。一隻身長一百五十分，一隻身長一百二十分，一隻身長九十分，一隻身長六十分。

六鋪作三隻。一隻身長一百二十分，一隻身長九十分，一隻身長六十分。

里跳長三十分

94　95　96　97　98　99

五鋪作二隻。一隻身長九十分，一隻身長六十分。

四鋪作一隻。身長六十分。

慢栱：

七鋪作四隻。

六鋪作三隻。

五鋪作二隻。

四鋪作一隻。

交互枓：

七鋪作四隻。

六鋪作三隻。

五鋪作二隻。

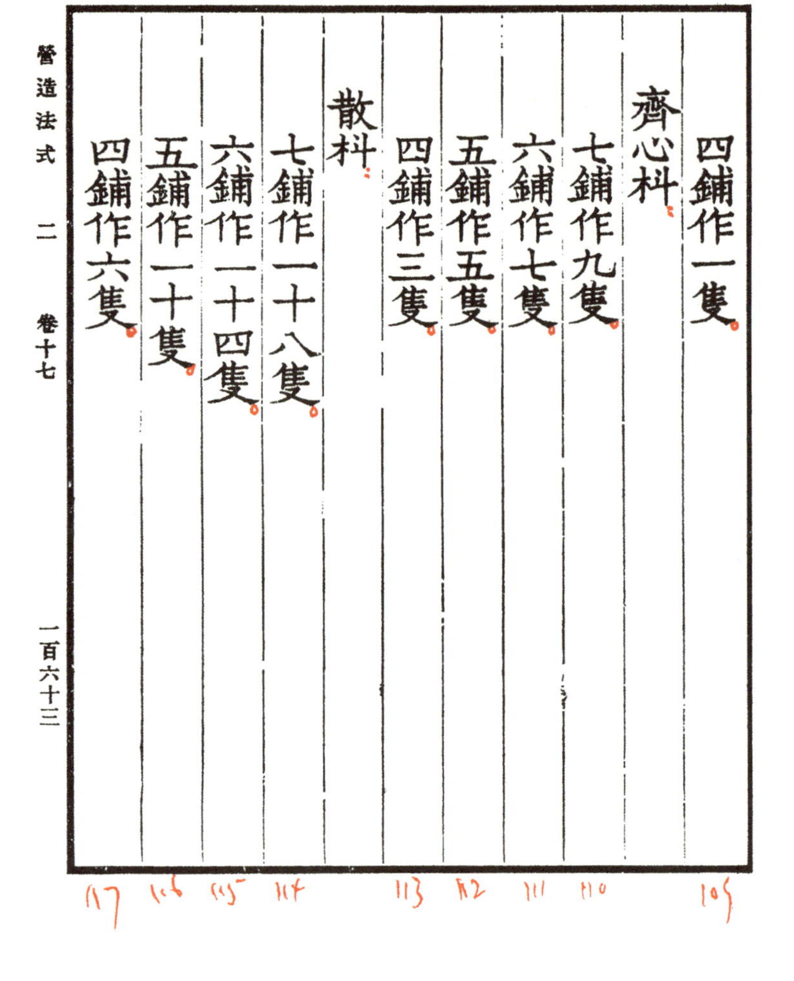

四鋪作一隻

齊心枓

七鋪作九隻

六鋪作七隻

五鋪作五隻

四鋪作三隻

散枓

七鋪作一十八隻

六鋪作一十四隻

五鋪作一十隻

四鋪作六隻

枓口跳每縫用栱枓等數

枓口跳每柱頭外出跳一朵用栱枓等下項

泥道栱一隻

華栱頭一隻

櫨枓一隻

交互枓一隻

散枓二隻

闇栔二條

把頭絞項作每縫用栱枓等數

把頭絞項作每柱頭用栱枓等下項

泥道栱一隻

耍頭一隻。

櫨枓一隻。

齊心枓一隻。

散枓二隻。

闇栔二條。

鋪作每間用方桁等數

自八鋪作至四鋪作每一間一縫內外用方桁等下項。

方桁：

八鋪作一十一條。

七鋪作八條。

六鋪作六條。

五鋪作四條。

四鋪作二條。

橑檐方一條。

遮椽版，難子加版數一倍，方一寸爲定。

八鋪作九片。

七鋪作七片。

六鋪作六片。

五鋪作四片。

四鋪作二片。

殿槽内自八鋪作至四鋪作，每一間一縫内外用方桁等下項。

方桁

七鋪作九條。

六鋪作七條。

五鋪作五條。

四鋪作三條。

遮椽版：

七鋪作八片。

六鋪作六片。

五鋪作四片。

四鋪作二片。

平坐自八鋪作至四鋪作，每間外出跳用方桁等下項。

方桁

七鋪作五條

六鋪作四條

五鋪作三條

四鋪作二條

遮椽版

七鋪作四片

六鋪作三片

五鋪作二片

四鋪作一片

鴈翅版一片廣三十分

150 151 152 153 154 155 156 157

枓口跳每間內前後檐用方桁等下項：

方桁二條。

橑檐方二條。

把頭絞項作每間內前後檐用方桁下項：

方桁二條。

凡鋪作如單栱及偷心造，或柱頭內騎絞梁栿處出跳，皆隨所用鋪作除減枓栱。如單栱造者，不用慢栱，其瓜子栱並改作令栱。若裏跳別有增減者，各依所出之跳加減。其鋪作安勘、絞割、展拽，每一朵，昂栓、闇栔、闇枓口安劄及行繩墨等功並在內，以上轉角者並準此。取所用枓栱等造作功，十分中加四分。

營造法式卷第十七

營造法式卷第十八

通直郎管修蓋皇弟外第專一提舉修蓋班直諸軍營房等臣李誠奉

聖旨編修

大木作功限二

殿閣外檐轉角鋪作用栱枓等數

殿閣身内轉角鋪作用栱枓等數

樓閣平坐轉角鋪作用栱枓等數

殿閣外檐轉角鋪作用栱枓等數

殿閣等自八鋪作至四鋪作，内外並重栱計心，外跳出下昂，裏跳出卷頭，每轉角鋪作一朶用栱昂等數下項。

自八鋪作至四鋪作各通用：

華栱列泥道栱二隻。若四鋪作插昂不用。

角内耍頭一隻。八鋪作至六鋪作身長一百一十七分，五鋪作四鋪作身長八十四分。

角内由昂一隻。八鋪作身長四百六十分，七鋪作身長四百二十分，六鋪作身長三百七十六分，五鋪作身長三百三十六分，四鋪作身長一百四十分。

櫨枓一隻。

闇栔四條。二條長三十一分，二條長二十一分。

自八鋪作至五鋪作各通用：

慢栱列切几頭二隻。

瓜子栱列小栱頭分首二隻。身長二十八分。

角内華栱一隻。

足材耍頭二隻。八鋪作七鋪作身長九十分，六鋪作五鋪作身長六十五分。

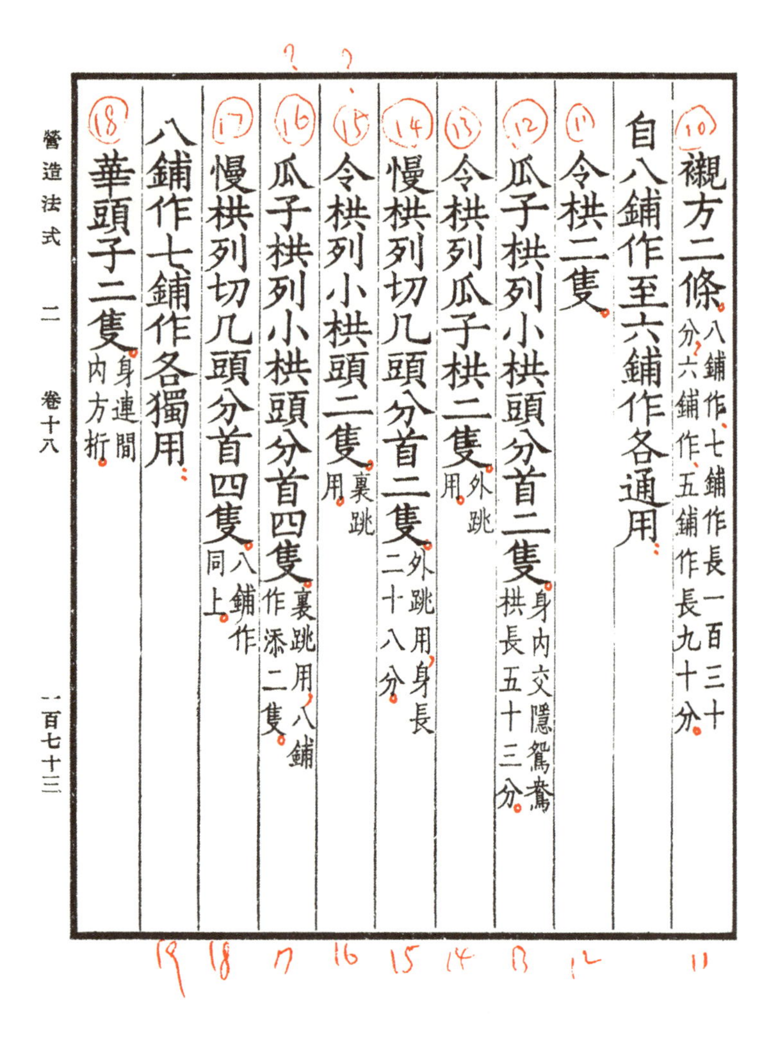

襯方二條。八鋪作、七鋪作長一百三十分，六鋪作、五鋪作長九十分。

自八鋪作至六鋪作各通用：

令栱二隻。

瓜子栱列小栱頭分首二隻。身內交隱鴛鴦栱長五十三分。

令栱列瓜子栱二隻。外跳用。

慢栱列切几頭分首二隻。外跳用，身長二十八分。

令栱列小栱頭二隻。裏跳用。

瓜子栱列小栱頭分首四隻。裏跳用，八鋪作添二隻。

慢栱列切几頭分首四隻。八鋪作同上。

八鋪作、七鋪作各獨用：

華頭子二隻。身連間內方桁。

瓜子栱列小栱頭二隻。外跳用，八鋪作添二隻。
慢栱列切几頭二隻。外跳用，身長五十三分。
華栱列慢栱二隻。身長二十八分。
瓜子栱二隻。八鋪作添二隻。
第二抄華栱一隻。身長七十四分。
第三抄外華頭子內華栱一隻。身長一百四十七分。
六鋪作五鋪作各獨用：
華頭子列慢栱二隻。身長二十八分。
八鋪作獨用：
慢栱二隻。
慢栱列切几頭分首二隻。身內交隱鴛鴦栱長七十八分。

第四抄內華栱一隻（外隨昂槫斜一百一十七分。）

五鋪作獨用：

令栱列瓜子栱二隻（身內交隱鴛鴦栱，身長五十六分。）

四鋪作獨用：

令栱列瓜子栱分首二隻（身長三十分。）

華頭子列泥道栱二隻。

耍頭列慢栱二隻（身長三十分。）

角內外華頭子內華栱一隻（若卷頭造不用。）

自八鋪作至四鋪作各用：

交角昂：

八鋪作六隻（二隻身長一百六十五分，二隻身長一百四十分，二隻身長一百一十五分。

七鋪作四隻。二隻身長一百四十分，二隻身長一百一十五分。

六鋪作四隻。二隻身長一百分，二隻身長七十五分。

五鋪作二隻。身長七十五分。

四鋪作二隻。身長三十五分。

角内昂：

八鋪作三隻。一隻身長四百二十分，一隻身長三百八十分，一隻身長二百分。

七鋪作二隻。一隻身長三百八十分，一隻身長二百四十分。

六鋪作二隻。一隻身長三百三十六分，一隻身長一百七十五分。

五鋪作、四鋪作各一隻。五鋪作身長一百七十五分，四鋪作身長五十分。

交互枓：

43 42 41 40 39 38 37 36

八鋪作一十隻。

七鋪作八隻。

六鋪作六隻。

五鋪作四隻。

四鋪作二隻。

齊心枓：

八鋪作八隻。

七鋪作六隻。

六鋪作二隻。五鋪作、四鋪作同。

平盤枓：

八鋪作一十一隻。

44 45 46 47 48 49 50 51 52

七鋪作七隻六鋪作同

五鋪作六隻

四鋪作四隻

散枓

八鋪作七十四隻

七鋪作五十四隻

六鋪作三十六隻

五鋪作二十六隻

四鋪作一十二隻

殿閣身内轉角鋪作用栱枓等數

殿閣身槽内裏外跳並重栱計心出卷頭每轉角鋪作一

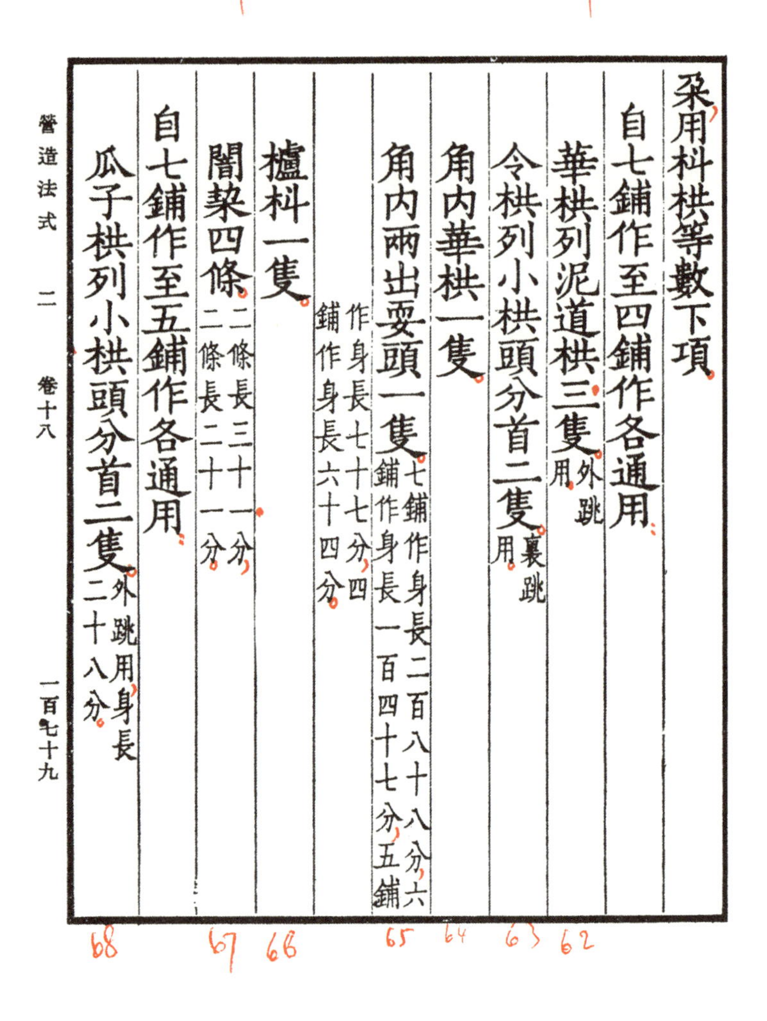

朶用枓栱等數下項

自七鋪作至四鋪作各通用

華栱列泥道栱三隻外跳用

令栱列小栱頭分首二隻裏跳用

角内華栱一隻

角内兩出耍頭一隻七鋪作身長二百八十八分，六鋪作身長一百四十七分，五鋪作身長七十七分，四鋪作身長六十四分。

櫨枓一隻

闇栔四條二條長三十一分，二條長二十一分。

自七鋪作至五鋪作各通用

瓜子栱列小栱頭分首二隻外跳用，身長二十八分。

慢栱列切几頭分首二隻。外跳用，身長二十八分。

角内第二抄華栱一隻。身長七十七分。

七鋪作、六鋪作各獨用：

瓜子栱列小栱頭分首二隻。身内交隱鴛鴦栱，身長五十三分。

慢栱列切几頭分首二隻。身長五十三分。

令栱列瓜子栱二隻。

華栱列慢栱二隻。

騎栿令栱二隻。

角内第三抄華栱一隻。身長一百四十七分。

七鋪作獨用：

慢栱列切几頭分首二隻。身内交隱鴛鴦栱，身長七十八分。

69　70　71　72　73　74　75　76　77

瓜子栱列小栱頭二隻

瓜子丁頭栱四隻

角内第四抄華栱一隻身長二百一十七分

五鋪作獨用：

騎栿令栱分首二隻身内交隱鴛鴦栱，身長五十三分

四鋪作獨用：

令栱列瓜子栱分首二隻身長二十分

耍頭列慢栱二隻身長三十分

自七鋪作至五鋪作各用：

慢栱列切几頭

七鋪作六隻

六鋪作四隻

五鋪作二隻

瓜子栱列小栱頭數並同上

自七鋪作至四鋪作各用

交互枓

七鋪作四隻六鋪作同

五鋪作二隻四鋪作同

平盤枓

七鋪作一十隻

六鋪作八隻

五鋪作六隻

四鋪作四隻。

散枓：

七鋪作六十隻。

六鋪作四十二隻。

五鋪作二十六隻。

四鋪作一十二隻。

樓閣平坐轉角鋪作用栱枓等數

樓閣平坐自七鋪作至四鋪作，並重栱計心，外跳出卷頭，裏跳挑斡棚栿及穿串上層柱身，每轉角鋪作一朶用栱枓等數下項。

自七鋪作至四鋪作各通用：

第一抄角內足材華栱一隻　身長四十二分。

第一抄入柱華栱二隻　身長三十二分。

第一抄華栱列泥道栱二隻　身長三十二分。

角內足材耍頭一隻　七鋪作身長二百一十分，六鋪作身長一百六十八分，五鋪作身長一百二十六分，四鋪作身長八十四分。

耍頭列慢栱分首二隻　七鋪作身長一百五十二分，六鋪作身長一百二十二分，五鋪作身長九十二分，四鋪作身長六十二分。

入柱耍頭二隻　長同上。

耍頭列令栱分首二隻　長同上。

襯方三條　七鋪作內二條單材，長一百八十分，一條足材，長二百五十二分；六鋪作內二條單材，長一百五十分，一條足材，長二百一十分；五鋪作內二條單材，長一百二十分，一條足材，長一百六十八分；四鋪作內二條單材，長九十分；一條足材，長一百二十六分。

櫨枓三隻

闇栔四條（二條長六十八分，二條長五十三分。）

自七鋪作至五鋪作各通用

第二抄角內足材華栱一隻（身長八十四分）

第二抄入柱華栱二隻（身長六十三分）

第三抄華栱列慢栱二隻（身長六十三分）

七鋪作、六鋪作、五鋪作各用

耍頭列方桁二隻（七鋪作身長一百五十二分，六鋪作身長一百二十二分，五鋪作身長九十一分）

⑬

華栱列瓜子栱分首。

七鋪作六隻。二隻身長一百二十二分，二隻身長九十二分，二隻身長六十二分。

六鋪作四隻。二隻身長九十二分，二隻身長六十二分。

五鋪作二隻。身長六十二分。

七鋪作、六鋪作各用。

交角耍頭。

七鋪作四隻。二隻身長一百五十二分，二隻身長一百二十二分。

六鋪作二隻。身長一百二十二分。

華栱列慢栱分首。

七鋪作四隻。二隻身長一百二十二分，二隻身長九十二分。

六鋪作二隻。身長九十二分。

113 114 115 116 117 118 119

七鋪作、六鋪作各獨用：

第三抄角内足材華栱一隻（身長二十六分）

第三抄入柱華栱二隻（身長九十二分）

第三抄華栱列柱頭方二隻（身長九十二分）

七鋪作獨用：

第四抄入柱華栱二隻（身長一百二十二分）

第四抄交角華栱二隻（身長九十二分）

第四抄華栱列柱頭方二隻（身長一百二十二分）

第四抄角内華栱一隻（身長一百六十八分）

自七鋪作至四鋪作各用：

交互枓：

七鋪作二十八隻

六鋪作一十八隻

五鋪作一十隻

四鋪作四隻

齊心枓：

七鋪作五十隻

六鋪作四十一隻

五鋪作一十九隻

四鋪作八隻

平盤枓：

七鋪作五隻

128 129 130 131 132 133 134 135 136

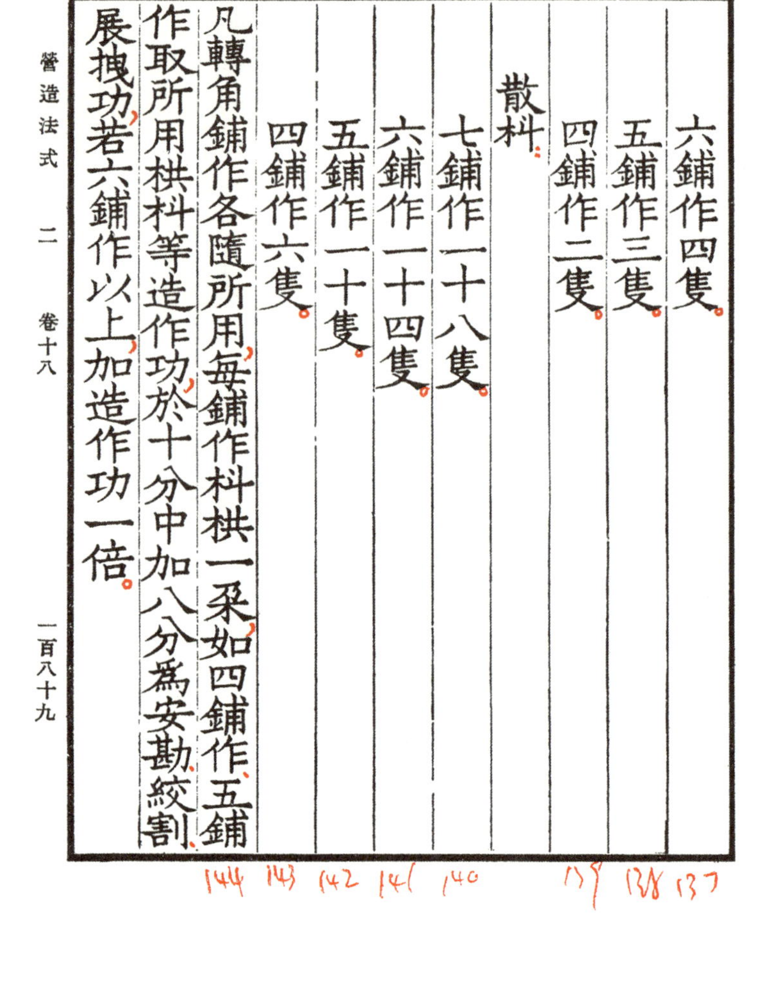
六鋪作四隻。

五鋪作三隻。

四鋪作二隻。

散枓：

七鋪作一十八隻。

六鋪作一十四隻。

五鋪作一十隻。

四鋪作六隻。

凡轉角鋪作各隨所用，每鋪作枓栱一朶，如四鋪作、五鋪作取所用栱枓等造作功，於十分中加八分爲安勘、絞割、展拽功。若六鋪作以上，加造作功一倍。

營造法式卷第十八

營造法式卷第十九

通直郎管修蓋皇弟外第專一提舉修蓋班直諸軍營房等臣李誠奉

聖旨編修

大木作功限三

殿堂梁柱等事件功限

城門道功限樓臺鋪作準殿閣法

倉廒庫屋功限其名件以七寸五分材爲祖計之，更不加減。常行散屋同。

常行散屋功限官府廊屋之類同。

跳舍行牆功限

望火樓功限

營屋功限其名件以五寸材爲祖計之。

拆修挑拔舍屋功限飛檐同。

薦拔抽換柱栿等功限

殿堂梁柱等事件功限

造作功

月梁（材每增減一等各遞加減八寸直梁準此）

八椽栿每長六尺七寸（六椽栿以下至四椽栿各遞加八寸四椽栿至三椽栿加一尺六寸三椽栿至兩椽栿及丁栿乳栿各加二尺四寸）

直梁

八椽栿每長八尺五寸（六椽栿以下至四椽栿各遞加一尺四椽栿至三椽栿加二尺三椽栿至兩椽栿及丁栿乳栿各加三尺）

右各一功

柱每一條長一丈五尺徑一尺一寸一功（穿鑿功在內若角柱每一

功加一分功。如徑增一寸，加一分二厘功。如一尺三寸以上，每徑增一寸，又遞加三厘功。若長增一尺五寸，加本功一分功。或徑一尺一寸以下者，每減一寸減一分七厘功，減至一分五厘止。或用方柱，每一功減二分功。若壁內闇柱圜者，每一功減三分功，方者減一分功。如祇用柱頭額者，減本功一分功。

駝峯每一坐，兩瓣或三瓣卷殺。高二尺五寸，長五尺，厚七寸。

綽幕三瓣頭每一隻。

柱礩每一枚。

右各五分功。材每增減一等，綽幕頭各加減五厘功，柱礩各加減一分功。其駝峯若高增五寸，長增一尺，加一分功；或作氈笠樣造，減二分功。

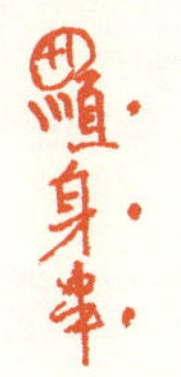

大角梁每一條，一功七分。材每增減一等，各加減三分功。

子角梁每一條，八分五厘功。材每增減一等，各加減一分五厘功。

續角梁每一條，六分五厘功。材每增減一等，各加減一分功。

襻間、脊串、順身串並同材。

替木一枚，卷殺兩頭共七厘功。身內同材，楷子同，若作華楷，加功三分之一。

普拍方，每長一丈四尺。材每增減一等，各加減一尺。

橑檐方每長一丈八尺五寸。加減同上。

槫每長二丈。加減同上，如草架加一倍。

劄牽每長一丈六尺。加減同上。

大連檐每長五丈。材每增減一等，各加減五尺。

小連檐每長一百尺。材每增減一等，各加減一丈。

椽纏斫事造者，每長一百三十尺。如斫棱事造者，加三十尺；若事造圜椽者，加六十尺；材每增減一等，各加減十分之一。

飛子每三十五隻。材每增減一等，各加減三隻。

大額每長一丈四尺二寸五分。材每增減一等，各加減五寸。

由額每長一丈六尺。加減同上。照壁方、承椽串同。

托脚每長四丈五尺。材每增減一等，各加減四尺。叉手同。

平闇版每廣一尺，長十丈。遮椽版、白版同。如要用金漆及法油者，長即減三分。

生頭每廣一尺，長五丈。搏風版、敦桥、矮柱同。

樓閣上平坐內地面版，每廣一尺，厚二寸，牙縫造；長同上。若直縫造者，長增一倍。

右各一功。

凡安勘絞割屋内所用名件柱額等，加造作名件功四分。如有草架、壓槽方、襻間、闇梨、槏柱、固濟等方木在内。卓立搭架、釘椽、結裹，又加二分。倉廒、庫屋功限及常行散屋功限準此。其卓立搭架等，若樓閣五間三層以上者，自第二層平坐以上，又加二分功。

城門道功限

樓臺鋪作準殿閣法。

造作功：

排义柱長二丈四尺，廣一尺四寸，厚九寸，每一條一功九分二厘。每長增減一尺，各加減八厘功。

洪門栿長二丈五尺，廣一尺五寸，厚一尺，每一條一功九分二厘五毫。每長增減一尺，各加減七厘七毫功。

狼牙栿長一丈二尺，廣一尺，厚七寸，每一條八分四厘功。每長增減一尺，各加減七厘功。

31　30　29　28

托脚長七尺廣一尺厚七寸每一條四分九厘功（每長增減一尺各加減七厘功）

蜀柱長四尺廣一尺厚七寸每一條二分八厘功（每長增減一尺各加減七厘功）

涎衣木長二丈四尺廣一尺五寸厚一尺每一條三功八分四厘（每長增減一尺各加減一分六厘功）

永定柱事造頭口每一條五分功

檐門方長二丈八尺廣二尺厚一尺二寸每一條二功八分（每長增減一尺各加減一厘功）

盝頂版每七十尺一功

散子木每四百尺一功

跳方柱脚方鷹翅版同功同平坐

凡城門道取所用名件等造作功五分中加一分爲展拽

安勘穿攏功

倉廒庫屋功限 其名件以七寸五分材爲祖計之更不加減常行散屋同

造作功

衝脊柱謂十架椽屋用者每一條三功五分每增減兩椽各加減五分之一

四椽栿每一條二功壺門柱同

八椽栿項柱一條長一丈五尺徑一尺二寸一功三分如轉角柱每功加一分功

三椽栿每一條一功二分五厘

角栿每一條一功二分

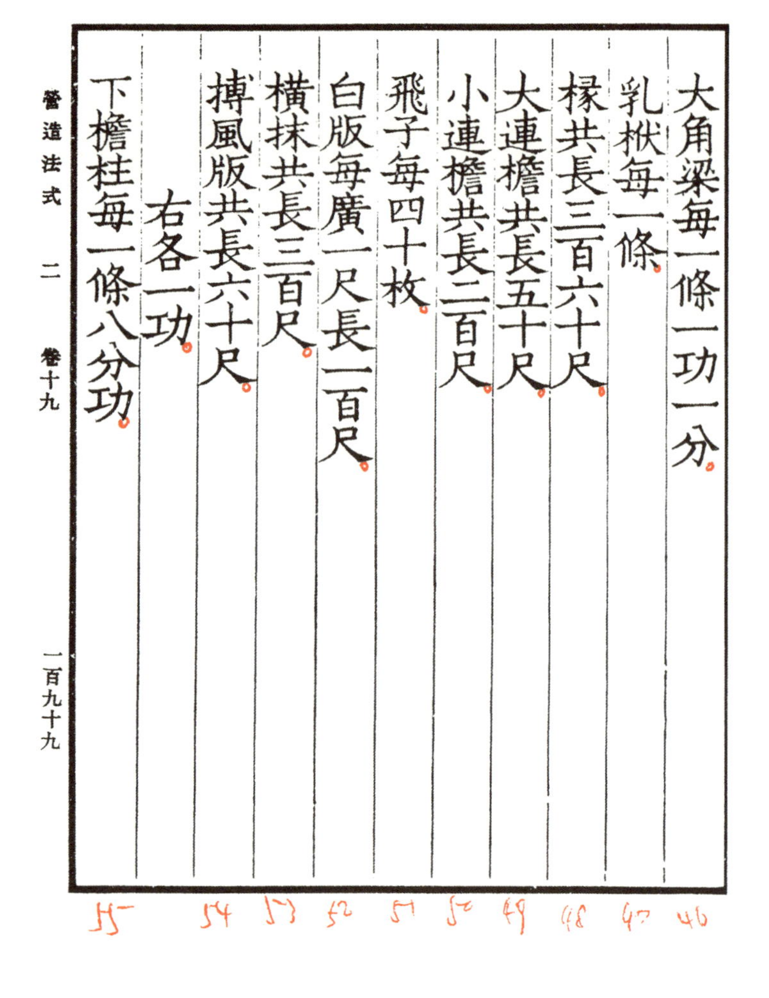

大角梁每一條一功一分

乳栿每一條

椽共長三百六十尺

大連檐共長五十尺

小連檐共長二百尺

飛子每四十枚

白版每廣一尺長一百尺

橫抹共長三百尺

搏風版共長六十尺

右各一功

下檐柱每一條八分功

46 47 48 49 50 51 52 53 54 55

兩下栿每一條七分功

子角梁每一條五分功

槫柱每一條四分功

續角梁每一條三分功

壁版柱每一條二分五厘功

劄牽每一條二分功

槫每一條

矮柱每一枚

壁版每一片

右各一分五厘功

枓每一隻一分二厘功

56 57 58 59 60 61 62 63 64 65

脊串每一條。

蜀柱每一枚。

生頭每一條。

脚版每一片。

右各一分功。

護替木楷子每一隻九厘功。

額每一片八厘功。

仰合楷子每一隻六厘功。

替木每一枚。

义手每一片。托脚同。

右各五厘功。

常行散屋功限 官府廊屋之類同

造作功

四椽栿每一條二功

三椽栿每一條一功二分

乳栿每一條

椽共長三百六十尺

連椽每長二百尺

搏風版每長八十尺

右各一功

兩椽栿每一條七分功

駝峯每一坐四分功

槫每一條二分功（梢槫加二厘功）

劄牽每一條一分五厘功

枓每一隻

生頭木每一條

脊串每一條

蜀柱每一條

右各一分功

額每一條九厘功（側項額同）

替木每一枚八厘功（梢槫下用者加一厘功）

义手每一片（托脚同）

楷子每一隻

右各五厘功。

右若科口跳以上，其名件各依本法。

跳舍行牆功限

造作功：穿鑿、安勘等功在內。

柱每一條，一分功。槫同。

椽共長四百尺，杚巴子所用同。

連檐共長三百五十尺，杚巴子同上。

右各一功。

跳子每一枚，一分五厘功。角內者加二厘功。

望火樓功限

替木每一枚，四厘功。

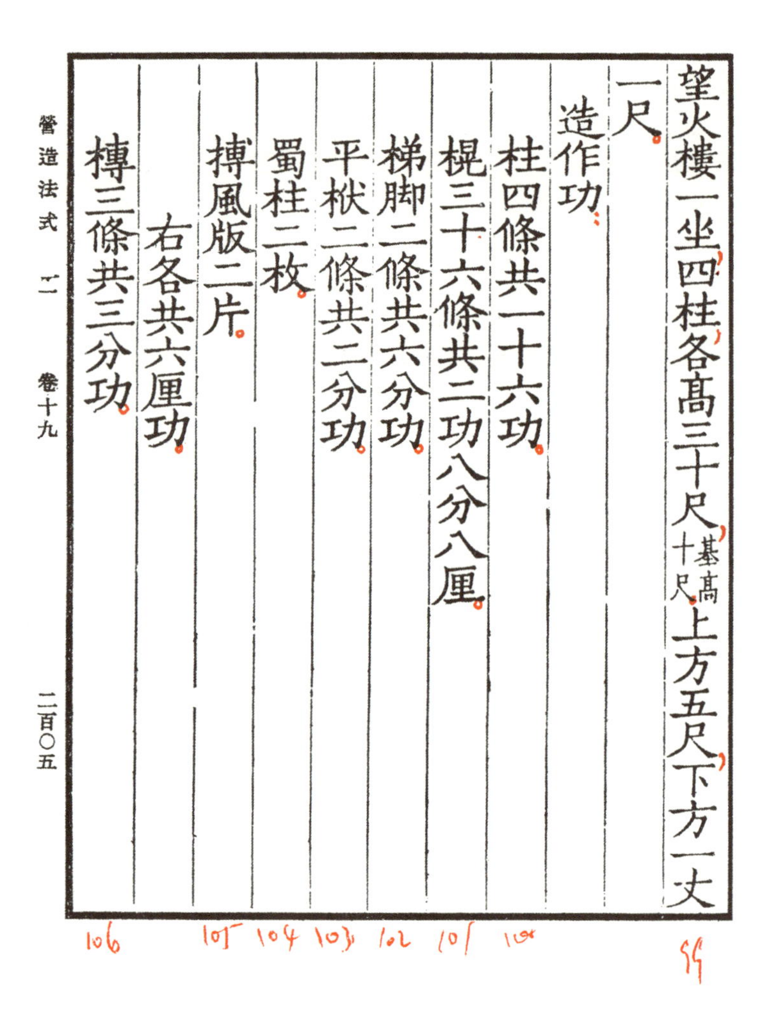

望火樓一坐四柱各高三十尺基高十尺上方五尺下方一丈一尺

造作功

柱四條共一十六功

榥三十六條共二功八分八厘

梯脚二條共六分功

平栿二條共二分功

蜀柱二枚

搏風版二片

右各共六厘功

榑三條共三分功

角柱四條。

厦瓦版二十片。

右各共八分功。

護縫二十二條共二分二厘功。

壓脊一條一分二厘功。

坐版六片共三分六厘功。

右以上穿鑿安卓共四功四分八厘。

營屋功限 其名件以五寸材爲祖計之。

造作功：

栿項柱每一條。

兩椽栿每一條。

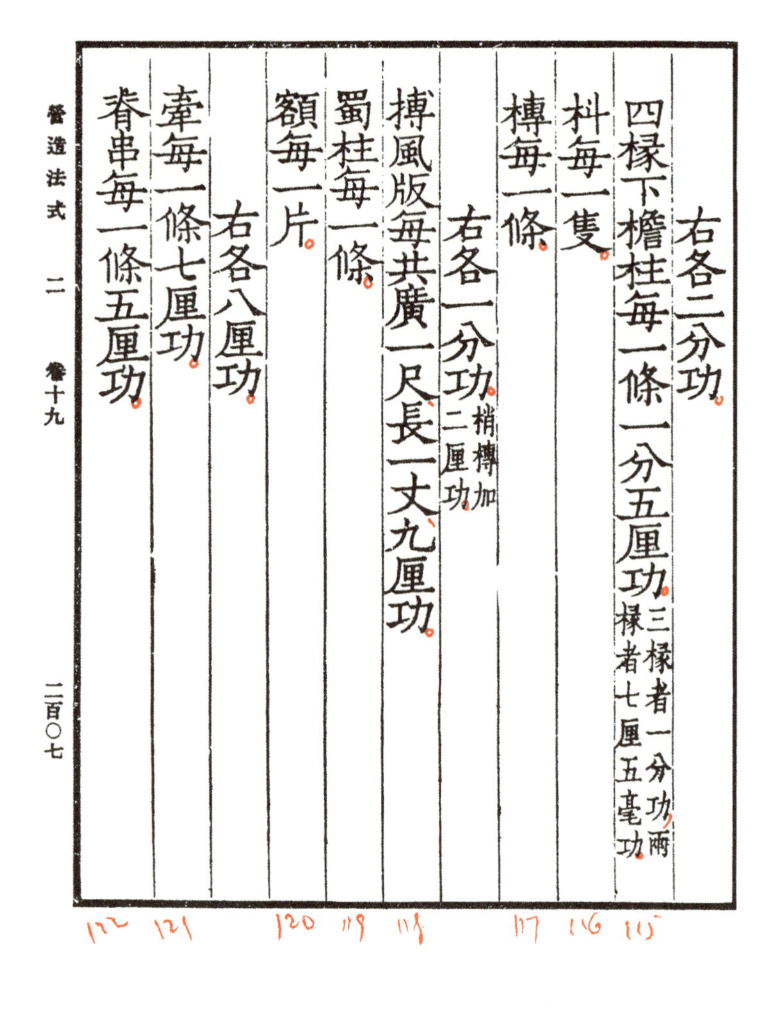

右各二分功。

四椽下檐柱每一條一分五厘功。（三椽者一分功，兩椽者七厘五毫功。）

枓每一隻。

槫每一條。

右各一分功。（梢槫加二厘功。）

搏風版每共廣一尺長一丈九厘功。

蜀柱每一條。

額每一片。

右各八厘功。

牽每一條七厘功。

脊串每一條五厘功。

連檐每長一丈五尺。

替木每一隻。

右各四厘功。

义手每一片二厘五毫功。䘵翅三分中減二分功。

椽每一條一厘功。

右以上釘椽結裹每一椽四分功。

拆修挑拔舍屋功限飛檐同

拆修鋪作舍屋每一椽：

槫檁衮轉脱落全拆重修一功二分。枓口跳之類八分功，單枓隻替以下六分功。

揭箔番修挑拔柱木修整檐宇八分功。枓口跳之類六分功，單枓隻替

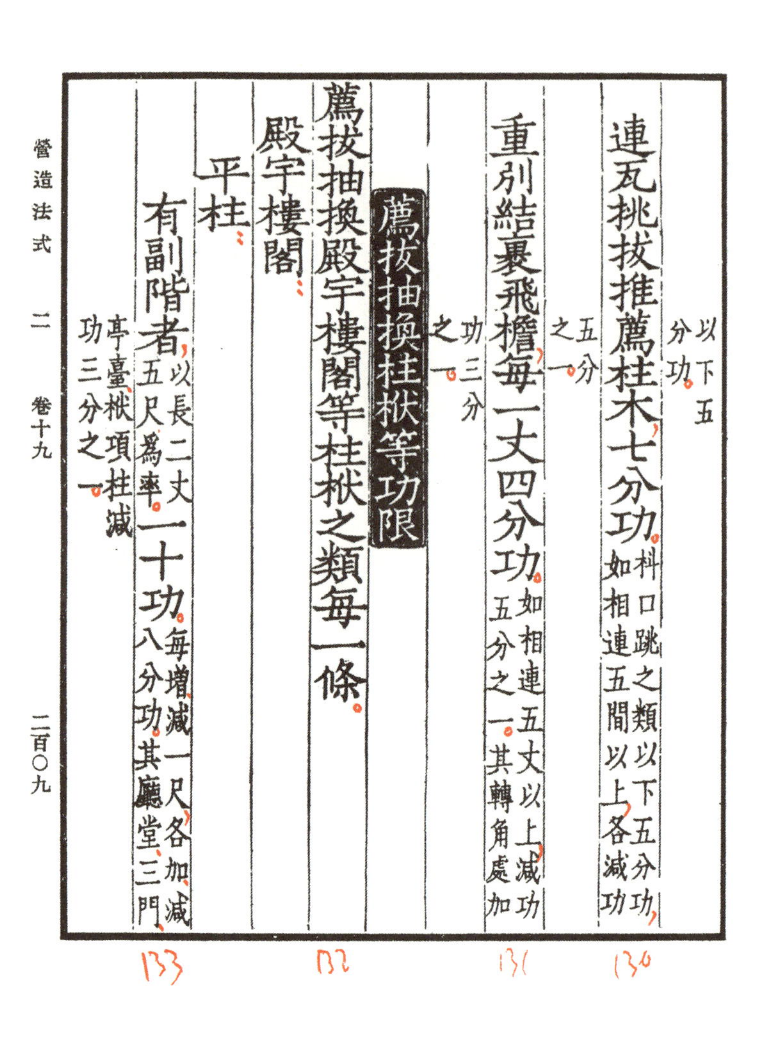

以下五分功。

連瓦挑拔推薦柱木，七分功。枓口跳之類以下五分功，如相連五間以上，各減功五分之一。

重別結裹飛檐，每一丈四分功。如相連五丈以上，減功五分之一；其轉角處加功三分之一。

薦拔抽換柱栿等功限

薦拔抽換殿宇樓閣等柱栿之類，每一條。

殿宇樓閣：

平柱：

有副階者，以長二丈五尺爲率，一十功。每增減一尺，各加減八分功。其廳堂、三門、亭臺栿項柱，減功三分之一。

無副階者，以長一丈七尺爲率，六功。每增減一尺，各加減五分功。其廳堂、三門、亭臺下檐柱，減功三分之一。

副階平柱，以長一丈五尺爲率，四功。每增減一尺，各加減三分功。

角柱，比平柱每一功加五分功。廳堂、三門、亭臺同。下準此。

明栿：

六架椽，八功；草栿六功五分。

四架椽，六功；草栿五功。

三架椽，五功；草栿四功。

兩下栿，乳栿同。四功；草栿三功，草乳栿同。

牽，六分功。劄牽減功五分之一。

椽，每一十條，一功。如上、中架，加數二分之一。

枓口跳以下六架椽以上舍屋

栿六架椽四功（四架椽二功，三架椽一功八分，兩丁栿一功五分，乳栿一功五分。）

牽五分功（劄牽減功五分之一。）

栿項柱一功五分（下檐柱八分功。）

單枓隻替以下四架椽以上舍屋（枓口跳之類四椽以下舍屋同。）

栿四架椽一功五分（三架椽一功二分，兩丁栿並乳栿各一功。）

牽四分功（劄牽減功五分之一。）

栿項柱一功（下檐柱五分功。）

椽每一十五條一功（中下架加數二分之一。）

營造法式卷第十九

營造法式卷第二十

通直郎管修蓋皇弟外第專一提舉修蓋班直諸軍營房等臣李誡奉

聖旨編修

小木作功限一

版門（獨扇版門 雙扇版門）　烏頭門

軟門（牙頭護縫軟門 合版用楅軟門）　破子櫺窗

睒電窗　版櫺窗

截間版帳　照壁屏風骨（截間屏風骨 四扇屏風骨）

隔截橫鈐立旌　露籬

版引檐　水槽

井屋子　地棚

版門　獨扇版門　雙扇版門

獨扇版門一坐門額限兩頰及伏兎手栓全

造作功

高五尺一功二分

高五尺五寸一功四分

高六尺一功五分

高六尺五寸一功八分

高七尺二功

安卓功

高五尺四分功

高五尺五寸四分五厘功

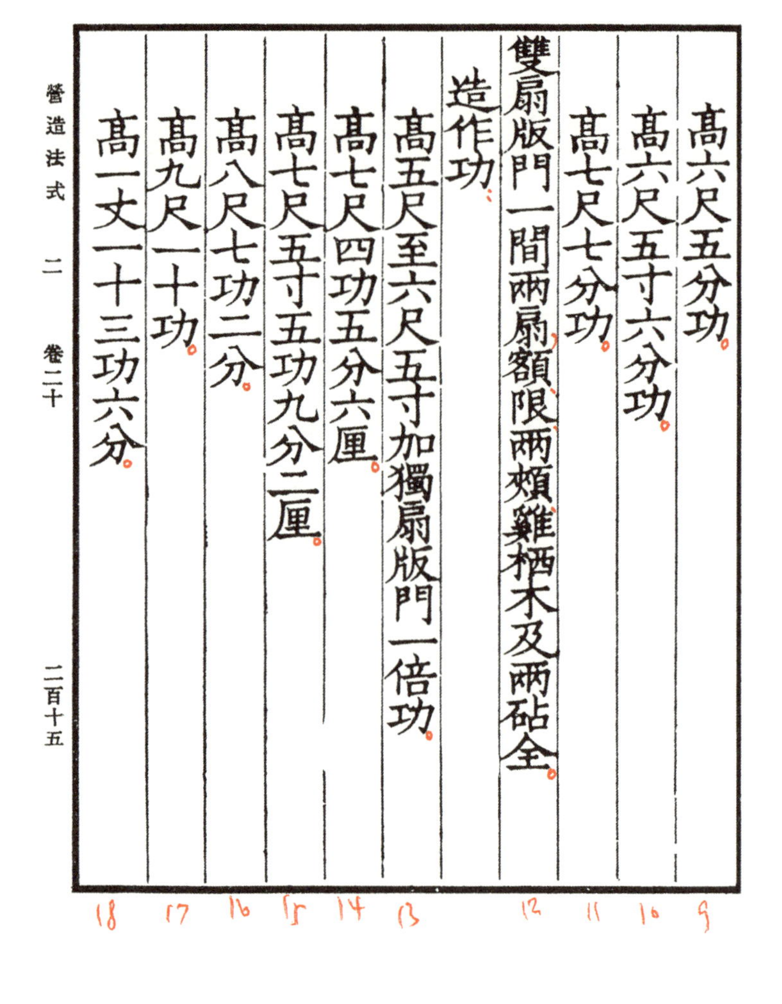

高六尺五分功。

高六尺五寸六分功。

高七尺七分功。

雙扇版門一間兩扇額限兩頰雞栖木及兩砧全。

造作功：

高五尺至六尺五寸加獨扇版門一倍功。

高七尺四功五分六厘。

高七尺五寸五功九分二厘。

高八尺七功二分。

高九尺一十功。

高一丈一十三功六分。

高一丈一尺一十八功八分。

高一丈二尺二十四功。

高一丈三尺三十功八分。

高一丈四尺三十八功四分。

高一丈五尺四十七功二分。

高一丈六尺五十三功六分。

高一丈七尺六十功八分。

高一丈八尺六十八功。

高一丈九尺八十功八分。

高二丈八十九功六分。

高二丈一尺一百二十三功。

19 20 21 22 23 24 25 26 27 28 29

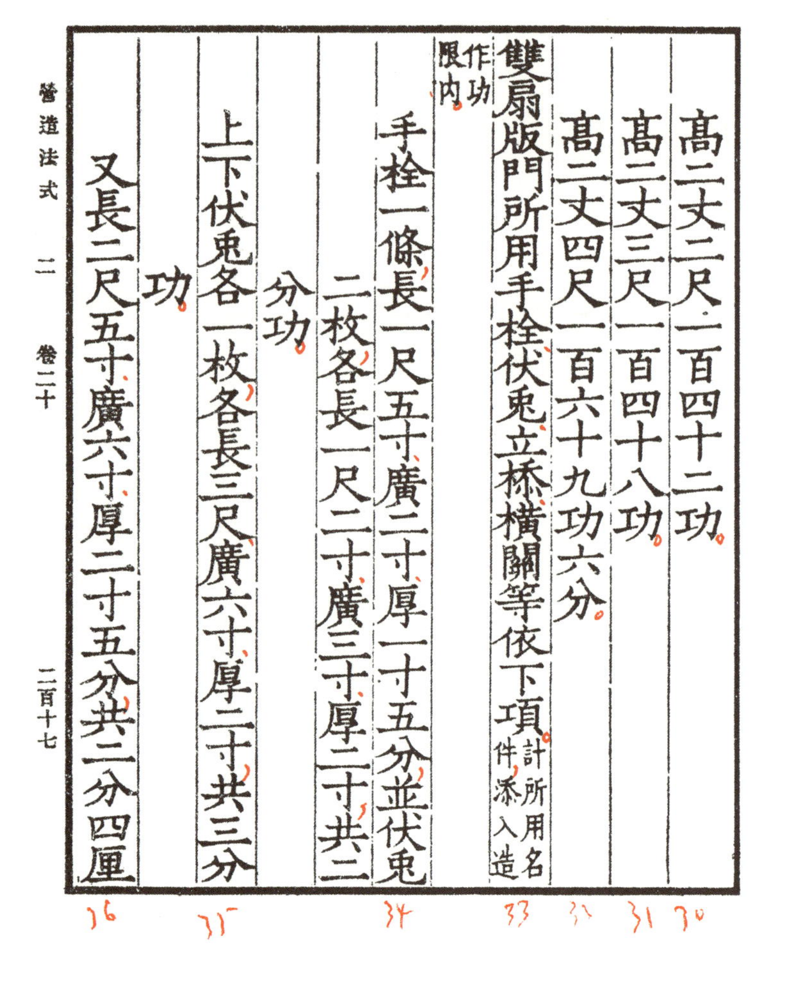
高二丈二尺，二百四十二功。
高二丈三尺，一百四十八功。
高二丈四尺，一百六十九功六分。
雙扇版門所用手栓、伏兎、立㮧、横關等，依下項：（計所用名件，添入造作功限內。）
手栓一條，長一尺五寸，廣二寸，厚一寸五分，並伏兎二枚，各長一尺二寸，廣三寸，厚二寸，共二分功。
上下伏兎各一枚，各長三尺，廣六寸，厚二寸，共三分功。
又長二尺五寸，廣六寸，厚二寸五分，共二分四釐。

功

又長二尺廣五寸厚二寸共二分功

又長一尺五寸廣四寸厚二寸共一分二厘功

立榡一條長一丈五尺廣二寸厚一寸五分二分功

又長一丈二尺五寸廣二寸五分厚一寸八分二
分二厘功

又長一丈一尺五寸廣二寸二分厚一寸七分二
分一厘功

又長九尺五寸廣二寸厚一寸五分一分八厘功

又長八尺五寸廣一寸八分厚一寸四分一分五
厘功

立㮧身內手把一枚長一尺廣三寸五分厚一寸五分八厘功（若長八寸廣三寸厚一寸三分則減二厘功）

立㮧上下伏兎各一枚各長一尺二寸廣三寸厚二寸共五厘功

搕鎖柱二條各長五尺五寸廣七寸厚二寸五分共六分功

門橫關一條長一丈一尺徑四寸五分功

立柣臥柣一副四件共三分四厘功

地栿版一片長九尺廣一尺六寸（福在內）一功五分

門簪四枚各長一尺八寸方四寸共一功（每門高增一尺加二分功）

托關柱二條，各長二尺，廣七寸，厚三分，共八分功。

安卓功：

高七尺，一功二分。

高七尺五寸，一功四分。

高八尺，一功七分。

高九尺，二功三分。

高一丈，三功。

高一丈一尺，三功八分。

高一丈二尺，四功七分。

高一丈三尺，五功七分。

高一丈四尺，六功八分。

51 52 53 54 55 56 57 58 59 60

烏頭門

高一丈五尺八功。

高一丈六尺九功三分。

高一丈七尺一十功七分。

高一丈八尺一十二功二分。

高一丈九尺一十三功八分。

高二丈一十五功五分。

高二丈一尺一十七功三分。

高二丈二尺一十九功二分。

高二丈三尺二十一功二分。

高二丈四尺二十三功三分。

烏頭門一坐雙扇雙腰串造。

造作功：

方八尺一十七功六分。若下安鋜脚者，加八分功；每門高增一尺，又加一分功；如單腰串造者，減八分功。下同。

方九尺二十一功二分四厘。

方一丈二十五功二分。

方一丈一尺二十九功四分八厘。

方一丈二尺三十四功八厘。每扇各加承櫺一條，共加一功四分；每門高增一尺，又加一分功；若用雙承櫺者，準此計功。

方一丈三尺三十九功。

方一丈四尺四十四功二分四厘。

方一丈五尺四十九功八分。

方一丈六尺五十五功六分八厘。

方一丈七尺六十一功八分八厘。

方一丈八尺六十八功四分。

方一丈九尺七十五功二分四厘。

方二丈八十二功四分。

方二丈一尺八十九功八分八厘。

方二丈二尺九十七功六分。

安卓功：

方八尺二功八分。

方九尺三功二分四厘。

方一丈三功七分。
方一丈一尺四功一分八厘。
方一丈二尺四功六分八厘。
方一丈三尺五功二分。
方一丈四尺五功七分四厘。
方一丈五尺六功三分。
方一丈六尺六功八分八厘。
方一丈七尺七功四分八厘。
方一丈八尺八功一分。
方一丈九尺八功七分四厘。
方二丈九功四分。

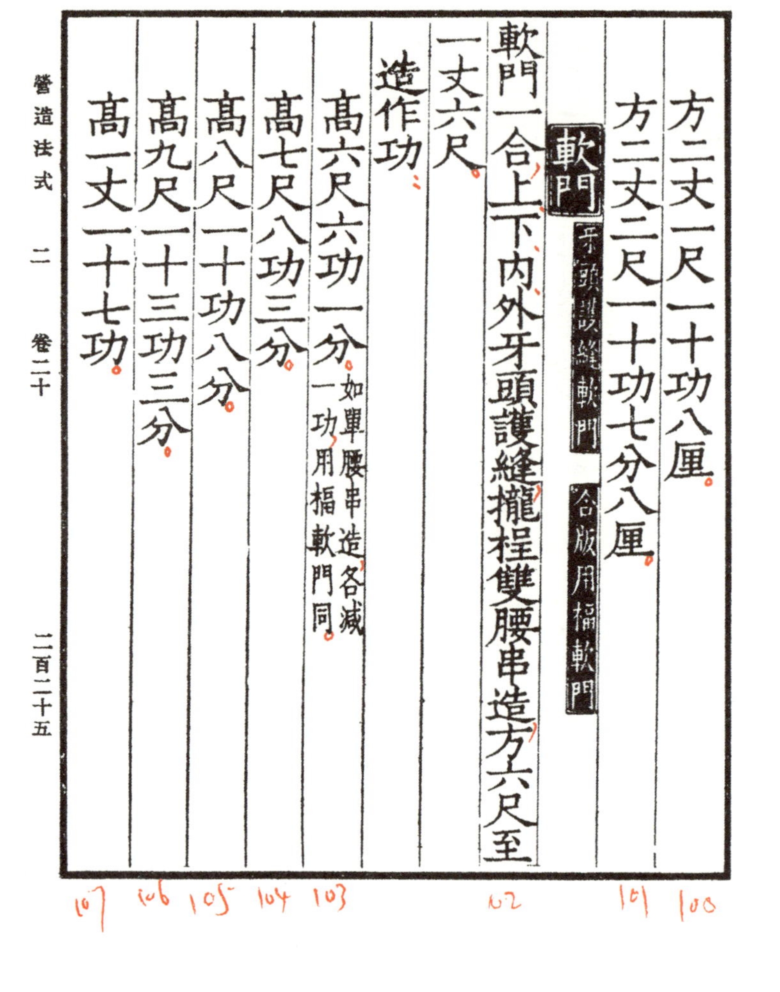

方二丈一尺一十功八厘。

方二丈二尺一十功七分八厘。

軟門　牙頭護縫軟門　合版用楅軟門

軟門一合，上下內外牙頭、護縫、攏桯，雙腰串造，方六尺至一丈六尺。

造作功：

高六尺六功一分。如單腰串造，各減一功，用楅軟門同。

高七尺八功三分。

高八尺一十功八分。

高九尺一十三功三分。

高一丈一十七功。

100　101　102　103　104　105　106　107

高一丈一尺，二十功五分。

高一丈二尺，二十四功四分。

高一丈三尺，二十八功七分。

高一丈四尺，三十三功三分。

高一丈五尺，三十八功二分。

高一丈六尺，四十三功五分。

安卓功：

高八尺，二功。每高增減一尺，各加減五分功。合版用福軟門同。

軟門一合，上下牙頭、護縫、合版用福，造方八尺至一丈三尺。

造作功：

107 109 110 111 112 113 114 115

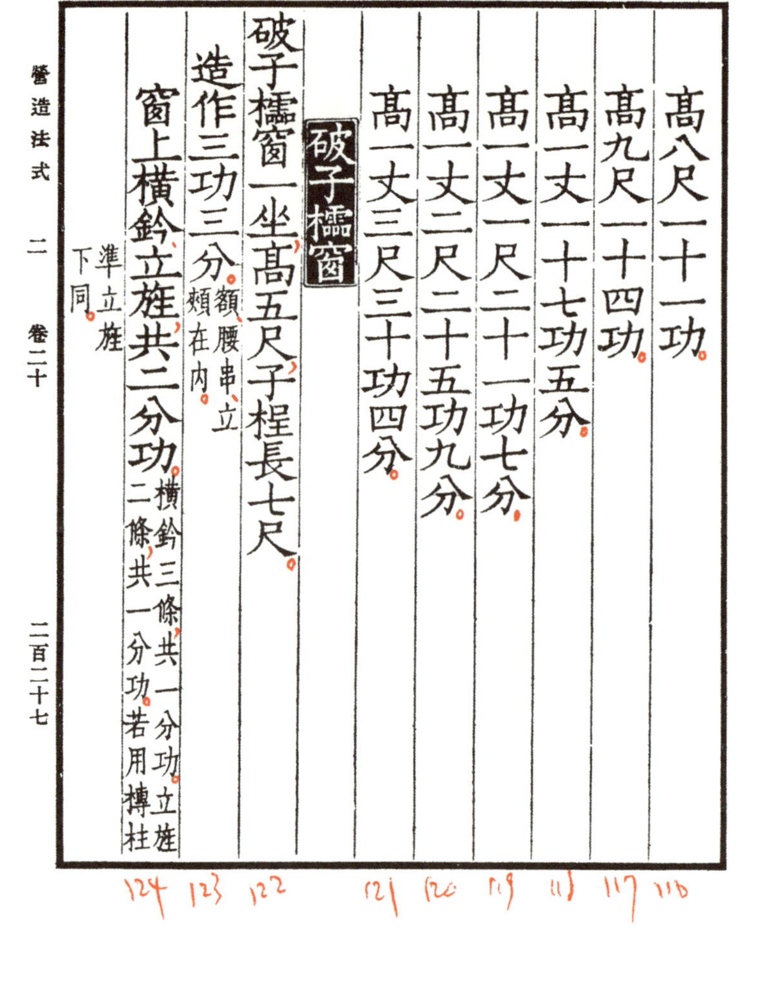

高八尺，一十一功。

高九尺，一十四功。

高一丈，一十七功五分。

高一丈一尺，二十一功七分。

高一丈二尺，二十五功九分。

高一丈三尺，三十功四分。

破子櫺窗

破子櫺窗一坐，高五尺，子桯長七尺。

造作，三功三分。額、腰串、立頰在內。

窗上橫鈐、立旌，共二分功。橫鈐三條，共一分功。立旌二條，共一分功。若用槫柱，準立旌。下同。

窗下障水版、難子，共二功一分。障水版、難子一功七分，心柱二條共一分五厘功，槫柱二條共一分五厘功，地栿一條一分功。

窗下或用牙頭、牙脚、填心，共六分功。牙頭三枚、牙脚六枚，共四分功；填心三枚，共二分功。

安卓一功。

窗上橫鈐、立旌，共一分六厘功。橫鈐三條，共八厘功；立旌二條，共八厘功。

窗下障水版、難子，共五分六厘功。障水版、難子共三分功，心柱、槫柱各二條，共二分功，地栿一條六厘功。

窗下或用牙頭、牙脚、填心，共一分五厘功。牙頭三枚、牙脚六枚，共一分功，填心三枚，共五厘功。

睒電窗

睒電窗一坐長一丈高三尺。

造作一功五分。

安卓三分功。

版欞窗

版欞窗一坐高五尺長一丈。

造作一功八分。

窗上横鈐、立旌準破子欞窗内功限。

窗下地栿、立旌共二分功。地栿一條一分功，立旌二條共一分功，若用槫柱準立旌，下同。

安卓五分功。

窗上横鈐、立旌同上。

窗下地栿立旌共一分四厘功。地栿一條六厘功，立旌二條共八厘功。

截間版帳

截間牙頭護縫版帳高六尺至一丈每廣一丈一尺，若廣增減者，以本功分數加減之。

造作功。

高六尺六功。每高增一尺則加一功。若添腰串加一分四厘功，添槫柱加三分功。

安卓功。

高六尺二功一分。每高增一尺則加三分功。若添腰串加八厘功，添槏柱加一分五厘功。

照壁屏風骨 截間屏風骨 四扇屏風骨

截間屏風每高廣各一丈二尺。

造作一十二功。如作四扇造者，每一功加二分功。

樺，丁本

145 144 143 142 141 140

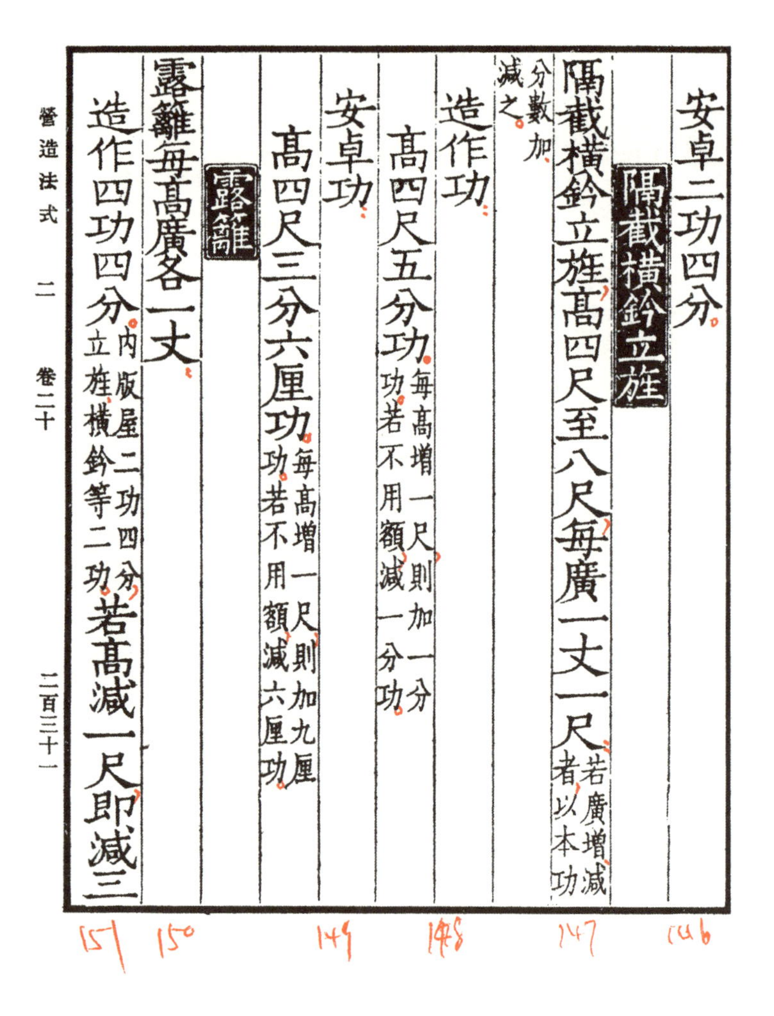

安卓二功四分。

隔截横鈐立旌

隔截横鈐立旌高四尺至八尺，每廣一丈一尺（若廣增減者，以本功分數加減之。）

造作功：

高四尺五分功。（每高增一尺，則加一分功；若不用額，減一分功。）

安卓功：

高四尺三分六厘功。（每高增一尺，則加九厘功；若不用額，減六厘功。）

露籬

露籬每高廣各一丈

造作四功四分。（内版屋二功四分，立旌、横鈐等二功。）若高減一尺，即減三分功，（版屋減一分，餘減二分。）若廣減一尺，即減四分四厘功，（版屋減二分四厘，餘減二分。）加亦如之。若每出際造垂魚、惹草、搏風版、垂脊，加五分功。

安卓一功八分。（內版屋八分，旌、槫、鈴等一功。）若高減一尺，即減一分五厘功，（版屋減五厘，餘減一分。）若廣減一尺，即減一分八厘功，（版屋減八厘，餘減一分。）加亦如之。若每出際造垂魚、惹草、搏風版、垂脊，加二分功。

版引檐

版引檐廣四尺，每長一丈：

造作三功六分。

安卓一功四分。

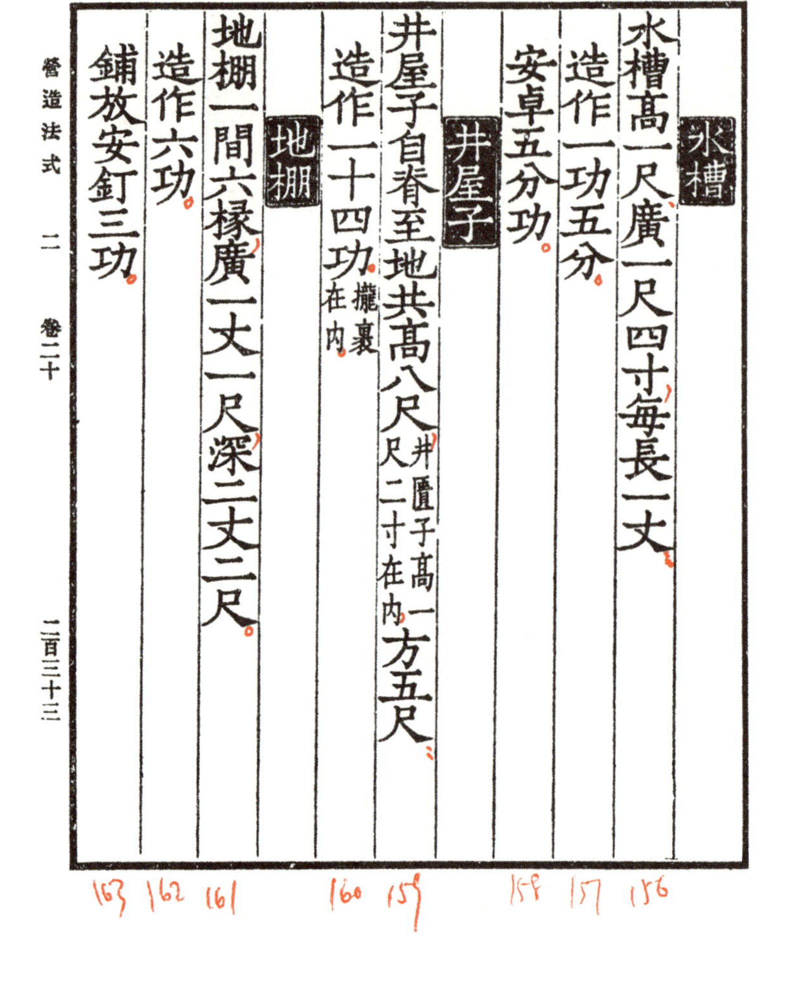

水槽

水槽高一尺，廣一尺四寸，每長一丈：

造作一功五分。

安卓五分功。

井屋子

井屋子自脊至地共高八尺，井匱子高一尺二寸在内。方五尺：

造作一十四功。攏裹在内。

地棚

地棚一間六椽，廣一丈一尺，深二丈二尺：

造作六功。

鋪放安釘三功。

營造法式卷第二十

營造法式卷第二十一

通直郎管修蓋皇弟外第專一提舉修蓋班直諸軍營房等臣李誠奉

聖旨編修

小木作功限二

格子門 四斜毬文格子 四斜毬文上出條桱重格眼 四直方格眼 版壁 兩明格子

闌檻鉤窗　殿内截間格子

堂閣内截間格子　殿閣照壁版

障日版　廊屋照壁版

胡梯　垂魚惹草

栱眼壁版　裹栿版

擗簾竿　護殿閣檐竹網木貼

平棊　鬭八藻井

小鬭八藻井　拒馬义子

义子　鉤闌 重臺鉤闌 單鉤闌

棵籠子　井亭子

牌

格子門 四斜毬文格子 四斜毬文上出條桱重格眼 四直方格眼 版壁 兩明格子

四斜毬文格子門一間四扇雙腰串造高一丈廣一丈二尺

造作功 額地栿槫柱在內如兩明造者每一功加七分功其四直方格眼及格子門桯準此

四混中心出雙線

破瓣雙混平地出雙線

右各四十功。若毬文上出條桱重格眼造，即加二十功。

四混中心出單線

破瓣雙混平地出單線

右各三十九功。

通混出雙線

通混出單線

通混壓邊線

素通混

方直破瓣

右通混出雙線者三十八功。餘各遞減一功。

安卓二功五分。若兩明造者，每一功加四分功。

四直方格眼格子門一間四扇，各高一丈，共廣一丈一尺，

雙腰串造。

造作功：

格眼四扇：

四混絞雙線二十一功。

四混出單線。

麗口絞瓣雙混出邊線。

右各二十功。

麗口絞瓣單混出邊線一十九功。

一混絞雙線一十五功。

一混絞單線一十四功。

一混不出線。

麗口素絞瓣。

右各一十三功。

平地出線一十功。

四直方絞眼八功。

格子門桯（事件在內。如造版壁，更不用格眼功限。於腰串上用障水版加六功，若單腰串造如方直破瓣減一功，混作出線減二功。）

四混出雙線。

破瓣雙混平地出雙線。

右各一十九功。

四混出單線。

破瓣雙混平地出單線

右各一十八功

一混出雙線

一混出單線

通混壓邊線

素通混

方直破瓣攛尖

右一混出雙線一十七功，餘各遞減一功（其方直破瓣若叉瓣造，又減一功）

安卓功

四直方格眼格子門一間，高一丈，廣一丈一尺（事件在內）

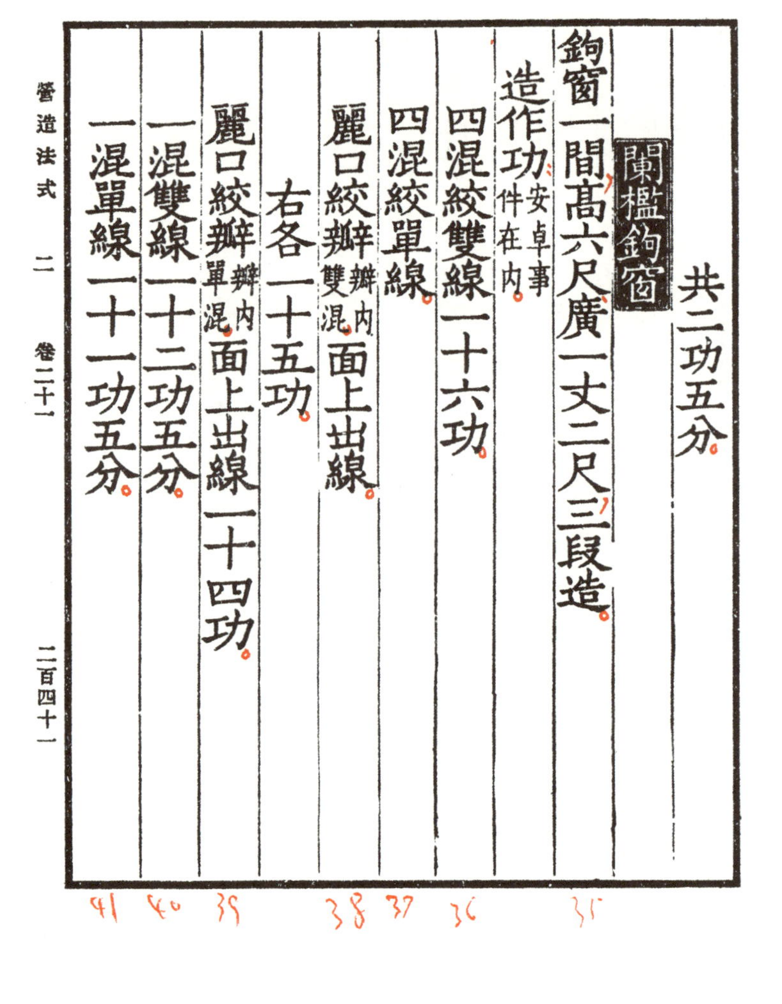

共二功五分。

闌檻鉤窗

鉤窗一間高六尺廣一丈二尺三段造。

造作功。安卓事件在内。

四混絞雙線一十六功。

四混絞單線。

麗口絞瓣雙混。瓣内面上出線。

右各一十五功。

麗口絞瓣單混。瓣内面上出線一十四功。

一混雙線一十二功五分。

一混單線一十一功五分。

麗口絞素瓣。

一混絞眼。

右各一十一功。

方絞眼八功。

安卓一功三分。

闌檻一間，高一尺八寸，廣一丈二尺。

造作共一十功五厘。檻面版一功二分，鵝項四枚共二功四分，雲栱四枚共二功，心柱二條共二分功，榑柱二條共二分功，地栿三分功，障水版三片共六分功，托柱四枚共一功六分，難子二十四條共五分功，八混尋杖一功五厘。其尋杖若六混減一分五厘功，四混減三分功，一混減四分五厘功。

安卓二功二分。

殿内截間格子

殿内截間四斜毬文格子一間，單腰串造，高廣各一丈四尺，心枓槫柱等在内。

造作五十九功六分。

安卓七功。

堂閣内截間格子

堂閣内截間四斜毬文格子一間，高一丈，廣一丈一尺，槫柱在内。額子泥道，雙扇門造。

造作功：

破瓣攛尖，瓣内雙混，面上出心線壓邊線，四十六功。

破瓣攛尖，瓣内單混，四十二功。

方直破瓣攛尖四十功。方直造者，減二功。

安卓二功五分。

殿閣照壁版

殿閣照壁版一間，高五尺至一丈一尺，廣一丈四尺。如廣增減者，以本功分數加、減之。

造作功：

高五尺七功。每高增一尺，加一功四分。

安卓功：

高五尺二功。每高增一尺，加四分功。

障日版

障日版一間，高三尺至五尺，廣一丈一尺。如廣增、減者，即以本功分數加、

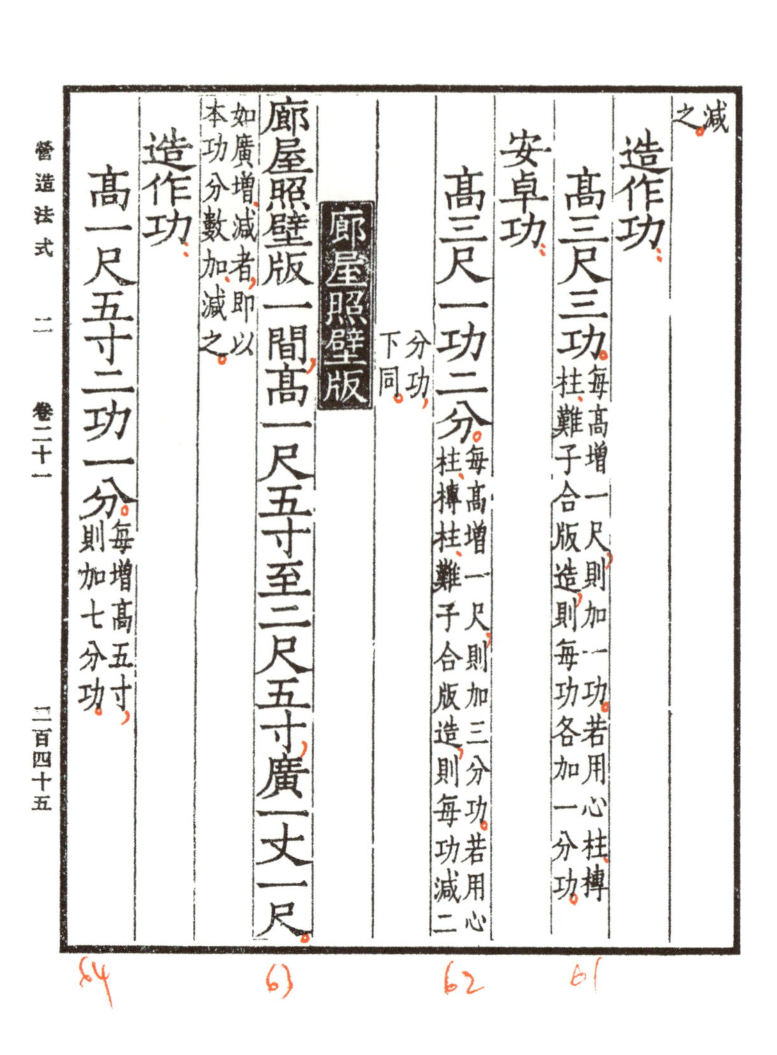

減之。

造作功：

高三尺三功。每高增一尺，則加一功。若用心柱、槫柱、難子、合版造，則每功各加一分功。

安卓功：

高三尺一功二分。每高增一尺，則加三分功。若用心柱、槫柱、難子、合版造，則每功減二分功。下同。

廊屋照壁版

廊屋照壁版一間，高一尺五寸至二尺五寸，廣一丈一尺。如廣增減者，即以本功分數加減之。

造作功：

高一尺五寸二功一分。每增高五寸，則加七分功。

61　62　63　64

安卓功

高一尺五寸八分功（每增高五寸，則加二分功。）

胡梯

胡梯一坐，高一丈，拽脚長一丈，廣三尺，作十二踏，用科子蜀柱單鉤闌造。

造作一十七功。

安卓一功五分。

垂魚惹草

垂魚一枚，長五尺，廣三尺。

造作二功一分。

安卓四分功。

惹草一枚長五尺。

造作一功五分。

安卓二分五厘功。

拱眼壁版

拱眼壁版一片，長五尺，廣二尺六寸。於第一等材栱內用。

造作一功九分五厘。若單栱內用，於三分中減一分功。若長加一尺，增三分五厘功；材加一等，增一分三厘功。

安卓二分功。

裹栿版

裹栿版一副，廂壁兩段，底版一片。

造作功：

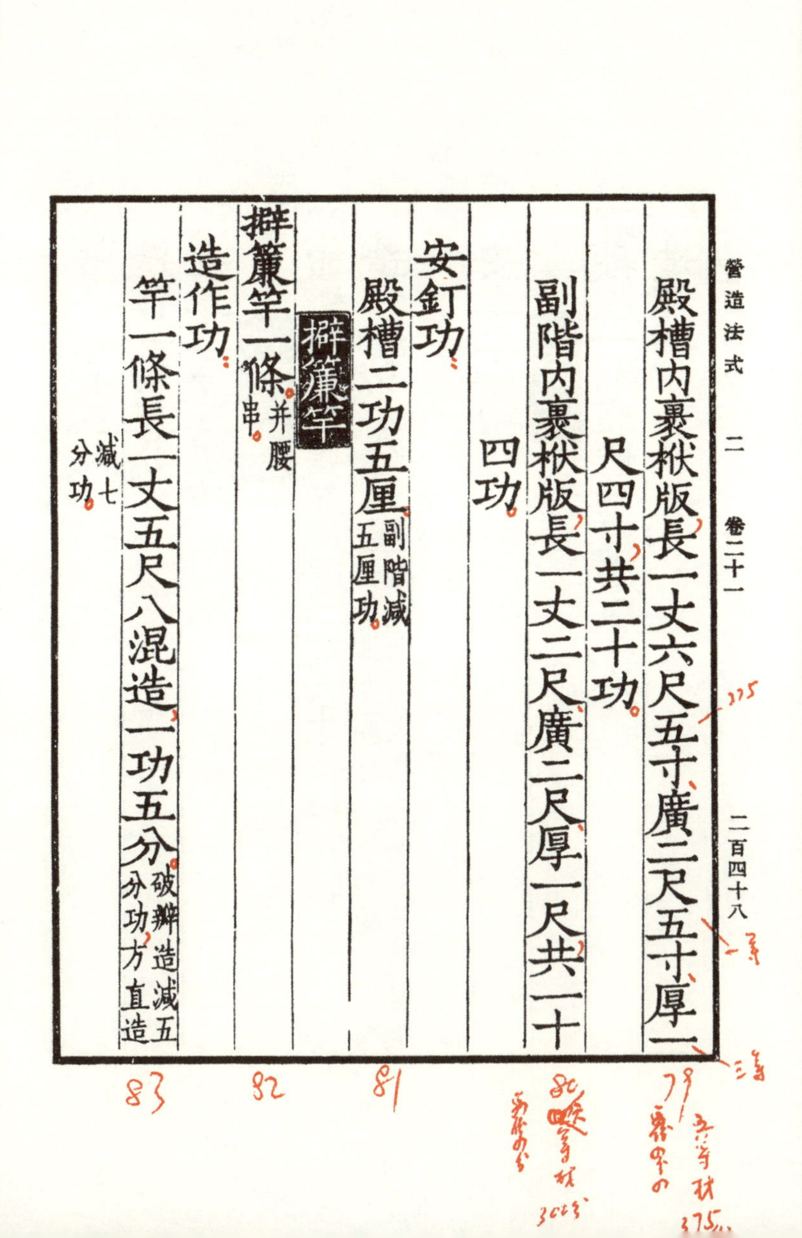

殿槽内裹栿版長一丈六尺五寸，廣二尺五寸，厚一尺四寸，共二十功。

副階内裹栿版長一丈二尺，廣二尺，厚一尺，共一十四功。

安釘功：

殿槽二功五厘。副階減五厘功。

擗簾竿

擗簾竿一條并腰串。

造作功：

竿一條長一丈五尺，八混造，一功五分。破瓣造減五分功；方直造減七分功。

串一條長一丈破瓣造，三分五厘功。方直造減五厘功。

安卓三分功。

護殿閣檐竹網木貼

護殿閣檐枓栱雀眼網上下木貼，每長一百尺，地衣簟貼同。

造作五分功。地衣簟貼遶碇之類，隨曲剜造者，其功加倍，安釘同。

安釘五分功。

平棊

殿内平棊一段。

造作功。

每平棊於貼内貼絡華文，長二尺，廣一尺，背版程，貼在内。共

一功。

84 85 86 87 88 89 90

安搭一分功。

鬭八藻井

殿内鬭八一坐。

造作功：

下鬭四方井内方八尺，高一尺六寸；下昂、重栱、六鋪作枓栱，每一朶共二功二分。或只用卷頭造，減二功。

中腰八角井，高二尺二寸，内徑六尺四寸；枓槽、壓厦版、隨瓣方等事件，共八功。

上層鬭八，高一尺五寸，内徑四尺二寸；内貼絡龍鳳華版并背版、陽馬等，共二十二功。其龍鳳並彫作計功。如用平棊制度貼絡華文，加一十二功。

層

91 92 93 94 95

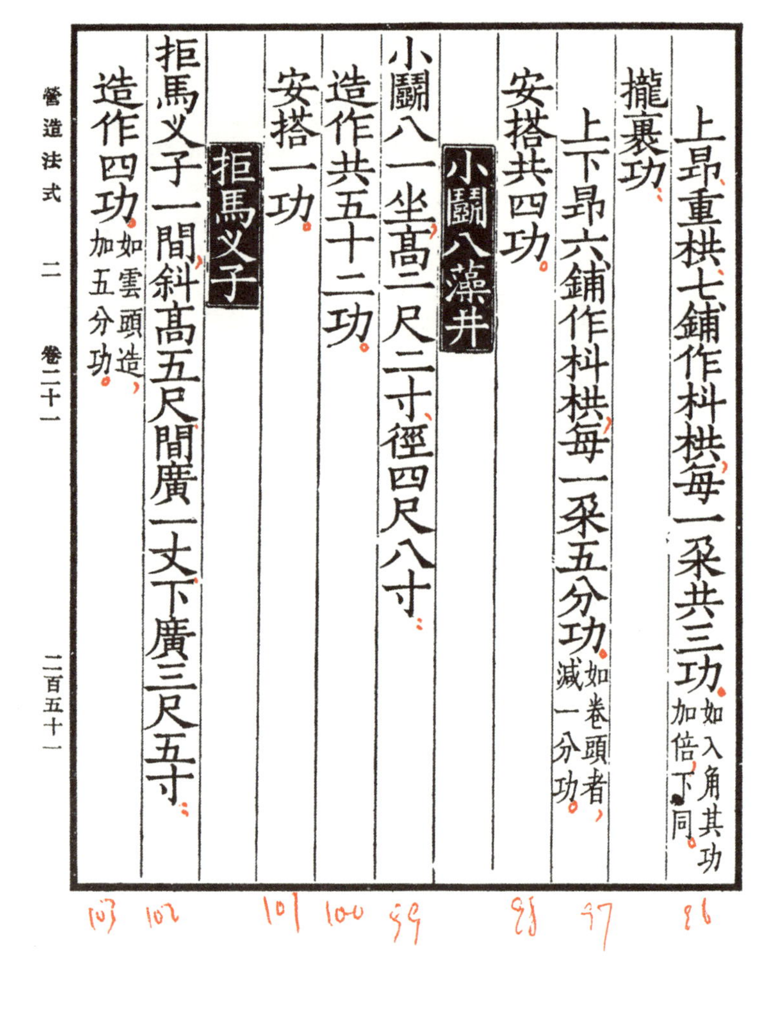

上昂重栱七鋪作枓栱每一朶共三功。如入角其功加倍。下同。

攏裹功：

上下昂六鋪作枓栱每一朶五分功。如卷頭者，減一分功。

安搭共四功。

小鬭八藻井

小鬭八一坐，高二尺二寸，徑四尺八寸：

造作共五十二功。

安搭一功。

拒馬义子

拒馬义子一間，斜高五尺，間廣一丈，下廣三尺五寸：

造作四功。如雲頭造，加五分功。

安卓二分功

义子

义子一間高五尺廣一丈

造作功（下並用三瓣霞子）

櫺子

笏頭方直（串方直）三功

挑瓣雲頭方直（串破瓣）三功七分

雲頭方直出心線（串側面出心線）四功五分

雲頭方直出邊線壓白（串側面出心線壓白）五功五分

海石榴頭一混心出單線兩邊線（串破瓣單混出線）六功五分

海石榴頭破瓣瓣裏單混面上出心線串側面上出心線壓白邊線七功

望柱

仰覆蓮華胡桃子破瓣混面上出線一功

海石榴頭一功二分

地栿

連梯混每長一丈一功二分

連梯混側面出線每長一丈一功五分

奓砧每一枚

雲頭五分功

方直三分功

托棖每一條四厘功。

曲棖每一條五厘功。

安卓三分功。若用地栿、望柱，其功加倍。

鉤闌 重臺鉤闌 單鉤闌

重臺鉤闌長一丈爲率，高四尺五寸。

造作功：

角柱每一枚一功二分。

望柱破瓣仰覆蓮，胡桃子造。每一條一功五分。

矮柱每一枚三分功。

華托柱每一枚四分功。

蜀柱癭項每一枚六分六厘功。

118 119 120 121 122 123 124 125 126

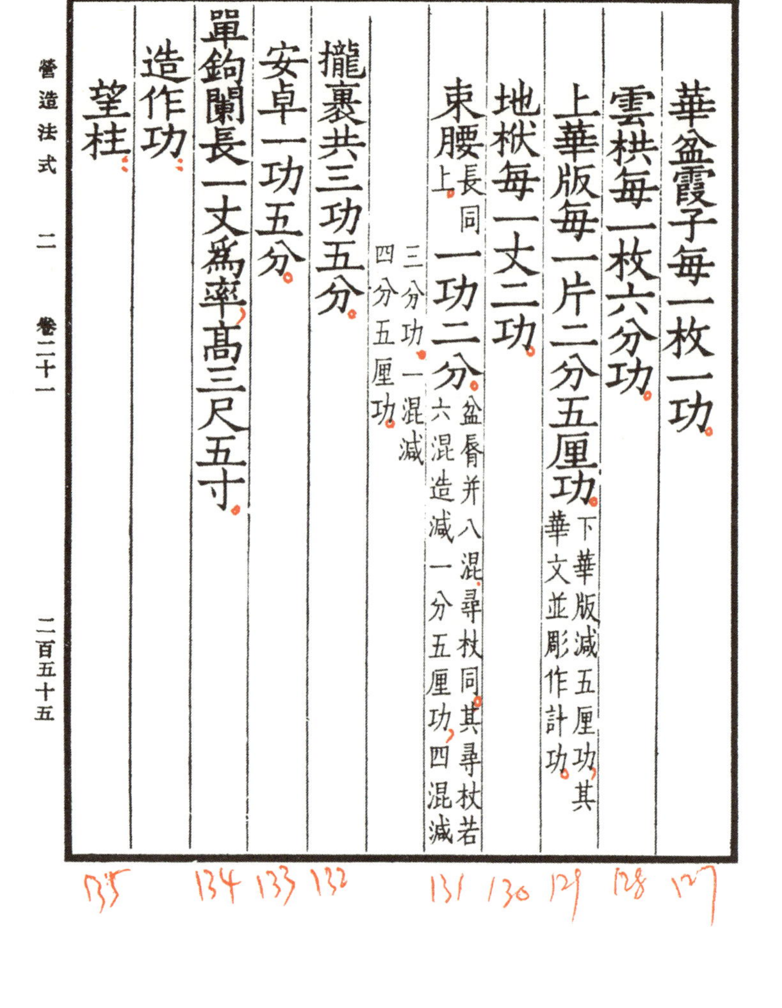

華盆霞子每一枚一功。

雲栱每一枚六分功。

上華版每一片二分五厘功。下華版減五厘功，其華文並彫作計功。

地栿每一丈二功。

束腰長同上。一功二分。盆脣并八混，尋杖同，其尋杖若六混，造減一分五厘功，四混減三分功，一混減四分五厘功。

攏裹共三功五分。

安卓一功五分。

單鉤闌長一丈爲率，高三尺五寸。

造作功：

望柱：

海石榴頭一功一分九厘。

仰覆蓮胡桃子九分四厘五毫功。

萬字每片四字二功四分。如減一字，即減六分功；加亦如之。如作鉤片，每一功減一分功；若用華版，不計。

托棖每一條三厘功。

蜀柱撮項每一枚四分五厘功。青蜓頭減一分功，科子減二分功。

地栿每長一丈四尺七厘功。盆脣加三厘功。

華版每一片二分功。其華文並彫作計功。

八混尋杖每長一丈一功。六混減二分功，四混減四分功，一混減六分七厘功。

雲栱每一枚五分功。

臥櫺子每一條五厘功。

攏裹一功。

安卓五分功。

棵籠子

棵籠子一隻高五尺、上廣二尺、下廣三尺。

造作功：

四瓣鋜脚單榥櫺子二功。

四瓣鋜脚雙榥腰串櫺子牙子四功。

六瓣雙榥單腰串櫺子子桯仰覆蓮華胡桃子六功。

八瓣雙榥鋜脚腰串櫺子垂脚牙子柱子海石榴頭七功。

安卓功：

四瓣鋜脚單棍櫺子

四瓣鋜脚雙棍腰串櫺子牙子

右各三分功。

六瓣雙棍單腰串櫺子子桯仰覆蓮單胡桃子

八瓣雙棍鋜脚腰串櫺子垂脚牙子柱子海石榴頭

右各五分功

井亭子

井亭子一坐，鋜脚至脊共高一丈一尺（鴟尾在外），方七尺。

造作功：

結瓦柱木鋜脚等共四十五功。

枓栱一寸二分材，每一朶一功四分。

安卓五功。

牌

殿堂樓閣門亭等牌，高二尺至七尺，廣一尺六寸至五尺六寸。如官府或倉庫等用，其造作功減半，安卓功三分減一分。

造作功：安勘頭、帶、舌内華版在内。

高二尺六功。每高增一尺，其功加倍。安掛功同。

安掛功：

高二尺五分功。

營造法式卷第二十一

營造法式卷第二十二

通直郎管修蓋皇弟外第專一提舉修蓋班直諸軍營房等臣李誡奉

聖旨編修

小木作功限三

佛道帳　牙脚帳

九脊小帳　壁帳

佛道帳

佛道帳一坐，下自龜脚上至天宫鴟尾，共高二丈九尺。

坐高四尺五寸，間廣六丈一尺八寸，深一丈五尺。

造作功：

車槽上下澁、坐面、猴面澁、芙蓉瓣造，每長四尺五寸：

子澁芙蓉瓣造每長九尺。

臥榥每四條。

立榥每一十條。

上下馬頭榥每一十二條。

車槽澁并芙蓉華版每長四尺。

坐腰并芙蓉華版每長三尺五寸。

明金版芙蓉華瓣每長二丈。

拽後榥每一十五條。羅文榥同。

柱脚方每長一丈二尺。

榻頭木每長一丈三尺。

龜脚每三十枚。

3 4 5 6 7 8 9 10 11 12 13

料槽版并鑰匙頭每長一丈二尺。（壓廈版同。）

鈿面合版每長一丈廣一尺。

右各一功。

貼絡門窗并背版每長一丈共三功。

紗窗上五鋪作重栱卷頭枓栱每一朵二功。（方桁及普拍方在內。若出角或入角者，其功加倍。腰檐平坐同。諸帳及經藏準此。）

攏裹一百功。

安卓八十功。

帳身高一丈二尺五寸，廣五丈九尺一寸，深一丈二尺三寸，分作五間造。

造作功：

裏

帳柱每一條。

上内外槽隔枓版，并貼絡及仰托榥在内。每長五尺。

歡門每長一丈。

右各一功五分。

裏槽下鋜脚版，并貼絡等。每長一丈共二功二分。

帳帶每三條。

虚柱每三條。

兩側及後壁版，每長一丈廣一尺。

心柱每三條。

難子每長六丈。

隨間栿每二條。

21 22 23 24 25 26 27 28 29 30

方子每長三丈。

前後及兩側安平綦、搏難子，每長五尺。

右各一功。

平綦依本功。

鬭八一坐，徑三尺二寸，并八角，共高一尺五寸，五鋪

作重栱卷頭，共三十功。

四斜毬文截間格子，一間，二十八功。

四斜毬文泥道格子門，一扇，八功。

攏裹七十功。

安卓四十功。

腰檐高三尺，間廣五丈八尺八寸，深一丈。

造作功

前後及兩側枓槽版并鑰匙頭每長一丈二尺

壓厦版每長一丈二尺山版同

枓槽臥棍每四條

上下順身棍每長四丈

立棍每一十條

貼身每長四丈

曲椽每二十條

飛子每二十五枚

屋内槫每長二丈槫脊同

大連檐每長四丈瓦朧條同

抹角栿

厦瓦版并白版每各長四丈廣一尺

瓦口子并簽切每長三丈

右各一功

抹角栿每一條二分功

角梁每一條

角脊每四條

右各一功二分

六鋪作重栱一抄兩昂枓栱每一朶共二功五分

攏裹六十功

安卓三十五功

平坐高一尺八寸廣五丈八尺八寸深一丈二尺

造作功
料槽版并鑰匙頭每一丈二尺
壓厦版每長一丈
臥榥每四條
立榥每一十條
鴈翅版每長四丈
面版每長一丈
右各一功
六鋪作重栱卷頭枓栱每一朵共二功三分
攏裹三十功
安卓二十五功

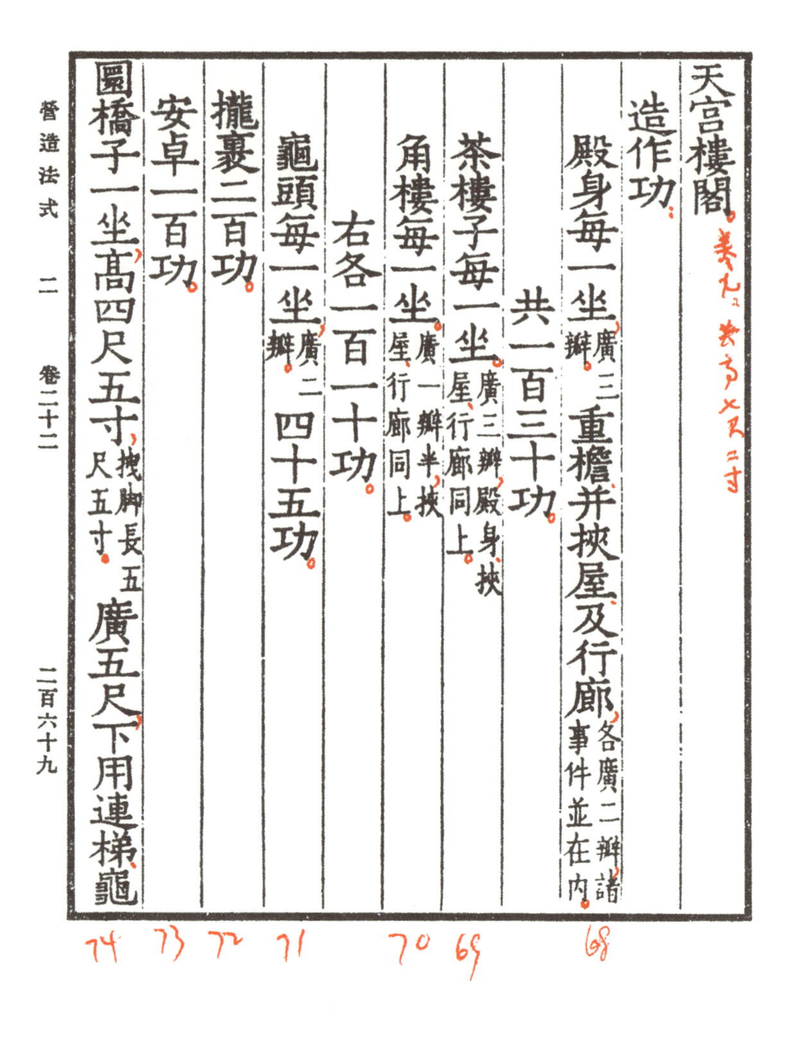

天宫樓閣

造作功

殿身每一坐，廣三瓣。重檐并挾屋及行廊，各廣二瓣，諸事件並在內。

共一百三十功。

茶樓子每一坐，廣三瓣，殿身、挾屋、行廊同上。

角樓每一坐，廣一瓣半，挾屋、行廊同上。

右各一百一十功。

龜頭每一坐，廣二瓣。四十五功。

攏裹二百功。

安卓一百功。

圜橋子一坐，高四尺五寸，拽脚長五尺五寸。廣五尺，下用連梯、龜

脚上施鉤闌望柱

造作功

連梯桯每二條

龜脚每一十二條

促踏版榥每三條

右各六分功

連梯當每二條五分六厘功

連梯榥每二條二分功

望柱每一條一分三厘功

背版每長廣各一尺

月版長廣同上

75 76 77 78 79 80 81 82

每長

立竿

右各八厘功。

望柱上榥每一條一分二厘功。

難子每五丈一功。

頰版每一片一功二分。

促踏版每一片一分五厘功。

隨圜勢鉤闌共九功。

攏裹八功。

右佛道帳總計造作共四千二百九功九分，攏裹共四百六十八功，安卓共三百八十功。

若作山華帳頭造者，唯不用腰檐及天宮樓閣，除造作安卓共一千八百二十功九分。於平坐上作山華帳頭高四尺，廣五丈八尺八

寸深一丈二尺

造作功

頂版每長一丈廣一尺

混肚方每長一丈

楅每二十條

右各一功

仰陽版每長一丈貼絡在內

山華版長同上

右各一功二分

合角貼每一條五厘功

以上造作計一百五十三功九分

91 92 93 94 95 96 97

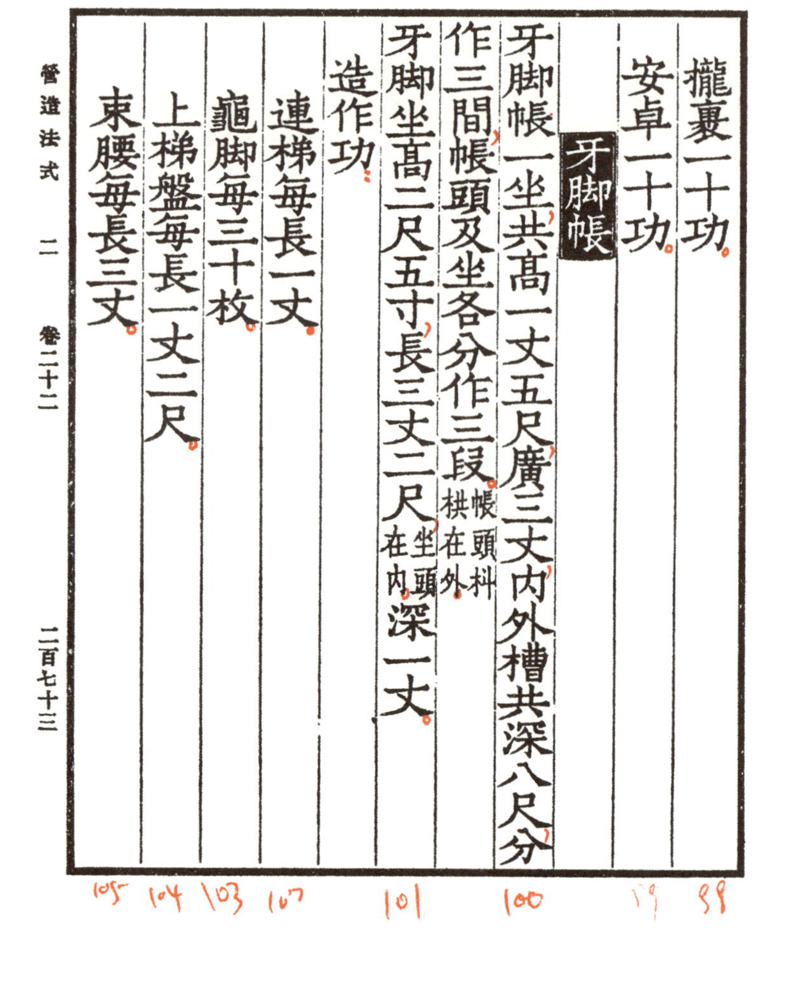

攏裹一十功。

安卓一十功。

牙脚帳

牙脚帳一坐，共高一丈五尺，廣三丈，内外槽共深八尺，分作三間，帳頭及坐各分作三段。帳頭科拱在外。

牙脚坐高二尺五寸，長三丈二尺，坐頭在内，深一丈。

造作功：

連梯每長一丈。

龜脚每三十枚。

上梯盤每長一丈二尺。

束腰每長三丈。

98 99 100 101 102 103 104 105

牙脚每一十枚。

牙頭每二十片。剜切在内。

填心每一十五枚。

壓青牙子每長二丈。

背版每廣一尺長二丈。

梯盤棍每五條。

立棍每一十二條。

面版每廣一尺長一丈。

右各一功。

角柱每一條。

鋜脚上襯版每一十片。

右各二分功。

重臺小鈎闌共高一尺，每長一丈七功五分。

攏裹四十功。

安卓二十功。

帳身高九尺，長三丈，深八尺，分作三間。

造作功：

內外槽帳柱每三條，

裹槽下錠脚每二條，

右各三功。

內外槽上隔枓版，并貼絡仰托榥在內。每長一丈共二功二分。內外槽歡門同。

116 117 118 119 120 121 122

頰子每六條，共一功二分。（虛柱同。）

帳帶每四條。

帳身版難子每長六丈。（泥道版難子同。）

平棊搏難子每長五丈。

平棊貼内每廣一尺長二尺。

右各一功。

兩側及後壁帳身版每廣一尺，長一丈，八分功。

泥道版每六片，共六分功。

心柱每三條，共九分功。

攏裹四十功。

安卓二十五功。

123 124 125 126 127 128 129 130 131 132

帳頭高三尺五寸，枓槽長二丈九尺七寸六分，深七尺七寸六分，分作三段造。

造作功：

內外槽并兩側夾枓槽版，每長一丈四尺。壓厦版同。

混肚方每長一丈。山華版、仰陽版並同。

馬頭榥每二十條。福同。

卧榥每四條。

右各一功。

六鋪作、重栱、一抄兩下昂枓栱，每一朶共二功三分。

頂版每廣一尺長一丈八分功。

合角貼每一條五厘功。

133 134 135 136 137 138 139 140

攏裹二十五功

安卓一十五功

右牙脚帳總計造作共七百四功三分，攏裹共一百五功，安卓共六十功

九脊小帳

九脊小帳一坐，共高一丈二尺，廣八尺，深四尺。

牙脚坐高二尺五寸，長九尺六寸，深五尺。

造作功：

連梯每長一丈

龜脚每三十枚

上梯盤每長一丈二尺

束腰鋜脚。

填心。

右各共三功。

牙脚。

背版。

立棍共三功七分。

面版共四功五分。

右各共一功。

梯盤棍。

連梯棍。

右各一功。

右各共二功。

牙頭。

壓青牙子。

束腰、鋜脚襯版、共一功二分。

右各共一功五分。

角柱共八分功。

束腰、鋜脚内小柱子、共五分功。

重臺小鉤闌并望柱等、共一十七功。

擺裹二十功。

安卓八功。

帳身高六尺五寸、廣八尺、深四尺。

157 158 159 160 161 162 163 164 165

造作功：

內外槽帳柱每一條八分功。

裏槽後壁并兩側下錠脚版并仰托幌貼絡在內共三功五厘。

內外槽兩側并後壁上隔枓版并仰托棍貼絡柱子在內共六功四分。

兩頰

虛柱

右各共四分功。

心柱共三分功。

帳身版共五功。

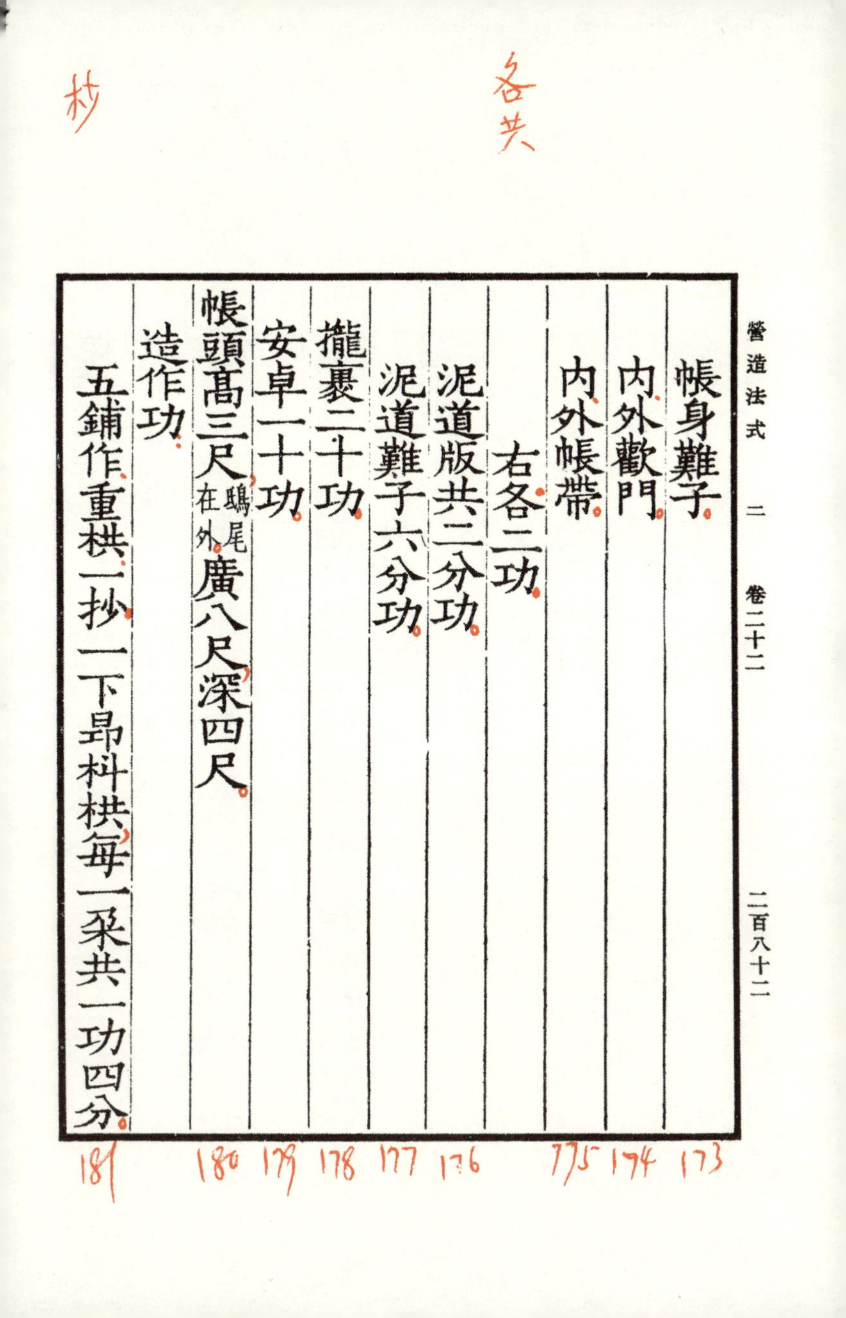

帳身難子

内外歡門

内外帳帶

右各二功

泥道版共二分功

泥道難子六分功

攏裹二十功

安卓一十功

帳頭高三尺（鴟尾在外）廣八尺深四尺

造作功

五鋪作重栱一抄一下昂枓栱每一朶共一功四分

結瓦事件等共二十八功。

攏裹一十二功。

安卓五功。

帳内平棊：

造作共一十五功。安難子又加一功。

安掛功。

每平棊一片一分功。

右九脊小帳總計造作共一百六十七功八分，攏裹共五十二功，安卓共三十三功三分。

壁帳

壁帳一間廣一丈一尺，共廣一丈五尺。

造作功（攏裹功在內）

枓栱五鋪作一抄一下昻（普拍方在內）每一朶一功四分

仰陽山華版帳柱混肚方枓槽版壓厦版等共七功

毬文格子平綦叉子並各依本法

安卓三功

營造法式卷第二十二